新材料新能源学术专著译丛

编织复合材料疲劳

Fatigue of Textile Composites

[意] 瓦尔特·卡维尔(Valter Carvelli)
[比] 斯蒂芬·V. 洛莫夫(Stepan V. Lomov) 编著

陈煊 译

国防工业出版社

·北京·

著作权合同登记　图字：军-2018-014 号

图书在版编目(CIP)数据

编织复合材料疲劳/(意)瓦尔特·卡维尔(Valter Carvelli),(比)斯蒂芬·V.洛莫夫(Stepan V. Lomov)编著;陈煊译. —北京:国防工业出版社,2019.6
(新材料新能源学术专著译丛)
书名原文:Fatigue of Textile Composites
ISBN 978-7-118-11724-0

Ⅰ.①编…　Ⅱ.①瓦…②斯…③陈…　Ⅲ.①复合材料—疲劳力学—研究
Ⅳ.①TB33

中国版本图书馆 CIP 数据核字(2019)第 093781 号

Atlas of Fatigue of Textile Composites, 1 edition.
Valter Carvelli and Stepan V.Lomov.
ISBN:9781782422815

※

国防工业出版社出版发行
(北京市海淀区紫竹院南路 23 号　邮政编码 100048)
三河市腾飞印务有限公司印刷
新华书店经售
*
开本 710×1000　1/16　**印张** 28　**插页** 2　**字数** 514 千字
2019 年 6 月第 1 版第 1 次印刷　**印数** 1—2000 册　**定价** 148.00 元

(本书如有印装错误,我社负责调换)

国防书店:(010)88540777　　发行邮购:(010)88540776
发行传真:(010)88540755　　发行业务:(010)88540717

译者序

由于认识到复合材料对结构的轻质化和模块化具有至关重要的作用,美国以及欧洲从20世纪80年代开始先后启动了复合材料在航空航天领域中的商业和技术应用计划(Technology Application to the Near-term Business Goals and Objectives of the Aerospace Industry,TANGO)、先进和低成本的机体结构计划(Advanced and Low Cost Airframe Structure,ALCAS)、先进复合材料技术计划(Advance Composite Technology)和经济可承受复合材料研究计划(Composite Affordable Initiative,CAI)等重大计划,通过这些计划的实施,极大地推动了复合材料设计水平和制造技术的进步,从而大幅提升了复合材料在航空工程结构设计中的应用,使复合材料成为一种成熟、稳定的航空材料,并与铝合金、合金钢、钛合金比肩,发展成为四大航空结构材料之一。

然而,尽管复合材料有着诸多优点,但是在安全方面,却仍然潜藏着不少隐患,尤其是对其疲劳问题的研究亟需完善,与其在工程中的重要地位极不相称。这主要是由于复合材料层压板的各项异性、脆性和非匀质性,特别是层间性能远低于层内性能的特征,使得复合材料的疲劳性能试验方法及理论分析与金属材料有很大差别,金属材料或结构的疲劳分析与方法往往不能直接用于复合材料上。另外,复合材料构件在制造、加工和运输过程中可能会受到外部环境等因素影响,而不同程度地存在各种缺陷或损伤,这些都制约了对复合材料疲劳性能的研究。可以说,复合材料疲劳从试验方法、试验手段、研究热点和难点均与传统材料的疲劳有很大的差异。从20世纪80年代以来,短短30多年,日本、美国以及欧洲地区的大学和研究机构建成了众多复合材料疲劳研究实验室,并开展了大量的试验研究工作,部分研究成果已经开始在高速列车、航空航天、核电站、风电等工业领域中获得应用。我国的复合材料疲劳研究尽管起步较晚但发展迅速,目前已成为世界上研究复合材料疲劳的几个主要国家之一。

本书从理论与实践结合的角度,系统总结了疲劳领域的研究成果。全书从试验理论与方法、疲劳机理、模型预测以及工程应用四个方面展开了详细的论述。本书内容丰富,重点突出,能够为从事复合材料疲劳问题研究的科研人员提供指导和帮助。愿本书的出版对我国复合材料疲劳研究的快速发展起到积极的推动作用。

感谢装备科技译著出版基金及国防工业出版社的编辑们对本书的大力支持,感谢西安建筑科技大学的欧阳娜副教授对本书翻译工作的指导,感谢西北工业大学的李玉龙教授,空军工程大学的李应红院士、程礼教授、李全通教授、陈卫副教授和金涛讲师等同仁对本书的出版提供的许多帮助,感谢我的家人对我工作的鼓励与支持。

由于译者水平有限,书中不当与疏漏之处在所难免,恳请广大读者不吝指正。

陈煊

2019年1月

前言

结构件在服役寿命期间通常会承受循环载荷的作用,这些周期性加载降低了材料的力学性能。材料在循环加载作用下性能降低的现象称为“疲劳”。由疲劳产生的初始破坏和循环加载下裂纹的扩展或将对结构完整性产生严重的影响,即使在应力幅值小于材料实际强度的情况下,也会引发结构的失效。

众所周知,疲劳是一个工程问题。过去人们对金属材料和结构已经进行了广泛而深入的研究,目前,为减轻结构重量并提高力学性能,轻型结构主要采用连续纤维增强聚脂基复合材料。这是由于复合材料各向异性的力学性能在单位密度下会比金属材料更高,并且能根据不同的应用需求进行不同的设计。各向异性特征的复合材料力学性能取决于结构增强的方式,加大了对材料特征描述的难度。因此,复合材料在不同方向上循环加载的破坏机理就变得更为复杂,而且金属材料的疲劳理论也尚未发展成熟。

过去几十年中,关于复合材料的疲劳特性研究主要集中在单向复合材料层压板。此外,自动化和计算机控制技术的发展也促进了规模化生产,制造速度不断提升,都使得复合材料预制件具有较高的生产效率和良好的可购性,极具市场竞争力。目前,用于复合材料增韧的几何编织结构都具有良好的悬垂性,且功能多样,如二维和三维纤维结构,这对于制作复杂双曲型结构件尤为重要。考虑到复合材料在结构使用中的潜在作用,以及承受长期波动载荷的服役环境(如汽车、航空航天、航海和发电等),亟需对纤维编织复合材料的疲劳耐久性进行深入了解。

本书重点研究了纤维编织复合材料的疲劳力学性能,通过介绍几种不同的观点,回顾现有的不同尺度层面上的研究方法,概述了疲劳力学性能相关领域的最新进展,并探讨了二维和三维纤维编织复合材料的试验测量、断口观察和数值预测。最后介绍了编织复合材料在特殊环境结构中的应用情况。

本书分为四部分,分别从宏观、细观和微观的不同层面上,整合了人们对纤维编织复合材料疲劳性能的认识。

第一部分综述了复合材料疲劳力学性能研究的一些基本理论,为编织复合材料的研究提供理论框架。该部分汇总了在工程领域中相对于金属材料而言的一些常用概念,尤其是具有各向异性特征的复合材料层压板在疲劳方面的一些重要概念。此外,这部分还包括试验测试方法和许多现有的大型试验数据库。

第二部分提出了研究纤维增强复合材料疲劳特性的必要基础,即纤维本身的力学行为和单向纤维增强复合材料的力学行为。前者主要介绍纤维本身的疲劳性能,这对于研究复合材料的疲劳性能至关重要,而后者在复合材料的建模和设计中都是一个必要的输入参数。

第三部分收集了二维和三维的玻璃纤维和碳纤维增强复合材料的疲劳力学性能的试验数据,其中,重点分析了试验加载条件、环境因素以及宏、微观尺度对材料损伤发展的影响,同时也探讨了三维编织结构对材料疲劳力学性能的影响,并将其与二维的层压板结构进行了比较。另外,该部分还介绍了有关编织复合材料疲劳力学性能建模的最新研究成果。尽管对复合材料层压板已有一些成熟的研究方法,但在如何建立细观模型上仍然存在着争论,还需进一步商榷。这些章节中所提到的方法仅代表编者的个人观点,但对该领域的研究仍不失为一种较客观的评述。

第四部分概述了编织复合材料在实际工程中的多种应用,在这些应用中,疲劳都被作为一种重要的设计标准,尤其在航空航天、汽车、风能和建造工程的应用中,重点阐述了编织复合材料的疲劳寿命预测和损伤失效分析。本书在这一部分着重强调了建模、测试和细观损伤监测三者协同作用的设计方法。

目前,随着复合材料在工程结构中的广泛应用和快速发展,对复合材料疲劳性能的研究显得尤为迫切。本书拟填补该领域的出版空白,为今后的研究提供参考。

V. Carvelli
意大利米兰理工大学
S. V. Lomov
比利时鲁汶大学

目 录

第一部分 概念和方法

第1章 复合材料耐久性研究的概念框架

第2章 复合材料高周循环疲劳建模的循环跳跃概念

第3章 纤维增强复合材料的疲劳试验方法与标准

第4章　复合材料疲劳分析数据库

第二部分　微观疲劳

第5章　对碳、玻璃和其他纤维的疲劳分析

第6章　单向层压板的多轴疲劳:一种自上而下的试验的方法

第7章　单向层压板在多轴疲劳载荷作用下的裂纹萌生模型

第三部分　不同编织复合材料的疲劳特性与建模

第8章　不同类型和不同环境条件下承受疲劳载荷作用的二维编织复合材料

第9章 二维编织复合材料的疲劳响应和损伤演化

第 10 章　3D 编织复合材料的疲劳损伤演化

第 11 章　三维编织增强复合材料的疲劳性能

第12章 非卷曲编织复合材料的疲劳

第13章 编织复合材料层压板的疲劳模型

第 14 章　编织复合材料单胞模型的高周疲劳性能

第四部分　应　　用

第 15 章　航空应用中碳纤维编织复合材料的疲劳试验和在线检测

第 16 章　汽车行业中使用的编织复合材料

第17章 用于风能工程的编织复合材料的疲劳寿命

第18章 建筑工程:胶粘编织复合材料的疲劳寿命预测

第一部分

概念和方法

第1章

复合材料耐久性研究的概念框架

R. Talreja
美国,得克萨斯州农工大学

1.1 引言与背景

耐久性是指在单位时间内承受机械载荷或热载荷的能力,是许多结构设计中关键的考虑因素。而造成这种现象的原因可能是由于其性能损耗与加载时间相关,如聚合物基复合材料的黏弹性特征和纤维的应力腐蚀开裂现象,它们要么是由于一些尚不明确的原因造成的,要么是由于在一段时间内反复(循环)施加载荷而造成的。在后一种情况下,这种现象被称为疲劳,它是通过一些规律性的特征来描述所施加的载荷,如采用正弦负载的周期数来描述。本书将着重阐述复合材料疲劳的耐久性特征,并对恒时加载情况做简要介绍。

疲劳,首先要考虑的是由二次加载所引起的作用机制,也就是说在施加第一次载荷作用时,且在第二次载荷还未施加时所发生的情况。显然,如果不存在差异性,那么整个载荷施加的过程完全可逆,这在力学范畴内被称为弹性。可以肯定的是,完全的弹性可以通过应力应变的力学行为特征来表示,这种情况下无法进行尺寸的测量,但是不可逆的过程却会出现较小的尺度变化(加载和卸载响应的差异),当然这对于宏观尺度的反应没有影响(如聚合物中的裂纹形成以及永久形态的重新排列)。通常,解决上述这些问题会面临很大的挑战,并且这些问题似乎也很难克服,这也就导致缺乏基本的疲劳研究方法。

研究单层或者复合材料疲劳的一种常见方法就是把它看成是同一种材料性质,就像弹性一样,使用一系列的材料常数来表示它即可。这些材料常数来自于 S-N 曲线(或者图表),在这个曲线中,试样在恒定振幅正弦载荷作用下所承受的周期数与所施加的应力幅值是一致的。与弹性常数的测试不同的是,疲劳试验数据具有明显的分散性，根据平均疲劳寿命拟合出来的曲线，为材料的疲劳特性提供了一种经验性的描述。拟合的整个曲线（或部分曲线）可以用来比较材料的疲劳性能，以便在工程中选择更加合适的材料。为了防止材料在使用过程中发生疲劳破坏，保证结构安全，这就需要更多的经验拟合曲线，因为在实际工作中，应力随时间的变化与 $S-N$ 曲线中的标准正弦应力变化并不相同。例如，如果在标准试验中采用零均值的正弦载荷来进行试验，那么材料在非零平均应力下的疲劳特性则需要通过不同的经验方法才能确定。这种经验方法最早起源于 19 世纪的金属疲劳领域，现在称为“经典”方法。在 20 世纪 70 年代，从断裂力学领域角度出发，开始对这种方法进行了不断的修改和补充。将裂纹的应力分析与能量守恒综合起来进行考虑，提供了一种解决循环载荷作用下裂纹扩展的方法。

金属材料的疲劳试验方法不可避免地影响到复合材料疲劳特性的研究。仔细想想，这么做也不是完全没有道理，虽然金属材料疲劳中不可逆性的根本原因在于其内部晶体的塑性特征，但是复合材料更是如此，尤其是聚合物基复合材料。因此，将复合材料的疲劳从金属材料的疲劳思想中分离出来，并找到复合材料疲劳特性中不可逆性的根本原因更为合理。Talreja 曾采用这种方法进行了研究，并给出了研究结果（Talreja，1981）。之后，又在这些文献中，对前期的工作进行了补充完善（Akshantala，Talreja，1998，2000；Gamstedt，Talreja，1999；Quaresimin，Susmel，Talreja，2010；Talreja，1982，1985a，1987，1989，1990，1993，chap. 13，1995，1999，2000，2003，2008；Talreja，Singh，2012）。基于此，本章将对该方法进行详细描述，以阐述复合材料疲劳研究的概念框架。

本章的主要内容如下：首先，讨论材料在可恢复与不可恢复变形下的不可逆性问题，这将有利于描述循环载荷的施加所造成的损伤累积，以及随之而来的疲劳失效；其次，根据 Talreja 在文献中引入的疲劳寿命图，以此作为阐释复合材料疲劳特性的概念框架；最后，在这些疲劳寿命图的基础上，介绍一种基于时变载荷（多轴加载）的可以预测材料疲劳失效的方法。

1.2 材料的耐久性基础

如上所述，只要材料的可逆性保持不变，那么具有完全可逆性的材料就会经久耐用（相同的加载和卸载行为）。而如果材料力学性能与时间之间存在相关性，那么必须要考虑材料的塑性特征。为了弄清楚这一点，下面将分别讨论恒时载荷和时变载荷作用下的加载情况。

1.2.1 恒时加载

图 1.1 中给出了不同加载和卸载路径下应力应变曲线的示意图，分别标记

为 A、B 和 C。其中,A 表示加载和卸载路径完全一致的情况。为简单起见,此种情况下所示的应力应变路径为线性,但通常来讲,它也可能是非线性的,如果可逆,则表明材料为线弹性。B 和 C 分别表示在非线性条件下(不可逆的)与时间相关的两种力学行为特征。在 B 中,卸载路径与加载路径不同,但卸载到应力为零时,非线弹性的残余应变被及时完全恢复。在 C 中,残余应变仅部分恢复,造成了永久性的应变,这表明加载造成材料内部发生了不可恢复特征的变化。B 和 C 之间材料行为的差异在图 1.1 所示的应变–时间响应曲线中得到了进一步的说明。在 B 中,如果卸载没有完成,而是在最大应力时保持不变,则应变随时间的增加而增加,如图 1.1 中所示的应变–时间曲线。该应变达到稳定之后,就没有进一步的增加。另外,在 C 中,最大恒定应力下的应变分阶段地增加,其特征为应变率呈指数递减、恒定和指数递增。如图 1.1 所示,在 $t=T$ 时的最终阶段,导致材料发生了失效破坏。

B 和 C 分别描述了黏弹性和黏塑性材料的力学行为特征。许多聚合物基复合材料也会表现出这两种类型的力学行为。在相对较低的应力状态下,诱发分子重新排列,并随时间的增加而增加,直至达到极限状态,并且这些分子的重排可以通过卸载来恢复。而在较高的应力状态下,材料的力学行为随着时间变化而转变为黏塑性,如图 1.1 中 C 所示。此时,分子重排所处的状态不能及时完全恢复。此外,随着应力的增加,也会发生其他永久性的损伤变化。如空隙和裂纹的形成。这些变化可能会愈演愈烈,从而导致应变呈指数级地增长,如图 1.1 中 C 所示。

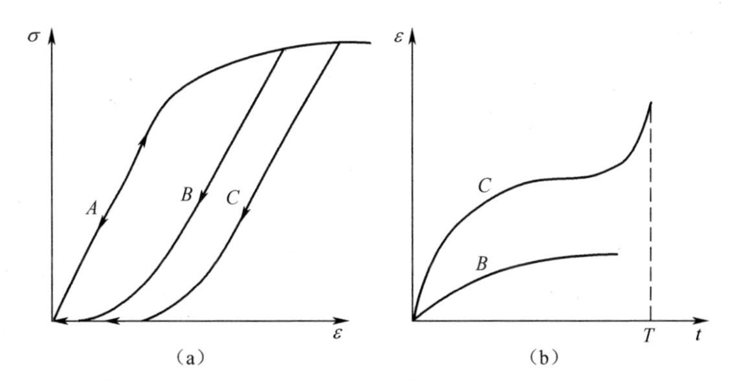

图 1.1　(a)不同加载–卸载力学行为示意图;(b)B 和 C 的应变随时间变化的曲线
A—可逆(线弹性);B—卸载时可完全恢复的残余应变;C—卸载时部分可恢复的不可逆残余应变。

1.2.2　时变加载

在非单调时变载荷作用过程中,载荷的增加会引起材料内部发生变化,如果这些变化处于黏弹性状态,那么这些变化是可以恢复的。但是,如果减少的部分载荷没有足够的时间进行恢复,那么剩余的变化将会继续,并可能在随后的加载-卸载过程中进行累积。在这种情况下,应力-应变响应中的迟滞现象表示有其他形式的耗散应变能,如裂纹的表面能。特别是在非均匀固体中,如复合材料中的弱界面层会通过吸收可用的应变能,从而更加容易(脱黏)分层。这种内部界面的存在将导致部分不可恢复的应变进行累积。由此表现出的材料行为被称为黏塑性。

关于黏弹性和黏塑性术语的使用需要注意的是,"弹性"和"塑性"这两个术语都起源于金属材料中,它们分别描述了材料可逆和不可逆的变化过程,除了在高温情况下,都与时间变化无关(瞬时)。金属材料的塑性变形是以位错运动理论为基础,因此金属材料从塑性变形开始(如收缩),到之后的屈服行为结束,原则上该理论不适用于聚合物和聚合物基复合材料。

在纤维体积分数较高的纤维增强聚合物基复合材料中,聚合物基体变形的时间相关性受到抑制,往往可以忽略不计。相反,纤维/基体的内界面和约束基体是界面形成的根本原因,并且这在应力-应变力学响应中是不可逆的。由于大部分裂纹形成(脆)时具有瞬时特性,因此该过程中的时间相关性同样也可以被忽略。随着黏塑性中"黏性"的出现,人们可以认为聚合物基复合材料的"可塑性"是不可逆的,并且是与时间无关的一个变化过程。然而,这一点并不可取,因为它很容易与金属材料的可塑性相混淆,综上所述,这种"可塑性"与晶体材料中的位错运动有关。

我们将继续使用术语"损伤"一词来表示聚合物基复合材料的内部界面,同时这也是材料内部不可逆性的主要原因。而在时变载荷作用下由加载-卸载过程所造成的内表面形成及扩展也称为"疲劳损伤"。本书的其余章节将主要介绍纤维增强复合材料中出现的疲劳损伤现象。

1.3 疲劳耐久性的概念框架

如上所述,通过将试验数据绘制为 $S-N$ 曲线确定疲劳性能的方法,对于复合材料来说,算不上是一个有吸引力的问题。很容易看出,这种方法由于涉及太多的载荷变化相关参数,就会让人难以完成这项工作,以至于无法得到广泛应用。如平均应力效应、载荷序列效应以及交变载荷-幅值效应,这些都是由于纤维体积分数、纤维结构和纹理的影响。这些参数组合中的每一个参数发生变化,都需要重新进行试验。另外,还需要用一些定理和公式来推导非标情况下材料的疲劳特性,由于涉及很多的不确定因素,因此其需要具有较高的安全系数。

作为经验方法的替代选择,本书提出了一种基于逻辑和系统考虑的损伤机理,来描述复合材料疲劳特性的概念框架(Talreja,1981)。如采用一些关键的试验现象,来更好地"完善"疲劳寿命图,然后可以通过逻辑分析将其扩展应用到复合材料相关的参数发生变化的其他加载情况。

1.3.1　疲劳寿命图

本书以单向复合材料在循环拉伸载荷作用下的疲劳寿命图为例进行说明。首先要对该条件下材料的组成进行分析。

1.3.1.1　纤维在复合材料疲劳中的主要作用

现在假设有一个承受拉伸载荷 P 的干纤维束,如图 1.2(a)所示。众所周知,商业生产出来的纤维具有缺陷,导致其在给定长度上的抗拉强度是由该长度中最薄弱的点所决定的。因此,在一段给定长度的纤维束中,所有的纤维都是平行的,并且长度和直径都相等,当纤维束受到拉伸载荷 P 的作用时,最弱处的纤维(纤维束)就将会首先发生失效断裂。假设拉伸载荷 $P=P_1$ 是发生第一个纤维失效破坏时的值。那么在该载荷作用下,纤维束中幸存的其余纤维将会瞬时,并且均匀地分担由断裂纤维所释放出来的残余载荷。如果剩余的纤维中没有一个在施加载荷 P_1 所对应的新应力值下发生失效破坏,那么在接下来的卸载和重复加载纤维束的过程中,纤维(束)也就不会发生失效破坏。事实上,如果假设纤维的失效是与时间不相关的一个过程,那么在施加载荷 P_1 作用下的任何循环次数都不会造成更多的纤维发生失效破坏。换句话说,就是纤维束不会再发生疲劳破坏。

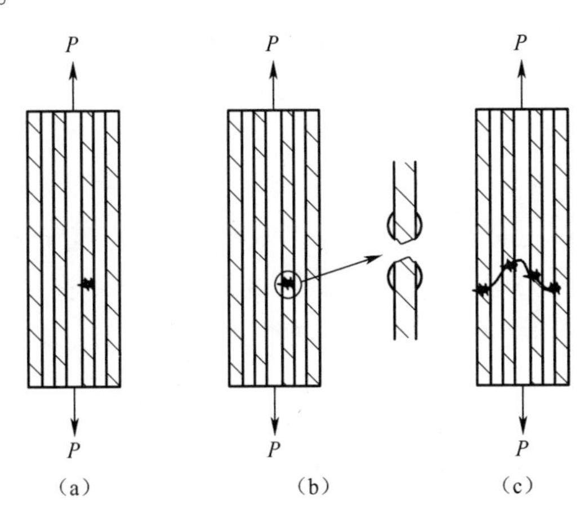

图 1.2　拉伸载荷 P 作用下的纤维失效破坏示意图

(a)干纤维束中最弱处的纤维发生了失效破坏;(b)纤维增强复合材料中最弱处的纤维破坏及短纤维的脱黏;(c)由于纤维失效区域的扩展连接造成复合材料发生了破坏。

现在假设有一种相同纤维束增强的聚合物基复合材料,并且假设纤维束中的所有纤维都完美地黏结在基体上。首先,施加到该复合材料上的轴向拉伸载荷 P 将在载荷值 $P=P_2$ 时导致干纤维束中的纤维(纤维束)发生失效。其次,断裂的纤维将从基体局部脱黏,如图 1.2 中所示的复合材料纤维发生失效破坏的放大图。再次,围绕在破坏纤维周围的基体将承受比纤维破坏之前更高的应力。更重要的是,在这个新的应力水平作用下,聚合物基体可能会发生非线弹性的、不可逆的变形,而这一点才是疲劳过程的关键。因此,在 P_2 载荷卸载并重新施加到这个值的过程中,改变了基体中的应力状态,以及断裂纤维与临近纤维之间的应力状态。若不断重复循环地施加该载荷,当满足复合材料发生疲劳破坏时的损伤累积条件时,则就可能会导致复合材料发生疲劳失效破坏。

图 1.2 给出了复合材料发生疲劳失效破坏示意图,图中描述了断裂纤维邻近区域的连锁破坏效应。

在给定体积分数的单向纤维增强复合材料中,纤维缺陷将会根据采用的制造工艺分布在材料内部。因此,在轴向拉伸载荷作用下,平均破坏应力(或应变)不是确定的一个值,而是具有概率分布的特征。由于纤维中的平均应力与基体中的平均应力不同,为此,将采用复合材料失效时的平均应变来作为纤维的名义失效应变,而不需要考虑纤维体积分数。因此,本书用 ε_c 表示复合材料的平均破坏应变,并用 5%和 95%失效破坏概率来表征破坏应变中的置信度。

如果复合材料能够承受这个载荷作用,那么可以认为,没有一个纤维破坏区域满足刚才讨论的失效条件,如图 1.2 所示。在这种情况下,局部区域必须有足够多的纤维发生失效,才能使得基体裂纹在最大载荷作用下难以稳定地发生扩展。由于施加的载荷足够大,并使最大应变处于破坏散射带内,因此,可以合理地认为在该载荷作用下不同区域的多处纤维可能会发生失效断裂的情况,尽管这些区域内的纤维尚未满足失效破坏条件。现在我们假设对该材料首先进行卸载,然后再重新对其加载,并加载至最大载荷值。那么,在重新施加载荷作用时,就会由于基体的非线弹性变形,导致每一个纤维破坏区域的应力都将重新分布。然而,由于纤维中随机分布的缺陷(弱点),区域中的应力场将会有所变化,并且还会导致产生更多的失效纤维。如果循环施加该最大载荷,那么在每次载荷作用下,都将会形成一个新的纤维破坏区域,该区域就最有可能在下一次的最大载荷作用下发生失效破坏。对于我们来说,由于不存在最大载荷作用下的渐进失效机制,所以也无法根据该机制进行预测,到底是哪一个失效区域将最先满足复合材料的失效破坏条件。

因此,我们认为复合材料的破坏并不是加载周期次数 N 的函数,且失效破坏的概率与周期次数 N 无关。换句话说,就是初始失效应变与循环载荷的周期次数 N 保持不变。如图 1.3 所示,将该阶段定义为复合材料疲劳破坏过程的阶段Ⅰ。

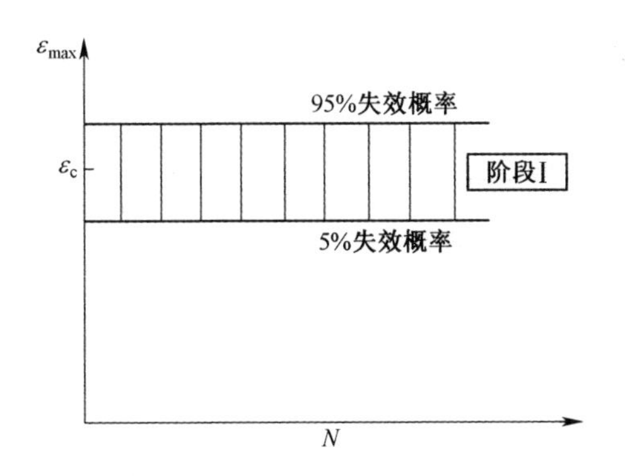

图1.3　疲劳寿命图的阶段Ⅰ

1.3.1.2　基体在复合材料疲劳中的主要作用

现在假设对单向纤维增强复合材料施加一个拉伸载荷的作用，并使第一次施加载荷时的最大失效应变小于ε_c(图1.3)。在该载荷作用下，纤维几乎不会发生断裂破坏。然而，在实际过程中却可能会出现一些纤维由于制造缺陷而导致的断裂情况，例如，在干燥状态下制造纤维，或者在聚合物基体浸渍过程中拉伸它们都有可能会造成纤维的断裂。而断裂的纤维端部正是基体应力集中的部位，从而会造成基体发生变形，表现出非线性特征。因此，在循环载荷的作用下，这些部位是导致疲劳裂纹萌生和扩展的根本原因。现在纤维的主要作用是减缓裂纹的萌生，并尽可能阻止这些疲劳裂纹的扩展。如果循环载荷足够大，那么基体裂纹将会随着纤维桥接裂纹而扩展，并且具有最大循环扩展速率的裂纹也将会满足复合材料的破坏条件。由于纤维桥接基体裂纹的能量释放率超过了局部断裂韧性，因此，可以用该能量来表示其失效条件。很显然，该临界条件取决于裂纹的尺寸大小以及所施加的载荷值。由于裂纹扩展速率会随着载荷值的降低而减小，因此满足失效条件所需的载荷循环周期次数就会相应地增加。这就导致疲劳寿命散射带具有向下倾斜的趋势，如图1.4所示，图中所展

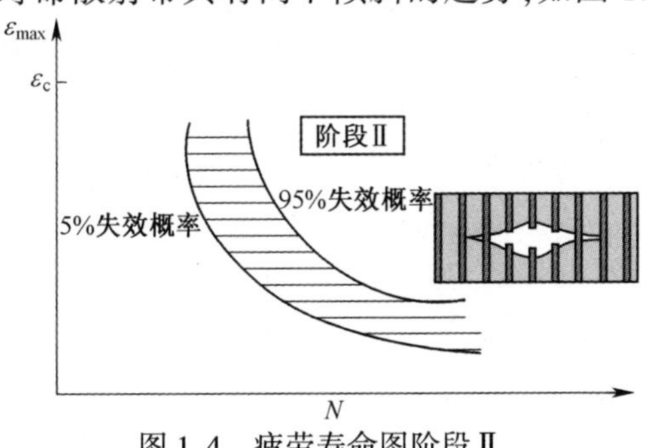

图1.4　疲劳寿命图阶段Ⅱ

示的纤维桥接裂纹表示材料内部潜在的疲劳破坏机制。散射带表示由随机裂纹扩展速率和裂纹尖端的局部断裂韧性所引起的变化趋势。该疲劳过程中的散射带也被称为阶段Ⅱ。

1.3.1.3 疲劳极限

疲劳极限不仅从根本上引起了人们的兴趣,而且对结构的耐久性设计也具有实际意义。疲劳极限的概念,类似于金属材料中塑性屈服应力的概念,通过观察可以发现,如果最大应力保持在阈值以下,那么某些金属材料(特别是钢)的疲劳寿命基本上是无限的(或者比大多数结构中所需的安全寿命还要长得多)。如图 1.5(a)所示,在经典的 S-N 图中,S_0表示疲劳极限。如果在金属结构材料中使用失稳扩展的裂纹来定义失效,那么其疲劳阈值将根据应力强度因子 ΔK 的范围来定义。若该阈值低于 ΔK 值,则裂纹不会发生扩展。图 1.5(b)中的曲线表示裂纹扩展速率 da/dN 与 ΔK 的关系,以及疲劳阈值 ΔK_0。

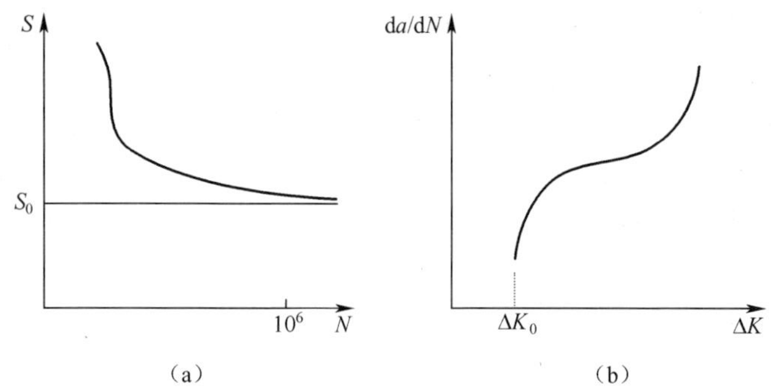

图 1.5 (a)典型的金属材料疲劳应力-寿命曲线图(S_0表示疲劳极限);
(b)典型的裂纹扩展速率与应力强度因子的曲线图(ΔK_0表示疲劳阈值)

根据金属材料的疲劳研究表明,疲劳极限具有微观尺寸效应,如晶粒尺寸,这主要与抑制疲劳极限的微观结构有关,如果萌生裂纹,则在金属材料内部就会形成晶粒滑移带,从而阻止裂纹继续扩展。

在经历复合材料的疲劳阶段Ⅱ中,微观结构是纤维桥接基体裂纹的屏障。这些纤维通过降低能量释放率(或者通过减少裂纹表面位移)来提高抵抗裂纹扩展的能力。裂纹尖端的纤维可以阻止裂纹的扩展,尽管存在减缓裂纹扩展的机制,但在超高周循环加载作用下,失效仍然是不可避免的。虽然在金属材料中,10^6次循环被认为是高周循环周次,并且经常用来定义疲劳极限,但在聚合物基复合材料的应用中,如风力涡轮叶片等,其设计寿命预计将会达到 10^7或者更高的循环周次。由于进行这样超高周次的疲劳循环试验非常费时,且价格昂贵,因此,可以根据材料的裂纹扩展机制来预测其疲劳极限。下面举例说明。

图 1.6 给出了阻止复合材料疲劳裂纹扩展的示意图。在循环载荷作用下,

聚合物基体在疲劳发展过程中形成了裂纹。假设所施加的载荷值较低，则基本上不会出现纤维的失效破坏，那么纤维附近的聚合物基体所承受的循环应力将由纤维本身的变形所决定。纤维与基体(以及复合材料)在这种循环载荷作用下会产生相同的应变。为了使基体形成疲劳裂纹，该循环应变必须等于或大于基体的疲劳极限(按应变测量)。因此，复合材料的疲劳极限就近似等于基体的疲劳极限。很显然，复合材料的疲劳极限 ε_{fl} 值是一个近似值，这是由于我们假设基体中的局部应变与复合材料中的局部应变相同，而忽略了由任意一个纤维引起的应变增韧。一方面，基体的疲劳极限 ε_m 可以看作是复合材料疲劳极限的下限值，即 $\varepsilon_{fl}<\varepsilon_m$，另一方面，由于纤维阻止了裂纹扩展，如图 1.6 所示，复合材料的实际疲劳极限值很可能要高于基体的疲劳极限，即 $\varepsilon_{fl}>\varepsilon_m$。这就需要进行相关的基础性研究工作，以确定纤维结构(如直纤维和编织材料)，以及纤维体积分数将会如何影响复合材料的疲劳极限。对于玻璃纤维增强环氧树脂基复合材料来说，根据 Dharan(1975)提供的研究数据表明，在三种不同的纤维体积分数下(0.16,0.33,0.50)，环氧树脂的疲劳极限值为 0.6%，这与单向纤维增强复合材料的疲劳极限值相当接近。然而，对于刚度较大的碳纤维增强复合材料来说，其疲劳极限值通常要高于 0.6%。

现在定义一个沿纤维方向施加循环拉伸载荷作用的疲劳力学行为，在此过程中，并没有出现预想中裂纹的萌生和扩展机制，同样，也没有出现高周循环加载作用下裂纹的失稳扩展现象，如图 1.6 所示为疲劳阶段Ⅲ。

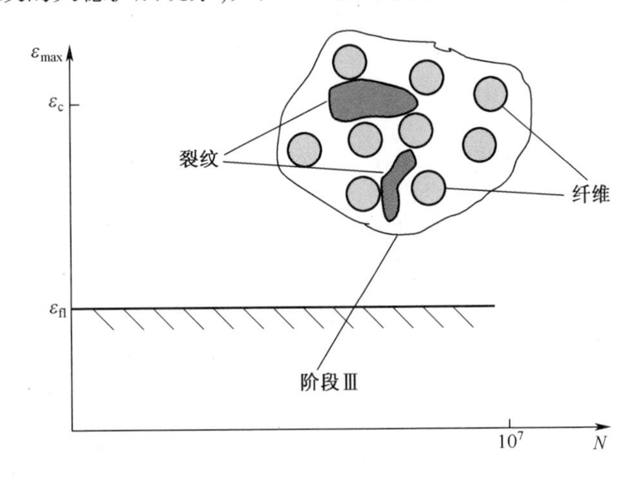

图 1.6 疲劳寿命图中的阶段Ⅲ表示纤维阻止基体裂纹发生扩展的示意图

1.3.1.4 单向纤维增强复合材料疲劳寿命图的构建

疲劳的这三个阶段主要是根据各自对裂纹扩展机制的作用而分别定义的。根据纤维、基体和界面的特性，这些阶段将在疲劳寿命图上有所差异。如图 1.7

所示为构建标准疲劳寿命图的三个阶段。

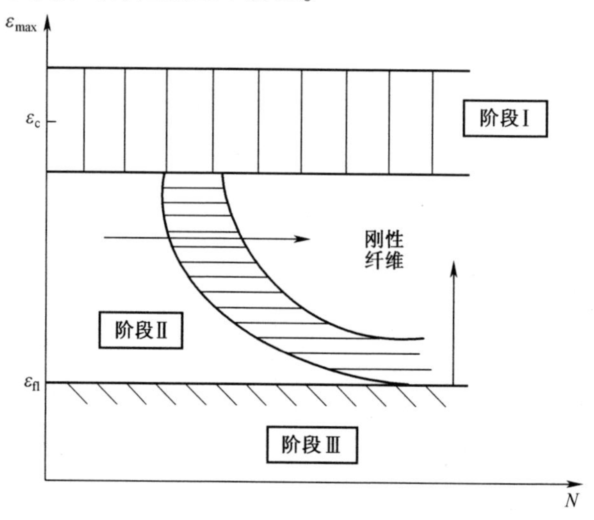

图 1.7　总疲劳寿命图的三个阶段

1.3.2　单向纤维增强复合材料疲劳的概念解释

在疲劳寿命图中,阶段Ⅰ表示准静态失效破坏散射带,由于与循环载荷无关,因此它不影响复合材料的疲劳特性。另外两个阶段,阶段Ⅱ和阶段Ⅲ是决定基体疲劳性能的主要因素,但它们会受到纤维性能的影响,如纤维的刚度,以及纤维结构(直纤维、编织材料等)。

1.3.2.1　纤维刚度的影响

根据疲劳寿命图中阶段Ⅱ的作用机制,可以推测,如果采用刚度较大的纤维,那么将会延缓纤维在循环载荷作用下桥接裂纹的扩展,从而导致材料具有更长的疲劳寿命。此外,使用刚度较大的纤维还可以更好地抑制基体的疲劳裂纹,从而提高材料的疲劳极限。图 1.7 中的箭头(→)代表这种发展趋势。图 1.8和图 1.9 中给出了疲劳寿命数据和疲劳寿命图用以佐证这种发展趋势。图 1.8 给出了三种不同体积分数的单向玻璃纤维增强环氧树脂基复合材料,图 1.9所示为碳纤维增强环氧树脂基复合材料。在这两个图中,环氧树脂基体的疲劳极限值均为 0.6%。通过比较这两个图,可以发现阶段Ⅱ的疲劳寿命所发生的变化:玻璃纤维的疲劳寿命要高于碳纤维的疲劳寿命,并且与玻璃纤维增强环氧树脂基复合材料相比,碳纤维增强环氧树脂基复合材料的疲劳极限要更高一些。

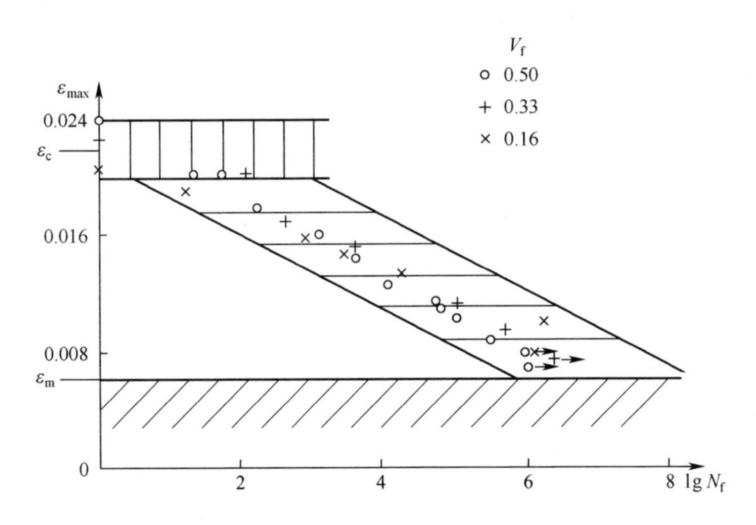

图 1.8 三种纤维体积分数的玻璃纤维增强环氧树脂基复合材料的疲劳寿命数据和疲劳寿命图(数据来自 Dharan(1975))

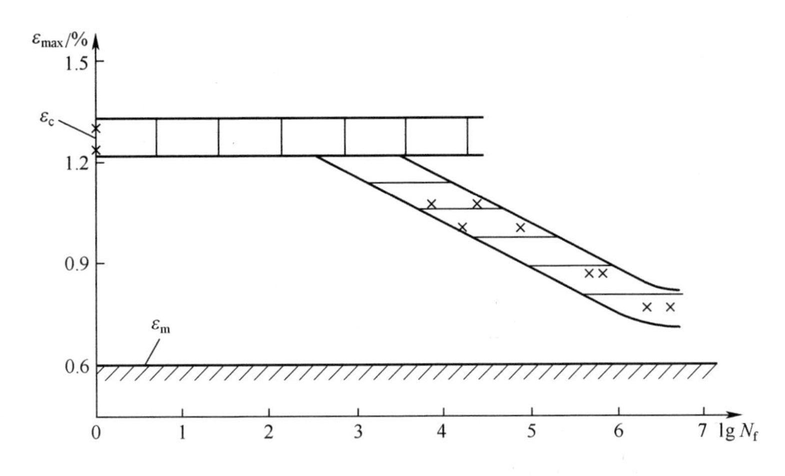

图 1.9 单向碳纤维增强环氧树脂基复合材料的疲劳寿命数据和疲劳寿命图(数据来自 P. T. Curtis(私人通信)

1.3.2.2 纤维/基体界面的影响

纤维/基体界面结合的特性将在疲劳裂纹扩展过程中发挥重要作用,例如,它会影响纤维桥接基体裂纹的扩展。通过比较单向碳纤维/环氧树脂基复合材料和碳纤维/聚醚醚酮(PEEK)复合材料的疲劳特性,Gamstedt 和 Talreja(1999)发现这两种复合材料的界面结合特性对阶段Ⅱ和阶段Ⅲ的疲劳力学行为都有着明显的影响。图 1.10 给出了他们的观察结果,结果表明了强健图(a)和弱健图(b)在纤维——桥接裂纹——中起的作用。对于典型的碳纤维增强环氧树脂基复合材料来说,这种强健不太容易导致发生分层脱黏扩展,从而造成裂纹尖端与后面的裂纹越来越大。另外,弱键则会较容易导致产生大范围的界面脱黏扩展,这种失效模式会使得裂纹尖端释放应变能,导致纤维桥接基体裂纹延迟扩展。然而,这种界面脱黏还会造成另外一种结果:形成的单个裂纹会很容易通过界面脱黏连通起来,而这些裂纹连通后的界面的面积更大,更加容易发生失稳扩展,从而引发失效破坏。

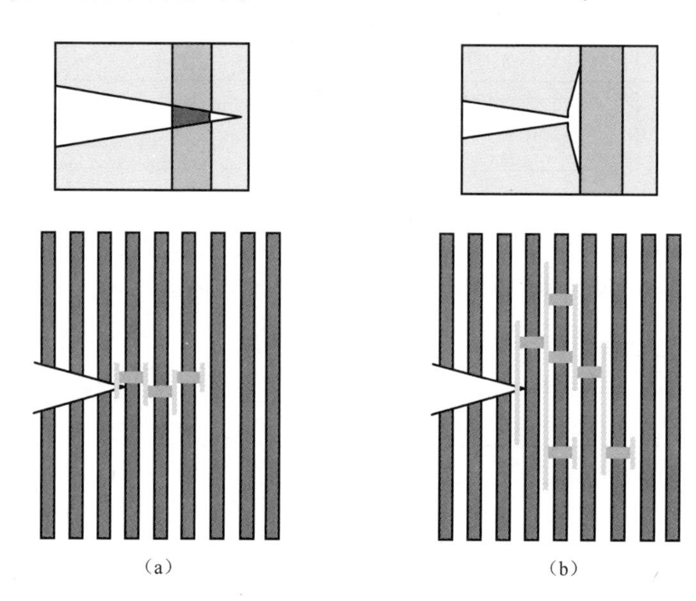

图 1.10　纤维/基体界面对基体裂纹扩展的影响示意图
(a)强界面可以通过纤维的断裂来实现裂纹的扩展;(b)弱界面则可以分散裂纹尖端,延缓裂纹的扩展。

对于非常脆弱的纤维/基体结黏结,或者是存在黏结缺陷的这种极端情况,疲劳破坏过程可以从纤维桥接裂纹扩展过程转变为纤维断裂过程的累积,并通过断裂的纤维端部,将更大的应力传递到附近更广的区域。因此,不太可能形成一个明确的纤维桥接裂纹,相反,会出现大面积的纤维断裂。

1.3.2.3　非线弹性基体的影响

实际上,非线弹性基体是复合材料发生渐进疲劳破坏的主要原因。如果使用线弹性材料(如陶瓷材料)作为基体,则疲劳寿命图中的阶段Ⅱ将不会存在,除非有其他原因。正如 Talreja(1990)所述,在陶瓷基复合材料的疲劳中,纤维/基体之间界面处的摩擦滑移为材料发生疲劳失效提供了必要条件。我们回过头来看聚合物基体,这是讨论的重点,当拉伸载荷方向与纤维方向一致时,刚度较大的线弹性玻璃纤维或者碳纤维会抑制基体的非线弹性变形。然而,在纤维发生断裂的端部，会出现局部的非线弹性变形。

综上所述，如果使用较软（韧性更好）的基体材料来代替之前给定的基体材料，那么断裂纤维端部附近基体的局部非线弹性变形将会更加密集和广泛（即在更大的体积上分布）。其结果是导致疲劳失效过程发展得更快，以及减少了载荷循环周次。

因此，疲劳寿命图中的阶段Ⅱ将向左移动。这一趋势与之前在 1.3.2.1 节中讨论的结果恰好相反。

1.3.3　基本疲劳寿命图的变化

前面所讨论的疲劳寿命图主要是针对单向纤维增强复合材料沿纤维方向施加拉伸载荷作用的情况。若基本疲劳寿命中的任意一个参数发生改变，则疲劳寿命图也就会有偏差。以下几个示例将说明这些偏差的性质，并对这些偏差的逻辑过程进行评估。

1.3.3.1　压缩载荷

在金属材料中，疲劳过程主要依靠材料的塑性。在疲劳裂纹形成之前，疲劳过程由晶粒内的剪切塑性变形引起。在裂纹形成之后，裂纹扩展主要由裂纹尖端的塑性变形所引发。因此，在裂纹萌生阶段，施加拉伸或者压缩载荷具有相同的作用效果，这是由于虽然所产生的剪切塑性变形的方向不同，但是它们都具有相同的物理效应。裂纹一旦形成，那么裂纹尖端的塑性变形将取决于裂纹的尖端的开口，因此此时裂纹的扩展主要由拉伸载荷所控制。由于拉伸载荷和压缩载荷的作用是相同的，所以金属材料的 *S-N* 曲线可用于表示光滑试样在循环载荷作用下的疲劳寿命数据，并且这些试样的大部分疲劳寿命都发生于裂纹萌生阶段。同理，使用拉伸-拉伸循环加载中的最大拉伸载荷用于表示金属材料疲劳裂纹扩展行为的疲劳寿命图，以及在该循环载荷作用下的裂纹扩展。在该图中，每一次循环周期的裂纹扩展速率都与裂纹尖端应力强度因子（拉伸）的范围相一致。*S-N* 曲线和裂纹扩展速率图已经在金属材料的疲劳寿命评估中得到了广泛应用。

沿纤维方向对单向纤维增强复合材料施加循环载荷的作用时，拉伸载荷与压缩载荷的偏移会产生不同的作用效果。而在构建标准疲劳寿命图时主要考虑的是拉伸载荷作用的情况，因此，下面将主要探讨压缩载荷引起的疲劳寿命图的变化。

以单向纤维增强复合材料中的纤维受压为例，Rosen（1964）假设并分析了纤维发生微屈曲时的失效机理。其试验结果表明，纤维在应力集中部位的剪切应力作用下,如在基体中的缺陷和不规则,或者波浪状纤维的影响下,会很容易发生弯曲变形。如果纤维在发生微屈曲时仍然能够保持完全弹性状态(可逆),那么在压缩载荷的循环加载作用下,就不会发生进一步的变化。然而,如果聚合物基体在微屈曲纤维上发生非弹性变形,那么这就将会加剧纤维的微屈曲变形幅度,从而引起相邻纤维的微屈曲变形,并最终形成一个扭带。图 1.11 所示为这种渐进式失效破坏机理示意图,该图突出了主要特征,忽略了次要方面,如在裂纹扩展期间扭带的增大。当有足够的纤维发生断裂时,可以预测最终导致承载能力丧失的疲劳失效(通常称为剪切破坏)。有关纤维的微屈曲和扭带的详细内容及其力学分析模型,可以参考 Budiansky(1983);Jelf 和 Fleck(1992);Moran,Liu 和 Shih(1995);Vogler,Hsu 和 Kyriakides(2001)的相关研究。

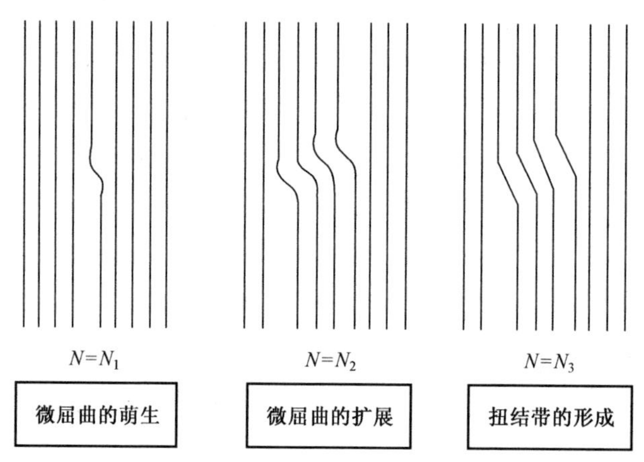

图 1.11 单向纤维增强复合材料在压缩载荷作用下的失效破坏机理示意图

如上所述,循环压缩载荷作用下单向纤维增强复合材料的疲劳破坏过程包含初始萌生阶段、裂纹扩展阶段和临界破坏阶段。如果在第一次施加压缩载荷的情况下出现纤维的微屈曲,那么在随后的载荷作用下,就极有可能会发生微屈曲变形、扭带形成和纤维断裂现象。发生微屈曲变形的概率主要取决于循环应力的最大水平和范围。如果最大应力水平在抗压强度的散射带范围内,且复合材料尚未发生破坏,那么在随后的载荷作用下就会出现失效破坏。因此,疲劳寿命图中表征阶段 Ⅰ 发生非渐进纤维失效破坏的条件在压缩疲劳作用过程中并不存在。换句话说,疲劳寿命图(对应于压缩载荷的渐进失效)中的阶段 Ⅱ 将从第一次施加应力时(准静态)开始,出现向下倾斜的趋势。如果渐进失效机制不随载荷值的变化而变化,那么预计在阶段 Ⅱ 中将会发生连续倾斜的趋势。疲劳极限值也由阈值应力给出,在低于第一次施加的载荷时不会发生纤维的微屈曲。这种应力水平不仅取决于纤维性能(如刚度),还取决于纤维在制造时引起的缺陷,如纤维的错位和波纹。

1.3.3.2　离轴载荷

如果施加的载荷方向与单向纤维增强复合材料中纤维的方向不平行，那么根据标准疲劳寿命图建立的失效破坏机制就不成立。

在偏离纤维方向几度的离轴载荷作用下，纤维的作用效果明显减弱，基体和界面则起主要的破坏作用。在标准疲劳寿命图中不存在阶段Ⅰ的主要原因是由于此时的纤维失效并不是主要的破坏机制，阶段Ⅱ主要是由基体和/或界面的渐进破坏造成的。在这种情况下，图 1.12 给出了渐进失效机制的示意图。从图 1.12 中可以看出，首次施加离轴载荷时，在基体中的不同位置和/或在纤维–基体之间的界面处是否产生微裂纹，主要取决于其内部存在的缺陷。而基体的非线弹性特征会更容易造成裂纹尖端在不断的循环加载作用下发生扩展。裂纹扩展主要取决于局部区域下不同的裂纹扩展速率。例如，裂纹尖端的纤维分布状态，以及裂纹扩展时克服断裂韧性所需的最终失效值（通过释放能提高裂纹的失稳）。图 1.12 中的二维（2D）示意图仅用于说明裂纹的萌生过程。裂纹的萌生通常位于纤维与纤维之间不规则的平面上。图 1.12 所给出的不规则曲线表示这些平面与二维平面之间的交点。裂纹的扩展方向主要是沿斜纤维方向发展的。

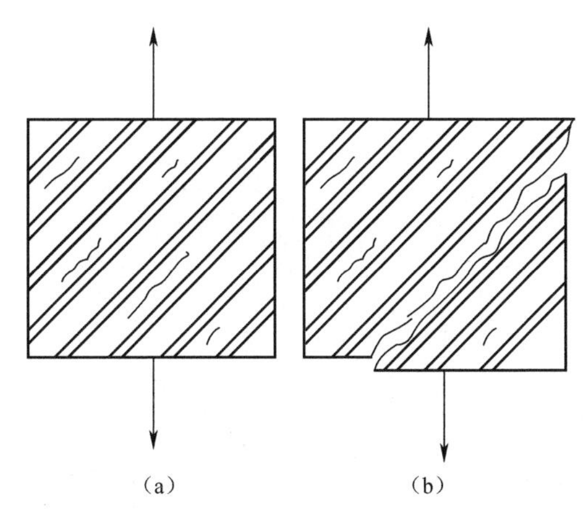

图 1.12　离轴载荷作用下沿纤维方向起裂的二维示意图
(a)首次施加最大载荷作用下的裂纹萌生；(b)失稳裂纹的扩展。

如上所述，在首次施加载荷时会使得裂纹萌生，在之后的循环载荷作用下，裂纹就会按照不同的扩展速率进行扩展。而由制造所引起的微结构缺陷（如不规则的纤维分布、纤维错位、基体孔洞和脱黏界面等）会让裂纹的扩展更加容易达到失效破坏的临界条件，从而导致疲劳寿命的降低。疲劳寿命散射带（阶段Ⅱ）从静态破坏（首次施加载荷时发生破坏）开始向下倾斜，直至达到疲劳极限。图 1.13 给出了标准疲劳寿命图，以供参考。

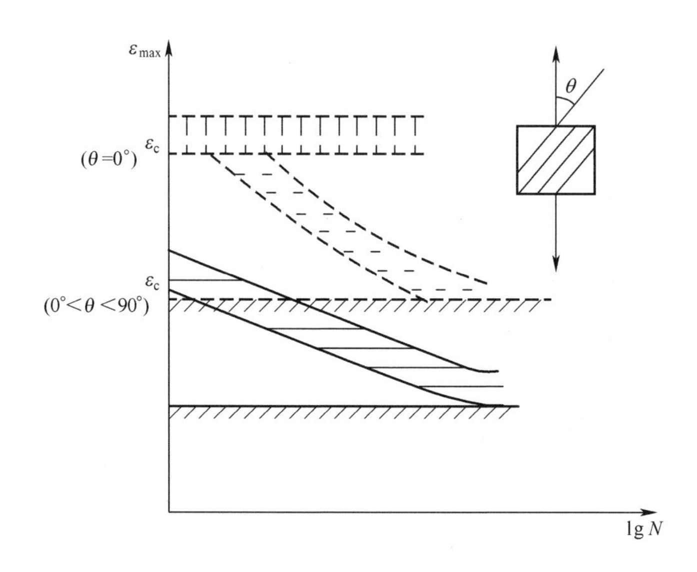

图 1.13　离轴载荷作用下的疲劳寿命图和标准疲劳寿命图(虚线所示),仅供参考

现在需要解决的问题是,在离轴载荷作用下是否存在疲劳极限。以上讨论了轴向载荷的疲劳极限(标准疲劳寿命情况)。如前所述,在产生疲劳极限的过程中涉及到两个方面,即基体材料的疲劳极限以及纤维对周围基体裂纹扩展的抑制作用。在轴向加载情况下,抑制基体中疲劳裂纹的扩展是最有效的,但这种效果会随着离轴角度的增加而减小。此外,在首次施加载荷时,离轴应力的阈值也会随着轴向应力的增大而减小。因此,离轴载荷的疲劳极限主要受轴向疲劳极限的上限值和横向纤维疲劳阈值的下限值这两个值的约束。这一点将会在后面进行讨论。

纤维/基体之间的界面在拉伸应力作用下会产生裂纹,也称为横向纤维的脱黏,这也是许多科研小组的研究课题。Owen(1982)和他的同事在 1970 年早期就进行了试验研究,并公开发表了其相关研究成果。他们的研究对象采用的是玻璃纤维增强聚酯树脂基复合材料,结果表明,在静态加载条件下,该材料的表面拉伸应变约为 0.3%,而在循环拉伸载荷作用下,其应变降低约 0.1%。循环载荷作用下纤维/基体脱黏引起的最小名义拉伸应变是材料学界一直关注的问题,通常是采用各种方法来提高其界面黏结强度。然而,当纤维在复合材料中紧密排列时,引发脱黏分层的现象不仅与黏结强度有关,而且还与基体中纤维表面的应力状态有关。Asp,Berglund 和 Talreja(1996a,1996b,1996c)对此进行了研究,结果表明,靠近纤维表面基体中的孔洞开裂是导致纤维/基体之间界面脱黏的主要因素,并且该过程可以通过膨胀能密度的临界值来控制。因此,这就是纤维束区域的脱黏以及界面黏结强度提高的原因。

单向纤维增强复合材料在离轴载荷作用下恢复到疲劳极限，可以说，该名义应变极限值在轴向值和引起孔洞脱黏的值之间变化。后者可能小于 0.1%。图 1.14 给出了 Hashin 和 Rotem（1973）对单向玻璃纤维增强环氧树脂基复合材料的疲劳极限变化数据结果，结果显示在第一个循环中就转化为最大应变。图 1.14中将它与角度层压板在轴向载荷作用下的疲劳极限变化情况进行了比较。

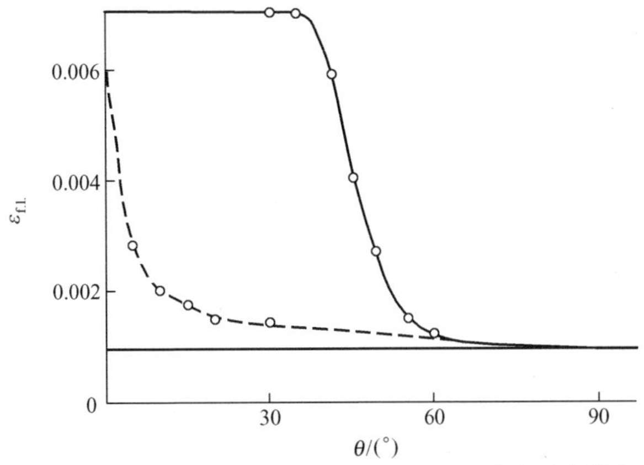

图 1.14　轴向载荷作用下单向复合材料的疲劳极限应变随离轴角 θ（虚线）以及$[\pm\theta]_S$层压板铺层（实线）的变化而变化
（数据来自 Hashin 和 Rotem（1973）的单向（UD）玻璃纤维/环氧树脂基复合材料，以及来自 Rotem 和 Hashin（1976）的玻璃纤维/环氧树脂层压板）

1.4　将标准疲劳寿命图扩展到层压板和其他纤维编织结构

单向纤维增强复合材料的标准疲劳寿命图描绘了一个概念框架，用于表征和解释纤维、基体材料以及纤维/基体之间界面的作用。同时，它还阐明了在这些作用下的破坏机制，从而为构建在给定加载条件下的能量预测模型提供参考价值。例如，如果单向纤维增强复合材料的疲劳模型没有考虑阶段Ⅰ的存在，那么当它存在的条件成立时，该预测模型可能是不准确的。或者说，如果假设阶段Ⅱ的破坏机制不正确，那么它可能同样无法准确地预测出能够满足疲劳极限的条件。

单向纤维增强复合材料可以被视为大多数纤维结构和叠层结构中最基本的形式。在由薄层组成，且承受时变载荷作用的层压板材料中，各个层都会承受沿纤维方向的横向应力、垂直于纤维方向的正应力以及面内剪切应力组成的双轴应力状态的作用。根据这些应力的相对幅值大小，疲劳过程可以根据一个主要应力引起的破坏机制进行分析，同时还需要考虑其他应力产生的影响。例如，如果沿纤维方向的拉伸应力是主应力，那么标准疲劳寿命图应该假设纤维横向应力 σ_2 和面内剪切应力 σ_{12}，并将应力因子定义为 $\lambda_1=\sigma_2/\sigma_1$ 和

$\lambda_2=\sigma_{12}/\sigma_1$,疲劳寿命图中的变化如图 1.15 所示。同理,如果 σ_2 是主应力,那么应力因子就定义为 $\beta_1=\sigma_1/\sigma_2$ 和 $\beta_2=\sigma_{12}/\sigma_2$,同时也需要修改 $0°<\theta<90°$ 的离轴疲劳寿命图,如图 1.16 所示。估计在这种情况下,如果 σ_1 是拉伸应力的话,则 β_1 的影响将会很小。如果 σ_1 是压缩应力,并且其值足够高,高到足以引起纤维发生微屈曲变形,那么它将会提高 σ_2 的能力,导致纤维/基体之间发生脱黏现象,降低材料的疲劳寿命。

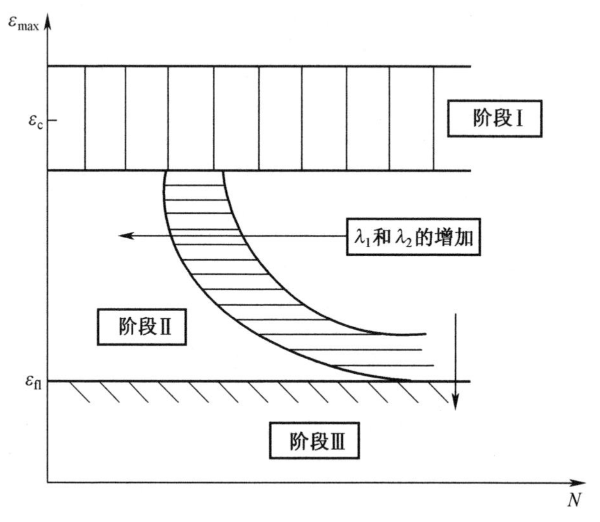

图 1.15 根据双轴应力因子 $\lambda_1=\sigma_2/\sigma_1$ 和 $\lambda_2=\sigma_{12}/\sigma_1$ 修正的标准疲劳寿命图

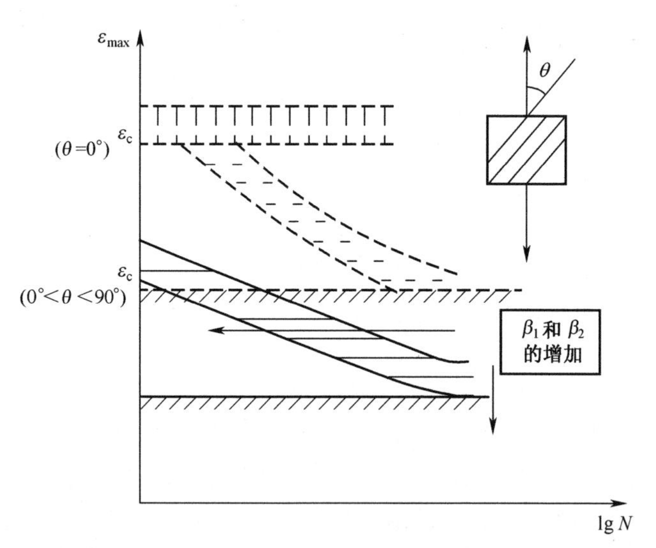

图 1.16 根据双轴应力因子 $\beta_1=\sigma_1/\sigma_2$ 和 $\beta_2=\sigma_{12}/\sigma_2$ 修正的离轴疲劳寿命图

通常,复合材料层压板在时变载荷作用下,每一层都在承受不同速率的双轴疲劳加载。而与主拉伸载荷方向平行的纤维层将会导致最终的失效破坏(脱黏)。如果该纤维层被视为“临界”破坏状态,那么其他与该临界层发生偏离的纤维层可以被看作是“亚临界”状态,它们在疲劳加载中的失效将会导致临界层的应力增强。这一概念似乎得到了图1.17中数据的支持,其中碳纤维增强环氧树脂基复合材料的标准疲劳寿命图是基于单向纤维增强复合材料的疲劳寿命图绘制的,并且图中还含有0°和离轴层压板复合材料的疲劳寿命。两个层压板复合材料的疲劳寿命偏离了标准疲劳寿命图,特别是在低周循环时。这一偏差表明层压板复合材料中0°层的应力增强,这可能是由于在双轴应力作用下疲劳损伤引起的离轴层应力降低所致。估计这与载荷传递过程中层间界面的开裂有关。这种界面裂纹是由相邻层之间的层间裂纹转移到共同的界面而引起的(Jamison,Schulte,Reifsnider,Stinchcomb,1984)。

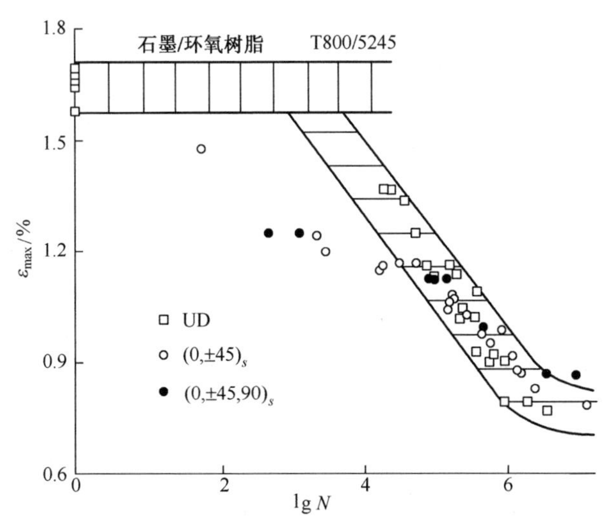

图1.17　用UD碳纤维/环氧树脂基复合材料的疲劳寿命数据绘制的两种层压板的标准疲劳寿命图(UD疲劳寿命图中的层压板数据的偏差表明了亚临界损伤机制的存在。数据来自P.T.Curtis(私人通信))

对于纤维叠层复合材料结构来说,临界和亚临界失效破坏的定义会根据纤维束波纹的不同而不同。且其压缩应力比在单向纤维增强复合材料中表现得更为明显。在标准疲劳寿命图中,纤维拉伸失效的阶段Ⅰ仍然存在,并且可能不会出现疲劳失效的应变阈值。渐进失效机制的阶段Ⅱ将随纤维结构的变化而变化。例如,在经纬编织复合材料中,纤维束的编织程度将影响微裂纹的萌生和扩展。在诸如8线束结构情况下,束内裂纹非常像层压板中交叉的横向裂纹,而在平纹编织结构中,这种裂纹将难以萌生和扩展。在编织复合材料中可能出现的束间裂纹通常是束内裂纹向束间平面转移的结果。而最终的失效是由断裂的部分纤维和纤维束共同作用的结果。

1.5 疲劳寿命预测模型

本书主要阐述复合材料疲劳研究的概念框架。书中只会给出有关建模方法的一些参考意见,而对模型的细节不做深入研究。

一般来说,疲劳寿命预测方法可分为经验法、唯象法和基于机理的方法。在此只讨论基于机理的方法。下面对寿命预测方法进行总结。

1.5.1 统计变量

标准疲劳寿命图阶段Ⅰ只能采用统计学方法进行处理。该阶段最理想的状态是仅参与静态失效,且是由纤维控制的失效。纤维的抗拉强度是弱键失效理论中的一个统计变量,因此韦布尔概率分布是一个很好的模型。

标准疲劳寿命图阶段Ⅱ的破坏机制主要是由纤维桥联裂纹造成的。该机制的动力学模型可以用基于断裂力学的模型进行分析,类似于金属材料中疲劳裂纹的扩展。在第一次载荷作用下会形成基体的初始微裂纹,之后发展至失效破坏的临界状态(失稳裂纹的扩展)。初始裂纹的萌生条件取决于第一次载荷作用下的最大应变。因此,在标准疲劳寿命图中的横坐标上给出了该应变值。值得注意的是,如果复合材料的应力-应变行为表现为线性特征,那么可以通过平均静态强度的最大应力来代替最大应变。在这种情况下,两种方式都将会导致阶段Ⅱ的类似变化。因为在通常情况下,用于建模的变量通常选用应力,而不是应变。然而,在绘制数据图时,作者更喜欢采用应变作为变量,因为该变量能更好地表示材料的初始特性。此外,这里还需要考虑统计方面的影响因素,以说明在第一次施加载荷时导致微裂纹产生的缺陷,以及微观结构的演化。对于阶段Ⅱ承受的(离轴、双轴等)载荷作用或纤维结构(机织、层压等)等情况,其损伤演化模型也要进行相应的改变。在所有情况下,基于缺陷和微观结构的统计学假设是非常有必要的。

疲劳极限本身是一个重要的物理量。要评估此参数,必须要考虑复合材料的微观结构。当然,微观结构的随机性也会导致疲劳极限成为一个随机变量。

1.5.2 建立失效机制的动力学模型

疲劳加载过程中渐进破坏机制的根本原因是发生了不可逆的变形,即能量耗散。模型中消耗能量的速率(每施加一次载荷或每施加一个周期载荷)是建立寿命预测方法的关键因素。首先,必须根据实际的观察或合理的假设才能确定正确的失效机制或机理。这就需要遵循力学的原理和方法对机制进行分析。如果失效机制过于复杂,那么通常我们就会需要一个更简单的方法。最常见的例子是所谓的“幂律法”,即通过表达式的形式来表示函数对变量的依赖程度,表达式中的一些变量采用指数形式(幂)。这其实也是一种非常实用的方法,它通过数据拟合曲线“修正”对数坐标图。通常采用所谓的“Paris 法则”,即裂纹尖端应力强度因子范围内的裂纹增长率。对于金属材料疲劳来讲,该方法为寿命预测提供了一种实用的工程方法,但不允许使用第一原则。

对于复合材料疲劳而言,很难找到一个单次幂律表达式来表示其失效破坏机制。相反,可以用来表示某些实际可测的变量(强度)或失效的行为,这些行为将会随着损伤耗散机制的响应而发生变化。在材料领域一个常见的变量是弹性模量,如杨氏模量。

同样地,强度通常选择主方向上的抗拉强度。每种情况都有方法。如果用剩余弹性模量来表示疲劳损伤,则必须根据损伤力学领域中的平均体积对弹性模量进行适当的定义(如 Talreja,1985b,1985c)。另外,剩余强度是采用一种不确定的方法来表示疲劳损伤动力学的。其中最大的难点就在于需要将缺陷对疲劳强度的影响与疲劳损伤的影响分开。另外,统计学方法还是很有必要的,之前也提到了相关内容。

1.6 结 语

本书对复合材料疲劳性能的分析提出了一些基本假设。在此基础上,讨论了有关疲劳的组成和界面作用的相关概念。作者于 1981 年首次提出了疲劳寿命图的概念,并对不同加载情况下的层压板和纤维结构复合材料裂纹的扩展和变化进行了比较。最后,对疲劳寿命预测的建模方法进行了阐述,重点探讨了建立疲劳失效机制的具体方法。

本书所提出的方法对复合材料结构的耐久性预测具有长远影响,该方法通常根据丰富的经验或实际的观察来作为疲劳失效破坏的标准,而且很容易产生不确定性。

制造过程中出现缺陷是不可避免的,其影响不能与材料的失效行为分开。今后必须要综合考虑缺陷和材料微观结构的影响,以探讨与复合材料耐久性有关的失效破坏机制的形成和演变。

参 考 文 献

Akshantala, N. V., & Talreja, R. (1998). A mechanistic model for fatigue damage evolution in composite laminates. Mechanics of Materials, 29, 123-140.

Akshantala, N. V., & Talreja, R. (2000). A micromechanics based model for predicting fatigue life of composite laminates. Materials Science and Engineering, A285, 303-313.

Asp, L. E. , Berglund, L. A. , & Talreja, R. (1996a). A criterion for crack initiation in glassy polymers subjected to a composite-like stress state. Composites Science and Technology, 56, 1291-1301.

Asp, L. E. , Berglund, L. A. , & Talreja, R. (1996b). Prediction of matrix-initiated transverse failure in polymer composites. Composites Science and Technology, 56, 1089-1097.

Asp, L. E. , Berglund, L. A. , & Talreja, R. (1996c). Effects of fiber and interphase on matrixinitiated transverse failure in polymer composites. Composites Science and Technology, 56, 657-665.

Budiansky, B. (1983). Micromechanics. Computers & Structures, 16(1), 3-12.

Dharan, C. K. H. (1975). Fatigue failure in graphitefibre and glass fibre-polymer composites. Journal of Materials Science, 10, 1665-1670.

Gamstedt, E. K. , & Talreja, R. (1999). Fatigue damage mechanisms in unidirectional carbonfibre- reinforced plastics. Journal of Materials Science, 34, 2535-2546.

Hashin, Z. , & Rotem, A. (1973). A fatigue failure criterion forfiber reinforced materials. Journal of Composite Materials, 7, 448-464.

Jamison, R. D. , Schulte, K. , Reifsnider, K. L. , & Stinchcomb, W. W. (1984). Characterization and analysis of damage mechanisms in tension-tension fatigue of graphite/epoxy laminates. In Effects of defects in composite materials, ASTM STP 836(pp. 21-55). American Society for Testing and Materials.

Jelf, P. M. , & Fleck, N. A. (1992). Compression failure mechanisms in unidirectional composites. Journal of Composite Materials, 26, 2706-2726.

Moran, P. M. , Liu, X. H. , & Shih, C. F. (1995). Kink band formation and band broadening in fiber composites under compression loading. Acta Metallurgica et Materialia, 43, 2943-2958.

Owen, M. J. (1982). Static and fatigue strength of glass chopped strand mat/polyester resin laminates. In B. A. Sanders(Ed.), Short fiber reinforced composite materials, ASTM STP 772 (pp. 64-84). American Society for Testing and Materials.

Quaresimin, M. , Susmel, L. , & Talreja, R. (2010). Fatigue behaviour and life assessment of composite laminates under multiaxial loadings. International Journal of Fatigue, 32, 2-16.

Rosen, B. W. (1964). Mechanics of composite strengthening: fiber composites. American Society of Metals, 37-45.

Rotem, A. , & Hashin, Z. (1976). Fatigue failure of angle ply laminates. AIAA Journal, 14, 868-872.

Talreja, R. (1981). Fatigue of composite materials: damage mechanisms and fatigue life diagrams. Proceedings of the Royal Society London, A378, 461-475.

Talreja, R. (1982). Damage models for fatigue of composite materials. In H. Lilholt, & R. Talreja(Eds.), Fatigue and creep of composite materials(pp. 137-153). Roskilde: Risø National Laboratory.

Talreja, R. (1985a). A conceptual framework for the interpretation of fatigue damage mechanisms in composite materials. Journal of Composites Technology and Research, 7, 25-29.

Talreja, R. (1985b). A continuum mechanics characterization of damage in composite materials. Proceeding of the Royal Society's London, A399, 195-216.

Talreja, R. (1985c). Transverse cracking and stiffness reduction in composite laminates. Journal of Computational Mathematics, 19, 355-375.

Talreja, R. (1987). Fatigue of composite materials. Technomic Publishing Co. , Lancaster and Basel.

Talreja, R. (1989). Fatigue of composites. In A. Kelly (Ed.), Concise encyclopedia of composite materials (pp. 77-81). Oxford: Pergamon Press.

Talreja, R. (1990). Fatigue of fibre-reinforced ceramics. In J. J. Bentzen, et al. (Eds.), Structural ceramics -

processing, microstructure and properties(pp. 145-159). Roskilde, Denmark: Riso/National Laboratory.

Talreja, R. (1993). Fatigue of fiber composites. In T. W. Chou(Ed.), Materials science and technology(Chapter 13)(pp. 584-607). Weinheim: VCH Publishers.

Talreja, R. (1995). A cenceptual framework for interpretation of MMC fatigue. Materials Science and Engineering, A200, 21-28.

Talreja, R. (1999). Damage mechanics and fatigue life assessment of composite materials. International Journal of Damage Mechanics, 8, 339-354.

Talreja, R. (2003). Fatigue of composite materials. In H. Altenbach, & W. Becker(Eds.), Modern trends in composite laminates mechanics(pp. 281-294). Springer.

Talreja, R. (2008). Damage and fatigue in composites——a personal account. Composites Science and Technology, 68, 2585-2591.

Talreja, R. (July 2000), Fatigue of polymer matrix composites. In R. Talreja, & J. -A. E. Månson(Vol. Eds.), A. Kelly, & C. Zweben(Eds-in-Chief). Comprehensive composite materials, (Vol. 2, pp. 529). Oxford: Elsevier.

Talreja, R., & Singh, C. V. (May 2012). Damage and failure of composite materials. Cambridge University Press.

Vogler, T. J., Hsu, S. -Y., & Kyriakides, S. (2001). On the initiation and growth of kink bands in fiber composites. Part II: analysis. International Journal of Solids and Structures, 38, 2653-2682.

第2章

复合材料高周循环疲劳建模的循环跳跃概念

W. Van Paepegem
比利时,根特,根特大学

2.1 简　　介

由于纤维增强复合材料所具有的高比刚度和高强度,它们经常被用作关键结构材料来使用。尽管纤维增强复合材料在疲劳寿命方面的评价相当不错,但并不适用于具有初始损伤的循环加载,同样也不适用于疲劳的损伤演化。实际上,复合材料具有非匀质性和各向异性特征,它的力学行为特征与金属材料等均质和各向同性材料的力学行为非常不同。

在金属材料中,裂纹逐渐扩展和潜在的损伤阶段贯穿了整个寿命周期。在疲劳过程中刚度也没有发生明显的降低。这个过程的最后一个阶段始于一个或多个小裂纹的形成,这也是唯一可以可见的宏观损伤形式。随着这些裂纹的逐渐扩展和聚结,很快就会发展成为一个大裂纹,并最终导致结构构件的失效。

纤维增强聚合物复合材料是由嵌入在聚合物基体中的增强纤维制成的。这种制造方法就使它具有非匀质性和各向异性。疲劳损伤的第一个阶段可以通过已经形成的或多或少的损伤区域来观察,这些区域包含大量的微观裂纹和其他形式的损伤,如纤维的脱黏和初始断裂。需要注意的是,只有在几个或几百个循环加载周期之后,损伤才会开始。这种初期损伤之后会逐渐进入材料发生损伤失效的第二阶段,其特征是损伤区域逐渐扩大,且刚度降低。最为严重的损伤出现在最后的第三阶段,这一阶段中材料的刚度会加剧降低,并最终导致失效破坏,如纤维的断裂和分层。

由于金属材料的刚度在疲劳寿命期间不受影响,应力与应变之间的线性关系仍然保持不变,在通常情况下,可以通过线性分析和线弹性断裂力学来模拟整个疲劳过程。事实上，对于金属材料来说，有限元计算中通常将其假设为线弹性力学行为，然后还应考虑有限元网格中各个节点的（多轴）应力状态，根据其疲劳寿命进行预测。通常，平面应力概念的建立也正是基于此目的（Carmet，Weber，Robert，2000）。在纤维增强复合材料中，损伤区域的刚度会逐渐降低，导致材料内部发生应力集中和应力再分布现象。因此，需要对材料真实的受力状态或最终寿命的预测（何时和何处发生最终破坏）进行连续地损伤模拟，以勾勒出其失效路径。

纤维增强复合材料的疲劳寿命模型通常可以分为三类（Degrieck，Van Paepegem，2001）：基于 $S-N$ 曲线（应力幅值对最终失效的影响）、Goodman 图形（平均应力水平的影响），或采用某种疲劳破坏准则的疲劳寿命模型；其次，采用残余刚度/强度的现象学模型；最后，针对某种特定损伤类型发展出来的累积损伤模型。由于疲劳寿命模型和剩余强度模型不能模拟应力再分布和刚度的降低，因此，全尺寸复合结构的疲劳设计可采用剩余刚度模型。然而，有限元方法的采用是在基础试验中的标准试样与全尺寸结构件之间搭建桥梁，这也是构建疲劳模型的先决条件。

本章提出了一种称为循环跳跃的方法，该方法利用残余刚度模型来模拟复合材料构件发生刚度降低和应力再分布的疲劳寿命。

2.2　什么是唯象残余刚度模型?

疲劳损伤可以通过多种方式进行建模，而唯象残余刚度模型就是其中之一。唯象残余刚度模型“是一种从数学表达上来观察现象的结果，但并不详细关注它们根本意义的理论”（Thewlis，1973）。

“刚度退化”这一术语是指在纤维增强复合材料结构承受疲劳载荷期间，其弹性性能，特别是轴向/纵向刚度（逐渐）的降低。残余刚度是指在加载一定循环周次之后层压板的剩余刚度。

这一部分将介绍唯象残余刚度模型的普通背景意义，特别是连续损伤力学理论的基础理论知识。

造成刚度降低的主要原因之一是基体的分布式起裂，而这种渐进损伤类型意味着它是使用连续损伤模型来描述材料的力学行为。因此，绝大多数唯象残余刚度模型都是基于连续损伤力学理论建立的。

1958 年，Kachanov 提出采用连续的尺度场变量 ψ 来描述单轴拉伸载荷作用下材料的脆性蠕变断裂，对于一个没有任何缺陷的材料来说，可认为 $\psi=1$，而当 $\psi=1$ 时，则表示材料发生了破坏，已经完全失去了承载能力。可以用连续值 ψ 表征材料的损伤大小。因此，$D=1-\psi$ 表示材料发生损伤或者破坏状态的程度,对于没有发生任何损伤的材料来说,$D=0$,而 $D=1$ 则表示材料的结构完整性已经发生完全失效破坏的状态。符号 ω 也在文献中经常出现。

之后,Lemaitre 引入了应变等效的概念,即名义应力 σ 与有效应力 $\widetilde{\sigma}$ 下材料的损伤体积相同(Lemaitre,1971)。将这一理论应用于弹性应变,其表达式如下(Krajcinovic & Lemaitre,1987):

$$\varepsilon_{\mathrm{e}} = \frac{\widetilde{\sigma}}{E_0} = \frac{\sigma}{E_0(1-D)} \tag{2.1}$$

式中:E_0 为没有发生损伤时材料的弹性模量。

因此,损伤变量 D 可用来表征材料刚度降低的程度:

$$D = 1 - \frac{E}{E_0} \tag{2.2}$$

许多学者对此都进行了深入的研究,如 Krajcinovic 和 Lemaitre(1987),Chaboche(1988a,1988b),Krajcinovic(1985)和 Sidoroff(1984)等,他们的研究成果促进了损伤力学理论的发展,并将损伤力学定义为"这种基于损伤的力学和唯象寿命模型将导致材料力学性能和结构耐久性寿命的降低"(Sidoroff,1984)。

Schulte 研究团队(Schulte,1984;Schulte et al.,1985,1987)和 Reifsnider(Highsmith&Reifsnider,1982;O´Brien&Reifsnider,1981;Reifsnider,1987)对材料刚度的的降低进行了初步研究。Schulte 深入研究了按照$[0°/90°/0°/90°]_{2s}$铺层顺序的碳纤维/环氧树脂基复合材料试样在拉伸-拉伸载荷作用下($R=1$)的疲劳损伤发展过程(Schulte,1984;Schulte et al.,1985,1987)。他将这些试样的刚度降低曲线分为三个不同的阶段。

(1) 初始阶段的刚度降低了 2%~5%。横向基体裂纹的扩展是第一阶段刚度降低的主要原因。

(2) 在中间阶段(第二阶段)中,随着循环次数近似线性的递增,材料刚度以 1%~5%的方式递减。其主要的损伤机制是裂纹沿 0°纤维方向发生脱黏和分层。

(3) 在最终阶段(第三阶段),试样的刚度减小,并发生突然断裂。在这一阶段,当第一根纤维的初始破坏导致纤维束发生断裂时,局部损伤就会发生扩展。

刚度退化曲线中的这三个阶段通常被用于各种各样的复合材料中,尽管每个阶段的损伤程度主要取决于复合材料层压板的的叠层。

总之,残余刚度模型描述了疲劳载荷加载期间材料弹性特性的衰减程度。为了更好地表征刚度损失程度,通常采用损伤变量 D 来表示,在一维情况下是通过已知条件 $D=1-\frac{E}{E_0}$定义的。注意,虽然 D 通常称为损伤变量,但是当损伤

增长率 dD/dN 采用宏观可见特性表示时,那么此时主要的损伤机制模型应是唯象模型,而不是损伤累积模型。

此外,在疲劳试验中,可以频繁地,甚至是连续地测量刚度,并且可以在不损伤材料的情况下进行测量(Highsmith & Reifsnider,1982)。残余刚度模型可以是一个准确的值(预测一个单值刚度特性)或者是统计规律(刚度分布的预测)。

寿命预测是构建所有疲劳模型的重要结果之一。早在20世纪70年代早期,Salkind 就提出绘制一系列的 $S-N$ 曲线,即采用一定比例关系下刚度衰减的趋势表示其疲劳数据(Salkind,1972)。在另一种方法中,当模量降低到由许多研究人员定义的临界水平值时,就认为发生了疲劳失效。Hahn 和 Kim(1976)以及 O'Brien 和 Reifsnider(1981)都指出,在静态试验中,当切线模量降低至弹性模量时就会发生疲劳断裂。根据 Hwang 和 Han(1986)的研究结果,当应变值达到静态加载条件下的极限应变时,会发生疲劳失效。

在设计阶段,可以应用剩余刚度模型来优化堆叠顺序,以降低最大允许刚度。当然,残余刚度模型应该在一个单个层上构建,而不是整个层压板。事实上,残余刚度模型有时会对整个层压板进行校准,但对于每一个新的堆叠顺序,必须重新确定材料常数。如果已经建立了单个层的残余刚度模型,则可以用它来预测不同堆积顺序对复合材料结构残余刚度和寿命的影响。

2.3 循环跳跃概念

在本节中,将介绍循环跳跃概念,以便在复合材料部件的服役寿命期内有效地模拟刚度退化。首先,选择一种通用的、典型的剩余刚度模型,用于说明循环跳跃概念。

2.3.1 典型残余刚度模型的选择

将 Sidoroff 和 Subagio 模型作为典型的通用模型,用以研究残余刚度模型的数值模拟。选择它有以下几个方面的原因:

(1) 该模型与残余刚度有直接的关系:$D=1-\frac{E}{E_0}$,它是连续损伤力学的基本方程之一。

(2) 该模型已经应用于四点弯曲疲劳试验(Sidoroff & Subagio,1987)。虽然模拟仅限于经典梁理论的解析计算,但预测结果相当准确。

(3) 该模型也被其他研究人员使用,尽管他们用应力幅值(某种程度上)代替了应变振幅。

在这些研究人员的基础上，作者选择了应力幅值作为损伤增长率微分方程的主要参数。最终的典型唯象残余刚度模型如下：

$$\frac{\mathrm{d}D}{\mathrm{d}N}=\begin{cases}\dfrac{A\left(\dfrac{\Delta\sigma}{\sigma_{\mathrm{TS}}}\right)^{c}}{(1-D)^{b}}\\ 0\end{cases}\tag{2.3}$$

式中：D 为局部损伤变量；N 为循环数；$\Delta\sigma$ 为施加循环荷载的振幅；σ_{TS} 为抗拉强度；A、b 和 c 分别为三个材料常数。

很明显，该损伤模型只能应用于复合材料结构的局部区域在承受拉伸-拉伸疲劳载荷或压缩-压缩疲劳载荷作用下的情况，如果材料承受了拉伸-压缩载荷的作用，那么在压缩载荷作用时零刚度衰减的假设就不能成立。

2.3.2 采用固定周期跳跃法分析剩余刚度的半解析模型

首先，本书将对疲劳损伤的半解析模型进行分析，因为通过这种简化的半解析模型，可以更容易地理解有限元方法的一些重要选择，Van Paepegem 和 Degrieck（2001）详细地讨论了这种半解析模型。在这里，仅给出了相关方程表达式。

应力和应变的本构方程是基于经典的梁理论而建立的。图 2.1 给出了在弯曲疲劳载荷作用下复合材料试样的悬臂梁模型和沿试样长度方向上的弯矩分布。复合材料试件与刚性杆（连杆的下端）相连接。在刚性杆的末端，施加一个简谐位移 $u(c)$。产生弯曲位移 $u(c)$ 的载荷大小为 F。

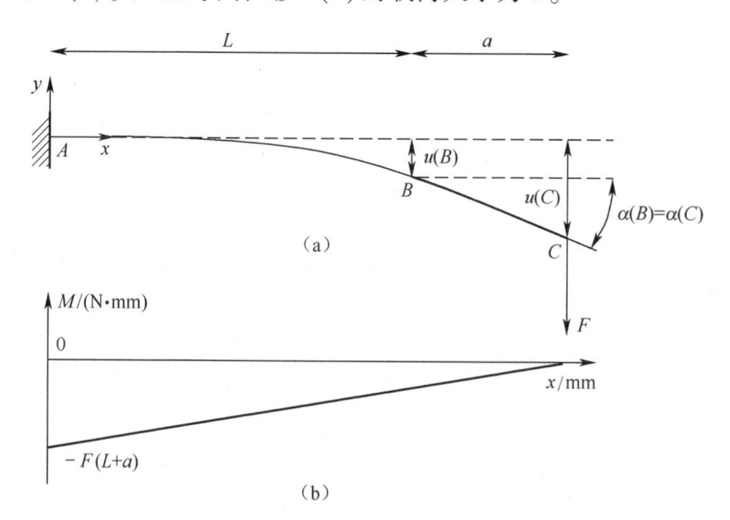

图 2.1　弯曲疲劳载荷作用下复合材料试样的悬臂梁模型和沿试样长度方向上的弯矩分布

应力和应变分别根据下面的著名方程表达式计算：

$$\begin{cases}\varepsilon_{xx}(x,y)=\dfrac{-M(x)(y-y_0(x))}{EI(x)}\\ \sigma_{xx}(x,y)=E_0(1-D(x,y))\varepsilon_{xx}(x,y)\end{cases}\tag{2.4}$$

式中：$M(x)$为沿着试样长度方向的弯矩分布，$y_0(x)$为中性纤维的位置，$EI(x)$为沿试样长度方向上横截面处的总弯曲刚度 EI。损伤扩展速率 da/dN 由式(2.1)中的残余刚度模型描述。

在式(2.2)中假设中性纤维的偏移量 $y_0(x)$ 非常重要，当轴向力一直为零，且只存在一个弯矩作用时，中性纤维 $y_0(x)$ 在每一时刻的位置根据下面的公式进行计算：

$$y_0(x)=\frac{\int_{-\frac{h}{2}}^{+\frac{h}{2}}[1-D(x,y)]y\mathrm{d}y}{\int_{-\frac{h}{2}}^{+\frac{h}{2}}[1-D(x,y)]\mathrm{d}y}\tag{2.5}$$

式中：y 为厚度坐标，$y=0$ 表示在试件厚度的中间位置；h 为试样的总厚度。

弯曲刚度 $EI(x)$（以 b 为试样宽度）变为

$$EI(x)=b\cdot E_0\cdot\int_{-\frac{h}{2}}^{+\frac{h}{2}}[1-D(x,y)]\cdot y^2\mathrm{d}y\tag{2.6}$$

由于弯曲疲劳试验是由位移进行控制的，因此必须确定产生弯曲位移所施加的载荷 F 的值。根据在悬臂梁 B 点施加垂直方向的载荷 F 和弯矩 $F\cdot a$，其表达式如下：

$$\begin{cases}u(B)=F\cdot\int_0^L\dfrac{(L-x)^2}{EI(x)}\mathrm{d}x+F\cdot a\cdot\int_0^L\dfrac{(L-x)}{EI(x)}\mathrm{d}x\\ \alpha(B)=F\cdot\int_0^L\dfrac{(L-x)^2}{EI(x)}\mathrm{d}x+F\cdot a\cdot\int_0^L\dfrac{1}{EI(x)}\mathrm{d}x\end{cases}\tag{2.7}$$

式中：F 为作用在铰链上的载荷（图 2.1 中的 C 点）；a 为下夹具的长度（图 2.1）。

然后从所得的超越方程中求解未知载荷 F：

$$u(C)=u_{\max}=u(B)+a\cdot\sin(\alpha(B))\tag{2.8}$$

参数 $u_{\max}$ 与位移比 R_d 的定义中出现的参数相同。

该分析模型可以很容易地应用于数学软件中，如 Mathcad™。该模型必须利用数值积分公式对二次多项式进行精确地积分求解。这就是 Simpson's 法则的应用个例，它是一个 Newton-Cotes 求积公式。由于在一个循环周期内损伤变量 D 的增大是很小的，所以积分必须准确；否则，计算出来的弯曲刚度 $EI(x)$ 的相对误差可能会大于损伤变量本身的增量。因此，传统的一阶梯形法不适用于此处。

首先,需要确定沿试样长度方向的弯矩分布。其次,计算网格各积分点的应力和应变。最后,根据损伤定理,对新的循环周期进行评估。根据式(2.6)可以计算出每一个循环周期下产生振幅 u_{max} 所施加载荷的大小。

然而,剩下的问题是,在数值计算中还存在两个非常重要但又相互矛盾的条件:

(1) 为了准确预测复合材料结构在一定周期后的损伤和残余刚度,数值模拟应给出连续损伤状态下的裂纹扩展路径,以用于应力的再分布。

(2) 数值模拟应该快速且计算效率高。要想模拟真实建筑中成千上万个加载周期,哪怕只是其中的一部分,都是不可能的。实际上,即使是采用简化的 Mathcad™ 软件来模拟 50 万个加载周期,这项计算工作也是十分艰巨的。此外,必须为每个加载周期设置几个参数,以便将百万个记录长度的数组存储在内存中。

很明显,只能选择一组循环加载周期进行模拟。但是,应该如何确定呢?在此,将采用半解析模型的方法解决这一关键问题。但是由于计算量的限制,其结果采用有限元方法来进行验证。

为了使读者了解所得到的结果,采用固定的循环数对数列进行模拟,并评估该模型下的疲劳损伤。两个连续循环数之间的间隔在前几个循环周期中非常小,然后在(N=1,2,3,8,18,37,65,138,…)处进一步增加。选择施加的位移 u_{max}=32.3mm,试验结果在 40 万周次循环时停止计算。采用简单的 Euler 显性积分公式对各个区间 NJUMP=$N_{i+1}-N_i$ 积分点的局部损伤增量进行评估。

$$D_{N+\mathrm{NJUMP}} = D_N + \frac{\mathrm{d}D}{\mathrm{d}N}\Big|_N \cdot \mathrm{NJUMP} \tag{2.9}$$

如图 2.2 所示为 Mathcad™ 软件的流程图(带有固定的模拟加载周期)。图 2.3给出了包含给定常数 A、b 和 c(如式(2.3)所示)的不同载荷循环周次历程曲线,循环周次分别为9.4×10^{-4},0.45 和 6.5。初始静态拉伸强度 σ_{TS} = 201.2(MPa),且在整个循环加载期间保持恒定不变。

现在,对网格中一些有趣的积分点的模拟结果进行研究。图 2.4 所示为网格的详细信息。在夹紧的截面$x=0$处选择感兴趣的积分点,它们的位置用圆点标记(y=-0.272,0.544,1.36mm)。正的 y 值对应于拉伸载荷方向的积分点,负的 y 值对应于压缩载荷方向的积分点。复合材料试样的总厚度为 2.72mm,y 轴的原点为层压板的中平面。

假设:u_{max}为施加位移;E_0 为杨氏模量;L 为试样长度;b 为试样宽度;a 为长度较小的夹具;h 为试样高度。

$$u(B)=\frac{FL^3}{3E_0I}+\frac{FaL^2}{2E_0I}$$

$$\alpha(B)=\frac{FL^2}{2E_0I}+\frac{FaL}{E_0I}$$

根据 $u_{max}=u(B)+a\cdot\sin(\alpha(B))$ 得到 F

$$M(x,N)=F(N)((L+a)-x)$$

∇整合点

$$\begin{cases}\varepsilon_{xx}(x,y)=\dfrac{-M(x)(y-y_0)(x))}{EI(x)}\\ \sigma_{xx}(x,y)=E_0(1-D(x,y))\varepsilon_{xx}(x,y)\\ \dfrac{\mathrm{d}D(x,y)}{\mathrm{d}N}=\begin{cases}\dfrac{A\cdot\left(\dfrac{\sigma_{xx}(x,y)}{\sigma_{\mathrm{TS}}}\right)^c}{(1-D(x,y))^b} & \text{拉伸}\\ 0 & \text{压缩}\end{cases}\end{cases}$$

$$D(x,y)_{N+\mathrm{NJUMP}}=D(x,y)_N+\left.\frac{\mathrm{d}D(x,y)}{\mathrm{d}N}\right|_N\cdot\mathrm{NJUMP}$$

计算 $y_0(X)$

计算 $EI(x)$

$$u(B)=F\int_0^L\frac{(L-x)^2}{EI(x)}\mathrm{d}x+F\cdot a\int_0^L\frac{(L-x)}{EI(x)}\mathrm{d}x$$

$$\alpha(B)=F\int_0^L\frac{(L-x)}{E(x)}\mathrm{d}x+F\cdot a\int_0^L\frac{1}{EI(x)}\mathrm{d}x$$

根据 $u_{max}=u(B)+a\cdot\sin(\alpha(B))$ 得到 F

图 2.2 采用固定周期跳跃方法的 Mathcad™ 软件流程图

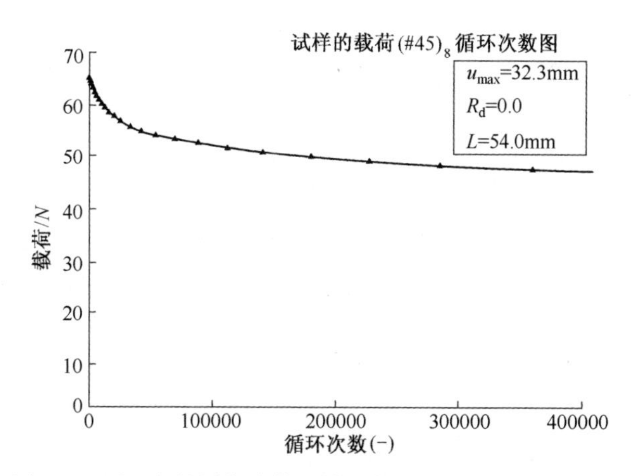

图 2.3 用固定的周期次数列模拟载荷-循环周次历程曲线

在图 2.5~图 2.8 中,分别给出了夹紧横截面上这四个积分点的应力循环周次历程曲线。需要注意的是,这些应力循环曲线并不完全是某种用来预测某一积分点在某一应力水平下疲劳行为的主曲线或 $S-N$ 曲线。

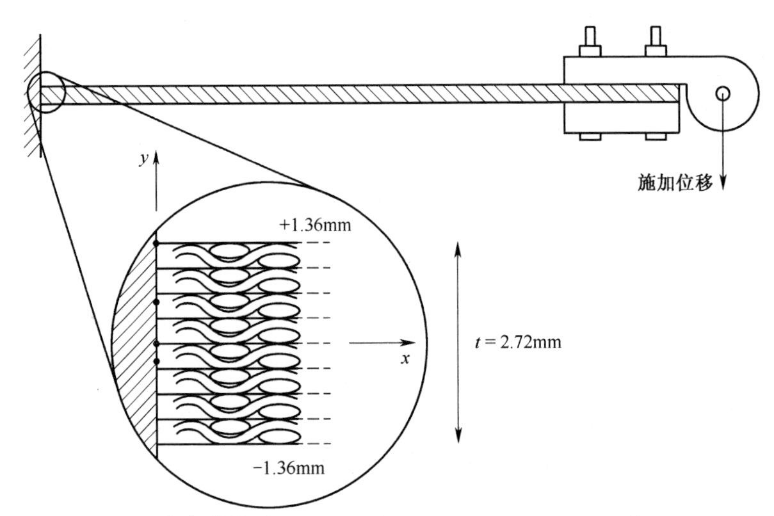

图 2.4　积分点的位置：$x=0, y=-0.272\text{mm}, 0.0, 0.544\text{mm}$ 和 1.36mm

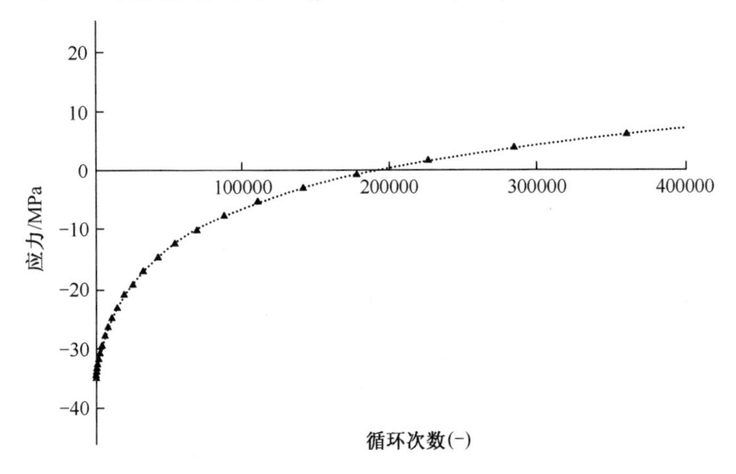

图 2.5　$y=0.272\text{mm}$ 时的应力-循环周次曲线

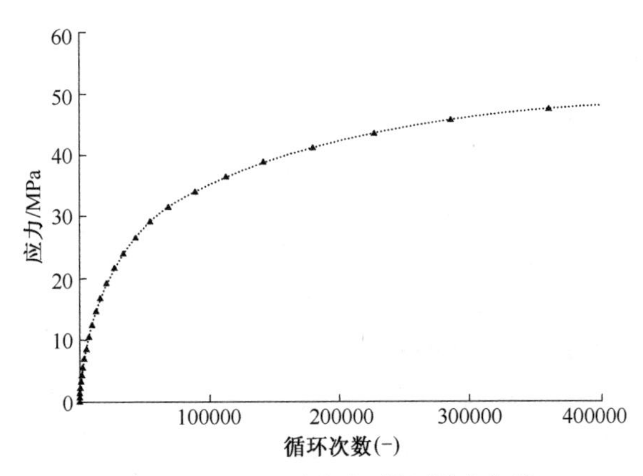

图 2.6　$y=0.0$ 时应力-循环周次曲线

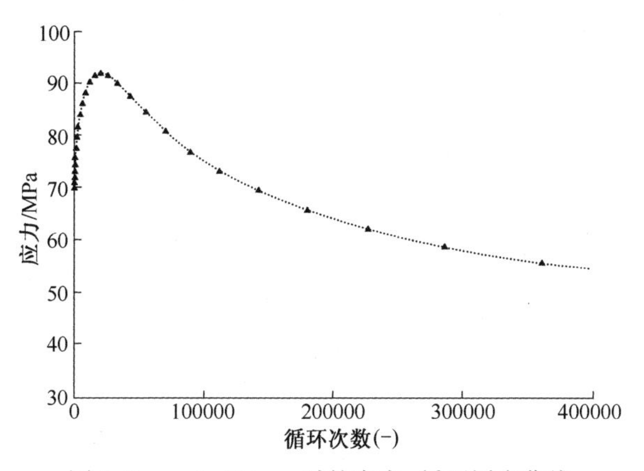

图 2.7 $y=0.544$mm 时的应力-循环周次曲线

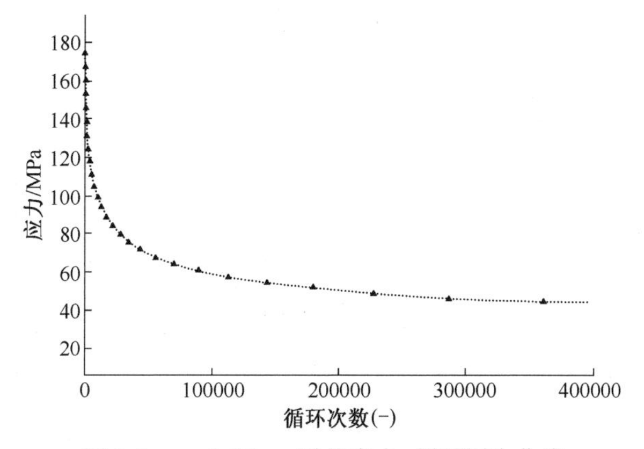

图 2.8 $y=1.36$mm 时的应力-循环周次曲线

在每一个模拟循环中,这些应力都是由复合试件的平衡应力状态引起的,其受施加的位移和刚度分布受残余刚度模型的约束。如图 2.2 流程图所示,疲劳寿命期内各个积分点处的应力变化状态完全由刚度衰减 $E(x,y)/E_0$ 所决定,因为应力幅值表达式 $\mathrm{d}D(x,y)/\mathrm{d}N$ 中的 $\sigma_{xx}(x,y)$ 可能对于所考虑的每个高斯点而言是不同的。

从图 2.5~图 2.8 可以看出,应力循环曲线的形状并不相同:

(1) 积分点 $y=-0.272$mm 最初位于受压侧,但由于夹紧截面处的应力再分布,正应力从压应力(-)转变为拉应力(+)。

(2) 积分点 $y=0$mm 位于初始材料的中性纤维,但由于应力再分布,应力正在变得越来越大。

(3) 积分点 $y=0.544$mm 位于受拉侧,由于相邻区域的载荷传递,受到严重损伤,拉伸应力先升高后下降。

(4) 积分点 $y=1.36$mm 位于试样表面的受拉侧,应力循环周次曲线显示出非常急剧的下降，因为应力幅值 $\sigma_{xx}(x,y)$ 的高初始值导致在前几个循环周期内出现了较大的损伤扩展速率 $\mathrm{d}a/\mathrm{d}N$。

现在可以在图 2.9 中给出夹紧横截面上所有积分点处的应力状态信息，图 2.9中描绘了复合材料试样在横截面处的切线应力随循环加载周次数增加的分布图。其中横坐标表示法向应力的值，纵坐标表示试样的总厚度（$y\in(-1.36\mathrm{mm},+1.36\mathrm{mm})$）。

在第一个循环周期，应力分布与平面对称，并且在横截面中间的正应力为零。由于使用经典梁理论的方程来计算弯矩和应变，因此可以预测这一结果。当发生损伤时，最外层的拉伸应力出现松弛现象，载荷向内层传递。由于损伤机理中假设在压缩侧没有损伤扩展，所以拉伸应力的峰值朝向压缩侧移动，而中性纤维向下移动。因此，如前所述，纤维增强复合材料的渐进失效模式——即损伤区域的刚度减低——将导致应力和应变的连续再分布和结构部件内应力集中的减少。

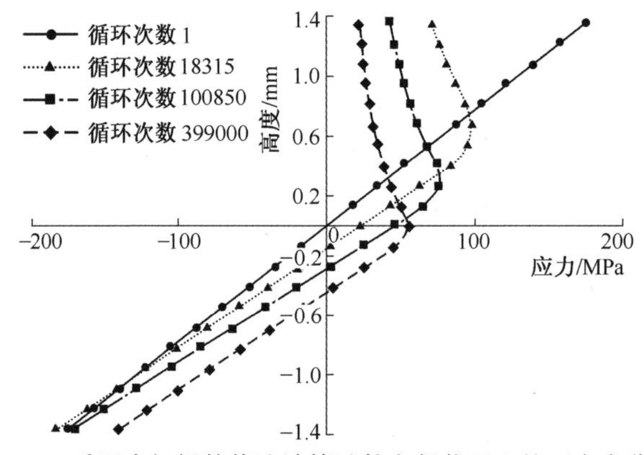

图 2.9　采用半解析数值法计算试件夹紧截面上的正应力分布

在图 2.10~图 2.13 中，对相同的四个积分点绘制相应的损伤周期历程曲

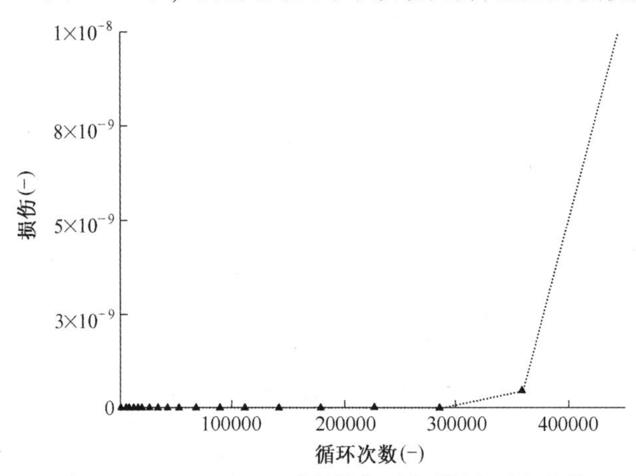

图 2.10　$y=0.272\mathrm{mm}$ 时的损伤−循环周次历程曲线

线。损伤值为0~1,而循环数N的值为1~400000个周期。由于不同的损伤值在不同循环周次数量级上的差异很大,因此,对纵坐标轴的比例进行了调整。

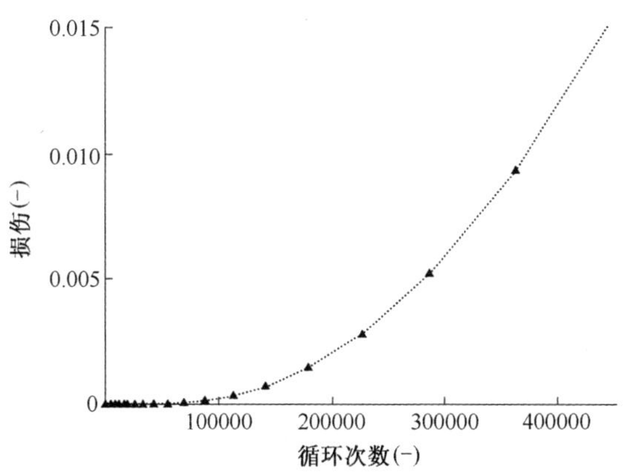

图2.11　$y=0.0$mm时的损伤-循环周次曲线

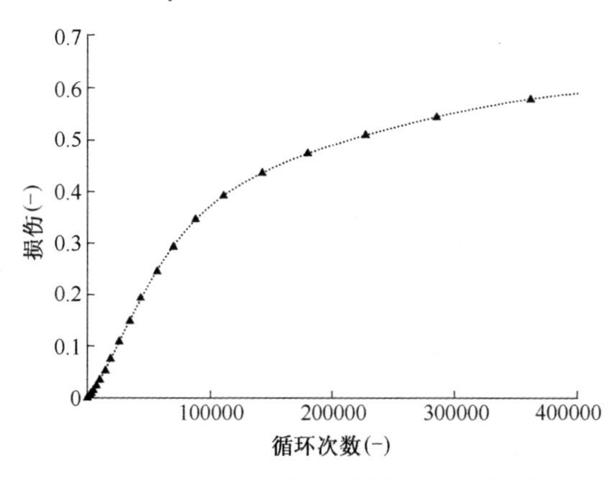

图2.12　$y=0.544$mm时的损伤-循环周次曲线

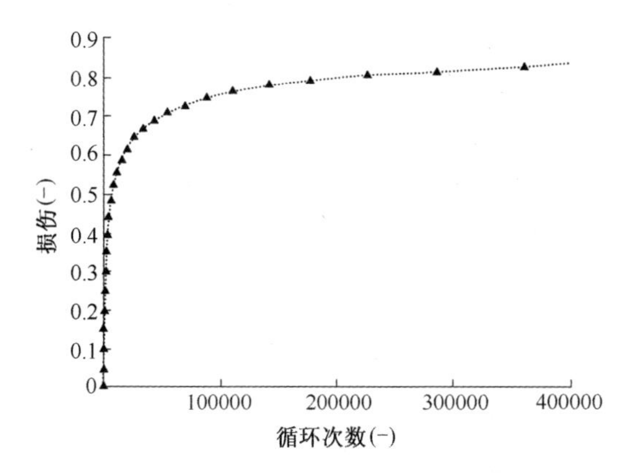

图2.13　$y=1.36$mm时的损伤-循环周次曲线

对于迄今为止所有的模拟结果,使用了一组固定的模拟加载循环周期。然而,对于更复杂的几何形状和/或疲劳载荷,很难在不影响精度的情况下,预测何时可以进行更大的周期跳跃,并且在非常小的周期跳跃时,可以充分模拟应力再分布。因此,应该建立一种自动算法确定在整个疲劳寿命模拟过程中循环跳跃的大小。

2.3.3 自适应周期跳跃概念

为了使这组循环数的选择自动化,在每一个积分点对损伤扩展规律进行预测时,可以对应力分量、损伤变量或它们的一些加权组合制定一个标准。现在看来,与应力曲线相比,损伤曲线具有更好的一些特性。实际上,虽然积分点的损伤曲线在形状上可能相当不同,但与应力曲线相比,它们有两个重要的优点:

(1) 损伤变量 D 的值总是介于已知值之间;0(材料初始状态)和 1(材料完全失效)。

(2) 损伤扩展速率 dD/dN 必须为正或 0。曲线永远不会下降,因为一旦满足损伤条件时就不会再发生改变。另外,根据载荷分布状态,应力可以在没有任何预先准备的情况下增加或减少。

当考虑到在实际服役情况下疲劳载荷的复杂应力循环历程时,这些损伤曲线的特性仍然存在。在这样的多轴加载作用下,几个应力分量将影响材料的疲劳行为,而每一个应力分量都可以在疲劳寿命的不同时刻减少或增加。预测这些应力循环周期历程是一项很难的工作,因为几乎不可能编写出一个可以通用的程序,来计算不同应力循环周期历程的预测模型。

因此,自动计算循环周期跳跃的 NJUMP 将是基于损伤曲线的标准。相应的循环周期跳跃方法概念如图 2.14 所示:在一定的时间间隔内,对某一组加载周期进行计算,并且以适当的方式在相应的间隔上评估这些加载循环周次对刚度衰减的影响。连续线的周期是在物理时间内模拟的,而周期跳跃是在加载周期次数的时间尺度上进行的。

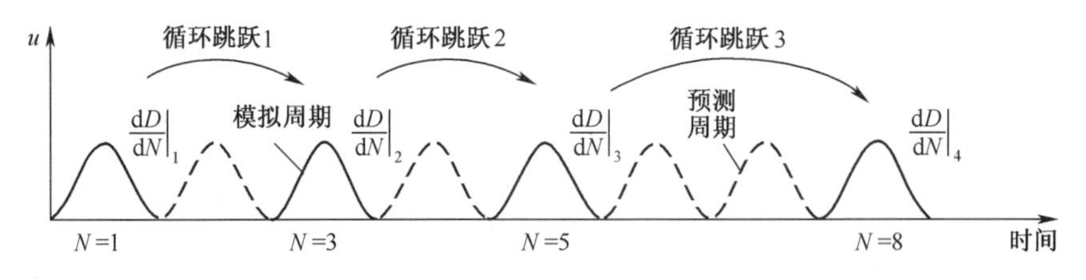

图 2.14 循环周次跳跃原理图

与之前的 Mathcad™ 仿真软件仿真的唯一不同之处就在于,循环周次跳跃的值不能提前确定,它是根据一个判据来自动确定的。在接下来的部分中,将讨论有限元方法。通过积分点的损伤曲线给出一个判据,以确定模拟加载周期的集合。

2.4 循环周次跳跃概念的有限元方法

2.4.1 背景

在上述 Mathcad™仿真软件中的半解析模型存在以下几个缺点：

(1) 尽管通过引入损伤变量 D 来表征材料的非线性力学行为，但没有考虑其几何非线性特征。然而，它们应该是因为变形太大，几何非线性会影响结果。这一点已经通过有限元的线性和非线性几何静态分析得到了证明。

(2) 结构部件的复杂几何特性会让问题更加难以解决，因为只有少数几个封闭形式的解可以用于计算复杂横截面结构中的应力和应变。

(3) 当结构在多轴条件下承受疲劳载荷时，经典梁理论不足以解决问题。

(4) 预处理和后处理工具非常有限。

因此，可以利用有限元方法来消除这些限制。

由于每一个疲劳加载周期都代表着一个物理时间量(频率 = 每秒周期次数)。因此，在疲劳结构的所有模拟部件上，循环周次跳跃 NJUMP 的大小必须相同；否则，复合材料结构的下一个模拟加载周期 N+NJUMP 不会相同。显然，如果结构中一部分的循环周次跳跃与另一部分的循环周次跳跃不同，则模拟计算复合材料结构整体的平衡应力状态是没有意义的。然而，对于循环周次跳跃值的限制和结构中的不同区域来说是非常矛盾的：

(1) 在承受较低应力水平的部分结构中，其应力分布基本保持不变，如果不承受高周循环的加载作用，且不会对结构的损伤分布和扩展造成错误预测，那将是相当安全的。

(2) 结构的其他部分承受着高应力水平，而在连续的循环加载作用下，损伤也在快速增加。然后，应力在不断地进行再分布，并且由于完全破坏的区域已经不能继续承受负载，载荷将会向相邻区域发生转移。这些部件的循环周次跳跃应该很小；否则，应力的再分布会导致建模不准确。

这一点，在本质上与有限元网格是离散的概念相同，将(材料)属性附加到结构的离散积分点上(网格的高斯点)，并假设循环周次跳跃值可以合理地分配给每一个高斯点作为其固有属性。当然，正如前面提到的，由于周期跳跃实际上是在一定物理时间上(循环次数 N 除以频率 f)的跳跃，所以周期跳跃的全局值不可能超过一个。这段时间对于所有的高斯点都是一样的，因此对于整个结构来说也是一样的。

在 2.4.2 节中，首先，解释如何合理地估算每个高斯点的局部周期跳跃值；然后，通过这些值计算出整体结构的周期跳跃值。

2.4.2 局部循环跳跃 NJUMP1 的测定

有限元代码中的实现需要给结构中的每一个高斯点附加一个额外的状态变量。除了损伤变量 D,第二状态变量就是局部周期跳跃值,也称为 NJUMP1。NJUMP1 是一个整数值,介于 1(循环跳过一个循环)和一个上限值之间,该上限是可以跳跃过去的最大循环次数,且该特定高斯点对加载周期 N+NJUMP1 的损伤状态的预测是在可接受的精度范围内。

从构建半解析模型的讨论中可以看出,与应力曲线相比,损伤曲线具有一些重要的优点。因此,可以选择损伤值来确定局部的周期跳跃,现在的问题是需要给出 NJUMP1 值的计算准则。局部周期跳跃值 NJUMP1 可以通过对损伤变量 D 施加一个许用增量来计算。这种算法可以认为是准确的,但是如果超过了极值,那么损伤变量 D 的值可能就不能精确的预测了。一种简单可行的方法是使用简单的欧拉显式积分公式来计算每个高斯点局部损伤的增量:

$$D_{\mathrm{N+NJUMP1}} = D_N + \frac{\mathrm{d}D}{\mathrm{d}N}\bigg|_N \cdot \mathrm{NJUMP1} \tag{2.10}$$

此后,局部周期跳跃 NJUMP1 的值可以通过施加最大允许损伤变量 D 确定。例如,当 D 值在[0,1]范围内时,$D_{N+\mathrm{NJUMP1}}$ 可以限制为 $D_N+0.01$。比如说,当增大 dN/dN 的限制为 0.01 时,这相当于该积分点的损伤演化规律沿损伤循环周次历程曲线纵坐标轴步长为 0.01 进行分段积分,这样可以确保准确模拟出该积分点的损伤路径。对于某些积分点来说,NJUMP1 值将非常小,而对于位于低应力区域的高斯点,它将非常大。

下面的方法可以用一个简单的例子来说明。图 2.15 展示了某个高斯点的曲线 $D(N)$,A、b、c 和 σ_{TS}的值分别为 9.4×10^{-4}(每周次)、0.45(-)、6.5(-)和 201.2(MPa),循环周次 $N=60800$ 时损伤变量 $D=0.60$。

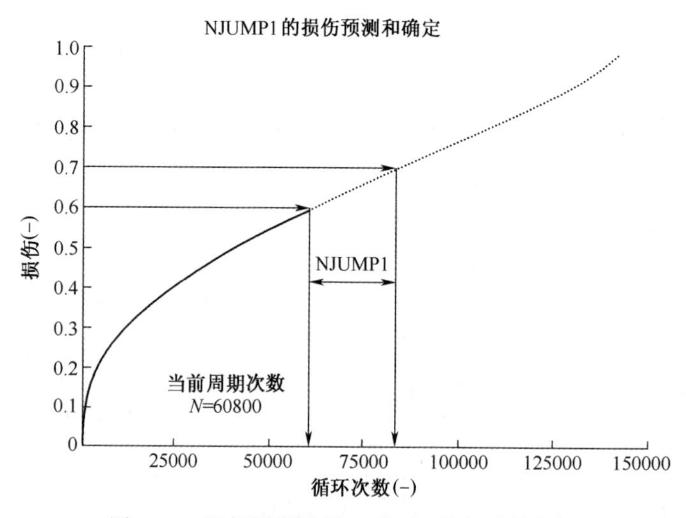

图 2.15 局部周期跳跃 NJUMP1 值的计算实例

对于 $D=0.6(-)$ 和 $\Delta\sigma(N=60000)=82.5(\mathrm{MPa})$（见式(2.1)），该特定高斯点的损伤增长率 $\mathrm{d}D/\mathrm{d}N=4.32\times10^{-6}$（每周次）。

在本例中，增量被限制为0.1。允许的周期跳跃NJUMP1值如下所示：

$$\mathrm{NJUMP1}=\frac{(DN+0.1)-DN}{\left.\frac{\mathrm{d}D}{\mathrm{d}N}\right|_N}=\frac{0.1}{4.32\times10^{-6}}=23143\text{ 次} \tag{2.11}$$

同理，可以采用更精确的数值计算方法。例如，可以将损伤 D 数值外推到 $D+0.1$，同时考虑到完整的损伤循环周次历程信息，而不是仅使用欧拉方程中最后已知的损伤值。然而，这并不限制所提方法的适用性。

2.4.3 整体周期跳跃值 NJUMP 的确定

既然每个高斯点都确定了局部循环周次跳跃值NJUMP1，那么就必须定义一个整体循环周次跳跃值NJUMP，这将是整个复合材料结构的最终周次跳跃值。

最简单的方法是将NJUMP定义为所有NJUMP1的最小值，但并不推荐这样做，因为通常在复合材料结构疲劳寿命中的每一个时刻，都存在一些高斯点，使损伤变量 D 迅速增大；导致NJUMP1的值会很小。因此，整体周期跳跃值NJUMP总是会很小，且计算速度会比较慢。

因此，整体周期跳跃值NJUMP是以另一种方式定义的。首先确定所有NJUMP1值的频率分布。假设循环跳跃周次的最大允许值为100000个周期。为了确定频率分布，将100000个周期范围按照统计术语中称为类的间隔进行划分。然后，计算在特定类中放置的NJUMP1值的数量。最后用这个数量除以NJUMP1值的总数，就是这个特定类的相对频率。

图2.16给出了使用有限元方法模拟标准弯曲疲劳试验频率分布的示例。有838个高斯点，频率分布的类数为100；每个类的长度是1000个循环周期。值得注意的是，在类循环周期中有少量的高斯点[93000;94000]。对于这些高斯点，一个非常大的周期跳跃值似乎是安全的；尽管绝大多数的高斯点，周期跳跃保持在20000个周期以下。

图2.17给出了相对累积频率分布，其中图2.16的相对频率为递增的累积数。在所有NJUMP1值的累积相对频率分布中，NJUMP最好是一个很小的百分比。然后，将会有一小部分的高斯点被强加于一个比NJUMP1值更大的周期跳跃值，该值被认为对这些高斯点是安全的。然而，这些高斯点只是已经严重损坏的那些点，而计算误差可以忽略不计。例如，当考虑10%百分位数时，整体周期跳跃值NJUMP=4078个循环，如图2.17所示。

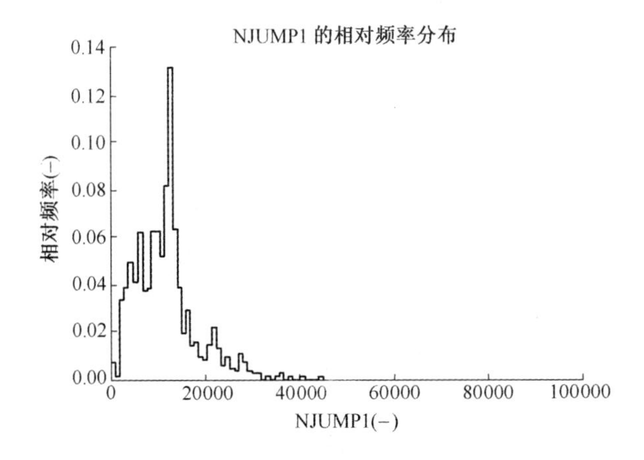

图 2.16 NJUMP1 的频率分布

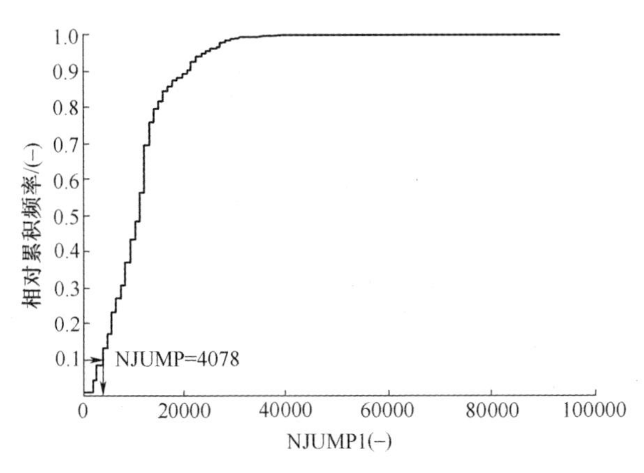

图 2.17 NJUMP1 的相对累积频率分布

最后,图 2.18 给出了周期跳跃方法的有限元计算流程图。正如在半解析模型计算中所提到的那样,对于每一个高斯点上所产生的应力循环周次历程来说,并不是预先确定或经验性的。本质上讲,它们是由复合材料试样在给定疲劳载荷和刚度分布下的平衡应力状态所引起的。根据式(2.1)中的残余刚度模型可知,刚度衰减及其分布在疲劳寿命期间会发生变化。

通过连续的循环周次跳跃,损伤演化规律 $\mathrm{d}D/\mathrm{d}N$ 是对每个高斯点的积分,$\Delta\sigma$ 是特定高斯点的应力幅值。

在商业有限元代码软件 SAMCEF™ 中已经实现了循环周期跳跃方法。在 2.4.4 节中,将讨论有限元计算的结果。

2.4.4 结果讨论

用于模拟计算图 2.1 中的疲劳试验的有限元模型由 8 层复合材料构成。

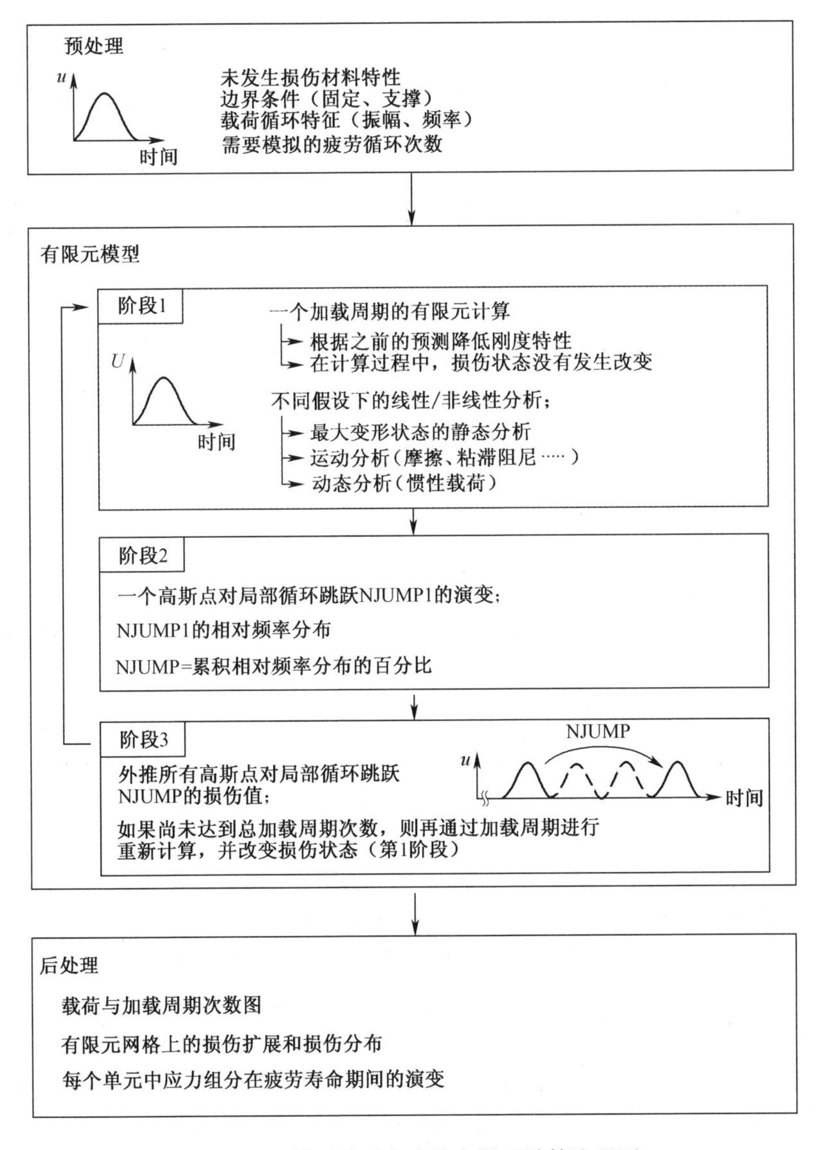

图 2.18　循环跳跃方法的有限元计算流程图

单个层的材料是正交各向异性的,但是由于在这种情况下应用了一维损伤模型,所以只有纵向刚度随时间而降低。沿复合材料试样的厚度方向有 8 个单元,沿着试样的长度方向有 53 个单元。弯曲疲劳装置的下夹具在建模定义为刚性部件,并且上夹具在建模时定义为完全固支结构。有限元网格划分示意图如图 2.19 所示,并附有有限元网格的具体信息,其中每个高斯点分布两个状态变量:损伤值 D 和局部周期跳跃值 NJUMP1。

式(2.3)中的参数 A、b 和 c 采用非线性程序进行优化。其具体步骤如下:

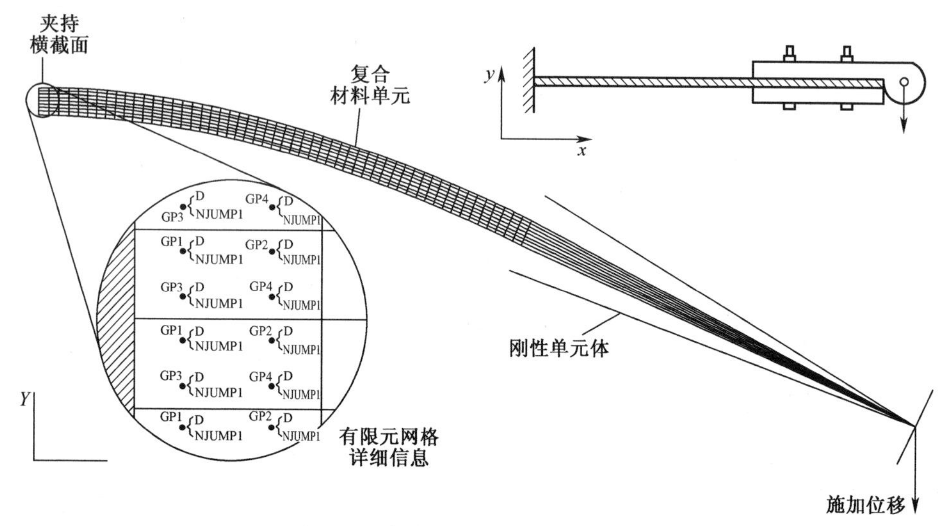

图 2.19　弯曲疲劳试验的有限元模型

由于循环周期跳跃值与试验数据不一定相同,因此弯曲载荷的值仅在离散的循环加载周期中已知,同样,测量载荷的频率与有限元代码中循环跳跃的值无关。

因此,通过有限元模拟计算得到的载荷-循环周次历程曲线与三次样本进行近似拟合,并进行疲劳循环载荷试验验证。最后,比较了理论值和试验值,并用非线性最小二乘法将其差异最小化。

这些参数的起始值是从半分析模型中计算得到的值,分别为 9.4×10^{-4}(每循环)、6.5(-)和 0.45(-)。由于有限元模拟和半解析计算(由于经典梁理论的简化假设)的计算应力状态略有不同,其常数的值也略有不同,标准弯曲疲劳试验有限元模拟的优化值为 9.8×10^{-4}(每循环)、6.53(-)和 0.42(-)。

图 2.20 比较了试验测量和数值模拟下的载荷-循环周次历程曲线。

对于约 400000 个周期的有限元模拟,进行了 10^7 次循环跳跃。整体周期跳跃值 NJUMP 被定义为 NJUMP1 值的累积相对频率分布的 10%。位移 $u(\max)$(图 2.19)在周期 $N=407898$ 的节点处的反作用力为 51.9N。在周期 $N=399000$ 的试验测量载荷为 53.3N。这导致 400000 个循环后的误差仅为 2.6%。

此外,半解析计算方法非常好。损伤规律中的参数值基本相同。在疲劳寿命试验中,在疲劳寿命期计算夹紧横截面处的应力分布时,可以更好地证明结果的相似性(图 2.21)。应力值根据循环次数 N 计算,这些值与图 2.9 中所使用的值相近(由于周期跳跃的方法,从有限元计算的每个加载周期都无法得到应力值)。当然,由于在厚度方向上使用了不止一个单元,并且不再施加 Bernoulli 假设,所以在循环次数 $N=1$ 时的应力分布不再是线性的,尽管此时没有发生损伤。对于每个模拟循环加载(图 2.18 中的第 1 阶段)的有限元分析,假设每个高斯点的应力应变关系是线性的,而杨氏模量为 $E_0(1-D)$,其中 E_0 为

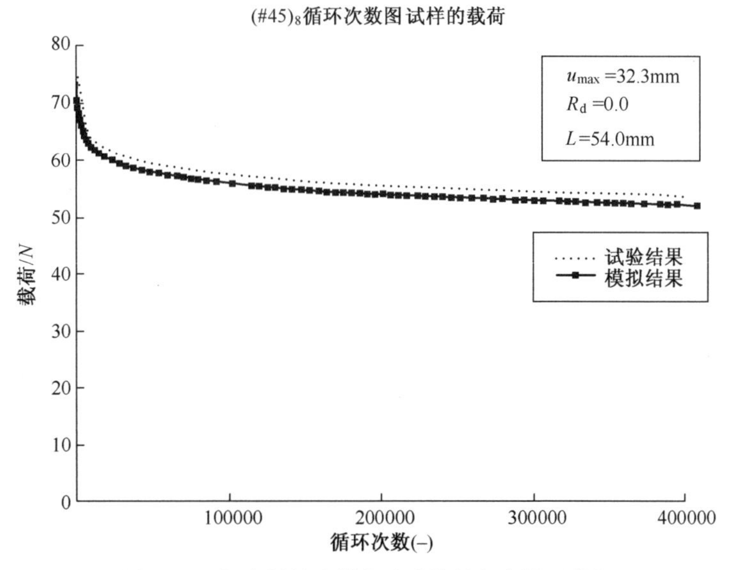

图 2. 20　复合材料试样的试验结果与有限元模拟

未损坏的杨氏模量。

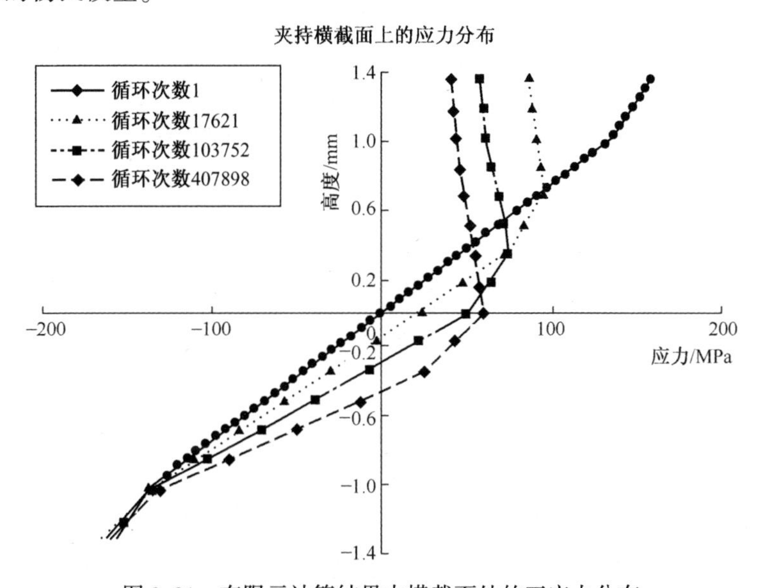

图 2. 21　有限元计算结果中横截面处的正应力分布

图 2. 22 和图 2. 23 给出了从上部表面开始承受最大拉伸应力作用下发生的损伤，并且该损伤向层压板的中性纤维扩展。横轴表示试样的长度(54. 0mm)，纵轴表示试样的厚度(2. 72mm)。因此，图中所画对角线虚线表示试样的整个横截面区域。所有的单元都给出了损伤分布，轮廓线相同表示损伤相同。同上，损伤值为 0(无损伤) ~ 1(完全损伤)。

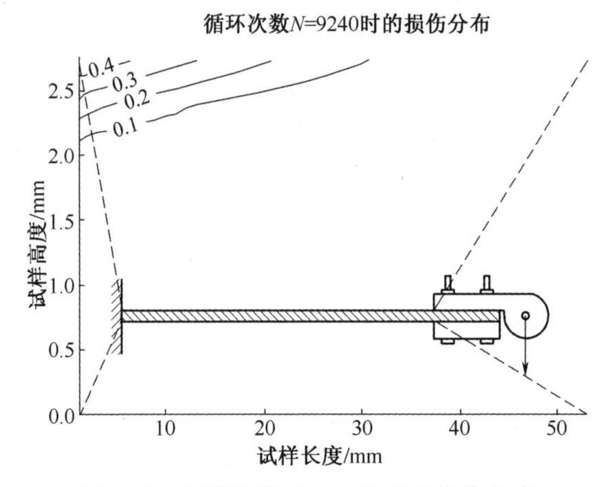

图 2.22 循环次数 $N=9420$ 时的损伤分布

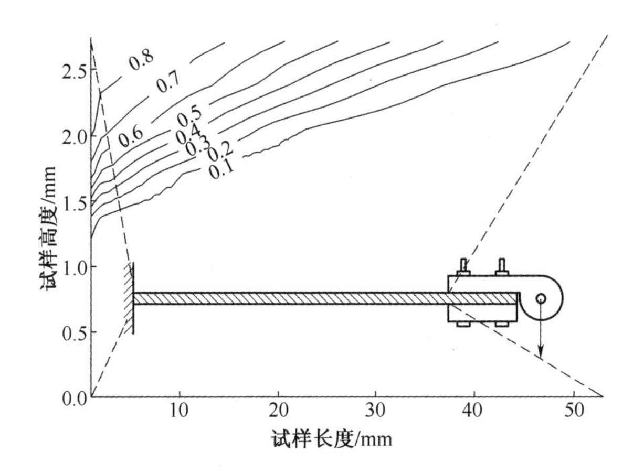

图 2.23 循环次数 $N=208763$ 时的损伤分布

2.5 结　　论

本章介绍了刚度衰减和唯象残余刚度模型的概念。

通过采用数学软件计算了一种典型的疲劳损伤模型。结果表明,由于疲劳寿命期的应力再分布,损伤曲线比应力曲线更可靠,因此应力分量可以在无法预知的情况下增加或减小。

此后,该模型被纳入商业有限单元代码中,这样它就能够满足两个相互矛盾的条件:①连续应力再分布需要沿损伤状态的完整路径进行模拟计算;②为了节省复合材料构件设计阶段的时间,有限元模拟应该是快速有效的。

利用周期跳跃的方法,有限元计算成功地满足了这两个条件。有限元网格中的每个高斯点都被赋予了一个额外的特性，就是局部周期跳跃值，该值与网格的每个积分点的固有值有关。全部有限元网格的整体周期跳跃值也被定义为所有局部循环跃变值的累积相对频率分布的一个百分数。

半解析和有限元计算都证明可以对整个结构的应力再分布和刚度衰减进行建模。

2.6 未来发展趋势及面临的挑战

循环跳跃概念已经成功地证明了在恒幅疲劳载荷和阻力载荷下的刚度衰减(Van Paepegem, Degrieck, De Baets, 2001)。其他研究者也将此概念应用于层压板的疲劳模型中(Turon, Costa, Camanho, Davila, 2007)。

目前，面临的挑战仍然是扩展广义多轴可变振幅加载的概念，其中，疲劳周期在本质上可能是很随机的，并且疲劳寿命在不同的损伤扩展规律下具有非常不同的损伤状态变量。

参考文献

Carmet, A., Weber, B., & Robert, J. L. (2000). Fatigue life assessment of components and structures under multiaxial service loading. In M. R. Bache, et al. (Eds.), Fatigue 2000: Fatigue & durability assessment of materials, components and structures. Proceedings, Cambridge, 10-12 April 2000 (pp. 295-304). Chameleon Press Ltd.

Chaboche, J. L. (1988a). Continuum damage mechanics: part I- general concepts. Journal of Applied Mechanics, 55, 59-64.

Chaboche, J. L. (1988b). Continuum damage mechanics: part II- damage growth, crack initiation and crack growth. Journal of Applied Mechanics, 55, 65-72.

Degrieck, J., & Van Paepegem, W. (2001). Fatigue damage modelling offibre-reinforced composite materials: review. Applied Mechanics Reviews, 54(4), 279-300.

Hahn, H. T., & Kim, R. Y. (1976). Fatigue behaviour of composite laminates. Journal of Composite Materials, 10, 156-180.

Highsmith, A. L., & Reifsnider, K. L. (1982). Stiffness - reduction mechanisms in composite laminates. In K. L. Reifsnider (Ed.), Damage in composite materials (pp. 103 - 117). American Society for Testing and Materials. ASTM STP 775.

Hwang, W., & Han, K. S. (1986). Cumulative damage models and multi-stress fatigue life prediction. Journal of Composite Materials, 20, 125-153.

Kachanov, L. M. (1958). On creep rupture time. InIzv. Acad. Nauk SSSR, Otd. Techn. Nauk (Vol. 8, pp. 26 - 31).

Kachanov, L. M. (1986). Introduction to continuum damage mechanics. Dordrecht: Martinus Nijhoff Publishers. p. 135.

Krajcinovic, D. (1985). Continuous damage mechanics revisited: basic concepts and definitions. Journal of

Applied Mechanics,52,829-834.

Krajcinovic, D. , & Lemaitre, J. (Eds.) . (1987) . Continuum damage mechanics: Theory and applications (p. 294). Wien: Springer - Verlag.

Lemaitre, J. (1971) . Evaluation of dissipation and damage in metals, submitted to dynamic loading. In Proceedings I. C. M. I, Kyoto, Japan.

O'Brien, T. K. , & Reifsnider, K. L. (1981). Fatigue damage evaluation through stiffness measurements in boron-epoxy laminates. Journal of Composite Materials, 15, 55-70.

Reifsnider, K. L. (1987) . Life prediction analysis: directions and divagations. In F. L. Matthews, N. C. R. Buskell, J. M. Hodgkinson, & J. Morton (Eds.), Proceedings, 20 - 24 July 1987, London, UK: Vol. 4. Sixth international conference on composite materials (ICCM - VI) & second European conference on composite materials(ECCM-II) (pp. 4. 1-4. 31). Elsevier.

Salkind, M. J. (1972) . Fatigue of composites. In H. T. Corten (Ed.), Composite materials testing and design (second conference) (pp. 143-169). Baltimore: American Society for Testing and Materials. ASTM STP 497.

Schulte, K. (1984). Stiffness reduction and development of longitudinal cracks during fatigue loading of composite laminates. In A. H. Cardon, & G. Verchery(Eds.), Mechanical characterisation of load bearing fibre composite laminates. Proceedings of the European mechanics colloquium 182, 29 - 31 August 1984, Brussels, Belgium (pp. 36-54). Elsevier.

Schulte, K. , Baron, Ch, Neubert, H. , Bader, M. G. , Boniface, L. , Wevers, M. , et al. (1985) . Damage development in carbon fibre epoxy laminates: cyclic loading. In Proceedings of the MRS - symposium "Advanced Materials for Transport", November 1985, Strassbourg(p. 8).

Schulte, K. , Reese, E. , & Chou, T. -W. (1987). Fatigue behaviour and damage development in woven fabric and hybrid fabric composites. In F. L. Matthews, N. C. R. Buskell, J. M. Hodgkinson, & J. Morton (Eds.), Proceedings, 20 - 24 July 1987, London, UK: Vol. 4. Sixth international conference on composite materials (ICCM-VI) & second European conference on composite materials(ECCM-II) (pp. 4. 89-4. 99). Elsevier.

Sidoroff, F. (1984). Damage mechanics and its application to composite materials. In A. H. Cardon & G. Verchery (Eds.), Mechanical characterisation of load bearing fibre composite laminates. Proceedings of the European mechanics colloquium 182, 29-31 August 1984, Brussels, Belgium(pp. 21-35). Elsevier.

Sidoroff, F. , & Subagio, B. (1987) . Fatigue damage modelling of composite materials from bending tests. In F. L. Matthews, N. C. R. Buskell, J. M. Hodgkinson, & J. Morton (Eds.), Proceedings, 20 - 24 July 1987, London, UK: Vol. 4. Sixth international conference on composite materials (ICCM - VI) & second European conference on composite materials(ECCM-II) (pp. 4. 32-4. 39). Elsevier.

Thewlis, J. (Ed.). (1973). Concise dictionary of physics(p. 248). Oxford: Pergamon Press.

Turon, A. , Costa, J. , Camanho, P. P. , & Davila, C. G. (2007). Simulation of delamination in composites under high-cycle fatigue. Composites Part A: Applied Science and Manufacturing, 38, 2270-2282.

Van Paepegem, W. , & Degrieck, J. (2001). Experimental setup for and numerical modelling of bending fatigue experiments on plain woven glass/epoxy composites. Composite Structures, 51(1), 1-8.

Van Paepegem, W. , Degrieck, J. , & De Baets, P. (2001). Finite element approach for modelling fatigue damage in fibre-reinforced composite materials. Composites Part B: Engineering, 32(7), 575-588.

第3章

纤维增强复合材料的疲劳试验方法与标准

A. N. Anoshkin, V. Yu. Zuiko
俄罗斯,彼尔姆,彼尔姆国立研究理工大学

3.1 简　　介

对包括复合材料在内的各种材料制定生产技术标准的最权威组织是国际标准化组织(ISO)和美国材料试验协会(ASTM)。日本、德国、法国和英国也是复合材料技术标准的主要参与者。欧洲航空航天制造商协会(被称为欧洲的AECMA)制定了航空航天复合材料的欧洲标准。日本工业标准(JIS)作为日本复合材料标准化的基础。德国已经发布了复合材料的 DIN 标准。法国有 AFNOR 标准,英国有英国标准(Grellmann&Seidler, 2013; Harris, 2003; Peters, 1998)。

为了分析纤维增强聚合物(FRP)基复合材料的典型静态力学性能,制定了许多标准或准则。在这些标准中详细描述了拉伸、压缩和剪切的试验方法(Jenkins, 1998)。

在复合材料的疲劳试验中,标准极为有限。疲劳试验方法标准的缺乏,导致了在不同试验环境下比较疲劳强度和寿命时会出现问题。试验中有许多变量影响疲劳寿命,其中大部分变量是试验者可以随意操纵的,这些变量当中又有许多没有被考虑在模型中。这就导致很难从不同的疲劳数据中得出结论(Vassilopoulos, 2010)。

在实际工程中可以找到纤维增强聚合物复合材料(包括编织复合材料)的一些基本疲劳行为和疲劳试验方法(Apinis, Skalozub, 1983; Broutman, 1974; De Baere, Van Paepegem, Hochard, Degrieck, 2011; De Baere, Van Paepegem, Quaresimin, Degrieck, 2011; De Vasconcellos, Touchard, Chocinski－Arnault, 2014;

Guedes,2011;Hansen,1999;Harris,2003;Miraftab,2009;Reifsnider,1982;Talreja,Singh,2012;Tamuzs,Dzelzitis,Reifsnider,2008;Vassilopoulos,Keller,2011)。

FRP 复合材料的疲劳标准如表 3.1 所列。表 3.1 中一共给出了 15 个标准。

表 3.1 纤维增强聚合物基复合材料的疲劳试验方法

国家	标准	名称
法国	NF T51-120-1-1995	塑料和复合材料。弯曲疲劳性能测试。第一部分:一般原则
	NF T51-120-2-1995	塑料和复合材料。弯曲疲劳性能测试。第 2 部分:一端夹持试样的弯曲试验
	NF T51-120-3-1995	塑料和复合材料。弯曲疲劳性能测试。第 3 部分:无支承试样的三点弯曲试验
	NF T51-120-4-1995	塑料和复合材料。弯曲疲劳性能测试。第 4 部分:无支承试件的四点弯曲试验
	NF T51-120-5-1995	塑料和复合材料。弯曲疲劳性能测试。第 5 部分:交替平面弯曲试验
	NF T51-120-6-1995	塑料及复合材料。弯曲疲劳性能测试。第 6 部分:屈曲弯曲试验
国际	ISO 13003:2003	纤维增强树脂基复合材料:循环加载条件下的疲劳性能测试
日本	JIS K 7082-93 JIS K 7083-93	碳纤维增强塑料完全反向平面弯曲疲劳试验方法 碳纤维增强塑料在恒幅拉伸-拉伸作用下的疲劳试验方法
英国	BS-ISO 13003:2003	纤维增强塑料:循环加载条件下的疲劳性能测试
美国	ASTM C394-00(2008)	夹层芯材剪切疲劳标准试验方法
	ASTM D3479/D3479M-12	聚酯基复合材料拉伸-拉伸加载下疲劳标准试验方法
	ASTM D6115-97(2011)	单向纤维增强聚酯基复合材料在 I 型剥离疲劳作用下发生扩展的标准试验方法
	ASTM D6873/D6873M-08	聚合物基复合材料层压板的轴承疲劳响应的标准实施规程
	ASTM D7615/D7615M-11	聚合物基复合材料层压板开孔疲劳响应的标准实施规程

ASTM 测试方法是最多样化的。他们给出了层压板结构疲劳试验、带孔(或无孔)试件拉伸-拉伸疲劳试验、层间疲劳裂纹扩展试验和轴承疲劳试验的方法。

法国标准只适用于复合材料的弯曲疲劳试验。日本标准规范了碳纤维增强聚合物基复合材料的弯曲和拉伸两种疲劳试验方法。英国标准逐字逐行复制了 ISO 标准,并将它作为英国国家标准。注意,对于复合材料的疲劳试验,没有德国标准(DIN)。在一些文件中提到的 DIN 65 586 标准已被撤回。

在 3.2 节中将详细介绍每一种疲劳标准(按国家的字母顺序排列)。

3.2 AFNOR:法国国家标准化组织(法国标准化协会)

3.2.1 基本原则和弯曲试验

NF T51-120-1-1995 标准规定了塑料和复合材料弯曲疲劳试验方法的基本标准。NF T51-120-2-1995 标准规定了增强和无增强聚合物基复合材料试样在一端固定的弯曲疲劳试验方法(单向纤维增强复合材料除外)。

试验应在恒定应力幅值或恒定应变振幅加载作用下进行。该试验方法的原理是通过将试件固定在转动夹具的一端来产生弯矩作用,而自由端则位于两个固定支架之间(图 3.1)。

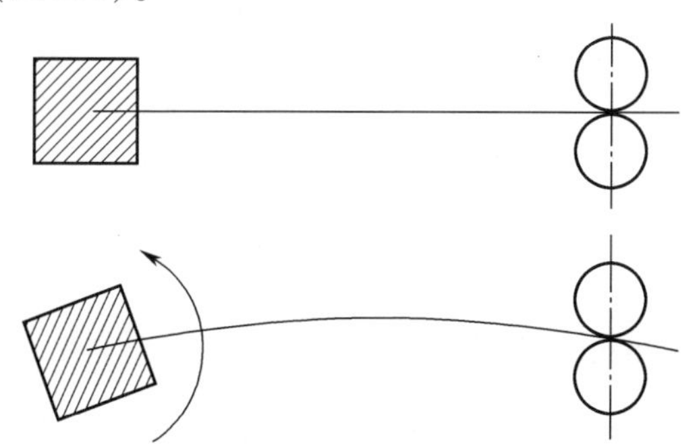

图 3.1　NF T51-120-1-1995 标准试验方案

应变(或应力)与安装的旋转角度有直接关系。本标准给出了计算该旋转角度的步骤。测试装置示意图如图 3.2 所示。

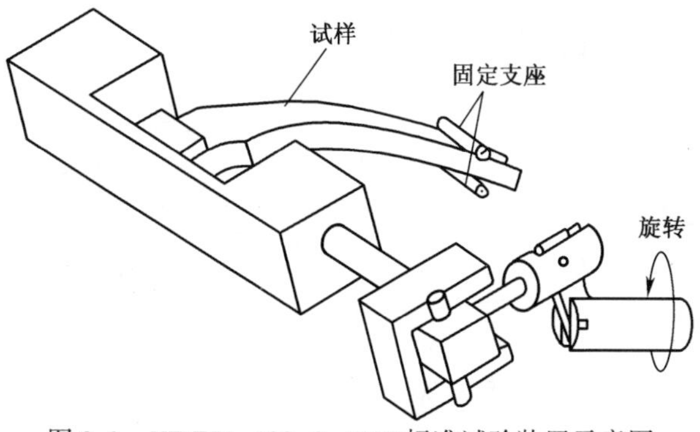

图 3.2　NF T51-120-2-1995 标准试验装置示意图

试样的装置应与试验方法符合 EN ISO 527-1-1996 NF 标准(替换了 NF T 51-034 标准)。

3.2.2 三点弯曲和四点弯曲疲劳试验

NF T51-120-3-1995 标准和 NF T51-120-4-1995 规定了用于测量增强和无增强聚合物基复合材料疲劳性能的三点和四点弯曲试验方法。

试验应在恒定应力幅值或恒定应变幅值作用下进行。材料不应发生蠕变现象。试样形状为长方体。

试验装置示意图如图 3.3 所示。

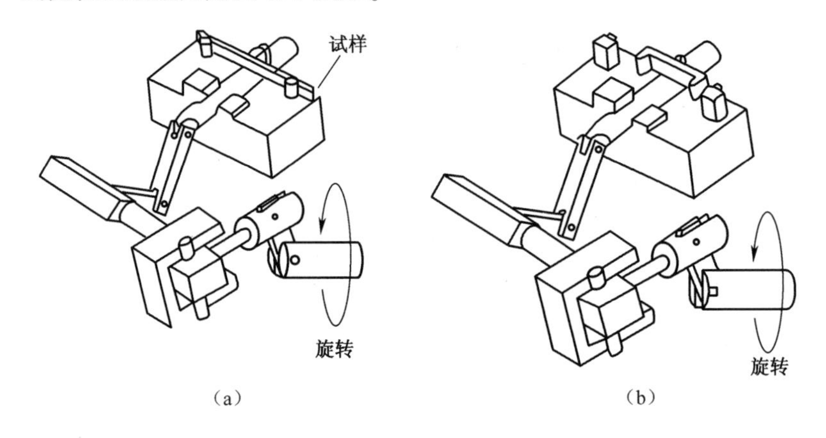

图 3.3 NF T51-120-3-1995 标准和 NF T51-120-4-1995 标准试验装置的示意图

3.2.3 正交平面弯曲试验

NF T51-120-5-1995:标准给出了在弯曲载荷作用下,用短纤维、垫或织物增强聚合物基复合材料疲劳性能的试验方法。该方法的原理是对两侧夹紧的试样进行交替纯弯曲试验。

该试验是在两个夹具旋转产生的恒定位移振幅下进行的,如图 3.4 所示。

试验装置示意图和试样形状如图 3.5 所示。

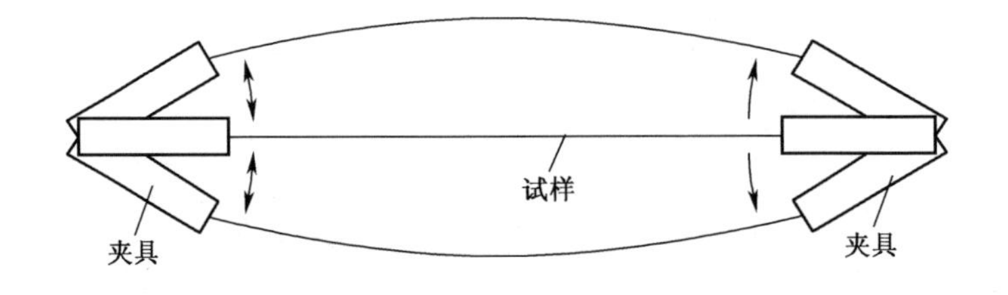

图 3.4 NF T51-120-5-1995 标准试验方法示意图

3.2.4 屈曲试验

NF T51-120-6-1995:标准规定了增强和无增强聚合物基复合材料在屈曲作用下疲劳试验的方法。该试验方法特别适用于具有较强蠕变倾向的聚合物基复合材料。

对试样施加压缩载荷,使其达到弹性稳定的极限。该试验系统中外部载荷的临界值称为欧拉载荷。它将导致试样产生大幅度的弯曲;因此,试样会发生纯弯曲受力状态。

试验装置示意图如图 3.6 所示。试样的形状为长方体。

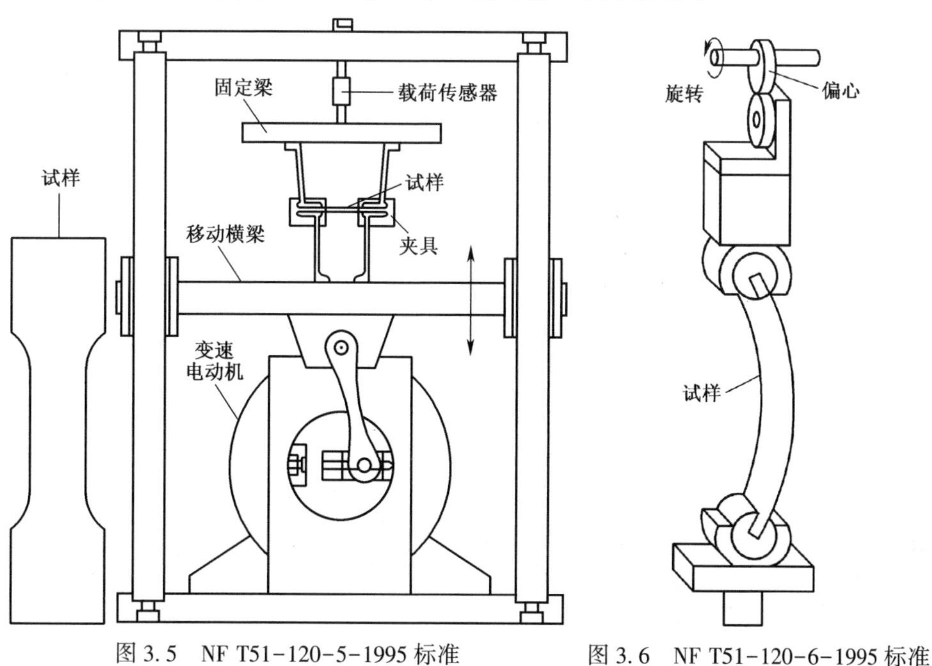

图 3.5　NF T51-120-5-1995 标准试验装置的试样和示意图

图 3.6　NF T51-120-6-1995 标准试验装置示意图

3.3 ISO:国际标准化组织

3.3.1 ISO 13003:2003:循环载荷条件下疲劳性能的测量

本标准规范了纤维增强聚合物基复合材料在恒定振幅和恒定频率循环加载条件下的基本疲劳试验方法。所用的试验方法、试样尺寸和计算与静态加载条件下的等效试验方法相同。例如,弯曲疲劳试验使用 ISO 14125 标准。拉伸疲劳试验使用 ISO 527-4 或 ISO 527-5 标准。

国际标准 ISO 14125 规定了在三点载荷和四点载荷作用下测量纤维增强聚合物基复合材料弯曲疲劳性能的试验方法。该标准适用于以下几类复合材料

的测量:

Ⅰ类:不连续纤维增强热塑性复合材料;

Ⅱ类:用垫子、连续垫子和织物增强的聚合物基复合材料;

Ⅲ类:具有 $5<E_{f1}/G_{13}\leqslant 15$ 特性的横向(90°)纤维增强复合材料、纵向(0°)纤维增强复合材料及多向纤维增强复合材料(如玻璃纤维增强复合材料);

Ⅳ类:具有 $15<E_{f1}/G_{13}\leqslant 50$ 特性的横向(90°)纤维增强复合材料和多向纤维增强复合材料(如碳纤维增强复合材料)。

其中,E_f 表示挠曲模量 G_{13} 表示层间剪切模量;

ISO 527- 4 标准试验方法适用于以下材料。

(1) 纤维增强的热固性和热塑性复合材料,包括诸如垫子、机织织物、编织粗纱和短切丝线之类的非均匀增强材料,及粗纱、短纤维或预浸渍材料(预浸料)之类的复合材料。

(2) 单向纤维增强复合材料、单向层压板和对称层压板构成的多向纤维增强复合材料。

(3) 由上述这些材料制成的复合材料成品。

增强的纤维包括玻璃纤维、碳纤维、芳族聚酰胺纤维和其他类似的纤维。在 ISO 527 标准中规定了三种类型的试样。

ISO 527- 5 标准试验方法适用于所有单向纤维增强的聚合物基体复合材料。其增强材料(完全一致)包含碳纤维、玻璃纤维、芳纶纤维和其他类似的纤维。增强结构包括单向纤维粗纱和单向织物与胶带。这种方法通常不适用于由多个单向层在不同角度组成的多方向材料。该方法通常不适用于由多个不同角度的单向层组成的多向纤维增强复合材料(参见 ISO 527-4 标准)。

根据纤维方向与测量方向之间的相对关系,在 ISO 527 标准中制定了具有恒定截面的两类试样。

A 型试样(纵向)的宽度为 15mm,总长度为 250mm,厚度为 1mm 或者 2mm。B 型试样(横向)的宽度为 25mm,总长度为 250mm,厚度为 2mm。

3.4 JIS:日本工业标准

3.4.1 JIS K 7082-93:碳纤维增强复合材料完全反向平面弯曲疲劳试验方法

日本工业标准规定了碳纤维增强复合材料在恒定应力幅值作用下的完全反向平面弯曲疲劳试验方法。对于单向碳纤维增强复合材料来说,通常在其结构端部会发生压缩断裂,而不是弯曲疲劳断裂,这一点已经成为共识。因此,本标准不适用于单向碳纤维增强复合材料。

标准测试试样的形状如图 3.7 所示。

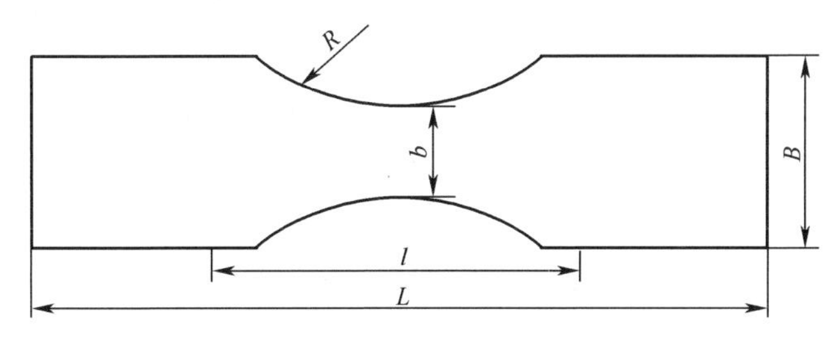

图 3.7　JIS K 7082-93 标准试样

试样厚度约为 2mm,形状应为平板。长度 L 应至少是厚度的 50 倍。试验段长度 l 应至少是厚度的 20 倍。试样宽度 B 应为 25mm 或以上。最小宽度 b 应为 15mm 或以上。曲率加工半径 R 应为最小宽度的 3~7 倍。

S-N 曲线图应画出在等距尺度上的应力幅值,以便与横坐标上周期次数的对数刻度相比较。

3.4.2　JIS K 7083-93:碳纤维增强复合材料在恒定拉伸-拉伸载荷幅值作用下的疲劳试验方法

该日本工业标准规定了单向纤维增强复合材料层压板和编织复合材料在恒定拉伸-拉伸载荷幅值作用下的疲劳试验方法。

有以下三种试样类型:

(1) Ⅰ型:这种类型的试样用于单向纤维增强复合材料层压板沿纤维方向进行拉伸疲劳试验。

(2) Ⅱ-A 型:这种类型的试样用于编织复合材料沿纤维方向进行拉伸疲劳试验。

(3) Ⅱ-B 型:仅当其对编织复合材料沿纤维方向进行拉伸疲劳试验的结果与Ⅱ-A 型试样的试验结果不同时,开能使用这种试样。

标准试样的形状如图 3.8 所示。应使用由玻璃纤维增强聚合物基复合材料制成的试样。

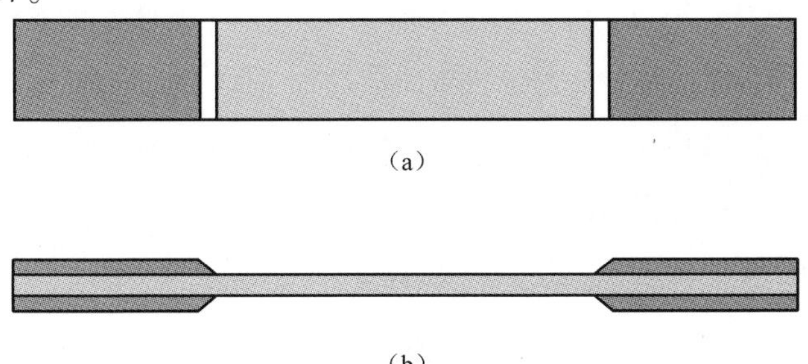

(a)

(b)

图 3.8　JIS K 7083-93 标准试样

Ⅰ型试样的厚度应约为1mm,Ⅱ(A,B)型试样的厚度应约为2mm。Ⅰ型和Ⅱ-B型试样的宽度应为12.5mm,Ⅱ-A型样的宽度应为25mm。这是试样类型之间的主要区别。

*S-N*曲线图应将纵坐标上的最大交变应力、应力范围或应力幅值作等距尺度,与横坐标上循环次数的对数尺度相比较。

3.5 ASTM:美国材料与测试协会

3.5.1 ASTM D6115-97(2011):单向纤维增强聚合物基复合材料的Ⅰ型疲劳分层扩展标准试验方法

本试验方法根据图3.9所示的双悬臂梁试样,确定基于Ⅰ型循环应变能释放速率下的分层扩展周期次数。单向层压板复合材料试样在中间层压板上包含一个非黏性外来物,用来引发材料的脱黏分层。通过铰链将载荷施加到双悬臂梁试样上。

试样长度应至少125mm,名义宽度应为20~25mm。层压板厚度通常为3~5mm。从装载线到插入试样末端测量的初始分层长度通常应为50mm。

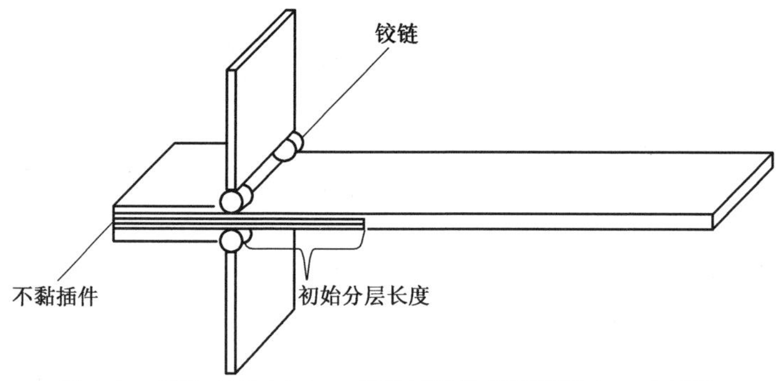

图3.9 用于ASTM D6115标准试验的双悬臂梁(DCB)试样

该测试方法仅适用于单向碳纤维带层压板与单相聚合物基体组成的复合材料。目前尚没有用于测量编织复合材料层间断裂韧性的试验方法Ⅰ型、Ⅱ型和混合型)。需要研究ASTM D5528、D6115和D6671这些标准对编织复合材料的适用性(见ASTM D6856/D6856M标准)。

3.5.2 ASTM D6873/D6873M-08:聚合物基复合材料层压板支板疲劳试验标准

该标准修改了ASTM D5961标准中的静态试验方法,来测量复合材料在循环支承载荷作用下的疲劳性能。该标准只适用于连续纤维增强聚合物基复合材料,在该复合材料中,层压板在测试方向上是对称和平衡的。

该方法通过试样的双剪切(A型)或单剪切(B型)拉伸载荷作用来测量复合材料层压板支板的疲劳响应。

A型,双剪切:在试件末端附近有一个中心孔,通过这个孔对扁矩形截面试件施加载荷作用(图3.10)。

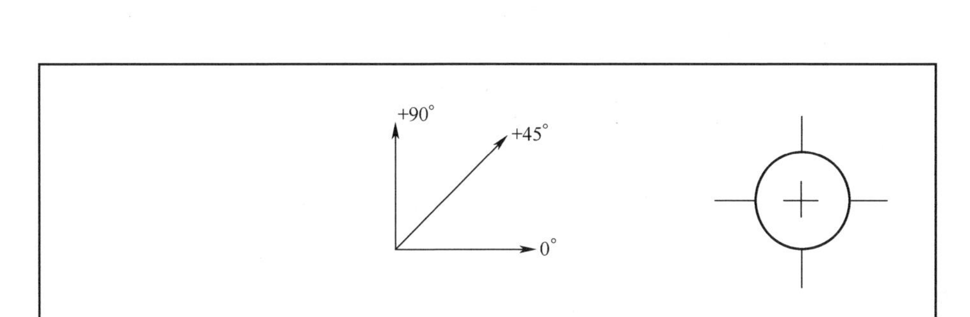

图3.10　ASTM D6873的标准A型、双剪切试样

B型,单剪切:该试样由两个相似的半块矩形截面组成,通过每半个试件的一端或两个中心孔固定在一起(图3.11)。

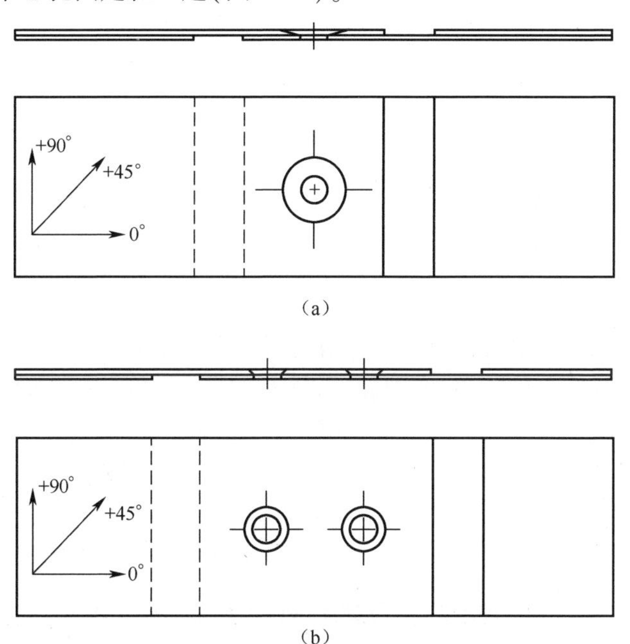

图3.11　ASTM D6873的标准B型、单剪切试样

其结果包括以下内容:

(1) 所选支板应力值的孔伸长率与疲劳寿命曲线。

(2) 在选定的周期间隔内承受应力与孔伸长率曲线。

(3) 所选孔伸长值的支板应力与疲劳寿命曲线。

3.5.3 ASTM D3479 / D3479M-12:聚合物基复合材料拉伸疲劳的标准试验方法

该试验方法明确了聚合物基复合材料在拉伸循环载荷作用下疲劳性能的测量。复合材料的形式仅限于连续纤维或不连续纤维增强复合材料,其弹性性能相对于试验方向是正交各向异性的。该试验方法提出了两种类型,即试验要么是控制载荷(应力)参数,要么是控制加载方向上的应变参数。

试样的几何形状、尺寸、制备及标准如 ASTM D3039 所述。

3.5.4 ASTM D7615/D7615 -11:聚合物基复合材料层压板开孔疲劳响应的标准

该标准提出了修改静态开孔拉伸和抗压强度试验方法,以明确复合材料承受循环拉伸或压缩载荷作用下的疲劳性能。复合材料形式仅限于连续纤维增强复合材料,在这种复合材料中,层压板方向相对于试验方向是对称和平衡的。

试样标准应符合 ASTM D5766 中规定的拉伸-拉伸加载作用或 ASTM D6484 的拉伸-压缩和压缩-压缩载荷作用。

结果包括以下内容:

(1) 选定名义应力值的试样刚度与疲劳寿命曲线。

(2) 选定循环间隔的名义应力与试样刚度曲线。

(3) 选定应力比值的名义应力与疲劳寿命曲线。

3.5.5 ASTM C394/ c394m-13:夹芯层压板剪切疲劳的标准试验方法

该试验方法包括对夹芯材料循环剪切载荷作用下疲劳特性的测定。通常,夹芯层板主要是承受剪切应力的作用。循环剪切应力对该材料的影响是非常重要的。

试件的厚度应与夹芯层板的厚度相等,宽度不小于 50mm,长度不小于厚度的 12 倍。试验方案和典型试样如图 3.12 所示。

图 3.12 中给出了夹芯层板最大剪切应力和失效周期次数曲线(S-N 曲线)。

3.5.6 ASTM D6856 / D6856M-03(2008):织物增强的“编织”复合材料试验标准指南

该指南旨在为编织复合材料的疲劳试验方法提供参考。该指南确保在试验中适当考虑材料特性。此外,该指南还帮助用户选择当前可用的 ASTM 测试

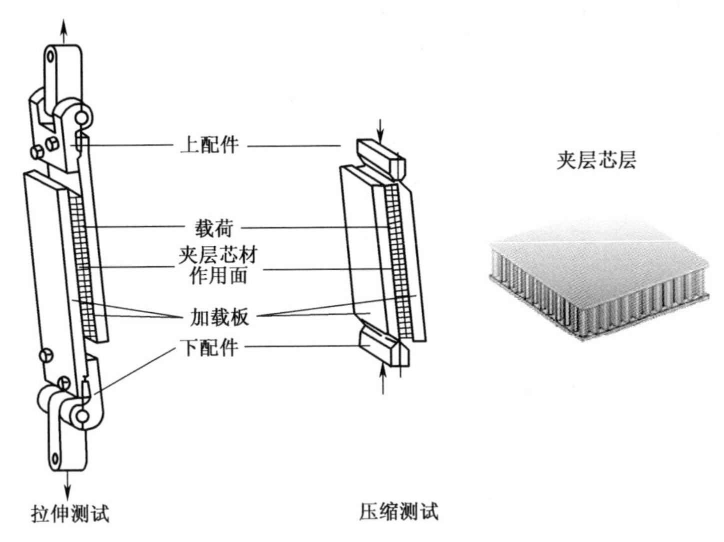

图 3.12 夹芯层板在剪切应力作用下的疲劳试验方法

ASTM C394/ c394m -13——夹芯层板剪切疲劳试验方法。

方法，用于测量常用材料的力学性能。

根据该指南，编织复合材料的拉伸疲劳试验应使用 ASTM D3479 标准进行。编织复合材料试样的宽度推荐比例为2∶1。最小的标定长度应为127mm。

编织复合材料的弯曲疲劳试验应使用 ASTM D6272 或 ASTM D790 标准中所推荐的试样尺寸。在进行弯曲疲劳试验时不存在 ASTM 试验方法。

3.6 讨　论

在很多标准中没有明确指出该标准所适用的纤维增强复合材料的类型。因此，法国标准受到通用术语“增强聚合物基复合材料”的限制。只有 NF T51-120-2-1995 标准中明确给出了该标准对单向纤维增强复合材料的适用性，并在 NF T51 -120-1995 标准中规定了适用材料的类别是：用短纤维、垫子或编织增强的聚合物基复合材料。这使我们可以将该标准作为编织复合材料疲劳试验的有效标准。ISO 13003:2003 标准中也没有明确规定允许的材料，并指的是静态试验的等效标准，然而，考虑到各种类型的复合材料，包括用机织的织物和机织的材料增强的聚合物基复合材料。在两种日本标准中，只有 JIS K 7083 标准适用于编织增强复合材料的拉伸-拉伸疲劳试验。

ASTM D6856 是 ASTM 协会针对编织复合材料的疲劳试验制定的一个特别标准指南。根据该指南，可以按照 ASTM D3479 标准对编织复合材料开展拉伸疲劳试验。同时该指南还指出，目前还没有对编织复合材料进行弯曲疲劳试验和层间断裂韧性测量的充分试验方法。

除了国际标准和国家标准之外,还包括一些发明专利:特别是采用电磁辐射方法来确定复合材料在循环载荷作用下疲劳寿命的方法(Chernikova,Ivanov,Mikhajlova,Ardeev,2010),并通过监测疲劳破坏过程中不可逆转的熵增,来预测复合材料的疲劳寿命(Khonsari Abadi,2012)。

另外,除了开展小样本的疲劳测试外,还可以进行全尺寸(整体结构)的试验。例如,用复合材料制成的直升机旋翼叶片的疲劳试验是在一种特殊的试验装置中进行的,该试验装置可用来模拟飞行载荷的(Rasuo,2009,2011)。

显然,纤维增强复合材料的疲劳试验是在单轴拉伸或拉伸-压缩疲劳载荷作用下进行的,给出 S-N 曲线数据。弯曲疲劳试验没有作为标准被广泛接受(法国标准除外),但它们常被用于研究目的(De Baere,Van Paepegem,Degrieck,2009;Jin,Hu,Sun,Gu,2012;Sidoroff,Subagio,1987;Van Paepegem,Degrieck,2001)。

在编织复合材料的弯曲疲劳试验方面,论文发表数量极为有限。

基本上可以分为三种弯曲疲劳试验:①三点弯曲;②四点弯曲;③悬臂弯曲。这些试验对编织复合材料疲劳性能的影响是相当有限的,由于结果很难解释,因此,在刚度衰减的情况下,试样高度的应力再分布也会起作用(Van Paepegem,2011)。

对复合材料在疲劳载荷作用下平面剪切性能的研究非常有限。这些研究大多数集中在改进 ASTM D4255/ D4255M 标准中描述的三维剪切应力试验(Lessard,Eilers,Shokrieh,1995,1997;Yaniv,Lee,1989)。

关于多轴疲劳试验的信息很少(Chen,Matthews,1993;DeTeresa,Freeman,Groves,1998;Huang et al.,2010;Lee,Hwang,2001;Makris,Ramault,Van Hemelrijck,Lamkanfi,Van Paepegem,2008;Jweeg,Hasan,Kahtan,2013;Satapathy,Vinayak,Jayaprakash,Naik,2013;Shokrieh,Lessard,1997,2003)。值得注意的是,两种不同的方法(Chen,Matthews,1993;Jweeg et al.,2013):采用自制夹具和专用测试机进行双轴加载。

复合材料的扭转疲劳问题尚未得到充分研究。此外,也没有这种测试的标准。因此,深入分析现有标准的适用性,并制定编织复合材料疲劳试验的新标准是未来的任务。

参考文献

Apinis,R. P.,& Skalozub,S. L.(1983). Predicting the fatigue life of wovenfiberglass under steady and nonsteady cyclic loading. Mechanics of Composite Materials,19(1),118-124. http://dx. doi. org/10. 1007/BF00604038.

Broutman,L. J.(Ed.).(1974). Fracture and fatigue:Vol. 5. Composite materials. New York:Academic Press.

Chen,A. S.,& Matthews,F. L.(1993). Biaxialflexural fatigue of composite plates. In A. Miravete(Ed.),Proceedings of the ninth international conference on composite materials,July 12-16,1993:Vol. VI. ICCM/9 composites:Properties and applications(pp. 899-906),Madrid,Spain:Woodhead Publishing.

Chernikova, T. M. , Ivanov, V. V. , Mikhajlova, E. A. , & Ardeev, K. V. (February 15, 2010) . Method for determining lifetime of specimens from composite materials at cyclic loading. Russia: Kuzbass State Technical University. RU patent 2439532.

De Baere, I. , Van Paepegem, W. , Hochard, C. , & Degrieck, J. (2011). On the tensionetension fatigue behaviour of a carbon reinforced thermoplastic. Part II: evaluation of a dumbbellshaped specimen. Polymer Testing, 30 (6), 663-672. http://dx. doi. org/10. 1016/j. polymertesting. 2011. 05. 004.

De Baere, I. , Van Paepegem, W. , Quaresimin, M. , & Degrieck, J. (2011) . On the tension-tension fatigue behaviour of a carbon reinforced thermoplastic. Part I: limitations of the ASTM D3039/D3479 standard. Polymer Testing, 30(6), 625-632. http://dx. doi. org/10. 1016/j. polymertesting. 2011. 05. 005.

De Vasconcellos, D. S. , Touchard, F. , & Chocinski-Arnault, L. (2014) . Tensionetension fatigue behaviour of woven hemp fibre reinforced epoxy composite: a multi-instrumented damage analysis. International Journal of Fatigue, 59, 159-169. http://dx. doi. org/10. 1016/ j. ijfatigue. 2013. 08. 029.

DeTeresa, S. J. , Freeman, D. C. , & Groves, S. E. (1998) . Fatigue and fracture offiber composites under combined interlaminar stresses. 13th technical conference, September 21 - 23, 1998. Baltimore: American Society for Composites.

Grellmann, W. , & Seidler, S. (Eds.). (2013). Polymer testing(2nd ed.). Munich: Hanser Publishers.

Guedes, R. M. (Ed.) . (2011) . Creep and fatigue in polymer matrix composites. Cambridge, UK: Woodhead Publishing.

Hansen, U. (1999). Damage development in woven fabric composites during tension-tension fatigue. Journal of Composite Materials, 33(7), 614-639. http://dx. doi. org/10. 1177/ 002199839903300702.

Harris, B. (Ed.) . (2003) . Fatigue in composites. Science and technology of the fatigue response of fibre-reinforced plastics. Cambridge, UK: Woodhead Publishing.

Huang, Y. , Ha, Sung K. , Koyanagi, Jun, Melo, Jose Daniel D. , Kumazawa, Hisashi, & Susuki, Ippei (2010). Effects of an open hole on the biaxial strengths of composite laminates. Journal of Composite Materials, 44 (20), 2429-2445. http://dx. doi. org/10. 1177/ 0021998310372841.

Jenkins, C. H. (Ed.). (1998). Manual on experimental methods for mechanical testing of composites(2nd ed.). Lilburn, GA: The Fairmont Press, Inc.

Jin, Limin, Hu, Hong, Sun, Baozhong, & Gu, Bohong(2012). Three-point bending fatigue behavior of 3D angle-interlock woven composite. Journal of Composite Materials, 46 (8), 883 - 894. http://dx. doi. org/ 10. 1177/0021998311412218.

Jweeg, Muhsin J. , Hasan, Skaker S. , & Kahtan, Yassr Y. (2013). Parametric study and numerical modeling of CFRP cruciform specimens under biaxial loadings. International Journal of Mechanical Engineering & Technology(IJMET). ISSN: 0976-6359, 4(5), 313-322.

Khonsari Michael M. , Abadi Mehdi Naderi, Board of Supervisors of Louisiana State University & Agricultural and Mechanical College. (February 16, 2012). Fatigue monitoring for composite materials. US 20140067285 A1.

Lee, C. S. , & Hwang, W. B. (2001). Lifetime prediction offiber-reinforced polymer-matrix composite materials under tension/torsion biaxial loading. In Eighth international conference on composites engineering(ICCE/8), proceedings, Tenerife, Spain(pp. 535-536).

Lessard, L. B. , Eilers, O. P. , & Shokrieh, M. M. (1995) . Testing of in-plane shear properties under fatigue loading. Journal of Reinforced Plastics and Composites, 14 (9), 965 - 987. http://dx. doi. org/ 10. 1177/073168449501400904.

Lessard, L. B. , Eilers, O. P. , & Shokrieh, M. M. (1997). Modification of the three-rail shear test for composite materials under static and fatigue loading. In S. J. Hooper (Ed.), ASTM STP 1242: 13th Vol. Composite materials: Testing and design(pp. 217-233). American Society for Testing and Materials.

Makris, A. , Ramault, C. , Van Hemelrijck, D. , Lamkanfi, E. , & Van Paepegem, W. (2008) . Biaxial fatigue testing using cruciform composite specimens, composite materials. In 13th European conference, proceedings, European society of composite materials(ESCM).

Miraftab, M. (Ed.). (2009). Fatigue failure of textile fibres. Cambridge, UK: Woodhead Publishing.

Peters, S. T. (Ed.). (1998). Handbook of composites (2nd ed.). London: Chapman Hall.

Rasuo, B. (2009). Full-scale fatigue testing of the helicopter blades from composite laminated materials in the development process. Journal of the Mechanical Behavior of Materials, 19(5), 331-339. http://dx.doi.org/10.1515/JMBM.2009.19.5.331.

Rasuo, B. (2011). Helicopter tail rotor blade from composite materials: an experience. SAE International Journal of Aerospace, 4(2), 828-838. http://dx.doi.org/10.4271/2011-01-2545.

Reifsnider, K. L. (Ed.). (1982). Damage in composite materials, ASTM STP 775. Philadelphia: American Society for Testing and Materials.

Satapathy, Malaya Ranjan, Vinayak, B. G., Jayaprakash, K., & Naik, N. K. (2013). Fatigue behavior of laminated composites with a circular hole under in-planemultiaxial loading. Materials & Design, 51, 347-356. http://dx.doi.org/10.1016/j.matdes.2013.04.040.

Shokrieh, M. M., & Lessard, L. B. (1997). Multiaxial fatigue behaviour of unidirectional plies based on uniaxial fatigue experiments: II. Experimental evaluation. International Journal of Fatigue, 19(3), 209-217. http://dx.doi.org/10.1016/S0142-1123(96)00074-6.

Shokrieh, M. M., & Lessard, L. B. (2003). Fatigue under multiaxial stress systems. In B. Harris (Ed.), Fatigue in composites (pp. 63-113). Cambridge, UK: Woodhead Publishing.

Sidoroff, F., & Subagio, B. (1987). Fatigue damage modelling of composite materials from bending tests. In F. L. Matthews, N. C. R. Buskell, J. M. Hodgkinson, & J. Morton (Eds.), Sixth international conference on composite materials (ICCM - VI) & second European conference on composite materials (ECCM - II): Vol. 4. Proceedings, July 20-24, 1987 (pp. 4.32-4.39), London, UK: Elsevier.

Talreja, R., & Singh, C. V. (2012). Damage and failure of composite materials. London: Cambridge University Press.

Tamuzs, V., Dzelzitis, K., & Reifsnider, K. (2008). Prediction of the cyclic durability of woven composite laminates. Composite Science and Technology, 68(13), 2717-2721. http://dx.doi.org/10.1016/j.compscitech.2008.04.033.

Van Paepegem, W. (2011). Fatigue testing methods for polymer matrix composites. In R. M. Guedes (Ed.), Creep and fatigue in polymer matrix composites (pp. 461-491). Cambridge, UK: Woodhead Publishing.

Van Paepegem, W., & Degrieck, J. (2001). Experimental setup for and numerical modelling of bending fatigue experiments on plain woven glass/epoxy composites. Composite Structures, 51(1), 1-8. http://dx.doi.org/10.1016/S0263-8223(00)00092-1.

Vassilopoulos, A. P. (Ed.). (2010). Fatigue life prediction of composites and composite structures. Cambridge, UK: Woodhead Publishing.

Vassilopoulos, A. P., & Keller, T. (2011). Fatigue of fiber-reinforced composites. Springer-Verlag London Limited.

Yaniv, G., & Lee, J. -W. (1989). Method for monitoring in-plane shear modulus in fatigue testing of composites. In C. C. Chamis (Ed.), Test methods and design allowables for fiber composites, ASTM STP 1003 (pp. 276-284). American Society for Testing and Materials.

第4章

复合材料疲劳分析数据库

K. A. M. Vallons
比利时,鲁汶,鲁汶大学

4.1 简　　介

自从复合材料出现以来,人们就对其疲劳性能开展了积极的研究。在过去几十年中,对多种复合材料进行了数百项的研究,并分析了这些材料在重复循环载荷条件下的力学行为。这个话题在当今复合领域仍具吸引力,因为复合材料在相关领域中的应用现状和未来预想都与疲劳因素有关。例如,风力发电机、汽车、航空等。多年以来,通过对这些复合材料疲劳性能的试验研究,已经得到了大量的疲劳数据结果。这些数据不管是用于设计目的,还是用于预测疲劳寿命的分析,或是进行有限元模型的建立都是非常有用的。但不幸的是,许多疲劳研究只是在会议和期刊上发表论文,通常仅在论文中的图表上给出得到的疲劳试验数据。在大多数情况下,公开发表的数据集不可用。当然,通过与作者的个人沟通,可以获得数据,但这种方法远远不够理想。为了方便使用现有的数据,将这些数据集与论文一起发表,或者至少使它们以某种更加方便的方式利于公众使用。一些系统工具,如 ResearchGate(www. ResearchGate. net),允许研究人员上传数据,以便其他成员可以访问这些数据,尽管这一点还没有得到广泛应用。一些期刊出版商也致力于扩大研究数据的可用性。例如,Elsevier 正在研发“交互数据链接”功能,该功能允许在其在线平台上发布研究论文和相应的数据集,并在它们之间建立双向链接,然后将其放置在一个单独的存储库中(Boersma,2013)。

尽管研究论文和研究数据之间的相互交联系统极大地提高了材料数据的可达性和可见性,但仍然存在一个关键问题,即这些记录具有个人主观性。研究人员或设计人员在寻找各种材料数据时,往往需要“手工”分离这些数据集才能获得所需的数据。Quaresimin、Ricotta 和 Susmel(2004)从大量文献中收集疲劳数据,并努力将其联系起来,他们使用了约 140 个不同的数据库,从文献到各种类型的复合材料和试验条件,并建立了一个用于预测疲劳寿命的唯象模型。遗憾的是,这些研究人员建立的数据库从来没有公开过。

然而,在过去几十年里,已经采取了一系列与复合材料疲劳性能有关的举措,以便在公共可访问数据库中收集大量数据。据作者所知,其中有三个数据库:FACT 数据库、OptiDat 数据库,以及 SNL /MSU/ DOE 复合材料疲劳数据库。毫不奇怪,这三个数据库都与风力涡轮机工业有关,因为在此行业中,疲劳是一个关键的影响因素。本章将详细介绍这些现有的数据库,解释其来源,讨论在哪里可以找到它们,并概述在它们中可以找到哪些类型的数据。

4.2 FACT 数据库

De Smet 和 Bach(1994)建立了风力涡轮机复合材料的疲劳数据库。这个数据库是受荷兰能源研究基金会委托,并在荷兰第三届国际能源署风力涡轮疲劳研讨会上提出的(De Smet & Bach,1994)。它主要包含从广泛的文献调查中收集的结果数据,并制作成 MS Excel 类型的文件公开发表。该数据库包含约 1500 个数据点。电子表格中的每一行代表一个数据点。材料和生产细节以及试验参数列在表中。数据库中的结果包括在不同实验室,在不同的条件下,以及使用不同的试验标准获得的数据结果。大部分数据采用的是玻璃纤维增强复合材料,尽管也包括了一些碳-玻璃混合材料。环氧树脂、聚酯和乙烯基酯是主要的基体材料。该数据库还包含许多数据点,用于在室温下和高湿度条件下进行不同温度的疲劳试验。

除了数据库本身包含的信息外,很难检索关于确切试验条件的任何信息。FACT 数据库中的数据仅限于原始试验数据,很少涉及相关的试验报告或出版物。需要注意的是,很难分辨测试材料是由哪种增强类型组成的。在某些情况下,制造方法公开了这些信息,如在纤维编织过程中。然而,数据库中包含的大多数数据来源于手工制作的层压板。这些非常有可能是以纺织品为基础,但除了面密度和纤维方向之外,还没有关于这些织物性质的数据。尽管从编织材料引用的纤维方向来看,可以怀疑数据库中的许多材料都是基于非卷曲纤维增强复合材料,并没有其他信息可用,如缝合参数。FACT 数据库自公布以来并没有在互联网上得到积极的应用,但是在 4.3 节讨论的 OptiDat 数据库的建立中,它被前者并入,从而使这些数据更容易访问。

4.3 OptiDat 数据库

2002 年,OPTIMAT BLADES(优化叶片)项目启动,该项目是由研究机构、制造商和认证机构在内的 8 个欧盟国家的 18 个合作伙伴组成的联盟。该项目得到了欧盟委员会第五次框架研究资助的支持。OPTIMAT BLADES 项目的主要目标是在不同条件和相互作用下获得对风力发电机转子叶片材料行为的更多了解,并为转子叶片的设计提供一致和完整的方法,以此为风力涡轮机叶片更新设计提供建议依据(Wingerde et al.,2003)。

在该项目的框架下,建立了 OptiDat 数据库。在这个项目中,OptiDat 数据库用于归档和交流合作伙伴之间的研究成果、跟踪进展,并协助开发材料模型。不过,它已经可以公开访问,所以在研究期间收集的数据现在任何人都可以使用,例如,将一种新型风力涡轮机复合材料的性能与 OPTIMAT 研究的层压板性能进行最优比较。它也可用于模型的建立和验证,以预测在各种条件下材料的疲劳寿命,或复杂应力状态、极端条件、变幅疲劳等情况下材料的疲劳力学行为。OptiDat 数据库可以从 http://www.wmc.eu/optimatblades_optidat.php 下载,格式为 Excel 文档。OptiDat 数据库在 2011 年更新了最新 UpWind 项目成果。

OptiDat 包含来自 OPTIMAT BLADES 项目的大约 3500 个数据点,以及来自 UPWIND 项目的 1300 个数据点(以及来自原来 FACT 数据库的 1500 个数据结果)。由于与风力涡轮机叶片材料的密切联系,OPTIMAT BLADES 项目中产生的所有数据都是针对玻璃纤维-环氧树脂系统的。最新的 UPWIND 数据确实包含了一些玻璃/碳混合纤维复合材料和碳纤维复合材料方面非常有限的数据结果。与 FACT 数据库一样,该数据库本身也很少涉及用于测试层压板的加强结构(非卷边、编织等)。然而,随附的文件清楚表明,大部分数据是用于非卷曲的编织复合材料的,这并不奇怪,因为它们在风力涡轮机行业中被大量使用。OPTIMAT 项目的参考增强材料包括准单向非卷曲织物和±45°非卷曲织物,对于 UPWIND 项目而言,它是具有 5%离轴增强的准单向织物。

该数据库包含了许多不同的铺层和层压板方向的数据,并且还包括在极端条件下、频谱加载和双轴加载条件下加载的结果。有不同的温度和湿度水平的数据,以及浸泡在盐水中的试样。引用了静态试验强度值以及疲劳后剩余强度数据。包含的疲劳加载类型也非常丰富,应力比 R 主要有 0.1、10 和-1,但不限于这些值。其中也包含恒幅载荷和变幅载荷加载的数据。

Excel 文件由文档中的多个表(选项卡)组成。目前的 OptiDat、FACT 和

UPWIND 数据都在单独的工作表上,但还添加了一些其他的工作表,使得数据库更具实用性。不同试样的几何图形、层压板特性和组成材料、板材性能(纤维体积分数、孔隙率、DSC 结果等)、OPTIMAT 试样命名法、不同的测试类型等都有单独的工作表,OptiDat 数据库主表本身也非常广泛,约有 100 列,提供了详细的测试参数和材料/材料特性的详细信息。由于数据库表的大小,以及对测试条件和材料规范中许多代码的使用,很难在文件中找到所需的确切数据。然而,数据库的开发人员已经添加了一个方便的工具(Excel 宏),以便于检索相关数据和绘制数据曲线。该工具允许用户显示/隐藏所需的列,并从选定的数据中创建绘图或数据图表。

为了进一步促进数据库的工作,在此给出了一份参考文献(Nijssen,2006)。它可以从与主数据库文件相同的网站下载。本书旨在为数据库用户提供指导。它包含数据库布局的详细说明,并为文档中的每个电子表格提供简要说明。它还包含对被测试试样在 OPTIMAT 的最佳命名解释。

OptiDat 的一个优点是,相对于许多数据来说,数据库给出了相关报告的具体参考资料,更详细地讨论了相关试验和试验结果。这些文件通常还包含更多可用于该系列测试确切材料类型的信息,以及对结果的分析。这些文件可以从 http://www.wmc.eu/public_docs/下载。OPTIMAT BLADES 项目中,基于或参考 OptiDat 中所含数据的会议论文和其他类型的出版物,也可以在该网站上找到。

图 4.1 中的图形就是基于 OptiDat 数据库中数据。它显示了暴露于不同环境条件下试样的疲劳寿命(高温和盐水暴露)。

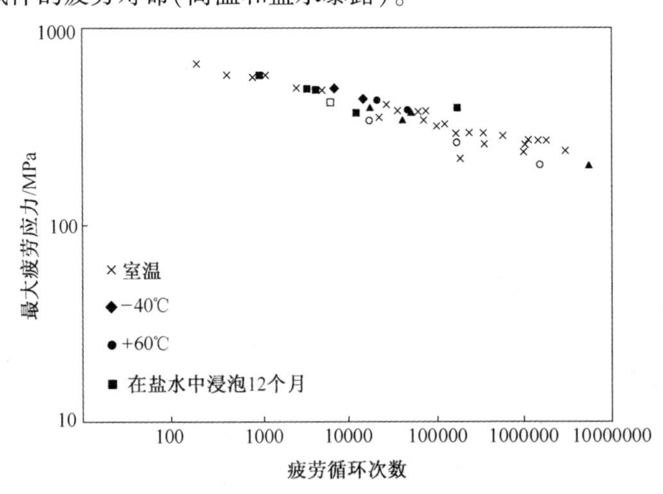

图 4.1 从 OptiDat 数据库中提取的数据实例,揭示了极端环境条件对测试玻璃纤维复合材料疲劳寿命的影响(在盐水中浸泡 12 个月)

4.4 SNL / MSU / DOE 数据库

SNL / MSU / DOE 复合材料疲劳数据库是在 SNL / MSU 疲劳测试程序下生成的。这是美国能源部的桑迪亚国家实验室和蒙大拿州立大学长期共同努力的结果。该项目最初于 1989 年启动,它的主要目标是研究和测试与风力涡轮机叶片结构紧密相关的各种层压结构材料。因此,与 OptiDat 数据库一样,该数据库中的数据主要由玻璃纤维复合材料体系的结果组成。然而,SNL / MSU / DOE 数据库中最近的一些结果是用于碳纤维或碳/玻璃混合物复合材料,因为它们已经成为超大规模风力涡轮机叶片材料的应用热点。绝大多数数据是基于缝合增强纺织品(非卷曲织物),其纤维方向为 0°、±45°或是它们的组合,这在风能行业中是很常见的。在前期的结果中,编织复合材料的数据结果很少。

SNL/MSU/ DOE 数据库可以从蒙大拿州立大学的网站下载(http://www. coe. montana. edu/composites/)。它现在包括来自 250 多种、不同材料体系、超过 12000 个试验结果。它所使用的材料包括复合纤维和织物、树脂、纤维含量和层压结构,以及胶黏剂和芯材。采用了广泛的标准和专门的试验方法与加载条件,并对环境(温度、水接触)和处理效果进行了评估。

过去,SNL /MSU/ DOE 数据库仅以 PDF 文件的格式被使用,文件很长,逐个枚举所有的结果。这种格式非常繁琐,而且没有合适的搜索工具来查找所需的数据。但在最近的更新中(2013 年 6 月 24 日),数据库以 Excel 文件的格式发布。这大大提高了研究人员和设计人员寻找相关数据的可能性,从而便于进行材料和/或特性的搜索和排序。

与 OptiDat 数据库一样,当前数据库的文档是通过在 Excel 文件中使用多个工作表(选项卡)。第一个选项卡有一个简介,包含一些常规信息和注释,以及可以从数据库网站下载的相关报告和参考文献。疲劳试验的实际数据位于以下几张表格中。比较了“旧”数据即截至 2008 年之前生成的数据(在一张早期材料的表格中收集的数据)和基于层压板纤维方向(100%±45°,多向和 100%单向)的更新数据(已被分成不同的表格)。此外,还增加了单独层压板和变幅载荷试验的疲劳结果。除此之外,还有几张表格是根据更专业的试验方法得到的结果,其中一些是动态的,但静态试验结果也包括在内(3D 试验、胶黏合剂试验等)。

该数据表与 OptiDat 数据库类似,每个数据点位于单独的每一行上。每一列中有各种材料和层压板特性,当然还有试验的细节和结果。使用过的材料只能通过他们(制造商)的编码进行识别,甚至没有引用材料的类型(编织、非卷曲等),从而很难确定编织增强复合材料的确切类型,当然,尽管与数据库数据相关的众多报告和出版文献有时可以给出一些的信息或材料的图片,但其具体特征的识别仍然相当困难。数据库的创建者会定期在会议上给出获得的结果,厂家的报告也进行公开。这些文件可以从网站下载(http://www.coe.montana.edu/composites/);最新的是Samborsky,Mandell和Miller(2012,2013)以及Mandell等人(2010)的研究成果。对记录中处理后的试验结果进行深入的讨论和分析,由于它为用户提供了收集所需数据的上下文和框架,因此极大地提高了数据库中数据的价值。然而,要确定所需的数据的确切出版文献并不是一件容易的事情,因为与OptiDat数据库相反,数据库中仅包含一个全球出版文献列表,而且没有直接从单个(组)数据引用到相关文档。

图4.2给出了使用SNL / MSU / DOE数据库的示例,从数据库中提取了一系列具有一定纤维体积分数范围的玻璃纤维准单向复合材料数据,并对其进行了分析,结果表明,增加的纤维体积分数可能对这种复合材料的疲劳行为产生负面影响。

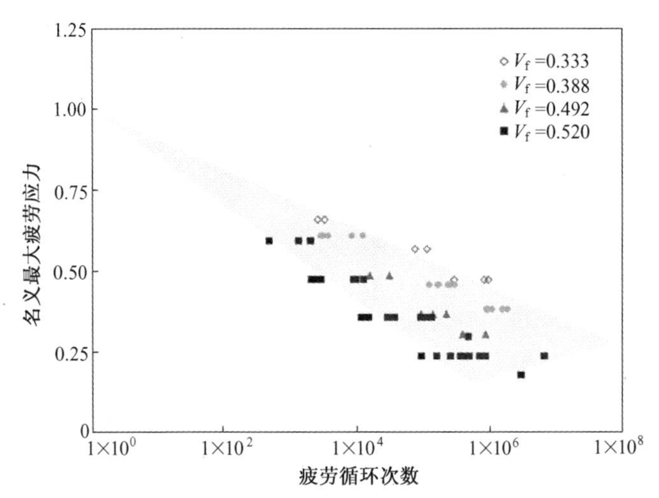

图4.2 利用SNL /MSU/ DOE数据库的数据,评估纤维体积分数对准单向玻璃纤维复合材料疲劳寿命的影响(转载自Vallons,Adolphs,Lucas,Lomov,and Verpoest(2013))

4.5 总　　结

本章概述了现有复合疲劳数据的可用渠道。目前除了个别的研究结果,如发表在期刊论文上等,就只有两个活跃的、可公开访问复合材料疲劳数据结果的数据库:欧洲OptiDat数据库和美国的SNL/MSU/DOE数据库,其中OptiDat数据库已经将原先的FACT数据库并入。这两个数据库的结果都源自于对风力涡轮机叶片层压板材料的试验研究。试验研究数据主要采用玻璃纤维复合材料,而碳纤维或玻璃/碳混杂复合材料的数据则很少,因为这些材料现在已经成为了对高功率风力涡轮机的关注热点。与风能产业联系的另一个结果是,绝大多数的数据都是基于缝合(非卷曲)增强的复合材料。其他类型复合材料的结果很少。层压材料的纤维方向通常为±45°、0°或两者组合,载荷比通常为 0.1、-1或 10。本章所讨论的三个数据库的总结概述如表 4.1 所列。

表 4.1 上述数据库的主要特征汇总表

	FACT	OptiDat - UpWind	SNL/MSU/DOE
纤维	主要是玻璃,部分是玻璃/碳混合物	主要是玻璃,部分是玻璃/碳以及碳	主要是玻璃,部分是玻璃/碳以及碳
树脂	环氧树脂、聚酯、乙烯基酯	环氧树脂	环氧树脂、聚酯、乙烯基酯、热塑性短纤维
制造技术	手工铺层、纤维缠绕	真空灌注、RTM(树脂传递模塑)	真空注入、RTM、预浸料、手工铺层
应力比	无	-2.5;-1;-0.4;0.1;0.5;0.9;1;1.1;2;10	-2;-1;-0.5;0.1;0.5;0.7;10;15
环境测试	温度,相对湿度	温度、湿度、盐水	温度,水分暴露
来源	在 OptiDat 数据库中没有激活	http://www.wmc.eu/optimatblades_optidat.php	http://www.coe.montana.edu/composites/
更新	无	偶尔,最后更新时间:2011 年	定期,最后更新时间:2013 年

除了这两个与风力涡轮机叶片有关的数据库,很有可能还有其他类似的项目和某些大型组织或公司有关。遗憾的是,尽管可以基本肯定此类数据库确实存在,但它们并没有向公众开放。如果将这种数据提供给研究人员和设计人员可以大大提高对复合材料疲劳过程的理解,并为这些材料的设计工作提供了便利。如果不能获得基本的试验数据,那么复合材料的广泛使用就会放缓,而且研究人员正在建立疲劳模型,设计师们不得不自己开展昂贵的试验系列,或者依赖于有限的可用数据。

参考文献

Boersma, H. (2013). Bringing data to life with data linking [Online]. Available http://www.elsevier.com/connect/bringing-data-to-life-with-data-linking Accessed 21.01.14.

De Smet, B. J., & Bach, P. W. (1994). DATABASE FACT, fatigue of composites for wind turbines. 3d IEA symposium on wind turbine fatigue. The Netherlands: ECN Petten.

Mandell, J. F., Samborsky, D. D., Agastra, P., Sears, A. T., Wilson, T. J., Ashwill, T., et al. (2010). Analysis of SNL/MSU/DOE fatigue database trends for wind turbine blade materials contractor report SAND2010 -

7052. Albuquerque, NM: Sandia National Laboratories.

Nijssen, R. (2006). Optidat database reference document. Available http://www.wmc.eu/ optimatblades_optidat.php Accessed 24.01.14.

Quaresimin, M., Ricotta, M., & Susmel, L. (2004). Fatigue life prediction of composite laminates. 11th European conference on composite materials (ECCM-11), May 31-June 3 2004 Rhodes, Greece.

Samborsky, D. D., Mandell, J. F., & Miller, D. (2012). The SNL/MSU/DOE fatigue of composite materials database: recent Trends. In 53rd AIAA/ASME/ASCE/AHS/ASC structures, structural dynamics, and materials conference, 23-26 April 2012. Honolulu, Hawaii.

Samborsky, D. D., Mandell, J. F., & Miller, D. A. (2013). Creep/fatigue behavior of resin infused biaxial glass fabric laminates. Boston: AIAA SDM Wind Energy Session.

Vallons, K., Adolphs, G., Lucas, P., Lomov, S. V., & Verpoest, I. (2013). Quasi-UD glassfibre NCF composites for wind energy applications: a review of requirements and existing fatigue data for blade materials. Mechanics and Industry, 14, 175-189. http://dx.doi.org/ 10.1051/meca/2013045.

Wingerde, A. M. V., Nijssen, R. P. L., Delft, D. R. V. V., Janssen, L. G. J., Brøndsted, P., Dutton, A. G., et al. (2003). Introduction to the OPTIMAT BLADES project. In European wind Energy conference (EWEC) Madrid, Spain.

第二部分

微观疲劳

第5章

对碳、玻璃和其他纤维的疲劳分析

Y. Abdin, A. Jain, S. V. Lomov
比利时,鲁汶,鲁汶大学
V. Carvelli
意大利,米兰,米兰理工大学

5.1 纤维疲劳引言

5.1.1 单纤维疲劳行为分析的重要性

碳纤维和玻璃纤维增强聚合物基复合材料因其优异的强度和刚度性能,改善了其抗疲劳性能等性能,从而得到了越来越广泛的应用。

研究纤维疲劳行为的重要性在于,纤维是纤维增强复合材料主要的承载元素。因此,复合材料的疲劳强度在很大程度上取决于纤维的疲劳行为(Zhou, Mallick, 2004)。

Konur 和 Matthews(1989)回顾了材料组分性能对复合材料的疲劳性能的影响,并着重强调了几项早期的研究(回溯到 20 世纪 70 年代),它们主要研究了纤维性能对先进复合材料疲劳性能的影响。结果表明,用较高模量碳纤维增强的复合材料具有良好的疲劳性能,其应力-寿命曲线近乎平直,强度降解速率较低。相比之下,低模量玻璃纤维增强复合材料的疲劳性能较低,应力寿命曲线更陡,强度降解速率较高。对纤维增强复合材料的损伤机理和损伤发展需要进行更深入地研究。之后,由于认识到纤维变形的特性,特别是破坏应变和复合材料的疲劳极限之间存在紧密联系,而后者是基体特性,因此,关注的重点转移到基体与相间特性对复合材料疲劳性能的影响,而非纤维的性能。

虽然对纤维增强复合材料(特别是玻璃纤维和碳纤维)的静态拉伸强度分

布方面的研究已经发表了大量的研究成果(Andersons, Joffe, Hojo, Ochiai, 2002; Asloun, Donnet, Guilpain, Nardin, Schultz, 1989; Manders, Chou, 1983; Montes - Moran, Gauthier, Martinez - Alonso, Tascon, 2004; Naito, Yang, Tanaka, Kagawa, 2012; Oskouei, Ahmadi, 2010; Padgett, Durham, Mason, 1995; Phani, 1988; Standard C1557-Stand, 2013),但是有关它们疲劳性能的数据却很少。原因在于,在未浸渍的纤维上进行疲劳试验的难度很大,并且数据分散度太高,无法提供可靠的数据,因此需要大量的样本。

许多出版文献都有关于纤维的时变特性,或者称为"静态疲劳"行为(Kelly, McCartney, 1981; Matthewson, Kurkjian, 1988)。然而,根据 Phoenix(1978)的研究结果表明,静态疲劳的物理时变机制与动态疲劳中的循环周次相关行为可能不同,因此,利用时变拉伸断裂数据估计的统计参数不能应用于动态疲劳。

本章的主要目的是了解不同类型增强纤维的循环疲劳性能,重点是高性能玻璃纤维和碳纤维。研究了单根纤维和纤维束疲劳强度的试验表征方法以及不同的建模方法。

本章的主要内容如下:本节讨论了收集可靠的纤维疲劳数据方面的难度,并介绍了疲劳强度概念。5.2 节列举了表征纤维疲劳性能的试验方法。5.3 节介绍了玻璃纤维的疲劳特性分析,其次是 5.4 节的碳纤维疲劳特性分析。5.5 节包含疲劳数据和其他类型纤维的介绍,包括天然纤维、芳纶纤维、光学纤维和钢纤维。5.6 节给出了纤维和纤维束疲劳强度模型,5.7 节探讨了环境因素对纤维疲劳行为的影响。

5.1.2 有关纤维疲劳特性的可靠数据:一个挑战

由于疲劳试验难度较大,单纤维的疲劳性能还不是很清楚。通常,纤维的直径一般为 5~10mm,很难将真正的轴向循环应力施加到单根纤维上。因此使用纤维束进行试验可以在一定程度上解决这个问题,但这通常会导致另一个问题:纤维之间产生的摩擦(Arao, Taniguchi, Nishiwaki, Hirayama, Kawada, 2012)。这篇文献探讨了将单根纤维固定在带孔的纸板上,并以固定间隔定义标距的创新试验方法(Feih, Manatpon, Mathys, Gibson, Mouritz, 2009)。目前,已经开发了几种用于纤维疲劳的测试技术,在本章后面的章节中将会进行讨论。缺乏共识和对纤维正确定义的试验方法进一步增加了纤维疲劳数据的不可靠性。除了尺寸这个明显的挑战和缺乏适当的试验标准外,由于纤维的固有缺陷,纤维性能还存在较大的分散性问题。事实上,为了了解纤维的特性,我们做了大量的研究工作。读者可参考 Phoenix 在这一领域的开创性研究工作(Phoenix, 1978)。

5.1.3 疲劳强度的概念

表征复合材料疲劳特性最常用的方法是疲劳寿命或 $S-N$ 图(也称为 Wohler 曲线),其中施加的应力或应变分别作为载荷控制和应变控制下失效时间的对数函数。同样,未浸渍纤维的疲劳特性采用 Wohler 曲线来表达。大多数脆性纤维的疲劳数据在半对数坐标图上都是线性的(Matthewson, Kurkjian, 1988)。

在研究过程中,很少将纤维强度作为材料参数,通常是结构缺陷、表面缺陷或引发应力集中的损伤这些作为影响参数(Bunsell, Somer, 1992)。因此,可以说,纤维强度通常与其长度成反比。

然而,即使标距相同,大多数增强纤维在静态强度上也会表现出很大的差异;因此,获得关于纤维强度分布可靠信息的手段是非常重要的(Zhou, Baseer, Mahfuz, Jeelani, 2006)。最常用的方法是使用 Weibull 统计(Weibull, 1951)。这种方法经常被用来分析脆性材料的失效,称为最弱链路模型,因为它描述了一个单元链中导致试样失效的最弱单元的失效概率。

5.2 表征纤维疲劳性能的试验方法

为了确定纤维的静态和疲劳强度分布,研究人员通常采用两种试验方法:单纤维试验和纤维束试验。每个试验都有各自的优点和缺点。有关两种类型试验的更多详情,参见 5.2.1 和 5.2.2 节。

5.2.1 单纤维试验

单纤维试验是将单个纤维夹紧并施加循环载荷作用。单纤维试验可以直接获得纤维的性能信息,这有助于了解纤维性能对复合材料性能的影响,尤其是在考虑微观力学模型时对了解材料特别有帮助(Bunsell, Somer, 1992; Zhou, Mallick, 2004; Zhou et al., 2006)。然而,由于纤维直径非常小,这会在纤维处理、夹持和滑移等问题上带来很大挑战,从而很难开展单纤维的静态和动态试验。大量试验结果也表现出了其明显的数据分散性,特别是在疲劳载荷作用下。由于大多数工程纤维的直径较小,不可能进行纤维的压缩-拉伸循环疲劳加载试验,其中屈曲变形是一个主要的问题,所以在很大程度上拉伸位移要经过测试。但经过几次循环加载后,就会发现纤维会出现一些松弛现象,因此纤维在整个加载周期中仅有一小部分处于拉伸状态,因此除非载荷非常接近纤维的静强度,否则纤维不会发生破坏。最早的纤维疲劳试验方法是累积延长所施加的载荷作用。这需要采用机械装置去除纤维中产生的应力松弛,然后再施加循环载荷作用。这一过程虽然被广泛使用,但却导致试验数据不准确,因此,正如早在20世纪70年代的文献所言,这只不过是应力-应变曲线的一次进步(Bunsell,Hearle,Hunter,1971;Hearle,1967)。在这种情况下,利用扫描电子显微镜、差示扫描量热法、广角X射线衍射和显微拉曼光谱(Herrera Ramirez,Colomban,Bunsell,2004)和扫描电镜等技术对纤维疲劳性能的表征进行了研究。在每个循环加载作用中,使用压电传感器(Kelly,1965)可以施加恒定的最大载荷。Bunsell等人(1971)的研究结果也表明纤维具有良好的初期疲劳力学性能。最近,Cai,Wang,Shi和Yu(2012)研制出了一种单纤维在定点和双面弯曲作用下的疲劳试验装置,可以开展不同预拉伸、弯曲角度和弯曲频率的试验。Qian等人(2010)对单根纤维进行了一系列的疲劳试验,其中纤维试样包含纸框架和用胶黏固定的单根纤维。将试样固定在钢环上,并使用一滴胶黏剂将顶端与测力传感器连接。然后,在试验开始前,切断两个支撑纸边缘。他们发现单根纤维的试验比45根纤维束的试验更复杂,并且试验结果的分散性也更大。他们还发现,在一定数量的循环周期加载中,单根玻璃纤维的破坏应力要高于纤维束的。此外,Severin、El Abdi、Poulain和Amza(2005)也开发了一种两点弯曲疲劳试验装置,并采用该装置对直径约为120μm的单根纤维进行了疲劳寿命试验研究。

纤维的疲劳失效对于不同类型的纤维来说表现也不同,这主要取决于其内部几何形状。然而,最常见的疲劳失效是在表面或表面附近产生裂纹,然后裂纹与纤维轴向会以一个小角度发生偏离(Herrera Ramirez et al.,2004)。天然纤维中存在的微纤丝有时会导致它表现出一种非常复杂,且与其他纤维不同的损伤现象。在Ramirez,Bunsell和Colomban(2007)的文献中可以找到有关纤维微观结构疲劳失效的研究内容。

5.2.2 纤维束的试验

相比而言,纤维束的试验更容易开展,且数据的分散性也更小。试验结果与试验参数(如被测纤维束中的纤维数量)有很大的关系。正如Zhou等人(2006)所言,纤维束试验的另一个优点是,单纤维的试验需要大量样本(大于500)才能获得可靠的数据,而对于纤维束试验来说,3~5个样品就足够了。研究发现,纤维束试验比单纤维试验中描述的循环衰减速度要快得多。Mandell、McGarry、Hsieh和Li(1985)认为,这主要是由于纤维的相互作用所造成的。此时,纤维束中纤维的疲劳破坏是一种损伤积累和断裂的过程。Zhou和Mallick(2004)和Zhou等人(2006)认为,通过纤维束试验的这种方式,可以在实际的复合材料体系中获得有关纤维失效破坏这样更具意义的信息。这是因为在典型的复合材料中,将纤维束缚在一起便于加工。因此,单纤维的断裂不会导致束的立即失效,因为剩余的纤维仍然在承受载荷作用。

5.3 玻璃纤维疲劳分析

已经证明,与碳纤维增强复合材料相比,E-玻璃纤维和S-玻璃纤维增强复合材料的周期性疲劳载荷作用对纤维方向更为敏感。带有E-玻璃纤维和S-玻璃纤维的E-玻璃纤维和S-玻璃纤维增强复合材料在循环拉伸疲劳载荷作用下会加速衰减速率,每十次循环可能达到10%的损失(Mandell et al.,1985)。然而,弹性模量相对较低的玻璃纤维层压板通常比碳纤维层压板具有更高的应变水平。这就增加了玻璃纤维的经济优势,这也是它在纤维增强聚合物工业中被广泛使用的原因之一(Mallick,1993)。

作为最早开展相关试验的研究之一,Mandell(1985)等人研究了单根E-玻璃纤维和E-玻璃纤维束的拉伸疲劳行为(干纤维束和环氧树脂浸渍的纤维束)。这些纤维束由30条平行的纤维组成。

此外,在Zhou和Mallick(2004)的论文中还可以发现关于E-玻璃纤维疲劳强度分布测定方面的综合研究。作者对E-玻璃纤维束的应变控制和应力控制循环疲劳加载进行了试验研究和建模。

图5.1概括了Mandell等人(1985)疲劳试验中失效应力与循环周次曲线(S-N曲线),以及Zhou和Mallick(2004)采用蒙特卡罗方法模拟单根E-玻璃纤维和E-玻璃纤维束的S-N曲线。Mandell等人的报告结果表明,单根纤维比未浸渍和浸渍的纤维束在疲劳失效时的分散性要大得多。结果还表明,单根纤维的S-N曲线斜率是每十次循环约3%~5%,而纤维束以每十次循环约10%的斜率下降。作者进一步与传统E-玻璃纤维增强复合材料的研究结果进行了比较,结果表明,所有研究的复合材料斜率均为每十次循环极限抗拉强度的10%。这说明复合材料的疲劳性能严重依赖于非浸渍纤维束的疲劳性能。这是由于纤维-纤维之间的接触在循环加载和卸载时发生了纤维损伤,甚至在纤维体积分数较低时也会发生这种现象。即使聚合物基体黏结状态良好,也仍然不能完全阻止纤维-纤维之间轻微的相对运动而造成的损伤。

与Mandell等人(1985)的研究结果相比,Zhou等人(2006)给出的纤维束S-N曲线呈现出更加明显的下降趋势。这可能是由于开展的是高应力比(R比)试验。另一个原因可能是试验使用的单根纤维束中纤维数量的显著增加(3000∶30),这进一步支持了Mandell的看法,纤维束的疲劳性能受纤维-纤维之间相互作用的影响。

图5.2给出了由Zhou和Mallick(2004)开展的应变控制疲劳试验中,E-玻璃纤维束的应力循环失效示意图(最大循环应变水平为0.6%~1.3%)。纤维

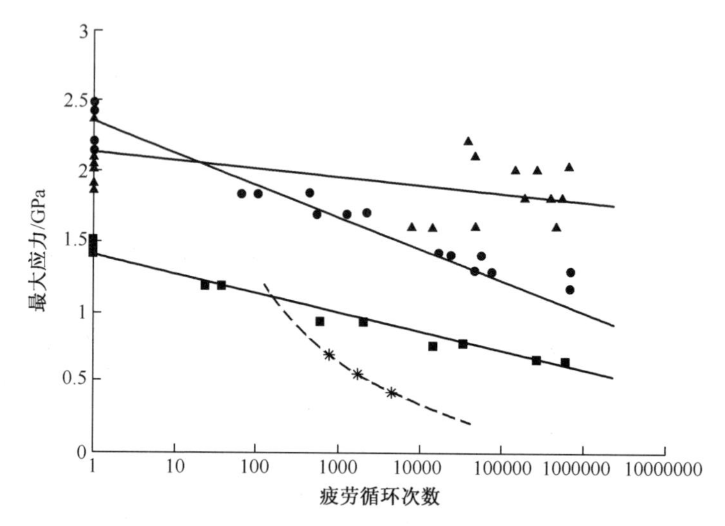

图 5.1 根据 Mandell 等人(1985)、Zhou 和 Mallick(2004)、Zhou 等人(2006)的文献总结出的单根 E-玻璃纤维和 E-玻璃纤维束的 $S-N$ 曲线图

束的应力水平首先以相对较低的速度降低；然而，在高周循环加载作用下，随着循环次数的增加，越来越多的纤维开始失效，应力水平也以更快的速度下降。

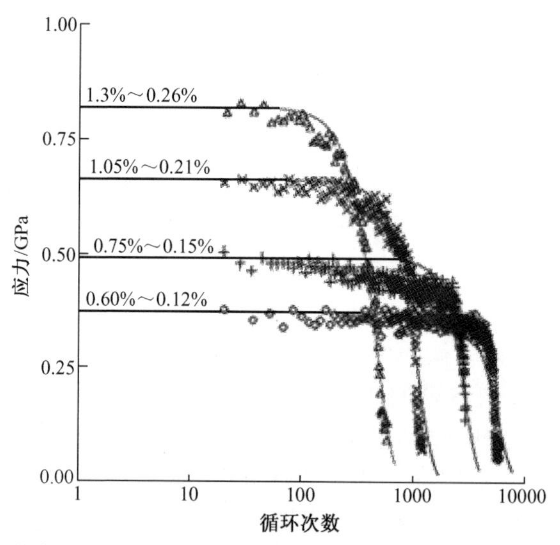

图 5.2 在应变控制疲劳试验中，E-玻璃纤维束的应力与循环失效曲线(Zhou，Mallick，2004)。拉伸-拉伸疲劳加载模式，应变率为 0.2，频率为 0.5Hz(实线代表数值模拟)

与 Mandell 等人的观察结果相同，Qian 等人（2010）对单根 E-玻璃纤维和 E-玻璃纤维束也开展了应变控制疲劳试验研究，并在研究报告中指出单根纤维疲劳寿命呈现非常大的分散性，跨度达到了 1000 倍（图 5.3）。尽管如此，作者也同样证明了单根纤维的寿命曲线较为平坦，正如 Mandell 等人之前注意到的一样，他们指出单根 E-玻璃纤维在高周疲劳加载作用下的疲劳寿命更长，而在低周疲劳加载作用下的寿命更短。

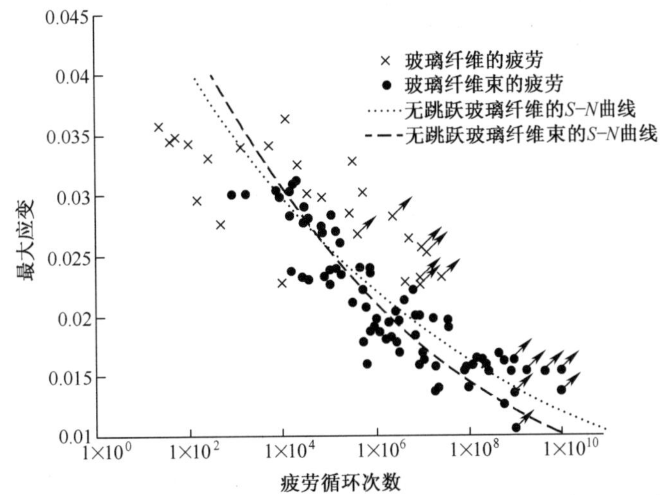

图 5.3　单根玻璃纤维和纤维束的应变-疲劳寿命曲线（每束 45 根纤维）（Qian et al.，2010）。应变率为 0.1。黑色箭头表示试验运行。

5.4　碳纤维疲劳分析

碳纤维被认为是在高性能应用中最有可能替代常规金属材料的轻型材料。碳纤维增强复合材料的疲劳性能已经成为许多人研究的课题，特别是基于航空航天的应用背景下。从这个角度来看，人们对碳纤维的疲劳特性研究产生了浓厚的兴趣，最终获取复合材料结构的极限寿命。

与不同类型的玻璃纤维不同，碳纤维表现出很少或者没有循环疲劳退化现象。Bunsell 和 Somer（1992）对标准 T300 碳纤维进行了疲劳试验研究。他们发现，碳纤维在室温条件下循环加载到其拉伸断裂强度的 98%时，似乎也没有出现明显的疲劳损伤。事实上，作者对纤维进行了循环次数多达 3×10^7 次的单向拉伸试验，并得出结论：循环加载导致纤维的杨氏模量略有提高。

在与 E-玻璃纤维类似研究中，Zhou 和 Mallick（2004）和 Zhou 等人（2006）对 T700 碳纤维束进行了应变控制的疲劳试验研究。图 5.4 给出了载荷、位移和失效循环次数之间的关系。注意纤维束上的应力水平随循环次数的增加而下降。然而,应力水平的下降远没有在E-玻璃纤维中观察到的那么严重(图5.3)。

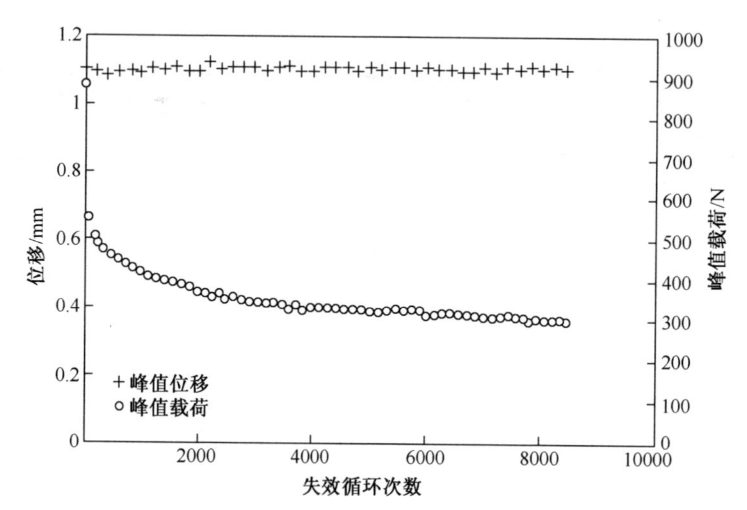

图5.4 T700碳纤维束(每束12000细丝)在应变控制疲劳试验中的载荷与循环失效图(Zhou,et al.,2006;Zhou,Nicolais,2011)。拉伸-拉伸疲劳模式,疲劳应变为1.10%,应变率为0.2,频率为0.5Hz

Zhou等人(2006)及Zhou和Nicolais(2011)对T700碳纤维束进行了蒙特卡罗模拟,用于预测其在载荷控制模式下的疲劳 $S-N$ 曲线,并对试验结果进行了验证。图5.5比较了由Zhou和Mallick(2004)进行的T700碳纤维束和E-玻璃纤维束的疲劳 $S-N$ 曲线。在这两种情况下,纤维束大约包含3000根长丝。与

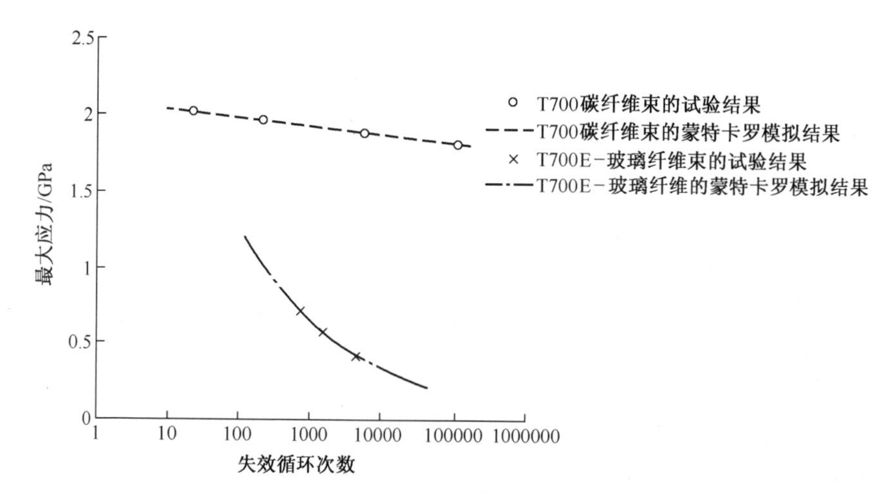

图5.5 载荷控制疲劳试验中T700碳纤维束和E-玻璃纤维束的试验和模拟 $S-N$ 曲线示意图;每束3000根纤维,应力比为0.2

玻璃纤维相对明显的寿命下降相比,碳纤维束的疲劳 *S*-*N* 曲线较为平坦(约每十个循环约 3%),几乎没有变化。这表明碳纤维的循环疲劳性能得到提升,与 Bunsell 和 Somer(1992)的观察结果相一致。

碳纤维的优良疲劳性能是由于碳纤维具有完全线弹性的特性,因此,在承载时不会发生残余疲劳变形。碳纤维在承受循环疲劳加载期间所观察到的刚度的增加,是由于纤维的层状石墨结构在疲劳寿命初期的改进(Bunsell, Somer, 1992)。

5.5 其他类型纤维的疲劳分析

在本节中简要描述了其他常用纤维在编织复合材料中的疲劳行为,如天然纤维、芳纶纤维、光纤和钢纤维。

5.5.1 天然纤维

由于对环境问题的关注,人们对天然纤维的兴趣也在逐步提高,与之相关的研究也随之增多。在复合材料中用作增强材料的典型天然纤维包括剑麻纤维、大麻纤维、亚麻纤维、椰壳纤维、黄麻纤维和丝绸纤维等(Bos, Van den Oever, Peters, 2002)。由于植物的自然差异性,以及受加工过程及加工阶段造成的损伤的影响,因此,天然纤维的强度和疲劳性能具有较大的差异。天然纤维的直径各不相同,在 12~600μm 范围内变化,相比之下,碳纤维的直径通常为 5~7μm,E-玻璃纤维为 10~15μm。不像碳纤维那样没有明显的疲劳损伤,天然纤维如木浆、棉花和亚麻等都会由于原纤维的脱黏、纤维层的分层和产生微裂纹后外层的剥落而造成纤维断裂。疲劳加载时纤维的分裂程度比静态加载时要高(Silva, Chawla, de Toledo, 2009)。一种天然纤维的强度取决于其长度;Porike 和 Andersons(2013)及 Paramonov 和 Andersons(2006)提出了天然纤维强度的强度扩展概念。Yuanjian 和 Isaac(2007)指出,当质量分数约为 45%时,大麻纤维增强复合材料在一定循环周次下具有较高的强度,而玻璃纤维增强复合材料在 10^6 个循环周期内的强度更大(图 5.6)。这是由于大麻纤维的微观结构导致其在循环载荷作用下刚度损失加大。

与此相反,Gassan, Bledzki(1999)和 Gassan(2002)则指出,高强度的植物纤维增强复合材料的疲劳寿命也较高;根据他们的研究结果,这是由于天然纤维就算是其他性能不同,如阻尼特性,但其损伤扩展基本相似。Katogi 等人(2011)通过研究发现黄麻纤维和大麻纤维同样也是如此。

剑麻是最重要的天然纤维增强材料之一,因此受到了广泛关注。Silva 等人(2009)对剑麻纤维进行了一系列的试验研究,并且发现,在承受 0.5 个极限强

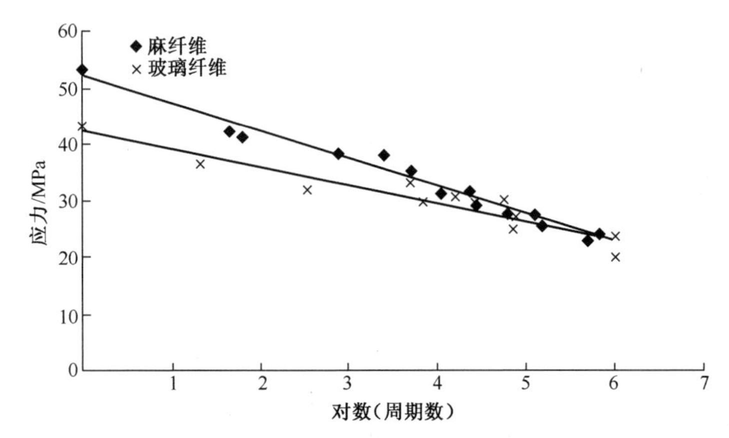

图 5.6　大麻纤维毡增强聚酯基复合材料和±45°玻璃纤维增强聚酯基复合材料的疲劳寿命数据 $S-N$ 曲线(Yuanjian,Isaac,2007)

度的压力时剑麻纤维会发生疲劳破坏。凡是能够承受 10^6 次循环加载的纤维,其最终拉伸强度都没有下降。这主要归因于纤维在疲劳加载过程时的纤维结构取向。Belaadi 等人(2012)对剑麻纤维的疲劳特性也进行了比较全面的研究,其论文中指出剑麻纤维表现为经典的负斜率对数 $S-N$ 曲线特征。Silva 等人(2009)和 Belaadi 等人(2012)的研究数据结果都表明它们之间具有良好的相关性,但相比之下,后者(Belaadi et al. ,2012)的数据分散性不太明显(图 5.7)。

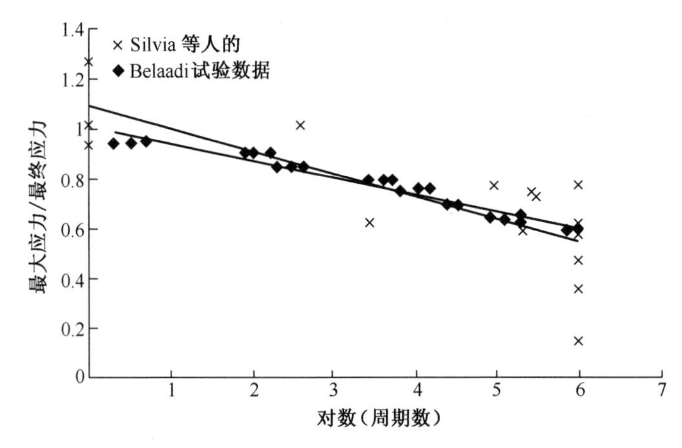

图 5.7　Belaadi 等人(2012)和 Silva 等人(2009)关于剑麻纤维 $S-N$ 曲线数据结果的比较(Silva 等人的结果表明其数据分散性较大,在 1000~100000 个循环周期中几乎不会失效;Belaadi 等人(2012)的结果表明数据分散性不太明显)

尽管大麻和椰子纤维是聚合物基复合材料中很常见的增强材料,且在描述复合材料的性能方面可以找到大量的相关文献,但人们对这两种纤维的疲劳特性知之甚少,所以必须对其进行深入研究(Yuanjian,Isaac,2007)。

5.5.2 芳纶纤维

芳纶纤维由芳香族聚酰胺纤维制成,具有非常高的杨氏模量,比常规聚酰胺纤维高 20 倍以上。与常见的用作复合材料中增强材料的其他纤维相比,芳纶纤维具有独特的疲劳损伤机制(Kerr,Chawla,Chawla,2005)。这是由于这些纤维沿着纤维轴向呈径向褶皱和轴向排列,并且由于弱氢键的作用,导致它们在径向方向上的强度较低。在循环加载过程中,纤维内部存在脱黏和分层,虽然氢键断裂,但纤维的轴向承载力仍然不变。研究还发现,与其他纤维相比,芳纶纤维在疲劳载荷作用下仍能保持较高的抗拉强度。Yamashita,Kawabata 和 Kido(2001)研究了芳纶纤维(在拉伸和压缩过程中)在循环载荷作用下的刚度损失,并发现在承受拉伸载荷作用时,芳纶纤维的拉伸模量在增加,而压缩模量在减小。他们还注意到刚度损失主要在寿命周期的后期发生,而前期损失较少(图 5.8)。

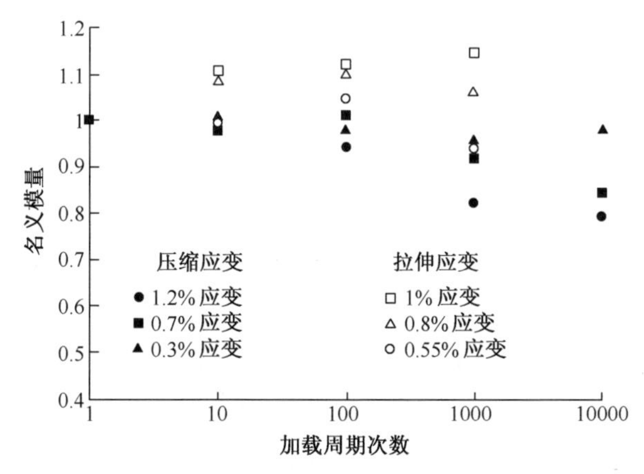

图 5.8 芳纶纤维在循环加载过程中典型的刚度损失曲线(Yamashita et al.,2001)。(注意其在拉伸和压缩循环载荷作用下的不同疲劳特性。在压缩加载过程中,其模量减小,而在拉伸载荷作用下,模量增加)

Minoshima,Maekawa 和 Komai(2000)对芳纶纤维开展了一系列的试验研究,并指出“Kevlar™ 49”纤维具有良好的疲劳性能,与常规金属材料相比,它在对数 $S-N$ 曲线中的负斜率相对较低(图 5.9)。

5.5.3 其他类型的纤维

除了玻璃、碳、芳纶和天然纤维之外,还尝试了许多其他纤维,或者可能被用作复合材料中增强材料的纤维。钢纤维在作为复合材料增强材料之前已经广泛应用于结构中。因此,大量的论文可以作为各种合金材料的疲劳数据和试验加载系统的参考依据。Liu 等人(2010),Bathias(1999),Marines-Garcia、

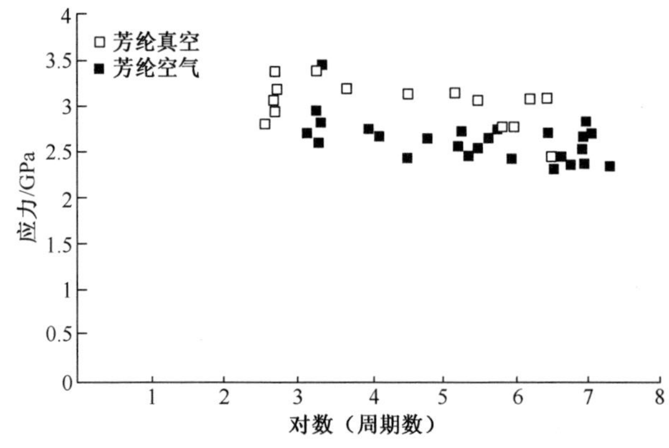

图 5.9　环境对纤维的疲劳性能有很大的影响。Minoshima 等人(2000)的研究表明，“Kevlar™49”纤维在空气条件下的强度和寿命比在真空条件下明显下降

Paris、Tada、Bathias 和 Lados(2008)，Mughrabi(2006)以及 Hagiwara，Inoue 和 Masumoto(1985)等论文都是很好的例子。这些早期有关钢纤维疲劳极限的研究是由 Verpoest(1984)完成的。

光纤是另一类受到广泛关注的纤维，但它们并不常用于承载功能的复合材料中，而是用于高容量的电信网络和应变测量仪中。通常，这些纤维的失效寿命并不是由载荷的周期次数来衡量的，而是根据时间作为衡量标准。在这个领域中已经做了很多研究工作，建议读者参考 Kurkjian，Krause 和 Matthewson(1989)以及 Olshansky 和 Maurer(1976)的研究成果。

其他可能关注的纤维类型有陶瓷纤维、聚合物纤维以及玻璃钢纤维等。在图 5.10 所示的“*S*-*N* 曲线”中对不同类型光纤的主 *S*-*N* 曲线进行了比较。

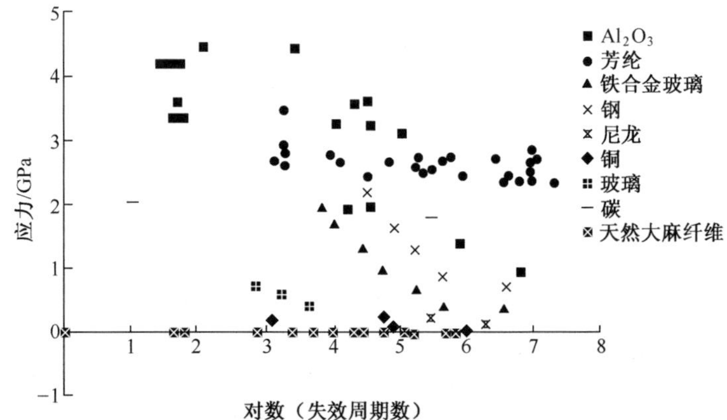

图 5.10　比较了用于结构应用和增强复合材料中常见的不同类型纤维的疲劳性能“主 *S*-*N* 曲线”。并且这些纤维均采用拉伸-拉伸载荷进行循环加载(Bunsell，Hearle，1974；Chawla，Kerr，Chawla，2005；Hagiwara et al.，1985；Hofbeck，Hausmann，Ilschner，Kunzi，1986；Kerr et al.，2005；Minoshima et al.，2000；Zhou et al.，2006)

5.6 纤维和纤维束的疲劳强度模型

正如5.2.1节中所述,在单根纤维上进行纤维试验是比较困难的,因此通常对纤维束开展试验研究。利用纤维束的理论和单根纤维失效的统计分布,可以得到单根纤维的疲劳强度。Chi,Chou 和 Shen(1984)通过测量纤维束的拉伸强度分布,确定单根纤维的静态拉伸强度分布;这种方法后来被许多研究人员用于高应变率和高温环境下纤维的疲劳强度试验。(Goda,Phoenix,1994;Huang,Wang,Xia,2004;Kelly,McCartney,1981)为了更好地表征这些试验中的疲劳数据,通常使用 $P-S-N$ 曲线代替普通的 $S-N$ 曲线;在这个表征法中,P 表示在一定循环次数下纤维发生断裂的概率。这些模型的基本思想是:假设有一个包含 N 个纤维的纤维束承受载荷作用,那么每一根纤维在一开始的时候都会承受相同的载荷作用。在 n 个纤维发生失效后,载荷被均匀地分配到剩余的 $(N-n)$ 个纤维上。在一些论文中也对这种复杂的载荷分配方法进行了初步研究,例如,Lehmann 和 Bernasconi(2010)构建了一个随机载荷分配系统。

纤维的疲劳寿命可以通过一系列的公式进行表征,最常见的形式为

$$\sigma = \sigma_f N_f^b$$

式中:N_f——循环次数;

σ——相应循环次数下的强度;

σ_f、b——疲劳强度系数和指数。

疲劳强度系数假设具有一定的概率分布,如韦布尔分布。目前两参数韦布尔分布,甚至多参数韦布尔均已经被使用(Xia,Yuan,Yang,1994)。它们的值通常是从纤维的静态试验中获得的。基于概率分布模型和蒙特卡罗模拟方法,可以表征纤维的生存概率、应用应力和循环次数之间的关系。基于上述方法,Zhou 等人(2006)能够以合理的精度表征 T-300 碳纤维的疲劳性能,并给出了用于计算韦布尔分布参数的相关依赖性。此外,众所周知,静态特性中的物理机制可能与动态疲劳特性不同,因此从拉伸强度数据中推导出来的统计参数可能不太准确(Phoenix,1978)。Zhou 和 Mallick(2004)提出了一种通过纤维和纤维束的动态试验获得韦布尔参数的方法;该方法应用于 E-玻璃纤维上非常不错。基于上述公式的模型有一个主要缺点:就是没有考虑纤维之间的相互作用。这里必须加以说明,像摩擦滑动这样的相互作用可能是非常重要的。研究这种影响的论文数量非常有限,这有可能是研究人员未来所关注的一个方向。

5.7 环境因素对疲劳的影响

众所周知,纤维的力学性能,尤其是疲劳性能,取决于许多因素的影响,如温度、湿度、极端环境和一些纤维的老化现象。通常纤维在制造过程中或在复合材料的应用过程中会受到环境的影响。虽然有大量的数据都表明复合材料对环境因素存在相关性,但是由于很难开展相关试验研究,因此论文中有关不同条件下(诸如水分、温度和辐射)对纤维疲劳特性影响的研究数据并不十分充分。在本节中,将对不同条件对纤维特性的影响开展初步探索,并重点介绍有关这一方面已经完成的研究工作。

5.7.1 环境影响:真空

Minoshima 等人(2000)对单根"Kevlar™ 49"纤维进行了一系列试验,以研究它在真空环境和不同湿度条件下对疲劳特性的影响。他们发现,"Kevlar™ 49"纤维在空气条件下的预期寿命约为真空条件下的 1/2,而试样在空气条件下的拉伸强度要高于它在真空条件下的拉伸强度(图 5.9)。对于不同类型的纤维,也可以预测不同环境下对其疲劳特性的影响程度。

5.7.2 湿度

未经处理的天然纤维在受潮时容易发生膨胀,这将会严重降低纤维和复合材料的强度。这个问题通常通过对纤维采用化学预处理的方法来解决,这些化学物质能有效地与基体结合起来,从而提高天然纤维复合材料的疲劳性能。

由于 Kevlar™纤维可以反过来吸收水分,因此可以发现纤维的疲劳强度会随着湿度的增大而降低。

5.7.3 温度

在一些工程应用中,温度对纤维增强复合材料非常重要。Feih、Mouritz、Mathys 和 Gibson(2007)已经证明,玻璃纤维增强复合材料拉伸破坏强度的降低主要是由于聚合物基体和纤维之间产生的热效应所致。天然纤维在温度高于 180℃的环境中(Gassan, Bledzki, 2001),热效应会导致纤维疲劳性能的下降。这一点也常常作为热塑性树脂基复合材料制备时的限制条件。因此,热塑性树脂的熔点必须低于天然纤维的降解温度。Gassan 和 Bledzki(2001)对黄麻纤维和亚麻纤维的热降解率进行了研究,结果表明:在 170~210℃的温度范围内,黄麻纤维和亚麻纤维的晶体结构存在差异。Chand 和 Hashmi(1993)对剑麻纤维也开展了相似的研究工作,结果表明在高温环境下断裂纤维端部性能类似于无机纤维端部(如玻璃纤维)。这是由于剑麻纤维在高温环境下水分挥发所致。

5.8　结论和未来面临的挑战

本章介绍了不同类型增强纤维的循环疲劳特性,重点研究了先进玻璃纤维和碳纤维,以及其他类型纤维的疲劳特性,包括天然纤维、芳纶、光纤和钢纤维。

尽管了解纤维的疲劳特性非常重要,但由于纤维是纤维增强复合材料中主要的承载单元,因此文献中的可用数据很少。本章归纳总结了纤维作为复合材料增强材料的疲劳性能基础知识。

试验研究主要集中在单根纤维和纤维束的疲劳性能上。由于单根纤维的疲劳试验难度较大,其疲劳结果数据分散性较大。相比之下,纤维束的疲劳试验更加容易开展,且疲劳结果数据分散性较小,但是由于纤维-纤维之间的相互作用,导致其循环衰减速度比单根纤维试验中的要更快。

现在可以对更多类型的纤维开展疲劳性能试验研究,以了解这些纤维的基本疲劳特性。

与玻璃纤维的寿命降低相比,碳纤维的 $S-N$ 曲线表现出其疲劳寿命的降低可以忽略不计,这表明碳纤维由于其本身的材料特性而具有优异的疲劳性能。

由于天然纤维本身及在加工阶段的自然差异,天然纤维在强度和疲劳特性上表现出较大的差异性。

与其他纤维相比,芳纶纤维固有的内部结构使其能够在疲劳载荷作用后仍然保持较高的抗拉强度。

预测纤维疲劳寿命的模型主要是基于概率方法来描述纤维的生存概率、应用应力和循环次数之间的关系。现有模型的一个主要缺点是:没有考虑纤维之间的相互作用,如纤维束试验中的摩擦滑动。

本章通过对现有文献的回顾,认为未来复合材料纤维疲劳性能的研究发展方向主要有以下两个:

(1)精确的试验测量;

(2)准确的预测模型。

为了深入了解纤维内部结构对其疲劳特性的影响,需要进行更多的试验研究。考虑到工业设备在不断改进,试验观察手段对于帮助我们理解纤维在制造过程中所受的损伤对其疲劳寿命的影响也很重要。此外,多种环境条件的影响对复合材料的拓展应用也至关重要。

对纤维开展疲劳试验研究既费时又困难。因此,高效的预测工具是必不可少的。因此,纤维在疲劳载荷作用下,精确预测其疲劳寿命和损伤演化理论工具的发展是未来面临的主要挑战。

参 考 文 献

Andersons, J., Joffe, R., Hojo, M., & Ochiai, S. (2002). Glassfibre strength distribution determined by common experimental methods. Composites Science and Technology, 62(1), 131-145. http://dx.doi.org/10.1016/s0266-3538(01)00182-8.

Arao, Y., Taniguchi, N., Nishiwaki, T., Hirayama, N., & Kawada, H. (2012). Strain-rate dependence of the tensile strength of glass fibers. Journal of Materials Science, 47(12), 4895-4903. http://dx.doi.org/10.1007/s10853-012-6360-z.

Asloun, E. M., Donnet, J. B., Guilpain, G., Nardin, M., & Schultz, J. (1989). On the estimation of the tensile-strength of carbon-fibers at short lengths. Journal of Materials Science, 24(10), 3504-3510.

ASTM Standard C1557 - standard test method for tensile strength and Young's modulus of fibers. ASTM International, 2013; West Conshohocken, PA, 2003, http://dx.doi.org/10.1520/C0033-03, www.astm.org.

Bathias, C. (1999). There is no infinite fatigue life in metallic materials. Fatigue & Fracture of Engineering Materials & Structures, 22(7), 559-565.

Belaadi, A., Bezazi, A., Bourchak, M., & Scarpa, F. (2012). Tensile static and fatigue behaviour of sisal fibres. Materials & Design, 46, 76-83. http://dx.doi.org/10.1016/j.matdes.2012.09.048.

Bos, H. L., Van den Oever, M. J. A., & Peters, O. (2002). Tensile and compressive properties of flax fibres for natural fibre reinforced composites. Journal of Materials Science, 37(8), 1683-1692. http://dx.doi.org/10.1023/a:1014925621252.

Bunsell, A. R., & Hearle, J. W. S. (1974). Fatigue of synthetic polymericfibers. Journal of Applied Polymer Science, 18(1), 267-291. http://dx.doi.org/10.1002/app.1974.070180123.

Bunsell, A. R., Hearle, J. W. S., & Hunter, R. D. (1971). Apparatus for fatigue-testing offibres. Journal of Physics E-Scientific Instruments, 4(11), 868-872. http://dx.doi.org/10.1088/0022-3735/4/11/017.

Bunsell, A. R., & Somer, A. (1992). The tensile and fatigue behavior of carbon-fibers. Plastics Rubber and Composites Processing and Applications, 18(4), 263-267.

Cai, G. M., Wang, X. G., Shi, X. J., & Yu, W. D. (2012). Evaluation of fatigue properties of high-performance fibers based on fixed-point bending fatigue test. Journal of Composite Materials, 46(7), 833-840. http://dx.doi.org/10.1177/0021998311410502.

Chand, N., & Hashmi, S. A. R. (1993). Mechanical-properties of sisalfiber at elevatedtemperatures. Journal of Materials Science, 28(24), 6724-6728. http://dx.doi.org/10.1007/bf00356422.

Chawla, N., Kerr, M., & Chawla, K. K. (2005). Monotonic and cyclic fatigue behavior of high-performance ceramic fibers. Journal of the American Ceramic Society, 88(1), 101-108.

Chi, Z. F., Chou, T. W., & Shen, G. Y. (1984). Determination of singlefiber strength distribution from fiber bundle testings. Journal of Materials Science, 19(10), 3319-3324. http://dx.doi.org/10.1007/bf00549820.

Feih, S., Manatpon, K., Mathys, Z., Gibson, A. G., & Mouritz, A. P. (2009). Strength degradation of glass fibers at high temperatures. Journal of Materials Science, 44(2), 392-400. http://dx.doi.org/10.1177/00219983 07075461.

Feih, S., Mouritz, A. P., Mathys, Z., & Gibson, A. G. (2007). Tensile strength modeling of glass fiber-polymer composites in fire. Journal of Composite Materials, 41(19), 2387-2410. http://dx.doi.org/10.1177/0021998307075461.

Gassan, J. (2002). A study offibre and interface parameters affecting the fatigue behaviour of natural fibre composites. Composites Part A: Applied Science and Manufacturing, 33(3), 369-374. http://dx.doi.org/10.1016/s1359-835x(01)00116-6.

Gassan, J., & Bledzki, A. K. (1999). Possibilities for improving the mechanical properties of jute epoxy composites by alkali treatment of fibres. Composites Science and Technology, 59(9), 1303-1309. http://dx.doi.org/10.1016/s0266-3538(98)00169-9.

Gassan, J., & Bledzki, A. K. (2001). Thermal degradation offlax and jute fibers. Journal of Applied Polymer Science, 82(6), 1417-1422. http://dx.doi.org/10.1002/app.1979.

Goda, K., & Phoenix, S. L. (1994). Reliability approach to the tensile-strength of unidirectional cfrp composites by Monte-Carlo simulation in a shear-lag model. Composites Science and Technology, 50(4), 457-468. http://dx.doi.org/10.1016/0266-3538(94)90054-x.

Hagiwara, M., Inoue, A., & Masumoto, T. (1985). Iron-based amorphous wires with high fatigue strength. In Rapidly quenched metals proceedings of the fifth international conference (Vol. 1772, pp. 1779-1782).

Hearle, J. W. S. (1967). Fatigue infibres and plastics (a review). Journal of Materials Science, 2(5), 474-488. http://dx.doi.org/10.1007/bf00562954.

Herrera Ramirez, J. M., Colomban, P., & Bunsell, A. (2004). Micro-Raman study of the fatigue fracture and tensile behaviour of polyamide (PA 66) fibres. Journal of Raman Spectroscopy, 35(12), 1063-1072.

Hofbeck, R., Hausmann, K., Ilschner, B., & Kunzi, H. U. (1986). Fatigue of very thin copper and gold wires. Scripta Metallurgica, 20(11), 1601-1605. http://dx.doi.org/10.1016/0036-9748(86)90403-5.

Huang, W., Wang, Y., & Xia, Y. M. (2004). Statistical dynamic tensile strength ofUHMWPE-fibers. Polymer, 45(11), 3729-3734. http://dx.doi.org/10.1016/j.polymer.2004.03.062.

Katogi, H., Shimamura, Y., Tohgo, K., & Fujii, T. (2011). Fatigue property and mechanism of unidirectional jute spun yarn reinforced PLA. Journal of the Japan Society for Composite, 37(6), 9-14.

Kelly, W. T. (1965). Some effects of repeated loading onfilament yarns. Textile Research Journal, 35(9), 852-854. http://dx.doi.org/10.1177/004051756503500911.

Kelly, A., & McCartney, L. N. (1981). Failure by stress-corrosion of bundles offibers. Proceedings of the Royal Society of London Series A-Mathematical Physical and Engineering Sciences, 374(1759), 475-489. http://dx.doi.org/10.1098/rspa.1981.0032.

Kerr, M., Chawla, N., & Chawla, K. K. (2005). The cyclic fatigue of high-performancefibers. JOM, 57(2), 67-70. http://dx.doi.org/10.1007/s11837-005-0219-6.

Konur, O., & Matthews, F. L. (1989). Effect of the properties of the constituents on the fatigue performance of composites: a review. Composites, 20(4), 317-328. http://dx.doi.org/10.1016/0010-4361(89)90657-5.

Kurkjian, C. R., Krause, J. T., & Matthewson, M. J. (1989). Strength and fatigue of silica optical fibers. Journal of Lightwave Technology, 7(9), 1360-1370. http://dx.doi.org/10.1109/50.50715.

Lehmann, J., & Bernasconi, J. (2010). Breakdown offiber bundles with stochastic loadredistribution. Chemical Physics, 375(2-3), 591-599. http://dx.doi.org/10.1016/j.chemphys.2010.04.021.

Liu, Y. B., Li, Y. D., Li, S. X., Yang, Z. G., Chen, S. M., Hui, W. J., et al. (2010). Prediction of the S-N curves of high-strength steels in the very high cycle fatigue regime. International Journal of Fatigue, 32(8), 1351-1357. http://dx.doi.org/10.1016/j.ijfatigue.2010.02.006.

Mallick, P. K. (1993). Fiber-reinforced composites: materials, manufacturing and design. New York, United States of America: Marcel Dekker, Inc.

Mandell, J. F., McGarry, F. J., Hsieh, A. J. Y., & Li, C. G. (1985). Tensile fatigue of glassfibers and composites with conventional and surface compressed fibers. Polymer Composites, 6(3), 168-174. http://dx.doi.org/

10. 1002/pc. 750060307.

Manders, P. W., & Chou, T. -W. (1983). Variability of carbon and glassfibers, and the strength of aligned composites. Journal of Reinforced Plastics and Composites, 2(1), 43-59.

Marines-Garcia, I., Paris, P. C., Tada, H., Bathias, C., & Lados, D. (2008). Fatigue crack growth from small to large cracks on very high cycle fatigue with fish-eye failures. Engineering Fracture Mechanics, 75(6), 1657-1665. http://dx. doi. org/10. 1016/ j. engfracmech. 2007. 05. 015.

Matthewson, M. J., & Kurkjian, C. R. (1988). Environmental effects on the static fatigue of silica optical fiber. Journal of the American Ceramic Society, 71(3), 177-183. http://dx. doi. org/10. 1111/j. 1151-2916. 1988. tb05025. x.

Minoshima, K., Maekawa, Y., & Komai, K. (2000). The influence of vacuum on fracture and fatigue behavior in a single aramid fiber. International Journal of Fatigue, 22(9), 757-765. http://dx. doi. org/10. 1016/s0142-1123(00)00063-3.

Montes-Moran, M. A., Gauthier, W., Martinez-Alonso, A., & Tascon, J. M. D. (2004). Mechanical properties of high-strength carbon fibres. Validation of an end-effect model for describing experimental data. Carbon, 42(7), 1275-1278. http://dx. doi. org/ 10. 1016/j. carbon. 2004. 01. 019.

Mughrabi, H. (2006). Specific features and mechanisms of fatigue in the ultrahigh-cycle regime. International Journal of Fatigue, 28(11), 1501-1508. http://dx. doi. org/10. 1016/ j. ijfatigue. 2005. 05. 018.

Naito, K., Yang, J. -M., Tanaka, Y., & Kagawa, Y. (2012). The effect of gauge length on tensile strength and Weibull modulus of polyacrylonitrile(PAN)- and pitch-based carbon fibers. Journal of Materials Science, 47(2), 632-642. http://dx. doi. org/ 10. 1007/s10853-011-5832-x.

Olshansky, R., & Maurer, R. D. (1976). Tensile-strength and fatigue of opticalfibers. Journal of Applied Physics, 47(10), 4497-4499. http://dx. doi. org/10. 1063/1. 322419.

Oskouei, A. R., & Ahmadi, M. (2010). Fracture strength distribution in E-glassfiber using acoustic emission. Journal of Composite Materials, 44(6), 693-705. http://dx. doi. org/ 10. 1177/0021998309347963.

Padgett, W. J., Durham, S. D., & Mason, A. M. (1995). Weibull analysis of the strength of carbon-fibers using linear and power-law models for the length effect. Journal of Composite Materials, 29(14), 1873-1884.

Paramonov, Y., & Andersons, J. (2006). A new model family for the strength distribution of fibers in relation to their length. Mechanics of Composite Materials, 42(2), 119-128. http:// dx. doi. org/10. 1007/s11029-006-0023-6.

Phani, K. K. (1988). Strength distribution and gauge length extrapolations in glass-fiber. Journal of Materials Science, 23(4), 1189-1194.

Phoenix, S. L. (1978). Stochastic strength and fatigue offiber bundles. International Journal of Fracture, 14(3), 327-344. http://dx. doi. org/10. 1007/bf00034692.

Porike, E., Andersons, J. (2013). Strength-length scaling of elementary hempfibers. Mechanics of Composite Materials, 49(1), 69-76. http://dx. doi. org/10. 1007/s11029-013-9322-x.

Qian, C., Nijssen, R. P. L., Samborsky, D. D., Kassapoglou, C., Gürdal, Z., & Zhang, G. Q. (2010). Tensile fatigue behavior of single fibres and fibre bundles. In European conference of composite materials, Budapest, Hungary.

Ramirez, J. H., Bunsell, A., Colomban, P. (2007). Microstructural mechanisms of fatigue failure in PA66 fibers. In Advanced structural materials III(Vol. 560, pp. 133-138). Stafa-Zurich: Trans Tech Publications Ltd.

Severin, I., El Abdi, R., Poulain, M., & Amza, G. (2005). Fatigue testing procedures of silica optical fibres. Journal of Optoelectronics and Advanced Materials, 7(3), 1581-1587.

Silva, F. D., Chawla, N., & de Toledo, R. D. (2009). An experimental investigation of the fatigue behavior of sisal fibers. Materials Science and Engineering A, Structural Materials: Properties, Microstructure and Processing,516(1-2),90-95. http:// dx. doi. org/10. 1016/j. msea. 2009. 03. 026.

Verpoest,I. (1984). The fatigue threshold,the surface condition and the fatigue limit of steel wire. Mededelingen van de Koninklijke Academie voor Wetenschappen. Letteren en Schone Kunsten van Belgie,46(4),15-56.

Weibull,W. (1951). A statistical distribution of wide applicability. Journal of Applied Mechanics,18,293-297.

Xia,Y. M. ,Yuan,J. M. ,& Yang,B. C. (1994). A statistical-model and experimental-study of the strain-rate dependence of the strength of fibers. Composites Science and Technology,52(4),499-504.

Yamashita,Y. , Kawabata, S. , & Kido, A. (2001). Fatigue of high strengthfiber caused by repeated axial compression. Advanced Composite Materials, 10 (2 - 3), 275 - 285. http:// dx. doi. org/10. 1163/156855101753396753.

Yuanjian,T. ,& Isaac,D. H. (2007). Impact and fatigue behaviour of hempfibre composites. Composites Science and Technology,67(15-16),3300-3307. http://dx. doi. org/ 10. 1016/j. compscitech. 2007. 03. 039.

Zhou,Y. X. , Baseer, M. A. , Mahfuz, H. , & Jeelani, S. (2006). Statistical analysis on the fatigue strength distribution of T700 carbon fiber. Composites Science and Technology, 66 (13), 2100 - 2106. http:// dx. doi. org/10. 1016/j. compscitech. 2005. 12. 020.

Zhou,Y. X. ,& Mallick, P. K. (2004). Fatigue strength characterization of E-glassfibers using fiber bundle test. Journal of Composite Materials,38(22),2025-2035. http:// dx. doi. org/10. 1177/0021998304044774.

Zhou,Y. ,& Nicolais,L. (2011). Fatigue strength distribution of carbon fiber. John Wiley & Sons,Inc.

第6章

单向层压板的多轴疲劳:一种自上而下的试验的方法

I. Koch, M. Gude
德国,德雷斯顿,德国轻质工程与聚合物技术研究所

6.1 引　　言

纤维增强复合材料在循环载荷作用下刚度和强度显著下降,这主要取决于加载类型(如平均应力、振幅、变化)和材料成分。下降的主要原因是:

(1) 基体塑性效应。

(2) 纤维、基体、纤维-基体之间界面和层间分层形式在不同尺度下的弥散和离散损伤。

对于多层复合材料来讲,刚度下降通常会分为三个阶段(Adden & Horst, 2004;Schulte, Baron, 1987)。第一个阶段的特征在于约 10%~20%的寿命刚度出现明显降低;第二阶段,高达约 80%的寿命刚度下降幅度基本恒定。第一阶段的损伤主要是由纤维-基体之间界面的损伤失效和塑性基体造成的,这导致大量内部纤维的失效(Krause, Just, Kreikemeier, 2013)。随着第二阶段的开始,这些损伤现象会达到极限状态,并且可以发现连续的纤维失效和分层扩展。正如许多作者在文献中报道的那样(例如, Adolfsson 和 Gudmundson(1999), Caslini, Zanotti 和 O'Brien(1987), Highsmith 和 Reifsnider(1982)以及 Yalcac, Yats 和 Wetters(1991)),正交层压板的横向裂纹不断扩展,直至发生断裂。

材料最终的破坏是由于足够的累计损伤累积引起的(特定损伤状态),并且材料会瞬间发生破坏或者加快刚度下降。在多轴载荷作用下,通过观察可以发现,它主要是通过几种失效模式相互作用下的复杂损伤机制(Gude, Hufenbach, Koch, 2010;Wang, Socie, Chim, 1982)。且刚度降低通常会伴随着残余强度的降低和阻尼的增加。例如,在 Adden 和 Horst(2010), Smith(1989)及 Trappe

(2001)报告中指出,一般来讲,刚度降低是由于在循环加载过程中应力-应变滞后的变化所引起的,同时,这也是测量材料内部损伤状态的一种有效措施。由于疲劳载荷作用造成材料性能逐渐下降的现象是一个多尺度问题,尽管自20世纪30年代初以来,纤维增强复合材料越来越广泛的应用,也已经取得了很大的成就,但这个问题目前还没有非常满意的解决方法。

由于该问题在实践中存在着多尺度特征,因此需要选择层压板复合结构在循环载荷作用下适当的尺度模型。近年来,针对静态和疲劳设计问题中的分层方法(介观层面),似乎在建模与参数识别,以及可能的预测精度之间提出了一个有价值的折中方案(Cuntze,1997;VDI,2006)。对未受损材料的分层应变分析可以通过使用经典的层压板理论来进行。单个层的工程常数必须通过试验或微观力学方法,如混合规则来进行详细说明(Schürmann,2007)。对于受损伤的层压板,在裂纹密度的基础上发展出了更为复杂的理论(Boniface,Ogin,1989;Liu,Nairn,1992;Nairn,Hu,Bark 1993;Ogihara et al.,1997;Takeda,Ogihara,1994a,1994b)。由Dharani和Tang(1990)提出,并由Vinogradov和Hashin(2005)改进的一个扩展模型,该模型根据横向裂纹周围存在分层区,以及基于表面能和概率分布相结合的方法,能够得出一个非常准确的结果。其中,采用某种表面能随机分布用来表征材料缺陷。对于连续损伤力学的分层模型,损伤层可以用修正过刚度和强度特性的无损层来表示。

由若干不同增强方向组成的复合材料薄壁结构在单个循环激振力的作用下,其与时间相关的介观应力状态可以被认为是一种多轴平面应力状态。假设材料表现为线弹性力学特性,那么作用在相上(成比例的)的剪切应力和正应力将会导致与时间相关的矢量应力会在长度和符号上发生变化,而不是在方向上。在各向异性或非均匀受损的情况下,应力通常会转移到其他承载层或不同的应力分量中,应力的矢量方向随着损伤的发展而变化。最普遍的疲劳应力状态对于几个相位异常(非比例)的循环激振力是有效的(Quaresimin,Susmel,Talreja,2010)。可以说,可以得出,理解多轴应力的影响对于纤维增强复合材料层压板结构的疲劳分析是不可或缺的。

为了在疲劳分析中引入同相多轴应力状态,许多作者建议采用静态载荷失效准则(Fujii,Lin,1995;Gude,Hufenbach,Koch,Protz,2006;Hashin,Rotem,1973;Philippidis,Vassilopoulos,1999;Shokrieh,Lessard,2000)。正如Quaresimin等人(2010)在出版文献中所指出的,疲劳破坏的失效界面会随着损伤的不断发展而变化。这些方法没有考虑到平均应力效应和变幅加载。基于此,Puck(1996)提出了基于整体应力的Tsai-Hill(Tsai,Wu,1971)标准和更复杂的Cuntze(1997)失效模式概念(FMC),以及基于损伤平面的失效准则。作者对后两者进行了研究,并将其成功用于碳纤维增强的单向层压板复合材料疲劳寿命的预测上，它涉及到在同相多轴疲劳载荷作用下玻璃纤维织物增强环氧树脂基复合材料的性能衰减和渐进疲劳行为(Gude，Hufenbach，Koch，2010；Gude et al.，2006)。根据失效模式导向的失效准则和试验观察到的失效模式(纤维失效(FF1)，由拉伸载荷(IFF1)、剪切载荷(IFF2)和压缩载荷(IFF3)引起的纤维间失效)，可以直接获得纤维轴向载荷，并且还可分别为每一种材料制定与之相关的损伤参量增长公式(Adden，Horst，2004；Gude，Hufenbach，Koch，2010；Van Paepegem，Degrieck，2003)。

对于双轴疲劳载荷作用下的试验参数识别和模型验证，主要采用单激振力下的平面离轴试样、具有两个矩形激振力的十字形试样和拉伸/压缩-扭转载荷的管状试样(Quaresimin，Carraro，2013)。然而，对于许多复合材料的预制体(编织、非卷曲织物、纬编针织物)和制造工艺(RTM 工艺如 SCRIM、VARTM、RTM、预浸料技术)而言，制造平板试样比较容易，而生产一致性较高的纤维增强管状试样的成本较大。十字形试样的特征在于试验段和夹紧区域的叠层不同，以及在成型时需要额外的制造工艺。在以圆柱形结构为基础的编织预制体(缠绕、编织)中，管材在本质上具有很大的优势。

试样的应力状态和加载装置会造成几何形状之间较大的差异。采用扁平状试样和十字形试样的双轴应力状态是受限的。没有 σ_1 应力的正应力 σ_2 和平面剪切应力 σ_{12}是不可能同时加载的。由于需要四个独立的加载装置，而且位移的自由度也很高，所以十字形试样的对试验装置的要求是最高的。

在拉伸/压缩-扭转复合加载结构中，管状试件仅需要串联两个加载装置。通过将内部或外部压力引入管状试件，就可以实现第三个方向的加载。由于圆柱形横截面，管状试件的应力状态在试样厚度方向上是不均匀的。但是通过减小试样壁厚，可以将应力梯度最小化(Quaresimin，Carraro，2013；Trappe，2001)。试管试样的另一个重要优点是没有自由端面效应。但如果在管状结构中使用扁平编织材料，那么轴向上的分层脱黏就是不可避免的。轴心的厚度下降不可避免。这里，较薄层数和较高数量的绕组数必须优于较少数量的厚层数。

6.2 自下而上的策略与自上而下的方法

复合材料的分层建模策略从根本上讲，是基于对每一层特性的了解。对于单向增强材料或有编织增强的层，每一层均按照正交各向异性编织进行建模，然后通过试验来获得分层结构的工程常数。在考虑层厚和嵌入效应的情况下，使用经典层压板理论将这些单层进行关联，可以计算出其宏观应力-应变特性(自下而上的策略)。如果复合材料中含有大量的 z-增强材料，那么从本质上来讲，单独的单一结构层是不存在的，因此，自下向上的试验解决方案不可用。

Böhm,Gude 和 Hufenbach(2011)采用自上向下的方法对多轴疲劳载荷作用下的纤维增强聚合物进行分层建模。根据这一方法,纤维编织增强复合材料被分为两类:以弥散损伤为主的复合材料和以离散损伤为主的复合材料。后者的应力-应变行为可以用一个等效的理想化的单向纤维增强层压板(i-UD 层压板)进行建模,而前者必须用双向基本层进行建模。在这两种情况下,理想层的工程常数和降解行为的确定都必须足够精确,以通过层压板理论来实现与编织复合材料类似的整体宏观特性。在这里,可以应用微观力学方法,如混合规则、微观力学分析(Kästner, Müller, Ulbricht, 2013)或逆层合理论(Zebdi, Boukhili, Trochu,2008)等。

为了确定分层损伤演化函数及其参数,测量了编织复合材料在疲劳过程中的宏观应力-应变行为,并将其与可观测的分层损伤起始和扩展路径相结合。在所提出的自上而下的方法的框架内,损伤发展代表同一类中所有不同的编织材料。因此,只有对每一种材料都进行疲劳试验,并测定刚度降低程度,才能给出完整的分层损伤扩展参数。因此,只能选择性采用耗时和昂贵的损伤演化分析方法进行验证,如原位计算机断层扫描,裂纹密度测量或微切片。

6.3 与失效模式相关的疲劳模型

为了能够用数学公式来表达疲劳失效模型,做出了以下假设:

(1) 编织增强复合材料的变形行为可以采用理想化的单向层压板叠层模型,并借助层压板理论进行辅助计算。

(2) 对于理想的单向层压板,可认为它是横向各向同性材料特性。在整个破坏过程中,仍然保持对称性不变。

(3) 根据 Cuntze 的失效模式概念(FMC),在五种失效模式下发生的损伤不受限制。

(4) 假定疲劳载荷不会引起不可逆变形,因此可以假定线弹性应力-应变行为。

(5) 用修正的层间刚度和强度对每个加载周期进行衰减分析。损伤增量很小,且可以用损伤增长函数来计算。

(6) 非正弦载荷的影响可以忽略。只有转折点处的最大和最小应力才能确定损伤增量。

在 Voigts 表示法中给出了应力状态下的损伤 i-UD 层的本构关系:

$$\varepsilon_i = S_{ij}^0 \widetilde{\sigma}_j = S_{ij}^0 D_{jk} \sigma_k = \widetilde{S}_{ik} \sigma_k \qquad (i,j,k = 1,2,6) \tag{6.1}$$

无损材料 S_{ij}^0 的柔度矩阵和损伤张量 $\boldsymbol{D}_{ij}$ 按下式计算:

$$
\boldsymbol{D}_{ij}=\begin{bmatrix}\frac{1}{1-h_0D_1} & 0 & 0\\ 0 & \frac{1}{1-h_2D_2} & 0\\ 0 & 0 & \frac{1}{1-D_6}\end{bmatrix} \tag{6.2}
$$

按照 Lemaitre 和 Desmorat(2005)的方法,这里引入参数 $h_j \leqslant 1(i=1,2)$(原书既如此。—译者注)来确定由于压缩下的裂纹闭合效应引起的拉伸–压缩不对称性。

损伤的演化过程可以表示为载荷与周期相关的演化方程,即材料作用载荷 $F^*(*=\parallel\sigma,\parallel\tau,\perp\tau,\perp\sigma,\parallel\perp)$ 和损伤参数本身的函数。Van Paepegem 和 Degrieck(2003)等人提出损伤增量概念,并被他人进行了修正,根据下式,损伤增量可表示为损伤增长函数 φ^* 的总和乘以耦合矢量 $\boldsymbol{q}_i^j$:

$$
\frac{\mathrm{d}D_i}{\mathrm{d}n}=\sum_j \varphi^j \boldsymbol{q}_i^j \tag{6.3}
$$

在整个损伤过程中,假设矢量 $\boldsymbol{q}_i^j$ 是恒定不变的,将特定失效模式的损伤增量耦合到损伤参数 D_i。我们可以这样理解,例如,由于横向拉伸载荷作用下横向裂缝($\varphi^{\perp\sigma}$)引起的损伤不仅在 $q_2^{\perp\sigma}=1$ 时降低了两个方向上的刚度,而且在 $q_6^{\perp\sigma}\geqslant 0$ 时按照一定比例降低裂纹区域的剪切应力。这个示例中的损伤增量可根据下式给出:

$$
\frac{\mathrm{d}D_2}{\mathrm{d}n}=\varphi^{\perp\sigma}q_2^{\perp\sigma};\frac{\mathrm{d}D_6}{\mathrm{d}n}=\varphi^{\perp\sigma}q_6^{\perp\sigma} \tag{6.4}
$$

如上所述,假设已知 5 种失效模式下的应力和横向正交异性材料的平面状态,则一般损伤增量可以写为

$$
\frac{\mathrm{d}D_i}{\mathrm{d}n}=\frac{\mathrm{d}}{\mathrm{d}n}\begin{bmatrix}D_1\\D_2\\D_6\end{bmatrix}=\varphi^{\parallel\sigma}\begin{bmatrix}q_1^{\parallel\sigma}\\q_2^{\parallel\sigma}\\q_3^{\parallel\sigma}\end{bmatrix}+\varphi^{\parallel\tau}\begin{bmatrix}q_1^{\parallel\tau}\\q_2^{\parallel\tau}\\q_3^{\parallel\tau}\end{bmatrix}+\varphi^{\perp\sigma}\begin{bmatrix}q_1^{\perp\sigma}\\q_2^{\perp\sigma}\\q_3^{\perp\sigma}\end{bmatrix}+\varphi^{\perp\tau}\begin{bmatrix}q_1^{\perp\tau}\\q_2^{\perp\tau}\\q_3^{\perp\tau}\end{bmatrix}+\varphi^{\parallel\perp}\begin{bmatrix}q_1^{\parallel\perp}\\q_2^{\parallel\perp}\\q_3^{\parallel\perp}\end{bmatrix} \tag{6.5}
$$

自由参数的数量可以通过损伤刚度衰减效应的物理假设来减少,根据下式,可将耦合参数从 15 个减少到 3 个。

$$
\boldsymbol{q}^{\parallel\sigma}=\begin{bmatrix}1\\0\\q_6^{\parallel\sigma}\end{bmatrix};\boldsymbol{q}^{\parallel\tau}=\begin{bmatrix}1\\1\\1\end{bmatrix};\boldsymbol{q}^{\perp\sigma}=\begin{bmatrix}0\\1\\\boldsymbol{q}_6^{\perp\sigma}\end{bmatrix};\boldsymbol{q}^{\perp\tau}=\begin{bmatrix}1\\1\\1\end{bmatrix};\boldsymbol{q}^{\parallel\perp}=\begin{bmatrix}q_1^{\parallel\perp}\\q_2^{\parallel\perp}\\1\end{bmatrix} \tag{6.6}
$$

由于横向载荷和沿纤维方向的压缩载荷作用引起的损伤对整个层压板都会造成灾难性的破坏,相关参数设置为 1。在失效模型概念(FMC)之后,式(6.7)和式(6.8)分别独立给出了 i-UD 层压板在 5 种失效模式下的相关断裂模型。准静态应力的作用状态由循环载荷的最大(指数 o)或最小(指数 u)峰值应力表示。与名义应力相关的材料力可以直接计算出来。对于剪切应力,最大的材料转向力可以有选择地导出为

$$F^{\parallel\sigma}=\frac{\sigma_{1,o}}{R^{\parallel\sigma}};\ F^{\parallel\tau}=\frac{-\sigma_{1,u}}{R^{\parallel\tau}},\ F^{\perp\sigma}=\frac{\sigma_{2,o}}{R^{\perp\sigma}},\ F^{\perp\tau}=\frac{-\sigma_{2,u}}{R^{\perp\tau}} \tag{6.7}$$

$$F^{\parallel\perp}=\begin{cases}\dfrac{|\tau_{21,o}|}{(R^{\perp\parallel}-\mu\sigma_{2,o})} & |\tau_{21,o}|>|\tau_{21,u}|;|\sigma_{2,o}|>|\sigma_{2,u}|\\ \dfrac{|\tau_{21,o}|}{(R^{\perp\parallel}-\mu\sigma_{2,u})} & |\tau_{21,o}|>|\tau_{21,u}|;|\sigma_{2,o}|<|\sigma_{2,u}|\\ \dfrac{|\tau_{21,u}|}{(R^{\perp\parallel}-\mu\sigma_{2,o})} & |\tau_{21,o}|<|\tau_{21,u}|;|\sigma_{2,o}|>|\sigma_{2,u}|\\ \dfrac{|\tau_{21,u}|}{(R^{\perp\parallel}-\mu\sigma_{2,u})} & |\tau_{21,o}|<|\tau_{21,u}|;|\sigma_{2,o}|<|\sigma_{2,u}|\end{cases} \tag{6.8}$$

可以用类似的方法获得最小剪切应力的材料力。

为了在数学上表示损伤增量,选择将材料转向力和损伤参数作为参数。为了更全面地描述损伤扩展,尤其是避免与循环相关的方法。根据试验观察到的损伤演化现象,表 6.1 中给出了恒定状态、饱和状态和突然破坏状态类型的损伤扩展公式。在图 6.1~图 6.3 中给出了一组典型参数 c、F 和 D 的损伤寿命图。

表 6.1　损伤增长函数及其应用

损伤扩展类型	公式	公式序号	应用
恒定	$\varphi(F)=c\cdot F$	(6.9)	纤维失效(FF1)
	$\varphi(F)=c_1\cdot F^{c_2}$	(6.10)	面内剪切导致的纤维间失效(IFF2)
	$\varphi(F)=c_1\cdot e^{Fc_2}$	(6.11)	
饱和	$\varphi(F,D)=c_1F(D_s-D)$	(6.12)	横向拉伸引起的纤维间失效(IFF1)
	$\varphi(F,D)=c_1Fe^{\left(-c_2\frac{D}{\sqrt{F}}\right)}$	(6.13)	
突然失效	$\varphi(F,D)=c_1\cdot D\cdot F(1+e^{c_2(F-c_3)})$	(6.14)	纤维失效(FF1)

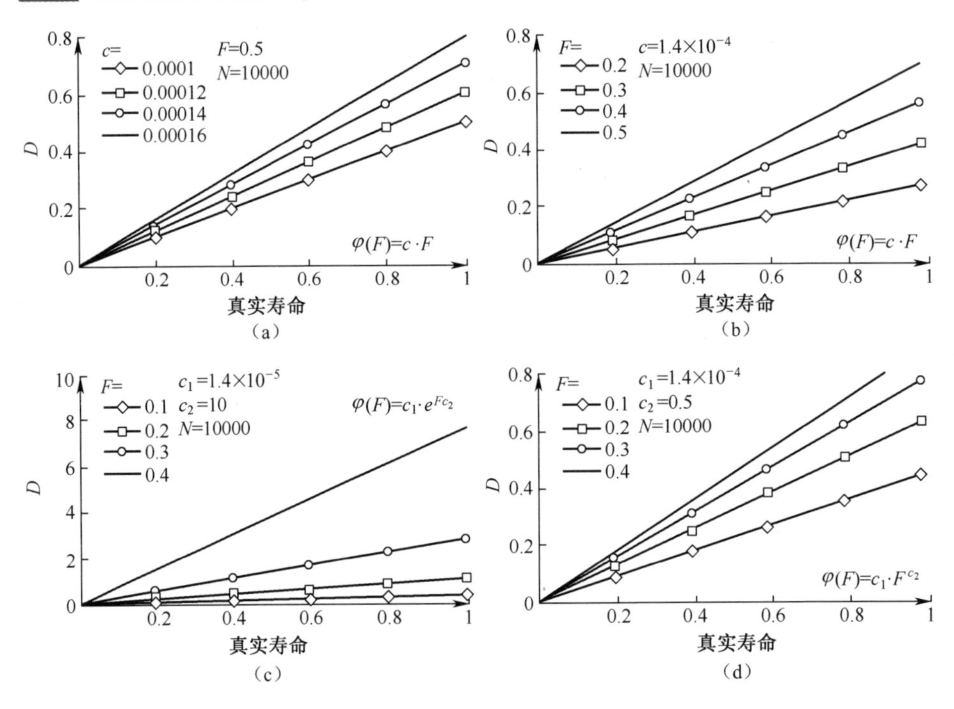

图 6.1　损伤演化、恒定状态类型示例(式(6.9)~式(6.11))

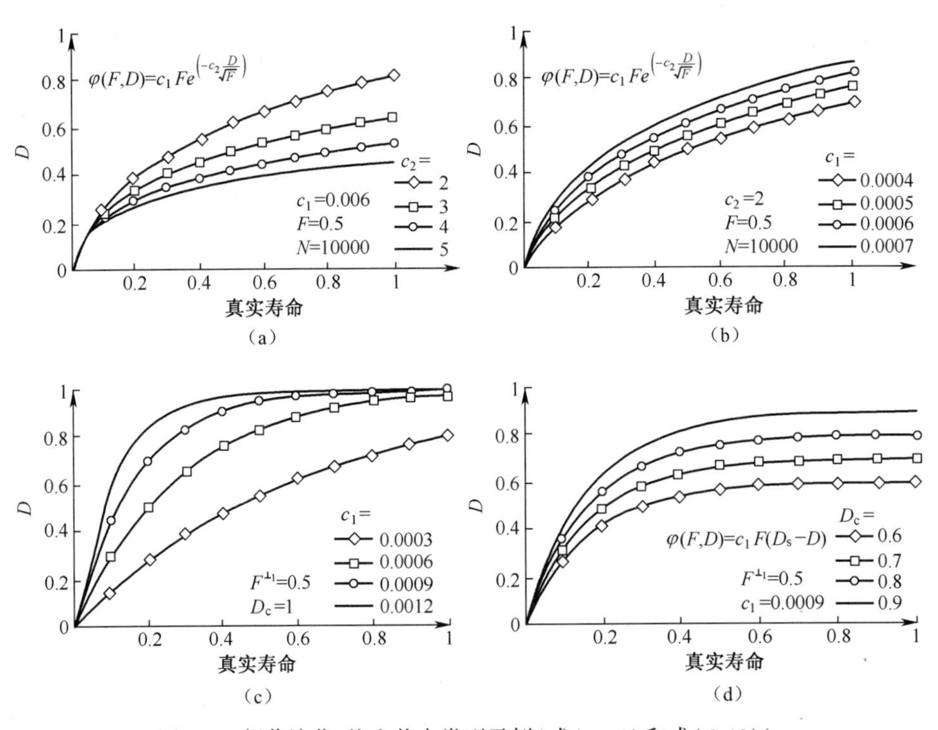

图 6.2　损伤演化、饱和状态类型示例(式(6.12)和式(6.13))

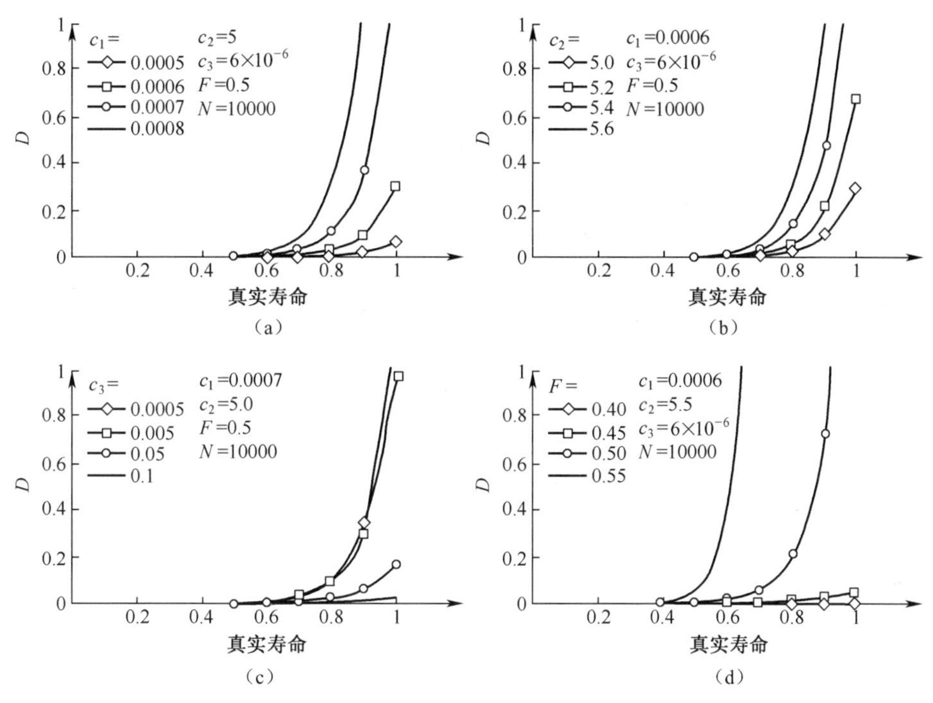

图6.3 损伤演化、突然破坏状态类型示例(式(6.14))

6.3.1 材料定义、试验设置及参数识别

6.3.1.1 材料定义

试验研究主要是针对德国德累斯顿工业大学研发的3D编织增强复合材料。采用MLG 1b型多层编织增强复合材料。这种类型增强织物由两层的具有E-玻璃纤维(GF)的平面针织物组成,它常用于经纱、纬纱和环状纤维(图6.4)。

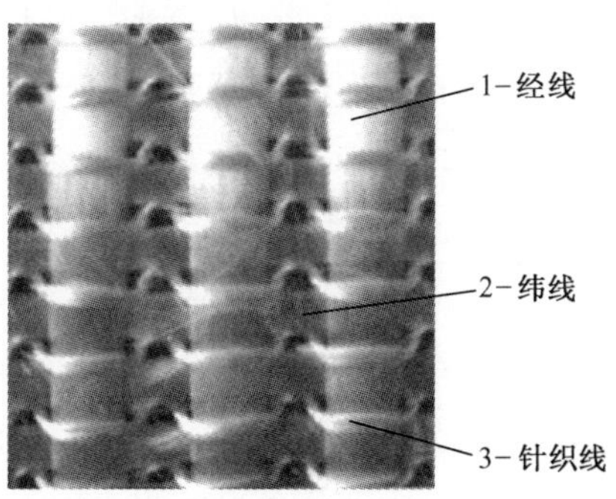

图6.4 采用三维联锁编织线的三维编织增强复合材料

使用2400纤度的粗纱作为经纱(0°方向),使用1200纤度的粗纱作为纬纱(90°方向)。经纱密度为201/dm(1dm=10cm),纬密度为38.91/dm,下在0°和90°方向上的质量份额分别为43.6%和42.5%。使用具有136纤度的玻璃纤维纱线(经向方向的圈密度38.91/dm,纬向的环密度为51/In)作为z-增强的环形纤维,得到占比为13.9%的环纤维。

从图6.6中可以发现,在直径为43mm和壁厚1.5mm的管状试件上进行拉伸/压缩-扭转试验(图6.5),以确定沿应用载荷路径方向上的单轴和多轴($\sigma;\tau$)应力状态。为了减小应力集中、减小壁厚的应力梯度、降低制造成本和工装,以及减小夹具和试验装置的尺寸,专门设计了试样的几何形状。纬纱纤维沿试样的纵向取向,并标记为“类型S”。

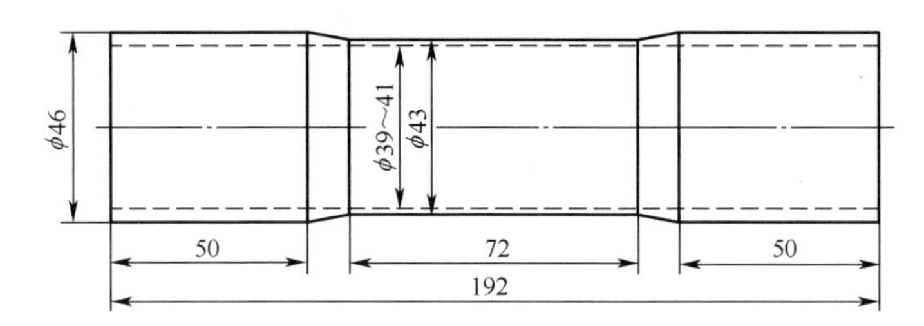

图6.5 用于双轴拉伸/压缩-扭转疲劳试验的管状试样

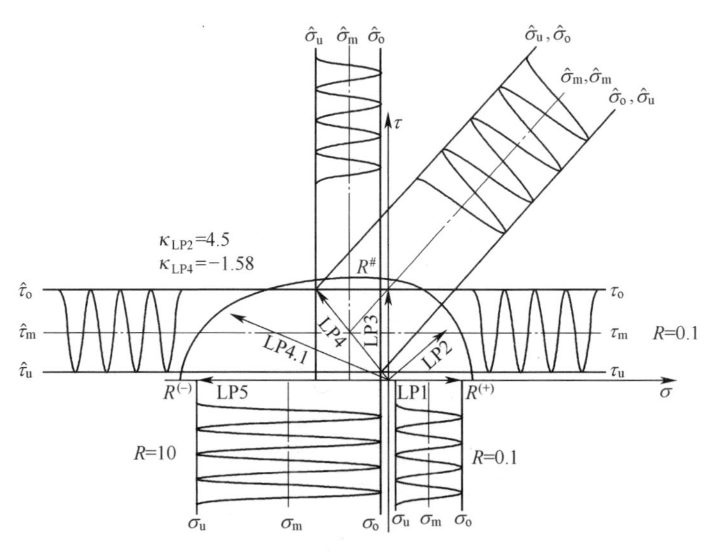

图6.6 与静态破坏曲线相关的单轴和同相双轴疲劳试验的应力-时间函数示例

采用真空辅助树脂传递模塑法(RTM)对多层针织复合材料的基体MGS RIMR 135/RIMH 137进行渗透作用。渗透和固化作用在40℃下进行。固化时间10h后，在70℃回火5h，热处理后，树脂的玻璃化转变温度为75℃±2℃。采用一层双轴纬纱编织，并考虑经纱之间的富含树脂的区域，最终制备出总纤维体积分数约30%的针织复合材料。

6.3.1.2 试验装置

为了建模，已经用单轴和同相双轴拉伸/压缩-剪切载荷进行了参数识别和双轴疲劳试验的验证。基于循环加载过程中的特征刚度下降以及损伤的可视化验证，分析了损伤演化及其对材料参数降低的影响。为了防止在一个循环周期内断裂模式发生任何变化，施加的循环载荷不过零点。选定应力比为 $R=0.1$；$R=10$，以便选定的失效模式具有近似最大的循环应变能，并将载荷保持在恒定的预应力下，以避免出现应力峰值。在断裂模式-特定建模方法方面，通过将交变信号分解为分离的脉冲载荷来描述交变应力的破坏效应。

这种方法是以后工作的一部分，这里暂且不谈。在试验过程中，正应力和剪切应力的比值 k 保持不变(图6.6)。

试样的应变是基于伺服液压试验台中的位移测量系统计算出来的，这对于刚性载荷系统是合理的，并且使夹紧系统中的滑动最小化。采用夹式引伸计和光学测量系统进行刚度降低试验(图6.7)。

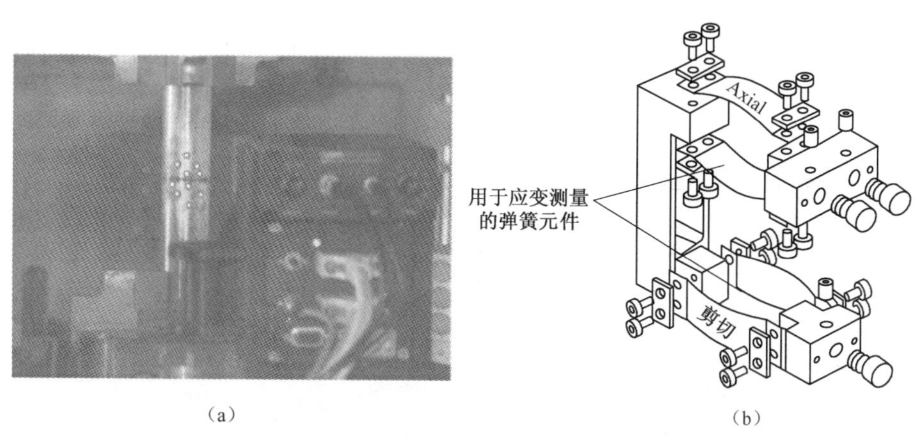

图6.7 对管状试样的应变测量方法、光学测量方法(a)、由ILK研发的基于应变片的拉伸扭转引伸计(b)

与夹式引伸计相比，光学测量方法伴随着高分辨率和高帧率相机的发展，在可用性和灵活性上显示了巨大的优势。它们在超高变形和应变范围内具有额外的优点。根据以往的试验经验，强烈建议对试样表面的旋转轴进行精确校准，以测量出准确的剪切应变。旋转轴可以从前面的扭转试验中获得，其中夹紧位置路径用于拟合圆柱坐标系。

基于视频的光学测量方法存在着采样率低、噪声率大的缺点。因此在大多数情况下都不可能进行精确的滞后测量。相比之下,夹持式引伸计能够在低噪声水平上实现高达兆赫兹的采样率,因此可用于精确滞后测量。使用时应注意引伸计夹具,以避免在长期测量过程中出现高变形时的滑移。此外,在双轴加载状态下,轴向和剪切变形测量的交叉读数受到夹具精度的影响。

试验过程中需随时监控试样温度,并通过在 2~5Hz 范围内的试验频率的载荷特定匹配来保持其温度始终低于 30℃,因为在以基体为主的变形条件下,很容易出现试样的温升现象。

在所提出的框架范围内,刚度退化是衡量损伤状态的一个参数。动态刚度被定义为滞后斜率,作为循环试验中试样刚度的一个参考指标。图 6.8 给出了典型的单轴脉动拉应力、压应力和剪切应力动态刚度曲线,以及典型的双轴拉伸/剪切和压缩/剪切应力曲线。一般来说,可以确定的是除了纯压缩外,所有加载情况下都会出现特征刚度的下降,正如许多作者对多层纤维增强材料所描述的那样。需要指出的是,叠加剪切应力对轴向刚度有显著影响。这既适用于叠加拉应力,也适用于压应力。在 Gude,Hufenbach 和 Koch(2010)的文献中详细地讨论了刚度退化和视觉损伤检查结果。

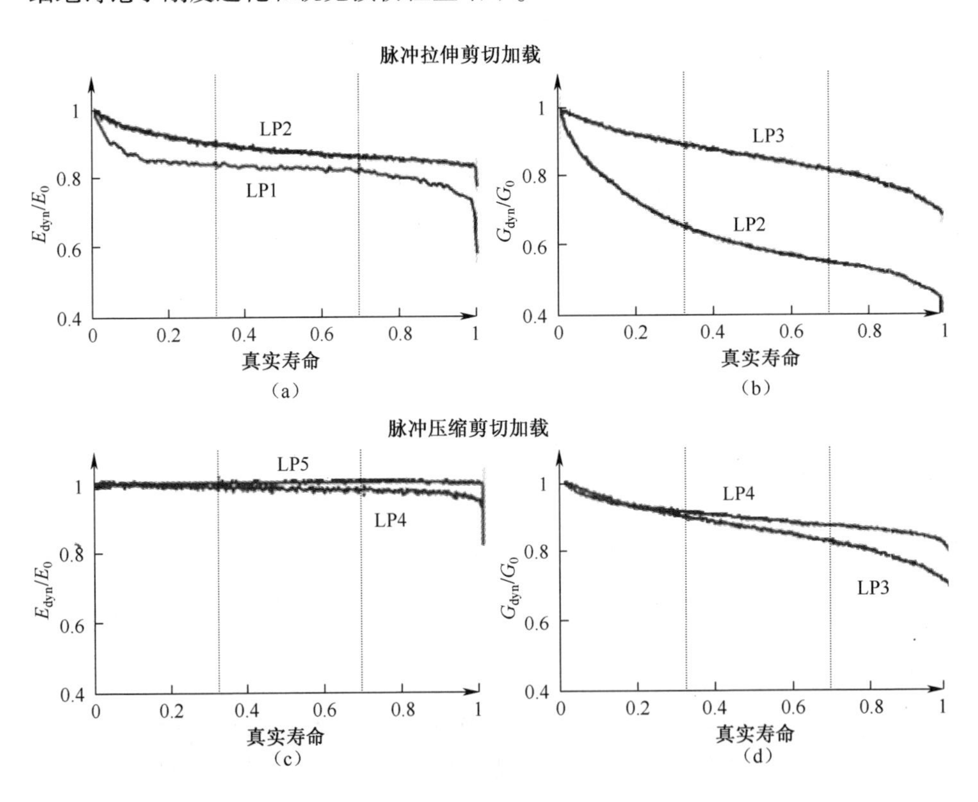

图 6.8 单轴和复合拉/压–剪切载荷作用下典型的刚度退化表征曲线

6.3.1.3　参数识别

如上所述,对于具有大量 z-增强材料的编织增强复合材料来说,分离出来的单个构成层是不可用的,因此,无法直接给出理想单向层的工程常数、强度值和退化参数。这里提出了一组疲劳试验和一个适当的参数识别方法。

本书提出的所有分层计算都是基于修正的经典层压板理论,其表达式可写为

$$\begin{bmatrix}\underline{\boldsymbol{N}}\\ \underline{\boldsymbol{M}}\end{bmatrix}=\begin{bmatrix}\underline{\boldsymbol{A}} & \underline{\boldsymbol{B}}\\ \underline{\boldsymbol{C}} & \underline{\boldsymbol{D}}\end{bmatrix}\begin{bmatrix}\underline{\boldsymbol{\varepsilon}}\\ \underline{\boldsymbol{\kappa}}\end{bmatrix} \tag{6.15}$$

通过将耦合矩阵 $\underline{\boldsymbol{B}}$ 设置为零,考虑样本几何形状和非对称层叠问题(Koch,2010)。如图 6.9 所示,以三种不同的数学方法为例,比较了拉伸载荷作用下管材试样内外层计算应力分布的差异。本书采用最快的方法(CLT 模型)对未受干扰区域内的应力分布情况进行了比较。

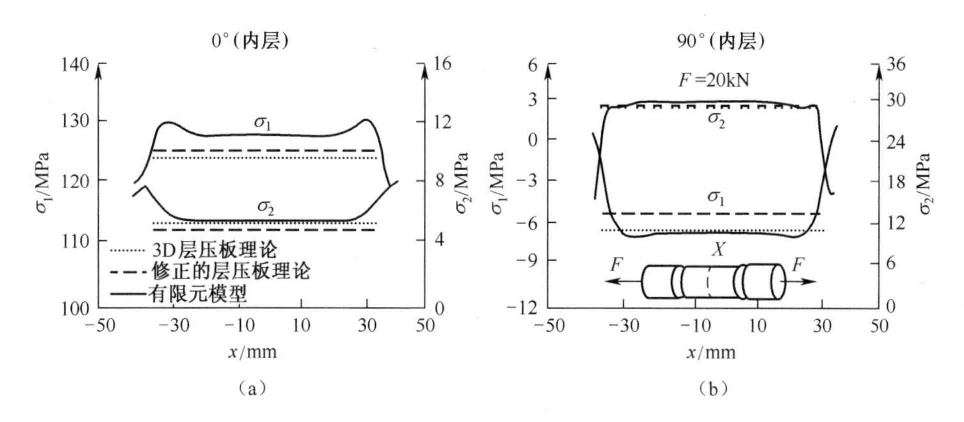

图 6.9　比较正交管试样在拉伸载荷作用下的应力分布(3D 层压板理论(Kroll,1992);修正的层压板理论(CLT),FE 模型)

通过将耦合矩阵 $\boldsymbol{B}$ 设置为零,考虑样本几何形状和非对称层叠问题(Koch,2010)。如图 6.9 所示,以三种不同的数学方法为例,比较了拉伸载荷作用下管材试样内外层计算应力分布的差异。本书采用最快的方法(CLT 模型)对未受干扰区域内的应力分布情况进行了比较。

未损坏的 i-UD 层的工程常数 E_1,E_2,G_{12},v_{12} 和强度值 $R^{\parallel\sigma}$,$R^{\parallel\tau}$,$R^{\perp\sigma}$,$R^{\perp\tau}$ 和 $R^{\parallel\perp}$(表 6.2)已经在损伤初始和完全破坏前从逆层叠理论和准静态试验获得(Böhm et al,2011)。其余的数值根据文献中的典型值和内部资料数据进行修正。

表 6.2　i-UD 层 GF-MLG/EP 的工程常数和强度值

E_1/MPa	E_2/MPa	E_3/MPa	G_{12}/MPa	G_{13}/MPa	G_{23}/MPa	v_{12}(-)	v_{13}(-)	v_{23}(-)
24000	5800	5800	2700	1900	2700	0.27	0.27	0.45
$R^{\parallel\sigma}$/MPa	$R^{\parallel\tau}$/MPa	$R^{\perp\sigma}$/MPa	$R^{\perp\tau}$/MPa	$R^{\parallel\perp}$/MPa	μ(-)			
482	800	32	75	25	0			

损伤扩展 c_i、耦合拉压 q_i 和非对称不对称 h_i 残余参数的识别确认,只能通过对正交铺层增强管试样(S 型)刚度退化曲线的迭代得到。

在第一步中,加载路径 1 的刚度退化曲线(拉伸-拉伸疲劳)中的特征刚度退化。在采用自上向下方法的框架下,由于 90°层的纤维间失效已经达到损伤饱和状态,该阶段的刚度退化只能在 0°层进行破坏。因此纤维方向上的损伤扩展可以用损伤演化规律式(6.5)描述,即

$$\frac{\mathrm{d}D_i}{\mathrm{d}n}=\frac{\mathrm{d}}{\mathrm{d}n}\begin{bmatrix}D_1\\D_2\\D_6\end{bmatrix}=\varphi^{\parallel\sigma}\begin{bmatrix}1\\0\\0\end{bmatrix}\Bigg|_{0^\circ} \tag{6.16}$$

因此,可以通过分析脉动拉伸载荷作用下恒定刚度的衰减来表征扩展函数参数 $\varphi^{\parallel\sigma}$ 。分析了几种拉伸疲劳试验在不同载荷水平下恒定刚度的衰减情况。通过对所选损伤扩展函数的拟合,对所有结果的损伤增量和材料作用力进行试验推导,可以更精确地表征参数。

对于 $\varphi^{\perp\sigma}$ 的参数识别,通过脉动拉伸疲劳中刚度退化的第一阶段进行研究。在这一阶段采用自上而下的方法,且两种失效模式是有效的,损伤演化方程可以写为

$$\frac{\mathrm{d}D_i}{\mathrm{d}n}=\frac{\mathrm{d}}{\mathrm{d}n}\begin{bmatrix}D_1\\D_2\\D_6\end{bmatrix}=\varphi^{\parallel\sigma}\begin{bmatrix}1\\0\\0\end{bmatrix}\Bigg|_{0^\circ}+\varphi^{\perp\sigma}\begin{bmatrix}0\\1\\0\end{bmatrix}\Bigg|_{90^\circ} \tag{6.17}$$

因此,对于给定的损伤增长函数 $\varphi^{\parallel\sigma}$,可以利用第一阶段的刚度退化来识别参数 $\varphi^{\perp\sigma}$。在脉动载荷作用下,材料的最终失效是由局部损伤和裂纹的失稳扩展造成的。初始局部损伤是基于计算停止的临界损伤值 D_{c1} 来建模的。采用类似的方法来识别参数 $\varphi^{\parallel\perp}$。假设垂直层相同,那么平面剪切疲劳载荷的损伤演化方程可以写为

$$\frac{\mathrm{d}D_i}{\mathrm{d}n}=\frac{\mathrm{d}}{\mathrm{d}n}\begin{bmatrix}D_1\\D_2\\D_6\end{bmatrix}\Bigg|_{0^\circ,90^\circ}=\varphi^{\parallel\perp}\begin{bmatrix}0\\0\\1\end{bmatrix} \tag{6.18}$$

在此基础上，对脉动扭转试验的刚度退化进行了第一阶段和第二阶段的研究。在脉动拉伸载荷作用下，由于横向拉伸和压缩等共同作用的破坏模式，所以通常不建议使用±45°试样的结果，在表6.3中给出了GF-MLG/EP的损伤增长参数。

表6.3　GF-MLG/EP的损伤扩展参数

失效模式	公式	模型参数	值
IFF1	(6.12)	C_1	7×10^{-5}
		D_s	0.4
IFF2	(6.11)	C_2	8×10^{-12}
		C_3	12
		D_{c2}	0.4
FF1	(6.11)	C_4	6×10^{-10}
		C_5	18.46
		D_{c1}	0.11

对其余的耦合参数 $q_6^{\parallel\sigma}$，$q_6^{\perp\sigma}$，$q_1^{\parallel\perp}$，$q_2^{\parallel\perp}$ 进行修正，来模拟拉伸剪切载荷作用下刚度退化对纯拉伸和纯剪切疲劳载荷的差异。试验结果表明，纤维损伤与剪切刚度之间的微观力学耦合是不可测量的。因此，假设 $q_6^{\parallel\sigma}=0$。表6.4给出了其余的参数值。

表6.4　耦合与被动损伤参数

模型参数	值
$q_6^{\perp\sigma}$	1.8
$q_1^{\parallel\perp}$	0.3
$q_2^{\parallel\perp}$	0.5
$h_1=h_2$	0.5

为了识别参数 h_1 和 h_2，进行了压缩-剪切复合疲劳试验。如上所述，可以看到在纯压缩载荷作用下与压缩-剪切复合载荷作用下之间的明显差异。将参数 h_1 和 h_2 设置为相等，并对该差异进行修正建模。在确定了上述的所有模型参数之后，在图6.10中给出了拉伸、剪切和拉伸-剪切复合载荷及压缩-剪切复合

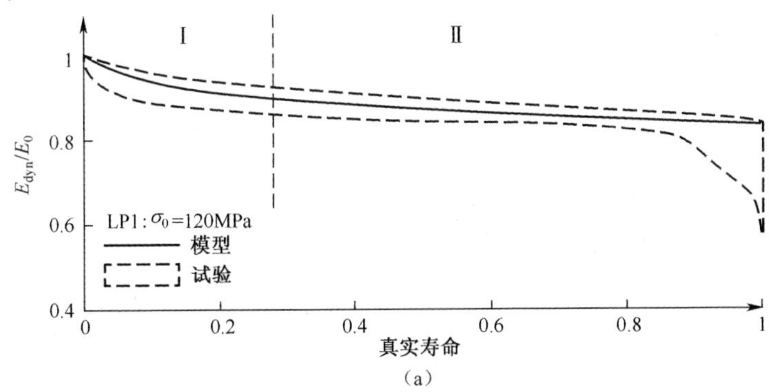

(a)

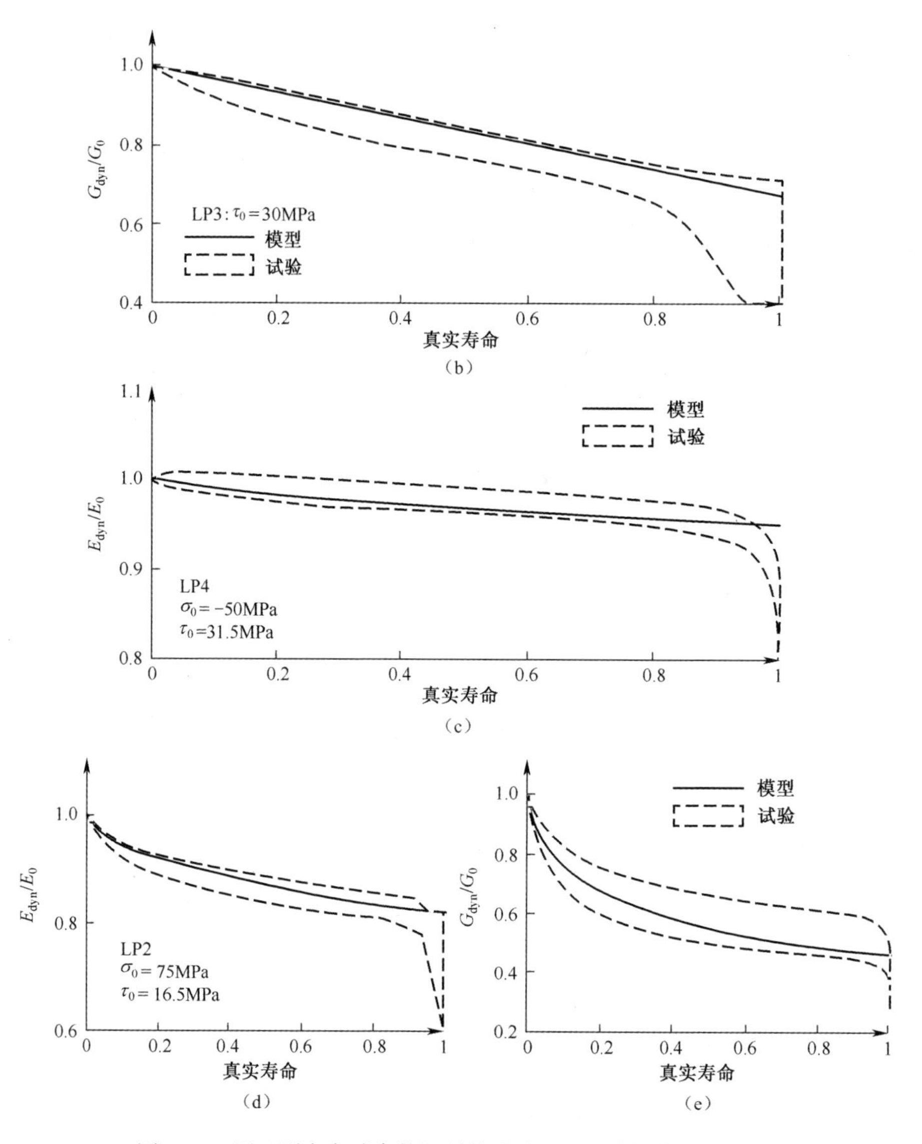

图 6.10 用于刚度衰减参数识别的试验和理论分析结果的比较

载荷的刚度衰减曲线与理论结果。为了更好地描述分散性,刚度的衰减是以范围的形式,而不是以单个曲线的形式来给出的。

6.3.2 试验模型的验证

为了验证该方法的有效性,在此提出了一种基于试验的自上向下方法来预测双轴脉动拉伸载荷作用下 GF-MLG/EP 的刚度退化和疲劳强度特性。在图 6.11 中,虚线表示理论结果,并举例说明理论结果与试验结果进行比较。

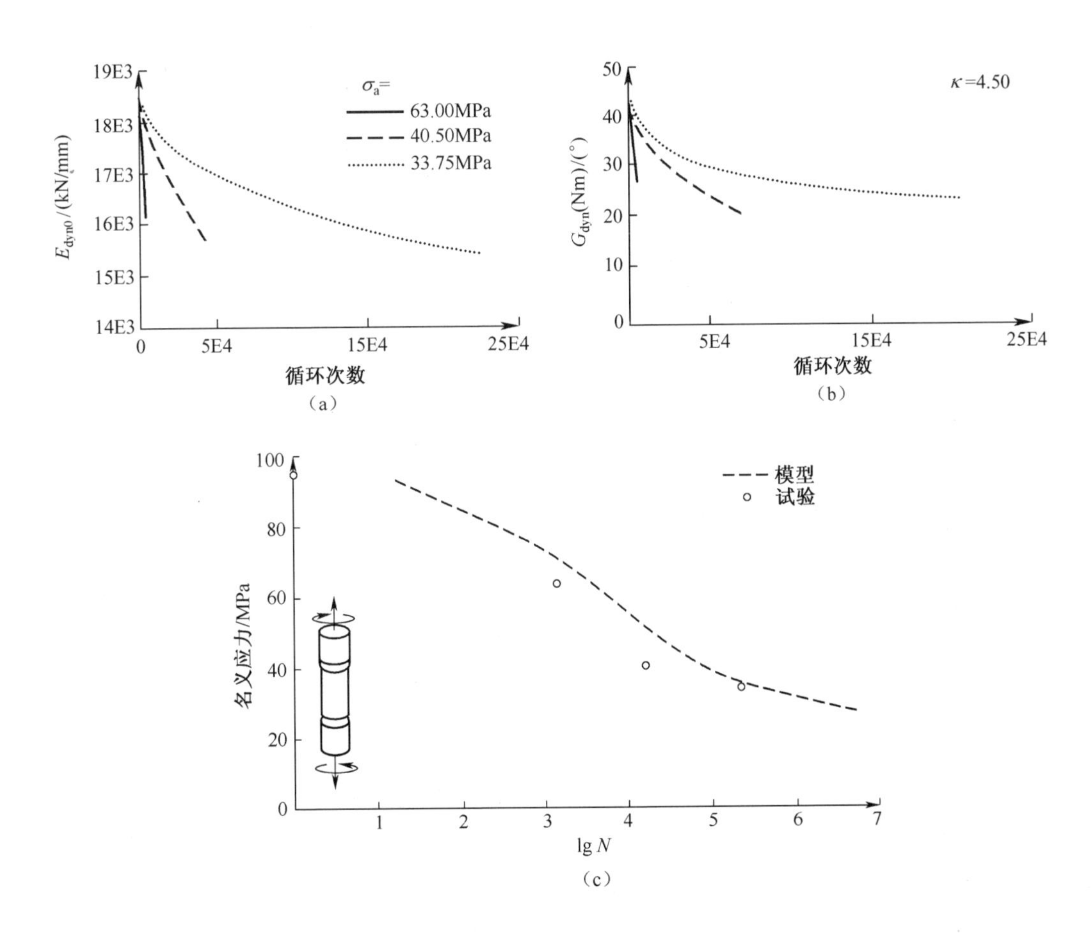

图 6.11 双轴拉伸-剪切载荷作用下 S-N 曲线和刚度衰减的模型验证

预测寿命的 S-N 曲线在单对数图中表现为非线性特征。短期疲劳强度在 1000 个循环时达到峰值以后,以浅坡度的线性特征直接加载到 100000 次循环。尽管数值模拟的结果表明具有更长的疲劳寿命,但建模方法仍然很好地反映了试验结果。在每种情况下,通过在 0°层中失效模式 FF1 达到的临界损伤值来限制疲劳寿命。由于在损伤模态中存在着拉伸-剪切复合加载和损伤的强耦合作用,图 6.11 中典型的计算刚度退化曲线在轴向和剪切刚度、E_{dyn} 和 G_{dyn} 中都有明显的非线性。数值上来说,已经证明了从受损的 90°层到 0°层的应力再分布效应。

渐进损伤模型还能够预测剩余强度。在单轴拉伸和压缩加载的示例中,仅给出了 0°层的承载能力(图 6.12)。由于拉伸-拉伸疲劳程度的提高,剩余强度降低。而在压缩载荷的情况下,静强度没有改变。在图 6.12 中,试验结果和理论分析结果具有较好的一致性。

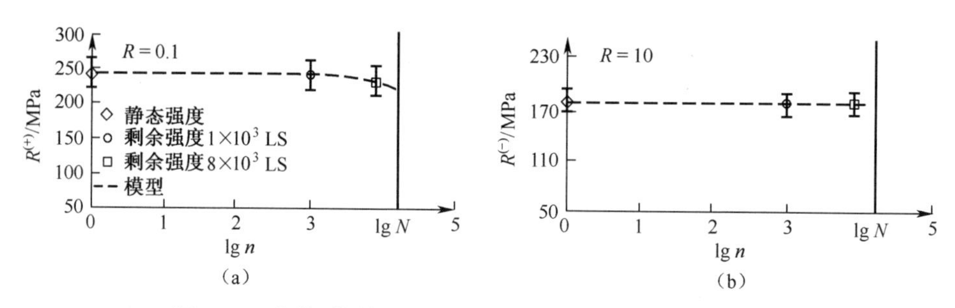

图 6.12　拉伸-拉伸疲劳加载作用后的剩余强度和模型验证

6.4　应　　用

所提出的方法在碳纤维增强拉杆的疲劳强度分析中进行了第一次应用(图 6.13)。该复合材料的结构特征是以$[30/-30]_s$准单向层叠的碳纤维增强复合材料(CFRP)。

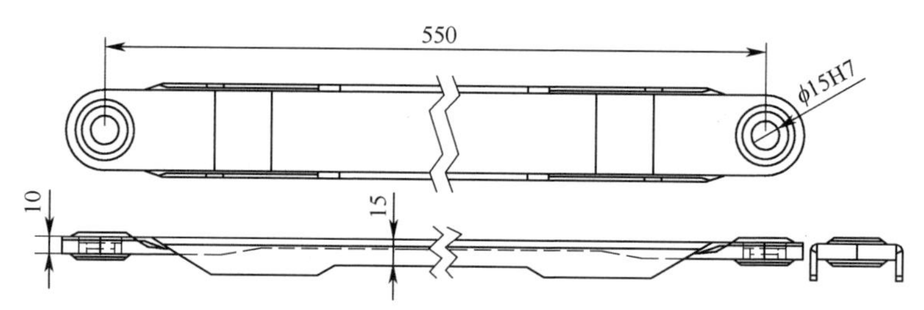

图 6.13　碳纤维增强拉杆,中部区域:(±30°)CFRP,
载荷施加区域:(0°)碳纤维增强树脂基复合材料和钢衬套

碳纤维增强树脂基复合材料的编织预制体由 Hightex Versärkungsstrukturen GmbH 公司提供,并使用 50k 碳纤维的定制纤维铺层方法(TFP)制造。由于采用 TFP 特定的纤维铺层方法进行粗纱固定和直纤维的定向,因此编织材料与用于模型开发的多层纬编织物非常相似。在此基础上,采用 RTM 和 Hexion MGS© RIM 935/937 方法对钢筋拉杆进行了渗透增强,并通过胶合完成钢衬套。

根据 6.3.1.3 节所述方法进行参数识别后,确定了具有代表性的$[30/-30]_s$上层的疲劳强度,并与图 6.14 中拉伸-拉伸疲劳强化结构的疲劳强度进行了对比。通过将这些结果与传统 Germanischer Lloyd 方法(GL Wind, 2003)的疲劳强度预测结果进行比较,就可以发现所研究方法的明显优势。传统方法大大低估了疲劳强度,而损伤模型的结果逐渐高估了疲劳寿命。考虑到真实结构中导致寿命降低的因素,如切口效应,在此提出了一种非常好的寿命预测建模方法。总之,寿命预测提高了 16 倍。

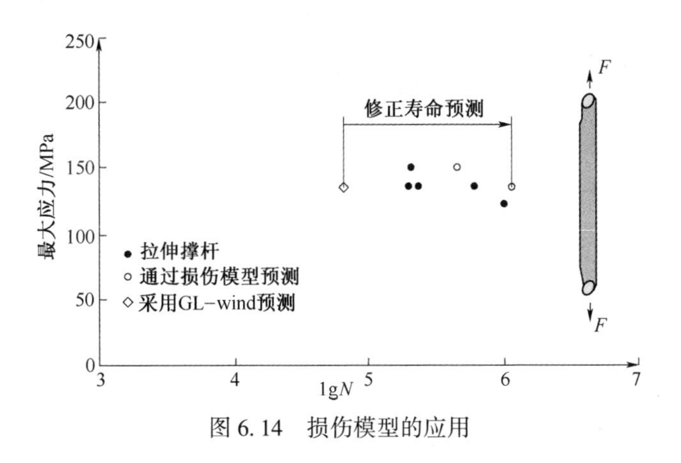

图 6.14　损伤模型的应用

6.5　结论和展望

三维玻璃纤维增强环氧树脂基复合材料(GF-MLG/EP)的示例阐明了与断裂模式相关的建模和试验方法,同时,该方法也提出了用于编织增强复合材料建模的适用性。该类型复合材料疲劳损伤的特点是在 5 种失效模式下的离散损伤。并采用分层建模方法在建模、参数识别与寿命预测之间提供了有价值的折中参考方案。

对于双轴疲劳载荷作用下的刚度退化、疲劳强度和残余刚度的模型,提出了一种自上向下的试验方法。根据刚度减小的测量,以及管状试件在拉伸/压缩-扭转加载下的单轴和双轴疲劳试验,来确定编织增强复合材料的建模参数。

根据 Cuntze 的修改失效准则,提出了与模型相关的失效分析和损伤扩展确定方法。该方法可分别确定每种断裂模式下的损伤演化过程,进而在此基础上建立层面损伤演化方程,反映层-层之间与断裂模式相关的材料退化特征。

所研究方法的适用性通过预测疲劳强度来证明,考虑了同相拉伸剪切疲劳以及在单轴脉动拉伸和压缩疲劳下相反的残余强度性能。通过对疲劳强度的预测,考虑了面内拉伸-剪切疲劳以及单轴脉动拉伸和压缩疲劳作用下的相反的残余强度性能。证明了该研究方法的适用性。建模方法已经成功应用到碳纤维增强复合材料中。并且发现,与标准的方法相比,该方法可以更好地预测寿命。

致谢

作者们在此感谢德意志联邦政府和德国联邦教育部和研究部门对这一研究的财政支持。

参考文献

Adden, S. , & Horst, P. (2004). Mesomechanical effects in multi-axially reinforced plastics under biaxial fatigue loading. In Proceedings sixth international conference on mesomechanics. Montreal, Canada (pp. 386-392).

Adden, S. , & Horst, P. (2010). Stiffness degradation under fatigue in multiaxially loaded noncrimped- fabrics. International Journal of Fatigue, 32(1), 108-122. http://dx. doi. org/ 10. 1016/j. ijfatigue. 2009. 02. 002.

Adolfsson, E. , & Gudmundson, P. (1999). Matrix crack initiation and progression in composite laminates subjected to bending and extension. International Journal of Solids and Structures, 36, 3131-3169.

Bohm, R. , Gude, M. , & Hufenbach, W. (2011). A phenomenologically based damage model for 2D and 3D -textile composites with non-crimp reinforcement. Materials & Design, 32(5), 2532-2544. http:// dx. doi. org/10. 1016/j. matdes. 2011. 01. 049.

Boniface, L. , & Ogin, S. (1989). Application of the Paris equation to the fatigue growth of transverse ply cracks. Journal of Composite Materials, 23, 735-754. http://dx. doi. org/ 10. 1177/002199838902300706.

Caslini, M. , Zanotti, C. , & O'Brien, T. (1987). Study of matrix cracking and delamination in glass/epoxy laminates. Journal of Composite Technology and Research, 9, 121-130.

Cuntze, R. G. (Ed.). (1997). Neue Bruchkriterien und Festigkeitsnachweise für unidirektionalen Faserkunststoffverbund unter mehrachsiger Beanspruchung e Modellbildung und Experimente. Düsseldorf: VDI-Verlag. Fortschritt-Berichte, VDI Reihe 5, Nr. 506.

Dharani, L. R. , & Tang, H. (1990). Micromechanics characterization of sublaminate damage. International Journal of Fracture, 46, 123-140. http://dx. doi. org/10. 1007/BF00041999.

Fujii, T. , & Lin, F. (1995). Fatigue behavior of a plain-woven glass fabric laminate under tension/torsion biaxial loading. Journal of Composite Materials, 29(5), 573 - 590. http:// dx. doi. org/ 10. 1177/002199839502900502.

Gude, M. , Hufenbach, W. , & Koch, I. (2010). Damage evolution of novel 3D textile rein-forced composites under fatigue loading conditions. Composites Science and Technology, 70(1), 186-192. http://dx. doi. org/ 10. 1016/j. compscitech. 2009. 10. 010.

Gude, M. , Hufenbach, W. , Koch, I. , & Protz, R. (2006). Fatigue failure criteria and degradation rules for composites under multiaxial loading. Mechanics of Composite Materials, 42(5), 631 - 641. http:// dx. doi. org/10. 1007/s11029-006-0054-z.

Hashin, Z. , & Rotem, A. (1973). A fatigue failure criterion forfibre-reinforced materials. Journal of Composite Materials, 448-464.

Highsmith, A. , & Reifsnider, K. (1982). Stiffness reduction mechanism in composite laminates. Damage in Composite Materials, ASTM STP 775, 103-117. http://dx. doi. org/10. 1520/ STP34323S.

Kastner, M. , Muller, S. , & Ulbricht, V. (2013). XFEM modelling of inelastic material behaviour and interface failure in textile-reinforced composites. Procedia Materials Science, 2, 43-51. http://dx. doi. org/ 10. 1016/j. mspro. 2013. 02. 006.

Koch, I. (2010). Modellierung des Ermüdungsverhaltens textilverstärkter Kunststoffe (Ph. D. thesis). TU Dresden.

Krause, D. , Just, G. , & Kreikemeier, J. (2013). Experimental aspects and multiscale numerical description of the behavior of fiber reinforced polymers. In ICCM19, Montreal, Canada.

Kroll, L. (1992). Zur Auslegung mehrschichtiger anisotroper Faserverbundstrukturen (Ph. D. thesis). TU Clausthal.

Lemaitre, J., & Desmorat, R. (2005). Engineering damage mechanics. Springer, Heidelberg. Liu, S., & Nairn, J. (1992). The formation and propagation of matrix microcracks in cross-ply laminates during static loading. Journal of Reinforced Plastics and Composites, 11, 158-178.

Nairn, J., Hu, S., & Bark, J. (1993). A critical evaluation of theories for predicting microcracking in composite laminates. Journal of Materials Science, 28, 5099-5111. http://dx. doi. org/ 10. 1007/BF00361186.

Ogihara, S., Takeda, N., & Kobayashi, A. (1997). Experimental characterization of microscopic failure process under quasi-static tension in interleaved and toughness-improved CFRP cross-ply laminates. Composite Science and Technologies, 57, 267-275. http://dx. doi. org/ 10. 1016/S0266-3538(96)00118-2.

Philippidis, T. P., & Vassilopoulos, A. P. (1999). Fatigue strength prediction under multiaxial stress. Journal of Composite Materials, 33(1), 1578-1599. http://dx. doi. org/10. 1177/ 002199839903301701.

Puck, A. (1996). Festigkeitsanalyse von Faser-Matrix-Laminaten, Modelle fur die Praxis. Munchen: Carl Hanser Verlag.

Quaresimin, M., & Carraro, P. A. (2013). On the investigation of the biaxial fatigue behaviour of unidirectional composites. Composites: Part B, 54, 200-208. http://dx. doi. org/10. 1016/ j. compositesb. 2013. 05. 014.

Quaresimin, M., Susmel, L., & Talreja, R. (2010). Fatigue behaviour and life assessment of composite laminates under multiaxial loadings. Journal of Fatigue, 32, 2-16. http:// dx. doi. org/10. 1016/ j. ijfatigue. 2009. 02. 012.

Schulte, K., & Baron, Ch. (1987). Schädigungsentwicklung bei Ermüdung verschiedener CFK-Laminate. Zeitschrift fuer Werkstofftechnik, 18, 103-110. http://dx. doi. org/10. 1002/ mawe. 19870180404.

Schurmann, H. (2007). Konstruieren mit Faser-Kunststoff-Verbunden. Springer-Verlag.

Shokrieh, M. M., & Lessard, L. B. (2000). Progressive fatigue damage modeling of composite materials, part I: modeling. Journal of Composite Materials, 34(13), 1056-1080.

Smith, P. (1989). In M. Brown, & K. J. Miller (Eds.), Biaxial and multiaxial fatigue. EGF 3 (pp. 397-421). London: Mechanical Engineering Publications.

Takeda, N., & Ogihara, S. (1994a). In situ observation and probabilistic prediction of microscopic failure processes in CFRP cross-ply laminates. Composites Science and Technology, 52, 183-195. http:// dx. doi. org/10. 1016/0266-3538(94)90204-6.

Takeda, N., & Ogihara, S. (1994b). Initiation and growth of delamination from the tips of transverse cracks in CFRP cross-ply laminates. Composites Science and Technology, 52, 309-318. http://dx. doi. org/ 10. 1016/0266-3538(94)90166-X.

Trappe, V. (2001). Beschreibung des intralaminaren Ermüdungsverhaltens von CFK mit Hilfe innerer Zustandsvariablen. Fortschritt-Berichte des VDI, Reihe 5, N. 646, Dusseldorf, Germany.

Tsai, S. W., & Wu, E. M. (1971). A general theory of strength for anisotropic materials. Journal of Composite Materials, 5, 58-80. http://dx. doi. org/10. 1177/002199837100500106.

Van Paepegem, W., & Degrieck, J. (2003). Modelling damage and permanent strain infibrereinforced composites under in-plane fatigue loading. Journal of Computer Science and Technology, 63(5), 677-694. http://dx. doi. org/10. 1016/S0266-3538(02)00257-9.

VDI 2014. (2006). Entwicklung von Bauteilen aus Faser-Kunststoff-Verbund (ICS 59. 100, 83. 140. 20), Verein Deutscher Ingenieure e. V., VDI-Richtlinie. Blatt 3.

Vinogradov, V., & Hashin, Z. (2005). Probabilistic energy based model for prediction of transverse cracking in cross-ply laminates. International Journal of Solids and Structures, 42, 365-392. http://dx. doi. org/ 10. 1016/j. ijsolstr. 2004. 06. 043.

Wang, S. S., Socie, D. F., & Chim, E. S. -M. (1982). Biaxial fatigue offiber-reinforced composites at cryogenic temperature, Part I. Fatigue fracture life and damage mechanisms. Journal of Engineering Materials and Technology, 104(2), 128-136. http://dx. doi. org/ 10. 1115/1. 3225047.

GL Wind. (2003). Guideline for the certification of wind turbines. Germanischer Lloyd.

Yalvac, S., Yats, L., & Wetters, D. (1991). Transverse ply cracking in toughened and untoughened graphite/epoxy and graphite/polycyanate crossply laminates. Journal of Composite Materials, 25, 1653-1667.

Zebdi, O., Boukhili, R., & Trochu, F. (2008). An inverse approach based on laminate theory to calculate the mechanical properties of braided composites. Journal of Reinforced Plastics and Composites, 28(23), 2911-2930. http://dx. doi. org/10. 1177/0731684408094063.

第7章

单向层压板在多轴疲劳载荷作用下的裂纹萌生模型

P. A. Carraro, M. Quaresimin
意大利,维琴察,帕多瓦大学

7.1 引　言

在疲劳载荷作用下,多向层压板经受了从疲劳裂纹萌生到最终失效的渐进损伤演化过程。疲劳寿命早期发生的第一个宏观损伤现象是离轴层板裂纹的萌生和扩展(Adden, Horst, 2006; Lafarie - Frenot, Hénaff - Gardin, 1991; Quaresimin et al., 2014; Tong, 2001, 2002; Tong, Guild, Ogin, Smith, 1997; Wharmby, Ellyin, 2002; Yokozeki, Aoki, 2002)。这些裂纹的积累由于应力集中作用引起层间分层和纤维的断裂,导致层压板弹性性能的衰减,以及最终的失效。因此,针对疲劳失效和性能衰减,需要建立一个用于预测多向层压板中 UD 的裂纹萌生准则。更重要的是,多向层压板承载层的应力状态通常是多轴应力状态,这是由于不同方向的外部载荷(外部的多轴性)或材料各向异性(内部的多轴性)引起的。Quaresimin 等人(2014)的研究结果证明了两种多轴条件下裂纹萌生和扩展现象的等效性,并给出了相应的局部应力状态。

然而,裂纹萌生准则必须能够解释基体材料承受的多轴应力状态。

文献中已经有的一些准则,它们可以分类如下:

(1) 宏观力学模型。

(2) 微观力学模型。

宏观力学模型是最常见的模型,它们是基于宏观参量而建立的模型,如材料坐标系中的应力(σ_1,σ_2 和 σ_6),或相关的应变能密度,常常采用多项式的表达形式。关于应力分量的定义如图 7.1 所示。

Tsai-Hill 和 Tsai-Wu 准则是静态力学特性的典型示例。它是根据 Puck 多项式准则进行的修正(Puck,Shurmann, 1998),该准则与作用在断裂面上的宏观应力有关,即最终断裂发生的平面。

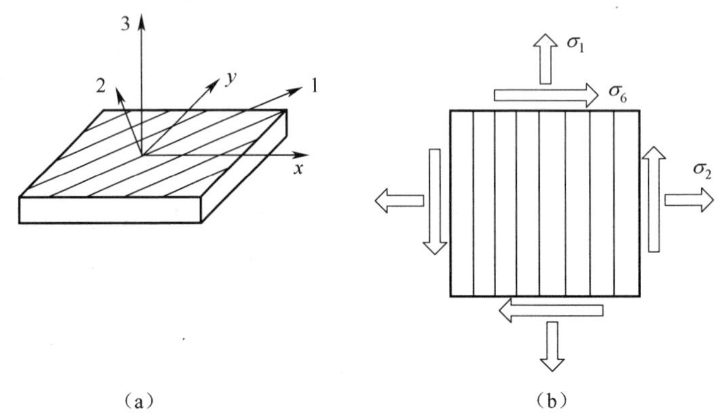

图 7.1　参考系统和应力的定义

关于疲劳特性,Kawa, Yajima, Hachinohe 和 Takano(2001)将 Tsai-Hill 多项式准则扩展到疲劳载荷,结合连续损伤模型,得到 $S-N$ 曲线的幂律。

EI-Kadi 和 Ellyin(1994)提出使用与应变能密度分量有关,而不是与应力有关的多项表达式,将每个参量对静态极限值的作用标准化。Kawai 等人与El-Kadi 和 Ellyin 的试验数据结果相一致。

然而,值得一提的是,这些标准仅用一个方程来描述以纤维和基体为主的疲劳特性,仅从方程来看,这似乎与物理学的观点不一致。

在此之前,曾提出了两个多项式准则(Hashin,Rotem,1973),根据哪个是复合材料薄层(纤维或基体)中的关键组分,来确认纤维和基质谁才在疲劳行为中占主导作用。对于基体主导的疲劳行为,他们提出了仅涉及横向和平面内剪切应力的多项式表达式,通过需要进行试验校准的疲劳函数加权。

根据断裂面概念,纤维和纤维间的失效也由 Puck 准则分开进行。这个标准最初是为静态行为建立的,后来扩展到循环加载的情况(Sun et al., 2012)。

微观力学模型是基于基体或纤维-基体之间界面上的局部应力来确定疲劳裂纹萌生准则的。从概念上讲,该方法认为 UD 层压板宏观裂纹的萌生是由于不可逆机制在微观尺度层面上的损伤演化造成的(Talreja, 1981, 2006)。

Reifsneider 和 Gao(1991)将基体的局部应力考虑其中,并进行了初步尝试。他们使用 Morie-Tanaka 理论评估基体中的平均横向应力和面内剪切应力。然后根据经验推导出疲劳函数,将其引入到与 Hashin 准则类似的多项式准则中。后来,Plumtree 和 Cheng(1999)建立了一种基于断裂面上作用的局部应力的模型,并将其定义为垂直于横向的平面。因此,相关的应力仅仅是局部的横向和平面剪应力,其局部应力峰值是通过对纤维-基体单元格的有限元(FE)分析计算出来的。

尽管使用了局部应力,但这些准则仍然是唯象的性质,因为它们不是在微观尺度下发生的损伤机制的基础上发展起来的。

在本章中,Carraro 和 Quaresimin(2014)提出了在多轴疲劳载荷作用下 UD 中产生疲劳裂纹的准则。该准则是基于微观力学方法和微观尺度上的损伤机制。

7.2　疲劳失效的特点

本书对疲劳失效特性进行了初步探讨。

当单向层压板受到循环加载作用导致基体主导疲劳行为时,最终失效发生且没有可见的(宏观的)渐进损伤(Awerbuch, Hahn, 1981; El-Kadi, Ellyin, 1994; Quaresinmin, Carraro, 2013)。实际上,从来没有观察到稳定的裂纹扩展阶段,当宏观裂纹成核时,它会在几个周期内不稳定地扩展,并导致层压板发生完全断裂。由此可以得出这样的结论,如果裂纹“萌生”指的是沿纤维方向扩展的宏观裂纹,则基体的疲劳失效是由起始阶段控制的。

但是,正如前面提到的那样,在微观层面上,在疲劳寿命期会发生渐进的和不可逆的损伤演化过程,并导致宏观裂纹的萌生(Talreja, 1981, 2006)。因此,宏观裂纹萌生所需的循环周次数是由微观层次上发生的损伤演化控制的。此外,裂纹萌生准则的定义是在微观尺度上识别损伤发展的来源。为此,下面将主要介绍局部成核平面的概念。

正如已经提到的那样,Puck 准则是基于这样的一种假设:断裂面上的有效应力是材料发生静态失效的主要原因。根据 Puck 的说法,正应力 σ_2 和 σ_6 会导致产生断裂面,其法线即是横向方向(2 轴)。因此,有效应力就是总应力分量 σ_2 和 σ_6。Plumtree 和 Cheng(1999)也采用了相同的断裂平面概念和定义,建立了应力分量为 σ_2 和 σ_6 的离轴层压板多项式失效准则。

需要指出的是,由 Puck 和 Plumtree-Cheng 考虑的裂隙平面实际上是最终分离发生的平面。它可以定义为宏观裂缝面。通过对断裂面的观察表明,纤维之间的基体中存在着大量的剪切尖端,这可以被认为是纤维之间的基体中多次出现倾斜微裂纹的萌生。该结果在 45°试样的静态试验结果中似乎也得到了验证(Cox, Dadkhah, Morris, Flintoff, 1994)。

因此,局部的成核面被定义为微裂纹在基体中的初始萌生面,如图 7.2 所示。该平面和 1 轴之间的夹角用 β_c 表示。

根据这些观察结果,应该在垂直于局部成核面的应力分量中搜索这种损伤演化的来源。在这里,将局部成核面合理地假设为垂直于基体的局部最大主应力(LMPS)。因此,要考虑的有效应力是基体中的 LMPS,其相对于纤维方向的取向为 β_p,使得 $\beta_c = \beta_p + \pi/2$。

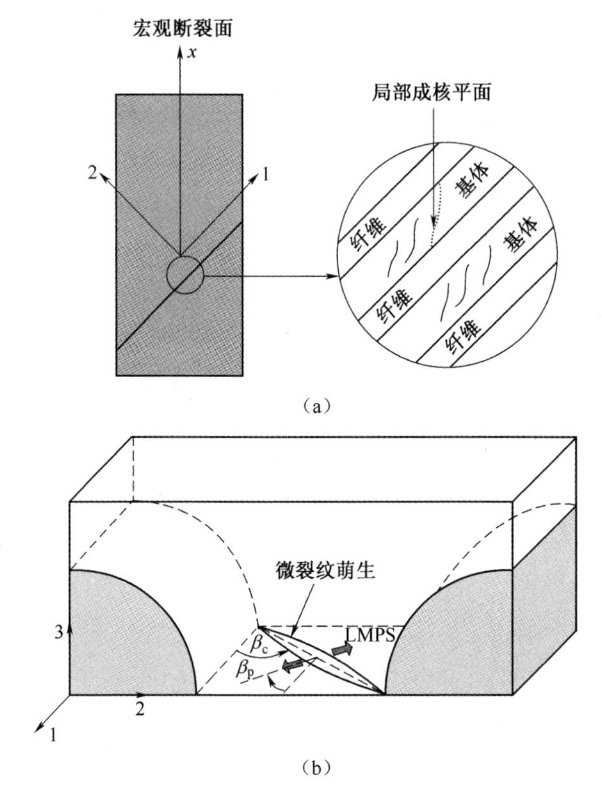

图 7.2　局部成核面的概念

还有一点很重要，即垂直于 LMPS 的局部成核面的取向表示局部应力状态在微观尺度上的多轴度。

当叶片受到纯横向应力加载作用时，局部成核面垂直于 2 方向。事实上，在这种情况下，在纤维之间的基体中观察不到剪切尖端（Quaresimin，Carraro，2014）。另外，事实也证明了在纯横向拉伸载荷作用的情况下，纤维-基体之间界面处或其附近的局部应力状态几乎是流体静力（Asp，Berglund，Talreja，1996a，1996b）。因此，就发生了孔洞诱导的基体开裂和脱黏失效形式。Asp 等表明在纯横向应力的作用下，预测静态加载失效最合适的准则是基于式（7.1）中膨胀能密度的临界值：

$$U_v = \frac{1-2v}{6E}\boldsymbol{I}_1^2 \tag{7.1}$$

式中：$\boldsymbol{I}_1$ 为第一个局部应力张量不变量。

将这一发现应用到循环载荷作用的情况下，破坏模式在从纯横向应力附近的加载状态向另一个加载状态发生转变时，预计也将会发生变化，其特征是存在足够高的剪切应力分量。在第一种情况下，微观尺度损伤演化是由基体

($LHS=I_1/3$)的局部静水压力所驱动的,而后者则由 LMPS 驱动。因此,提出了多轴疲劳的以下准则:根据多轴作用状态,必须使用代表两种不同驱动力的两个不同参数表示 UD 的 $S-N$ 曲线:

(1) 局部静水压力峰值(LHS=$I_1/3$),几乎是纯横向拉伸的情况。

(2) 足够高的剪切应力分量,LMPS 峰值。

7.3　局部应力计算

正如已经讨论的,代表微观损伤演化水平的 LHS 和 LMPS 参数必须用基体和纤维-基质之间界面的局部应力(或微应力)表示。因此,采用多尺度方法将施加的应力 σ_1、σ_2 和 σ_6 与局部应力场联系起来。

如果将 UD 层假设为一个普通的正方形或六角形的纤维排列,那么如图 7.3所示的单元格就表示匀质层板的平均力学性能和微观尺度下的损伤萌生和演变。根据微观力学理论,总应力 σ_1、σ_2 和 σ_6 是作用于单元格面上的平均应力。

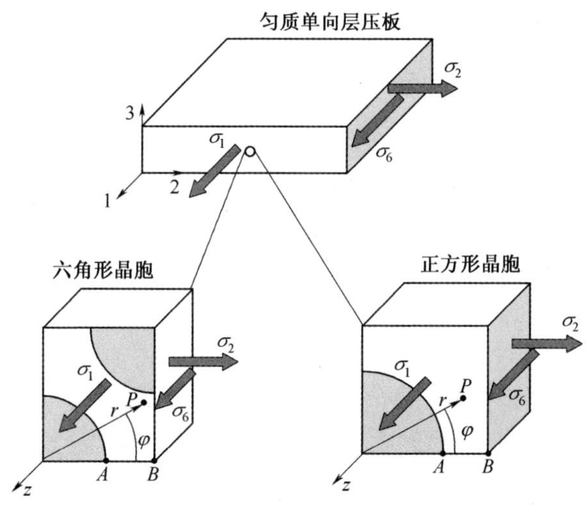

图 7.3　用于微观力学分析的纤维-基体单元格面的定义

当然,规则的纤维分布并不能反映出复合材料层压板中真实的微观结构。尽管如此,这些类型的单元格为多轴准则的提出和应用提供了可靠的结果。该结论是基于对作者(Carraro,Quaresimin, 2014)提出的局部纤维体积分数和纤维排列中局部取向可能产生影响的详细分析,表明局部成核面的取向以及局部多轴度的取向与这些参数不太相关。

微应力可以通过承受平均(或宏观)应力 σ_1、σ_2 和 σ_6 的纤维-基体单元格的有限元分析来计算。正如 Zhang 和 Xia(2005)所述,周期性边界条件必须作用于单元格 1/4 的表面上。此外,在冷却过程中,由于两相的热膨胀不同,必须考虑残余应力。在有限元计算中,热应力由均匀温升产生 $\Delta T = T_c - T_r$,其中 T_c 为固化温度,T_r 为室温。由于这里分析了拉伸载荷作用下环氧树脂的性能在这一范围内通常表现为线弹性,所以在此基础上本书采用软件 ANSYS 11[R]使用 20 个节点的固体单元进行线弹性有限元分析。

在单元格的每个点 P 上,极坐标(r,φ,z)上的微观应力可以用与宏观应力 σ_i 和局部应力 σ_{jl} 相关的应力集中因子 $k_{i,jl}$ 定义,如式(7.2)所示。并且最终,热应力通过热应力集中因子 h_{jl} 与温差 ΔT 相关,如式(7.2)所示。

$$
\begin{Bmatrix} \sigma_{rr} \\ \sigma_{\varphi\varphi} \\ \sigma_{zz} \\ \sigma_{r\varphi} \\ \sigma_{\varphi z} \\ \sigma_{rz} \end{Bmatrix} = \begin{bmatrix} k_{1,rr} & k_{2,rr} & 0 \\ k_{1,\varphi\varphi} & k_{2,\varphi\varphi} & 0 \\ k_{1,zz} & k_{2,zz} & 0 \\ k_{1,r\varphi} & k_{2,r\varphi} & 0 \\ 0 & 0 & k_{6,\varphi z} \\ 0 & 0 & k_{6,rz} \end{bmatrix} \begin{Bmatrix} \sigma_1 \\ \sigma_2 \\ \sigma_6 \end{Bmatrix} + \Delta \begin{Bmatrix} h_{rr} \\ h_{\varphi} \\ h_{zz} \\ 0 \\ 0 \\ 0 \end{Bmatrix}^P \tag{7.2}
$$

根据 Carraro 和 Quaresimin(2014)的研究结果表明,应力和热应力集中因子是纤维体积分数 V_f 和纤维/基体弹性性能的函数(对基体弹性模量的依赖性其实很弱)。本章后面对典型的玻璃/环氧树脂体系的复合材料进行分析,表 7.1 中给出了其拉伸模量 E、泊松比 v 和热膨胀系数 CTE。

表 7.1 有限元分析中使用的典型玻璃/环氧复合材料性能

材料	E/MPa	v	CTE/℃
玻璃纤维	70000	0.22	7×10^{-6}
环氧树脂	3200	0.37	67.5×10^{-6}

已经发现 LMPS 和 LHS 的峰值总是在图 7.3 的 A 点或 B 点(主要是在 A 点处),由于对称性,其中一些应力分量会消失,可以采用下面的简单表达式来表示 LMPS 和 LHS(有效线段 AB):

$$
\mathrm{LMPS} = \frac{1}{2}\left[\sigma_{rr} + \sigma_{zz} + \sqrt{\sigma_{rr}^2 + 4\sigma_{rz}^2 - 2\sigma_{rr}\sigma_{zz} + \sigma_{zz}^2}\right] \tag{7.3}
$$

$$
\mathrm{LHS} = \frac{\sigma_{rr} + \sigma_{\varphi\varphi} + \sigma_{zz}}{3} \tag{7.4}
$$

在式(7.3)和式(7.4)中,必须替代从式(7.2)得到的局部应力。

7.4 验　　证

在本节中,将通过两个散射带和主曲线来验证疲劳裂纹萌生数据,且裂纹萌生时的循环周次数与单元格中的 LHS 或 LMPS 的峰值有关。

Quaresimin 和 Carraro 对单向层合管进行了双轴疲劳载荷作用下的试验测试,其特征是存在横向应力 σ_2 和面内剪切应力 σ_6,并结合了从 0 到无穷大的双轴应力比 $\lambda_{12}=\sigma_6/\sigma_2$ 的几个值(Quaresimin,Carraro, 2013)。图 7.4 所示的裂纹萌生数据结果表明,根据横向应力的最大周期次数,不同的疲劳曲线得到不同的双轴应力比(无法给出纯扭转结果,因为在这种情况下 $\sigma_2=0$)。

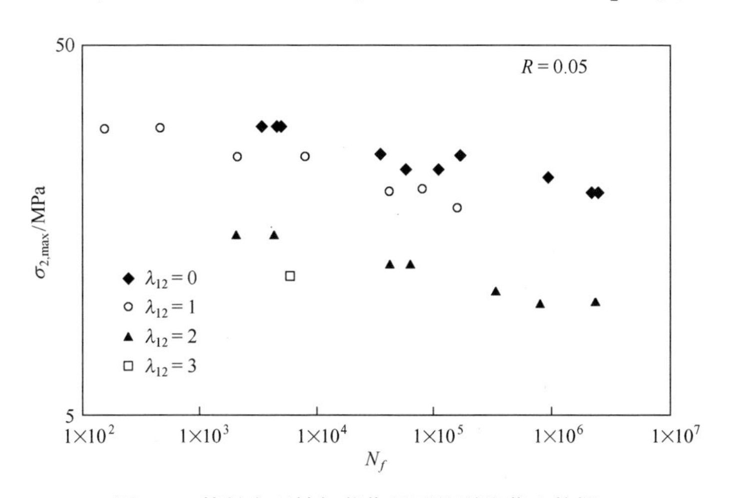

图 7.4 管材在双轴加载作用下的裂纹萌生数据;

$R=0.05$(Carraro,Quaresimin,2014;Quaresimin,Carraro,2013)

在图 7.5(a)和(b)中,分别用正方形和六方形排列的应力和热集中因子来计算 $LMPS_{max}$ 峰值,给出裂纹萌生数据。可以看出,在这两种情况下,$\lambda_{12}=1\sim\infty$ 的值位于一个狭窄的散射带内。这表明 LMPS 是引发纤维之间倾斜微裂纹萌生和扩展的主要来源,并导致了宏观裂纹的萌生。

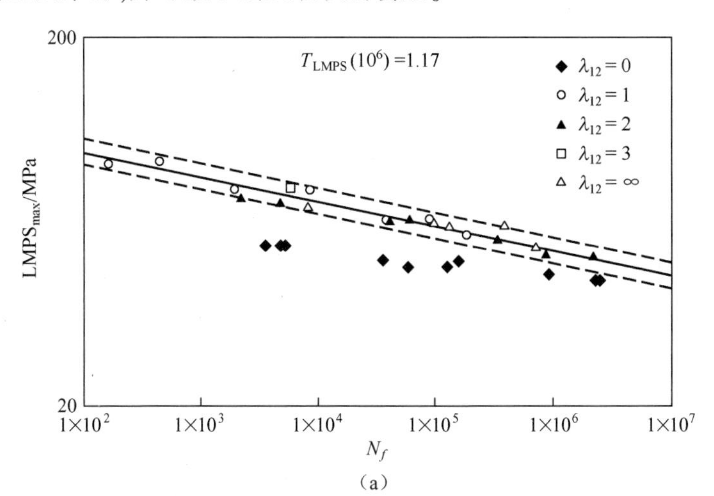

(a)

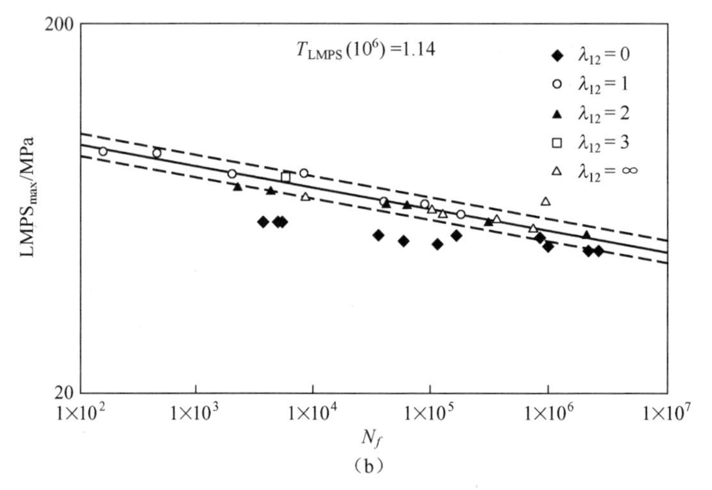

(b)

图 7.5 根据(a)正方形和(b)六角形单元格计算的 LMPS 重新分析数据

该准则由分散指数 T_{LMPS} 的极限值验证其精确度,即 10^6 个周期内 LMPS 值与曲线 10%和 90%存活率的比值。

两种单元格类型的精确度相同,是因为由正方形和六边形排列预测局部成核面的取向几乎相同(差别约为 0.3°)。用于 LMPS 计算的总应力的组合方式只取决于角度 β_c。由于它们在这两种情况下仍然没有变化,所以不同(剪切为主)多轴条件下的 LMPS 对于两种类型的单元格来说是相同的。

在这两种情况下,纯拉伸曲线($\lambda_{12}=0$)都在散射带之外,但这并不令人惊讶,因为在那种情况下,LHS 应该是微观尺度损伤扩展的主要来源。实际上,如图 7.6(a)和(b)所示,对于这两种排列而言,以 LHS 表示的纯拉伸曲线相较于其他条件,将表现出更高的 LHS 参数值。

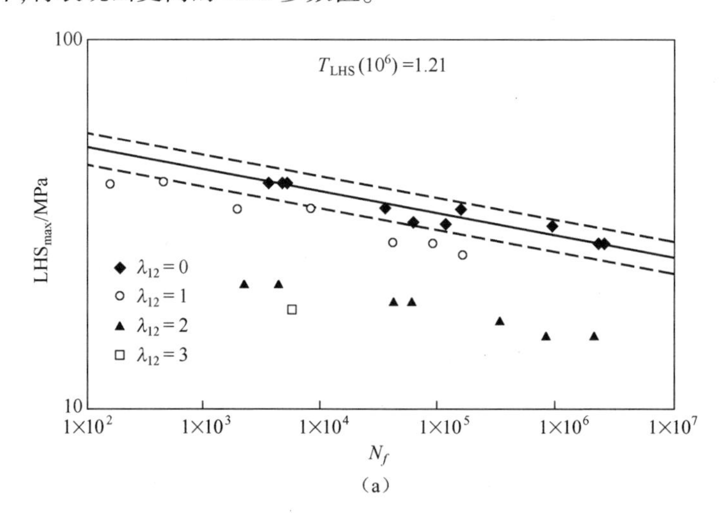

(a)

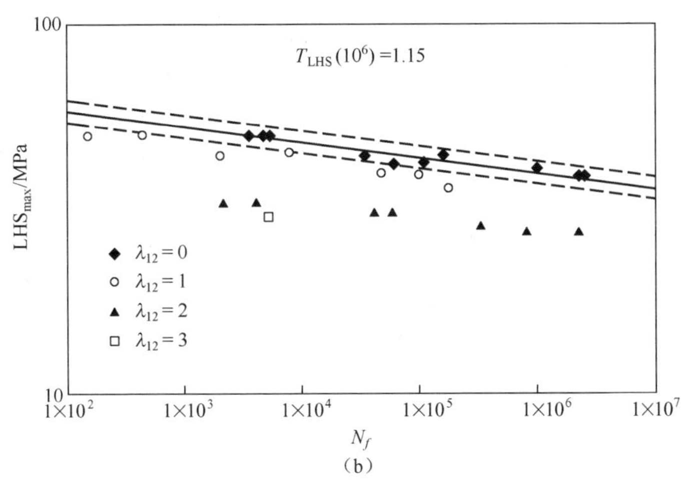

(b)

图 7.6 根据(a)正方形和(b)六边形单元格计算的 LHS 对 Quaresimin 和 Carraro(2013)的数据进行重新分析

由于两种单元格都提供了相同的性能,所以在本章的其余部分只给出正方形的结果。在本节所报告的所有图示中,都给出了主曲线和 90%~10%的存活率。数据以 $N_f \cdot LMPS^k = C$ 或 $N_f \cdot LHS^k = C$ 的形式进行幂律拟合,假设裂纹萌生循环周次数的对数正态分布。表 7.2 列出了所有与正方形单元格有关的分析结果。

表 7.2 散射带的统计分析结果

参考文献	试样	施加载荷	k	C 50%	C 90%	T_{LMPS}或$T_{LHS}(10^6)$
Quaresimin and Carraro(2013)	$[90_4]$管	LMPS	15.13	131.03	121.09	1.17
Quaresimin and Carraro(2013)	$[90_4]$管	LHS	16.67	67.2	61.03	1.21
Quaresimin and Carraro(2014)	$[0_F/90_3/0_F]$管	LMPS	13.22	166.84	148.29	1.27
Quaresimin and Carraro(2014)	$[0_F/90_3/0_F]$管	LHS	13.34	91.1	81.5	1.25
Hashin and Rotem(1973)	离轴层压板	LMPS	13.32	85.38	73.35	1.36
El-Kadi and Ellyin(1994)	离轴层压板	LMPS	11.13	158.4	131.17	1.46
El-Kadi and Ellyin(1994)	离轴层压板	LHS	14.47	67.94	52.91	1.65
Quaresimin et al.(2014)	受约束的离轴层压板	LMPS	9.82	267.02	244.84	1.19

Quaresimin 和 Carraro 通过对 $[0_F/90_3/0_F]$ 玻璃/环氧数脂基复合材料管材进行试验研究,得到裂纹萌生数据结果,其中三层 90°的单向层压板被外部和内部细薄编织层所约束(Quaresimin, Carraro, 2014)。对于这种类型的试样,在拉伸-扭转载荷共同作用的情况下,在 90°层的第一个裂纹的成核之后,将沿圆周方向稳定扩展,并最终发展为多裂纹。然而,在图 7.7(a)中,通过 90°层的最大循环横向应力造成第一个横向裂纹成核,得到了 $R=0.05$ 时的 $S-N$ 曲线。如果用横向应力表示不同的双轴应力比 λ_{12},则可以通过以 LMPS 表示的狭窄的散射带来描述 $\lambda_{12}=1$ 和 $\lambda_{12}=2$ 的疲劳数据(图 7.7(b))。与 $\lambda_{12}=0.5$ 和 $\lambda_{12}=0$ 相关的疲劳数据可以用 LHS 表示的单个散射带来描述,如图 7.7(c)所示。

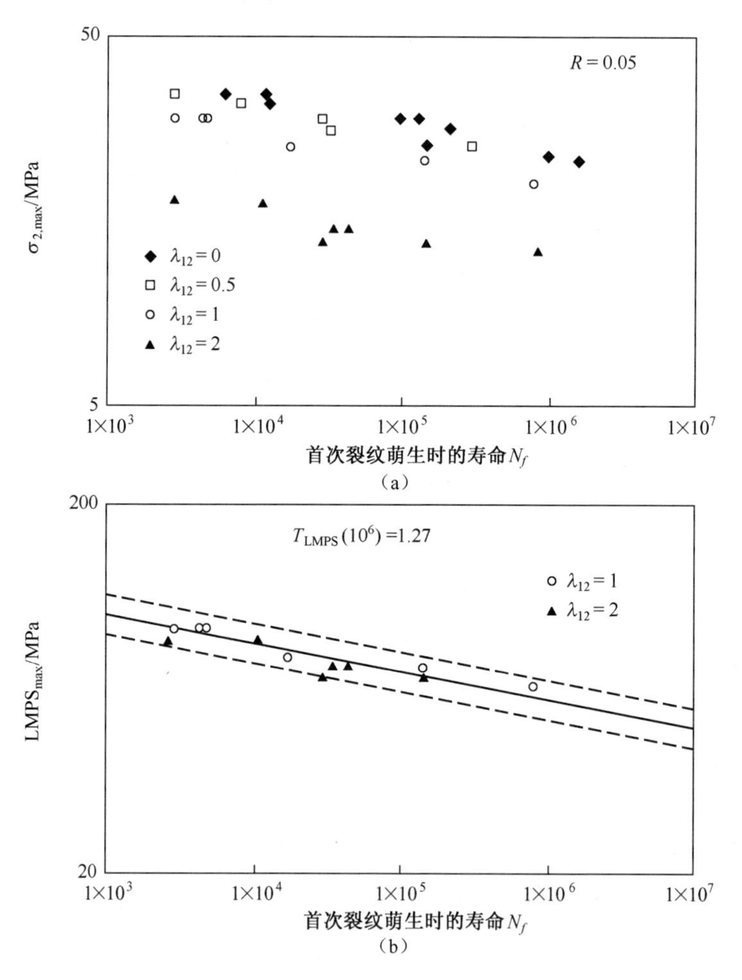

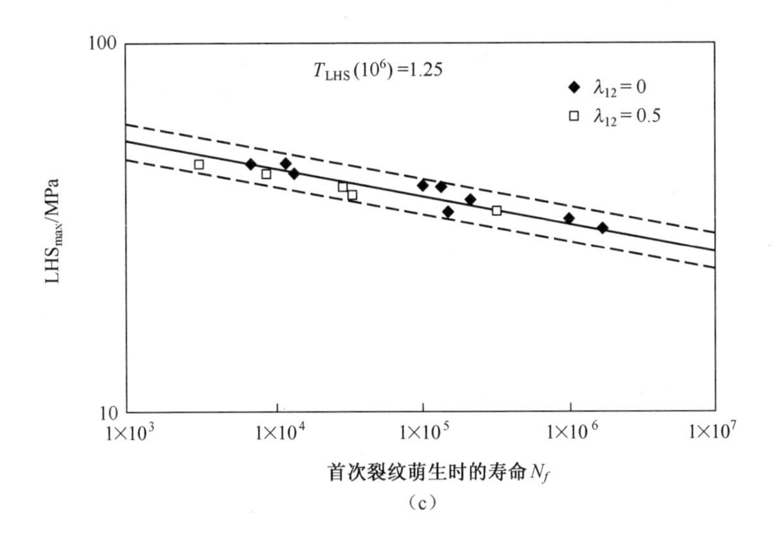

(c)

图 7.7 $R=0.05$ 时$[0_F/90_3/0_F]$管材的疲劳试验结果(Quaresimin & Carraro, 2014):最大(a)循环横向应力;(b)LMPS;(c)LHS 与在第一个裂纹萌生时的循环次数 N_f

Hashin 和 Rotem 给出了在 $R=0.1$ 时单轴循环加载下平面离轴试样的试验结果(Hashin & Rotem, 1973)。在材料坐标系中产生的多轴应力状态,对于单向层压板试样来说,将会引发第一个宏观裂纹的萌生,并导致以基体为主的疲劳失效。图 7.8(a)所示为根据总应力 $\sigma_{x,\max}$ 的最大循环次数得到的疲劳数据。离轴角度的不同,获得的 S-N 曲线也不同。图 7.8(b)表明根据 LMPS 得到的所有数据都是来源于相同的窄散射带内。

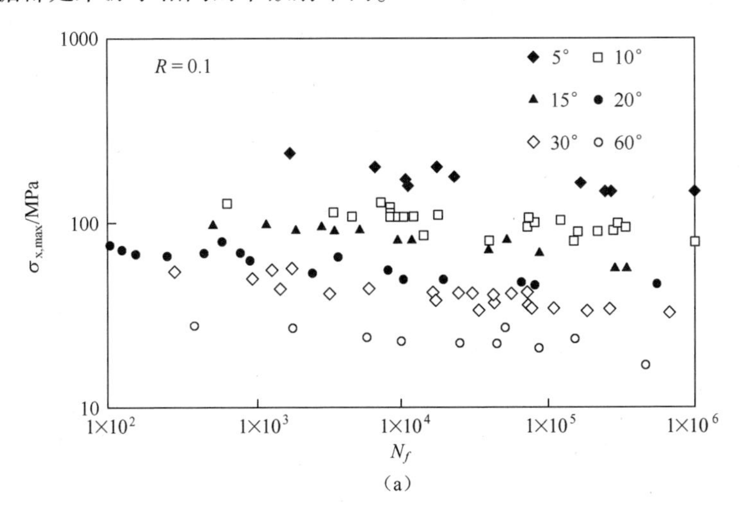

(a)

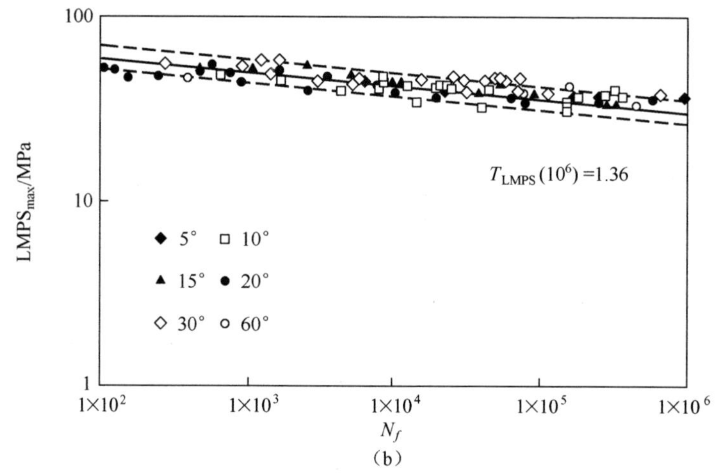

(b)

图 7.8　$R=0.1$ 时平板试样的疲劳结果(Hashin, Rotem, 1973):
最大(a)循环总应力和(b)LMPS 与第一个裂纹萌生时的循环次数 N_f

El-Kadi 和 Ellyin 也进行了不同角度下 $R=0$、$R=0.5$,$R=-1$ 的离轴试验,并给出了试验结果(El-Kadi & Ellyin, 1994)。目前,由于该准则是根据没有压缩作用的周期内所发现的损伤机制而建立的,因此它仅适用于非应力比情况下。图 7.9 给出了 $R=0$ 时的试验结果。LMPS 和 LHS 参数表示在剪切应力较高或极低的情况下两个散射带中裂纹的萌生数据。

Quaresimin 等人(2014)在一项研究工作中给出了玻璃/环氧树脂层压板在单轴循环载荷作用下的试验数据。层压板叠层顺序为$[0/\theta_2/0/-\theta_{2s}]$,$\theta=50°$,$\theta=-60°$。该研究以 $S-N$ 曲线为研究对象,从最大周期横向应力的角度出发,研究了离轴层产生的第一个疲劳裂纹。图 7.10(a)给出了 θ_2 层产生裂纹的示例。在图 7.10(b)中,数据以 LMPS 方式呈现,再次显示出良好的压缩效应。

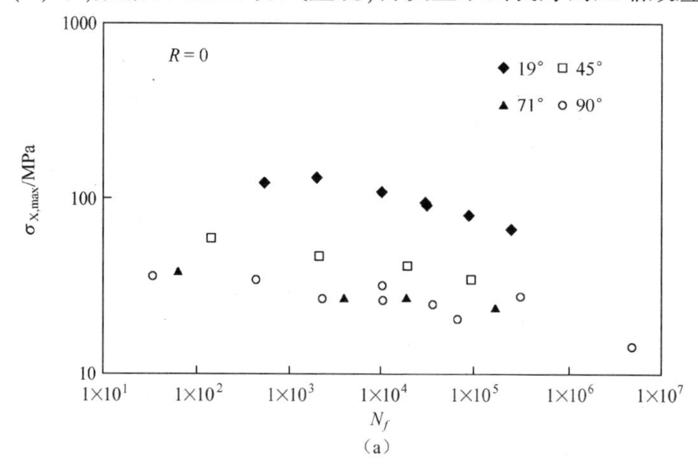

(a)

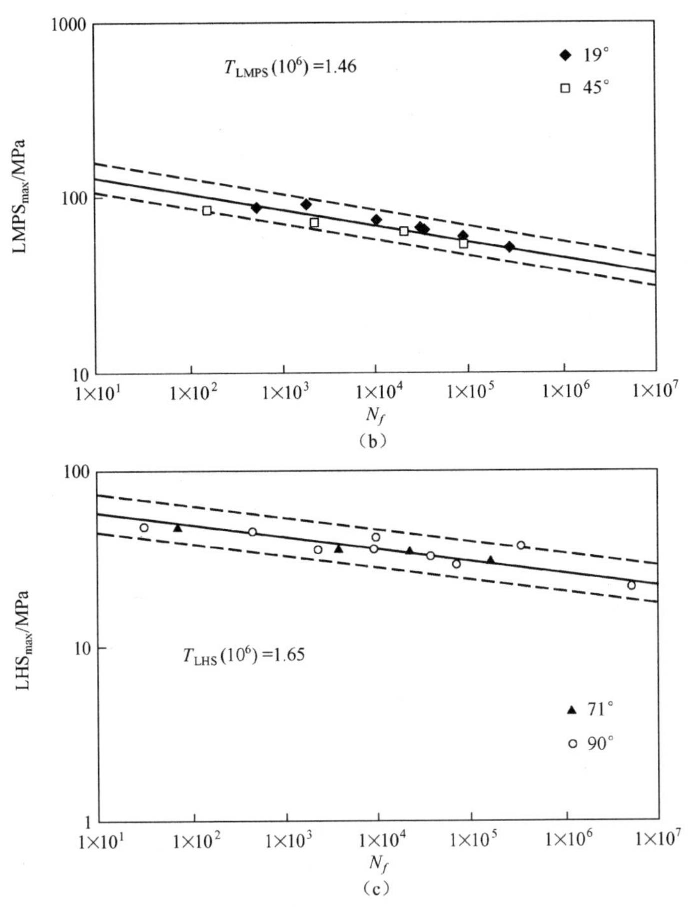

(b)

(c)

图7.9 $R=0$时平板试样的疲劳结果(El-Kadi & Ellyin, 1994)最大

(a)循环总应力;(b)LMPS;(c)LHS与第一个裂纹萌生时的循环次数N_f

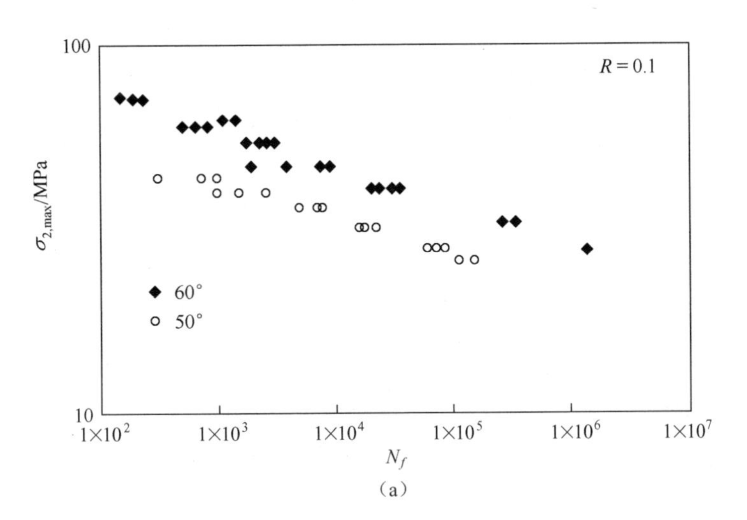

(a)

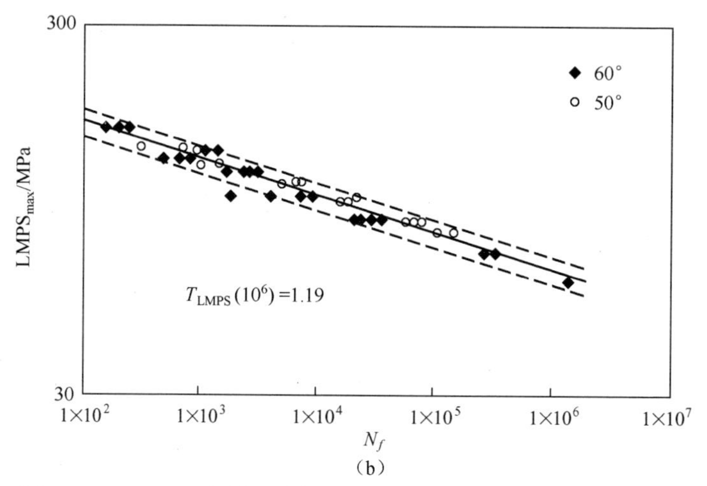

(b)

图 7.10 R=0.1 时平板试样的疲劳结果(Quaresimin et al.,2014)
最大(a)循环横向应力;(b)LMPS 与裂纹萌生时的循环次数 N_f

7.5 恒定寿命图

已经表明,两个局部应力参数 LHS 和 LMPS 仅通过两个散射带来描述单向纤维增强复合材料的疲劳裂纹萌生特性,不管这两个散射带剪切应力是非常低还是足够高。因此,对于非纤维为主的单向层压板来说,要想完整表征其疲劳特性,只需要获得两个试验 S–N 曲线即可。例如,第一个是与纯横向应力状态有关,一旦用 LHS 表示,它将代表以静力为主的疲劳失效。第二,试验条件必须以足够高的剪切应力为特征,如通过较低的偏轴角(15°~30°)或较高的双轴性比($\lambda_{12}\geqslant1$)以及相关的 S–N 曲线来实现 ,并且就 LMPS 而言,将表示以 LMPS 为主的疲劳失效行为。如此获得的主曲线和散射带可以用于预测在多轴条件下,或者在层压板内裂纹萌生时的循环次数。

为了识别两种损伤条件(LMPS 控制的 LHS)之间的转换,可以根据所建立的准则来预测恒定寿命图。举例说明,假设在 7.4 节中分析的管状试样承受拉伸/扭转载荷的共同作用,根据下面这两个准则,可以预测出与给定裂纹萌生寿命 N_f 相关的最大横向应力值 $\sigma_{2,\max}$ 作为 λ_{12} 的函数:

(1) LHS=LHS(N_f)。

(2) LMPS=LMPS(N_f)。

LMPS(N_f)和 LHS(N_f)的值可以分别用 LMPS 和 LHS 的主曲线来计算。当 $N_f=10^6$ 个循环周次时,$\sigma_{2,\max}(\lambda_{12})$ 的两个预测结果如图 7.11 所示。显然,最关键的标准是为给定的双轴比提供较低的 $\sigma_{2,\max}$ 值。因此,可以将特定值 λ_{12}^* 确定为静应力与最大主应力引起疲劳破坏之间的转折。在真正的复合材料中，不会有这个转折点。相反，将会出现一个过渡区，但是，这个过渡区预计会发生在复合材料性能特定值 λ_{12}^* 附近。

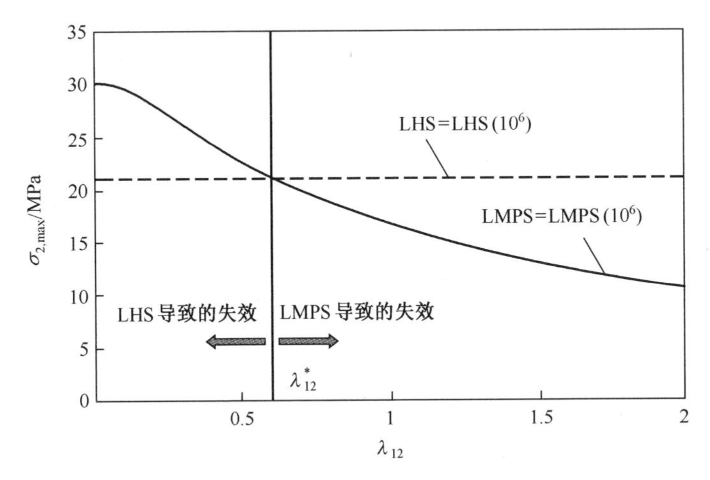

图 7.11　单向层压管材在承受拉伸/扭转载荷作用下的恒定寿命图

对同一种材料进行离轴疲劳试验时，可以采用刚才讨论过的方法，根据加载方向 σ_x 上的应力作为离轴角 θ 的函数预测其恒定寿命图。如图 7.12 所示，它与之前的应用方法具有相同的材料特性。

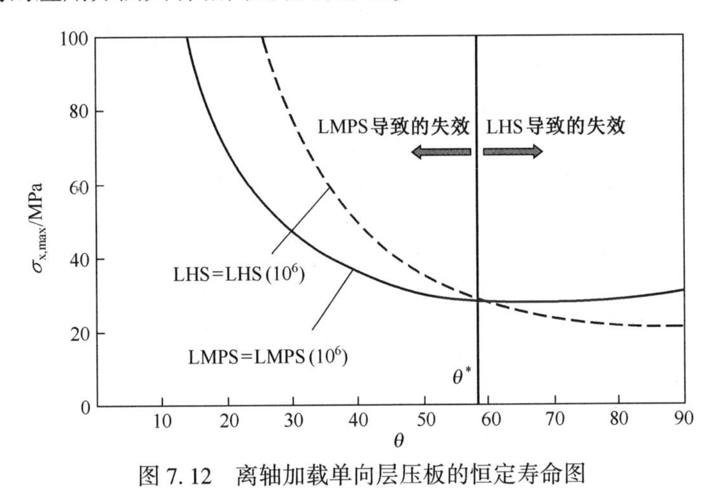

图 7.12　离轴加载单向层压板的恒定寿命图

7.6　结　　论

本章提出了一种基于损伤的用于预测单向层压板在多轴疲劳载荷作用下

裂纹萌生的准则。在试验观察的基础上,确定了微观尺度下的两个局部应力参数 LHS 和 LMPS,这两个参数分别代表在非常低或足够高的剪切应力作用下损伤扩展的驱动力。

LMPS 参数适合于在一个单一散射带中与多轴加载条件相关的裂纹萌生数据崩溃,而不是在几乎纯粹的横向应力下。研究表明,LMPS 参数适合于在多轴加载条件下单一散射带中裂纹的萌生数据,而不是在近似于纯横向应力作用下。事实证明,在后一种情况下,基体的局部应力状态是完全静力状态,此时可以合理地假设它在主损伤模式下产生了变化,因此参数可以表示损伤作用。在这项研究工作中,与横向应力相比,LHS 已被证明是一个很好的参数,它可以在低剪切应力的情况下获得疲劳数据。因此,根据多轴应力状态,只有两个散射带和相关的主曲线可用于预测复合材料层压板中疲劳裂纹的萌生。

参 考 文 献

Adden, S. , & Horst, P. (2006). Damage propagation in non-crimp fabrics under bi-axial static and fatigue loading. Composites Science and Technology, 66, 626 - 633. http://dx. doi. org/ 10. 1016/ j. compscitech. 2005. 07. 034.

Adden, S. , & Horst, P. (2010). Stiffness degradation under fatigue in multiaxially loaded noncrimped-fabrics. International Journal of Fatigue, 32, 108-122. http://dx. doi. org/10. 1016/ j. ijfatigue. 2009. 02. 002.

Asp, L. E. , Berglund, L. A. , & Talreja, R. (1996a). A criterion for crack initiation in glassy polymers subjected to a composite-like stress state. Composites Science and Technology, 56, 1291 - 1301. http:// dx. doi. org/10. 1016/S0266-3538(96)00090-5.

Asp, L. E. , Berglund, L. A. , & Talreja, R. (1996b). Prediction of matrix initiated transverse failure in polymer composites. Composites Science and Technology, 56, 1089 - 1097. http://dx. doi. org/10. 1016/ 0266-3538(96)00074-7.

Awerbuch, J. , & Hahn, H. T. (1981). Off-axis fatigue of graphite/epoxy composite. InFatigue of fibrous composite materials, ASTM STP 723 (pp. 243-273). American Society for Testing and Materials.

Carraro, P. A. , & Quaresimin, M. (2014). A damage based model for crack initiation in unidirectional composites under multiaxial cyclic loading. Composites Science and Technology, 99, 154 - 216. http:// dx. doi. org/10. 1016/j. compscitech. 2014. 05. 012.

Cox, B. N. , Dadkhah, M. S. , Morris, W. L. , & Flintoff, J. G. (1994). Failure mechanisms of 3D woven composites in tension, compression, and bending. Acta Metallurgica et Materialia, 42(12), 3967-3984. http://dx. doi. org/10. 1016/0956-7151(94)90174-0.

El-Kadi, H. , & Ellyin, F. (1994). Effect of stress ratio on the fatigue of unidirectional fibre glassepoxy composite laminae. Composites, 25(10), 917-924. http://dx. doi. org/10. 1016/0010-4361(94)90107-4.

Hashin, Z. , & Rotem, A. (1973). A fatigue failure criterion forfibre - reinforced materials. Journal of Composite Materials, 7, 448-464.

Kawai, M. , Yajima, S. , Hachinohe, A. , & Takano, Y. (2001). Off-axis fatigue behaviour of unidirectional carbon fiber-reinforced composites at room and high temperatures. Journal of Composite Materials, 35, 545-

576. http://dx. doi. org/10. 1106/WQMQ-524H-6PKL-NGCY.

Lafarie-Frenot, M. C. , & Hénaff-Gardin, C. (1991). Formation and growth of 90 ply fatigue cracks in carbon/epoxy laminates. Composites Science and Technology, 40, 307-324. http://dx. doi. org/10. 1016/0266-3538(91)90087-6.

Plumtree, A. , & Cheng, G. X. (1999). A fatigue damage parameter for off-axis unidirectional fiber reinforced composites. International Journal of Fatigue, 21, 849-856. http:// dx. doi. org/10. 1016/S0142-1123(99) 00026e2.

Puck, A. , & Shurmann, H. (1998). Failure analysis of FRP laminates by means of physically based phenomenological models. Composites Science and Technology, 58, 1045-1067. http://dx. doi. org/10. 1016/S0266-3538(01)00208-1.

Quaresimin, M. , & Carraro, P. A. (2013). On the investigation of the biaxial fatigue behaviour of unidirectional composites. Composites Part B: Engineering, 54, 200-208. http:// dx. doi. org/10. 1016/j. compositesb. 2013. 05. 014.

Quaresimin, M. , & Carraro, P. A. (2014). Damage initiation and evolution in glass/epoxy tubes subjected to combined tension-torsion fatigue loading. International Journal of Fatigue, 63, 25-35. http://dx. doi. org/10. 1016/j. ijfatigue. 2014. 01. 002.

Quaresimin, M. , Carraro, P. A. , Pilgaard Mikkelsen, L. , Lucato, N. , Vivian, L. , Brøndsted, P. , et al. (2014). Damage evolution under internal and external multiaxial cyclic stress state: a comparative analysis. Composites Part B: Engineering, 61, 282-290. http://dx. doi. org/ 10. 1016/j. compositesb. 2014. 01. 056.

Reifsneider, K. L. , & Gao, Z. (1991). A micromechanics model for composites under fatigue loading. International Journal of Fatigue, 13, 149-156. http://dx. doi. org/10. 1016/0142-1123(91)90007-L.

Shiino, M. Y. , De Camargo, L. M. , Cioffi, M. O. H. , Voorwald, H. C. J. , Ortiz, E. C. , et al. (2012). Correlation of microcrack fracture size with fatigue cycling on non-crimp fabric/RTM6 composite in the uniaxial fatigue test. Composites Part B: Engineering, 43, 2244-2248. http://dx. doi. org/10. 1016/j. compositesb. 2012. 01. 074.

Sun, X. S. , Haris, A. , Tan, V. B. C. , Tay, T. E. , Narasimalu, S. , & Della, C. N. (2012). A multiaxial fatigue model for fiber-reinforced composite laminates based on Puck's criterion. Journal of Composite Materials, 46, 449-469. http://dx. doi. org/10. 1177/0021998311418701.

Talreja, R. (1981). Fatigue of composite materials: damage mechanisms and fatigue-life diagrams. Proceedings of the Royal Society of London A: Mathematical, Physical and Engineering Sciences, 378, 461-475.

Talreja, R. (2006). Multi-scale modeling in damage mechanics of composite materials. Journal of Materials Science, 41, 6800-6812. http://dx. doi. org/10. 1007/s10853-006-0210-9.

Tong, J. (2002). Characteristics of fatigue crack growth in GFRP laminates. International Journal of Fatigue, 24, 291-297. http://dx. doi. org/10. 1016/S0142-1123(01) 00084e6.

Tong, J. (2001). Three stages of fatigue crack growth in GFRP composite laminates. Journal of Engineering Materials and Technology - Transactions of the ASME, 123, 139-143. http:// dx. doi. org/10. 1115/1. 1286234.

Tong, J. , Guild, F. J. , Ogin, S. L. , & Smith, P. A. (1997). Off-axis fatigue crack growth and the associated energy release rate in composite laminates. Applied Composite Materials, 4, 349-359.

Wharmby, A. W. , & Ellyin, F. (2002). Damage growth in constrained angle-ply laminates under cyclic loading. Composites Science and Technology, 62, 1239-1247. http://dx. doi. org/ 10. 1016/S0266-3538(02)00075-1.

Yokozeki, T., Aoki, T., & Ishikawa, T. (2002). Fatigue growth of matrix cracks in the transverse direction of CFRP laminates. Composites Science and Technology, 62, 1223-1229. http://dx.doi.org/10.1016/S0266-3538(02)00068-4.

Zhang, Y., & Xia, Z. (2005). Micromechanical analysis of interphase damage for fiber reinforced composite laminates. CMC-Computers Materials & Continua, 2, 213-226. http://dx.doi.org/10.3970/cmc.2005.002.213.

第三部分

不同编织复合材料的疲劳特性与建模

第8章

不同类型和不同环境条件下承受疲劳载荷作用的二维编织复合材料

M. Kawai
日本，筑波，筑波大学

8.1 引　言

人们对于将碳纤维复合材料应用于不同行业的机械和结构部件上的兴趣日益增加，而这些不同行业对复合材料的需求往往是复杂的，因此这就需要在降低制造成本的同时，也不能让碳纤维复合材料的高性能出现明显的损失。解决这种工程需求的方案之一就是使用编织复合材料。

编织复合材料具有良好的悬垂性，减少了制造步骤和成本，在静态和冲击载荷作用下都具有良好的层间抗裂性能，并且在一定温度范围内具有良好的尺寸稳定性(Bailie,1989)。然而，与这些优点相比，它们也有缺点。由于在编织过程中会产生卷曲，所以它们的强度较低。为了弥补编织复合材料的缺陷，需要建立一种工程方法来定量评估其在各种载荷条件下的强度(Harris,2003；Kawai,2010,2012；Vassilopoulos,2010)。

由碳纤维复合材料制成的机器和结构的可靠设计，需要对其在使用载荷条件下的疲劳寿命进行准确评估。为此，建立一种准确预测循环载荷作用下碳纤维复合材料疲劳寿命的方法是先决条件。因此，对于正交层压板和编织复合材料都已进行了大量关于疲劳方面的研究。例如，Boller(1957,1964)，Owen 和 Found(1975)，Lin 和 Tang(1994)，Xiao 和 Bathias(1994)为玻璃纤维编织复合材料建立了丰富的疲劳数据源。相比之下，碳纤维复合材料的疲劳数据非常有限，其中一部分原因是对其开展疲劳研究开始相对较晚。Schulte，Reese 和 Chou(1987)研究了缎纹编织碳纤维和芳纶纤维层压板的恒幅振动疲劳性能，结果表明碳纤维层压板在纤维方向上具有优异的抗疲劳性能。Miyano，McMurray，Enyama 和 Nakada(1994)探讨了加载方式和温度对缎纹编织碳纤维层压板的弯曲疲劳性能的影响。Khan，Khan，Al-Sulaiman 和 Merah(2002)研究了两种平纹碳纤维编织层压板拉伸疲劳性能的温度相关性，并提出刚度与循环次数的曲线可以分为三个代表性区域。以下文献对缺口编织复合材料层压板的疲劳性能开展了研究：Hamaguchi 和 Shimokawa(1987)对不同应力比下的缎纹编织碳纤维层压板缺口试样开展了疲劳试验。结果表明，圆孔对压缩疲劳性能起着决定性的作用，与单向层压板相比，其压缩疲劳强度大大降低。Kawai，Morishita，Fuzi，Sakurai 和 Kemmochi(1996)探讨了基体延展性对无缺口和有缺口两种平纹碳纤维层压板试样疲劳强度的影响。结果发现无缺口的碳/尼龙层压板比无缺口碳/环氧树脂层压板具有更高的疲劳强度，而根据 Kawai(1996)所提出的特有的失效机理，缺口碳/环氧树脂层压板的相对疲劳强度变得稍高。Curtis 和 Moore(1985)比较了编织和非编织碳纤维增强环氧树脂基复合材料(CFRP)层压板的疲劳性能。结果表明，编织 CFRP 层压板的疲劳性能要低于非编织 CFRP 层压板在其中一个纱线方向上加载的疲劳性能，但对于45°纱线方向上的疲劳载荷并不适用。

复合材料的疲劳性能退化受多种因素的影响。为了解复合材料的疲劳性能，仅观察载荷水平对疲劳寿命的影响是不够的。我们需要量化交变和静态(平均)分量对疲劳载荷分解的影响。事实上，平均疲劳载荷水平对复合材料的疲劳性能有显着的影响。例如，以下人员研究了平均应力(等效、应力比或 R 比)对单向复合材料层压板疲劳寿命的影响：Salkind(1972)，Hahn(1979)，Sims 和 Brogdon(1977)，El-Kadi 和 Ellyin(1994)，Miyano，Nakada 和 McMurray(1995)，Philippidis，Vassilopoulos(2002)，Kawai 和 Suda(2004)等。在一些试验研究(Kawai，Matsuda，2012；Miyano et al.，1995；Philippidis and Vassilopoulos，2002；Ramani Williams，1977)和相关的文献中(Kawai，Yagihashi，Hoshi，Iwahori，2013；Owen，Griffiths，1978；Pandita，Huysmans，Wevers，与 Verpoest，2001)，研究了平均应力对单向复合材料层压板疲劳性能影响的疲劳模型。Ramani 和 Williams(1977)在平均应力的整个范围内探讨了平均应力对多向无编织复合材料层压板疲劳寿命的影响。Kawai 和 Matsuda(2012)最近系统地研究了应力比对碳纤维复合材料在不同温度下疲劳性能的影响，并且得出结论：疲劳强度随着温度的升高而降低，应力比对疲劳寿命的影响与温度类似。与 Kawai 和 Matsuda(2012)研究的碳纤维编织复合材料层压板一样，Kawai 等人(2013)对该种类型的复合材料进行了更加深入的研究，探讨了不同温度下湿度对其疲劳性能的影响。

由复杂形状编织而来的复合材料通常沿纱线方向上伴随着非常大的非均

匀变形。这表明编织复合材料在使用过程中局部承受着不同程度的剪切应力，并且局部应力的主方向并不总是与局部材料各向异性的主方向一致。因此，为了确保和有效地应用碳纤维编织复合材料，需要量化其在离轴载荷作用下受编织变形以及基体非弹性变形的影响。据研究（Owen，Griffiths，1978；Pandita et al.，2001），玻璃纤维编织层压板的离轴疲劳行为与轴向疲劳行为大不相同。这一事实表明，研究碳纤维编织层压板的离轴疲劳行为是可行的。除了 Curtis 和 Moore（1985）的研究以外，上述关于碳纤维编织层压板疲劳性能的大部分研究都仅限于纤维方向上，这与玻璃纤维层压板在轴向和离轴方向上疲劳行为的广泛研究形成了鲜明对比（Agarwal，Broutman，1990；Boller，1957，1964；Lin，Tang，1994；Owen，Found，1975；Xiao，Bathias，1994；Yamamoto，Hyakutake，1999）。Kawai 和 Taniguchi（2006）分别研究了不同纤维取向的平纹编织碳纤维层压板在室温和高温环境下的离轴拉伸疲劳性能。他们发现，离轴疲劳数据的对数曲线在中等寿命范围内变得比以前更陡，这表明对疲劳的敏感性增强，并且随后达到表示疲劳极限的平台。离轴 S-N 曲线中的这种 S 形很大程度上取决于纤维取向，并且主要是由于在疲劳加载过程中试样的自发热引起的强度降低造成的。

除了对编织复合材料的疲劳特性进行表征之外，还需要建立一种工程方法来预测不同加载条件下的疲劳寿命。下列研究人员对编织复合材料的宏观疲劳模型进行了初步研究。Miyano（1994）在基体树脂黏弹性的基础上，建立了一种长期弯曲疲劳寿命预测方法。Hwang 和 Han（1986）提出了一种用于疲劳寿命预测的刚度简化方法。Khan（2002）将模量退化模型应用于平纹编织碳纤维复合材料在模量退化曲线中线性部分的疲劳寿命预测。Van Paepegem 和 Degrieck（2001）研究了平纹编织玻璃纤维层压板的弯曲疲劳性能，并且发现在 0°和 45°方向的弯曲作用下其表现出不同的刚度降低行为。此外，他们还建立了一种有限元模型，用于假设一种与 Sidoroff 和 Subagio（1987）相似的刚度简化模型，并成功地预测了循环加载作用下弯曲刚度的降低。Hansen（1999）研究了玻璃纤维复合材料在拉伸-拉伸疲劳载荷作用下的损伤发展，并试图通过基于应变的疲劳损伤模型来预测。

在验证这些理论和数值疲劳模型之前，需要一种很容易应用于复合材料结构疲劳设计中的工程半解析工具。对于沿纤维方向的连续碳纤维复合材料在疲劳载荷作用下，S-N 数据的对数曲线在一定寿命范围内几乎是线性的。这表明，对于那些复合材料来说，当在给定环境下疲劳寿命变为无限的应力水平时，疲劳极限是无法确认的。也就是说，评估最大应力水平是至关重要的，当低于这个应力水平时，其构件在恒幅循环应力作用下的疲劳寿命比规定的循环次数要长。因此，对于由碳纤维复合材料制成的结构进行工程疲劳分析来说，一个基本的先决条件就是在任意给定载荷条件下其疲劳寿命都可以准确地预测。

复合材料疲劳问题的实际解决方案是使用恒定疲劳寿命(CFL)图,该图通常建立在正交应力和平均应力面上。CFL 图方法可以很容易地适应试验所发现的复合材料疲劳平均应力敏感性。一旦确定了给定复合材料完整形状的 CFL 图,就可以计算其在任意恒幅疲劳载荷作用下的疲劳寿命,从而评估在恒定振幅载荷作用下不发生疲劳失效时的允许 CFL 包线。确认给定复合材料的 CFL 图就等同于在恒幅疲劳载荷条件下明确其疲劳行为。

Harris,Reiter,Adam,Dickson 和 Fernando(1990),Adam,athercole,Reiter 和 Harris(1992),Gathercole,Reiter,Adam 和 Harris(1994),Harris,Gathercole,Lee,Reiter 和 Adam(1997)以及 Beheshty,Harris 和 Adam(1999)对不同应力比下的正交 CFRP 层压板进行了疲劳试验,结果表明,在交替面和平均应力面上绘制的不同恒定寿命 CFL 包线是不对称和非线性的,其峰值点略微偏移到交变应力轴的右侧。Ramani 和 Williams(1977)得到的试验结果表明,他们观察到的非对称 CFL 包线的最大值与应力比有关,该应力比不等于 $R=-1$,而是几乎等于压缩强度与拉伸强度的比值。需要注意的是,复合材料在压缩-压缩疲劳载荷作用下失效。因此,在复合材料的寿命分析中,不仅要考虑其对拉伸疲劳载荷的敏感性,还要考虑到其对压缩疲劳载荷的敏感性。这就是为什么我们需要一个模型的原因,该模型能够描述给定复合材料 CFL 图的完整形状。

Harris 等人(1990), Adam 等人(1992), Gathercole 等人(1994), Harris 等人(1997),以及 Beheshty 等人(1999)建立了一种用于描述 CFRP 层压板非对称和非线性 CFL 图完整形状的方法。他们发现 CFRP 层压板的非对称和非线性 CFL 图可以使用嵌套钟形曲线近似构建,并且他们提出了一个描述复合材料钟形 CFL 图的公式。Kawai (2006)以及 Kawai 和 Koizumi (2007)也讨论了同样的问题,并提出了一种用于 CFRP 层压板的非对称和分段非线性 CFL 图,被称为各向异性 CFL 图。在非零平均应力状态下,各向异性 CFL 图方法考虑了 CFL 曲线形状的逐渐变化以及交变应力振幅峰值的出现。各向异性 CFL 图与现有方法相比,在有效识别复合材料疲劳平均应力敏感性方面具有很大优势,它可以仅使用拉伸和压缩的静态强度来建立,并且将参考 S-N 关系拟合到在特定应力比下获得的疲劳数据,该特定应力比也被称为临界应力比,它等于压缩强度与拉伸强度之比。这证明了各向异性 CFL 图解方法对非编织碳/环氧树脂层压板中以纤维为主的疲劳失效是有效的(Kawai, 2006; Kawai,Koizumi, 2007; Kawai,Murata, 2010)。最近,任意应力比下 S-N 曲线预测的各向异性 CFL 图方法也被证明适用于碳纤维层压板在不同温度下的疲劳失效(Kawai,Matsuda, 2012)。

复合结构在服役期间需要承受的实际疲劳载荷不是恒定的振幅载荷。它通常伴随可变振幅、平均值、频率和波形。这些独立参数的变化对复合材料的疲劳寿命有重要影响。因此，仔细研究这些参数变化的影响，是准确评估复合材料和复合材料结构疲劳寿命的关键。可变疲劳载荷的模式随应用而异。

在本章中，将重点讨论在不同加载条件下碳纤维层压板的疲劳性能。并重点探讨平均应力、温度和湿度对疲劳性能的影响。对不同温度条件和不同湿度环境下各向异性 CFL 图方法在碳纤维层压板疲劳寿命预测中的有效性进行了评估。此外，还采用了一种广义非对称 CFL 图解法（Kawai, 2006; Kawai & Koizumi, 2007; Kawai, Murata, 2010），对不同应力比和温度下 $S-N$ 关系的预测精度进行了验证，从而可以有效、充分地预测复合材料在一定温度范围内的 CFL 图。最后，根据试样块在不同应力比下的疲劳加载试验结果，简要讨论了碳纤维复合材料的变载荷疲劳问题。

8.2 应力比效应

8.2.1 $S-N$ 曲线

不同应力比 $R=0.1$，$R=0.5$，$R=10$，$R=-1$ 和 χ（$x=-0.55$）下疲劳数据如图 8.1 所示，图 8.1 中给出了最大疲劳应力水平与失效次数 $\lg(2N_f)$ 反转数的对数曲线图。这些数据是在室温条件（RT）下以 10Hz 的恒定频率对试样进行恒幅振动试验而得到的。用于这些疲劳试验的材料是具有 12 层叠层顺序 $[(\pm45)/(0/90)]_{3s}$ 的碳织物准各向同性层压板。由 χ 表示的特定应力比（Kawai, 2006）是临界应力比，它等于压缩强度 σ_C（$\sigma_C<0$）与拉伸强度 σ_T（$\sigma_T>0$）的比值。请注意，虽然在 $R=\chi$ 时给出了拉伸-拉伸载荷（T-T）和拉伸-压缩载荷（T-C）作用下的 σ_{max} 值，但在 $R=-1$ 时给出了压缩-压缩载荷（C-C）和拉伸-压缩载荷载荷作用下的最小疲劳应力 $|\sigma_{max}|$ 的绝对值。在相同试验温度下获得的静态拉伸强度 σ_T 和抗压强度 $|\sigma_C|$ 分别作为 $S-N$ 图中的纵坐标点绘制在 $2N_f=1$。图 8.1 中的虚线表示拟合得到的疲劳数据的 $S-N$ 曲线。

从图 8.1 中可以看出，室温下的 $S-N$ 关系很大程度上取决于应力比。对平均应力敏感性的总体特征与迄今为止报道的相似（例如，Adam et al., 1992; Beheshty et al., 1999; Gathercole et al., 1994; Harris et al., 1997, 1990; Kawai, 2006; Kawai, Koizumi, 2007; Kawai, Matsuda, 2012; Kawai, Murata, 2010; Kawai, Suda, 2004; Kawai et al., 2013; Philippidis, Vassilopoulos, 2002; Ramani, Williams, 1977）。碳纤维层压板的疲劳敏感性在 $R=\chi$ 时的 T-C 载荷作用下变得最高，这表明在与 σ_C 和 σ_T 等距离的平均应力作用下，较大的交变应力在疲劳加载过程中对复合材料的疲劳影响更加严重。在图 8.1 中也可以看到应力比在 $\chi<0<R<1$ 范围内的 $S-N$ 数据可以近似地用平滑的虚线来描述，

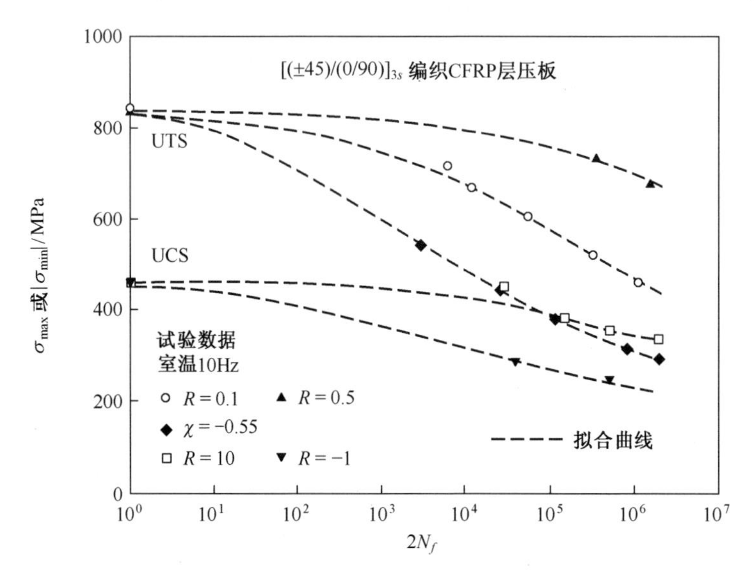

图 8.1 室温下的 $S-N$ 曲线(Kawai and Matsuda,2012)

该虚线由表示拉伸强度的点连接而成。对于 T-C($R=-1<\chi$)和 C-C($R=10$)载荷作用下疲劳数据拟合得到的 $S-N$ 曲线,它们可以顺利地与压缩强度相连接。由于$\chi=-0.55>-1$,试样在 $R=-1$ 时完全反向载荷作用下发生失效,因此,从最小疲劳应力到抗压强度$|\sigma_C-\sigma_{min}|$的距离小于在 $R=-1$ 时疲劳载荷作用下从最大疲劳应力到抗拉强度$|\sigma_T-\sigma_{max}|$的距离。在这项研究中,在 $R=\chi$ 处仅观察到疲劳载荷作用下的拉伸模式,这与 $S-N$ 关系的特征是一致的,可以近似地推断出其拉伸强度。

图 8.1 中的 $R=0.1$ 和 $R=0.5$ 和$\chi=-0.55$ 以及 $R=1$ 和 $R=10$ 时的疲劳数据分别对应于标准拉伸强度和标准压缩强度。图 8.2 中给出了所有的标准疲劳数据。通过比较图 8.2 中不同应力比下的标准 $S-N$ 曲线表明,应力比对 $S-N$关系的斜率有显著的影响。从这些结果可以看出,在临界应力比 $R=\chi$ 时,$S-N$曲线的最大梯度伴随着疲劳载荷的作用。

8.2.2 疲劳数据应力比相关的可视化

对于不同的恒定寿命值,对平均应力 σ_m 绘制交替应力 σ_a 的 CFL 图是一种非常有用的工程方法,该方法主要用于对给定材料进行有效疲劳分析。横向 CFRP 层压板疲劳破坏的试验结果表明(Adam et al., 1992; Beheshty et al., 1999; Gathercole et al., 1994; Harris et al., 1997, 1990; Kawai, 2006; Kawai, Koizumi, 2007; Kawai,Murata, 2010):①随着疲劳寿命的不断增加,CFL 包线的形状逐渐由直线变为非线性曲线;②对于 $\sigma_m\sigma_a$ 平面中的交变应力轴,CFL 图通

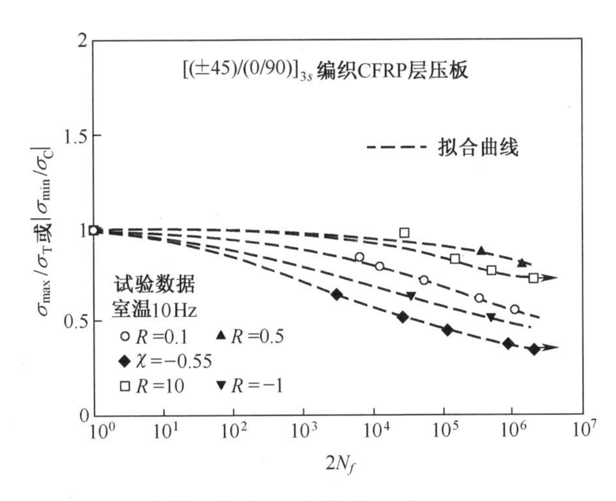

图 8.2 在室温条件下标准 $S-N$ 关系(Kawai and Matsuda,2012)

常是不对称的。

上面所提到的碳纤维层压板的疲劳性能也是如此。也就是说,在 $R=0.1$ 时 T-T 载荷作用下 $S-N$ 曲线的斜率比在 $R=10$ 时的 C-C 载荷作用下 $S-N$ 曲线的斜率更陡。这一特征表明,C-C 载荷作用下疲劳强度的降低小于 T-T 载荷作用下的疲劳强度,因此,在 C-C 载荷下疲劳损伤发展得更慢。在 T-T 和 C-C 加载条件下,编织 CFRP 层压板对疲劳的不同敏感性,可以通过 CFL 图揭示出交变应力与平均应用的不对称性。这些试验事实说明,线性和对称的 CFL 图,即古德曼图(Goodman, 1899),并不能总是适用于复合材料的疲劳寿命分析。这就是为什么我们需要建立一个适用于复合材料的理论 CFL 图。

8.2.3 各向异性 CFL 图

由 Kawai (2006), Kawai 和 Koizumi (2007),以及 Kawai 和 Murata (2010)最近提出的异相 CFL 图方法,旨在建立一种复合材料疲劳寿命分析的高效工程手段,使我们能够考虑到碳纤维复合材料 CFL 图的所有上述特点。各向异性 CFL 图方法的本质是,一个给定复合材料的疲劳性能由一个被称为临界应力比的特定应力比下的特征疲劳行为所表示(Kawai, 2006; Kawai,Koizumi, 2007; Kawai,Murata, 2010)。

各向异性 CFL 图是一组分段非线性疲劳失效包线,用于在 $\sigma_m\sigma_a$ 平面内嵌套不同的恒定寿命值。给定恒定寿命 N_f 的各向异性 CFL 包线分别由两段平均应力定义的平滑曲线组成。假设在给定的复合材料中,这两个平均应力域分别与 T-T 和 C-C 主导的疲劳失效模式有关。这两条平滑曲线以恒定的振幅比在径向直线上的($\sigma_m^{(\chi)}$,$\sigma_a^{(\chi)}$)点处平滑连接。

$$\frac{\sigma_a}{\sigma_m}=\frac{1-\chi}{1+\chi} \tag{8.1}$$

注意,临界应力比$\chi=\sigma_C/\sigma_T$ 总是取负值,即$\chi<0$。对于给定的恒定值,坐标$\sigma_a^{(\chi)}$ 和 $\sigma_m^{(\chi)}$ 对应于各向异性 CFL 包线的峰值。它们在临界应力比χ 下的恒定振幅疲劳载荷作用下给出了交替应力和平均应力,并且给定的恒定寿命值可以计算如下:

$$\sigma_a^{(\chi)}=\frac{1}{2}(1-\chi)\sigma_{\max}^{(\chi)} \tag{8.2}$$

$$\sigma_m^{(\chi)}=\frac{1}{2}(1+\chi)\sigma_{\max}^{(\chi)} \tag{8.3}$$

式中:$\sigma_a^{(\chi)}$ 为在临界应力比为χ 时的 T-C 疲劳载荷作用下,与给定的恒定寿命相关的最大疲劳应力,并且符合以下关系:

$$\sigma_{\max}^{(\chi)}=\sigma_m^{(\chi)}+\sigma_a^{(\chi)} \tag{8.4}$$

复合材料各向异性 CFL 图的寿命包线取决于寿命值,它们的形状不同。在数学上,非线性和 CFL 包线通过以下分段定义的函数来描述(Kawai, 2006; Kawai, Koizumi, 2007; Kawai, Murata, 2010):

$$-\frac{\sigma_a-\sigma_a^{(\chi)}}{\sigma_a^{(\chi)}}=\begin{cases}\left(\dfrac{\sigma_m-\sigma_m^{(\chi)}}{\sigma_T-\sigma_m^{(\chi)}}\right)^{2-\psi_\chi^{k_T}}, & \sigma_m^{(\chi)}\leqslant\sigma_m\leqslant\sigma_T\\ \left(\dfrac{\sigma_m-\sigma_m^{(\chi)}}{\sigma_C-\sigma_m^{(\chi)}}\right)^{2-\psi_\chi^{k_C}}, & \sigma_C\leqslant\sigma_m<\sigma_m^{(\chi)}\end{cases} \tag{8.5}$$

式中 $\sigma_T(>0)$ 和 $\sigma_C(<0)$ 分别为给定复合材料的拉伸强度和压缩强度。

式(8.5)中的标量 ψ_x 定义如下:

$$\psi_\chi=\frac{\sigma_{\max}^{(\chi)}}{\sigma T} \tag{8.6}$$

值得注意的是,ψ_χ 不是一个常量,而是一个变量。实际上,ψ_χ 是临界应力比χ(Kawai, Hachinohe, Takumida, Kawase, 2001)中循环载荷的疲劳强度比,其取值范围为 $0\leqslant\psi_\chi\leqslant 1$。疲劳强度比 ψ_χ 根据寿命 N_f 的单调连续函数来描述:

$$2N_f=f(\psi_\chi) \tag{8.7}$$

从式(8.6)中给出的 ψ_χ 的定义中可以看出,式(8.7)中给出的函数定义了临界应力比的正态 $S-N$ 曲线。由式(8.7)定义的用于在临界应力比下加载的正态 $S-N$ 曲线是建立各向异性 CFL 图的必要先决条件,因此称为给定复合材料层压板的(正态)参考 $S-N$ 曲线。参考 $S-N$ 曲线可以通过将函数 $\psi_\chi=f^{-1}(2N_f)$ 拟合到 $\sigma_{\max}^{(\chi)}/\sigma_T$ 与 N_f 的试验图中,以确定临界应力比 $R=\chi$ 的疲劳载荷。为此,可以使用下式函数:

$$2N_f = \frac{1}{K_\chi}\frac{1}{(\psi_\chi)^n}\frac{\langle 1-\psi_\chi\rangle^a}{\langle \psi_\chi - \psi_{\chi(L)}\rangle^b} \tag{8.8}$$

式中：角括号〈〉表示定义为$\langle x\rangle = \max\{0,x\}$的奇异函数；$\psi_x(L)$为标准疲劳极限，与其他常数$k_\chi$,$n$,$a$和$b$一样，将式(8.8)拟合为临界应力比的参考疲劳数据。

公式中的指数k_T和k_C分别用于将CFL包线的形状变化率从直线调整到左右侧的抛物线。在Kawai和Murata(2010)中增加的各向异性CFL图的函数，使得我们可以描述在一定疲劳寿命范围内几乎保持线性的CFL包线。顺便指出，如果调整函数取值为$k_T = k_C = 1$，则式(8.5)可以简化为定义原始各向异性CFL图的公式。很显然，如果$k_T = k_C = 0$，则式(8.5)就预测出倾斜的Goodman图(古德曼图)(Kawai,2010)。

8.2.4 试验和理论CFL图

在图8.3中，虚线表示室温下编织CFRP层压板的各向异性CFL图，符号表示试验CFL数据。假设$k_T = k_C = 1$，那么与近似函数有关的材料常数可以在(Kawai and Matsuda,2012)中找到，且该近似函数由临界应力比的参考疲劳数据来表示。试验CFL数据的坐标(σ_m,σ_a)是根据选定寿命常数$N_f = 10^1, 10^2, 10^3, 10^4, 10^5, 10^6$的最大疲劳应力水平计算的；利用图8.1中虚线所表示的由疲劳数据拟合出的近似曲线，评估最大疲劳应力水平、给定应力比的最大疲劳应力或最小疲劳应力。图8.3中的实线是通过连接与临界应力比χ相关径向线上的最大应力点$(\sigma_m^{peak}, \sigma_a^{peak}) = ((1/2)(1+\chi)\sigma_T, (1/2)(1-\chi)\sigma_T)$与$\sigma_m$轴上的两个点$(\sigma_C, 0)$和$(\sigma_T, 0)$得到的。

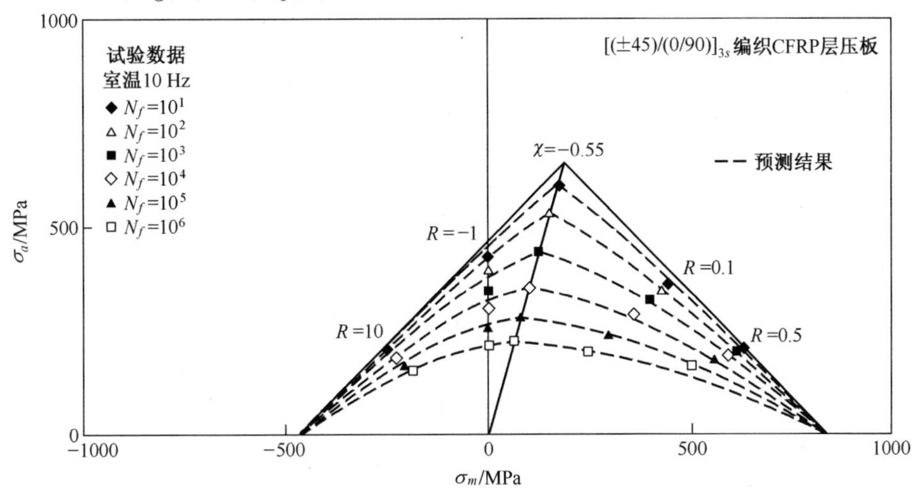

图8.3 室温下的各向异性CFL图(Kawai and Matsuda ,2012)

从图 8.3 可以看出,在疲劳寿命试验范围内各向异性 CFL 图与试验 CFL 图相一致。因此,这一观察结果表明,可以将各向异性 CDL 图方法应用于编织的 CFRP 层压板上,也可以应用于非编织 CFRP 层压板上(Kawai, 2006; Kawai, Koizumi, 2007; Kawai, Murata, 2010)。从该研究得到的试验结果表明,编织 CFRP 层压板在室温下的 CFL 图关于交变应力轴是不对称的,并且当应力比接近临界应力比$\chi=-0.55$的情况时,在疲劳载荷作用下将会出现不同恒定寿命 CFL 包线的峰值。编织 CFRP 层压板的这些特征与之前研究中所观察到的非编织 CFRP 层压板的那些特征相类似(Kawai et al., 2013; Owen, Griffiths, 1978; Pandita et al., 2001)。

将使用各向异性 CFL 图预测的 $S-N$ 曲线与试验结果进行比较。图 8.4(a)和(b)比较了室温下不同应力比的预测和试验 $S-N$ 曲线;在这些图中,预测结果用实线表示。除了对 $R = 0.5$ 时的疲劳寿命进行了稍微保守的预测之外,预测的 $S-N$ 曲线与观察到的 $S-N$ 曲线非常吻合。请注意,在 $R = 0.1$,$R=10$,$R=0.5$,$R=-1$ 时,仅使用各向异性 CFL 图进行了预测计算,这是因为在建立各向异性 CFL 图时没有使用这些应力比下的疲劳数据。因此,可以通过比较这些应力比下的疲劳数据来评估各向异性 CFL 图方法的预测精度。

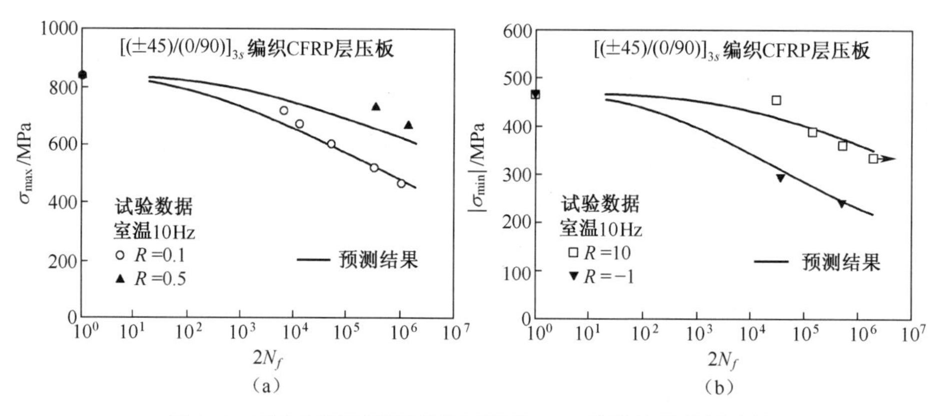

图 8.4 对在室温下预测的和试验的 $S-N$ 曲线结果进行比较

(a)$R=0.1,0.5$;(b)$R=-1,10$(Kawai and Matsuda,2012)

8.3 温度效应

8.3.1 在不同温度下的 $S-N$ 曲线

碳纤维准各向同性层压板[(±45)/(0/90)]$_{3s}$在 100℃和 150℃时的疲劳性能分别如图 8.5 和图 8.6 所示(Kawai, Matsuda, 2012)。除了在 150℃下 $R=10$

的情况之外，应力比对高温下 $S-N$ 曲线的影响与图 8.1 中室温下所观察到的相似。在 $N_f>10^4$ 的寿命范围和 $R=10$ 的疲劳载荷作用下，疲劳强度显著降低。在 $R=10$ 时，C-C 载荷作用下的疲劳强度与在 150℃ 时的抗压强度均大大降低。在压缩-压缩载荷作用下的疲劳强度与静态载荷作用下压缩强度的大幅降低，表明编织 CFRP 层压板在 150℃ 压缩载荷作用下严重丧失承载能力，相反，在高温拉伸载荷作用下的静态强度和疲劳强度基本保持不变。这些结果均表明，对于编织碳纤维层压板来说，应在与温度相关的抗压疲劳强度的基础上确定其允许的最高温度，尤其是当它应用于需要在高温下承受压缩疲劳载荷的复合结构设计时。

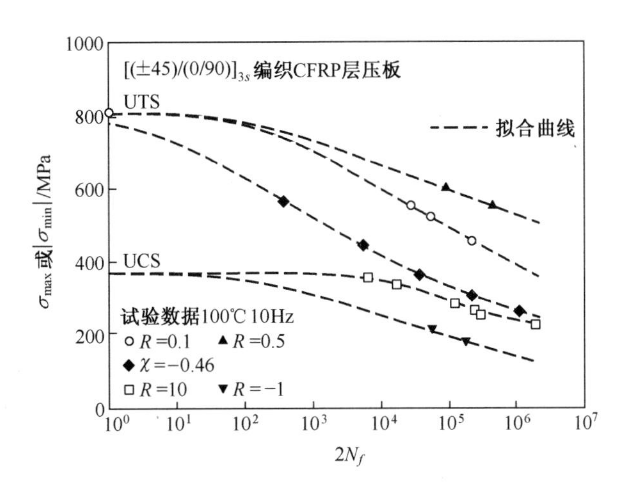

图 8.5　100℃时的 $S-N$ 曲线（Kawai and Matsuda，2012）

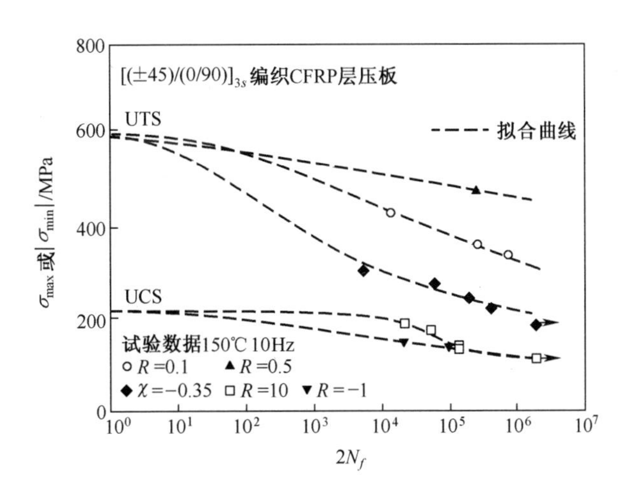

图 8.6　150℃时的 $S-N$ 曲线（Kawai and Matsuda，2012）

8.3.2 S-N 曲线的温度相关性

图 8.7 和图 8.8 比较了在室温、100℃和 150℃条件下编织 CFRP 层压板的正态 $S-N$ 曲线，分别为 $R = 0.1$ 时的拉伸-拉伸载荷作用和 $R = 10$ 时的压缩-压缩载荷作用。通过比较室温和 100℃下的正态 $S-N$ 曲线可以看出，100℃时的相对疲劳强度比室温时要小。这表明，100℃时的耐疲劳性要低于室温，因此，复合材料的耐疲劳性会随着试验温度从室温升高至 100℃而降低。相反，在 $R = 0.1$ 时拉伸-拉伸载荷作用下 150℃时的相对疲劳强度略微高于 100℃时相同应力比 $R = 0.1$ 下的相对疲劳强度水平，表明 150℃时的相对疲劳性能略好于 100℃时的相对疲劳性能。

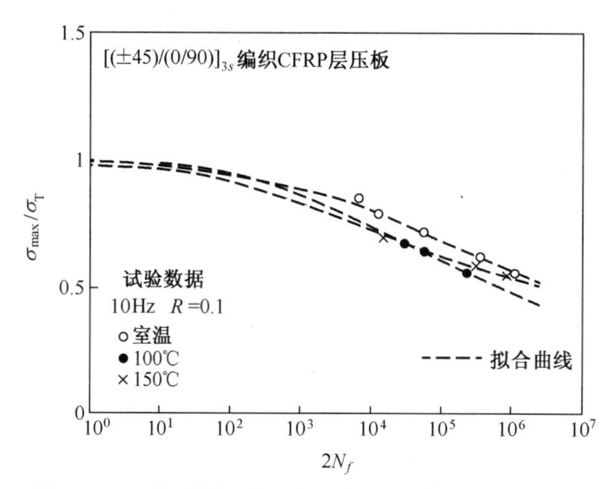

图 8.7 比较不同温度下的正态 $S-N$ 曲线($R = 0.1$)
(Kawai and Matsuda, 2012)

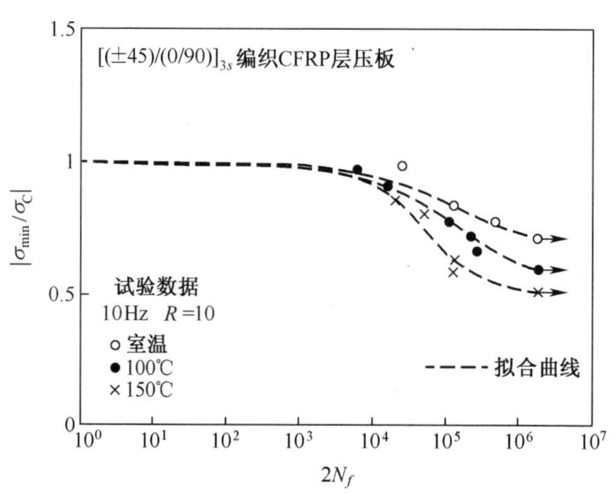

图 8.8 比较不同温度下的正态 $S-N$ 曲线($R = 10$)
(Kawai and Matsuda, 2012)

另外,从图 8.8 中可以看出,$R = 10$ 时拉伸-拉伸载荷作用下相对疲劳强度随着温度的升高而单调降低。只有在 $R = 10$ 时的拉伸-拉伸载荷作用下温度才会对疲劳寿命产生影响。这与在 $R=0.1$ 时温度从室温至 100℃ 和从 100~150℃ 范围内疲劳载荷的温度相关性的差异相反。

值得注意的是,具有韧性基体的 CFRP 层压板的相对疲劳强度比具有脆性基体的 CFRP 层压板的相对疲劳强度要大(Kawai et al., 1996)。通过图 8.7 中观察到的温度从 100℃ 升高到 150℃ 时相对拉伸疲劳强度的增加与先前的观察结果相似。然而,在目前的情况下,这一现象被认为是在 150℃ 的拉伸应力-应变关系中由于损伤的增加而导致表观韧性的增加。相比之下,在图 8.8 中观察到从 100℃ 到 150℃ 的相同温度范围内相对压缩疲劳强度的降低,表明损伤的负面影响大于损伤的正面效果。

该项研究中上述观察结果与之前提到的观察结果表明,随着温度的升高,给定复合材料中基体延展性的增加和强度的降低可能会对在拉伸-拉伸载荷和压缩-压缩载荷作用下复合材料的疲劳失效产生质的影响。根据该项研究中得到的试验结果表明,复合材料的相对疲劳强度随温度升高而单调下降的最高温度应为 100~150℃。预计在 100~150℃ 范围内可以发现压缩强度不能迅速降低的温度。

8.3.3　不同温度下的各向异性 CFL 图

图 8.9 所示为 100℃ 时疲劳载荷作用下的各向异性 CFL 图和试验结果。图 8.10(a)和(b)比较了 100℃ 时的预测和试验 $S-N$ 曲线。从图 8.9 中我们可以发现,编织 CFRP 层压板在 100℃ 时的非对称和非线性 CFL 图可以通过各向

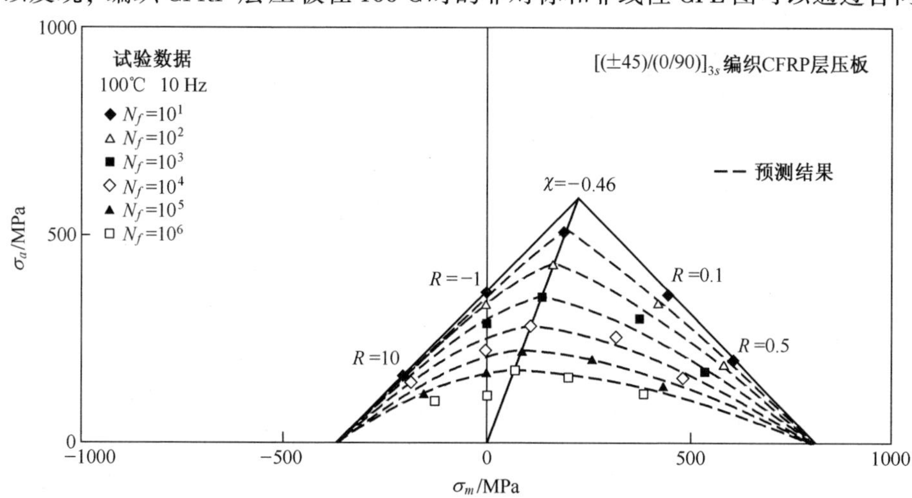

图 8.9　100℃时的各向异性 CFL 图(Kawai and Matsuda, 2012)

异性 CFL 图方法进行充分预测。图 8.10(a)和(b)证明了在 100℃时不同应力比下的 $S-N$ 曲线大部分都具有很高的预测精度。但是,对于 $R = 10$ 和 $R = -1$ 时在压缩载荷作用下的疲劳失效,我们得到了一些稍微乐观的预测结果。而在之前对非编织 CFRP 层压板的预测中也可以看到 $R = 10$ 的预测精度略低(Kawai,Koizumi, 2007)。

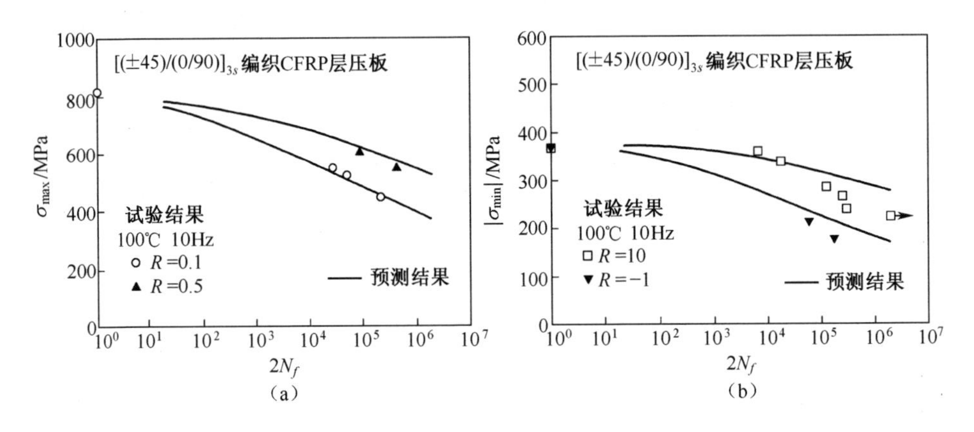

图 8.10 比较 100℃时预测的和试验的 $S-N$ 曲线

(a)$R = 0.1$,$R=0.5$;(b)$R = -1,10$(Kawai and Matsuda,2012)。

这些在 100℃时疲劳寿命预测中的特征与图 8.11 和图 8.12(a)及(b)中在 150℃时的疲劳寿命预测是一致的。在 150℃、$R=10$ 的情况下,预测精度非常低,这是由于暴露于过高的温度而引起的抗压强度的显着降低。

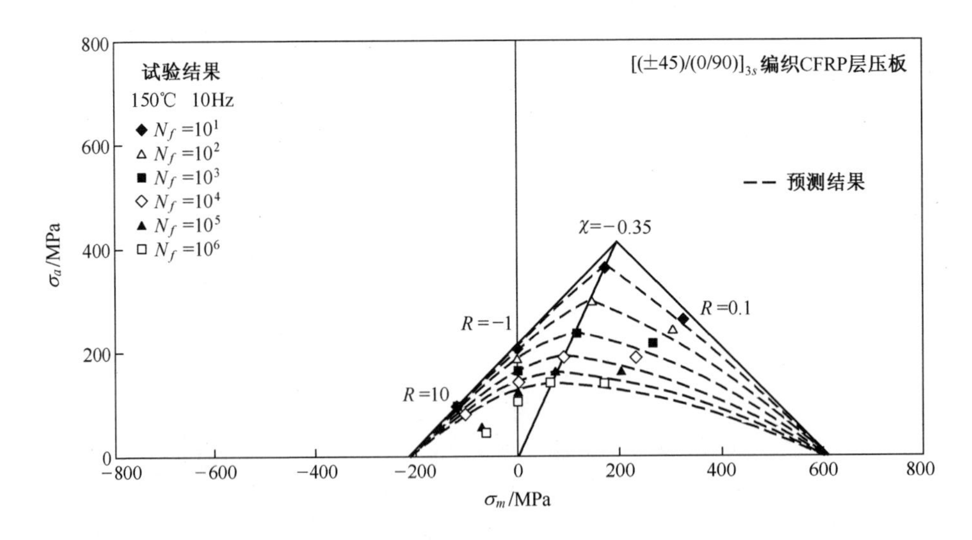

图 8.11 150℃时的各向异性 CFL 图(Kawai and Matsuda,2012)

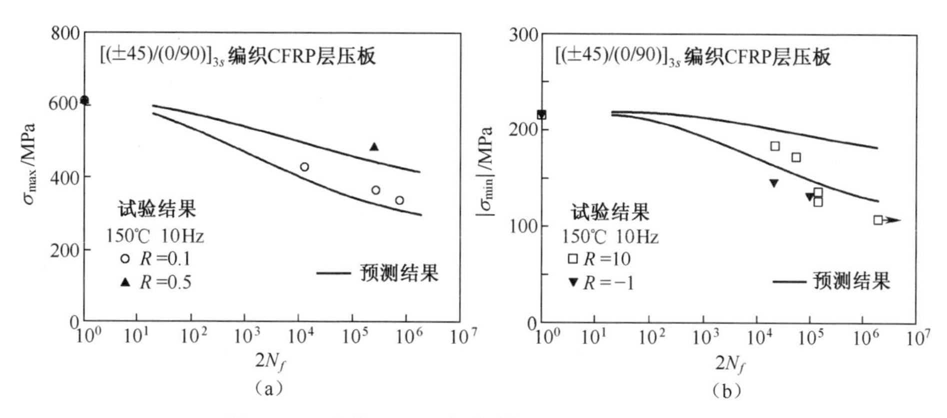

图 8.12 比较 150℃时预测的和试验的 S-N 曲线

(a)$R=0.1$,$R=0.5$;(b)$R=-1$,$R=10$(Kawai and Matsuda,2012)。

8.4 单向/交叉层压板和碳纤维编织复合材料的 S-N 曲线之间的比较

图 8.13 中比较了单向层压板$[0]_{12}$(Kawai et al. , 2001a)、交叉层压板$[0/90]_{3S}$(Kawai & Maki, 2006)、平纹编织层压板$[(0/90)]_{3S}$(Kawai,Taniguchi, 2006)和平纹编织准各向同性层压板(Kawai & Matsuda, 2012)在室温时的 S-N 曲线。前两种层压板采用碳/环氧树脂单向层制成,其余两种均采用碳/环氧树脂平纹编织制成。平纹编织层压板的 S-N 曲线的形状类似于在疲劳寿命范围内测试的单向和非编织交叉层压板的形状。除了疲劳应力水平之外,单向/正交和编织 CFRP 层压板的疲劳数据几乎彼此平行分布。这些疲劳数据可以近似地拟合为一条直线。这表明这两种 CFRP 层压板的 S-N 曲线之间的差异是由其静态拉伸强度的差异决定的。平面编织准各向同性层压板的 S-N 曲线在高循环周次范围内略微更陡,这一点与其他层压板的 S-N 曲线略有不同。由此可见,平纹编织准各向同性层压板在室温下比平纹编织正交层压板更容易发生疲劳。

图 8.14 对相同层压板在 100℃高温下的疲劳数据进行了比较。无论层压板的类型如何,图 8.14 中在 100℃下的整体疲劳性能与图 8.13 中在室温下的相似。疲劳数据几乎都是平行分布的。与图 8.13 中室温下的结果相比发现,无论层压板的类型如何,图 8.14 中 100℃时 S-N 曲线的梯度略大于室温下。从这些观察结果中可以确认,尽管编织层压板的静态拉伸强度低于单向/交叉层压板的静态拉伸强度,但是碳纤维层压板的相对抗疲劳载荷能力与单向/正交 UD 层压板中的疲劳载荷能力相当。

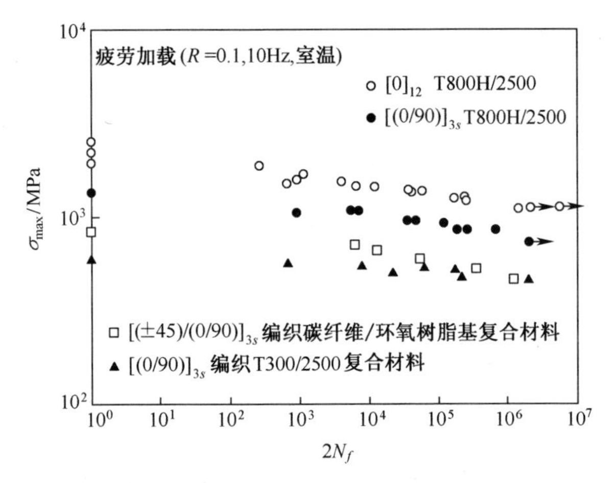

图 8.13　比较非编织和编织碳纤维/环氧树脂层压板在室温下的 S-N 曲线

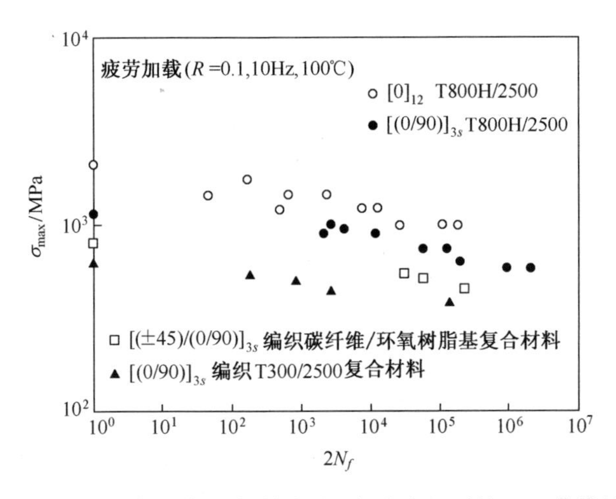

图 8.14　非编织和编织碳/环氧树脂层压板在高温下的 S-N 曲线的比较

8.5　纤维取向效应

8.5.1　室温下的离轴 S-N 曲线

图 8.15 给出平纹编织碳/环氧树脂层压板在室温下的离轴疲劳数据(Kawai,Taniguchi,2006)。这些数据是在 10Hz 频率下的拉伸-拉伸疲劳加载试验中得到的,有 5 种不同的纤维取向,分别是 $\theta = 0°, 15°, 30°, 45°, 90°$。

纤维取向 $\theta=15°$,$\theta=30°$,$\theta=45°$时的离轴 S-N 曲线(10Hz,室温条件)表现

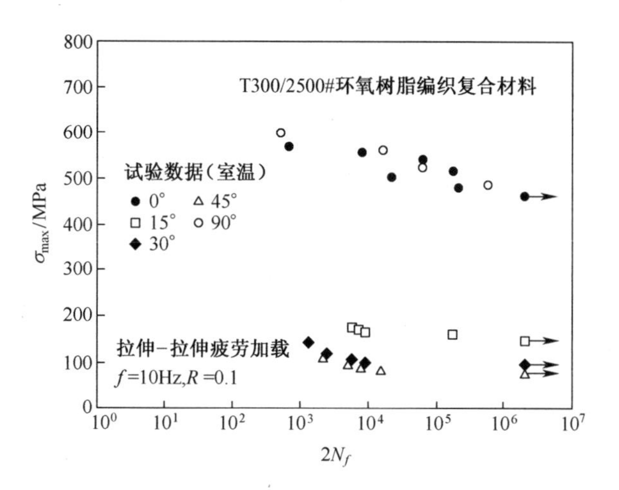

图 8.15 在室温下($R=0.1$,$f=10$Hz)不同纤维取向的 $S-N$ 曲线 $\sigma_{max}-2N_f$

为S形特征。在疲劳寿命 $10^3<N_f<10^4$ 范围内,离轴 $S-N$ 曲线的斜率变得比更低循环周次时更低,表明对疲劳的敏感性增加。在随后更长的寿命范围 $N_f \geqslant 10^4$ 内,离轴 $S-N$ 曲线变得平坦,并且明显表现出疲劳极限。

疲劳载荷作用下疲劳寿命达 10^6 个循环的范围内时,在经线和纬线方向上的轴向 $S-N$ 曲线几乎是相同的,并且几乎都是线性的。疲劳寿命试验范围内的纤维取向不能明确地确定其疲劳极限。给定寿命 $N_f=10^6$ 的疲劳强度在沿纤维方向上高达静态拉伸强度的80%;在离轴方向较低:分别为50%(15°),40%(30°)和35%(45°)。

8.5.2 在室温下正态离轴 $S-N$ 曲线

将以上 $S-N$ 数据按照测得的静态强度 σ_{exp}^{f} 进行标准化处理,以确定其纤维取向的相关性,结果如图8.16所示。$\theta=0°$,90°的正态疲劳数据相互吻合。对于离轴纤维取向,$\theta=30°$,$\theta=45°$的正态疲劳数据具有良好的一致性,正如预期的那样,原始数据之间的差异很小。然而,$\theta=15°$的正态疲劳数据分布略高于$\theta=30°$,$\theta=45°$情况下的正态疲劳数据。这表明,在试验疲劳强度比下,离轴 $S-N$ 数据的纤维取向相关性并未完全消除。这一点对采用疲劳强度比来表征单向复合材料的离轴疲劳性能来说,有很大的不同(Awerbuch,Hahn, 1981; Kawai, Yajima, Hachinohe,Kawase, 2001a, 2001b; Kawai, Yajima, Hachinohe,Takano, 2001)。

可以假设由于试验中纤维转动引起的几何强化,将会导致 $\theta=30°$,$\theta=45°$时拉伸强度被高估(Masuko,Kawai, 2004; Kawai,Masuko, 2004; Wisnom, 1995)。为了验证这一假设,将使用Tsai-Hill静态破坏准则和基于15°离轴强度的剪切

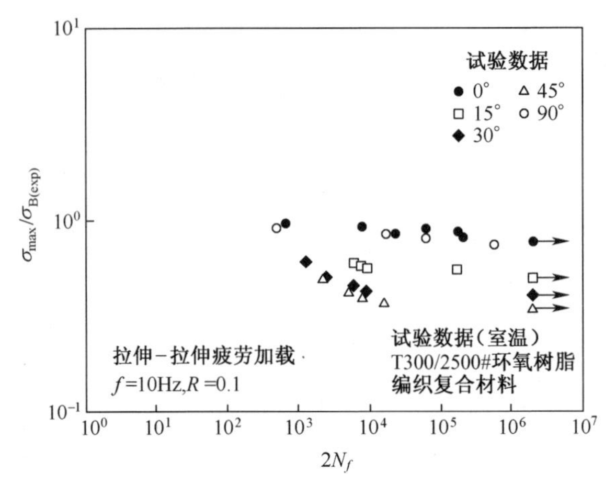

图 8.16 试验疲劳强度比($R = 0.1, f = 10$Hz)
在室温时的正态 $S-N$ 曲线(Kawai and Taniguchi,2006)

强度 S_{15},来分析相对于理论强度 σ_{pred} 重新正态化的离轴疲劳数据(Azzi,Tsai,1965)。重新正态化的 $S-N$ 曲线如图 8.17 所示。可以很明显地发现,已经修正了所有离轴纤维方向上的疲劳数据。因此,可以得出结论,基于 S_{15} 的理论疲劳强度比可以显著地消除离轴 $S-N$ 曲线的纤维取向依赖性。注意,将碳纤维层压板的正态疲劳数据与基于 S_{15} 的理论疲劳强度比分层分为两组,分别与轴向和离轴疲劳性能有关。

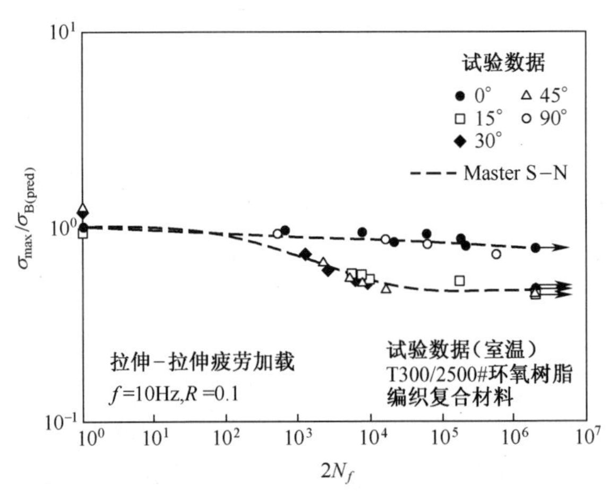

图 8.17 基于 S_{15} 的理论疲劳强度比($R = 0.1, f = 10$Hz)
在室温时的正态 $S-N$ 曲线(Kawai and Taniguchi,2006)

8.5.3 高温下的离轴 $S-N$ 曲线

在 10Hz 高温疲劳试验中得到的所有纤维取向的 $S-N$ 数据对数曲线如

图 8.18 所示。就形状和纤维取向相关性而言,在 100℃下 $S-N$ 曲线的整体形状与室温下的相似。在 100℃时的离轴疲劳极限为 83MPa(15°),42MPa(30°)和 38MPa(15°),略高于 100℃时应力-应变曲线的近似比例极限 60MPa(15°),30MPa(30°)和 25MPa(45°)。

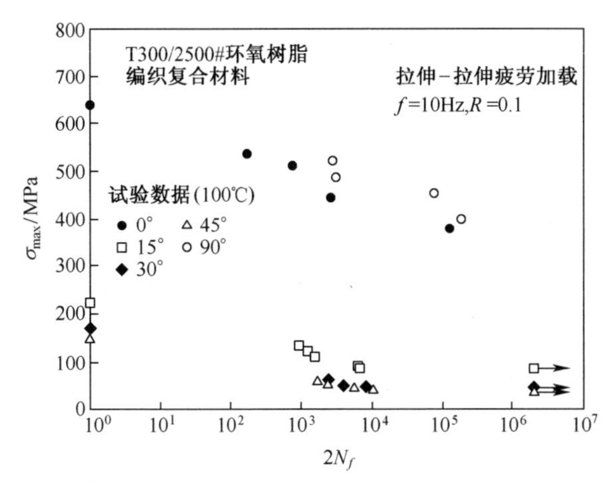

图 8.18　100℃时不同纤维取向的 $\sigma_{max}-2N_f$ 曲线

(R = 0.1,f = 10Hz)。(Kawai and Taniguchi,2006)

图 8.19 用基于 S_{15} 的 Tsai-Hill 静态失效准则预测的理论强度,给出了 100℃时的标准 $S-N$ 曲线。

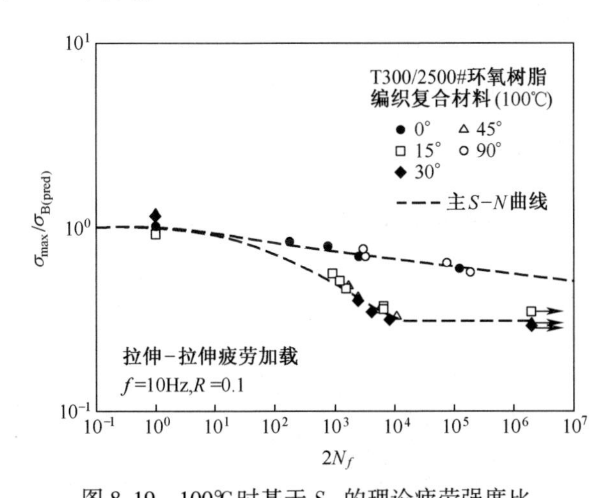

图 8.19　100℃时基于 S_{15} 的理论疲劳强度比

(R = 0.1,f = 10Hz)的标准 $S-N$ 曲线(Kawai and Taniguchi,2006)

通过比较,我们可以发现,在离轴疲劳数据的标准 $S-N$ 图之间有很好的一致性。这表明基于 S_{15} 的理论疲劳强度比,可以充分地消除 100℃时离轴疲劳数据的纤维取向相关性。

在图 8.20 和图 8.21 中分别比较了室温和 100℃时轴向和离轴疲劳载荷作用下标准疲劳数据。可以看到,不管轴向和离轴的疲劳载荷如何作用,在 100℃时的标准 $S-N$ 曲线与室温下的标准 $S-N$ 曲线不一致。更具体地说,100℃时的标准轴向疲劳数据拟合得到的直线斜率比室温时的斜率更陡,并且在高温时离轴疲劳载荷的标准耐久极限水平较低。通过比较室温和 100℃时轴向和离轴载荷作用下的标准 $S-N$ 曲线表明,在该研究中使用的碳纤维编织复合材料在高温时的疲劳特性更敏感,并且离轴疲劳强度的温度依赖性与离轴静态强度的温度依赖性不完全一致。显然,这些观察结果表明,碳纤维编织复合材料的疲劳行

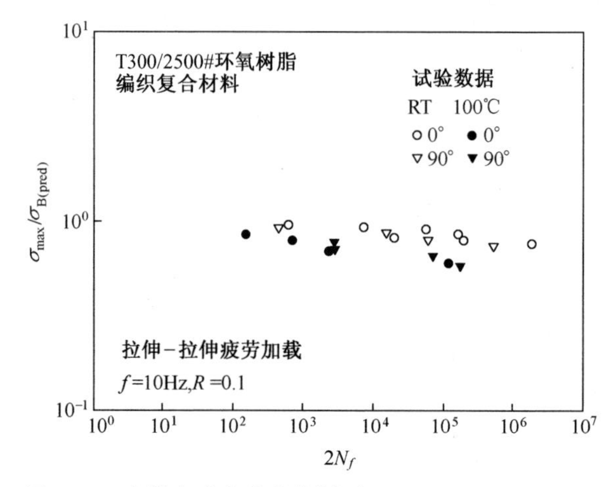

图 8.20　在轴向疲劳载荷作用下($R=0.1$,$f=10$Hz),
室温和 100℃时标准 $S-N$ 曲线的比较(Kawai and Taniguchi,2006)

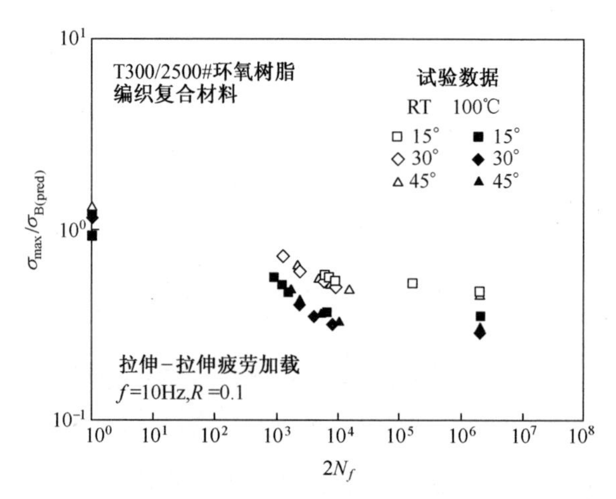

图 8.21　离轴疲劳载荷作用下($R=0.1$,$f=10$Hz),
室温和 100℃时标准 $S-N$ 曲线的比较(Kawai and Taniguchi,2006)

为具有内在的温度相关性。有趣的是,后者在碳纤维编织复合材料上的观察结果与非编织单向 CFRP 复合材料层压板相反(Kawai et al., 2001);其中,单向 CFRP 层压板在 100℃时的标准离轴抗疲劳性能与室温时的一致或略高一些。

8.5.4　频率的影响

研究了加载频率对碳纤维复合材料疲劳敏感性的影响,探讨了自发热和内禀速率依赖性对碳纤维复合材料疲劳性能的影响(Curtis, Moore, Slater, Zahlan, 1988; Sun et al., 1979)。图 8.22 给出了在疲劳载荷作用下不同纤维取向试样表面温度的变化(10Hz, RT);用红外辐射温度计测量试样的表面温度(PM133A, YOKOGAWA)。试样的表面温度在疲劳寿命的中间范围内迅速增加(约 10^4),并且表面温度的增加大于 20℃,这与 Pandita 等(2001)的观察结果相类似。表面温度变化的幅度主要取决于纤维取向以及最大疲劳应力。值得注意的是,试样表面温度快速上升的疲劳寿命范围显然与离轴疲劳强度迅速下降的范围相对应。

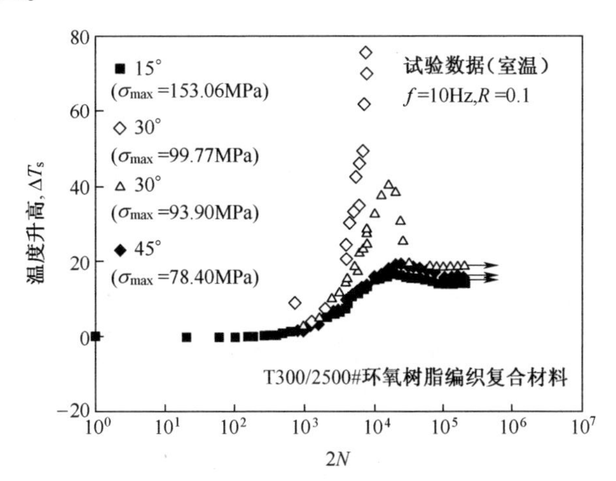

图 8.22　在 10Hz 的室温疲劳试验过程中不同纤维取向的试样表面温度上升(Kawai and Taniguchi,2006)

对于图 8.23 所示的典型纤维取向 $\theta=30°$的试样,在 2Hz 和 10Hz 的疲劳载荷作用下,通过比较其试样表面温度的升高可知,在较低的频率加载情况下温度的升高会受到抑制。图 8.24 给出了在 2Hz 离轴和 10Hz 轴向疲劳加载作用下,纤维取向为 $\theta=15°$、$\theta=30°$、$\theta=45$ 的所有疲劳试验数据。其中在 2Hz 离轴疲劳加载作用下,S–N 曲线在疲劳寿命高达 106 个循环的范围内近似是线性的,而这与在 10Hz 的 S 形离轴 S–N 曲线恰好相反。与 10Hz 时的趋势不同,在 2Hz 疲劳载荷时的中间疲劳寿命范围内(约 10^4)不会出现离轴疲劳强度的快速下降。离轴 S–N 曲线从 S 形到直线的形状变化表明:对于相同的疲劳载荷值,疲劳寿命会以较低的频率延长。显然,通过抑制试样温度的升高,导致了对疲劳的敏感性降低。另外非常重要的一点是,在疲劳周期的测试范围内,2Hz 处的离轴 S-N 曲线几乎与 10Hz 处的轴向 S-N 曲线平行。

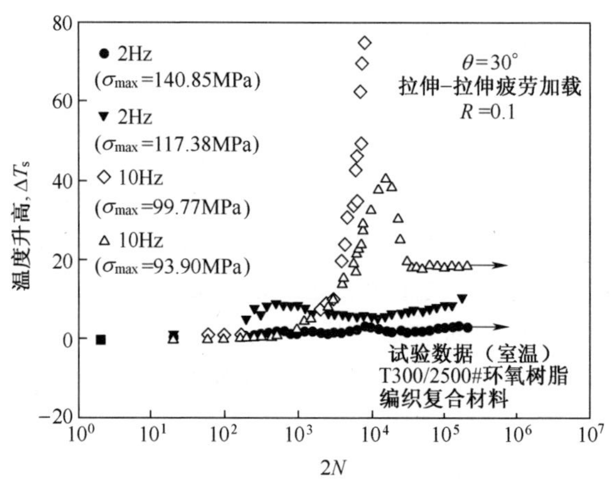

图 8.23 在 2Hz 和 10Hz 的室温疲劳试验中,θ=30°的试样表面温度升高的比较。(Kawai and Taniguchi,2006)

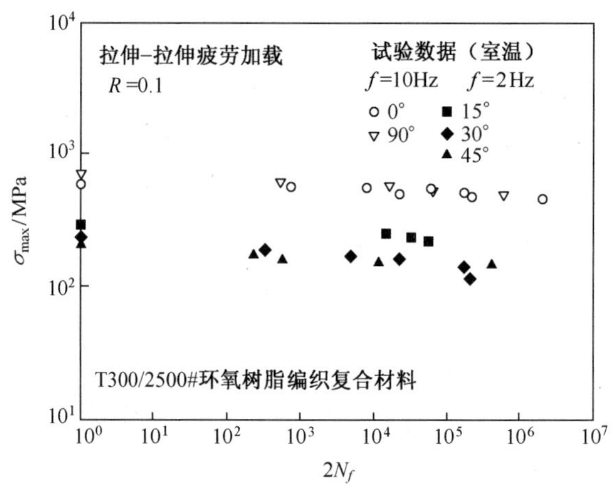

图 8.24 室温下不同纤维取向(R = 0.1,f = 2Hz)的 S-N 曲线 σ_{max}-$2N_f$(Kawai and Taniguchi,2006)

8.6 温度效应建模

8.6.1 温度相关的各向异性 CFL 图

各向异性 CFL 图可以使用①拉伸强度 σ_T;②抗压强度 σ_C;③临界应力比

$\chi = \sigma_C / \sigma_T$ 的标准 $S-N$ 曲线 $N_f = f(\varphi_\chi)$（称为参考 $S-N$ 曲线）来构建。因此，如果可以适当地表征温度对临界应力比和参考 $S-N$ 曲线的影响，则可以预测任意应力比下的各向异性 CFL 图以及没有测试数据时的 $S-N$ 曲线（Kawai, Matsuda, Yoshimura, 2012）。

8.6.2 静态强度的温度相关性

图 8.25 给出了碳/环氧树脂增强的准各向同性层压板 $[(\pm45)/(0/90)]_{3S}$ 在不同温度下的拉伸强度和抗压强度（Kawai et al., 2012）。该图表明拉伸强度和抗压强度都随着温度的升高而降低。而且，还可以看出，随着温度的升高，在压缩加载作用下强度的降低比在拉伸作用下更明显。

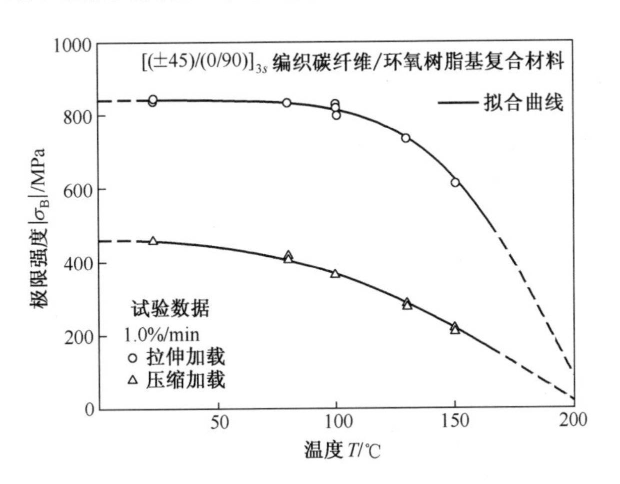

图 8.25 CFRP 层压板拉伸强度和压缩强度的温度相关性（Kawai et al., 2012）

图 8.25 中的实线分别表示拉伸强度和压缩强度与温度的近似关系，它们是通过以下函数拟合得到的，如图 8.25 所示的试验数据：

$$\sigma_T(T) = \sigma_T^0 \tanh \frac{1}{\Delta T_T} \left\langle \frac{1}{T} - \frac{1}{T_0} \right\rangle \tag{8.9}$$

$$\sigma_C(T) = -|\sigma_C^0| \tanh \frac{1}{\Delta T_C} \left\langle \frac{1}{T} - \frac{1}{T_0} \right\rangle \tag{8.10}$$

式中：T 为热力学温度；σ_T^0 和 σ_C^0 为当温度降低到热力学零度时接近强度上限的水平；T_0 为给定复合材料基本上丧失其承载能力的最大温度；系数 ΔT_T 和 ΔT_C 分别为指定拉伸载荷和压缩载荷对温度敏感性的参数。

从图 8.25 可以看出，式(8.9)和式(8.10)充分描述了碳纤维编织复合材料从室温至 150℃ 的温度范围内拉伸强度和压缩强度的温度相关性。

在温度范围内，对拉伸强度和压缩强度的温度相关性的分析描述允许在任意给定温度范围内预测临界应力比的值：

$$\chi(T)=\frac{\sigma_{\mathrm{C}}(T)}{\sigma_{\mathrm{T}}(T)}=-\frac{|\sigma_{\mathrm{C}}^{0}|\tanh\frac{1}{\Delta T_{\mathrm{C}}}\left\langle\frac{1}{T}-\frac{1}{T_{0}}\right\rangle}{\sigma_{\mathrm{T}}^{0}\tanh\frac{1}{\Delta T_{\mathrm{T}}}\left\langle\frac{1}{T}-\frac{1}{T_{0}}\right\rangle} \tag{8.11}$$

图 8.26 给出了临界应力比的温度相关性曲线。图 8.26 中的符号表示试验结果,实线表示使用式(8.11)得到的预测结果。可以看出,临界应力比预测式(8.11)在温度范围内的预测结果与试验结果吻合较好。

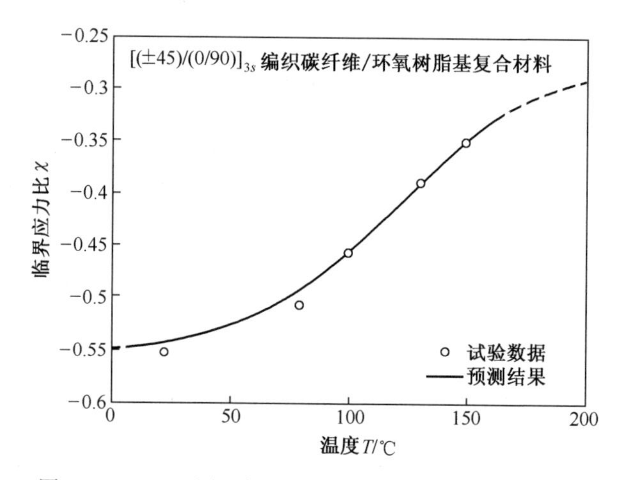

图 8.26　CFRP 层压板 $[(\pm 45)/(0/90)]_{3s}$ 临界应力比的温度相关性(Kawai et al. ,2012)

8.6.3　参考 S-N 曲线的温度相关性

值得注意的是,给定复合材料的临界应力比取决于温度,因为其拉伸强度和压缩强度取决于温度。因此,在给定温度下的临界应力比的参考 *S-N* 曲线应该考虑到其对应力比以及温度的相关性。为了考虑这些要求,应用了一个标准的主曲线方法(Kawai,Sagawa, 2008)。在这种方法中,通过使用可以近似消除疲劳数据的应力比相关性的修正疲劳强度比,来处理应力比对临界应力比的参考 *S-N* 曲线的影响(Kawai, 2004)。温度对临界应力比的参考 *S-N* 曲线的影响通过寿命-温度参数完全消除(Gittus, 1975)。疲劳数据沿着应力和寿命轴的缩放使我们能够确定一个用于参考疲劳行为的单个主曲线,它与温度范围内的应力比无关。

8.6.3.1　修正的疲劳强度比

在处理不同应力比的 *S-N* 曲线时,需要一种常用的疲劳强度测量方法。一个称为修正疲劳强度比的简单参数可用于此方法(Kawai, 2004)。

修正后的疲劳强度比定义如下(Kawai, 2004):

$$\Psi = \frac{\sigma_a}{\sigma_B - \sigma_m} = \frac{\frac{1}{2}(1 - R)\psi}{1 - \frac{1}{2}(1 + R)\psi} \tag{8.12}$$

式中:$\psi = \sigma_{\max}/\sigma_B$,$\sigma_B$ 为参考静强度、拉伸强度或压缩强度。

这不是一种通用的测量方法,但是这个参数相关的线性插值或外推的应力比是非常有用的,可以通过它近似地确定一个单个主 S-N 曲线,只要能够确定有限的应力比范围,那么不同应力比下的疲劳数据就会折叠到这个曲线上(Kawai, 2004)。

在本书中,仅使用修正的疲劳强度比来处理不同温度下不同临界应力值的参考 S-N 曲线。因此,我们定义如下:

$$\Psi_\chi = \frac{\sigma_a^{(\chi)}}{\sigma_T - \sigma_m^{(\chi)}} = \frac{\frac{1}{2}(1 - \chi)\psi_\chi}{1 - \frac{1}{2}(1 + \chi)\psi_\chi} \tag{8.13}$$

注意,临界应力比的修正疲劳强度比 ψ_χ 是一个无量纲参数,由于它包含在给定温度下的最大疲劳应力和拉伸强度,因此它也具有部分消除温度影响的作用。

8.6.3.2　疲劳寿命外推参数

如果使用修正的疲劳强度比的应力缩放不足以识别单个主 S-N 曲线特定温度范围,则可以进一步考虑寿命尺度。对于聚合物基复合材料的疲劳失效,还没有建立一种适用于寿命温度插值或外推的方法。

虽然聚合物基质复合材料尚未得到证明,但忽略了损伤过程的细节,以及疲劳损伤率等同于蠕变损伤率的蠕变和疲劳的线性相互作用规则表明(Miner, 1945; Palmgren, 1924; Robinson, 1952; Taira, 1962),它可能是第一个通过类似于蠕变破坏的时间-温度参数来定义疲劳失效的寿命-温度参数的步骤。因此,为了延长寿命,我们假设类似于蠕变破坏的时间缩放。蠕变破坏有许多寿命温度参数(Gittus, 1975)。在这里,我们测试了 Larson-Miller(LM)参数的类比(Larson, Miller, 1952),因为它已成功应用于不同类型聚合物材料在一定温度范围内蠕变破坏数据的插值和外推(Challa,Progelhof, 1995; Kawai,Sagawa, 2008;)。

与蠕变的 LM 参数类似,用于疲劳的寿命温度参数 $P_{\mathrm{LM}}^{(F)}$ 定义如下:

$$P_{\mathrm{LM}}^{(F)} = T(F + \lg N_f) \tag{8.14}$$

式中:T 为热力学温度;N_f 为故障循环周期;F 为疲劳的 LM 常数。

8.6.3.3 主标准 S-N 曲线

用于临界应力比的广义主参考 S-N 曲线表示如下：

$$P_{\mathrm{LM}}^{(F)}=g(\Psi_{\chi}) \tag{8.15}$$

式(8.14)中的疲劳 LM 常数 F 是关于寿命的比例参数，并且结果表明，在不同温度下 ψ_{χ} 对 $P_{\mathrm{LM}}^{(F)}$ 的单个曲线显著下降。

可以优选一个主参考 S-N 曲线的解析表达式。因此，式(8.15)的右边，即 $g(\psi_{\chi})$ 表示如下：

$$P_{\mathrm{LM}}^{(F)}=\frac{1}{K_{\chi}^{*}}\frac{1}{(\Psi_{\chi})^{n^{*}}}\frac{\langle 1-\Psi_{\chi}\rangle^{a^{*}}}{\langle \Psi_{\chi}-\Psi_{\chi(L)}\rangle^{b^{*}}} \tag{8.16}$$

式中：K_{χ}^{*}，n^{*}，a^{*}，b^{*} 和 $\psi_{\chi(L)}$ 为常量。

图 8.27 给出了不同温度下的临界应力比疲劳数据，该数据根据应力和寿命使用修正的疲劳强度比 $\psi_{\chi}(T)$ 和疲劳 $P_{\mathrm{LM}}^{(F)}$ 的 LM 参数进行了双重缩放。可以看出，标准参考 S-N 曲线 $\psi_{\chi}(T)-P_{\mathrm{LM}}^{(F)}$ 可以近似由单个曲线表示。通过式(8.16)拟合得到室温、100 ℃和 150 ℃下的数据，如图 8.27 所示，图中实线表明不同温度下临界应力比的最大主参考 S-N 曲线。

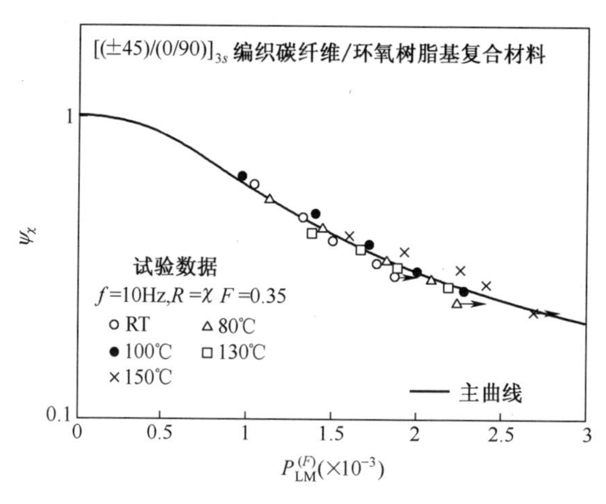

图 8.27 在不同温度下，使用疲劳 LM 参数得到的编织 CFRP 层压板临界应力比的最大主参考 S-N 曲线(Kawai et al. ,2012)

8.6.3.4 试验数据比较

图 8.28 比较了不同温度下得到的预测和试验 S-N 曲线。从图 8.28 中可以看出，在不同温度下计算得到的 S-N 曲线与相同温度下获得的试验结果吻合较好。因此可以表明，温度和应力比对临界应力比疲劳行为的影响可以通过修正疲

劳强度比和疲劳的 LM 参数来进行拟合。确切地说,图 8.28 中 80℃和 130℃的。实线是采用主曲线得到的一个预测值,因为没有这些温度下的疲劳数据。

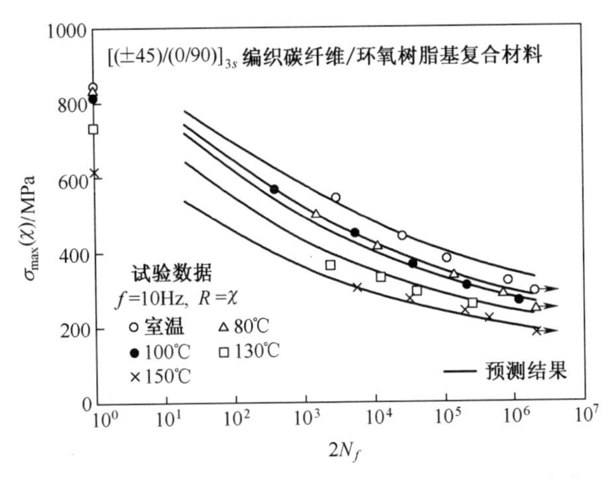

图 8.28　不同温度下编织 CFRP 层压板临界应力比下参考 $S-N$ 曲线的预测。Kawai et al. (2012)

我们现在可以在任何温度范围内预测主宏观 $S-N$ 曲线的各向异性 CFL 图。也就是说,根据式(8.9)和式(8.10)计算给定温度下的静态强度和临界应力比,并使用式(8.16)计算参考 SN 关系,所有这些结果,我们可以通过式(8.5)给出的分段定义函数来构建给定温度的各向异性 CFL 图。图 8.29 给出了使用所提出的与温度相关的各向异性 CFL 图预测 80℃时疲劳载荷的各向异性 CFL 图。图 8.30 比较了 80℃时预测结果和观察到的 $S-N$ 曲线的结果。

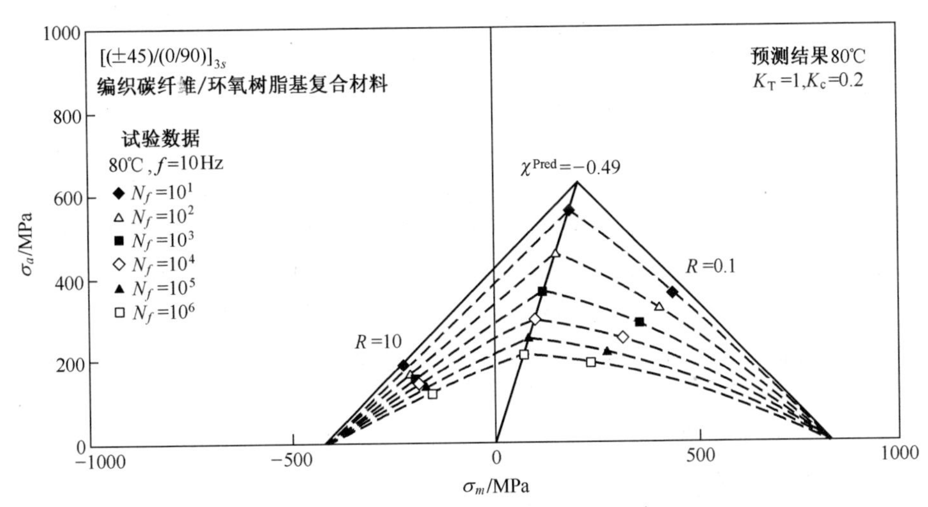

图 8.29　在 80℃下,编织 CFRP 层压板 $[(\pm45)/(0/90)]_{3s}$ 的各向异性 CFL 图(Kawai et al. ,2012)

研究结果表明,采用基于温度的非线性 CFL 图,可以合理地预测不同应力比下编织碳纤维层压板在 80℃时的疲劳寿命。

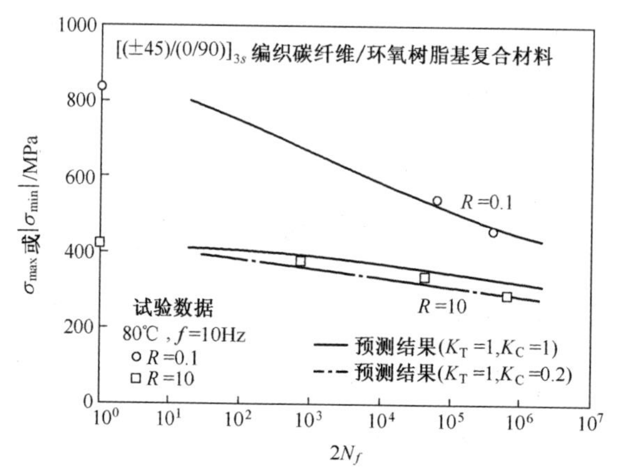

图 8.30　在 80℃下,编织 CFRP 层压板[(±45)/(0/90)]$_{3S}$的预测 S–N 曲线(Kawai et al. ,2012)

8.7　R 比变化的影响

在工程疲劳分析的实践中,如果用于变幅载荷的复合材料的疲劳寿命可以与变幅载荷所包含的恒定振幅载荷作用的疲劳寿命相关联,那么它将是有效且可测量的。在这种情况下,通常采用 Palmgren–Miner 线性累积损伤假设理论(Miner, 1945; Palmgren, 1924)来预测变幅载荷条件下的疲劳寿命,并给出加载顺序的影响。

为了理解复合材料的变幅载荷疲劳,已经开展了许多试验研究(如 Broutman,Sahu ,1972), Jen, Kau,Wu,1994), Otani,Song,1997), Yang,Jones, 1980), Lee,Jen,2000), Gamstedt,Sjogren,2002),Mohandesi,Majidi,2009)。然而,根据数据来源的不同,加载顺序对复合材料变幅疲劳载荷的反作用(Found, Quaresimin, 2003; Van Paepegem,Degrieck, 2002),不仅在简单的渐进振幅变化疲劳试验中被发现,而且在实际的疲劳加载试验中也被发现。这不仅表明加载顺序对复合材料在变幅载荷作用下疲劳寿命的影响是非常复杂的,而且也表明它尚未被完全理解,即使是在最近的研究中。

迄今为止,对复合材料变载荷疲劳的研究主要集中在交替应力幅值变化的序列效应上。根据本书作者的了解,平均应力变化的影响,或者说,应力比的变化都与应力幅值的变化没有影响,但这一点并未进行系统的研究,而相比之下,对应力比对复合材料等幅疲劳行为的影响得到了综合研究。

8.7.1　变 R 比对疲劳寿命的影响

为了了解平均应力变化的影响，Yang 和 Kawai（2009）及 Ishizuka 和 Kawai（2013）最近对准各向同性编织 CFRP 层压板[(±45)/(0/90)]$_{4s}$进行了变 R 比试验。他们进行的变应力比疲劳试验可以认为是两个单元的加载试验，来开展不同应力比 R_1 和 R_2 交替作用下的两个波形。

在一个变应力比疲劳试验中，假设 R_1 为 χ 的恒定值，并与应力比 R_2 的不同常数值配对。如图 8.31(a)和(b)所示，两个不同应力比 $R_1=\chi$ 和 $R_2=R$ 的波形组合成一个新的波形，并重复进行，直至发生疲劳失效。

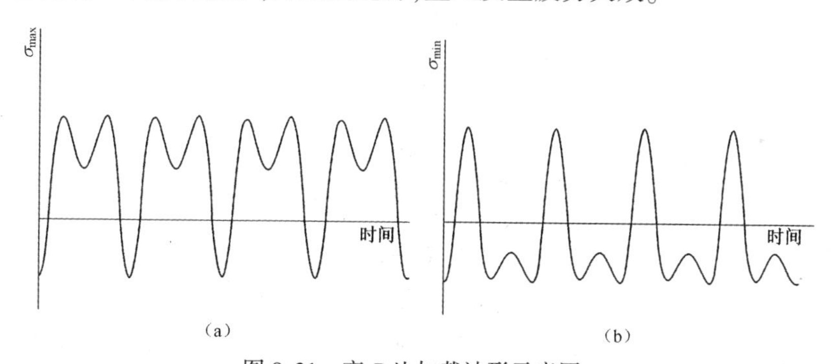

图 8.31　变 R 比加载波形示意图：
(a) (χ,0.5)；(b) (χ,2) (Kawai, Yang, Oh, 2013)

变 R 比试验得到的疲劳寿命分别如图 8.32 所示，其中应力比分别为 $(R_1, R_2)=(\chi,0.1)$ 和 $(\chi,0.5)$，最大恒定疲劳应力 $\sigma_{max}=551\text{MPa}$。通过比较不同

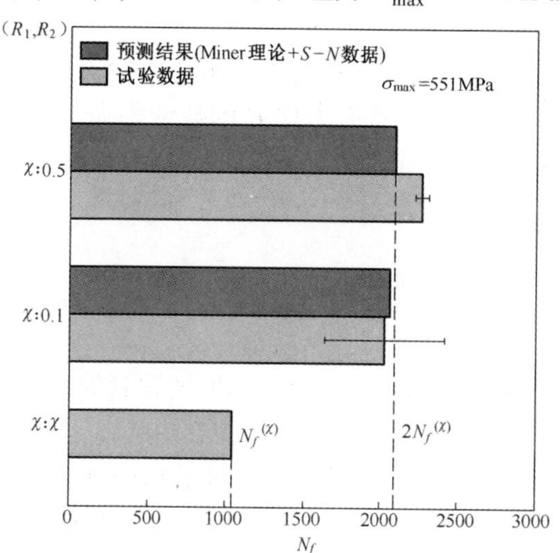

图 8.32　$\sigma_{max}=551\text{MPa}$ 载荷作用下进行变 R 比 $(\chi,R)=(\chi,0.1)$ 和 $(\chi,0.5)$ 加载试验结果

应力比 $R=\chi$,0.1,0.5 下变 R 比试验得到的疲劳寿命的平均值与相应的恒定振幅疲劳寿命。

将交替 R-比率测试得到的疲劳寿命的平均值与相应的恒定振幅疲劳寿命相比较,在最大疲劳应力不变的情况下,可以发现:

$$N_f^{(\chi,R_2)} \ll N_f^{(R_2)} \tag{8.17a}$$

$$N_f^{(\chi)} < N_f^{(\chi,R_2)} < 2.2N_f^{(\chi)} \tag{8.17b}$$

经证明,这些关系也适用于变 R 比加载作用,即临界应力比 R_1 的拉伸-压缩循环和 R_2 的压缩-压缩循环交替进行,使最小疲劳应力保持恒定不变。

8.7.2 Palmgren-Miner 假设

对于上述两种应力比(R_1,R_2)的变 R 比加载,可以使用下列公式计算出 Miner 损伤量 D:

$$D^{(R_1,R_2)} = \frac{n^{(R_1)}}{N_f^{(R_1)}} + \frac{n^{(R_2)}}{N_f^{(R_2)}} \tag{8.18}$$

式中:$n^{(R_1)}$ 和 $n^{(R_2)}$ 分别为一对应力比 R_1 和 R_2 的循环次数。

在(R_1,R_2)的变 R 比试验中,$n^{(R_1)}$ 和 $n^{(R_2)}$ 的和等于循环的总数 $n^{(R_1,R_2)}$。式(8.18)中的变量 $N_f^{(R_1)}$ 和 $N_f^{(R_2)}$ 分别表示在 R_1 和 R_2 处加载失效的循环次数。

采用下列 Miner 法则公式可计算变 R 比加载作用下的疲劳寿命:

$$N_{f(\text{pred})}^{(R_1,R_2)} = \frac{2}{\dfrac{1}{N_{f(\exp)}^{(R_1)}} + \dfrac{1}{N_{f(\exp)}^{(R_2)}}} \tag{8.19}$$

因为失效时 $D=1$。

另外,一旦为给定的复合材料构建了各向异性 CFL 图,就可以用它来预测在恒定振幅疲劳载荷作用下任意应力比 R 的疲劳寿命 $N_f^{(R)}$。因此,假设用于变 R 比加载的 Miner 法则和用于恒定 R 比加载的各向异性 CFL 图方法,可以通过以下公式预测变 R 比加载 $N_{f(\text{pred})}^{(R_1,R_2)}$ 的疲劳寿命:

$$N_{f(\text{pred})}^{(R_1,R_2)} = \frac{2}{\dfrac{1}{N_{f(\text{pred})}^{(R_1)}} + \dfrac{1}{N_{f(\text{pred})}^{(R_2)}}} \tag{8.20}$$

式中:$N_f^{(R_1)}$ 和 $N_f^{(R_2)}$ 分别为使用各向异性 CFL 图预测的 R_1 和 R_2 的恒幅振动疲劳寿命。

图 8.33(a)和(b)对使用上述方法预测得到的 $N_{f(\text{pred})}^{(R_1,R_2)}$ 与通过三种载荷 $R_1=\chi$ 的变 R 比加载试验测量得到的 $N_{f(\exp)}^{(R_1,R_2)}$ 进行了比较。从图中可以确定,变 R 比加载作用下疲劳寿命的预测结果与试验结果一致,精度为 2。根据在这些图中的观察结果表明,这些数字中的观察结果证实,Miner 法则对于变 R 比加载

作用下的失效预测是令人满意的。

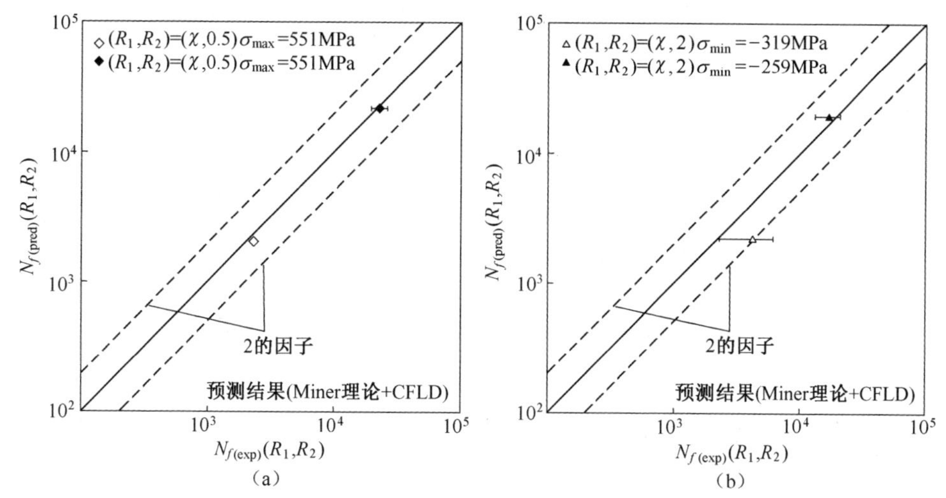

图 8.33 比较变 R 比加载作用下(χ,R)疲劳寿命的预测结果和测量结果

(a)(χ,0.5);(b)(χ,2)。

8.8 结 语

为准确预测复合材料在变幅载荷作用下的疲劳寿命,需要量化:①恒定振幅载荷条件下应力振幅和平均应力对疲劳寿命的影响;②温度对恒定振幅载荷疲劳寿命的影响;③交变应力振幅和平均应力变化对疲劳寿命的影响。因此,本章通过最近获得的疲劳数据和建立的一种新的 CFL 图方法,重点探讨了碳纤维增强聚合物基复合材料在疲劳背景下①、②和③关键因素的影响。

8.8.1 应力比的影响

临界应力比等于压缩强度与拉伸强度之比,不仅是非编织 CFRP 层压板疲劳性能的重要参数之一,而且也是编织 CFRP 层压板疲劳性能的最重要参数之一。由于临界应力比下恒定振幅疲劳载荷的作用,碳纤维/环氧树脂增强层压板的疲劳性能下降得最为明显。该特征对应于在临界应力比下 CFL 图峰值的出现。碳纤维层压板的 CFL 图大部分是非线性的,并且沿变应力轴是不对称的。随着寿命值的不断增加,CFL 图的形状从一条直线逐渐变为一条非线性曲线。编织复合材料的经向或纬向疲劳寿命的非线性和非对称应力比相关性可以通过两段各向异性的 CFL 图来描述。

8.8.2 温度的影响

在超过上限的高温环境下,碳/环氧树脂复合材料层压板的疲劳强度显著降低。因此,压缩疲劳强度决定了碳/环氧树脂编织层压板可以安全应用的温度范围。就从室温到某个上限温度的温度范围而言,本章基于碳/环氧树脂编织层压板所表现出的温度相关性,在拉伸-拉伸循环加载作用下编织 CFRP 层压板的相对疲劳强度降低了,并且无论应力比如何变化,温度都会升高。临界应力比的绝对值随着试验温度的升高而降低。这导致 CFL 图向右倾斜。在不同温度下的试验 CFL 图表形状相似,但尺寸不同。随着温度的升高,试验 CFL 的温度也会随着温度的升高而降低。可以使用各向异性的 CFL 图来描述在允许范围内不同温度下碳纤维编织层压板的非线性和非对称 CFL 图的完整形状。

8.8.3 温度和 *R* 比相关性的建模(轴向疲劳)

这些观察结果强烈表明,如果在一定温度范围内确定构建给定复合材料在疲劳载荷作用下沿纤维方向上的各向异性 CFL 图所需参数的温度依赖性,那么可以预测复合材料在该范围内任意应力比下的恒幅振动疲劳行为。这一想法已成功地发展为一种与温度有关的各向异性 CFL 图解方法。这种一致且有用的公式的一个关键驱动因素是,通过修正的疲劳强度比和 Larson-Miller 型的寿命参数来确定在临界应力比下疲劳载荷作用的无量纲主 $S-N$ 曲线。临界应力比的概念适用于复合材料沿纤维方向上的疲劳性能。这表明,与温度相关的各向异性 CFL 图解方法是一种很有前途的工程工具。

8.8.4 纤维取向的影响

编织复合材料在疲劳载荷作用方向与增强纤维方向成一定角度的情况下,随着加载方向偏离纤维方向的增大,疲劳行为也变得更加集中,主要以基体破坏为主。显然,这种离轴疲劳行为取决于相对纤维方向的加载方向。重要的是,基于基体的离轴疲劳行为更易受环境因素影响。试验结果表明,无论纤维取向和测试温度如何,在 10Hz 的疲劳作用下,平纹碳纤维编织层压板离轴 $S-N$ 曲线的特征是呈 S 形。然而,如果以 2Hz 的较低频率加载,离轴 $S-N$ 曲线中的 S 形就会消失。这些事实表明,离轴 $S-N$ 曲线的 S 形主要是由于在疲劳载荷过程中,试样温度升高导致的强度降低造成的。因此,为了了解离轴疲劳行为,区分由于循环加载引起的力学性能下降和由于温度升高引起的热效应是非常重要的。这种明显的频率效应对复合材料离轴疲劳的平均应力敏感性有显著影响。这表明在离轴疲劳载荷作用下 CFL 图的形状变得更加复杂(Kawai,Itoh,2014)。因此,对离轴 CFL 图的精确描述需要更一般形式的各向异性 CFL 图(Kawai,Itoh, 2014; Kawai,Murata, 2010)。

8.8.5 变应力比的影响

Miner 法则对于预测变 R 比加载作用下的疲劳失效是准确的,其精度为 2。

Miner法则在疲劳载荷的情况下使用各向异性CFL图方法来预测恒定振幅疲劳寿命是准确的，它通过给定的变幅疲劳载荷，并结合Miner法则，来评估累积疲劳损伤，为复合材料的疲劳寿命预测建立了一个简单且有用的工程工具。

8.8.6 未来趋势

了解和量化水分对复合材料疲劳寿命的影响具有重要的实际意义。然而，对于暴露在不同湿热环境下的碳纤维复合材料，疲劳数据非常有限。根据Kawai等(2013)获得的疲劳数据表明，水分对碳纤维编织复合材料疲劳性能的影响具有以下特征。当将水分吸收到饱和度时，在经纱或填充方向上碳纤维编织层的疲劳强度降低了约11%。由于吸水引起的疲劳强度的降低与温度上升相似。在潮湿环境中，应力比对以纤维为主的疲劳行为的影响也与干燥环境相一致。无论含水率如何，在临界应力比下疲劳载荷的$S-N$曲线的斜率是最大的。干湿试样的临界应力比之间的差异很小，因为在干燥和潮湿的环境中，拉伸和压缩强度差别很小。且干燥和潮湿试样试验CFL图的形状也没有显着差异。

因此，该各向异性CFL图给出了一个在吸湿环境下，应力比对编织层压板疲劳性能影响的较为准确的描述。然而，吸湿、热和机械载荷的不同组合对碳纤维复合材料层压板疲劳性能的影响仍不清楚。这是今后需要研究的一个问题。另一个问题是本章讨论的测试工程疲劳寿命预测方法，以获得更一般的变R比加载，并将其与更详细的理论和数值建模的预测结果进行比较。事实上，我们有更多的因素涉及到复合材料的疲劳(Harris, 2003; Vassilopoulos, 2010)。因此，为了建立适合于复合材料疲劳寿命的预测方法，需要进一步通过试验和理论的研究，来量化这些因素对复合材料，包括编织复合材料疲劳性能的影响。

致谢

本章的研究主要是在筑波大学学生的帮助下进行的，受筑波大学和日本教育部、文化、体育、科学和技术部的财政支持。作者特此感谢实验室工作的所有成员。本章是由日本教育部、文化、体育、科学和技术部在“科学研究补助金”(第25289002)资助下的研究工作中编写的。

参考文献

Adam, T., Gathercole, N., Reiter, H., & Harris, B. (1992). Fatigue life prediction for carbon fibre composites. Advanced Composites Letter, 1, 23-26.

Agarwal, B. D., & Broutman, L. J. (1990). Analysis and performance of fiber composites (pp. 287-314). John Wiley & Sons.

Awerbuch, J., & Hahn, H. T. (1981). Off-axis fatigue of graphite/epoxy composite. In Fatigue of fibrous composite materials, ASTM STP 723 (pp. 243-273). ASTM.

Azzi, V. D., & Tsai, S. W. (1965). Anisotropic strength of composites. Experimental Mechanics, 5, 283-288.

Bailie, J. A. (1989). Woven fabric aerospace structures. In C. T. Herakovich & Y. M. Tanopol' skii (Eds.), Handbook of composites (pp. 353-391). Elsevier Science Publishers B. V.

Beheshty, M. H., Harris, B., & Adam, T. (1999). An empirical fatigue-life model for high-performance fibre composites with and without impact damage. Composites Part A, 30, 971-987.

Boller, K. H. (1957). Fatigue properties offibrous glass-reinforced plastics laminates subjected to various conditions. Modern Plastics, 34, 163-186, 293.

Boller, K. H. (1964). Fatigue characteristics of RP laminates subjected to axial loading. Modern Plastics, 41, 145-150, 188.

Broutman, L. J., & Sahu, S. (1972). A new theory to predict cumulative fatigue damage in fiberglass reinforced plastics. In Composite materials: Testing and design (Second conference), ASTM STP 497 (pp. 170e188). Philadelphia: ASTM.

Challa, S. R., & Progelhof, R. (1995). A study of creep and creep rupture of polycarbonate. Polymer Engineering and Science, 35(6), 546-554.

Curtis, P. T., & Moore, B. B. (1985). A comparison of the fatigue performance of woven and non-woven CFRP laminates. RAE TR-85059.

Curtis, D. C., Moore, D. R., Slater, B., & Zahlan, N. (1988). Fatigue testing of multi-angle laminates of CF/PEEK. Composites, 19(6), 446-452.

El-Kadi, H., & Ellyin, F. (1994). Effect of stress ratio on the fatigue of unidirectional glassfibre/ epoxy composite laminae. Composites, 25, 917-924.

Found, M. S., & Quaresimin, M. (2003). Two-stage fatigue loading of woven carbon fibre reinforced laminates. Fatigue and Fracture of Engineering Materials and Structures, 26, 17-26.

Gamstedt, E. L., & Sjogren, B. A. (2002). An experimental investigation of the sequence effect in block amplitude loading of cross-ply composite laminates. International Journal of Fatigue, 24, 437-446.

Gathercole, N., Reiter, H., Adam, T., & Harris, B. (1994). Life prediction for fatigue of T800/ 5245 carbon-fibre composites: I. constant-amplitude loading. Fatigue, 16, 523-532.

Gittus, J. (1975). Creep, viscoelasticity and creep fracture in solids. London UK: Applied Science Publishers LTD.

Goodman, J. (1899). Mechanics applied to engineering. Harlow, UK: Longman Green.

Hahn, H. T. (1979). Fatigue behavior and life prediction of composite laminates. In S. W. Tsai (Ed.), Composite materials: Testing and design (Fifth conference), ASTM STP 674 (pp. 383-417). ASTM.

Hamaguchi, Y., & Shimokawa, T. (1987). Fatigue properties of circular hole notched specimens of a carbon eight-harness-satin/epoxy laminate under axial loading (in Japanese). Journal of the Japan Society for Composite Materials, 13(1), 30-36.

Hansen, U. (1999). Damage development in woven fabric composites during tension-tension fatigue. Journal of Composite Materials, 33(7), 614-639.

Harris, B. (Ed.). (2003). Fatigue in composites. Cambridge, UK: Woodhead Publishing Limited.

Harris, B., Gathercole, N., Lee, J. A., Reiter, H., & Adam, T. (1997). Life-prediction for constant-stress fatigue in carbon-fibre composites. Philosophical Transactions of the Royal Society London, A355, 1259-1294.

Harris, B., Reiter, H., Adam, T., Dickson, R. F., & Fernando, G. (1990). Fatigue behaviour of carbon fibre reinforced plastics. Composites, 21(3), 232-242.

Hwang, W., & Han, S. (1986). Fatigue of composites—fatigue modulus concept and life prediction. Journal of Composite Materials, 20(2), 154-165.

Ishizuka, Y., & Kawai, M. (2013). Effect of alternate change in stress ratio and amplitude on fatigue life of a woven fabric CFRP laminate. In Proceedings of the ninth Japan-Korea joint conference on composite materials (pp. 255-256). Kagoshima, September 25.

Jen, M. H. R., Kau, Y. S., & Wu, I. C. (1994). Fatigue damage in a centrally notched composite laminate due to two-step spectrum loading. Fatigue, 16, 193-201.

Kawai, M. (2004). A phenomenological model for off-axis fatigue behavior of unidirectional polymer matrix composites under different stress ratios. Composites Part A, 35(7-8), 955-963.

Kawai, M. (2006). A method for identifying asymmetric dissimilar constant fatigue life diagrams of CFRP laminates. In Proceedings of the fifth Asian-Australasian conference on composite materials (ACCM-5), Hong Kong, November 27-30.

Kawai, M. (2010). Fatigue life prediction of composite materials under constant amplitude loading. In A. P. Vassilopoulos (Ed.), Fatigue life prediction of composites and composite structures (pp. 177-219). Abington Hall, Abington, Cambridge, UK: Woodhead Publishing Limited.

Kawai, M. (2012). Fatigue of composites—life prediction methods. In L. Nicolais & A. Borzacchiello (Eds.), Encyclopedia of composites (2nd ed.). Hoboken, NJ: John Wiley & Sons, ISBN 978-0-470-12828-2.

Kawai, M., & Itoh, N. (2014). A failure-mode based anisomorphic constant life diagram for a unidirectional carbon/epoxy laminate under off-axis fatigue loading at room temperature. Journal of Composite Materials, 48 (5), 571-592.

Kawai, M., & Koizumi, K. (2007). Nonlinear constant fatigue life diagrams for carbon/epoxy laminates at room temperature. Composites Part A, 38, 2342-2353.

Kawai, M., & Maki, N. (2006). Fatigue strength of cross-ply CFRP laminates at room and high temperatures and its phenomenological modeling. International Journal of Fatigue, 28(10), 1297-1306.

Kawai, M., & Masuko, Y. (2004). Creep behavior of unidirectional and angle-ply T800H/3631 laminates at high temperature and simulation using a phenomenological viscoplasticity model. Composites Science and Technology, 64(15), 2373-2384.

Kawai, M., & Matsuda, Y. (2012). Anisomorphic constant fatigue life diagrams for a woven fabric carbon/epoxy laminate at different temperatures. Composites Part A, 43, 647-657.

Kawai, M., Matsuda, Y., & Yoshimura, R. (2012). A general method for predciting temperature-dependent anisomorphic constant fatigue life diagram for a quasi-isotropic woven fabric carbon/epoxy laminate. Composites Part A, 43, 915-935.

Kawai, M., Morishita, M., Fuzi, K., Sakurai, T., & Kemmochi, K. (1996). Effects of matrix ductility and progressive damage on fatigue strengths of unnotched and notched carbon fiber plain woven roving fabric laminates. Composites Part A, 27(6), 493-502.

Kawai, M., & Murata, T. (2010). A three-segment anisomorphic constant life diagram for the fatigue of symmetric angle-ply carbon/epoxy laminates at room temperature. Composites Part A, 41, 1498-1510.

Kawai, M., & Sagawa, T. (2008). Temperature dependence of off-axis tensile creep rupture behavior of a unidirectional carbon/epoxy laminate. Composites Part A, 39(1), 523-539.

Kawai, M., & Suda, H. (2004). Effects of non-negative mean stress on the off-axis fatigue behavior of unidirectional carbon/epoxy composites at room temperature. Journal of Composite Materials, 38 (10), 833-854.

Kawai, M., & Taniguchi, T. (2006). Off-axis fatigue behavior of plain woven carbon/epoxy composites at room and high temperatures and its phenomenological modeling. Compos Part A, 37(2), 243-256.

Kawai, M., Yagihashi, Y., Hoshi, H., & Iwahori, Y. (2013). Anisomorphic constant fatigue life diagrams for quasi-isotropic woven fabric carbon/epoxy laminates under different hygro-thermal environments.

Advanced Composite Materials, 22(2), 79–98.

Kawai, M., Yajima, S., Hachinohe, A., & Kawase, Y. (2001a). High-temperature off-axis fatigue behaviour of unidirectional carbon fiber-reinforced composites with different resin matrices. Composites Science and Technology, 61(9), 1285–1302.

Kawai, M., Hachinohe, A., Takumida, K., & Kawase, Y. (2001b). Off-axis fatigue behaviour and its damage mechanics modeling for fibre-metal hybrid composite GLARE 2. Composites Part A, 32(1), 13–23.

Kawai, M., Yajima, S., Hachinohe, A., & Takano, Y. (2001). Off-axis fatigue behavior of unidirectional carbon fiber-reinforced composites at room and high temperatures. Journal of Composite Materials, 35(76), 545–576.

Kawai, M., Yang, K., & Oh, S. (2013). Effect of alternate variation in stress ratio on the fatigue life of woven fabric CFRP laminates. In Proceedings of the fourth Japan Conference on Composite Materials (USB) (pp. 1–2). Tokyo: The University of Tokyo. March 7.

Khan, R., Khan, Z., Al-Sulaiman, F., & Merah, N. (2002). Fatigue life estimates in woven carbon fabric/epoxy composites at non-ambient temperatures. Journal of Composite Materials, 36(22), 2517–2535.

Larson, F. R., & Miller, A. (1952). A time temperature relationship for rupture and creep stresses. Transactions of the ASME, 74, 765–771.

Lee, C. H., & Jen, M. H. R. (2000). Fatigue response and modeling of variable stress amplitude and frequency in AS-4/PEEK composite laminates, Part 1: Experiments. Journal of Composite Materials, 34(11), 906–929.

Lin, H. J., & Tang, C. S. (1994). Fatigue strength of woven fabric composites with drilled and moulded-in holes. Composites Science and Technology, 52, 571–576.

Masuko, Y., & Kawai, M. (2004). Application of a phenomenological viscoplasticity model to the stress relaxation behavior of unidirectional and angle-ply CFRP laminates at high temperature. Composites Part A, 35(7–8), 817–826.

Miner, M. (1945). Cumulative damage in fatigue. Transactions ASME Journal Applied Mechanics, 12, A159–A164.

Miyano, Y., McMurray, M. K., Enyama, J., & Nakada, M. (1994). Loading rate and temperature dependence on flexural fatigue behavior of a satin woven CFRP laminates. Journal of Composite Materials, 28(13), 1250–1260.

Miyano, Y., Nakada, M., & McMurray, M. K. (1995). Influence of stress ratio on fatigue behavior in the transverse direction of unidirectional CFRP. Journal of Composite Materials, 29(14), 1808–1822.

Mohandesi, J. A., & Majidi, B. (2009). Fatigue damage accumulation in carbon/epoxy laminated composites. Materials and Design, 30, 1950–1956.

Otani, N., & Song, D. Y. (1997). Fatigue life prediction of composites under two-stage loading. Journal of Materials Science, 32, 755–760.

Owen, M. J., & Found, M. S. (1975). The fatigue behavior of a glass-fabric-reinforced polyester resin under off-axis loading. Journal of Physics, D: Applied Physics, 8, 480–497.

Owen, M. J., & Griffiths, J. R. (1978). Evaluation of biaxial stress failure surfaces for a glass fabric reinforced polyester resin under static and fatigue loading. Journal of Materials Science, 13, 1521–1537.

Palmgren, A. Z. (1924). Die Lebensdauer vin Kugellagern. Zeitschrift des Verein Deutcher Ingenieure, 68, 339–341.

Pandita, S. D., Huysmans, G., Wevers, M., & Verpoest, I. (2001). Tensile fatigue behaviour of glass plain-weave fabric composites in on- and off-axis directions. Composites Part A, 32(10), 1533–1539.

Philippidis, T. P., & Vassilopoulos, A. P. (2002). Complex stress state effect on fatigue life of GRP laminates. Part I, experimental. International Journal of Fatigue, 24, 813-823.

Ramani, S. V., & Williams, D. P. (1977). Notched and unnotched fatigue behavior of angle-ply graphite/epoxy composites. In K. L. Reifsnider & K. N. Lauraitis (Eds.), Fatigue of filamentary composite materials, ASTM STP 636 (pp. 27-46).

Robinson, E. L. (1952). Effect of temperature variation on the long-time rupture strength of steels. Transactions ASME, 74(5), 777-781.

Salkind, M. J. (1972). Fatigue of composites. In Composite materials: Testing and design (Second conference), ASTM STP 497 (pp. 143-169). ASTM.

Schulte, K., Reese, E., & Chou, T. W. (1987). Fatigue behaviour and damage development in woven fabric and hybrid fabric composites. In F. L. Matthews, N. C. R. Buskell, J. M. Hodgkinson & J. Morton (Eds.), Sixth international conference on composite materials, second European conference on composite materials: ICCM & ECCM (Vol. 4, pp. 4.89-4.99). London: Elsevier.

Sidoroff, F., & Subagio, B. (July 1987). Fatigue damage modeling of composite materials from bending test. In Proceedings of the sixth international conference on composite materials (ICCM-VI) and second European conference on composite materials (ECCM-II), Vol 4 (pp. 4.32-4.39). London.

Sims, D. F., & Brogdon, V. H. (1977). Fatigue behavior of composites under different loading modes. In K. L. Reifsnider & K. N. Lauraitis (Eds.), Fatigue of filamentary composite materials, ASTM STP 636 (pp. 185-205).

Sun, C. T., & Chan, W. S. (1979). Frequency effect on the fatigue life of a laminated composite. In S. W. Tsai (Ed.), Composite materials: Testing and design (Fifth conference), ASTM STP 674 (pp. 418-430).

Taira, S. (1962). Lifetime of structures subjected to varying load and temperature. In N. J. Hoff (Ed.), Creep in structures (pp. 96-124). Springer-Verlag.

Van Paepegem, W., & Degrieck, J. (2001). Fatigue degradation modeling of plain woven glass/epoxy composites. Composites Part A, 32, 1433-1441.

Van Paepegem, W., & Degrieck, J. (2002). Effects of load sequence and block loading on the fatigue response of fibre-reinforced composites. Mechanics of Advanced Materials and Structures, 9(1), 19-35.

Vassilopoulos, A. P. (Ed.). (2010). Fatigue life prediction of composites and composite structures. Abington Hall, Abington, Cambridge, UK: Woodhead Publishing Limited.

Wisnom, M. R. (1995). The effect offibre rotation in ±45° tension tests on measured shear properties. Composites Part A, 26(1), 25-32.

Xiao, J., & Bathias, C. (1994). Fatigue behavior of unnotched and notched woven glass/epoxy laminates. Composites and Science and Technology, 50(2), 141-148.

Yamamoto, T., & Hyakutake, H. (1999). Microfracture in the fatigue—damage zone of notched FRP plates. Composite Interfaces, 6(4), 363-373.

Yang, J. N., & Jones, D. L. (1980). Effect of load sequence on the statistical fatigue of composites. AIAA Journal, 18(12), 1525-1531.

Yang, K. Y., & Kawai, M. (2009). Effect of variation in stress ratio on the fatigue life of a woven fabric CFRP laminate. In Proceedings of the seventh Japan-Korea joint symposium on composite materials, Kanazawa institute of technology (pp. 175-176). Kanazawa, September 25.

第9章

二维编织复合材料的疲劳响应和损伤演化

M. Quaresimin, M. Ricotta
意大利,维琴察,帕多瓦大学

9.1 简　　介

编织复合材料在航空和工业应用中的引进可追溯到30多年前。从那时起,编织复合材料就已经成为人们的研究对象,包括它们的力学性能以及相对于由UD制成的传统层压板更好的加工能力。事实上,在复合材料部件和层压板的制造过程中,使用编织体有几个优点,如更容易处理和具有更高的悬垂性,从而减少劳动力,提高工艺的自动化程度,最终达到更高的产量。

纤维波纹是编织复合材料力学性能的关键参数。在以纤维为主的铺层上,杨氏模量以及相对于UD层压板的拉伸强度分别降低约20%和15%~25%。杨氏模量的降低是由于纤维体积分数低于通常在UD层压板中测得的纤维体积分数,以及编织体中0°承载纤维的波动。由于波纹和高的残余热应力导致的应力集中,编织增强体对拉伸强度主要产生负面的影响(Ito, Chou, 1998; Woo, Withcomb, 2000)。这种在杨氏模量上的差异经常消失在基体为主的层压板上,并在编织层的抗拉强度上增加10%~15%。这种承载能力的提高,是由于编织层相对于非编织层结构的波动特性,抑制了平面剪切变形和分层(Bishop, 1989)。

另一个重要的问题是编织复合材料在静态压缩载荷作用下的力学行为。事实上,卷曲区域的存在形成了褶皱带,这些褶皱带是由于纤维束波纹引起扭结而形成的区域,与非编织层压板相比,其静态强度降低约10%。

许多作者对编织层压板的疲劳性能进行了研究(如参见本书第三部分Amijima, Fujii, Hamaguchi, 1991; Bishop, 1989; Carvelli, Gramellini, et al.,

2010; Carvelli, Tomaselli, et al., 2010; Carvelli et al., 2013; Curtis, Moore, 1985; Dyer, Isaac, 1998; Ferreira, Costa, Reis, Richardson, 1999; Found Quaresimin, 2003; Fujii, Shiina, Okubo, 1994; Gyenkenyesi, 2000; Hansen, 1999; Higashino, Takemura, Fujii, 1995; Karahan, Lomov, Bogdanovich, Verpoest, 2011; Kawai, Morishita, Fuzi, Sakurai, 1996; Kawakami, Fujii, Morita, 1996; Khan, Al-Sulaiman, Farooqi, Younas, 2001; Khan, Khan, Al-Sulaiman, Merah, 2002; Kumagai, Shindo, Inamoto, 2005; Kumar Talreja, 2000; Nishikawa, Okubo, Fujii, Kawabe, 2006; Song Otani, 1998; Tamuzs, Dzelzitis, Reifsnider, 2004a, 2004b; Vallons, Lomov, Verpoest, 2009; Van Paepegem, Degrieck, 2001; Xiao, Bathias, 1994a, 1994b; Yoshioka, Seferis, 2002)。主要的结果是,编织增强材料包含损伤,并抑制了单向增强材料的裂纹和分层扩展。这种效应在存在缺陷时特别明显:实际上,损伤抑制在缺陷尖端附近。这相对于由 UD 带制成的层压板来说,在裂纹尖端就产生了减少应力释放和吸收能量的机制。与静态载荷条件不同,在 10^6 次循环之后,编织和非编织复合材料对裂纹尖端不敏感(Amijima et al., 1991; Bishop, 1989; Bishop, Morton, 1984; Curtis, Moore, 1985; Fujii et al., 1994; Xiao, Bathias, 1994a; Kawai et al., 1996)。

由于学术界花费了大量工作来了解和模拟 UD 复合材料的疲劳寿命,因此文献中提供了基于实际损伤的疲劳寿命评估标准。然而,对损伤力学的充分理解和对临界损伤模式的评估,需要制定一个可靠的模型并对其进行验证。Talreja(1981)提出了这种方法的第一个案例,他对 UD 层压板的损伤力学进行了详细的研究和讨论之后,提出了疲劳寿命图。

尽管如此,对于纺织增强复合材料来说,在预测模型和损伤数据方面的文献仍然有限。在这些文献中,用于疲劳寿命评估的半经验模型(Ferreira et al., 1999; Fruehmann, Dulieu-Barton, Quinn, 2010; Hansen, 1999)和一些基于物理的损伤演化分析模型(Bennati, Valvo, 2006; Tamuzs et al., 2004b; Van Paepegem, Degrieck, 2002)很少。

在这一框架下,通过对编织增强复合材料的了解和理解,本章总结了斜纹 2×2编织增强碳/环氧树脂复合材料在拉伸-拉伸和拉伸-压缩轴向疲劳试验中的疲劳响应特性和损伤机理。对不同直径的中心孔缺口的普通试样和缺口试样进行了研究。在广泛分析了疲劳损伤机制后,对于平面和缺口材料,根据铺设情况和加载类型观察到不同的损伤演变。

9.2 试验方案

在复合材料的制造过程中，使用 SEAL e TEXIPREG CC 206 e ET442（斜纹 2×2 T300 碳纤维编织，CIBA 5021 增韧环氧基体，V_f= 60%）预浸料。层压板通过在 120℃和 0.6MPa 压力下的真空袋式高压成型制备，固化周期为 60min。为了研究与纤维主导和基体主导行为相关材料的失效模式，考虑三种不同的层压板，即$[0]_{10}$，$[45]_{10}$和$[0_3/45_2]_S$，试样分别承受拉伸-拉伸疲劳载荷作用（T-T）（R=0.05）和拉伸-压缩疲劳载荷作用（T-C）（R=-1）。试样的几何尺寸如图 9.1 所示，它是根据 ASTM D3039-14、ASTM D3479-12 和 ASTM D3410-08，以及在 Quaresimin（2002）中已经得到的试验结果设计的。根据图 9.2 中所示试样的几何形状，通过钻 4mm、8mm 和 12mm 直径的中心孔来分析切口的影响。试样的尺寸是根据 ASTM D5766-11 和 ASTM D6484m-14 设计的。静态压缩试验由他人（Quaresimin, 2002）报道，并根据 ASTM D6484m-14 使用抗屈曲装置进行了试验。由于发现损伤区域在孔周围受到限制，因此本章提出的拉伸-压缩疲劳试验的结果是在短试样上进行的（图 9.2（b）），与上述抗屈曲装置的不受支承区域之间存在一定距离。值得注意的是，经纱方向被假定为编织参考轴。因此，加载方向定义为纬线方向与外部施加载荷之间的夹角。

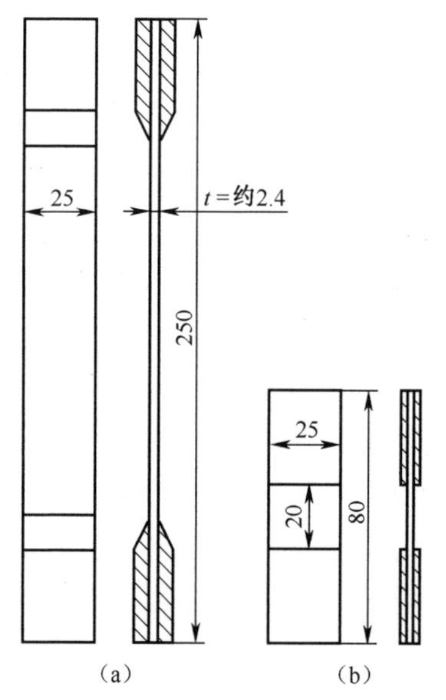

图 9.1 （a）拉伸试验和（b）压缩试验中的普通试样（尺寸 mm）

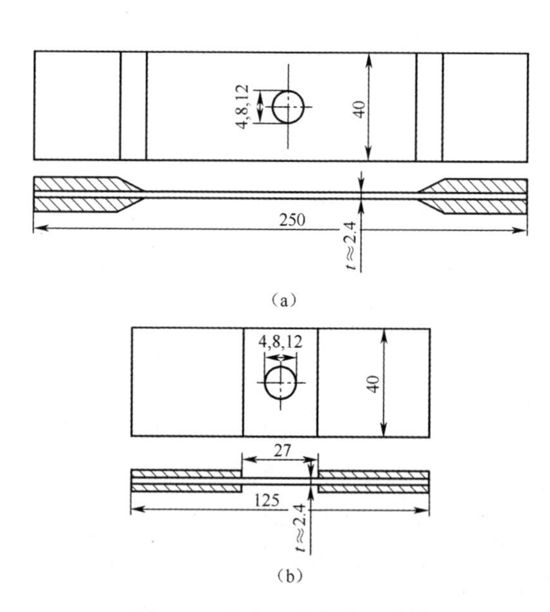

图 9.2 含中心孔的缺口试样
（a）静态拉伸-拉伸疲劳试验；
（b）静态压缩和拉伸-压缩疲劳试验（尺寸 mm）。

所有试样均在室温下用带10/100kN称重传感器的伺服液压机MTS 809进行测试。试验是在载荷控制下进行的，正弦波和测试频率根据铺层和加载条件在1~10Hz范围内变化。对于普通材料，在一些试验中，通过使用测压元件的信号和测量长度为25mm的MTS引伸计来测量磁滞回线。对于疲劳损伤演化的分析，层压板承受恒定幅值的加载直至失效。在每个块的末端，通过显微镜观察试样的抛光边缘，来分析其损伤模式和裂纹密度。一些切口试样也浸入碘化锌溶液中2h，然后通过SRE 80 MAN 02.01 - Bosello高科技X射线设备进行分析。通过精度小于0.1℃的AGEMA 550红外相机监测疲劳试验过程中表示损伤变化的温度图。

9.3　静态载荷作用下的缺口灵敏度

对于每种材料结构和孔径，均进行了5次试验，表9.1给出了σ_{UTS}、σ_{UCS}的平均值和变异系数(c.o.v)。值得注意的是，应力是指试样的净截面。可以看出，切口的存在显著降低了材料的极限拉伸强度和压缩强度。对于所有的分层分析，图9.3给出了标准静态强度与孔直径和试样宽度比(d/w)的变化趋势。可以发现显著的切口敏感性和有限的孔尺寸效应。更确切地说，就是以纤维为主的层压板的切口灵敏度高于以基体为主分层的切口灵敏度(根据Amijima et al., 1991; Bishop, 1989; Curtis, Moore, 1985; Naik, Shembekar, Verma, 1990等人的研究结果)。对于施加载荷的影响，可以发现它与堆叠顺序无关，且在拉伸载荷的作用下切口的敏感性更高。因此，我们认为纤维在拉伸载荷作用下的弹性力学行为比在压缩载荷下要更大。并当基体为塑性占主导作用，且降低切口灵敏度时，可以表明该结果是合理的。

表9.1　普通和缺口层压板的拉伸和压缩静强度(应力称为净截面)

	$[0]_{10}$				$[45]_{10}$				$[0_3/45_2]_s$			
孔直径 /mm	σ_{UTS} /MPa	c.o.v. /%	σ_{UCS} /MPa	c.o.v. /%	σ_{UTS} /MPa	c.o.v. /%	σ_{UCS} /MPa	c.o.v. /%	σ_{UTS} /MPa	c.o.v. /%	σ_{UCS} /MPa	c.o.v. /%
0	649.0	4.3	597.5	5.0	219.5	3.1	185.6	3.2	525.3	6.0	405.3	2.9
4	333.8	7.2	327.6	10.7	199.1	4.2	169.8	4.7	305.0	12.0	307.2	6.8
8	293.3	6.3	300.2	7.1	184.3	6.3	166.0	2.7	292.8	2.7	280.8	4.1
12	298.3	3.1	260.6	11.4	170.1	2.0	160.3	4.1	276.8	11.8	267.7	6.2

在$[0_3/45_2]_S$层压板的情况下，载荷类型的影响显而易见。其在压缩载荷作用下对拉伸载荷表现出明显不同的响应。实际上，在前一种情况下，当施加的压缩载荷接近其最终值时，观察到存在较大的分层。扩展的分层区域增加了

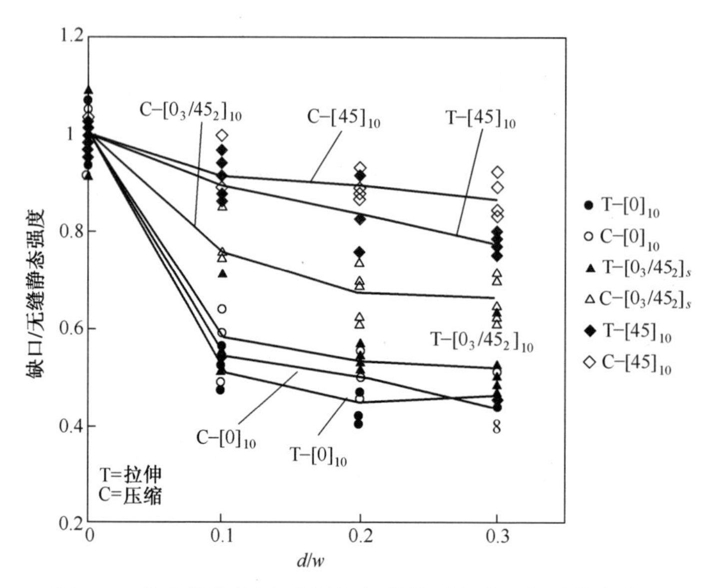

图 9.3　静态载荷作用下铺层、加载类型和孔径与试件宽度比对缺口敏感性的影响

传递到基体的载荷(Fleck, Liu,Shu, 2000),并且随着层压板的延展性的增加,整体切口灵敏度降低。相反,在拉伸试验的情况下,从未观察到分层。

9.4　材料对循环载荷的响应

根据上述过程对普通试样和缺口试样进行了试验,并根据所得到的疲劳试验数据采用对数正态分布循环失效假设进行统计分析(所施加的净应力与循环次数之比)。分析结果分别在表 9.2 和表 9.3 中进行总结,分别为无缺口和缺口试样。

表 9.2　普通层压板的疲劳强度数据和 S-N 曲线参数

铺层方式	R	数据数量	f/Hz	$\sigma_{max,50\%}$/MPa	$\sigma_{max,90\%}$/MPa	k	T_σ	$\sigma_{max,50\%}/\sigma_{UTS}$
$[0]_{10}$	0.05	13	10	484.4	433.1	41.2	1.25	0.746
$[45]_{10}$	0.05	10	2-4	104.4	81.7	22.1	1.63	0.476
$[0_3/45_2]_S$	0.05	13	10	431.2	409.9	64.1	1.11	0.821
铺层方式	R	数据数量	f/Hz	$\sigma_{max,50\%}$/MPa	$\sigma_{max,90\%}$/MPa	k	T_σ	$\sigma_{max,50\%}/\sigma_{ucs}$
$[0]_{10}$	-1	19	5	274.3	228.6	12.7	1.44	0.459
$[45]_{10}$	-1	9	1-2	49.3	40.1	11.6	1.51	0.248
$[0_3/45_2]_S$	-1	11	5	186.2	159.0	13.2	1.37	0.459

表9.3 缺口层压板的疲劳强度数据和 S-N 曲线参数(应力是指净截面)

系列	R	数据数量	测试频率/Hz	$\sigma_{max,50\%}$/MPa	$\sigma_{max,90\%}$/MPa	k	T_σ	$\frac{\sigma_{max,50\%}}{\sigma_{UTS}}$
$[45]_{10}$8mm 孔	0.05	8	5	114.5	100.0	35.52	1.310	0.622
$[45]_{10}$12min 孔	0.05	7	5	91.6	83.2	14.85	1.211	0.539
$[0]_{10}$8mm 孔	−1	8	5	228.0	208.3	28.37	1.198	0.778
$[0]_{10}$12mm 孔	−1	8	5	163.4	147.7	14.56	1.223	0.626
$[45]_{10}$8mm 孔	−1	6	1−2	56.9	55.4	17.20	1.056	0.343
$[45]_{10}$12mm 孔	−1	5	1−2	55.7	52.0	23.02	1.115	0.349
$[0_3/45_2]_S$8mm 孔	−1	8	5	152.8	138.3	19.02	1.221	0.544
$[0_3/45_2]_S$12mm 孔	−1	8	5	138.7	124.4	22.34	1.244	0.518

报告中给出了 2×10^6 周期次数下($\sigma_{max,50\%}$)($\sigma_{max,50\%}$)的平均参考最大应力($\sigma_{max,50\%}$),以及90%存活概率(置信水平95%)下的最大应力($\sigma_{max,90\%}$)。还包括 S-N 曲线的斜率 k 和分散指数 T_σ($T_\sigma=\sigma_{max,10\%}/\sigma_{max,90\%}$)。在表9.2和表9.3中最后一列,还列出了疲劳比,即在 2×10^6 个周期次数下,平均参考最大应力与静态强度的比值。对于缺口材料,疲劳试验是在孔直径为8mm和12mm的试样上进行的。对于$[0]_{10}$和$[0_3/45_2]_S$层压板在拉伸-拉伸载荷作用下的情况,尽管最大施加应力处于静态失效的散射带中,但发现循环次数小于 4×10^6 的失效,正如 Bishop(1989)与 Curtis 和 Moore (1985)所报道的那样。

在图9.4~图9.6中给出了普通材料的疲劳数据和相关的10%~90%生存概率的散射带:收集的这些数据是关于叠层层压板的,并以最大施加应力表示,以便与文献中的静态强度数据进行比较。可以注意到加载条件的重要影响:事

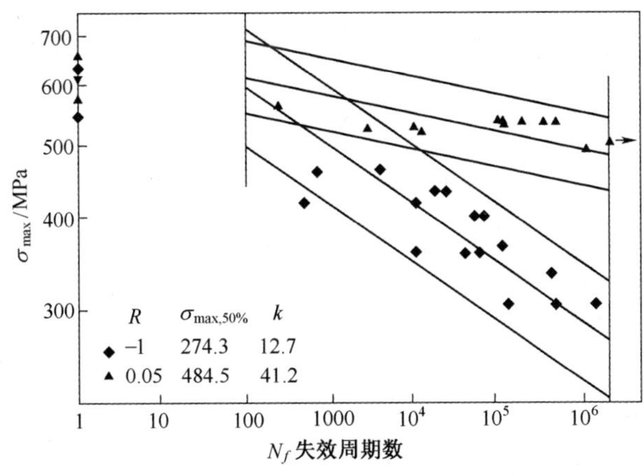

图9.4 叠层$[0]_{10}$层压板的疲劳试验数据和相关的10%~90%存活概率散射带

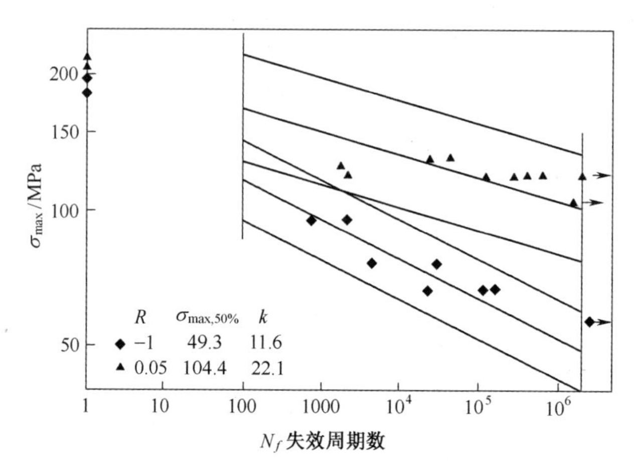

图 9.5 $[45]_{10}$层压板的疲劳数据及相关的 10%~90%存活概率散射带

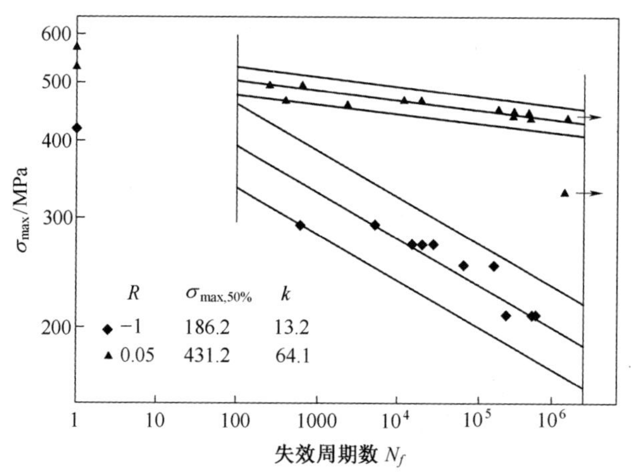

图 9.6 $[0_3/45_2]_s$ 普通层板疲劳数据及相关的 10%~90%存活概率散射带

实上,对于这里分析的所有叠层结构,当在加载历程中存在压缩分量时,叠层结果对疲劳损伤更加敏感,具有更陡的疲劳曲线。如图所示,这可以通过假设基体特性对压缩载荷作用下疲劳强度的影响来证明这一点。另外,在 T-T 疲劳加载的情况下,层压板对疲劳损伤的敏感性非常低,对于以纤维为主的层压板而言,这一点尤为明显($[0_3/45_2]_S$ 和$[0]_{10}$)。

为了评估分层的效果,用疲劳比的定义将统计分析结果与层压板的静态性能进行了标准化。疲劳比值如表 9.2 所列。可以看出,在给定的应力比中,以纤维为主的层压板有类似的疲劳比,略高于基体为主的$[45]_{10}$层压板。这一分析使我们能够很好地与 UD 增强层压板的行为进行类比。在拉伸-拉伸疲劳加载作用下,从 0°到加载方向的纤维取向会导致疲劳损伤敏感度降低(弹性、脆性纤维主导的分层)(Awerbuch, Hahn, 1981, pp. 243-273; Harris, Reiter, Adam, Dickson, Fernando, 1990; Jen, Lee, 1998; Tai, Ma, Wu, 1995)。相反,$[45]_{10}$层压板的性能是以基体性能为主导的,也因此具有较低的标准疲劳强度(Aymerich, Priolo, 1994; Jen, Lee, 1998; Petermann, Schulte, 2002)。

在 T-C 疲劳加载情况下,由于$[0]_{10}$和$[0_3/45_2]_S$层压板比$[45]_{10}$层压板具有较高的疲劳比,因此其具有更高的耐疲劳损伤性能。

图 9.7 和图 9.8 分别给出了含孔试样的 T-T 和 T-C 疲劳试验中最大净应力-寿命曲线,以及用于比较的普通试样的最大净应力-寿命曲线。如上所述,在 T-T 疲劳加载时,以纤维为主的叠层结构在静强度散射带中的最大施加应力下并没有表现出疲劳失效。与此相反,以基体为主的叠层结构对循环加载非常敏感(如图 9.7 和表 9.3 所示),这与 Bishop(1989), Bishop 和 Morton(1984)与 Curtis 和 Moore(1985)发表的试验结果相一致。

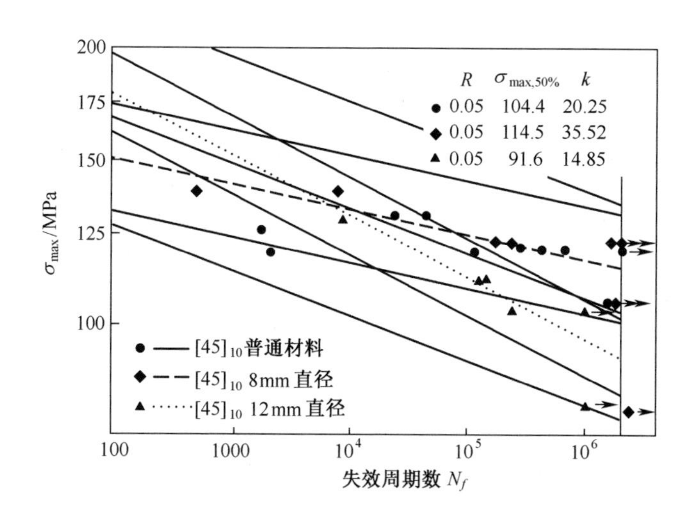

图 9.7　$[45]_{10}$层压板在拉伸-拉伸疲劳加载下的疲劳数据和相关的 10%~90%存活概率散射带

在 T-C 疲劳试验中,对于所有层压板叠层结构,由于基体对整体层压板的冲击响应,以及近孔局部微屈曲(Fleck et al., 2000)的可能影响,对 T-T 疲劳的损伤敏感性显著增加,从而加剧了纤维的断裂和分层。另外,根据图 9.8 所示,对于所有的叠层来说,在通常情况下,应力集中的产生会使得应力-寿命曲线比普通材料更平坦。在 Bishop(1989), Bishop 和 Morton(1984)与 Curtis 和 Moore(1985)的文献中也表现出了这种行为,这可能是由于局部应力释放的断裂机制造成的。

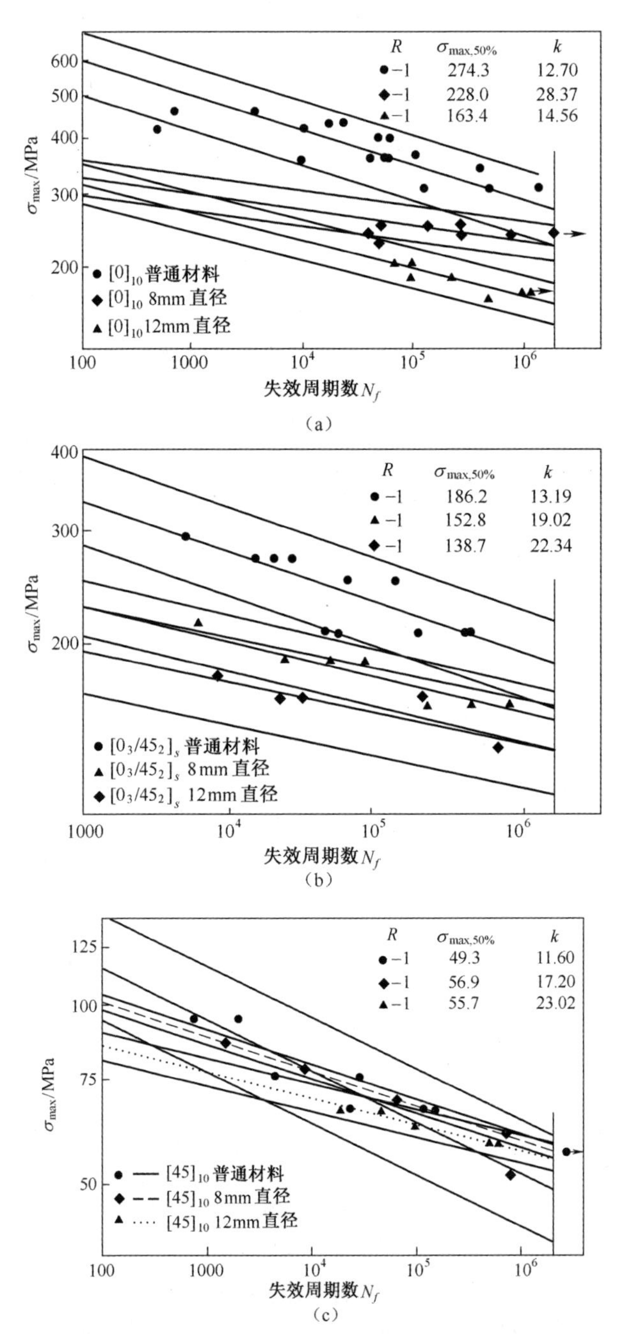

图 9.8　(a)$[0]_{10}$,(b)$[0_3/45_2]_S$ 和(c)$[45]_{10}$层压板在 T-C 疲劳加载下的疲劳数据和相关 10%~90%存活概率的散射带

通过考虑表 9.3 中列出的疲劳比,可以很容易地观察到纤维占主导地位层

压板的孔尺寸效应:事实上,直径较大的试样具有较低的疲劳比。在 T-C 疲劳加载的情况下,对于给定孔径的纤维为主层压板的疲劳比,可以发现[0]$_{10}$层压板的疲劳敏感度比[0_3/45_2]$_S$ 层压板的更低,这是由于在疲劳试验过程中观察到不同的损伤机制,这一点将在后面讨论。最后,在[45]$_{10}$层压板的情况下,孔尺寸效应可以忽略不计,正如 Bishop(1989),Bishop 和 Morton(1984)以及 Curtis,Moore(1985)和 Kawai(1996)所报道的那样。由于孔洞的存在,高周循环疲劳强度的明显增加仅与观察到的普通试样的疲劳数据的散射有关。Bathias(1991)也在准各向同性碳纤维增强复合材料的示例中提出了相似的结果。由于缺口的存在而导致的高周循环疲劳强度的降低,通常通过 K_f 因子来考虑,该 K_f 因子被定义为 2×10^6 个周期内无切口材料的平均参考振幅应力 $(\sigma_{A,50\%})_{\text{unnotched}}$ 与 2×10^6 环切口材料的平均参考振幅应力 $(\sigma_{A,50\%})_{\text{notched}}$ 的比值。图 9.9 绘制了 d/w 与 K_f 之比的趋势图,并且从图中可以看出,对于纤维占主导的叠层,它随着孔尺寸增大而增大。

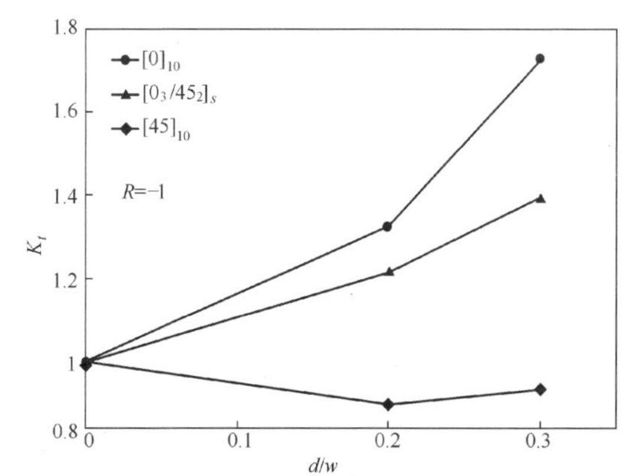

图 9.9　疲劳缺口因子 K_f 与孔径对试样宽度比的关系

9.5　循环载荷作用下的损伤演化

本节介绍并讨论了试样疲劳寿命期间的损伤演变过程。对于普通层压板试样,在宏观和微观层面都对材料响应进行了研究。宏观分析提供了滞回周期(9.5.1 节),而在疲劳寿命过程中对试样抛光边缘的微观观察(9.5.2 节),则可以确定不同的分层和加载条件下的主要损伤机制。与往常一样,这两种方法是互补的,证明了[0]$_{10}$和[0_3/45_2]$_S$ 层的强纤维主导行为,而基体性质对[45]$_{10}$层压板的响应有更大的影响。

对于在缺口试样(9.5.3 节),利用 X 射线和红外技术对疲劳损伤机理进行了分析,并对层压板的不同疲劳性能进行了验证(取决于叠加顺序和应力比)。

9.5.1 普通材料的宏观损伤演化

对不同铺层和载荷条件下的滞后循环分析,证实了在 T-T 加载作用下纤维为主的层压板的失效几乎完全呈线性特征,如图 9.10 所示$[0]_{10}$铺层,图中给出了在不同疲劳寿命百分比下测得的滞后回线。相反,$[45]_{10}$层压板的疲劳行为特征是在某种与蠕变相关的变形过程中,由于施加到试样的平均拉伸应力和以基体为主的响应特征,滞后环向着正应变的方向连续移动(图 9.11)。

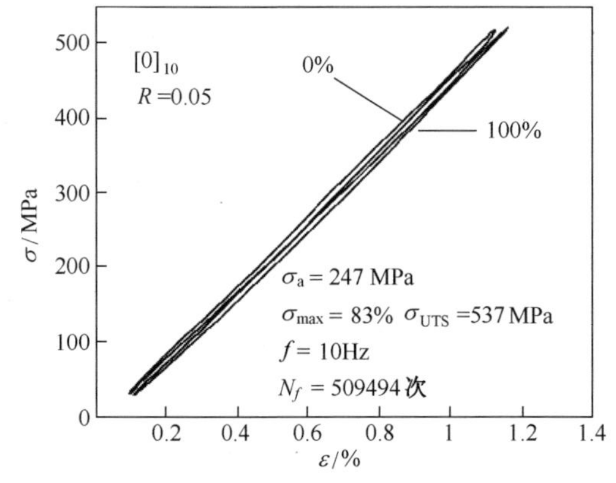

图 9.10 $[0]_{10}$铺层层压板在拉伸-拉伸疲劳加载试验中不同总疲劳寿命分数下的典型迟滞循环曲线

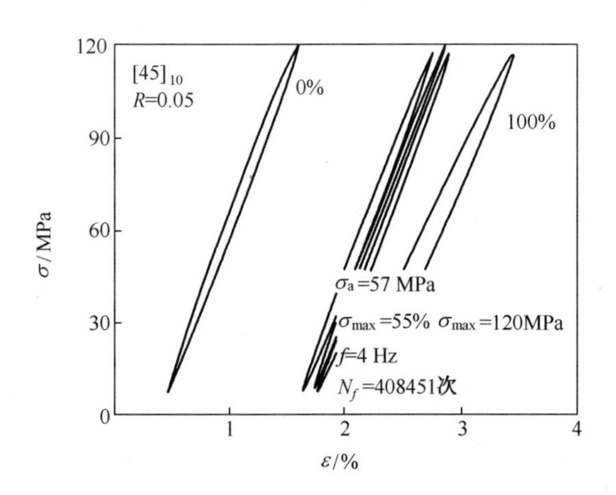

图 9.11 $[45]_{10}$铺层层压板在拉伸-拉伸疲劳试验中不同总疲劳寿命分数下典型的迟滞循环线

在T-C加载作用下,所有的分层都有明显的线性损失,这表明如果存在45°层的作用,那么基体在整体层叠行为中发挥着更重要的作用。图9.12和图9.13分别给出了在T-C试验中,$[0]_{10}$和$[45]_{10}$铺层的典型滞后周期。随着疲劳寿命的增加,磁滞回线平均斜率的变化清楚地表明,由于损伤演化而造成总体刚度的损失。

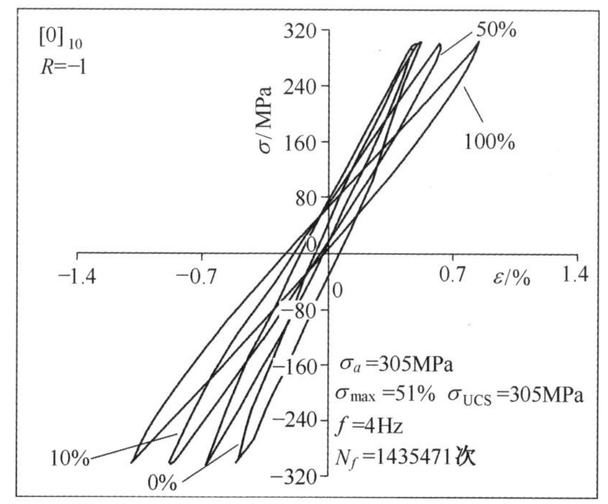

图9.12　$[0]_{10}$铺层层压板在拉伸−压缩疲劳试验中不同总疲劳寿命分数下典型的迟滞循环线

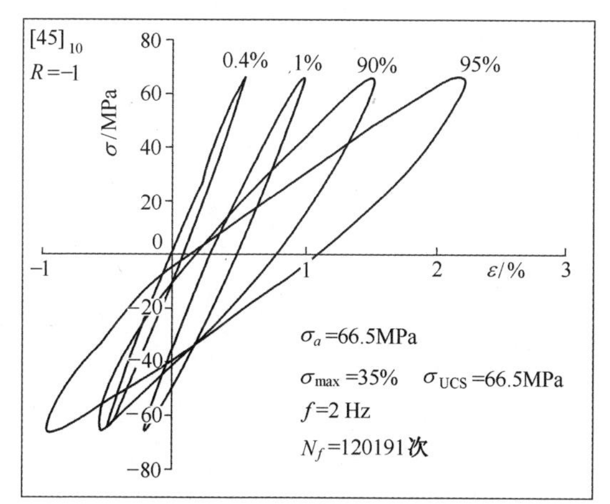

图9.13　$[45]_{10}$铺层层压板在拉伸−压缩疲劳试验中不同总疲劳寿命分数下典型的迟滞循环线

9.5.2　材料的微观损伤演化

通过显微观察发现了三种主要的疲劳损伤机制:横向基体开裂、层间脱黏和纤维失效。不同的损伤机制主要与铺层和加载类型有关,而与应力水平无关。尽管如此,主损伤机制也仅能表示层压板最终的失效机理。损伤机制的示例如图 9.14 中的显微照片所示,并且在下面的段落中,都详细描述了每种铺层的损伤演变情况。

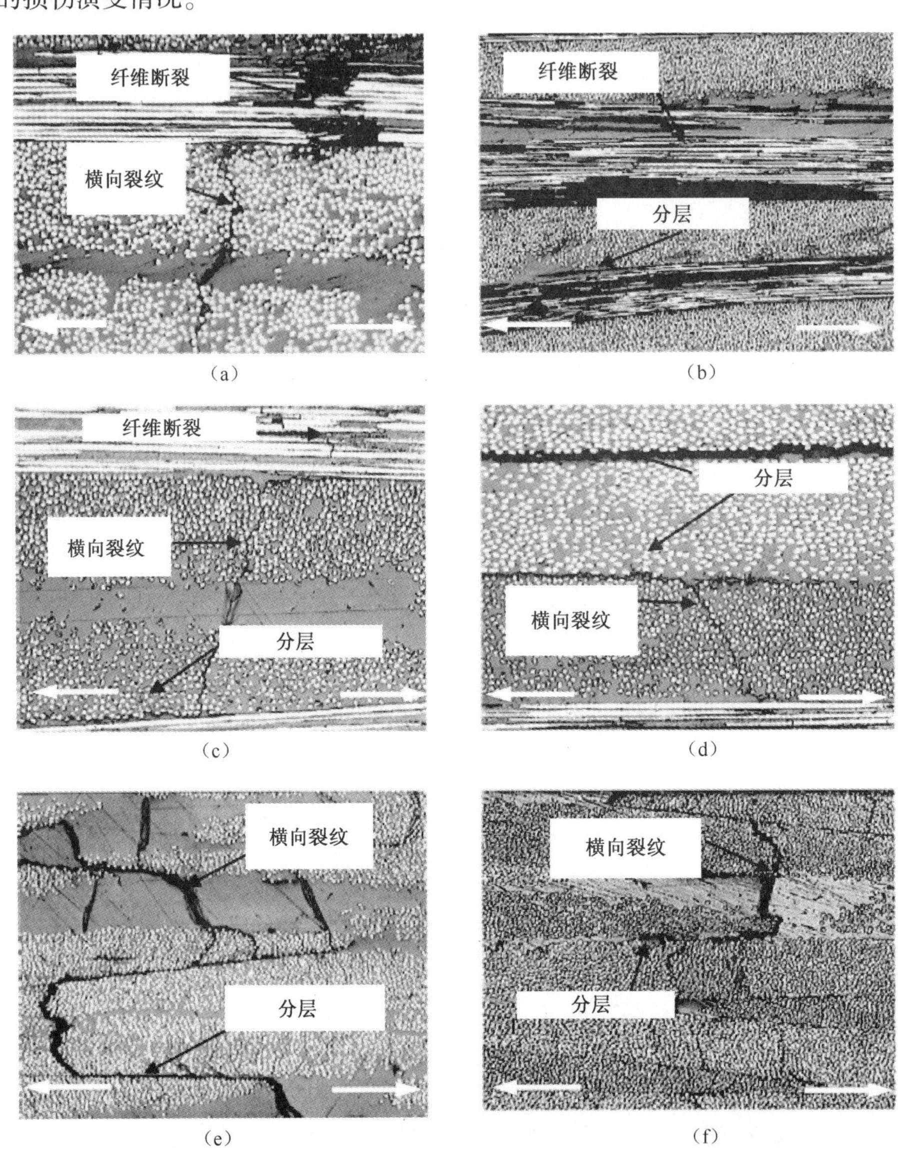

图 9.14 不同铺层和载荷比下主疲劳损伤机理的示例(白色箭头表示载荷方向)

(a) $[0]_{10}$ $R=0.05$, $\sigma_{max}=85\%\sigma_{UTS}$, $N/N_f=30\%$(100x);(b) $[0]_{10}$ $R=-1$, $\sigma_{max}=60\%\sigma_{UCS}$, $N/N_f=40\%$(50x);(c) $[0_3/45_2]_S$ $R=0.05$, $\sigma_{max}=85\%\sigma_{UCS}$, $N/N_f=65\%$(100x);(d) $[0_3/45_2]_S$ $R=-1$, $\sigma_{max}=65\%\sigma_{UCS}$, $N/N_f=50\%$(100x);(e) $[45]_{10}$ $R=0.05$, $\sigma_{max}=55\%\sigma_{UTS}$, $N/N_f=83\%$(50x);(f) $[45]_{10}$ $R=-1$, $\sigma_{max}=45\%\sigma_{UCS}$, $N/N_f=80\%$(50x)。

9.5.2.1 $[0]_{10}$层压板

在拉伸-拉伸载荷作用下,疲劳损伤从横向基体裂纹的出现开始。这些裂纹在纬纱束较高的地方成核,在加载方向上为90°,其密度随疲劳载荷循环次数的增加而增加。9.5.2.2节表明,在疲劳寿命期间,横向裂纹的成核。随着经纱纤维的失败,损伤演变继续,并且这种机制说明了失效时的层压行为。由于纤维的脆性行为,在试样边缘可见随机分布的破坏纤维,最后当损伤集中在某一区域时,会突然发生失效。在这种情况下,几乎观察不到分层。

在拉伸压缩载荷下,疲劳寿命的开始并不是以普遍的破坏机制为特征。事实上,在相同的载荷水平下,出现分层现象后会出现横向裂纹,反之亦然。分层扩展可由两种不同的效应驱动,分别引起层内或层间分层。在第一种情况下,纤维束的波纹与压缩载荷相结合会引起局部屈曲和平面外应力分量,这会使纬线与经线分离。相反的是,在第二种情况下,随着应力集中在横向裂纹尖端的作用,在纬纱束的较高点处进行分层。第一次分层的存在会引起进一步的局部屈曲效应,并增加局部应力水平,损伤快速扩展并通过试样使其强度性能变差。整体效果对拉伸-拉伸加载条件下的疲劳损伤更敏感。在疲劳寿命的后期,即使纤维已经发生失效,但基体仍然是控制层压板最终失效的主要机制。

9.5.2.2 $[45]_{10}$层压板

在拉伸-拉伸载荷作用下,纤维束顶部和底部树脂富集区域的横向基体裂纹的起裂是初始损伤机理。通过在束中扩展,这些裂纹最终演化成分层。

在疲劳寿命初期,随着分层脱黏的不断扩展,新裂纹也在不断成核。通过增加使用寿命的比例,在层间和层内的分层路径上不断扩展。与此同时,横向裂纹也倾向于合并成一个大裂纹。这种特殊损伤演化的结果是经线和纬线束之间的相对轴向和角位移,随之形成分层区域和裂纹长度,从而增加了它们表面之间的距离。试样在特定部位的局部损伤会导致最终的失效,即纤维束的相对滑动减少了碎纤维的数量。

在拉伸-压缩载荷作用下,疲劳损伤的演变始于经纱和纬纱之间以及层与层之间的分层。通过编织束和循环压缩加载的综合作用,与拉伸-拉伸加载的情况相比,它促进了分层扩展及传播。相较于拉伸-拉伸加载的情况而言,分层扩展及其传播是由于编织束和循环压缩加载的综合作用所引起的。分层是形成横向裂纹的主要损伤机制,后者出现在纤维束顶部和底部的树脂富集区域,约为疲劳寿命的25%。一旦形成,裂纹就像上面描述的那样,在拉伸-拉伸载荷作用下扩展,也会导致进一步的分层。随着循环次数的增加,分层扩展和横向裂纹聚结的增加,导致试样发生破坏。当分层是主要的损伤机制时,最后的失效更可能发生在循环载荷的压缩阶段。相反,当横向裂纹更集中于某一特定区域时,试样在循环载荷作用的拉伸阶段发生失效。在这两种情况下,失效都是由没有断裂的纤维束的相对滑动造成的。

9.5.2.3 $[0_3/45_2]_S$ 层压板

在拉伸-拉伸加载情况下,经过很少的疲劳循环作用,所有先前描述的 $[0]_{10}$ 和 $[45]_{10}$ 层压板的损伤机制都是有效的。事实上,0°纬纱中的横向裂纹随后在45°层出现分层。这种铺层的特点是存在0°/45°层界面,自第一次循环以来,主要的分层都与加载方向平行。随着循环次数的增加,0°层损伤增大,0°/45°层界面分层。相反,由于应力水平的降低,45°层的疲劳损伤发展缓慢。如前所述,层压板的力学行为几乎完全是线性失效的,如在 $[0]_{10}$ 层压板中那样,因为该行为是受到0°层承载层的控制。最终的失效通常发生在相对于其他层压板裂纹密度更大的部分;由于0°层的失效,施加的载荷被转移到45°层上,由于这些层既没有足够的强度,也没有足够的时间来发展其典型的损伤机制,从而导致脆性破坏。

在拉伸-压缩载荷作用下,试样开始在内部45°层中分层,并且这种分层会沿试样扩展。在疲劳寿命的初期阶段也存在数量减少的横向裂纹。实际上,即使在这种情况下,循环加载周期的压缩阶段也会导致横向裂纹成核并发生分层。损伤也会随着0°层和45°层的分层和横向裂纹的扩展而扩展。如上所述,在拉伸-拉伸加载作用下,损伤机制是典型层压板的分层造成的;导致层压板最终发生失效的机制仍然是纤维的断裂。

9.5.3 含孔的微观损伤演化

对于在T-T疲劳加载作用下 $[0]_{10}$ 层压板和两种孔径的分析,损伤演变主要表现为纵向开裂。图9.15给出了在不同循环次数下12mm直径孔上的X射线分析结果。当疲劳试验停止而没有发生试样失效时,纵向裂纹出现在100万次循环周期,然后略微增大到400万次循环周期。用红外热像仪对同一试样的温度场及其演化进行了监测,结果如图9.16所示。温度图显示起裂附近区域的温度也较高,这与X射线的结果一致,并表示损伤状态。

在拉伸-压缩疲劳加载作用下,损伤事件的演变是不同的,如图9.17所示。在疲劳寿命开始的时候,损伤的特征是在孔的自由边缘分裂成核(图9.17(a)),然后是由于微屈曲引起的分层和纤维断裂(图9.17(b)和(c))。因此,虽然初始裂纹减小了峰值应力,但压缩载荷引起了局部宏观/微小弯曲,随后发生分层直至最终失效。在这种情况下,图9.18表明温度图可以协助监测损伤事件的演变发生,在受损区域附近有更高的温度。

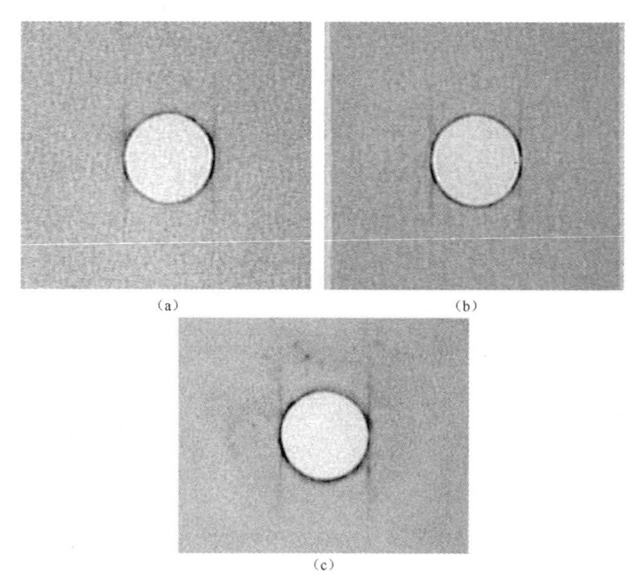

图 9.15　X 射线损伤分析示例：$[0]_{10}$铺层；12mm 直径孔；

$R=0.05$；$\sigma_{max}=92\%\sigma_{UTS}$；跳跃：$4\times10^6$个周期

(a)25%的疲劳寿命；(b)50%的疲劳寿命；(c)100%的疲劳寿命。

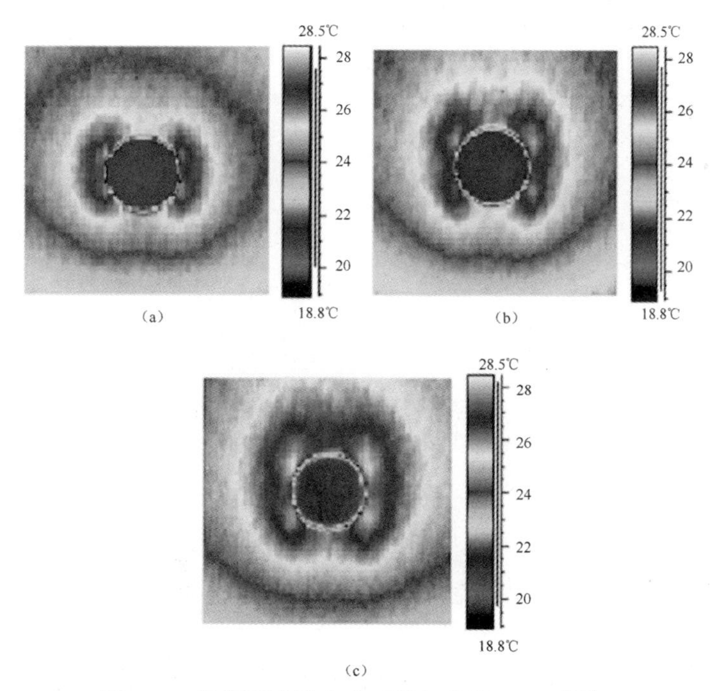

图 9.16　温度图示例：$[0]_{10}$铺层；直径 12mm 的孔；

$R=0.05$；$\sigma_{max}=92\%\sigma_{UTS}$；跳跃：$4\times10^6$个循环周期

(a)疲劳寿命的 5%；(b)疲劳寿命的 50%；(c)疲劳寿命的 100%。

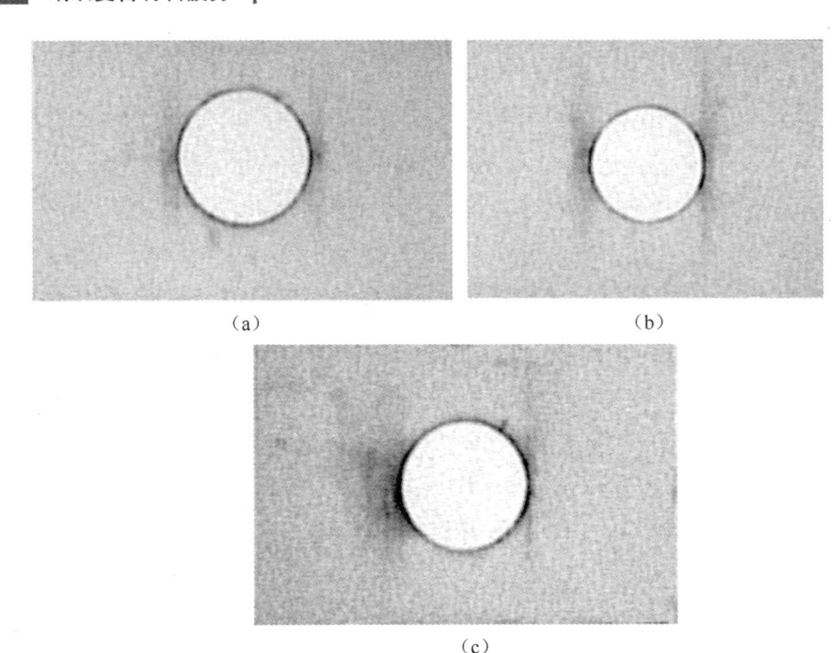

图 9.17　X 射线损伤分析示例：$[0]_{10}$铺层；直径 12mm 的孔；

$R=-1$；$\sigma_{max}=79\%\sigma_{UCS}$；$N_f=99106$ 个周期

(a)疲劳寿命的 11%；(b)疲劳寿命的 50%；(c)疲劳寿命的 90%。

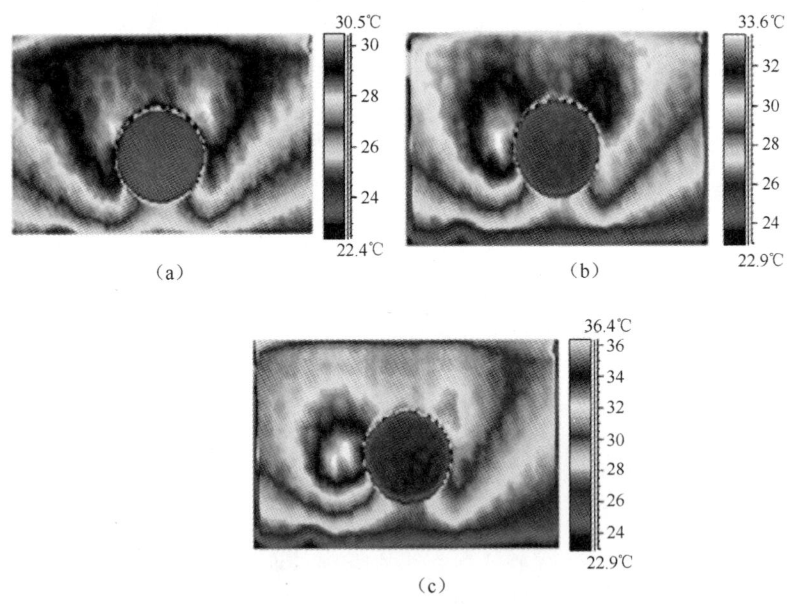

图 9.18　温度图示例：$[0]_{10}$铺层；直径 12mm 的孔；

$R=-1$；$\sigma_{max}=79\%\sigma_{UCS}$；$N_f=99106$ 个循环周期

(a)疲劳寿命的 11%；(b)疲劳寿命的 50%；(c)疲劳寿命的 99.9%。

在$[45]_{10}$层压板的T-T疲劳试验中,损伤从孔的自由边缘处成核,并且其初始特征为基体开裂,然后分层(图9.19(a))。随着循环的进行,基体开裂和分层增加(图9.19(b)),然后它们完全穿过净截面部分(图9.19(c))。Curtis和Moore(1985)也发现了相似的结果。图9.20再次展示了红外分析作为实时监测工具的能力,因为从热图导出的损伤扩展再次与增强X射线技术提供的损伤扩展完全一致。由于空间原因,光学显微镜分析在此没有报道,表明在相同铺层和相同应力比的平面试样中,孔附近高应力区域的损伤机制相同。损伤始于横向基体裂纹成核,并伴随分层开始演化。后者证明是控制层压板最终失效的主要损伤机制,其中包括具有少量断裂纤维的纤维束之间的相对滑动。$[45]_{10}$层压板在T-C疲劳加载作用下,从孔中开始分层,并扩展至层压板边缘。

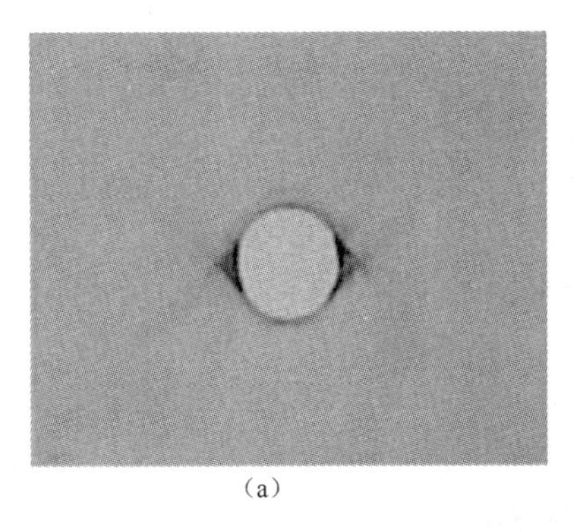

(a)

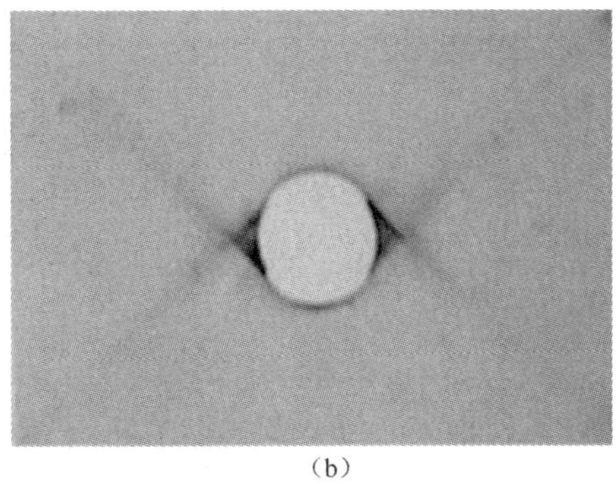

(b)

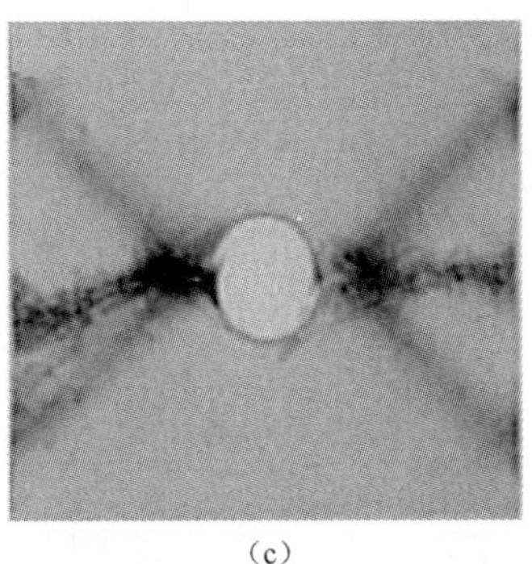

(c)

图9.19　X射线损伤分析示例:$[45]_{10}$铺层;直径8mm的孔;

$R = 0.05$;$\sigma_{max} = 66\%\sigma_{UTS}$;$N_f = 178581$个循环周期

(a)疲劳寿命的87%;(b)疲劳寿命的93%;(c)疲劳寿命的100%。

在这里分析的孔直径和T-T疲劳加载作用下$[0_3/45_2]_S$层压板的疲劳性能与$[0]_{10}$层压板非常相似,施加的净截面最大应力等于σ_{UTS}的97%,疲劳敏感性降低,且没有发生疲劳失效。红外分析证实,损伤区域的扩展很小,非常接近孔的自由边缘,温度升高的幅度减小(小于5℃),其疲劳寿命几乎是恒定的。

在 T-C 疲劳的情况下,由于存在主要导致分层脱黏和纤维失效的压缩载荷,其损伤演化是不同的。增强的 X 射线(图 9.21)和温度图(图 9.22)表明,在纵向开裂的情况下,局部损伤(从网段的孔中扩展)占主导地位。

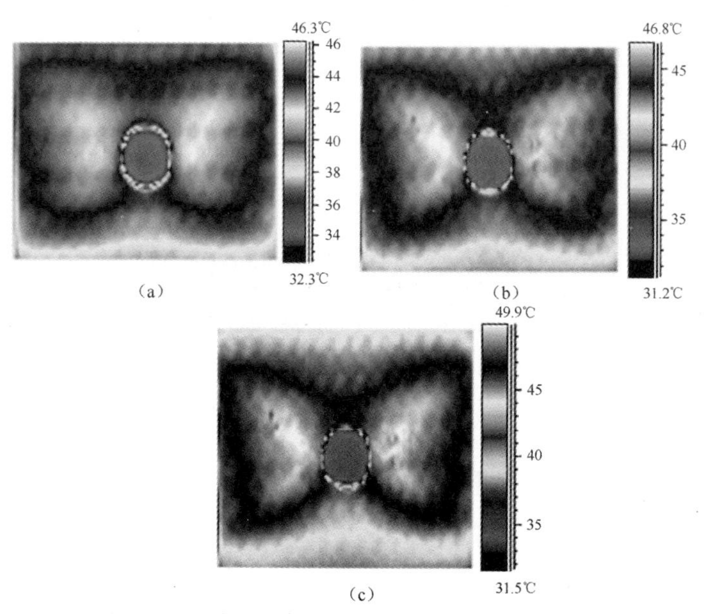

图 9.20 温度图示例:$[45]_{10}$铺层;直径 8mm 的孔;

$R = 0.05$;$\sigma_{\max} = 66\%\sigma_{\mathrm{UCS}}$;$N_f = 178581$ 个循环周期

(a)疲劳寿命的 87%;(b)疲劳寿命的 93%;(c)疲劳寿命的 99.9%。

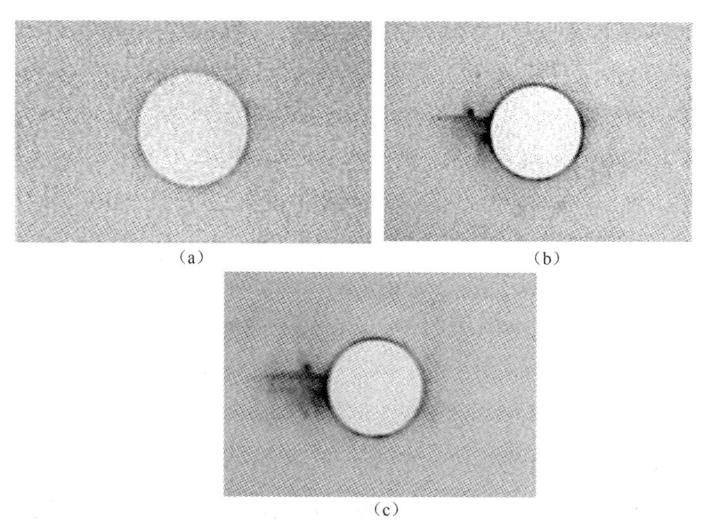

图 9.21 X 射线损伤分析示例:$[0_3/45_2]_S$ 铺层;直径 12mm 的孔;

$R = -1$;$\sigma_{\max} = 62\%\sigma_{\mathrm{UTS}}$;$N_f = 235947$ 个循环周期

(a)0.26%的疲劳寿命;(b)15%的疲劳寿命;(c)90%的疲劳寿命。

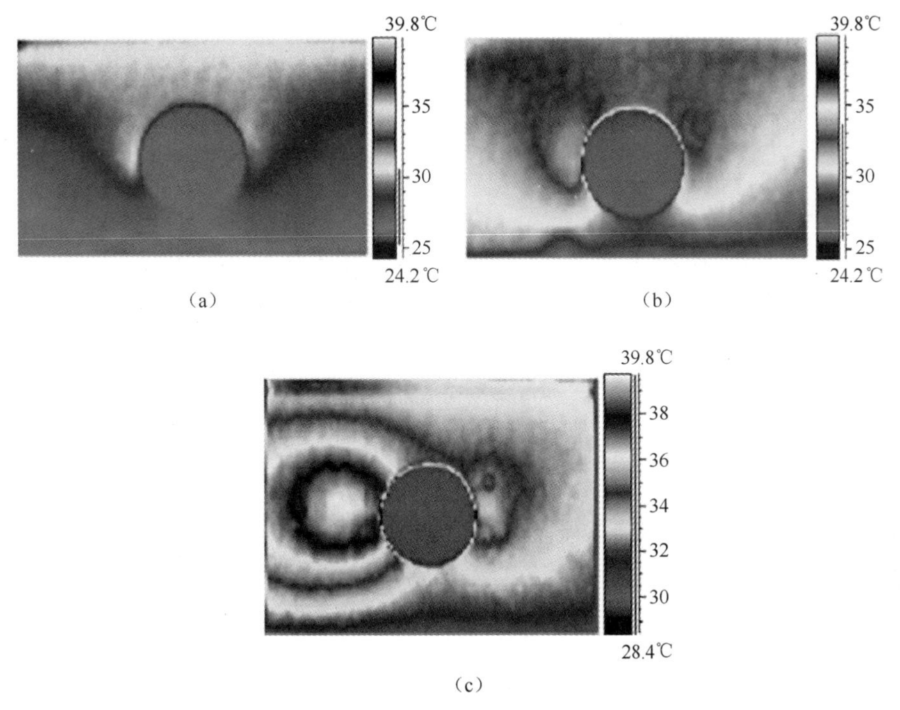

图 9.22　温度图示例：$[0_3/45_2]_S$ 铺层；直径 12mm 的孔；

$R=-1$；$\sigma_{max}=62\%\sigma_{UCS}$；$N_f=235947$ 个循环周期

(a)0.26%的疲劳寿命；(b)15%的疲劳寿命；(c)99.9%的疲劳寿命。

一般来说，对于本书研究的所有堆叠顺序和应力比而言，纤维结构，也可能是它们的波纹度“约束”了在孔附近区域的循环载荷引起的损伤演化，这是不值得的。这种情况在 Bishop (1989)，Bishop 和 Morton (1984) 及 Curtis 和 Moore (1985) 的文献中也有报道。此外，孔的大小并没有影响到损伤机制，这也在 Yau and Chou (1988) 的文献进行了研究。

9.6　裂纹密度曲线

裂纹密度曲线可以综合描述疲劳损伤演化过程(Balhi et al., 2006; Tong, Guilf, Ogin, Smith, 1997; Varna, Joffe, Akshantala, Talreja, 1999)，将试件边缘的横向裂纹密度作为标准疲劳寿命的函数(图 9.23)。对不同曲线的分析使我们能够识别主要的损伤机制，并描述它们的演化过程。在拉伸-拉伸载荷作用下，纤维主导行为的特征是单调递增的曲线(图 9.23(a)和(b))，因为横向基体裂纹是更明显的损伤机制。对于 $[0_3/45_2]_S$ 层压板来说，分层对 $[0]_{10}$ 层板的疲劳损伤有更大的作用，并且在相同的疲劳寿命中，$[0_3/45_2]_S$ 层压板的较低裂纹密度值清楚地表明了这种效应。

在拉伸-拉伸载荷作用下，基体为主导的层压板（图 9.23（c））的裂纹密度曲线表现出一种特殊的趋势，在疲劳寿命开始时达到峰值，随后下降。如上所述，许多横向裂纹在疲劳寿命的初期阶段形核，并且分层现象仅在后面出现；裂纹密度的明显降低只是单个较大裂纹中许多小裂纹聚结的作用。

在拉伸-压缩载荷作用下（$R=-1$），层压板的分层对裂纹密度趋势的影响较小。对于所有的堆叠顺序，事实上，损伤演化的特征在于疲劳寿命的第一部分，由于载荷循环的压缩部分和编织结构，而导致的疲劳寿命的开始和扩展。这种效应在所有 $R=-1$ 曲线中都很明确：疲劳寿命第一部分中的几乎平坦的趋势表明，随着横向裂纹的形成，分层开始和扩展，相反，在疲劳寿命的第二部分出现裂纹密度值的升高。因此，裂纹密度曲线适用于描述一种损伤机理对另一种损伤机理的影响。例如，图 9.23（d）给出了在相同载荷条件下，两个$[0]_{10}$试样的裂纹密度曲线，但其特征表现为不同的损伤演化。一个是横向开裂，另一个是分层。

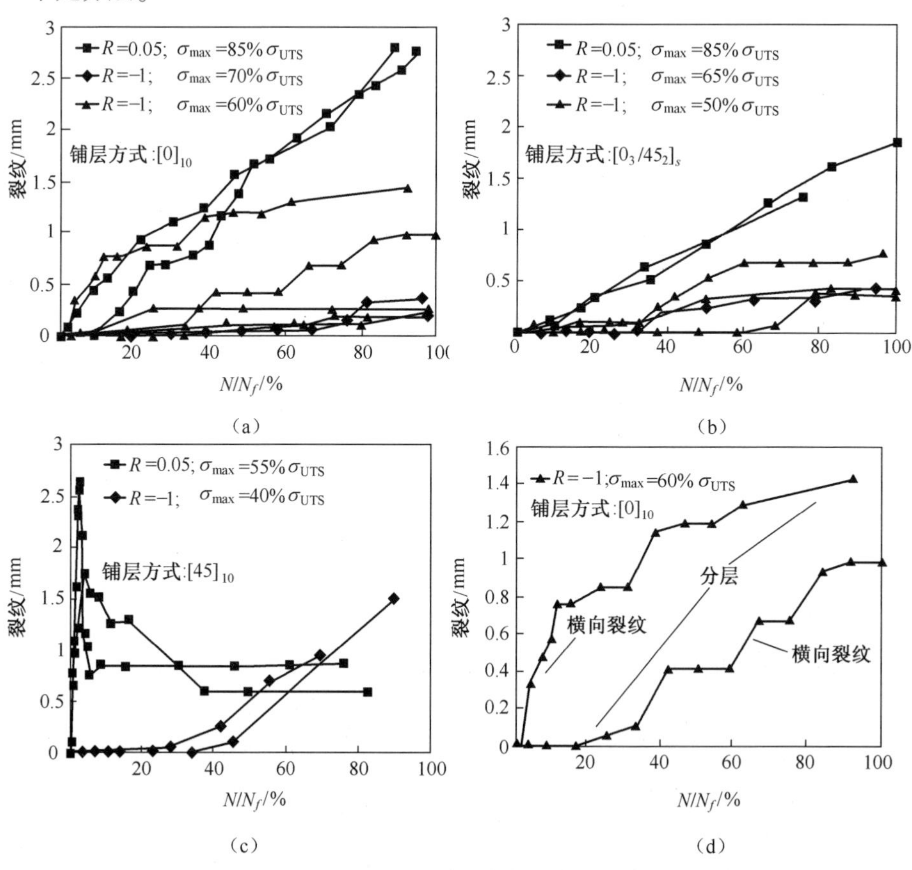

图 9.23　裂纹密度曲线

更进一步地考虑,值得我们注意的是,在目前的工作中测量失效时得到的裂纹密度值与文献报道的值相比明显不同,它比在 Xiao 和 Bathias(1994a,1994b)文献中的$[0_2/90_2]_S$、$[0/45/90/-45]_S$、$[45/0/-45/90]_S$CFRP UD 层压板和 Kawai 等人(1996)的文献中的$[0]_6$缎纹编织层压板测量得到的值要大得多。这可能是由于编织结构和增韧基体的双重作用,导致减少了分层脱黏,从而造成了这种差异。

9.7 结　论

在本章中,通过分析层叠顺序、存在的缺口以及加载类型对损伤演化的影响,研究了编织增强碳/环氧树脂复合材料层压板的疲劳响应,并对疲劳寿命期间损伤机制及其演化的宏观和微观分析给予了特别关注。在室温下对三种不同堆叠顺序的层压板进行了拉伸-拉伸和拉伸-压缩疲劳加载试验,即$[0]_{10}$,$[0_3/45_2]_S$ 和$[45]_{10}$,之后研究了 4mm、8mm 和 12mm 的中心孔对切口的影响。

本工作的主要结论概括如下:

(1) 确定了$[0]_{10}$和$[0_3/45_2]_S$ 层压板在拉伸和压缩静态载荷作用下对存在中心孔的显著敏感性。

(2) 发现了加载条件的重要影响。事实上,对于所研究的堆叠顺序,层压板在拉伸-压缩载荷作用下比拉伸-拉伸疲劳加载下更敏感。

(3) 平板材料的应力集中降低了对疲劳的敏感性。然而,$[0]_{10}$和$[0_3/45_2]_S$ 层压板在拉-压循环载荷作用下,疲劳强度受孔尺寸的影响较大;但这种效应在$[45]_{10}$层的层压板上并没有出现。

(4) 采用 $2×10^6$循环周期时最大平均应力和静强度比定义的疲劳比,可以定量地分析叠加顺序对层压板疲劳强度的影响。

(5) 光学显微镜观察表明,横向基体开裂、脱黏分层和纤维断裂是主要的疲劳损伤机制。不同机制的出现顺序取决于层压板的铺层和载荷类型,而层压板的最终失效通常只由一个主要的破坏机制控制。

(6) 孔径的大小不影响损伤机制,而这仅取决于铺层和应力比。在拉伸-拉伸疲劳加载作用下,纵向开裂和基体裂纹是$[0]_{10}$和$[0_3/45_2]_S$ 层压板破坏的主要损伤机制,而基体裂纹和分层表征了$[45]_{10}$层压板的行为。在拉伸-压缩疲劳加载作用下,损伤机制为局部宏观/微屈曲和分层。

(7) 对于切口试样来说,由于纬纱的存在,损伤区域主要受限于纤维结构附近孔减小的区域。

(8) 增强 X 射线照相和红外热成像之间的比较,表明后者是一种实时的、无损的、非接触技术,有助于对损伤演化进行定性分析。

参考文献

Amijima, S., Fujii, T., & Hamaguchi, M. (1991). Static and fatigue tests of a woven glass fabric composite under biaxial tension-torsion. Composites, 22(4), 281-289. http://dx.doi.org/10.1016/0010-4361(91)90003-Y.

ASTM D3039-14, Standard test method tensile properties of polymer matrix composite materials. ASTM International 2014. doi:10.1520/D3039_D3039M-14.

ASTM D3410-08, Standard test method for compressive properties of polymer matrix composite materials with unsupported gage section by shear loading, ASTM International 2008. doi:10.1520/D3410_D3410M-03R08.

ASTM D3479-12, Standard test method for tension-tension fatigue of polymer matrix composite materials. ASTM International 2012. doi:10.1520/D3479_D3479M-12.

ASTM D5766-11, Standard test method for open-hole tensile strength of polymer matrix composite laminates. ASTM International 2011. doi:10.1520/D5766_D5766M-11.

ASTM D6484M-14, Standard test method for open-hole compressive strength of polymer matrix composite laminates. ASTM International 2014. doi:10.1520/D6484_D6484M-14.

Awerbuch, J., & Hahn, H. T. (1981). Off-axis fatigue of graphite/epoxy composite, fatigue of fibrous composite materials. ASTM STP 723.

Aymerich, F., & Priolo, P. (1994). Static and fatigue strength of notched graphite/peek angle-ply laminates. In I. C. Visconti (Ed.), Proceedings of advancing with composites '94, Vol. 1, (pp. 83-91), Milan. Woodhead Publishing Ltd.

Balhi, N., Vrellos, N., Drinkwater, B. W., Guild, F. J., Ogin, S. L., & Smith, P. A. (2006). Intralaminar cracking in CFRP laminates: observations and modeling. Journal of Materials Science, 41, 6599-6609. http://dx.doi.org/10.1007/s10853-006-0199.

Bathias, C. (1991). Fracture and fatigue of high performance composite materials. Engineering Fracture Mechanics, 40, 757-783. http://dx.doi.org/10.1016/0013-7944(91)90234-R.

Bennati, S., & Valvo, P. S. (2006). Delamination growth in composite plates under compressive fatigue loads. Composites Science and Technology, 66, 248-254. http://dx.doi.org/10.1016/j.compscitech.2005.04.

Bishop, S. M. (1989). Strength and failure of woven carbon-fibre reinforced plastics for high performance applications. In T.-W. Chou, & F. K. Ko (Eds.), Textile structural composites (pp. 173-207). Amsterdam: Elsevier.

Bishop, S. M., &Morton, J. (1984). Fatigue of notched (0,45) CFRP with woven and non-woven 45 layers. In Advanced in fracture research (Vol. 4). Pergamon: Oxford. pp. 3069-3078.

Carvelli, V., Gramellini, G., Lomov, S. V., Bogdanovich, A. E., Mungalov, D., & Verpoest, I. (2010). Fatigue behaviour of non-crimp 3D orthogonal weave and multi-layer plain weave E-glass reinforced composites. Composites Science and Technology, 70, 2068-2076. http://dx.doi.org/10.1016/j.compscitech.2010.08.002.

Carvelli, V., Pazmino, J., Lomov, S. V., Bogdanovich, A. E., Mungalov, D., & Verpoest, I. (2013). Quasi-static and fatigue tensile behavior of a 3D rotary braided carbon/epoxy composite. Journal of Composite Materials, 47, 3188-3202. http://dx.doi.org/10.1177/0021998312463407.

Carvelli, V., Tomaselli, V. N., Lomov, S. V., Verpoest, I., Witzel, V., & Van Den Broucke, B. (2010). Fatigue and post-fatigue tensile behaviour of non-crimp stitched and unstitched carbon/epoxy composites. Composites Science and Technology, 70, 2216-2224. http://dx.doi.org/10.1016/j.compscitech.2010.09.004.

Curtis, P. T., & Moore, B. B. (1985). A comparison of the fatigue performance of woven and non-woven CFRP laminates. In W. C. Harrigan, J. Strife, & A. K. Dhingra (Eds.), Proceedings of the Fifth International Conference on Composite Materials, San Diego, CA (pp. 293-314). Warrendale, PA: The Metallurgical Society of AIME.

Dyer, K. P., & Isaac, D. H. (1998). Fatigue behaviour of continuous glassfibre reinforced composites. Composites Part B: Engineering, 29B, 725-733.

Ferreira, J. D. M., Costa, J. D. M., Reis, P. N. B., & Richardson, M. O. W. (1999). Analysis of fatigue and damage in glass-fibre-reinforced polypropylene composite materials. Composites Science and Technology, 59, 1461-1467. http://dx.doi.org/10.1016/S0266- 3538(98)00185-7.

Fleck, N. A., Liu, D., & Shu, J. Y. (2000). Microbuckle initiation from a hole and from the free edge of a fibre composite. International Journal of Solids and Structures, 37, 2757 - 2775. http://dx.doi.org/10.1016/S0020-7683(99)00041-4.

Found, M. S., & Quaresimin, M. (2003). Two-stage fatigue loading of woven carbon fibre reinforced laminates. Fatigue and Fracture of Engineering Materials and Structures, 26, 17-26. http://dx.doi.org/10.1046/j.1460-2695.2003.00583.x.

Fruehmann, R. K., Dulieu-Barton, J. M., & Quinn, S. (2010). Assessment of fatigue damage evolution in woven composite materials using infra-red techniques. Composites Science and Technology, 70, 937-946. http://dx.doi.org/10.1016/j.compscitech.2010.02.009.

Fujii, T., Shiina, T., & Okubo, K. (1994). Fatigue notch sensitivity of glass woven fabric composites having a circular hole under tension/torsion biaxial loading. Journal of Composite Materials, 28(3), 234-251. http://dx.doi.org/10.1177/002199839402800303.

Gyenkenyesi, A. L. (2000). Isothermal fatigue behavior and damage modeling of a high temperature woven PMC. Transactions of the ASME, 122, 62-68.

Hansen, U. (1999). Damage development in woven fabric composites during tension-tension fatigue. Journal of Composite Materials, 33(7), 614-639. http://dx.doi.org/10.1177/002199839903300702.

Harris, B., Reiter, H., Adam, T., Dickson, R. F., & Fernando, G. (1990). Fatigue behavior of carbon fibre reinforced plastics. Composites, 21, 232-242. http://dx.doi.org/10.1016/0010- 4361(90)90238-R.

Higashino, M., Takemura, K., & Fujii, T. J. (1995). Strength and damage accumulation of carbon fabric composites with a cross-linked NBR modified epoxy under static and cyclic loadings. Composite Structures, 32, 357-366.

Ito, M., & Chou, T.-W. (1998). An analytical and experimental study of strength and failure behavior of plain weave composites. Journal of Composite Materials, 32(1), 2 - 30. http://dx.doi.org/10.1177/002199839803200101.

Jen, M.-H. R., & Lee, C.-H. (1998). Strength and life in thermoplastic composite laminates under static and fatigue loads. Part I. International Journal of Fatigue, 20(9), 605-616. http://dx.doi.org/10.1016/S0142-1123(98)00029-2.

Karahan, M., Lomov, S. V., Bogdanovich, A. E., & Verpoest, I. (2011). Fatigue tensile behavior of carbon/epoxy composite reinforced with non-crimp 3D orthogonal woven fabric. Composites Science and Technology, 71, 1961-1972. http://dx.doi.org/10.1016/j.compscitech.2011.09.015.

Kawai, M., Morishita, M., Fuzi, K., & Sakurai, T. (1996). Effects of matrix ductility and progressive damage on fatigue strengths of unnotched and notched carbon fibre plain woven roving fabric laminates. Composites Part A: Applied Science and Manufacturing, 27A, 493-502.

Kawakami, H., Fujii, T. J., & Morita, Y. (1996). Fatigue degradation and life prediction of glass fabric polymer composite under tension/torsion biaxial loadings. Journal of Reinforced Plastics & Composites, 15, 183-195. http://dx. doi. org/10. 1177/073168449601500204.

Khan, Z., Al-Sulaiman, F. A., Farooqi, J. K., & Younas, M. (2001). Fatigue life predictions in woven carbon fabric/polyester composites based on modulus degradation. Journal of Reinforced Plastics & Composites, 20(5), 377-398. http://dx. doi. org/10. 1177/073168401772678706.

Khan, R., Khan, Z., Al-Sulaiman, F., & Merah, N. (2002). Fatigue life estimates in woven carbon fabric/epoxy composites at non-ambient temperatures. Journal of Composite Materials, 36(22), 2517-2535. http://dx. doi. org/10. 1177/002199802761405277.

Kumagai, S., Shindo, Y., & Inamoto, A. (2005). Tensionetension fatigue behavior of GFRP woven laminates at low temperatures. Cryogenics, 45(2), 123-128. http://dx. doi. org/ 10. 1016/j. cryogenics. 2004. 06. 006.

Kumar, R., & Talreja, R. (2000). Fatigue damage evolution in woven fabric composites. In Proceedings of 41st AIAA/ASME/ASCE/AHS/ASC Structures, Structural Dynamics, and Materials Conference and Exhibit, Atlanta, GA, 3e6 April 2000 (pp. 1841-1849). A00-24613, AIAA-2000-1685.

Naik, N. K., Shembekar, P. S., & Verma, M. K. (1990). On the influence of stacking sequence on notch sensitivity of fabric laminates. Journal of Composite Materials, 24, 838 - 852. http://dx. doi. org/10. 1177/002199839002400804.

Nishikawa, Y., Okubo, K., Fujii, T., & Kawabe, K. (2006). Fatigue crack constraint in plainwoven CFRP using newly-developed spread tows. International Journal of Fatigue, 28, 1248-1253. http://dx. doi. org/10. 1016/j. ijfatigue. 2006. 02. 010.

Petermann, J., & Schulte, K. (2002). Strain based service time estimation for angle-ply laminates. Composites Science and Technology, 62, 1043-1050. http://dx. doi. org/10. 1016/ S0266-3538(02)00034-9.

Quaresimin, M. (2002). Fatigue of woven composite laminates under tensile and compressive loading. In Proc. of tenth European Conference on Composite Materials (ECCM10), June 3-7, 2002, Brugge, Belgium.

Song, D.-Y., & Otani, N. (1998). Approximate estimation on fatigue strength of polymer matrix composites by material properties. Materials Science and Engineering: A, 254, 200-206.

Tai, N. H., Ma, C. C., & Wu, S. H. (1995). Fatigue behaviour of carbon-fibre/peek laminate composites. Composites, 26, 551-559. http://dx. doi. org/10. 1016/0010-4361(95)92620-R.

Talreja, R. (1981). Fatigue composite materials: damage mechanisms and fatigue-life diagrams. Proceedings of the Royal Society, A378, 461-475. http://dx. doi. org/10. 1098/rspa. 1981. 0163.

Tamuzs, V., Dzelzitis, K., & Reifsnider, K. (2004a). Fatigue of woven composite laminates in off-axis loading II. Prediction of the cyclic durability. Applied Composite Materials, 11, 281-293. http://dx. doi. org/10. 1023/B: ACMA. 0000037131. 70402. 5e.

Tamuzs, V., Dzelzitis, K., & Reifsnider, K. (2004b). Fatigue of woven composite laminates in off-axis loading I. The mastercurves. Applied Composite Materials, 11, 259-279. http:// dx. doi. org/10. 1023/B: ACMA. 0000037132. 63191. 3a.

Tong, J., Guilf, F. J., Ogin, S. L., & Smith, P. A. (1997). On matrix crack growth in quasiisotropic laminatesel. Experimental investigation. Composites Science and Technology, 57, 1527-1535. http://

dx. doi. org/10. 1016/S0266-3538(97)00080-8.

Vallons, K. , Lomov, S. V. , & Verpoest, I. (2009). Fatigue and post-fatigue behaviour of carbon/ epoxy non-crimp fabric composites. Composites Part A, 40, 251-259. http://dx. doi. org/ 10. 1016/j. compositesa. 2008. 12. 001.

Van Paepegem, W. , & Degrieck, J. (2001). Experimental set-up for and numerical modelling of bending fatigue experiments on plain woven glass/epoxy composites. Composite Structures, 51, 1-8.

Van Paepegem, W. , & Degrieck, J. (2002). Coupled residual stiffness and strength model for fatigue of fibre-reinforced composite materials. Composites Science and Technology, 62, 687-696. http://dx. doi. org/ 10. 1016/S0266-3538(01)00226-3.

Varna, J. , Joffe, R. , Akshantala, N. V. , & Talreja, R. (1999). Damage in composite laminates with off-axis plies. Composites Science and Technology, 59, 2139-2147. http://dx. doi. org/ 10. 1016/S0266-3538(99)00070-6.

Woo, K. , & Withcomb, J. D. (2000). A post-processor approach for stress analysis of woven textile composites. Composites Science and Technology, 60, 693-704. http://dx. doi. org/ 10. 1016/S0266-3538 (99)00165-7.

Xiao, J. , & Bathias, C. (1994a). Fatigue behaviour of unnotched and notched woven glass/epoxy laminates. Composites Science and Technology, 50(2), 141-148. http://dx. doi. org/ 10. 1016/0266-3538(94) 90135-X.

Xiao, J. , & Bathias, C. (1994b). Fatigue damage and fracture mechanism of notched woven laminates. Journal of Composite Materials, 28(12), 1127-1139. http://dx. doi. org/10. 1177/ 002199839402801204.

Yau, S. -S. , & Chou, T. -W. (1988). Strength of woven-fabric composites with drilled and molded holes. In J. D. Whitcomb (Ed.), Composite materials: Testing and design (Eighth Conference), ASTM STP 972 (pp. 423-437). Philadelphia: American Society for Testing and Materials.

Yoshioka, K. , & Seferis, J. C. (2002). Modeling of tensile fatigue damage in resin transfer molded woven carbon fabric composites. Composites Part A: Applied Science and Manufacturing, 33, 1593-1601.

第10章

3D 编织复合材料的疲劳损伤演化

V. Carvelli
意大利,米兰,米兰理工大学
S. V. Lomov
鲁汶,比利时,鲁汶鲁宾大学

10.1 引 言

近年来,复合材料力学性能的不断提高,是其在(国防、保护、医疗、汽车、航空、海洋、能源生产等)先进的工业领域中被广泛应用的关键原因(Mouritz, Bannister, Falzon Leong, 1999)。最近的一个主要贡献是建立了复合材料的制造和设计方法,允许使用不同三维(3D)增强预制成型件来生产先进聚合物基复合材料(Bogdanovich, Mohamed, 2009; Tong, Mouritz, a& Bannister, 2002)。

随着工业化制造中的自动化、计算机控制设备的快速发展,3D 预制件的发展潜力变得越来越明显。设备运行速度的提高使得这种预制件在生产效率和可承受性方面具有很强的竞争力。

用于增强复合材料的3D(单层)预成型技术可能涉及编织工艺,如三维正交编织、角度和层间互锁三维编织、三维编织、三维经纬、纬编、缝接和 z-型。目前,整体式三维预制件增强的复合材料被广泛应用于地面车辆、承载结构、风机叶片、海上结构和飞机(Tong et al., 2002)中。每一种三维增强类型的优点和缺点都有文献进行研究,如文献(Bilisik, 2012; Bogdanovich, Mohamed, 2009)以及其中引用的文献。在 RTM 或 VARTM 的制造工艺过程中,任意一种 3D 整体预制件的共同优点是易于处理(高压灭菌器);没有分层的步骤。并且与传统的铺层制造相比,整个制造周期简化,也减少了时间和节约成本(Bogdanovich, Mohamed, 2009)。

随着3D增强复合材料的广泛应用,需要对其力学性能进行深入了解。相关力学性能的试验研究有许多(Tong et al., 2002)。人们很容易理解并广泛认识到3D增强技术能有效地抑制复合材料的宏观分层,改善其断裂韧性,显著提高其损伤容限,以及具有出色的抗冲击性能。另外,工程中有许多实际结构都需要具有搭接和z-型的能力,这会导致飞机力学性能的下降(Mouritz & Cox, 2010)。互锁3D织造建筑有相当大的卷曲水平,导致复合材料的平面性能受到不利影响,因为卷曲的纤维仅对面内的复合材料性能有一定的作用。非卷曲3D正交编织预制件在经向和纬向纱线中几乎没有内部纤维卷曲,使我们可以制造出更好的复合材料,而且其面内拉伸性能要比2D增强预制件更高。(请参见)文献Lomov(2009)和Carvelli,Gramellini(2010)中的E-玻璃纤维预制件,文献Bogdanovich,Karahan,Lomov和Verpoest(2013)中的碳纤维预制件以及文献Martínez,Sket,Gonzalez和LLorca,(2014中的混合预制件)。

一些文献中介绍了3D增强复合材料在疲劳行为方面有意思的研究,如Mouritz (2008)在文献中比较了拉伸载荷作用下3D编织、针织和z-型复合材料的力学性能,Mouritz (2007)以及Chang, Mouritz和Cox (2007) 研究了z-型复合材料的压缩性能和弯曲性能。

尽管通过文献已经知道了其研究结果,但是由于它们作为工程应用的结构部件,要承受长期的波动载荷作用,因此仍然需要对3D增强复合材料的疲劳耐久性进行深入了解。

最近,作者和几位同事花费大量精力对几种3D增强复合材料的力学性进行了试验研究。研究了非卷曲3D正交编织E-玻璃/环氧树脂复合材料(Carvelli, Gramellini, et al., 2010)、三维编织碳/环氧树脂复合材料(Carvelli et al., 2013)和针织结构多层碳/环氧树脂复合材料(Carvelli, Neri Tomaselli, et al., 2010)在循环拉伸载荷作用下的疲劳寿命、损伤演化以及疲劳加载后残余力学性能。

本章对上述试验研究进行了总结,并评估了三维结构预制件对3D增强复合材料疲劳性能的影响。

在载荷作用下,主方向上的拉伸-拉伸疲劳响应特性可以帮助我们全面地了解3D增强对其疲劳性能和循环加载期间损伤萌生和扩展的影响。评估了测量得到的疲劳后残余准静态拉伸力学性能对损伤的影响。

本章分为三部分,分别讨论三种材料的疲劳特性。每个部分都介绍并讨论了用于疲劳试验的3D增强复合材料的制备,以及其主要静态拉伸性能,之后,与其他2D编织复合材料或非卷曲复合材料的疲劳寿命图和损伤演化特征进行了比较;不同应力水平下的损伤观察和演变,以及与其他2D纺织品或非卷曲复合材料的比较(如果有的话);以及采用残余拉伸力学性能来评估疲劳损伤对后期疲劳性能的影响。

10.2 疲劳试验细节

通过拉伸-拉伸循环疲劳试验来研究复合材料在疲劳载荷作用下的力学行为。这种加载条件并非详尽无遗,可以涵盖一些应用中的实际工程状态,但它代表了一种典型的、公认的循环加载试验,用来初步了解材料的疲劳性能。试验是在恒幅应力、正弦波形和假设 $R = 0.1$(最小值与循环中最大应力的比值)的条件下开展的。根据施加的最大应力,加载频率在 4~10Hz 范围内。假设了几个不同的最大应力水平,并将应力水平规定为从接近准静态极限最终失效到在 5 或 200 万个周期之前没有完全失效这一范围内。循环加载以及准静态拉伸试验采用 25mm 宽和 150mm 长的棱柱试样进行。为了避免标距段和夹持压力的影响,规定如果试样在距标距段 2cm 以上处发生破坏,则认为循环加载试验结果是“有效的”。对非卷曲 3D 正交编织 E-玻璃/环氧树脂复合材料和针织结构的多层碳/环氧树脂复合材料进行了两个方向的研究,而对 3D 编织碳/环氧树脂复合材料沿编织方向进行了试验。假设每个应力水平和加载方向,至少有三个有效试样。

根据材料特性的不同,采用不同的技术研究拉伸-拉伸疲劳加载试验中的损伤萌生和扩展。对于非卷曲 3D 正交编织 E-型玻璃/环氧树脂复合材料,采用高速相机在循环加载期间获取背光试样的图像。用 X 射线微计算机断层扫描装置对两种碳/环氧树脂复合材料进行了 X 射线微计算机断层扫描(带有 AEA Tomohawk 升级版的 Philips HOMX 161 X 射线系统)。

本章所述的预-后疲劳拉伸试验,旨在研究疲劳加载过程中造成损伤的力学性能的后果。

10.3 单层非卷曲 3D 正交编织 E 玻璃/环氧树脂复合材料

10.3.1 材质特性和准静态特性

该材料是用单层非卷曲 3D 正交编织 E-玻璃纤维编织增强而成的复合材料(3Tex 公司 3WEAVE™ 品牌)。预制件的纤维结构具有三根经线和四根纬线,由贯穿厚度的纱线编织而成(Z 向)(图 10.1)。表 10.1(a)列出了非卷曲 3D 预制件的一些性能。编织结构导致经纱、纬纱和 Z 向的纤维量比率(按体积计)分别为~49%/~49%/~2%。

与 2D 增强复合材料进行了比较。平衡型 E-玻璃编织预制件的性能如

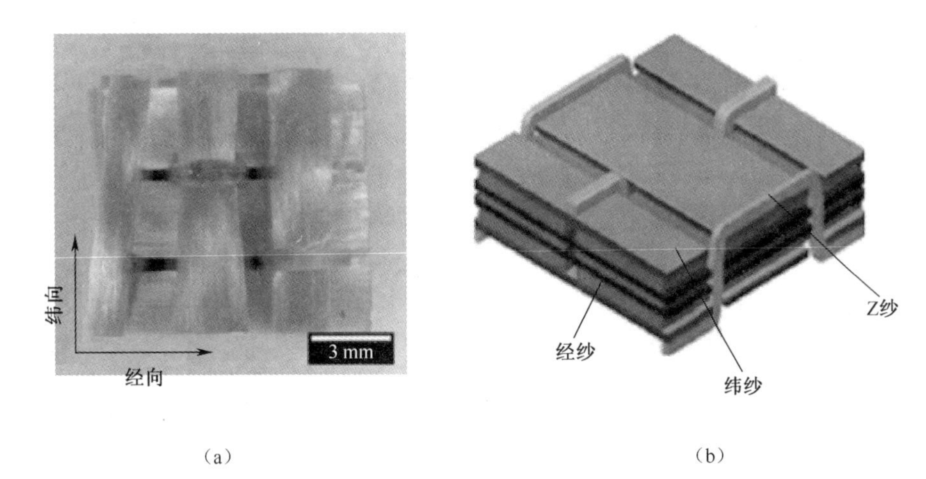

图 10.1　非卷曲 3D 正交编织预制件内的编织结构
(a)编织单元示意图;(b)编织单元尺寸。

表 10.1(b)所列。

由 3TEX 公司在其专有的 3D 编织设备上进行 3D 编织物的制造,而 2D 编织物则在常规的 Dornier 编织机上制造。

表 10.1　(a)非卷曲 3D 正交编织预制件的特性;
(b)平纹 E-型玻璃纤维预制件的特性

(a)		
3D 非卷曲编织预制件		
编织层		1
面密度(g/m^2)		3255
经纱层	插入密度(根/cm)	2.76
	顶部(ltex=g/L×1000)和底层的纱线(tex)	2275
	中间层纱线/(tex)	1100
纬纱层	插入密度/(种/cm)	2.64
	纱线/(tex)	1470
Z-纱线	插入密度(根/cm)	2.76
	纱线/tex	1800

(b)	
平纹预制件	
编织层	4
面密度/(g/m^2)	3260
经线层的插入密度/(根/cm)	1.95
纬纱层插入密度/(种/cm)	1.6
经纱和纬纱/tex	2275

两种情况下的纤维材料均为 PPG Hybon 2022 E-玻璃纤维。在相同的实验室条件下,采用真空辅助树脂转移模塑法,使用 Dow Derakane 8084 环氧-乙烯基酯树脂在室温条件下的真空袋中制备复合材料平板。得到纤维体积分数分别为 53.22±0.63%和 54.42±0.65%的非卷曲 3D 正交编织(3DW)和平纹编织复合材料(PW)。3DW 和 PW 复合材料板的面密度和厚度几乎相同。

针对相同的非卷曲 3D 正交编织增强材料开展了以下广泛研究:

(1) 定量分析了在剪切变形期间复合材料(Desplentere et al. ,2005)和预制件(Pazmino, Carvelli,Lomov (2014b))的内部几何变化。

(2) 了解预成型件复杂形状模具的主要变形模式(双轴拉伸和剪切)(Carvelli, Pazmino, Lomov, Verpoest, 2012)和成型性能(Pazmino, Carvelli, Lomov, 2014a)。

(3) 复合材料的准静态拉伸性能及其损伤机理(Lomov et al. ,2009 Ivanov, Lomov, Bogdanovich, Karahan, Verpoest, 2009)。

对首次开展疲劳试验的复合材料进行了准静态拉伸力学性能测试(参见 Carvelli, Gramellini, et al. , 2010)。在表 10.2 中给出了用于复合材料疲劳试验的主要拉伸特性,如从图 10.2 中的曲线中提取得到的数据,并对 3DW 复合材料在纬向方向和经线方向上与 PW 复合材料的经向上的特性进行了比较。

表 10.2 非卷曲 3D 正交编织和平纹 E-玻璃纤维增强复合材料的准静态力学性能的平均值和标准偏差

	三维填充	3D 翘曲	PW
E/GPa	26.3±0.63	26.4±0.76	24.7±1.51
σ_{ult}/MPa	540±20	441±26	427±23
ε_{ult}/%	2.92±0.05	2.41±0.13	2.45±0.18

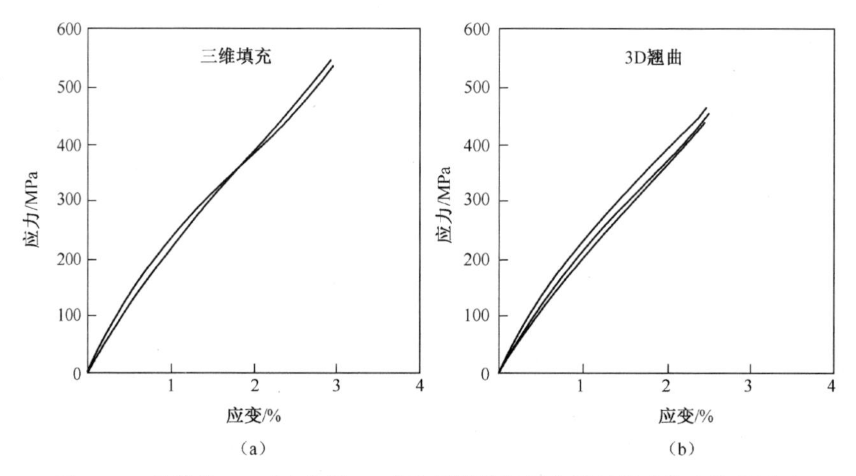

图 10.2 非卷曲 3D 正交编织 E-玻璃纤维增强复合材料的准静态拉伸试验
(a)纬向方向;(b)经向。

一些重要的准静态性能指标对其疲劳性能具有一定的影响(Lomov et al.,2009):非卷曲 3D 正交编织复合材料在纬向方向上的面内强度和破坏应变明显高于经向和 PW 层压板的面内特性。就其主要原因,正如 Lomov 等人(2009)所述的那样,可能是在 3DW 复合材料中没有纱线卷曲,而在三维预制件的纬向方向上由于编织造成的纤维损伤最低(Bogdanovich,Mohamed, 2009)。

10.3.2　疲劳寿命

在宽应力范围内进行疲劳试验能够描述单层非卷曲 3D 正交编织复合材料的疲劳寿命图(最大应力 σ_{max} 与失效时的循环周次)。图 10.3 给出了三维编织复合材料复合材料在纬向和翘曲方向上有效的试验结果。图 10.4 给出了在经向方向上加载的 PW 复合材料的疲劳寿命图。在每个图中,相应的平均准静态拉伸强度也对应于最小循环次数 $N = 1$。

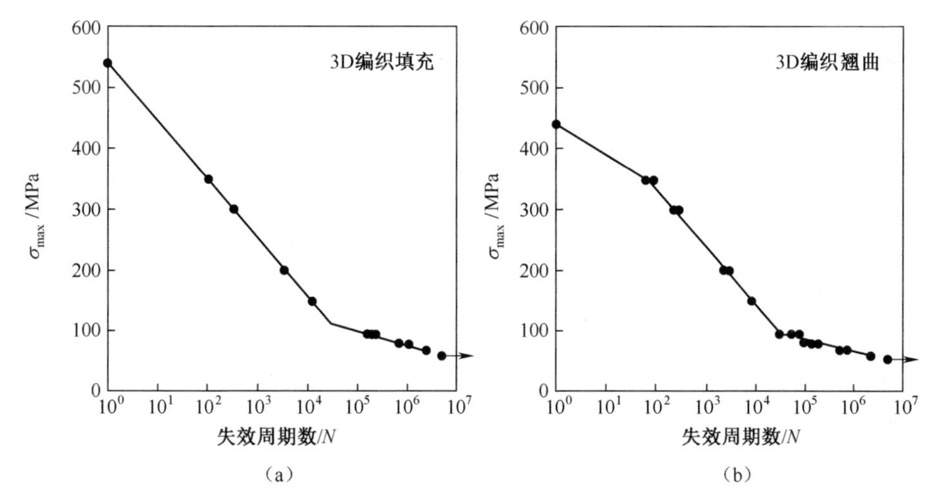

图 10.3　非卷曲 3D 正交编织 E-玻璃纤维增强复合材料的疲劳寿命图
(a)纬向方向;(b)翘曲方向;"→"表示耗尽。

图 10.3 和图 10.4 中包含 9 个应力水平下至少 27 个有效试验结果。Carvelli, Gramellini 等人(2010)在文献中对每个应力水平的平均值、标准差和失效周期协方差进行了全面的统计分析。

图 10.4 中的 3DW 复合材料和图 10.4 中 PW 复合材料疲劳试验图表明,应力水平至少在 500 万次循环(σ_{5m})之前不会发生完全失效。可以确定的是,3DW 复合材料沿纬向方向的应力为 60MPa,而 PW 复合材料沿经向的应力水平为 55MPa。

对获得的试验疲劳数据进行适当拟合,可以预测其他应力水平的疲劳寿命,而不是通过试验获得。假设对试验结果进行线性分段拟合(半对数函数),

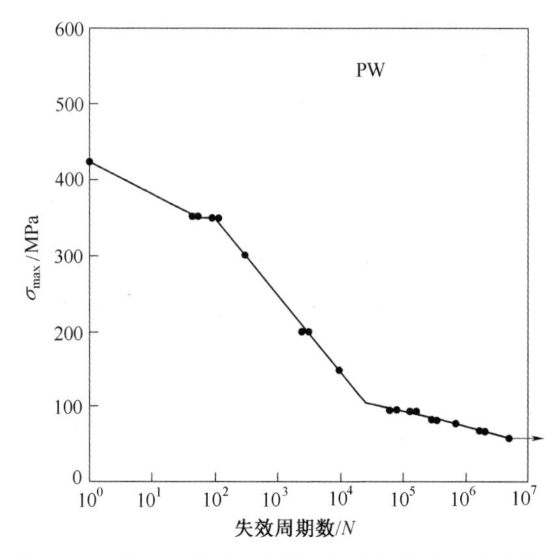

图 10.4 平纹 E-玻璃纤维增强复合材料的疲劳寿命图
"→"意味着耗尽。

疲劳寿命图中有三个区域是明显的。那么在疲劳寿命图中有三个明显的区域(3DW 复合材料在纬向方向上,两段沿同一条直线重合,如图 10.3(a)所示)。这对 PW 复合材料来说也是有效的,如图 10.4 所示。采用不同斜率的应力区间来区分三个区域,分别是(Ⅰ)350MPa ÷ σ_{ult},(Ⅱ)100 ÷ 350MPa,(Ⅲ)σ_{5m} ÷ 100MPa。

这三个不同的应力范围与循环加载过程中不同的损伤类型有关(详见 10.3.3 节),并将它与 Talreja(1981)和 Talreja(2008)中分离疲劳损伤模式进行了比较(见第 1 章)。必须澄清的是,Talreja(1981)分析了三个区域的差异,并认为它们是由于其特有的疲劳损伤机制而导致的单向、角度铺层和交叉铺层。

对某些应力水平作用下的实际"疲劳寿命"进行比较(如失效时的循环次数),可以了解三个区域中每个区域的材料疲劳性能(图 10.5)。对于所有施加的应力水平,3DW 复合材料的疲劳寿命在纬向方向上比在经向上要长得多。3DW 复合材料在在纬向方向上的试验结果表明,除了 σ_{5m} 以外,其疲劳性能比 PW 复合材料明显更好。3DW 复合材料在纬向方向上的平均疲劳寿命比 PW 复合材料要高,在 350MPa(区域Ⅰ)时约高 51%,在 200MPa 时约高 24%,在 150MPa 时约高 38%(区域Ⅱ),在 70MPa 时约高 31%(区域Ⅲ),如图 10.5 所示。在 350 MPa 应力水平作用下,3D 复合材料在经向方向上的疲劳寿命比 PW 长(约 7%,见图 10.5(a))。然而,在区域Ⅱ和区域Ⅲ中的应力水平作用下,PW 复合材料在极限失效时的平均循环次数要更高(在 200MPa 和 150MPa 时约为

9%,在 70 MPa 时约为 160%,见图 10.5(b)~(d))。

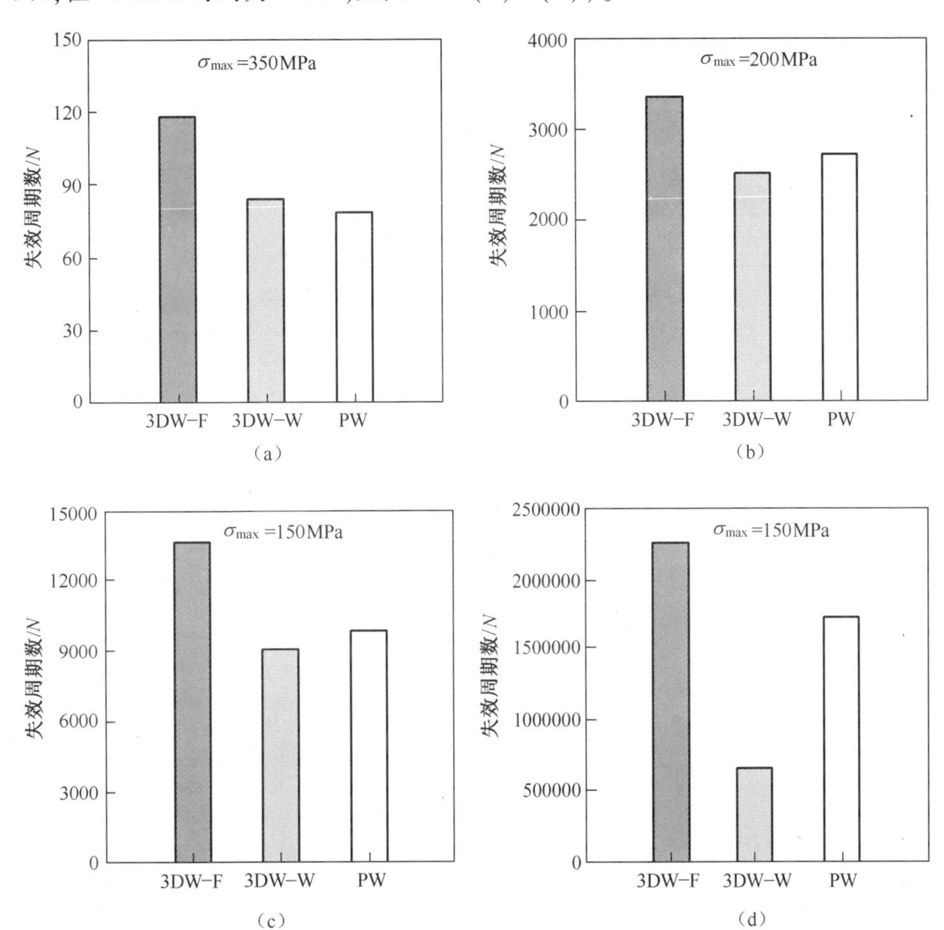

图 10.5 比较三维正交编织 E-型玻璃纤维增强复合材料在纬向方向(3DW-F)和经向(3DW-W)以及平纹 E-型玻璃纤维增强复合材料(PW)在最大应力水平下的平均疲劳寿命
(a)350MPa;(b)200MPa;(c)150MPa;(d)70MPa

3DW 复合材料在经向和纬向上疲劳性能的差异可能是多方面原因造成的。第一个原因是与编织过程有关。在编织过程中,对经纱造成的损伤要比纬纱的多。这也可能是造成静态强度值显著差异的主要原因,如表 10.2 所列。在 3TEX 上进行的一项综合试验研究表明了 3D 非卷曲正交编织预制件中使用于 E -型玻璃纤维增强的效果。

第二个原因来自 3D 结构的增强效果。在 3D 正交编织结构体系中,Z 纱的存在使得基体中形成了一个局部"口袋"。对不同类型的 3D 增强复合材料进行的几项研究表明,贯穿厚度方向上的基体通道会引起局部应力集中、阻力减少和损伤萌生(Mouritz,Cox, 2010)(参见 3D 编织(Rudov-Clark,Mouritz, 2008),

针织(Mouritz, Leong,Herszberg, 1997)和Z-型(Mouritz, 2007))。然而,需要注意的是,非卷曲3D正交编织复合物在相邻纬纱之间没有贯穿厚度的基体通道(图10.1(a));相反,只有相对较薄的基体口袋限于纬纱层的厚度。如试验数据所示,即使是这样小的基体口袋在3DW复合材料的裂纹萌生过程中也起着非常重要的作用。

最后,同样重要的是与Z纱线的面内方向有关。值得注意的是,在经向加载时,Z纱线会直接承受面内载荷的作用,而在纬向加载时,它们并不直接承受载荷作用。在拉伸载荷作用下,拉伸应力作用于经纱和Z纱线,由于横向收缩效应,试样的宽度减小。后者会导致相邻的Z纱和经纱之间距离的减小。这些纱线可能会接触到,但是由于它们都受循环拉伸应力的影响,它们之间的相互摩擦可能会严重影响材料的整体疲劳寿命。

10.3.3 损伤的观察和演化

通过拍摄试样在承受循环加载作用下的高速图像,研究了拉伸疲劳试验过程中损伤的萌生和扩展。在宽度为25mm,长度为30mm的框内观察试样中心的损伤演变过程。

含损伤观测的疲劳试验在最大应力水平作用下(Carvelli, Gramellini, et al., 2010)开展,分别是σ_{5m}(区域Ⅲ,图10.3和图10.4)和200MPa(区域Ⅱ)。后者导致试样发生完全失效,而另一个在500万循环周次之后也没有发生失效破坏。

图10.6给出了最大应力水平作用下疲劳试验过程中的损伤演化过程。在第一个循环中,损伤模式与在相同应力水平下的准静态拉伸测试中相似。当Z纱的表面裂纹和纵向裂纹在纬向萌生时,3DW复合材料在纬向会发生疲劳现象,并在大约100个循环周次后表现出横向裂纹的饱和(如图10.6所示的100个循环周次之后)。进一步的循环加载会导致纵向裂纹逐渐增长和扩展。在最终失效前,纱线内部横向和纵向裂纹的密集形成,将导致3DW复合材料的宏观断裂,随后纤维沿加载方向发生断裂,并将试样分解成几部分。

3DW复合材料在经向循环载荷作用下,横向裂纹的长度和宽度增加的速度比在纬向循环载荷作用下要快。Z纱线周围的裂纹也萌生较早。在接近最终失效时,横向裂纹跨越整个宽度,而Z纱线周围的纵向裂纹和局部脱黏迅速发展(如图10.6所示的1000个循环周次之后)。正如Mouritz和Cox (2010)所言,3D编织复合材料的这种损伤机制在其他试验研究中也同样被发现,特别是Z纱周围的裂纹。

PW层压板的主要损伤机理是与纵向裂纹密集发展相关的分层。此外,在PW层压板中,纵向裂纹在第一次循环之后立即萌生,而在3DW复合材料中,即

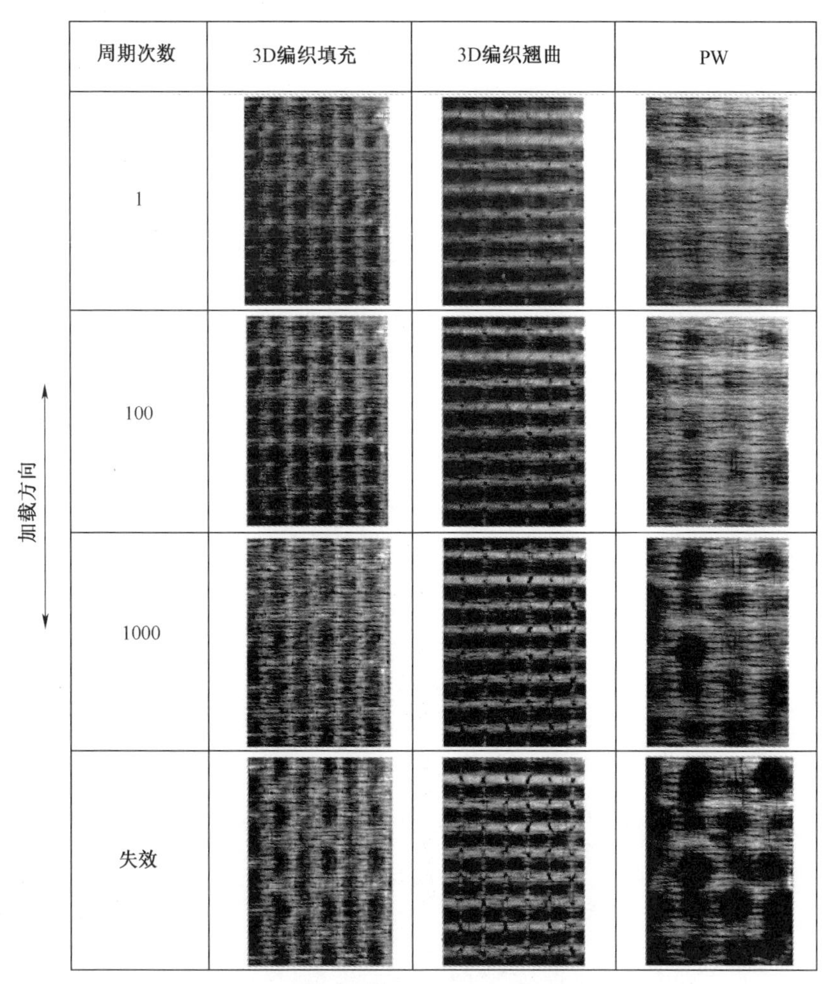

图 10.6 非卷曲 3D 正交编织和平纹编织 E-型玻璃纤维增强复合材料在最大应力值为 200MPa 的疲劳载荷作用下的损伤演化

使在 100 次疲劳加载循环后,也仅出现纵向裂纹。

在疲劳加载的第一阶段,最大应力 σ_{5m} 的循环加载表明(如图 10.7 所示的 10000 个循环周次之后),在准静态条件下施加相同应力水平时未发现损伤现象。通过与 10000 次循环的图片对比,可以看到 PW 层压板的初始横裂纹密度较高。这表明,与 PW 复合材料相比,3DW 复合材料在纱线内或纱线界面处不易产生横向裂纹。

在大约 100000 次循环之后,PW 复合材料中出现纵向裂纹,而在 3DW 复合材料中,在该循环次数下仅观察到横向裂纹的长度和密度有所增加。3DW 在两个加载方向上的 300 万循环周次之前未发现纵向裂纹。这表明三维编织复合材料在循环加载下与准静态加载时相似,均不易发生纵向开裂。三维

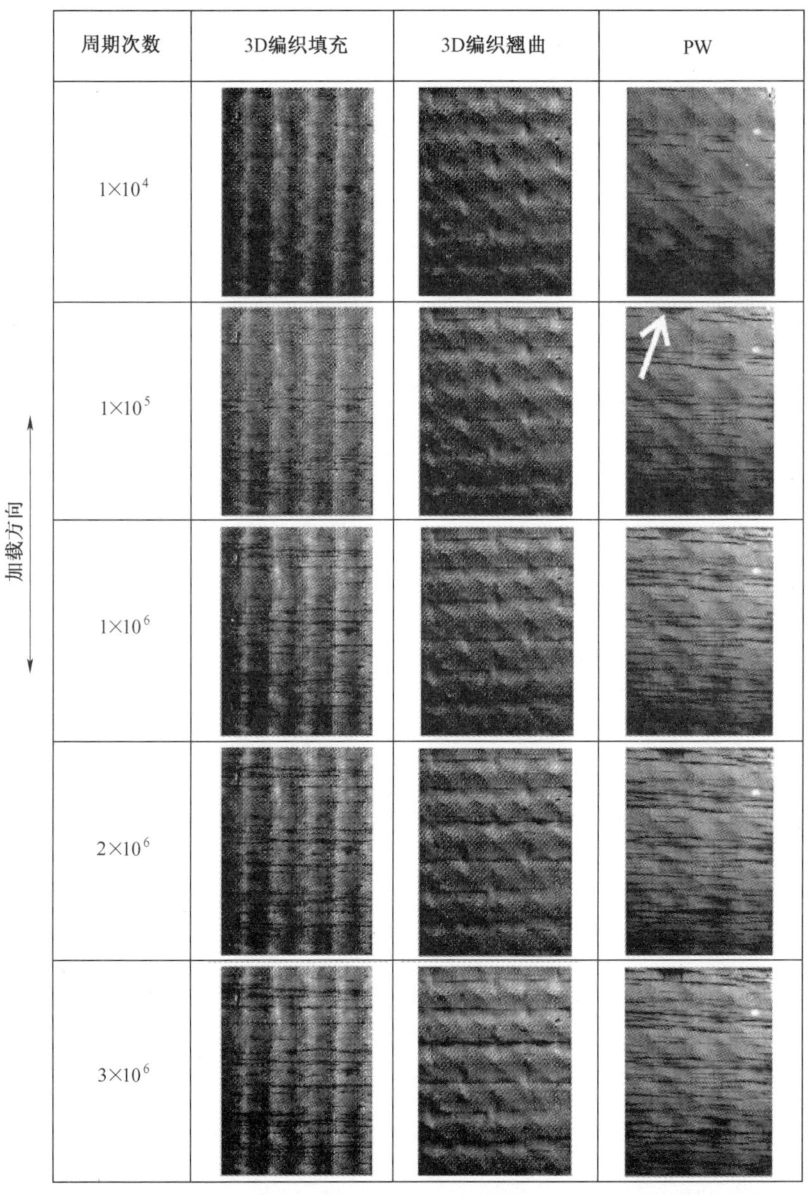

图 10.7 在最大应力水平作用下疲劳加载的损伤演化导致非卷曲 3D 正交编织和平纹 E-型玻璃纤维增强复合材料的损耗(σ_{5m})

复合材料在两种加载条件下的主要区别在于横向裂纹的扩展。在经向加载中,现有的横向裂纹长度增加,宽度增加更多;在纬向加载中,横向裂纹的数量增加,并且相互连通。经向加载导致横向裂纹的长度比纬向加载时裂纹的长度扩展得更快。

经过 100 万循环周次之后(图 10.7),损伤模式在横向裂纹密度上没有明显变化。PW 层压板在经过 100 万循环周次后表现出了一种稳定的横向裂纹模式,并且在纵向裂纹长度上持续扩展。

在第Ⅲ和第Ⅱ阶段,不同斜率的疲劳曲线可能与观察到的不同的损伤机制有关(图 10.3):第Ⅲ阶段的横向裂纹和第Ⅱ阶段的纵向裂纹。

复合材料中的损伤演化可以用经验公式来描述(Gagel, Fiedler, Schulte, 2006)。在这种情况下,假设经过周期曲线最大和最小应力点的斜率为此参数(循环斜率)。需要注意的是,周期斜率与材料刚度并不完全一致,因为它与试验设备的特性相关。尽管如此,循环斜率的变化依旧可以表示试样刚度的变化。

图 10.8 给出了三种最大应力水平作用下的周期斜率比,即当前周期的周期斜率与第 10 周期的周期斜率之比,在 3DW 的加载方向上和疲劳寿命图的每个阶段各有一个。

阶段Ⅰ中的应力水平(350MPa)使得材料损伤快速且持续增加,并因此导致周期斜率的快速降低(分别为刚度)。而阶段Ⅱ中的应力水平(200MPa)产生了初始横向裂纹模式(图 10.6),导致周期斜率非常缓慢地降低(小于 100 循环周次)。横向裂纹长度的增加造成刚度的明显降低,而其饱和度和纵向裂纹的萌生以及 Z 纱线上的裂纹对经向加载下的刚度损失具有重要影响,从而导致更快失效(图 10.8(b))。在第Ⅲ阶段,应力水平为 60MPa,在 100 万循环周次后(图 10.7)发现横向裂纹的积累随着周期斜率的快速降低而增加。进一步的循环会造成周期斜率的进一步降低。在经向加载中产生的损伤比在纬向加载时造成周期斜率损伤更高。经过 100 万次循环之后,降低幅度分别约为纬向 11% 和经向 15%(图 10.8)。

图 10.9 比较了在相同的三个应力水平作用下,3DW 和 PW 复合材料的刚度损失。之前强调的 3DW 复合材料在主方向上产生的疲劳损伤累积差异会引起各种刚度变化。PW 在最大应力水平作用下产生纵向裂纹的跳跃(σ_{5m},如图 10.7 所示)并不会比 3DW 周期斜率降低得更快。

10.3.4　疲劳后力学性能

疲劳后准静态拉伸试验给出了试样在应力水平 σ_{5m} 的 100 万、300 万和 500 万周次循环加载下的残余力学性能。图 10.10 收集整理了少量试样数据 (每个循环次数不超过 2 次)。试验结果不具有统计学上的意义,但却给出了一个明确而重要的疲劳效应趋势。图 10.10 中的弹性模量(E)和极限应力(σ_{ult})的变化(假设 $O = E$ 或 σ_{ult})定义为 $(P - P_0)/P_0$,其中下标“0”表示未测量的值(表 10.2),P 表示多次循环后的值。

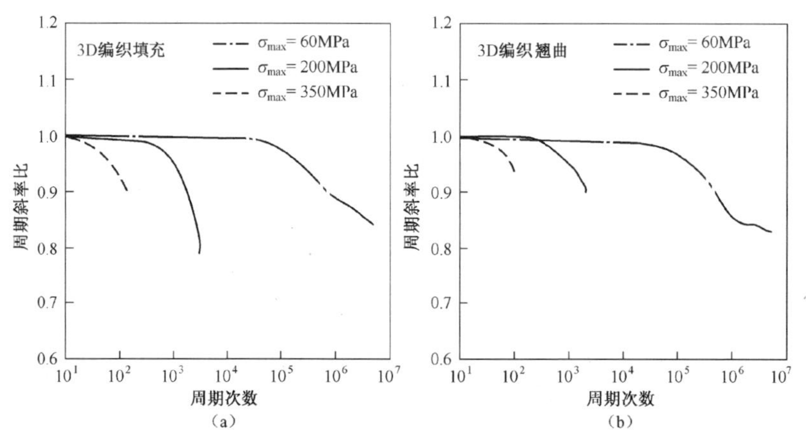

图 10.8 非卷曲 3D 正交编织 E-型玻璃纤维增强复合材料：
在(a)纬向和(b)经向上不同最大应力水平作用下循环斜率与循环次数的关系

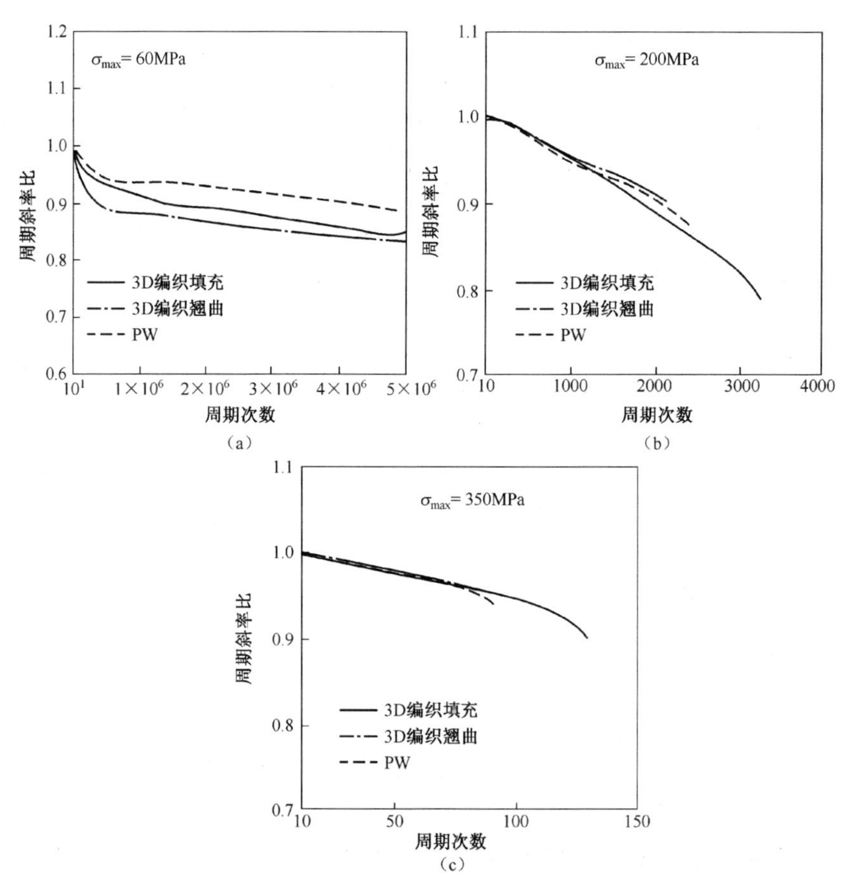

图 10.9 比较非卷曲 3D 正交编织 E-型玻璃纤维增强复合材料和平纹 E-型
玻璃纤维增强复合材料的周期斜率比与循环次数关系图
(a)最大应力水平 60MPa；(b)最大应力水平 200MPa；(c)最大应力水平 350MPa。

在最初的数百万次循环中累积的损伤造成了弹性模量的大量损失,3DW 复合材料在两个主方向上几乎为 10%,而 PW 复合材料则为 13%(图 10.10(a))。这与图 10.9(a)中 3DW 周期斜率的降低相一致。降低速率随着循环次数的增加而大大减小。经过 500 万次循环后,两种材料的弹性模量都降低了 11%~15%。

3DW 在纬向加载下的极限应力和 PW 的趋势相同,在最初的百万次循环后减小了 32%,而经向 3DW 减少约 42%(图 10.10(b))。这与之前讨论的 3DW 复合材料在经向和纬向上分别具有不同的疲劳性能相一致。在剩余的 500 万次循环中,最终应力的衰减率较低,残余值约为 52%。

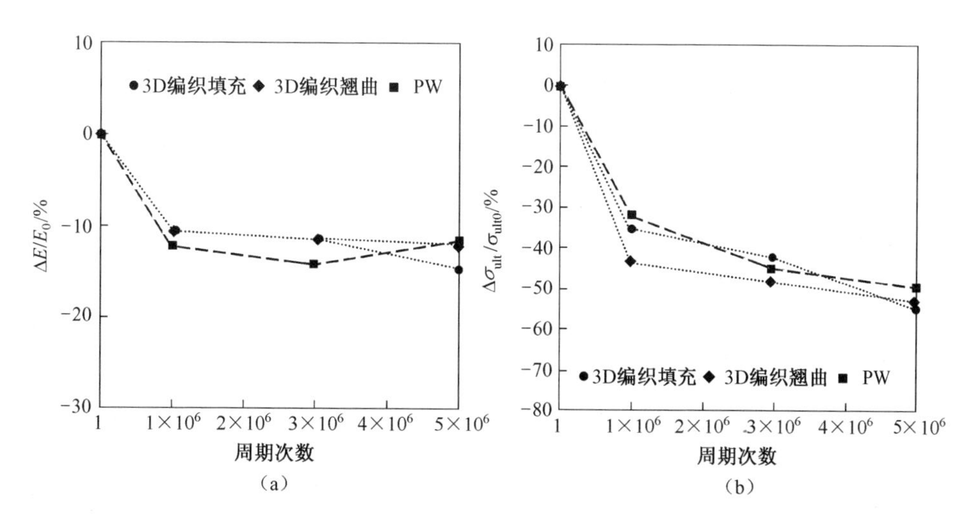

图 10.10　非卷曲 3D 正交编织和平纹编织 E-型玻璃纤维增强复合材料:相对于未疲劳材料的疲劳后准静态拉伸性能的变化(下标“0”)
(a)弹性模量(E);(b)极限应力(σ_{ult})。

10.4　3D 旋转编织碳/环氧复合材料

10.4.1　材料特性和准静态特性

Mungalov 和 Bogdanovich (2002, 2004)以及 Mungalov, Duke 和 Bogdanovich (2007)使用的复合材料,是采用 3TEX Inc. 公司在 144-horngear 和 576-carrier 3D 旋转编织设备上生产的 3D 编织碳纤维预制件制造而成的。编织纱线采用 Toho Tenax HTS 40 F13 12K 碳纤维。该使用设备时,将试验用的试样宽度设置约为 25.4mm,从而避免复合材料的再加工。

制造含有矩形横截面的 3D 编织预制件,共涉及 24 个角度和 96 个纤维载体(每两排 12 个角度)。图 10.11(a)所示为预制件中使用的编织图案示意图。没有使用轴向纤维束。如图 10.11(b)所示为三维编织预制件的纤维结构示意图。预制件的线重为 78.8±0.5g/m。

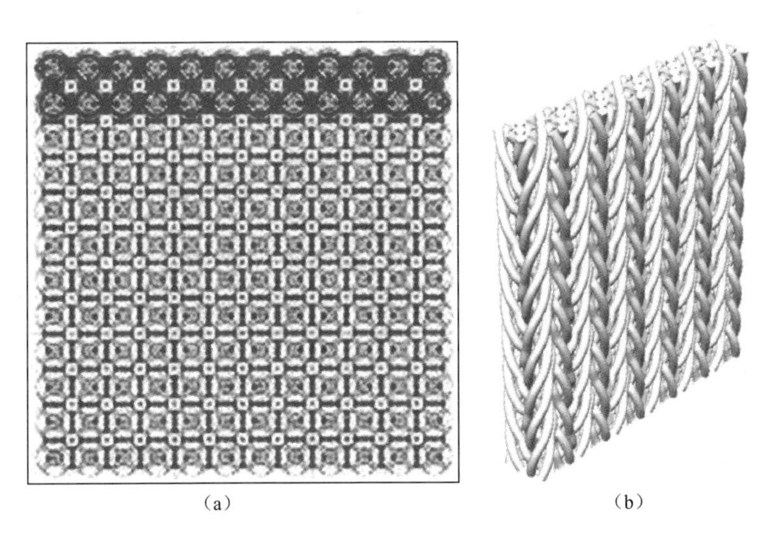

(a) (b)

图 10.11 (a)三维(3D)预制件矩形截面的编织示意图;(b)3D 编织预制件中纤维结构示意图

复合材料在 3TEX 的压力模内采用矩形截面杆的形式进行制造(Mungalov, Bogdanovich, 2004)。试样是采用环氧树脂体系 105 和 209 硬化剂在室温下进行固化而成。Carvelli 等人(2013)的文献中有更加详细的制造过程。试验测定的纤维体积分数为 55.6 ±0.4%,平均厚度为 3.21 mm。

复合材料试样表面编织纱线与纵向编织方向之间的夹角经过测量为 10°±0.5°。根据其纤维结构几何特征可知,其内部编织角度约为 14°(Carvelli et al., 2013)。

准静态拉伸试验主要用于确定疲劳试验的应力水平,表 10.3 给出了编织方向上的平均力学性能,图 10.12 给出了其应力-应变曲线。所记录的应力-应变曲线表明,其切线模量表现出明显的非线性特征(参见 Carvelli et al., 2013)。这可能是由两个原因造成的。第一个是碳纤维在拉伸载荷作用下的固有强化,这一点可以根据纤维取向的变化来解释(Curtis, Milne, Reynolds, 1968; Shioya, Hayakawa, Takaku, 1996)。

第二是随着拉伸载荷的增加,复合材料中局部纤维开始变得更直。三维编织复合材料中积累的损伤,在其应变达到 0.6%时出现了明显的软化作用;切线模量达到最大值之后,开始慢慢减小,当基体损伤的累积成为纤维强化的主要原因时,其应变的增加超过了 0.9%(详见 Carvelli et al., 2013)。

表 10.3　3D 编织碳纤维复合材料准静态力学性能的平均值和标准偏差

E/GPa	120±5
σ_{ult}/MPa	1351±17
ε_{ult}/%	1.15±0.01

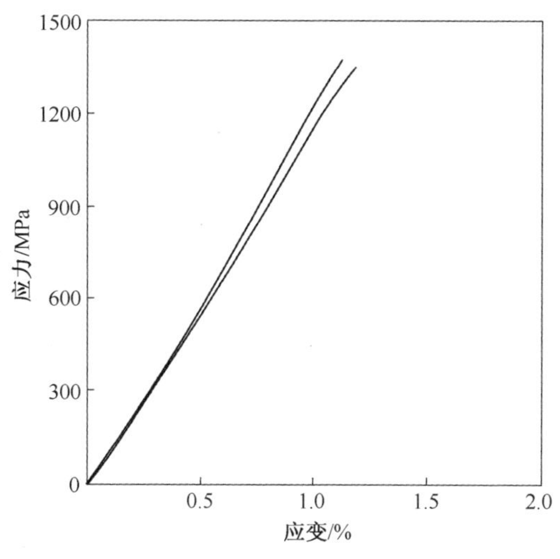

图 10.12　3D 编织碳纤维复合材料编织方向上的准静态拉伸试验

10.4.2　疲劳寿命

对于,3D 编织碳/环氧树脂复合材料在拉伸-拉伸疲劳加载下的力学行为,图 10.13 所示为在一定应力水平作用下的疲劳寿命图。在最小循环次数 $N = 1$ 时也可以得到其静态平均拉伸强度。

在疲劳寿命图中首先可以看到,复合材料在应力水平为 $\sigma_{5m} = 800\text{MPa}$(约为平均拉伸静态应力的 60%)的最初 500 万次循环加载作用下,试样并没有完全失效。现在将该应力水平与文献中提供的其他 3D 碳纤维增强复合材料的应力水平进行比较,可以发现非常有趣的一点。在(Vallons, Lomov, and Verpoest,2009)中详述的碳/环氧树脂非卷曲编织(NFC)复合材料相应的值为 53%。而对 Karahan, Lomov、Bogdanovich 和 Verpoest (2011)研究的非卷曲 3D 正交碳纤维编织复合材料来说,它是 50%。Sims (2003)给出的单向石墨纤维/环氧树脂复合材料的值在 65%~70%的范围内。需要指出的是,在上述每种情况下的静态拉伸强度都不相同。该比较结果非常清楚地表明:在所有比较的材料中,3D 编织碳/环氧树脂复合材料(60%)与单向复合材料的 σ_{5m} 值(65%~70%)最为接近。

图 10.13 给出了对试验结果进行了三个线性段的拟合(不包括跳跃)。三

种应力范围对在循环加载过程中不同的主损伤模式进行了区分（应力水平 σ_{5m} 的详细内容，请参见以下部分），并与 Talreja（2008）中引入的疲劳损伤模式的分离方法进行了比较。

通过比较疲劳试验的全部数据结果，并与文献中可获得的其他 3D 编织增强碳纤维复合材料的数据进行比较，可以发现目前 3D 编织碳纤维复合材料在疲劳寿命方面的行为表现。在图 10.14 中，3D 编织碳纤维增强复合材料采用了相同的循环载荷条件，并对非卷曲 3D 编织（Karahan et al.，2011）和非卷曲结构针织复合材料（Carvelli，Neri Tomaselli，et al.，2010）的试验数据进行了详细的说明。以 Sims（2003）研究的碳纤维/环氧树脂 UD 复合材料的疲劳寿命为标准。在图 10.14 中，所有最大应力都以各自的静态拉伸强度（σ_u）为标准值，以便进行比较。3D 编织与单向碳纤维/环氧树脂复合材料的疲劳寿命非常相似，而其他 3D 编织增强复合材料则表现出较差的力学性能，尤其在高周疲劳循环加载下。通过比较，可以得到在所给 3D 复合材料中，具有最佳疲劳性能的 3D 编织复合材料。

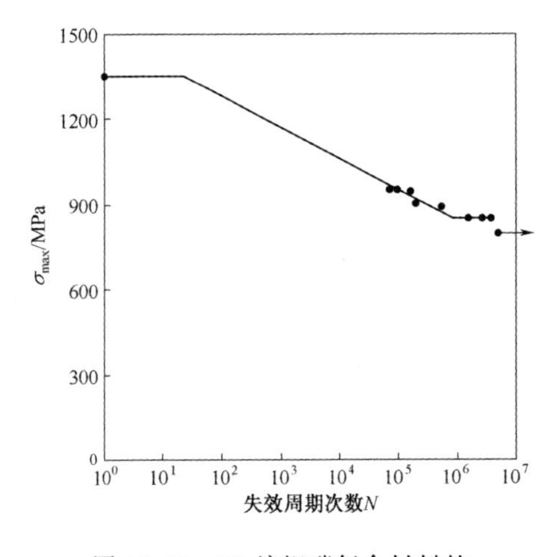

图 10.13　3D 编织碳复合材料的疲劳寿命图

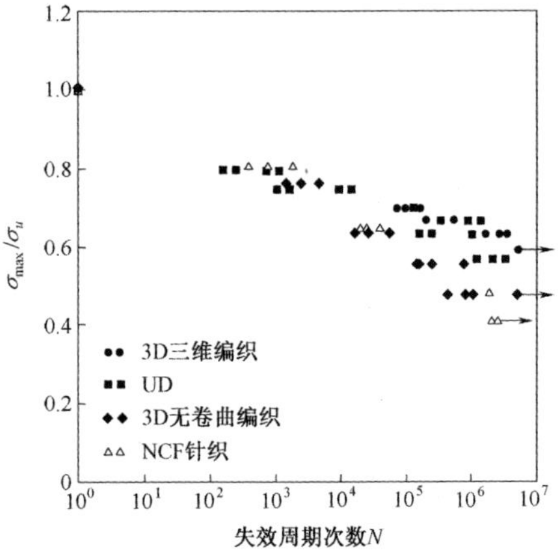

图 10.14　不同碳纤维复合材料疲劳寿命的比较
→表示结束

10.4.3　损伤观察和演化

通过 X 射线显微 CT 观察复合材料的疲劳加载试验，分析其在在 500 万次循环加载后最大应力水平作用下（σ_{5m}）的损伤演化情况。其中部分试样的循环试验在 100 万～300 万次循环加载后中断，并对其进行了损伤检查。在沿试样自由边缘的三点位置进行了监测，体积大小为 10.3μm（Carvelli et al.，2013）。

在图10.15中对一个试样上的三点位置和三个横截面分别进行了100万和300万周次的详细描述。从这些图中发现一些裂纹,这些裂纹不会随着循环次数的增加而扩展(如图10.15中的位置1和位置2)。在树脂丰富的区域和纱线边界处,其他裂纹在100万次循环内开始萌生(位置3)。随着浸渍纱线的分裂,这些裂纹沿着基体—纱线之间界面开始扩展。正如Carvelli等人(2013)所提到的那样,即使所施加的最大应力为σ_{5m},在图10.15上用显微CT观察可以发现,试样在500万次循环加载之前的几个周期内也会发生失效。这一结果使我们能够发现,在相同最大循环应力作用下,给定试样中的损伤状态要比没有发生失效的试样的损伤状态更重要。一种可能的原因就是由于没有很好地浸渍,导致复合材料中出现了一些孔洞和干燥点。这会使得材料会在疲劳载荷作用下产生一些可见裂纹。因此,如果复合材料制造技术可以获得更完美的材料,那么疲劳寿命就可以延长。

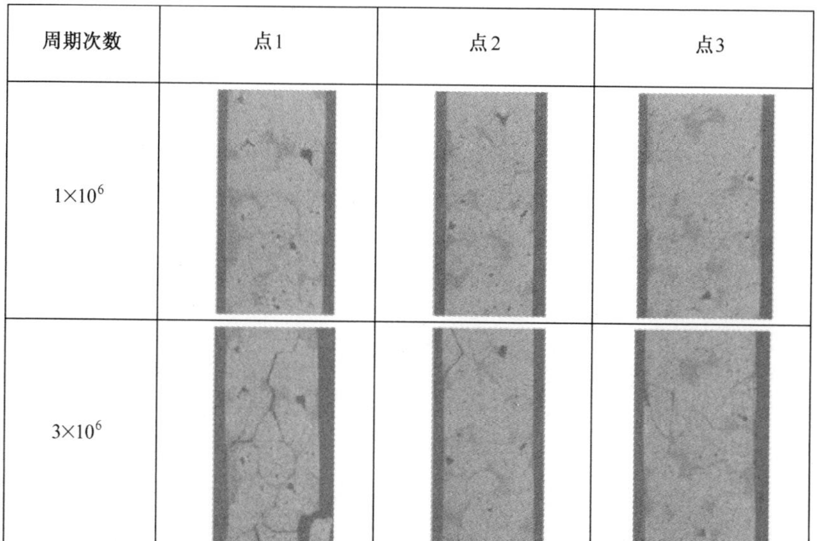

周期次数	点1	点2	点3
1×10^6			
3×10^6			

图10.15 3D编织碳纤维复合材料横截面:在最大应力为800 MPa的疲劳加载下的损伤演化

本章使用的损伤演化参数是通过周期曲线的最大和最小应力点的斜率(周期斜率)得到的(见10.3.3节)。图10.16给出了当前循环周期斜率与第10周期斜率之比(周期斜率比)的变化情况,其中包含疲劳寿命图中两个区域的三个最大应力水平。由于材料中的损伤快速增加,较高的应力水平(900MPa)会导致周期斜率的快速下降。

在最大应力为800MPa的循环加载作用下,周期斜率在第一个百万次循环加载期间会迅速减小。随后它继续减少到300万次。在300万次循环中,刚度几乎保持恒定。在最初的300万次循环中,周期斜率的减小是观测到的损伤演

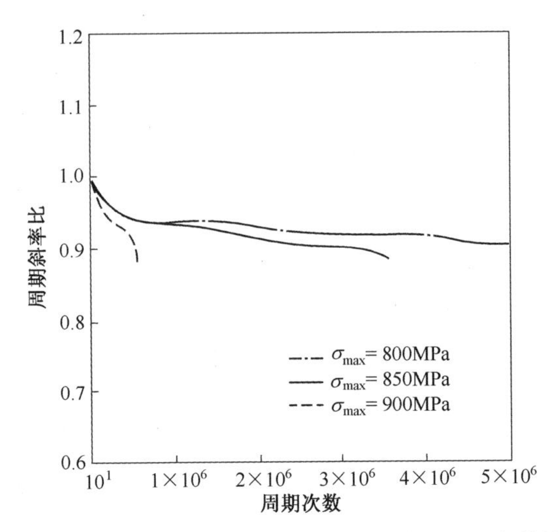

图 10.16　3D 编织碳纤维复合材料:周期斜率与循环次数的关系

化的结果,如图 10.15 所示,并且损伤几乎主要发生在第一个百万次加载循环期间。

最大应力值为 850MPa 时,也发现了周期斜率相似的初始行为特征。但是,在第一个百万周次循环加载之后,周期斜率比持续减小。这表明持续、渐进的损伤演化导致试样发生了最终的失效。

10.4.4　疲劳后力学性能

对 3D 编织碳纤维增强复合材料准静态拉伸力学性能的疲劳载荷效应进行了研究,试样在应力水平为 σ_{5m}(800MPa)的作用下进行 100 万、300 万和 500 万次的循环加载试验。经过一定循环周次的疲劳加载之后,选用循环数减少的试样(每个循环次数不超过 2 次)。虽然获得的结果在统计学上不够多,但它们仍然可以给出疲劳损伤效应的发展趋势,这是很有意义的。

假设力学性能变化的定义如 10.3.3 节所示,图 10.17 所示的图表包含了在编织方向上的弹性模量(E)、极限应力(σ_{ult})和极限应变(ε_{ult})的变化。

弹性模量(E)有一个降低速率,其最大值在 0~100 万次之间。它在 100 万~300 万次循环之间显着降低,在 300 万~500 万次循环之间略微增加。大部分弹性模量的降低都发生在前 100 万次循环范围内。这一结果与图 10.16 中周期斜率的变化相一致,在这一过程中,降低主要是发生在 100 万次循环之后。

在一定的应力条件下,材料刚度的变化提高了应变水平(ε_{ult})。图 10.17 中的最终应变明显证实了这一点。在 300 万次循环加载之后,它的最大值增加了,然后在下一次加载循环期间它几乎保持恒定。

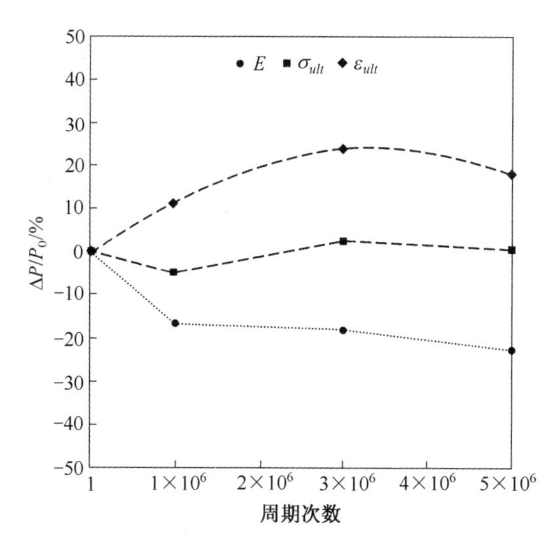

图 10.17　3D 编织碳复合材料：疲劳后的准静态拉伸性能的变化与未疲劳材料的关系，其中 P 等于弹性模量(E)、极限应力(σ_{ult})或极限应变(ε_{ult})。

图 10.15 中的 X 射线显微 CT 观察发现纱线中没有纤维发生断裂。因此，我们可以合理地预测，即使在 500 万次的疲劳载荷作用下，最大循环应力为 σ_{5m} 时，静态强度也没有明显的变化。对于三种疲劳载荷情况，静态极限拉伸强度(σ ult)均没有发生明显变化(图 10.17)。在准静态试验中，它仍然在试验散射带内，并且保持几乎相同的水平。

10.5　非卷曲针织碳/环氧树脂复合材料

10.5.1　材料特性和准静态特性

结构针织预制件包含两个由 Tenax HTS 碳纤维制成的 Seartex® NCFs。编织层结构为+45°/-45°(总面积密度为 540g/m²)和 0°/90°(总面积密度为 556g/m²)，每个 NCF 都有一个聚酯缝纫线(8.3 tex，2.6~5mm 经编+针织，6g/m²)，可将碳层编织在一起。在浸渍之前，编织材料具有对称的层压板[45/-45/0/90/45/-45]$_s$，总厚度约为 4.2mm。非结构针织方向为 90°(图 10.18(a))。结构针织预制件有一个 5mm×5mm 见方的穿刺花纹，采用 1K 碳素划桨和簇绒方法制成(KL RS 522 在 KUKA- robot 上进行针织)。结构针织方向与 0°方向一致。针织过程中产生的预制孔开口以自然定向的方式沿整体纤维的方向进行。这些开口代表发生损伤的树脂区域(Koissin et al.，2009)。在表 10.4 中列出了增强物、针织线和非结构针织线的一些特性。“结构”这一术语的含义是，缝纫线不仅可以增强编织层（作为非结构性的)，同时还可以在整个厚度方向上形成增强作用。

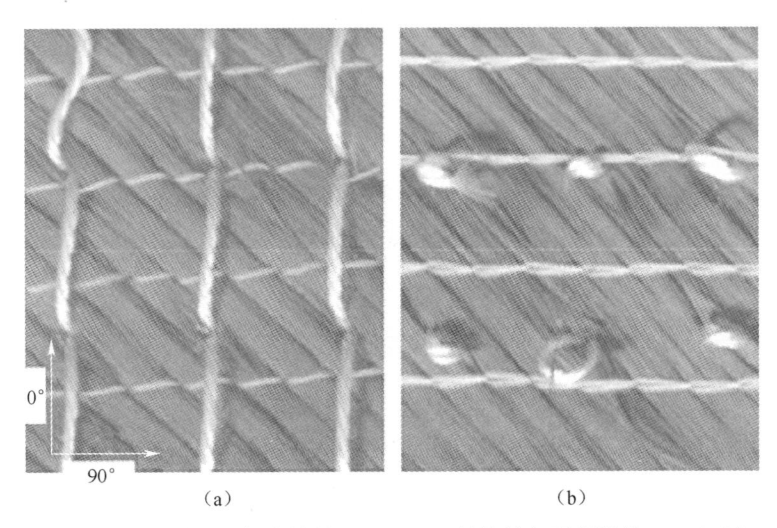

(a) (b)

图 10.18 非卷曲针织碳纤维复合材料:5mm×5mm 结构针织预制件的(a)正面和(b)背面

表 10.4 非卷曲针织预制件的一些特性

		Tenax® HTS	Tenax® HTA（针织线）	聚酯纤维
纱线	线密度/tex	800	67	8.3
	纤维数	12000	1000	12
	扭曲/m^{-1}	0	S15	Z24
纤维	直径/μm	7	7	2.1
	密度/(g/cm^3)	1.77	1.76	1.38

为了便于比较,这里采用非结构针织的碳纤维预制件(非针织的)(Carvelli, Neri Tomaselli, et al., 2010)。

通过真空辅助工艺,采用 RTM-6 环氧树脂对非针织和针织的预制件进行浸渍(HexFlow® -Hexcel®)。与干态相比,3.2~3.5mm 的固化层压板最终厚度表现出明显的致密化。测量得到的纤维体积分数接近 54%。

表 10.5 列出了 Carvelli 等人(2009)和 Koissin 等人(2009)所研究的准静态特性。这些特性对疲劳性能有一定影响,经常被用于确定疲劳试验的应力水平。与非针织的复合材料相比,针织结构对弹性模量(E)的影响可以忽略不计,并且其在 0°和 90°方向上的极限应力(σ_{lut})都得到了改善。此外,针织材料在极限应力下的应变(ε_{ult})也更高。

表10.5 非卷曲针织和非针织碳纤维复合材料的准静态力学性能的平均值和标准偏差

	针织材料		非针织材料	
	0°	90°	0°	90°
E/GPa	38.9±1.7	40.1±2.1	39.3±2.5	41.4±1.6
σ_{ult}	493.1±15.3	478.3±6.5	432.6±14.9	390.1±0.7
ε_{ult}	1.51±0.02	1.52±0.04	1.17±0.14	1.43±0.04

10.5.2 疲劳寿命

对两组不同的试样进行了疲劳试验：第一组直到失效或200万次循环才产生疲劳寿命图，而另一组则是在固定的应力水平下加载，并在不同循环周次下停止加载，观察损伤状态（见10.5.3节）。

在图10.19的疲劳寿命图中给出了针织复合材料沿0°和90°方向加载的有效试验结果。在每个图中，平均静态拉伸强度也表示此时循环次数为 $N = 1$。当针织复合材料与非针织复合材料的应力水平和加载方向相同时，针织复合材料至少在200万次循环之前不会发生完全失效（Carvelli, Neri Tomaselli, et al., 2010）。

至于上面提到的复合材料，图10.19所示的图中包含了对试验结果线性段的适当拟合结果（不包括结束）。根据它们的交点划定了三个应力范围，用来区分不同的主损伤机制，这一点类似于在Talreja（1981）和Talreja（2008）中引入的分离。

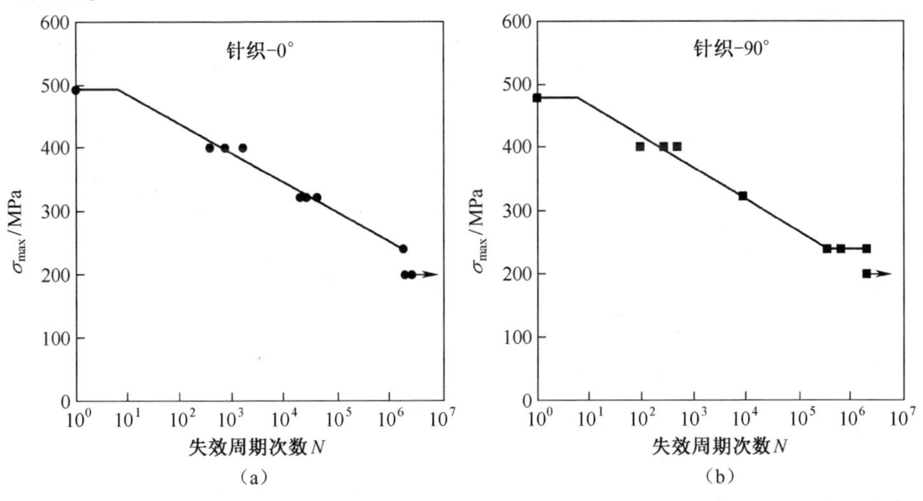

图10.19 非卷曲针织碳纤维复合材料沿(a)0°和(b)90°方向的疲劳寿命图（"→"表示结束）

深入了解某些应力水平作用下的失效周期次数(疲劳寿命),可以清楚地认识针织结构对三个应力范围中两种疲劳性能的影响(图 10.20)。在这里不考虑包含准静态极限应力的第三个范围,这是由于 Carvelli 等人(2009) 和 Koissin 等人(2009)认为它们在准静态拉伸载荷的损伤机理中并不存在。

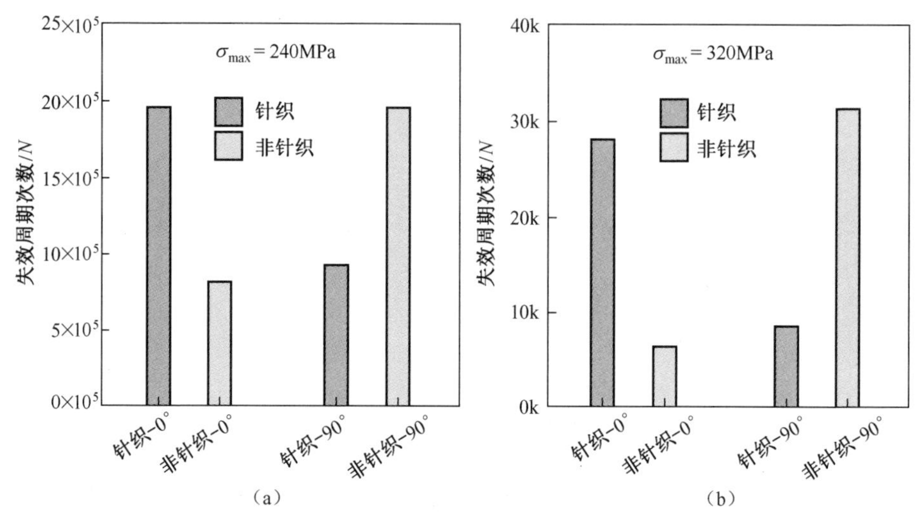

图 10.20 最大应力水平作用下疲劳寿命的比较
(a) 240MPa;(b) 320MPa。

在任意一个应力水平作用下,针织复合材料在 0°方向上的疲劳寿命比在 90°方向上的疲劳寿命要长。这是由于在 0°方向上排列的针织纱线的作用。当沿 90°方向施加载荷时,对疲劳寿命的负面影响主要是由于在沿着其方向时引入了开口。

研究发现非针织的复合材料具有相反的力学行为(图 10.20)。相较于 0°方向任意一个应力水平下的加载来说,沿 90°方向的加载会使复合材料具有更长的疲劳寿命。这是由于采用了聚酯缝纫技术而产生的开口造成的。

通过对针织和非针织复合材料疲劳性能的比较,可以看出,当拉伸循环载荷作用于 0°方向时,结构的碳纤维针织对疲劳性能有一定的改善作用。相反,当加载方向与针织结构正交时,疲劳寿命降低。这一点与 Mouritz 和 Cox (2010)发现的结果一致:“在所有的情况下,针织减少……层压板的拉伸疲劳寿命”。该结构针织碳纤维复合材料沿针织方向加载时,其疲劳寿命有所改善。

10.5.3 损伤的观察和演化

在三次循环加载试验后,观察并比较了针织和非针织复合材料在疲劳试验过程中所发生的损伤(1000,10000,10^5)。载荷方向为 0°方向,最大应力为

240MPa。将试样在该载荷作用下维持 12 小时后，通过微聚焦计算机断层扫描（AEA Tomohawk）系统，在试样的中心位置发现了损伤。在图 10.21 中，从正面和侧面的角度总结了典型的损伤演化特征。

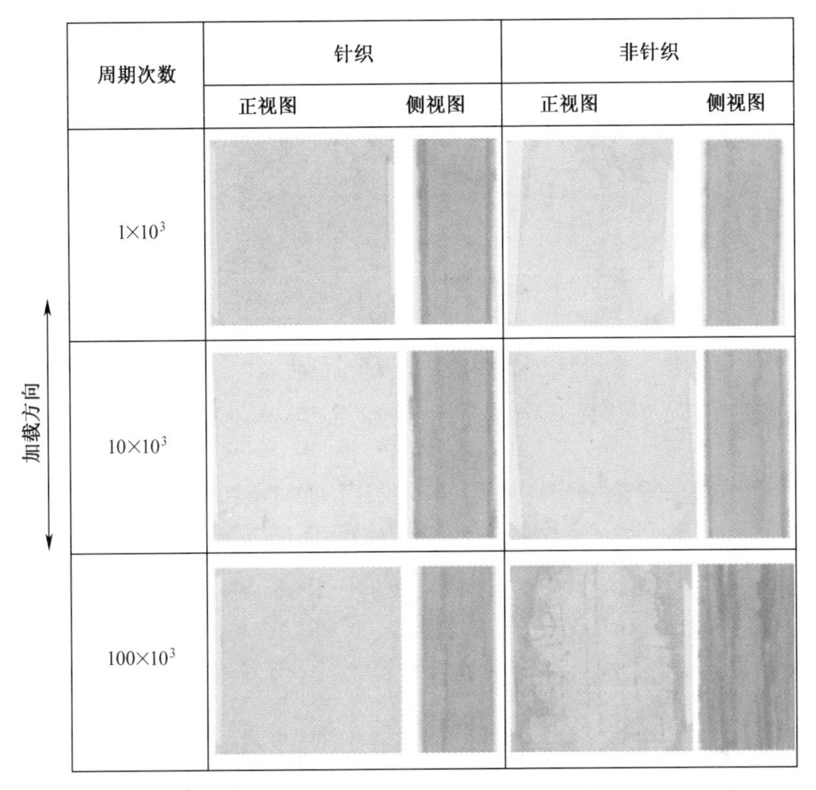

图 10.21　非卷曲针织和非针织的碳纤维复合材料：在 0°方向上最大应力为 240MPa 的疲劳加载过程中的损伤演化

在第一个 1000 次循环加载之后，针织和非针织复合材料在±45°方向上出现裂纹，该裂纹主要影响材料外层，并且裂纹密度随着循环次数的增加而增加。

在经过 10 万次循环之后，非针织复合材料出现非常大的分层区域（如图 10.21 中底部的深色区域）分层主要集中在±45°外层和其他层之间的界面上。在横截面的中心部分也可以看到脱黏和裂纹。

针织复合材料在经过 1 万次循环之后，根据针织形式试样上有明显的开口。针织的主要作用是减少分层。与非针织的复合材料相比，在 10 万次循环之后（图 10.21）几乎没有出现分层，延伸率极低。

正如前面所讨论的，在循环加载试验过程中，可以将损伤的发展假设为一个经验参数来进行度量，也即经过周期曲线的最大和最小应力点的斜率的变化（循环斜率）。图 10.22 中给出了两种材料在两个加载方向上（0°和 90°）经过

200 万次循环(200MPa)加载后导致发生失效的最大应力水平。这些图片展示了针织和非针织复合材料的不同损伤发展。

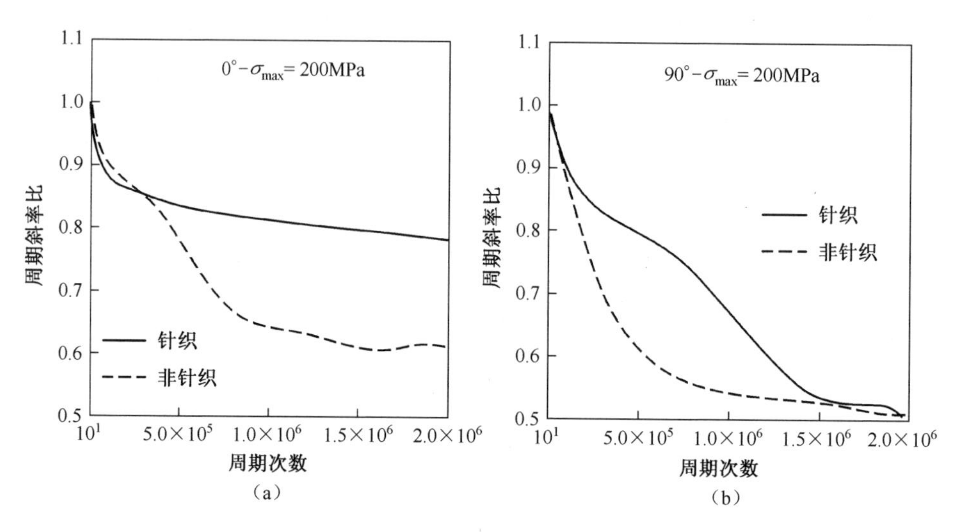

图 10.22　非卷曲针织和非针织碳纤维复合材料:周期斜率比与在(a)0°和(b)90°方向上最大应力水平为 200MPa 的循环次数的关系

在 0°方向上加载的针织复合材料,在第一个 25 万次周期中,周期斜率的减小速率更快,也就是说,在初始循环加载期间造成了较大的损伤(图 10.22(a))。继续进行循环加载,斜率也将持续减小,但斜率减小的速度和强度会降低。

在相同的加载方向上,非针织复合材料在试验开始时具有相似的刚度衰减现象,而周期斜率以几乎相同的速率继续减少,直至达到第一个百万次循环数,之后在剩余的加载过程中发生轻微的损伤。不同周期斜率变化的主要原因是,在非针织材料试验的第一部分中出现了分层的萌生和扩展,导致周期斜率减少了 40%,而针织、抑制分层将周期斜率的损失降低到 22%以下。

从图 10.19 和图 10.20 的疲劳寿命图中可以发现,正如之前所讨论的那样,当沿 90°方向施加载荷时(与针织结构正交),针织复合材料的力学行为完全不同。周期斜率的持续衰减速度几乎相同,达到 150 万循环周次。这是在沿其方向进行针织时所引入的开口造成的结果。在图 10.21 所示的 X 射线照片中,可以看到树脂区域的裂纹萌生。

沿 90°方向的非针织复合材料与相同周期斜率的针织复合材料具有相似的力学行为,但由于分层现象,导致其降低速率很高,直至达到 100 万次循环。在试验的后半部分周期斜率表现出轻微的减小,导致周期斜率损失约 50%。针织复合材料也发现了相同的斜率减小特征。

10.5.4 疲劳后力学性能

在疲劳寿命(图10.20)和疲劳损伤发展(图10.21)过程中发现的差异,反映了通过疲劳后准静态拉伸试验测量的残余力学性能。疲劳试样经过最大应力水平作用下的1000次、1万次和10万次的循环加载后再进行试验。图10.23给出了针织和非针织复合材料在两个加载方向上的残余力学性能,其弹性模量(E)和极限应力(σ_{ult})的变化与表10.5中的非疲劳特性相关。试样数量的减少并没有给出统计意义上的结果,但明确了疲劳损伤演变的效应。此外,沿90°方向的非针织复合材料在疲劳试验中会造成损伤增加,在10万次循环加载后其疲劳后的试验数据无效。

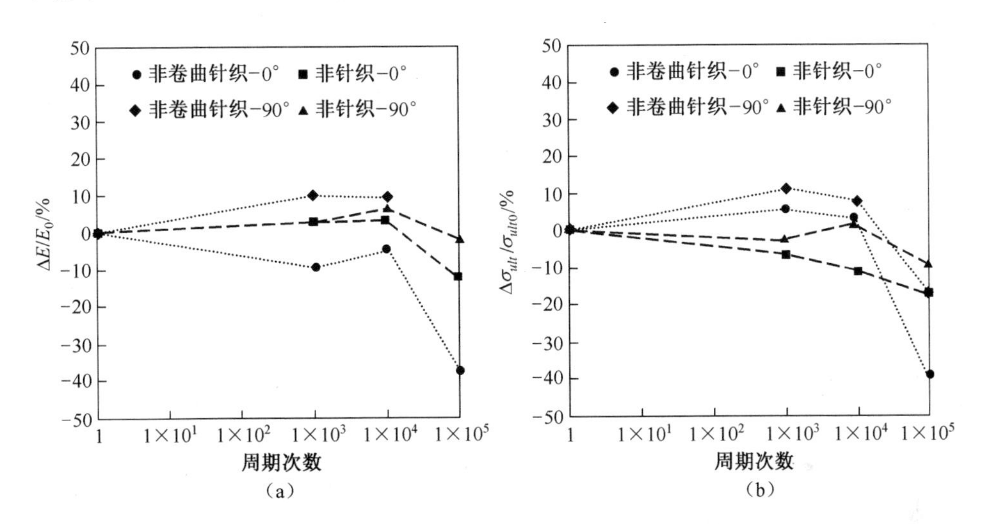

图10.23 非卷曲针织和非针织的碳纤维复合材料的疲劳后准静态拉伸性能与非疲劳材料特性的关系

(a) 弹性模量(E);(b) 极限应力(σ_{ult})。

在对非疲劳材料进行的准静态试验中,其弹性模量在1万次周期后没有发生相关变化。这与图10.21中观察到在1万次循环加载后的损伤相一致。经过10万次循环加载后(图10.21中的底部),非针织复合材料中的分层扩展使得其模量减小约40%。而在针织复合材料中不会出现相同的损伤机理,因此,材料的刚度在两个加载方向上都只有不到11%的损失。

在疲劳试验开始时,45°方向上的裂纹及其密度(在1万次循环之后)对两种材料的极限应力都没有明显的影响(非疲劳材料在准静态试验中的数值)。另外,经过10万次循环之后,在非针织复合材料中引入的分层会使其极限应力下降近40%。在结构针织复合材料中,分层大大减少,并且其极限应力的损失小于非针织复合材料的1/2。

10.6 结　论

本章对拉伸疲劳载荷作用下 3D 增强复合材料的疲劳寿命、损伤机理及损伤演化进行了研究。所研究 3D 增强材料是非卷曲 3D 正交编织 E-玻璃纤维、3D 编织碳纤维和针织结构的多层碳纤维。

本书对这些材料的主要疲劳特性进行了总结。

在非卷曲 3D 正交编织 E-型玻璃纤维/环氧树脂复合材料中,卷曲和扭曲可以忽略不计,在沿纬向和经向方向进行试验时,该材料可以延缓损伤的萌生,从而提高其抗疲劳性能。3DW 复合材料在纬向试验时的疲劳寿命比经向的要高很多。3DW 复合材料由于编织结构的影响,其在经向加载作用下的疲劳性能较差。在经向加载的同时,Z 纱线方向也在承受载荷,此时经纱和 Z 纱均被拉紧。从而导致 Z 纱与纬纱的交叉区域出现明显的应力集中。事实上,纵向裂纹出现在 Z 纱线交叉处,并且由于相邻经纱和 Z 纱线之间的相对位移,在交叉区域出现局部脱黏现象。在应力水平为 σ_{5m}时(疲劳寿命图第Ⅲ阶段),在 PW 层压板中出现纵向裂纹,而在 3DW 复合材料中仅产生横向裂纹。在应力水平为 200MPa 的疲劳载荷作用下(疲劳寿命图第Ⅱ阶段),3DW 复合材料中产生的横向裂纹的长度和宽度比在纬向加载时扩展的要更快,并且在循环加载的后期,也开始出现这些横向裂纹与纵向裂纹和 z 向裂纹之间的耦合。

3D 编织碳纤维/环氧树脂复合材料在拉伸-拉伸疲劳载荷作用下 σ_{5m}与 σ_u 的比值明显较高,接近单向碳纤维/环氧复合材料的典型范围。通过疲劳试验中观察到的损伤表明(最大应力为 σ_{5m}),在富含树脂的区域和纱线边界处产生裂纹萌生;之后这些裂纹沿着基体-纱线之间的界面扩展。这种损伤主要发生在 300 万次周期以内。

多层碳纤维/环氧树脂复合材料中的结构针织增强了针织方向上(0°)的疲劳寿命,并使其在正交方向(90°)上减小。在两个加载方向上循环加载试验的初始阶段之后,非针织复合材料中所观察到的扩散分层几乎都被结构针织抑制了。当沿 90°方向施加载荷时,针织对疲劳寿命的负面影响主要是由于在针织过程中引入了开口。

试验研究结果表明,增强材料的三维结构对复合材料的疲劳性能有影响。疲劳行为取决于三维增强材料(卷曲、嵌套、开口等)的几何特性和加载方向。实际上,不可能说任何三维增强材料都能像"等效"2D 预制件那样,提高复合材料的性能。

10.7　未来的挑战

未来对三维增强复合材料疲劳性能的研究可以遵循两个平行的方向：一方面是精确的试验观察和测量；另一方面是开发精确的模拟工具。

需要进行更多的试验研究，以了解几何参数对低、高周循环疲劳范围内损伤的影响。同时必须考虑不同的加载条件，如压缩，弯曲和拉伸-压缩，恒幅和变幅。对损伤的试验观察可以帮助我们更好地理解材料在制造过程中受到的损伤，就需要工业设备不断提高生产效率，即制造速度。为了实现观察损伤的目的，就需要对材料从微观（纤维），到中观（单元体），再到宏观（结构部分）进行不同尺度下的研究。此外，必须评估 3D 增强材料的优点或缺点，以与“等效” 2D 增强复合材料的性能进行适当比较。

试验研究非常耗时，而且任意一种 3D 增强复合材料都需要研究大量参数对其疲劳性能影响，这需要具有丰富的知识，同时付出巨大的努力和很长的时间。这对于工业应用来说是不合理的。因此，有效的预测工具是必不可少的。建立复合材料疲劳的分析和计算模型，特别是针对 2D 和 3D 预制件增强的复合材料来说，正在不断取得发展进步，参见（Degrieck & Van Paepegem, 2001）和本书的第三部分。对编织增强复合材料在疲劳载荷作用下的疲劳寿命和损伤演化进行准确预测的工具和创新理论的发展，是未来需要我们面临的主要挑战。本章详细介绍的试验结果代表了一种重要的数据库，可用于评估 3D 编织增强复合材料疲劳性能的预测精度。

致谢

非常感谢参与试验研究的同事们：Giulia Gramellini, Juan Pazmino 和 Vanni Neri Tomaselli（米兰理工大学的前硕士生和鲁汶的伊拉斯姆斯访问学者）；Ignaas Verpoest（鲁汶鲁宾大学）；Alexander E. Bogdanovich（北卡罗来纳州立大学）和 Dimitri D. Mungalov（3Tex 公司前研发部门成员）。

参 考 文 献

Bilisik, K. (2012). Multiaxis three-dimensional weaving for composites: a review. Textile Research Journal, 82, 725-743. http://dx. doi. org/10. 1177/0040517511435013.

Bogdanovich, A., Karahan, M., Lomov, S.,&Verpoest, I. (2013). Quasi-static tensile behavior and damage of carbon/epoxy composite reinforced with 3D non-crimp orthogonal woven fabric. Mechanics of Materials, 62, 14-31. http://dx. doi. org/10. 1016/j. mechmat. 2013. 03. 005.

Bogdanovich, A. E., & Mohamed, M. H. (2009). Three-dimensional reinforcement for composites. SAMPE Journal, 45, 8-28.

Carvelli, V., Gramellini, G., Lomov, S. V., Bogdanovich, A. E., Mungalov, D. D., & Verpoest, I. (2010). Fatigue behaviour of non-crimp 3D orthogonal weave and multi-layer plain weave E-glass reinforced composites. Composites Science and Technology, 70, 2068 - 2076. http://dx. doi. org/10. 1016/j. compscitech. 2010. 08. 002.

Carvelli, V., Koissin, V., Kustermans, J., Lomov, S., Tomaseli, V., Van den Broucke, B., et al. (2009). Progressive damage in stitched composites: static tensile tests and tension-tension fatigue. In 17th international conference on composite materials ICCM-17. Edinburgh (UK).

Carvelli, V., Neri Tomaselli, V., Lomov, S. V., Verpoest, I., Witzel, V., & Van den Broucke, B. (2010). Fatigue and post - fatigue tensile behaviour of non - crimp stitched and unstitched carbon/epoxy composites. Composites Science and Technology, 70, 2216-2224. http://dx. doi. org/10. 1016/j. compscitech. 2010. 09. 004.

Carvelli, V., Pazmino, J., Lomov, S. V., Bogdanovich, A. E., Mungalov, D. D., & Verpoest, I. (2013). Quasi-static and fatigue tensile behavior of a 3D rotary braided carbon/epoxy composite. Journal of Composite Materials, 47, 3195-3209. http://dx. doi. org/10. 1177/0021998312463407.

Carvelli, V., Pazmino, J., Lomov, S., & Verpoest, I. (2012). Deformability of a non-crimp 3D orthogonal weave E-glass composite reinforcement. Composites Science and Technology, 73, 9-18. http://dx. doi. org/10. 1016/j. compscitech. 2012. 09. 004.

Chang, P., Mouritz, A., & Cox, B. (2007). Flexural properties of z-pinned laminates. Composites Part A, 38, 244-251. http://dx. doi. org/10. 1016/j. compositesa. 2006. 05. 004.

Curtis, G., Milne, J., & Reynolds, W. (1968). Non-Hookean behaviour of strong carbonfibres. Nature, 220, 1024-1025.

Degrieck, J., & Van Paepegem, W. (2001). Fatigue damage modeling offibre-reinforced composite materials: review. Applied Mechanics Reviews, 54, 279-300.

Desplentere, F., Lomov, S. V., Woerdeman, D. L., Verpoest, I., Wevers, M., & Bogdanovich, A. (2005). Micro - CT characterization of variability in 3D textile architecture. Composites Science and Technology, 65, 1920-1930. http://dx. doi. org/10. 1016/j. compscitech. 2005. 04. 008.

Gagel, A., Fiedler, B., & Schulte, K. (2006). On modelling the mechanical degradation of fatigue loaded glass-fibre non-crimp fabric reinforced epoxy laminates. Composites Science and Technology, 66, 657-664. http://dx. doi. org/10. 1016/j. compscitech. 2005. 07. 037.

Ivanov, D., Lomov, S., Bogdanovich, A., Karahan, M., & Verpoest, I. (2009). A comparative study of tensile properties of non-crimp 3D orthogonal weave and multi-layer plain weave E-glass composites. Part 2: comprehensive experimental results. Composites Part A, 40, 1144 - 1157. http://dx. doi. org/10. 1016/j. compositesa. 2009. 04. 032.

Karahan, M., Lomov, S. V., Bogdanovich, A. E., & Verpoest, I. (2011). Fatigue tensile behavior of carbon/epoxy composite reinforced with non - crimp 3D orthogonal woven fabric. Composites Science and Technology, 71, 1961-1972. http://dx. doi. org/10. 1016/j. compscitech. 2011. 09. 015.

Koissin, V., Kustermans, J., Lomov, S., Verpoest, I., Van Den Broucke, B., & Witzel, V. (2009). Structurally stitched NCF preforms: quasi-static response. Composites Science and Technology, 69, 2701-2710. http://dx. doi. org/10. 1016/j. compscitech. 2009. 08. 015.

Lomov, S., Bogdanovich, A., Ivanov, D., Mungalov, D., Karahan, M., & Verpoest, I. (2009). A comparative study of tensile properties of non-crimp 3D orthogonal weave and multilayer plain weave E-glass composites. Part 1: materials, methods and principal results. Composites Part A, 40, 1134-1143. http://

dx. doi. org/10. 1016/j. compositesa. 2009. 03. 012.

Mouritz, A. (2007). Compression properties of z-pinned composite laminates. Composites Science and Technology, 67, 3110-3120. http://dx. doi. org/10. 1016/j. compscitech. 2007. 04. 017.

Mouritz, A. (2008). Tensile fatigue properties of 3D composites with through-thickness reinforcement. Composites Science and Technology, 68, 2503-2510. http://dx. doi. org/10. 1016/j. compscitech. 2008. 05. 003.

Mouritz, A., Bannister, M., Falzon, P., & Leong, K. (1999). Review of applications for advanced three-dimensional fibre textile composi1tes. Composites Part A, 30, 1445-1461.

Mouritz, A., & Cox, B. (2010). A mech anistic interpretation of the comparative in-plane mechanical properties of 3D woven, stitched and pinned composites. Composites Part A, 41, 709-728. http://dx. doi. org/10. 1016/j. compositesa. 2010. 02. 001.

Mouritz, A., Leong, K., & Herszberg, I. (1997). A review of the effect of stitching on the inplane mechanical properties of fibre-reinforced polymer composites. Composites Part A, 28, 979-991.

Mungalov, D., & Bogdanovich, A. (2002). Patent No. 6,439,096. USA.

Mungalov, D., & Bogdanovich, A. (2004). Complex shape 3-D braided composite performs: structural shapes for marine and aerospace. SAMPE Journal, 40, 7-21.

Mungalov, D., Duke, P., & Bogdanovich, A. (2007). High performance 3-D braidedfiber preforms: design and manufacturing advancements for complex composite structures. SAMPE Journal, 43, 53-60.

Mu~noz, R., Martínez, V., Sket, F., Gonzalez, C., & LLorca, J. (2014). Mechanical behavior and failure micromechanisms of hybrid 3D woven composites in tension. Composites Part A, 59, 93-104. http://dx. doi. org/10. 1016/j. compositesa. 2014. 01. 003.

Pazmino, J., Carvelli, V., & Lomov, S. (2014a). Formability of a non-crimp 3D orthogonal weave E-glass composite reinforcement. Composites Part A, 61, 76-83. http://dx. doi. org/10. 1016/j. compositesa. 2014. 02. 004.

Pazmino, J., Carvelli, V., & Lomov, S. (2014b). Micro-CT analysis of the internal deformed geometry of a non-crimp 3D orthogonal weave E-glass composite reinforcement. Composites Part B, 65, 147-157. http://dx. doi. org/10. 1016/j. compositesb. 2013. 11. 024.

Rudov-Clark, S., & Mouritz, A. (2008). Tensile fatigue properties of a 3D orthogonal woven composite. Composites Part A, 39, 1018-1024. http://dx. doi. org/10. 1016/j. compositesa. 2008. 03. 001.

Shioya, M., Hayakawa, E., & Takaku, A. (1996). Non-hookean stress-strain response and changes in crystallite orientation of carbon fibres. Journal of Materials Science, 31, 4521-4532.

Sims, G. (2003). Fatigue test methods, problems and standards. In B. Harris (Ed.), Fatigue in composites: Science and technology of the fatigue response of fibre-reinforced plastics (pp. 36-62). Cambridge, England: Woodhead Publishing Ltd.

Talreja, R. (1981). Fatigue of composite materials: damage mechanisms and fatigue-life diagrams. Proceedings of the Royal Society of London, Series A, 378, 461-475.

Talreja, R. (2008). Damage and fatigue in compositese a personal account. Composites Science and Technology, 68, 2585-2591. http://dx. doi. org/10. 1016/j. compscitech. 2008. 04. 042.

Tong, L., Mouritz, A. P., & Bannister, M. K. (2002). 3D fibre reinforced polymer composites. Oxford: Elsevier.

Vallons, K., Lomov, S., & Verpoest, I. (2009). Fatigue and post fatigue behaviour of carbon/ epoxy non-crimp fabric composites. Composites Part A, 40, 251-259. http://dx. doi. org/10. 1016/j. compositesa. 2008. 12. 001.

第11章

三维编织增强复合材料的疲劳性能

A. P. Mouritz
澳大利亚,墨尔本,墨尔本理工大学

11.1 引　　言

三维(3D)编织复合材料由一个平面和贯穿厚度方向的增强纤维的3D网络组成。3D编织复合材料包含几种类型,它们按照在材料内形成3D纤维增强的方法进行分类。其类型包括3D编织复合材料(Bogdanovich, Mohammed, 2009; Tong, Mouritz, Bannister, 2002)、针织复合材料(Dransfield, Baillie, Mai, 1994; Mouritz, Cox, 2000; Tong et al., 2002)、簇状复合材料(Dell'Anno, Cartié, Partridge, Rezai, 2007; Wittig, 2002)、z-锚固型复合材料(Abe, Hayashi, Sato, Yamane, Hirokawa, 2003)和z-销钉型复合材料(Frietas, Magee, Dardzinski, Fusco, 1994; Mouritz, 2007a; Partridge, Cartié, Bonnington, 2003; Tong et al., 2002)。非卷曲编织层压板(NCF)是另一种由多层厚度组成的复合材料,它们通过厚细纱线固定在一起,尽管人们通常都认为它们并不是三维结构编织复合材料。这是因为贯穿厚度方向的长丝不是一种结构(聚酯或其他低强度聚合物),因此本章不讨论NCF。

对不同类型的3D编织复合材料来说,其纤维结构基本相同。编织体在材料面内也具有较高的纤维比例(就像传统的编织层压板),这可以提高其面内力学性能,包括耐疲劳性。3D编织复合材料的编织特点是将高刚度、高强度的纤维贯穿在厚度(或z-)方向上。贯穿全厚度方向的纤维(通常称为z-型黏合材料)可以使3D编织复合材料获得比编织层压板更好的抗分层和抗冲击损伤性能。z-型黏合增强材料的体积分数通常很低(通常低于5%~10%),但这足以大大增加其分层韧性和抗冲击性。

疲劳的定义是由于周期性或波动性应力造成的损伤而导致结构或材料的力学性能或其他性能的降低,这可能是由于结构承载、极端噪声或温度变化引起的。编织复合材料和其他材料的疲劳有几种不同的形式,包括循环应力疲劳、声疲劳和热疲劳。循环应力疲劳是最常见的疲劳类型,它是通过材料在反复弹性加载作用下引起的。声疲劳是由极高的噪声引起的高频压力波动造成的。高强度的压力波对发生着疲劳效应的材料进行冲击作用,例如,在喷气式飞机上靠近发动机排气装置的材料,其噪声水平很高且不稳定。热疲劳是指材料在反复加热和冷却(通常是快速的)的热循环作用下,由于热膨胀和收缩导致产生波动应力而引起的。

在本书其他章节中,已经详细介绍了织造、编织、针织和其他编织增强层压板的疲劳特性和疲劳损伤机制。然而,人们对 3D 编织复合材料的疲劳特性却知之甚少。采用编织、针织、z-型锚固、z-型销钉等方法制造的 3D 复合材料在循环应力作用下,对其疲劳性能已进行了一定程度的评估。随着 3D 编织复合材料疲劳性能的不断增强,数据库也正在不断建立,其在疲劳建模和寿命预测分析方面也取得了一定的进展。然而,3D 编织复合材料的声疲劳和热疲劳性能尚未得到充分的研究,很可能的原因是由于对于大多数工程应用而言,这些类型的疲劳比循环应力疲劳的问题要少。

了解 3D 编织复合材料的疲劳行为非常重要,因为它们在目前和将来的应用中都必须承受循环应力载荷的作用,且不会发生损伤(Mouritz, Bannister, Falzon, Leong, 1999)。例如,受循环应力加载影响的飞机机身和机翼加强板都已采用 3D 编织、针织或 z-型增强的复合材料制造,这表明了其潜在的应用价值(Frietas et al. , 1994; Holt, 1992; Jackson, Barrie, Shah, Shulka, 1992)。但是,3D 复合材料的使用目前仅限于几种类型的飞机。3D 编织复合材料在 Beech 飞船和波音 787 飞机上有少量使用,在 FA-18 E/F“超级大黄蜂”战斗机和 C-17“环球霸王 Ⅲ”重型军用运输机上使用了 z-销钉型复合材料。3D 编织复合材料正在被使用或有可能用于非航空航天的应用中,如在民用建筑中使用的 3D 编织复合材料(Mouritz, Bannister, Falzon, Leong, 1999),在人体假肢(Limmer, Weissenbach, Brown, McIlhagger, Wallace, 1996)、工程支架(Moutos, Freed, Guilak, 2007)以及一级方程式赛车(McBeath, 2002)中使用的 z-型销钉复合材料。与航空航天领域一样,3D 编织复合材料在汽车、民用、海事和其他行业中的应用速度一直很缓慢,尽管它们具有很多优点。

本章介绍了 3D 编织复合材料的循环应力疲劳力学性能。并讨论了 3D 编织、针织和 z-销型复合材料的面内疲劳性能。尤其要注意贯穿厚度方向的增强纤维对疲劳性能的影响,以及它们对疲劳寿命和疲劳机理的影响。本章还讨论了 3D 编织复合材料的分层疲劳特性和层间疲劳强化特性。研究了三维编织复合结构(如接头)的疲劳响应。另外,本章还指出了3D编织复合材料和结构疲劳性能在认识上的差距。

11.2 三维编织复合材料的疲劳性能

三维编织复合材料是一种多层编织材料,它由沿面内排列的经向和纬向纱线,以及贯穿厚度方向上编织 z-粘结纱构成。z 向粘合纱线与多层的经纱和纬纱交织在一起,形成了三维编织材料。三维编织复合材料主要有两种类型:3D互锁编织和3D正交编织。3D互锁编织材料通过将经纱、纬纱以及 z 向纱线以互锁形成编织而成。这种编织材料中的每一层都由与贯穿厚度方向的 z 向粘合纱线进行交织互锁的经纱和纬纱纱线组成。三维正交编织复合材料由经纱和纬纱组成(无交错),作为独立的多叠层复合材料,它由 z-向纱线通过正交编织形式穿过厚度方向来实现增强作用,如图11.1所示。大多数3D正交编织复合材料都是采用 z-向粘合纱线来贯穿经纱和纬纱之间的编织层,以避免发生卷曲现象,并由此提高编织层的面内刚度和强度。

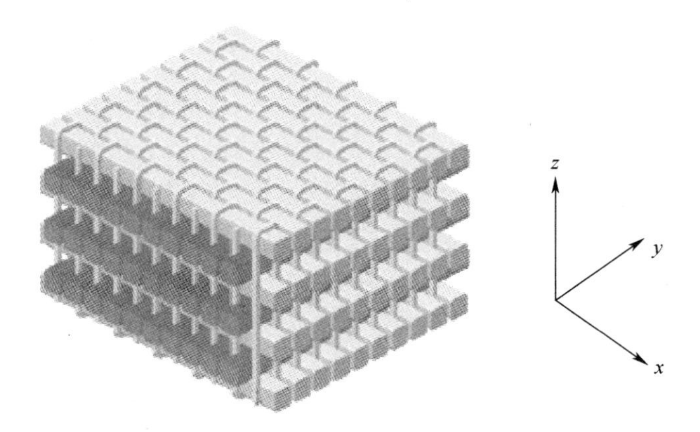

图11.1 三维正交编织材料的纤维结构与平面连续纤维在 x 方向(经纬)和 y 方向(纬纱)基本一致,它在z方向上有少量贯穿厚度方向的纤维
(本图是根据北卡罗来纳州卡里3Tex公司的图片改编而成)

确定了3D编织复合材料的弹性和强度特性,并建立了有限元模型来预测其性能(Bogdanovich, Karahan, Lomov, Verpoest, 2013; Chen, Potiyaraj, 1999; Cox, Dadhkak, Morris, Flintoff, 1994; Ivanov, Lomov, Bogdanovich, Karahan, Verpoest, 2009; Kuo, Fang, 2000; Lee, Leong, Herszberg, 2001; Lomov et al., 2009; Lomov, Ivanov, Perie, Verpoest, 2008; Mahadik, Hallet, 2010; Mouritz, Cox, 2010; Tan, Tong, Steven, Ishikawa, 2000; Wang, Wang, Zhou, Zhou, 2007)。同样,也对其分层断裂韧性特性进行了表征(Guenon, Chou, Gillespie,

1989; Mouritz, Baini, Herszberg, 1999; Tanzawa, Watanabe, Ishikawa, 1999)。然而,对 3D 编织复合材料疲劳性能的了解仍然十分有限(Carvelli et al., 2010; Dadkhah, Morris, Cox, 1995; Ding, Yan, McIlhagger, Brown, 1995; Gude, Hufenbach, Koch, 2010; Jin, Hu, Sun, Gu, 2011; Jin, Niu, Jin, Sun, Gu, 2012; Mouritz, 2008; Mouritz, Cox, 2010; Rudov-Clark, Mouritz, 2008; Sun, Niu, Jin, Zhang, Gu, 2012; Tsai, Chiu, Wu, 2000)。

本章简要介绍了三维正交编织复合材料(Carvelli et al., 2010; Jin et al., 2012; Karahan, Lomov, Bogdanovich, Verpoest, 2011; Mouritz, 2008; Rudov-Clark, Mouritz, 2008; Sun et al., 2012)和三维互锁编织复合材料(Dadkhah et al., 1995; Jin et al., 2011, 2012; Tsai et al., 2000)的疲劳性能,包括在拉伸-拉伸、压缩-压缩或反复弯曲等几种循环应力条件下。然而,在多数情况下,并没有将 3D 编织复合材料的疲劳性能与相同纤维体积分数的二维编织层压板进行比较。因此,对于多数的 3D 编织复合材料来说,尚不明确它们与 2D 编织层压板的疲劳性能是否相似。

Carvelli 等人(2010)对 2D 和 3D 编织复合材料的疲劳性能和疲劳损伤机理进行了比较研究。图 11.2 给出了沿经向和纬向(或纬纱方向)上的 3D 编织正交复合材料和 2D 编织层压板的拉伸-拉伸疲劳寿命($S-N$)曲线。3D 编织复合材料的拉伸疲劳性能取决于加载方向;其抗疲劳强度比纬向要高。Carvelli 和他的同事将其原因归因于几个方面,其中包括纤维排列的差异,以及编织形式对纬向和经向纱线造成损伤量。2D 编织复合材料层压板的疲劳性能介于经向和纬向 3D 编织复合材料之间,但差异不大。这表明 3D 编织复合材料的疲劳性

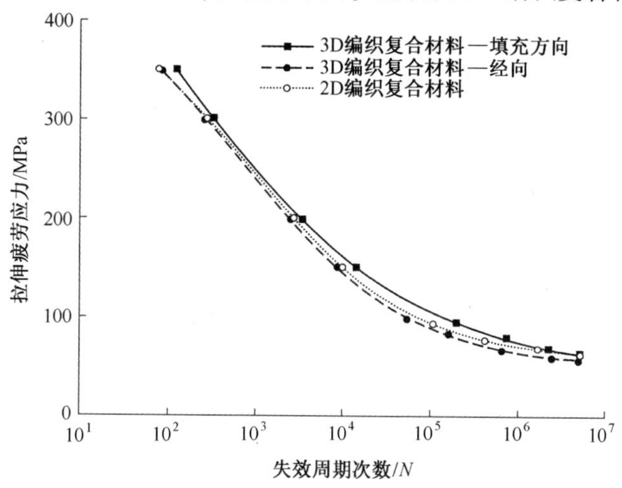

图 11.2　沿经向和纬向上的 3D 编织正交复合材料和 2D 编织层压板的拉伸-拉伸疲劳寿命($S-N$)曲线。数据来源于 Carvelli et al. (2010)

能与 2D 编织复合材料层压板相比,到底是更好或是更差,主要取决于载荷的施加方向。

Rudov-Clark 和 Mouritz (2008)也对三维正交编织复合材料的拉伸-拉伸疲劳性能进行了评估。图 11.3 给出了增强编织 z-向粘合纱的体积分数对疲劳寿命曲线的影响,并且它们对耐疲劳性是不利的,随着 z-向粘合纱体积分数的增加,发生失效时的载荷循环次数迅速降低。导致其疲劳性能的下降原因可能是由于纤维排列的变化、树脂富集区域的形成以及在编织过程中对 3D 编织层造成的纤维损伤。

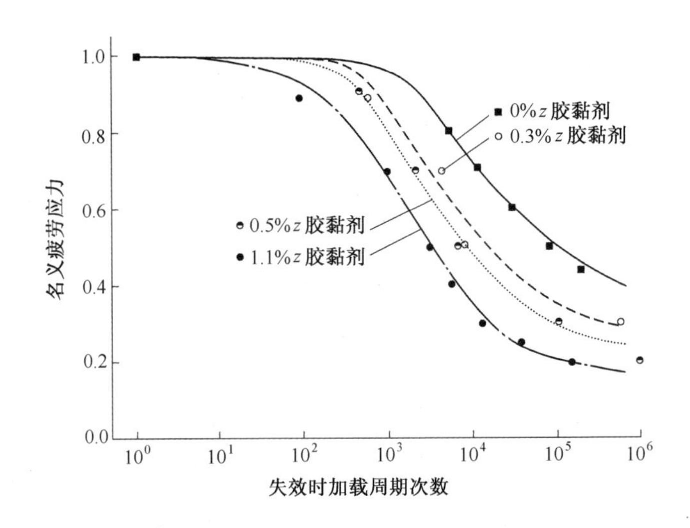

图 11.3 z-向粘合纱线的体积分数对 3D 正交编织复合材料的拉伸-拉伸疲劳寿命(S-N)曲线的影响。名义应力是指施加到复合材料上的最大拉伸疲劳应力
(本图转载自 Rudov-Clark 和 Mouritz(2008))

进一步对 3D 编织复合材料的疲劳性能开展研究,可以充分了解 2D 编织和其他类型编织的复合材料性能。有极少数的研究表明,3D 编织复合材料与 2D 编织复合材料的疲劳性能相似或者更差;然而,这个结论仅仅是根据少数材料的研究结果。为了更好地了解它们的疲劳性能,需要对更多类型的 3D 正交和互锁编织复合材料进行更详细的疲劳研究。这就需要全面评估 3D 纤维结构对疲劳寿命和疲劳损伤机理的影响。此外,3D 编织复合材料的分层疲劳性能可能要优于 2D 编织层压板,虽然这一点还没有得到证实。

11.3 针织复合材料的疲劳性能

针织结构复合材料是通过使用针织设备,将高强度纱线穿过干织物或预浸料坯(不经常)预制件的厚度方向而制成的。该设备是将针织线穿过编织层或预浸层,从而形成一个 3D 纤维预制件,它分为单针或多针形式。该设备的使用范围从简单的单针针织机(家用)到具有多个针织头的数控针织机(Tong et al., 2002; Weimer, Mitschang, 2001; Wittig, 2001)。目前,最先进的设备还具备沿正交方向和一定倾斜角度插入针迹的能力。针织线通常以 1~25 针/ cm^2 的面密度平行排列,相当于约 0.1%~10%的针织体积分数。纱线材料有碳纤维、玻璃纤维或芳纶纤维,它们几乎都是高刚度、高强度的纱线(100~2000 tex),近年来,采用结构热塑性材料进行针织,可以增强复合材料的自愈性(Yang, Wang, Zhang, He, Mouritz, 2012)。图 11.4 给出了一种常见的用于编织复合材料中 3D 纤维结构的针织形式。

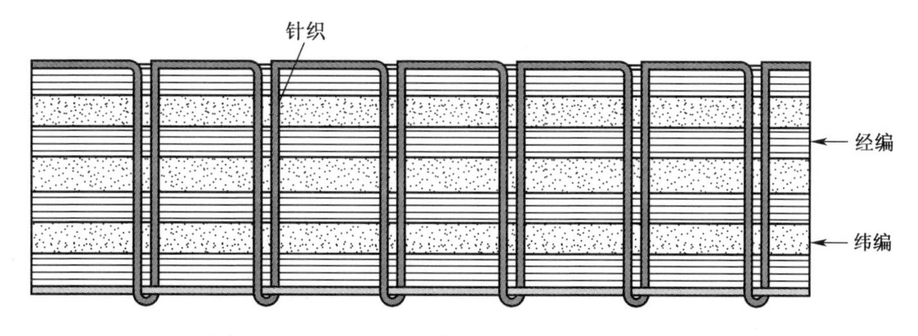

图 11.4　3D 编织复合材料中针织形式的横截面图形

簇绒是针织法的另一种形式,它是使用空心针将纱线穿过多个编织层来制造 3D 编织材料(Cartié, Dell'Anno, Poulin, Partridge, 2006; Dell'Anno et al., 2007; de Verdiere, Pickett, Skordos, Witzel, 2009)。簇绒是一种单面针织工艺,它是用针将高强度纱线插入编织材料中。之后将针沿其进入的路径取出,而留下簇绒纱线。根据针的插入深度,可以对编织材料进行部分或全厚度的增强。当针被编织层产生的摩擦阻力拉出时,簇绒就被固定住了。在簇绒纱线的末端就形成了一个可以在针织过程之后切割或保留的环。

很多学者都已研究了针织复合材料的弹性和强度性能、抗冲击损伤性能、分层韧性和其他性能(Dransfield et al., 1994; Dransfield, Jain, Mai, 1998a, 1998b; Hosur, Vaidya, Ulven, Jeelani, 2004; Iwahori et al., 2007; Mouritz, 2003; Mouritz, Cox, 2000, 2010; Sharma Sankar, 1997; Tan, Watanabe, Iwahori, 2010; Tong et al., 2002; Zhao, Rödel, Herzberg, Gao, Krzywinski, 2009)。编织复合材料的弹性模量和破坏强度可以通过针迹得到改善或降低,这主要取决于在针织过程中引起的微结构的变化。采用针织方法,通常可以大幅度地提高分层韧性和抗冲击性能。很多文献都对针织复合材料在不同的循环应力条件下的拉伸-拉伸、拉伸-压缩和压缩-压缩疲劳性能进行了研究(Aono, Noguchi,

Lee, Kuroiwa, Takita, 2006; Aono, Hirota, Lee, Kuroiwa, Takita, 2008; Aymerich, Priolo, Sun, 2003; Beier et al., 2007; Carvelli et al., 2010; Dow, Smith, 1989; Herszberg, Loh, Bannister, Thuis, 1997; Kelkar, Tate, Bolick, 2006; Lubowinski, Poe, 1987; Mouritz, 2004, 2008; Mouritz, Cox, 2000, 2010; Portanova, Poe, Whitcomb, 1992; Shah Khan, Mouritz, 1996; Yudhanto, Iwahori, Watanabe, Hoshi, 2012; Yudhanto, Watanabe, Iwahori, Hoshi, 2014)。然而,簇绒复合材料的疲劳性能尚未进行评估,尽管它们可能与针织复合材料都是通过厚度方向增强的方法,使得其微结构非常相似。

针织方法对编织复合材料的疲劳特性会产生有利的、不利的影响或无影响,这主要取决于针脚对刚度、强度性能和疲劳机理的影响程度(Mouritz, Cox, 2000, 2010)。图 11.5 给出了降低或改善针织复合材料疲劳寿命的示例(Aymerich et al., 2003; Dow, Smith, 1989)。疲劳性能的降低通常是由于针织造成的微结构损伤,其中包括丝束波纹、丝束卷曲、纤维断裂以及在针织附近出现树脂富集区域(Mouritz, Cox, 2000, 2010)。通过针织使承载丝束对不齐,同时也给纤维的微弯和扭曲提供所需的压应力(Farley, 1992; Mouritz, Cox, 2000),从而在循环压缩加载作用下降低其疲劳寿命和疲劳强度。拉伸载荷作用下疲劳寿命的缩短通常由拖曳波纹和纤维断裂引起。在某些情况下,针织复合材料疲劳寿命的降低是由于初始刚度和失效强度性能的降低,而不是针织线改变了其疲劳机制造成的。

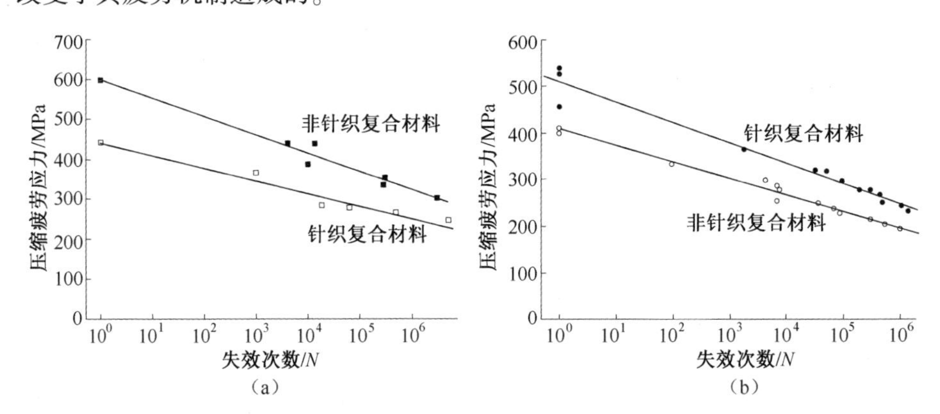

图 11.5 疲劳寿命(S-N)曲线表明,由针织引起的编织复合材料疲劳寿命的(a)减少和(b)改善。(图中数据来源于(a)Dow 和 Smith (1989) ;(b)Aymerich 等人(2003))

当分层是控制疲劳失效的重要损伤过程时,可以通过这一点来改善针织复合材料的抗疲劳性能。Aymerich 等人(2003)和 Yudhanto 等人(2014) 发现,针织纱线可以减缓由疲劳引起的边缘分层裂纹的扩展,同时也可以提高针织复合材料的疲劳寿命(图 11.5(b))。针织线提高了编织复合材料的分层韧性(Dransfield et al., 1994, 1998a, 1998b; Hosur et al., 2004; Iwahori et al.,

2007; Mouritz, 2003; Tan et al. , 2010; Tong et al. , 2002; Zhao et al. , 2009),降低了由疲劳引起的分层扩展速度。针织还可以压缩编织预制件,这就提高了针织复合材料的纤维体积分数,同时这一点还可以提高其疲劳强度。

疲劳研究表明失效机制之间的竞争可以决定针织复合材料的疲劳寿命。在疲劳损伤初期是由针织损伤引发疲劳寿命的降低(如波纹丝束,纤维的断裂,树脂富集区域),这种损伤在循环加载下的增长速度比针织疲劳机制带来的疲劳寿命的提高速度更快(如分层阻力)。或者说,当通过针织减缓疲劳扩展过程时,疲劳寿命就得到了提高。当抵抗疲劳损伤的过程与提高疲劳损伤的机制之间满足平衡条件时,那么最终的结果就是针织并不会提高编织复合材料的疲劳寿命。虽然针织可以改善、降低或不改变编织复合材料的疲劳寿命,但它们在循环加载下总会增加层间的抗分层疲劳特性。在分层扩展过程中,针织在裂纹尖端形成一个大型的桥接区(通常延伸为 10~40mm)。桥接针法会产生闭合牵引载荷,降低裂纹尖端承受的层间应力,从而提高了抗分层性能。例如,图 11.6 给出了一个桥接分层疲劳裂纹的针织线,从而提高了高韧性和抗疲劳性能(Pingkarawat, Wang, Varley,Mouritz, 2014; Su, 1989)。

例如,图 11.7 比较了针织和非针织的碳纤维增强环氧树脂复合材料(Pingkarawat et al. , 2014)在循环加载模式Ⅰ下的应力密度(ΔG_{I})与分层裂纹扩展速率(da/dN)的 Paris 曲线图。针织使复合材料具有更强的抗分层性能,并且针织密度越大,阻力越大。预计在循环模式Ⅱ、模式Ⅲ无极混合模式的加载条件下,针织还能提高复合材料抵的抗分层疲劳性能;然而,这一定还没有得到证实。

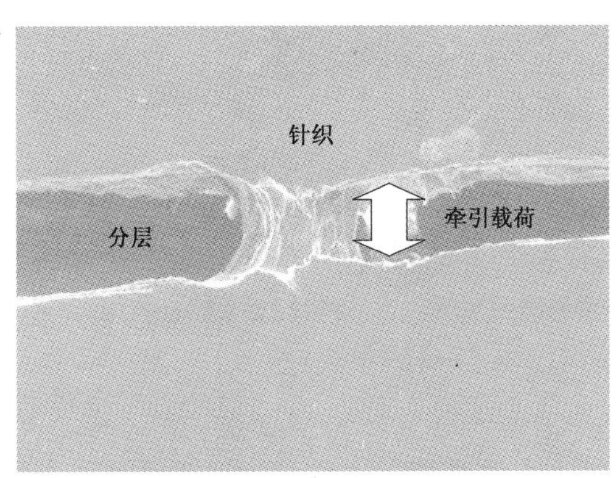

图 11.6　针织桥接分层裂纹,提高层间的耐疲劳特性

针织的高分层增韧也可以提高复合材料接头的抗疲劳性能(Aymerich, 2004; Reeder,Glaessgen, 2004; Tong, Jain, Leong, Kelly,Hertzberg, 1998)。例如,Tong 等人(1998)发现,通过针织可以大大提高单搭接接头的拉伸疲劳寿命

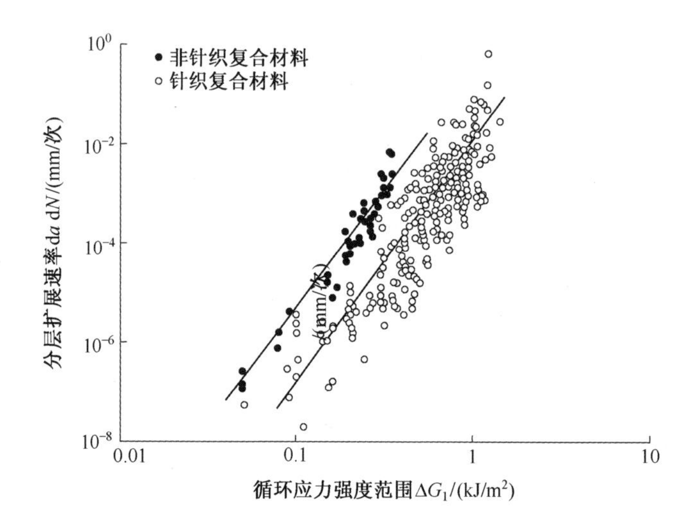

图 11.7　非针织和针织碳纤维增强环氧树脂复合材料在模式 I 下的分层疲劳裂纹扩展 Paris 曲线图。

数据来源于(Pingkarawat et al. ,2014)

和强度,如图 11.8 所示。针织不会阻止接头粘合区域的分层;然而,一旦产生裂纹,针织纱线就会在承受疲劳载荷的被粘物之间形成一个桥接区域。通过这一过程,提高了编织复合材料粘结接头的疲劳寿命。虽然已经证明针织增加了搭接接头的疲劳寿命和强度,但是还没有评估其他类型的接头,如 T 形和 C 形接头,尽管这可能会提高其疲劳性能。

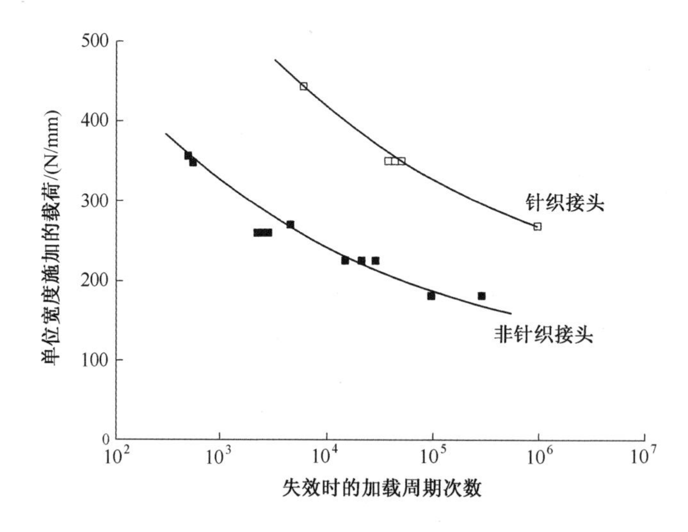

图 11.8　通过针织技术提高了单搭接复合材料接头的疲劳寿命

(数据来源于 Tong et al. ,1998)

11.4 z-锚固编织复合材料的疲劳性能

z-锚固是通过将细针穿过编织预制件来形成贯穿厚度纤维的一个过程(Abe et al., 2003)。如图 11.9 所示,通过薄成形针反复按压多层编织物,可使经向和纬向纱线朝向厚度方向发生弯曲,从而制成 3D 编织材料。与其他使用单独的纱线或针织线来提高 z-向粘合的贯穿厚度增强技术不同,z-锚定使用来自编织物中的纱线。变为 z-锚的面内纤维体积百分比由针的直径和空间密度控制。在用针头挤压面内纤维之后,去除它们,仅将贯穿厚度的 z-粘合纱线留下,被称为 z-锚固。

z-锚固复合材料的面内疲劳性能尚不明确。然而,由于承载纤维产生严重的变形和卷曲,使其产生 z-锚固,因此预计其疲劳性能不如 2D 编织层压板。显然有必要评估 z-锚固对不同循环载荷条件下疲劳性能的影响。Hojo 等人(2010)发现 z-锚固提高了碳纤维-环氧树脂复合材料在模式Ⅰ下的分层耐疲劳性能。z-锚固在裂纹扩展过程中能促进纤维桥接,这增加了产生分层疲劳裂纹的循环应力强度范围,同时也降低了疲劳裂纹扩展速率。预计 z-锚固在其他载荷条件下,也会提高层间的分层疲劳强度(例如模式Ⅱ),尽管这一点还尚未得到证实。

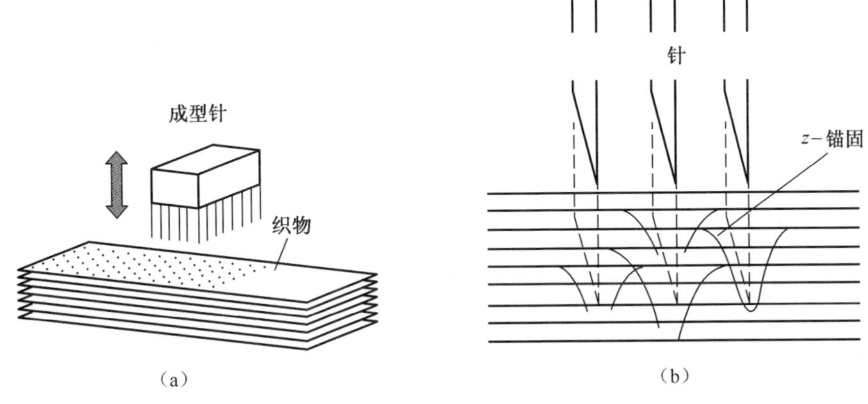

图 11.9 z-锚固过程示意图
(图片由 Y. Aoki(JAXA)提供)

11.5 z-销型复合材料的疲劳性能

z-型销钉复合材料是通过厚度方向增强的编织材料或预浸料层压板,称为 z-型销钉复合材料。z-型针用于贯穿厚度方向的预成型件,包括由干编织物

(更经常)或未固化预浸料叠层组成的预制件。可以通过多种方式将 z 型销压入预制件中,其中最常见的就是所谓的 UAZ®工艺,它需要使用超声波装置来插入细棒(Frietas et al. , 1994; Mouritz, 2007a; Partridge et al. , 2003; Tong et al. , 2002)。z 形销由直径为 0.1~1.0mm 的挤压金属丝或拉挤成型纤维复合材料制成。用于增强复合材料的 z 形针的体积分数通常在 0.5%~4%的范围内,这相当于约 1~20 针/cm²的空间密度,尽管也可以使用更低和更高的体积分数。

使用预浸料制造出来的材料,而不是编织制造出来的材料,对 z-型销复合材料进行疲劳研究。但是,估计 z-型销编织复合材料与 z-型销预浸料复合材料的疲劳性能相似。已有许多文献研究了 z-型销碳纤维-环氧树脂复合材料在拉伸-拉伸,压缩-压缩和循环弯曲载荷作用下的疲劳性能(Chang, Mouritz, Cox, 2006a; Chang, Mouritz, Cox, 2007; Isa, Feih, Mouritz, 2011; Kelkar et al. , 2006; Mouritz, 2007b; Mouritz, Chang, 2010; Mouritz, Cox, 2010; Mouritz, Chang, Isa, 2011)。z-型销的减少或许不会改变疲劳寿命和强度;目前还没有关于 Z-型销提高疲劳性能的研究报道。z-型销的疲劳强度会随着体积分数和直径的增加而降低(Chang et al. , 2006a, 2007; Isa et al. , 2011; Mouritz, 2007; Mouritz, Chang, 2010)。一般为 5%~20%。例如,从图 11.10 中可以发现,提高 z-型销的体积分数,会逐渐降低准各向同性复合材料的拉伸-拉伸疲劳寿命曲线(Chang et al. , 2006a),最大疲劳强度损失约为 20%。

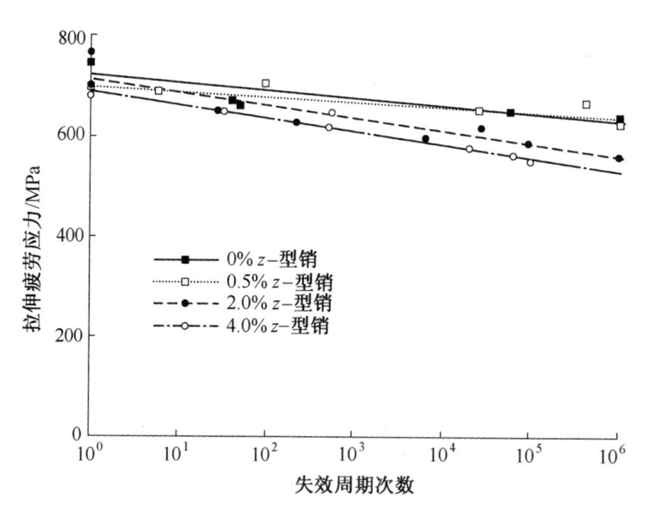

图 11.10 z-型销体积分数对准各向同性碳纤维-环氧树脂复合材料拉伸-拉伸疲劳寿命曲线的影响。

数据来源于(Chang et al. ,2006)

z-型销的扭曲、卷曲和纤维断裂会降低材料的疲劳寿命和强度。这些与通过厚度增强的 3D 编织和其他复合材料疲劳性能降低的原因相同。用 z-型销对承载纤维造成的变形和卷曲，降低了其厚度方向上的弯曲应力，从而降低了其压缩疲劳强度（Isa et al.，2011；Mouritz，2007b；Mouritz，Cox，2010）。由 *z* 型销引起的波纹和纤维断裂会降低其拉伸疲劳强度（Chang et al.，2006a；Mouritz，Chang，2010）。这是由于 *z*-型销会引发体积膨胀，从而通过降低纤维体积分数来降低其疲劳性能。

虽然 *z*-型销降低了未损伤复合材料的面内疲劳性能，但是当复合材料含有预先存在的分层裂纹或冲击损伤时，它们可以提高其疲劳性能。图 11.11 给出了通过使用 *z* 型销增强的方法，来提高含有冲击损伤的碳纤维-环氧树脂复合材料的压缩-压缩疲劳寿命和强度（Isa et al.，2011）。这是由于 *z* 型销减少了由于冲击造成的损伤量，从而导致材料在循环压缩载荷下的疲劳强度得到了提高。*z*-型销大大提高了复合材料的层间抗疲劳性能（Cartié，Laffaille，Partridge，Brunner，2009；Pegorin，Pingkarawat，Daynes，Mouritz，2014；Pingkarawat Mouritz，2014；Zhang，Liu，Mouritz，Mai，2008）。*z*-型销通过形成一个大范围的桥接区域，使裂纹扩展速率减慢，从而增加了模式 Ⅰ 和模式 Ⅱ 下的分层抗疲劳性能。这与针织复合材料的疲劳强化方法相同（Pingkarawat et al.，2014；Su，1989），与 *z*-锚固复合材料相似（Hojo et al.，2010）。例如，从图 11.12 中可以看到，增加 *z*-型销的体积含量对碳纤维-环氧树脂复合材料的 Ⅰ 型 Paris 疲劳曲线的影响。即使在体积含量较低的情况下，裂纹扩展速率会因 *z*-型销而明显降低，从而大幅提高引发初始疲劳裂纹的周期应力强度。分层疲劳性能也取决于 *z*-型销的直径和长度。Zhang 等人（2008）建立了一种基于裂纹桥接牵引的力学模型，来预测 Z 型销复合材料的 Ⅰ 型分层抗疲劳性能。

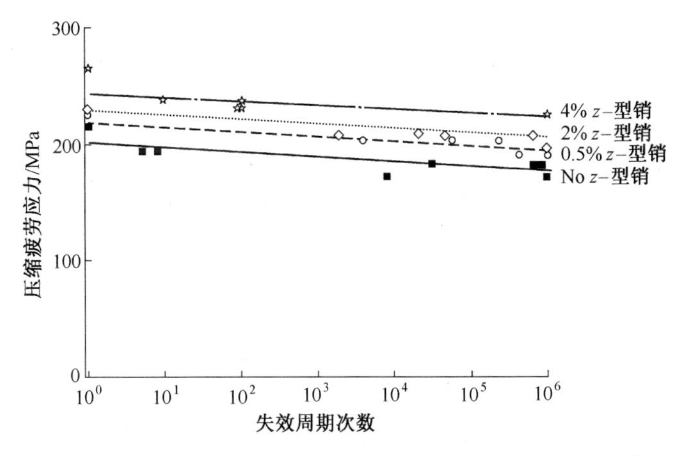

图 11.11　含冲击损伤的碳纤维-环氧树脂的压缩-压缩 *S-N* 曲线随着 *z*-型销体积含量的增加而增加。数据来源于（Isa et al,2011）

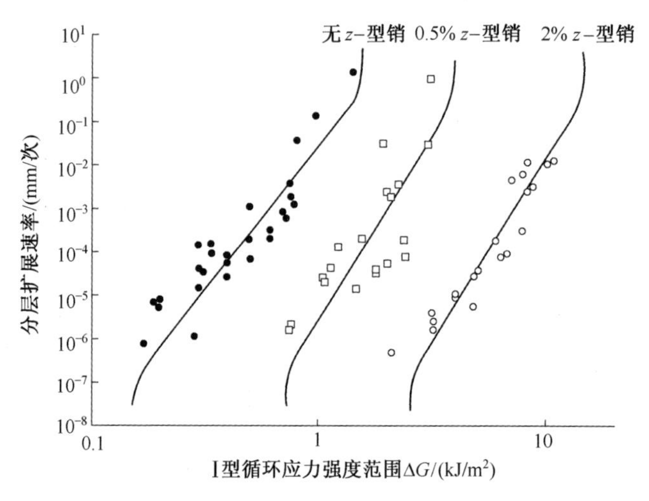

图 11.12　碳纤维-环氧树脂复合材料的Ⅰ型 Paris 曲线随着 z-型销体积含量的增加而增加。
(数据来源于 Pingkarawat, Mouritz, 2014)

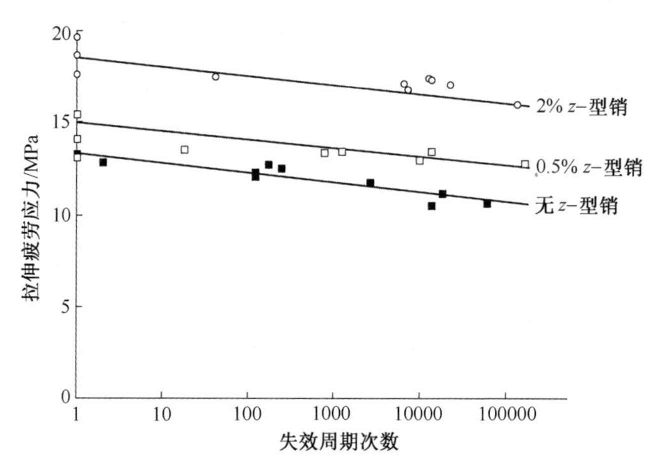

图 11.13　单搭接接头的拉伸-拉伸疲劳寿命随着 z-型销体积含量的增加而增加。
(数据来源于 Chang et al, 2006b))

z-型销可以提高焊接接头的疲劳寿命和强度。Chang, Mouritz 和 Cox (2006b), 以及 Chang, Mouritz 和 Cox (2008)的研究结果表明,使用 z-型销,可以提高碳纤维-环氧树脂单搭接接头的拉伸-拉伸疲劳寿命。图 11.13 给出了用 z-型销增强的单搭接接头的疲劳寿命曲线大幅增加。它可以将材料的疲劳强度提高到足够高的水平,从而抑制复合材料在疲劳诱导下的粘接线开裂和被粘物开裂,造成接头失效。通过 z-型销提高材料的抗疲劳性能与之前报道的针织技术相似,它们都是通过裂纹桥接而产生疲劳强化机制。与针织接头一样,尚未研究其他 z-型接头设计(如 T 形接头和 C 形接头)的抗疲劳性能。

11.6 总 结

3D 复合材料正在成为一种重要的先进编织复合材料，它在飞机、民用基础设施、汽车和其他工程部件上的广泛应用，使它在当前和未来应用中都会受到循环应力疲劳的影响。正在开展 3D 编织复合材料疲劳行为的研究，其中包括 3D 编织、针织和 *z*-型销复合材料的疲劳寿命和强度。然而，对其疲劳性能的研究并不充分，没有对使用干编织织物（而不是预浸料）制造的簇绒和 *z*-锚固复合材料，或 *z*-型销复合材料的疲劳行为进行研究。迄今为止的研究进展表明，3D 编织复合材料比 2D 编织层压板具有更好或更差的疲劳性能，尽管没有足够的数据来支持这个结果是否对所有类型的 3D 编织复合材料都适用。具有最佳疲劳性能的三维编织复合材料还有待确定，但丝束卷曲和编织引起的纤维损伤很重要。针织提高、降低或不改变编织复合材料的疲劳寿命和强度。针织对疲劳行为的影响是复杂的，因为它与许多因素都有关，包括微结构损伤、纤维的压实和分层抑制。*z*-型销总是降低疲劳性能，降低幅度取决于 *z*-型销的体积含量、直径和长度。需要进一步研究 3D 编织复合材料的疲劳性能和疲劳机理，以及建立并验证疲劳模型。

与 3D 编织层压板相比，2D 复合材料总是表现出优异的分层抗疲劳性能。在循环载荷作用下，针织和 *z*-型销都会增加复合材料的层间抗分层性能。预计其他类型的贯穿厚度的增强材料，例如编织的 *z*-型粘合纱线、簇绒纱线和 *z*-锚固纱线，也将会增加 2D 编织复合材料的抗分层疲劳性能，尽管这一定还尚未得到证实。

与 2D 编织接头相比，采用 3D 复合材料制成的粘接接头具有更优异的抗疲劳性能。单搭接接头的疲劳寿命和强度可以通过针织或 *z*-型销大幅提高。然而，还需要进一步研究使用 3D 编织复合材料制造的其他接头设计的疲劳性能。

参考文献

Abe, T., Hayashi, K., Sato, T., Yamane, S., & Hirokawa, T. (2003). A-VARTM process and z-anchor technology for primary aircraft structures. In Proceedings of the 24th SAME Europe conference, 1-3 April, Paris.

Aono, Y., Hirota, K., Lee, S.-H., Kuroiwa, T., & Takita, K. (2008). Fatigue damage of GFRP laminates consisting of stitched unit layers. International Journal of Fatigue, 30, 1720-1728. http://dx.doi.org/10.1016/j.ijfatigue.2008.03.002.

Aono, Y., Noguchi, H., Lee, S.-H., Kuroiwa, T., & Takita, K. (2006). Fatigue strength of doublebias mat composites compared to stitched units. International Journal of Fatigue, 28, 1375 - 1381. http://dx. doi. org/10. 1016/j. ijfatigue. 2006. 02. 019.

Aymerich, F. (2004). Effect of stitching on the static and fatigue performance of co-cured composite single-lap joints. Journal of Composite Materials, 38, 243-257. http://dx. doi. org/10. 1177/0021998304039271.

Aymerich, F., Priolo, P., & Sun, C. T. (2003). Static and fatigue behaviour of stitched graphite/ epoxy composite laminates. Composites Science and Technology, 63, 907 - 917. http://dx. doi. org/10. 1016/S0266-3538(02)00314-7.

Beier, U., Fischer, F., Sandler, J. K. W., Altst € adt, V., Weimer, C., & Buchs, W. (2007). Mechanical performance of carbon fibre-reinforced composites based on stitched preforms. Composites Part A, 38, 1655-1663. http://dx. doi. org/10. 1016/j. compositesa. 2007. 02. 007.

Bogdanovich, A. E., Karahan, M., Lomov, S. V., & Verpoest, I. (2013). Quasi-static tensile behavior and progressive damage in carbon/epoxy composite reinforced with 3D noncrimp orthogonal woven fabric. Mechanics of Materials, 62, 14-31. http://dx. doi. org/10. 1016/j. mechmat. 2013. 03. 005.

Bogdanovich, A. E., & Mohammed, A. H. (2009). Three-dimensional reinforcements for composites. SAMPE Journal, 45, 8-28.

Cartié, D. D. R., Dell'Anno, G., Poulin, E., & Partridge, I. K. (2006). 3D reinforcement of stiffener to skin T-joints by z-pinning and tufting. Engineering Fracture Mechanics, 73, 2532 - 2540. http://dx. doi. org/10. 1016/j. engfracmech. 2006. 06. 012.

Cartié, D. D. R., Laffaille, J. -M., Partridge, I. K., & Brunner, A. J. (2009). Fatigue delamination behaviour of unidirectional carbon fibre/epoxy laminates reinforced by Z-Fiber pinning. Engineering Fracture Mechanics, 76, 2834-2845. http://dx. doi. org/10. 1016/j. engfracmech. 2009. 07. 018.

Carvelli, V., Tomaselli, V. N., Lomov, S. V., Verpoest, I., Witzel, V., & Van Den Broucke, B. (2010). Fatigue and post-fatigue tensile behaviour of non-crimp stitched and unstitched carbon/epoxy composites. Composites Science and Technology, 70, 2216 - 2224. http://dx. doi. org/10. 1016/j. compscitech. 2010. 09. 004.

Chang, P., Mouritz, A. P., & Cox, B. N. (2006a). Properties and failure mechanisms of z-pinned laminates in monotonic and cyclic tension. Composites Part A, 37, 1501 - 1513. http://dx. doi. org/10. 1016/j. compositesa. 2005. 11. 013.

Chang, P., Mouritz, A. P., & Cox, B. N. (2006b). Properties and failure mechanisms of pinned composite lap joints in monotonic and cyclic tension. Composites Science and Technology, 66, 2163-2176. http://dx. doi. org/10. 1016/j. compscitech. 2005. 11. 039.

Chang, P., Mouritz, A. P., & Cox, B. N. (2007). Flexural properties of z-pinned laminates. Composites Part A, 38, 224-251. http://dx. doi. org/10. 1016/j. compositesa. 2006. 05. 004.

Chang, P., Mouritz, A. P., & Cox, B. N. (2008). Elevated temperature properties of pinned composite lap joints. Journal of Composite Materials, 42, 741-769. http://dx. doi. org/10. 1177/0021998308088594.

Chen, X., & Potiyaraj, P. (1999). CAD/CAM of orthogonal and angle-interlock woven structures for industrial applications. Textile Research Journal, 69, 648-655. http://dx. doi. org/10. 1177/004051759906900905.

Cox, B. N., Dadhkak, M. S., Morris, W. L., & Flintoff, J. G. (1994). Failure mechanisms of 3D woven composites in tension, compression and bending. Acta Metallurgica et Materialia, 42, 3967-3984. http://dx. doi. org/10. 1016/0956-7151(94)90174-0.

Dadkhah, M. S., Morris, W. L., & Cox, B. N. (1995). Compression-compression fatigue in 3D woven composites. Acta Metallurgica et Materialia, 43, 4235-4245. http://dx. doi. org/10. 1016/0956-7151(95)

00137-K.

Dell'Anno, G., Cartié, D. D. R., Partridge, I. K., & Rezai, A. (2007). Exploring mechanical property balance in tufted carbon fabric/epoxy composites. Composites Part A, 38, 2366-2373. http://dx. doi. org/10. 1016/j. compositesa. 2007. 06. 004.

Ding, Y. Q., Yan, Y., McIlhagger, R., & Brown, D. (1995). Comparison of the fatigue behaviour of 2-D and 3-D woven fabric reinforced composites. Journal of Materials Processing Technology, 55, 171-177. http://dx. doi. org/10. 1016/0924-0136(95)01950-2.

Dow, M. B., & Smith, D. L. (1989). Damage-tolerant composite materials produced by stitching carbon fabrics. In Proceedings 21st international SAMPE technical conference, 25e28 September (pp. 595-605).

Dransfield, K., Baillie, C., & Mai, Y. -W. (1994). Improving the delamination resistance of CFRP by stitching e a review. Composites Science and Technology, 50, 305-317. http://dx. doi. org/10. 1016/0266-3538(94)90019-1.

Dransfield, K. A., Jain, L. K., & Mai, Y. -W. (1998a). On the effects of stitching in CFRPs e I. Mode I delamination toughness. Composites Science and Technology, 58, 815-828. http:// dx. doi. org/10. 1016/S0266-3538(97)00229-7.

Dransfield, K. A., Jain, L. K., & Mai, Y. -W. (1998b). On the effects of stitching in CFRPs—II. Mode II delamination toughness. Composites Science and Technology, 58, 829-837. http://dx. doi. org/10. 1016/S0266-3538(97)00186-3.

Farley, G. L. (1992). A mechanism responsible for reducing compression strength of throughthe-thickness reinforced composite material. Journal of Composite Materials, 26,1784-1795. http://dx. doi. org/10. 1177/002199839202601206.

Freitas, G., Magee, C., Dardzinski, P., & Fusco, T. (1994). Fibre insertion process for improved damage tolerance in aircraft laminates. Journal of Advanced Materials, 25, 36-43.

Gude, M., Hufenbach, W., & Koch, I. (2010). Damage evolution of novel 3D textile-reinforced composites under fatigue loading. Composites Science and Technology, 70, 186-192. http://dx. doi. org/10. 1016/j. compscitech. 2009. 10. 010.

Guenon, V. A., Chou, T. W., & Gillespie, J. W. (1989). Toughness properties of a threedimensional carbon-epoxy composite. Journal of Materials Science, 24, 4168-4175. http://dx. doi. org/10. 1007/BF01168991.

Herszberg, I., Loh, A., Bannister, M. K.,&Thuis, H. G. S. J. (1997). Open hole fatigue of stitched and unstitched carbon/epoxy laminates. In Proceedings of the 11th international conference on composite materials, 14e18 July, Gold Coast, Australia (pp. V-138-V-148).

Hojo, M., Nakashima, K., Kusaka, T., Tanaka, M., Adachi, T., Fukuoka, T., et al. (2010). Mode I fatigue delamination of Zanchor-reinforced CF/epoxy laminates. International Journal of Fatigue, 32, 37-45. http://dx. doi. org/10. 1016/j. ijfatigue. 2009. 02. 025.

Holt, H. B. (1992). Future composite aircraft structures may be sewn together. Automotive Engineering, 9046-9049.

Hosur, M. V., Vaidya, U. K., Ulven, C., & Jeelani, S. (2004). Performance of stitched/unstitched woven carbon/epoxy composites under high velocity impact loading. Composite Structures, 64, 455-466. http://dx. doi. org/10. 1016/j. compstruct. 2003. 09. 046.

Isa, M. D., Feih, S., & Mouritz, A. P. (2011). Compression fatigue properties of quasi-isotropic z-pinned carbon/epoxy laminate with barely visible impact damage. Composite Structures, 93, 2222-2230. http://

dx. doi. org/10. 1016/j. compstruct. 2011. 03. 015.

Ivanov, D. S., Lomov, S. V., Bogdanovich, A. E., Karahan, M., & Verpoest, I. (2009). A comparative study of tensile properties of non-crimp 3D orthogonal weave and multi-layer plain weave E-glass composites. Part 2: Comprehensive experimental results. Composites Part A, 40, 1144-1157. http://dx. doi. org/10. 1016/j. compositesa. 2009. 04. 032.

Iwahori, Y., Ishikawa, T., Watanabe, N., Ito, A., Hayashi, Y., & Sugimoto, S. (2007). Experimental investigation of interlaminar mechanical properties on carbon fiber stitched CFRP laminates. Advanced Composite Materials, 16, 95-113. http://dx. doi. org/10. 1163/156855107780918973.

Jackson, A. C., Barrie, R. E., Shah, B. M., & Shulka, J. G. (1992). Advanced textile applications for primary aircraft structures. In Proceedings of fiber-tex, 27e29 October (pp. 325-352).

Jin, L., Hu, H., Sun, B., & Gu, B. (2011). Three-point bending fatigue behavior of 3D angleinterlock woven composite. Journal of Composite Materials, 46, 883-894. http://dx. doi. org/10. 1177/0021998311412218.

Jin, L., Niu, Z., Jin, B. C., Sun, B., & Gu, B. (2012). Comparisons of static bending and fatigue damage between 3D angle-interlock and 3D orthogonal woven composites. Journal of Reinforced Plastics and Composites, 31, 935-945. http://dx. doi. org/10. 1177/073168441245062.

Karahan, M., Lomov, S. V., Bogdanovich, A. E., & Verpoest, I. (2011). Fatigue tensile behavior of carbon/epoxy composite reinforced with non-crimp 3D orthogonal woven fabric. Composite Science and Technology, 71, 1961-1972. http://dx. doi. org/10. 1016/j. compscitech. 2011. 09. 015.

Kelkar, A. D., Tate, J. S., & Bolick, R. (2006). Structural integrity of aerospace composites under fatigue loading. Materials Science and Engineering B, 132, 79-84. http://dx. doi. org/ 10. 1016/j. mseb. 2006. 02. 033.

Kuo, W.-S., & Fang, J. (2000). Processing and characterization of 3D woven and braided thermoplastic composites. Composite Science and Technology, 60, 643-656. http:// dx. doi. org/10. 1016/S0266-3538(99)00161-X.

Lee, B., Leong, K. H., & Herszberg, I. (2001). Effect of weaving on the tensile properties of carbon fibre tows and woven composites. Journal of Reinforced Plastics and Composites, 20, 652-670. http:// dx. doi. org/10. 1177/073168401772679011.

Limmer, L., Weissenbach, G., Brown, D., McIlhagger, R., & Wallace, E. (1996). The potential of 3-D woven composites exemplified in a composite component for a lower leg prosthesis. Composites Part A, 27, 271-277. http://dx. doi. org/10. 1016/1359-835X(95)00040-9.

Lomov, S. V., Bogdanovich, A. E., Ivanov, D. S., Mungalov, D., Karahan, M., &

Verpoest, I. (2009). A comparative study of tensile properties of non-crimp 3D orthogonal weave and multi-layer plain weave E-glass composites. Part 1: Materials, methods and principal results. Composites Part A, 40, 1134-1143. http://dx. doi. org/10. 1016/j. compositesa. 2009. 03. 012.

Lomov, S. V., Ivanov, D. S., Perie, G., & Verpoest, I. (2008). Modelling 3D fabrics and 3D-reinforced composites: challenges and solutions. In Proceedings of the first world conference on 3D fabrics, Manchester; 2008.

Lubowinski, S. J., & Poe, C. C. (1987). Fatigue characterization of stitched carbon/epoxy composites. In Proceedings of fiber-tex 1987 conference (pp. 253-271).

Mahadik, Y., & Hallet, S. R. (2010). Finite element modelling of tow geometry in 3D woven fabrics. Composites Part A, 41, 1192-1200. http://dx. doi. org/10. 1016/j. compositesa. 2010. 05. 001.

McBeath, S. (December 2002). Safety pins. Racecar Engineering, 56e62.

Mouritz, A. P. (2003). Comment on the impact damage tolerance of stitched composites. Journal of Materials Science Letters, 22, 519-521.

Mouritz, A. P. (2004). Fracture and tensile fatigue properties of stitchedfibreglass composites. Proceedings of the Institution of Mechanical Engineers, Part L: Journal of Materials: Design and Applications, 218, 87-93. http://dx. doi. org/10. 1177/146442070421800203.

Mouritz, A. P. (2007a). Review of z-pinned composite laminates. Composites Part A, 38, 2383-2397. http://dx. doi. org/10. 1016/j. compositesa. 2007. 08. 016.

Mouritz, A. P. (2007b). Compression properties of z-pinned composite laminates. Composites Science and Technology, 67, 3110-3120. http://dx. doi. org/10. 1016/j. compscitech. 2007. 04. 017.

Mouritz, A. P. (2008). Tensile fatigue properties of 3D composites with through-thickness reinforcement. Composites Science and Technology, 68, 2053 - 2510. http://dx. doi. org/10. 1016/j. compscitech. 2008. 05. 003.

Mouritz, A. P., Baini, C., & Herszberg, I. (1999). Mode I interlaminar fracture toughness properties of advanced three-dimensional fibre textile composites. Composites Part A, 30, 859-870. http://dx. doi. org/10. 1016/S1359-835X(98)00197-3.

Mouritz, A. P., Bannister, M. K., Falzon, P. J., & Leong, K. H. (1999). Review of applications for advanced three - dimensional fibre textile composites. Composites Part A, 30, 1445 - 1461. http://dx. doi. org/10. 1016/S1359-835X(99)00034-2.

Mouritz, A. P., & Chang, P. (2010). Tension fatigue offibre-dominated and matrix-dominated laminates reinforced with z-pins. Internation Journal of Fatigue, 32, 650 - 658. http:// dx. doi. org/10. 1016/j. ijfatigue. 2009. 09. 001.

Mouritz, A. P., Chang, P., & Isa, M. D. (2011). Z-pin composites: aerospace structural design considerations. Journal of Aerospace Engineering, 24, 425e432. http://dx. doi. org/10. 1061/(ASCE) AS. 1943-5525. 0000078.

Mouritz, A. P., & Cox, B. N. (2000). A mechanistic approach to the properties of stitched laminates. Composites Part A, 31, 1-27. http://dx. doi. org/10. 1016/S1359-835X(99)00056-1.

Mouritz, A. P., & Cox, B. N. (2010). A mechanistic interpretation of the comparative in-plane mechanical properties of 3D woven, stitched, and pinned composites. Composites Part A, 41, 709 - 728. http:// dx. doi. org/10. 1016/j. compositesa. 2010. 02. 001.

Moutos, F. T., Freed, L. E., & Guilak, F. (2007). A biomimetic three-dimensional woven composite scaffold for functional tissue engineering of cartilage. Nature Materials, 6, 162 - 167. http://dx. doi. org/ 10. 1038/nmat 1822.

Partridge, I. K., Cartié, D. D. R., & Bonnington, T. (2003). Manufacture and performance of z-pinned composites. In G. Shonaike, & S. Advani (Eds.), Advanced polymeric composites. FL: CRC Press.

Pegorin, F., Pingkarawat, K., Daynes, S., & Mouritz, A. P. (2014). Mode II interlaminar fatigue properties of z-pinned carbon fibre reinforced epoxy composites. Composites Part A, 67, 8 - 15. http:// dx. doi. org/j. compositesa. 2014. 08. 008.

Pingkarawat, K., & Mouritz, A. P. (2014). Improving the mode I delamination fatigue resistance of composites using z-pins. Composites Science and Technology, 92, 70-76. http://dx. doi. org/10. 1016/j. compscitech. 2013. 12. 009.

Pingkarawat, K., Wang, C. H., Varley, R. J., & Mouritz, A. P. (2014). Healing of fatigue delamination cracks in carbon-epoxy composite using mendable polymer stitching. Journal of Intelligent Material Systems and Structures, 25, 75-86. http://dx.doi.org/10.1177/1045389X13505005.

Portanova, M. A., Poe, C. C., & Whitcomb, J. D. (1992). Open hole and postimpact compressive fatigue of stitched and unstitched carbon-epoxy composites. In G. C. Glenn (Ed.), Composite materials: Testing and design (Vol. 10, pp. 37-53). Philadelphia: American Society for Testing and Materials. ASTM STP 1120.

Reeder, J. R., & Glaessgen, E. H. (2004). Debonding of stitched composite joints under static and fatigue loading. Journal of Reinforced Plastics and Composites, 23, 249 - 263. http://dx.doi.org/10.1177/0731684404030661.

Rudov-Clark, S., & Mouritz, A. P. (2008). Tensile fatigue properties of a 3D orthogonal woven composite. Composites Part A, 39, 1018-1024. http://dx.doi.org/10.1016/j.compositesa.2008.03.001.

Shah Khan, M. Z., & Mouritz, A. P. (1996). Fatigue behaviour of stitched GRP laminates. Composites Science and Technology, 56, 695-701. http://dx.doi.org/10.1016/0266-3538(96)00052-8.

Sharma, S. K., & Sankar, B. V. (1997). Effect of stitching on impact and interlaminar properties of graphite/epoxy laminates. Journal of Thermoplastic Composite Materials, 10, 241 - 253. http://dx.doi.org/10.1177/089270579701000302.

Su, K. B. (1989). Delamination resistance of stitched thermoplastic matrix composite laminates. In G. M. Nawaz (Ed.), Advances in thermoplastic matrix composite materials (pp. 270 - 300). Philadelphia: American Society of Testing and Materials. ASTM STP 1044.

Sun, B., Niu, Z., Jin, L., Zhang, Y., & Gu, B. (2012). Experimental investigation and numerical simulation of three-point bending fatigue of 3D orthogonal woven composite. Journal of the Textile Institute, 103, 1312-1327. http://dx.doi.org/10.1080/00405000.2012.677569.

Tan, P., Tong, L., Steven, G. P., & Ishikawa, T. (2000). Behaviour of 3D orthogonal woven CFRP composites. Part I. Experimental investigation. Composites Part A, 31, 259 - 271. http://dx.doi.org/10.1016/S1359-835X(99)00070-6.

Tan, T. K., Watanabe, N., & Iwahori, Y. (2010). Effect of stitch density and stitch thread thickness on low-velocity impact damage of stitched composites. Composites Part A, 41, 1857 - 1868. http://dx.doi.org/10.1016/j.compositesa.2010.09.007.

Tanzawa, Y., Watanabe, N., & Ishikawa, T. (1999). Interlaminar fracture toughness of 3-D interlocked fabric composites. Composites Science and Technology, 59, 1261 - 1270. http://dx.doi.org/10.1016/S0266-3538(98)00167-5.

Tong, L., Jain, L. K., Leong, K. H., Kelly, D., & Hertzberg, I. (1998). Failure of transversely stitched RTM lap joints. Composites Science and Technology, 58, 221 - 227. http://dx.doi.org/10.1016/S0266-3538(97)00122-X.

Tong, L., Mouritz, A. P., & Bannister, M. K. (2002). 3D fibre reinforced polymer composites. London: Elsevier.

Tsai, K.-H., Chiu, C.-H., & Wu, T.-H. (2000). Fatigue behavior of 3D multi-layer angle interlock woven composite plates. Composites Science and Technology, 60, 241 - 248. http://dx.doi.org/10.1016/S0266-3538(99)00120-7.

de Verdiere, M. C., Pickett, A. K., Skordos, A. A., & Witzel, V. (2009). Evaluation of the mechanical and damage behaviour of tufted non crimped fabric composites using full field measurements. Composites Science and Technology, 69, 131-138. http://dx.doi.org/10.1016/j.compscitech.2008.08.025.

Wang, X. F., Wang, X. W., Zhou, G. M., & Zhou, C. W. (2007). Multi-scale analyses of 3D woven composite based on periodicity boundary. Journal of Composite Materials, 41, 1773-1788. http://dx.doi.org/10.1177/0021998306069891.

Weimer, C., & Mitschang, P. (2001). Aspects of the stitch formation process on the quality of sewn multi-textile-preforms. Composites Part A, 32, 1477-1484. http://dx.doi.org/ 10.1016/S1359-835X(01)00046-X.

Wittig, J. (2001). Recent developments in the robotic stitching technology for textile structural composites. J Tex App Tech Man, 2, 1-8.

Wittig, J. (2002). In-mold-reinforcement of preforms by 3-dimensional tufting. In Proceedings of the 47th international SAMPE symposium & exhibition, May, Long Beach, CA(pp. 1043-1051).

Yang, T., Wang, C. H., Zhang, J., He, S., & Mouritz, A. P. (2012). Toughening and self-healing of epoxy matrix laminates using mendable polymer stitching. Composites Science and Technology, 72, 1396-1401. http://dx.doi.org/10.1016/j.compscitech.2012.05.012.

Yudhanto, A., Iwahori, Y., Watanabe, N., & Hoshi, H. (2012). Open hole fatigue characteristics and damage growth of stitched plain weave carbon/epoxy laminates. International Journal of Fatigue, 43, 12-22. http://dx.doi.org/10.1016/j.ijfatigue.2012.02.002.

Yudhanto, A., Watanabe, N., Iwahori, Y., & Hoshi, H. (2014). Effect of stitch density on fatigue characteristics and damage mechanisms of stitched carbon/epoxy composites. Composites Part A, 60, 52-65. http://dx.doi.org/10.1016/j.compositesa.2014.01.013.

Zhang, A. Y., Liu, H.-Y., Mouritz, A. P., & Mai, Y.-W. (2008). Experimental study and computer simulation of z-pin reinforcement under cycle fatigue. Composites Part A, 39, 406-414. http://dx.doi.org/10.1016/j.compositesa.2007.09.006.

Zhao, N., R€odel, H., Herzberg, C., Gao, S. L., & Krzywinski, S. (2009). Stitched glass/PP composite. Part I: tensile and impact properties. Composites Part A, 40, 635-643. http:// dx.doi.org/10.1016/j.compositesa.2009.02.019.

第12章

非卷曲编织复合材料的疲劳

K. A. M. Vallons
比利时,鲁汶,鲁汶大学

12.1 引　　言

近年来,非卷曲编织物被认为是用于复合材料编织结构中非常有价值的编织材料。尽管非卷曲编织材料或 NCF 在高性能复合材料中具有很大的发展潜力,但这些材料表现出的某些特性可能会影响复合材料最终的力学性能,因此需要全面了解 NCF 复合材料在不同的加载条件下的力学行为 。本章将专门讨论这些材料,更具体地说,是讨论它们在疲劳条件下的力学行为。12.2 节介绍 NCF 复合材料中的增强材料,包括 NCF 复合材料力学性能的总体概述。在 12.3 节中,重点是探讨 NCF 复合材料在疲劳荷载条件下的力学行为。讨论玻璃纤维和碳纤维 NCF 复合材料。首先,详细地介绍了 NCF 复合材料的疲劳寿命。而关于材料的损伤发展,重点分析了由疲劳试验引起的损伤。最后对本章内容进行了简要总结。

12.2 NCF 复合材料

12.2.1 NCF

用于编织复合材料领域的一个重要术语叫做"卷曲"。当编织材料中的纤维在编织面内出现"弯曲"现象时,会发生这种情况。因此,可将卷曲理解为纤维束总长度与该纤维束在编织面内的投影长度之间的百分比差异(即编织长度)。图 12.1 给出了平纹编织材料的横截面示意图。

对复合材料而言,其编织增强材料一旦发生卷曲,就会造成严重后果,只有少量纤维在其主"纤维方向"取向,而绝大多数纤维束都将是在非零面外取向。

图 12.1　用平纹编织复合材料横截面的示意图阐明编织结构中的“卷曲”现象(Vallons, 2009)

因此,卷曲束的面内特性将低于直线束的面内特性。由于在编织材料中存在卷曲现象,因此编织复合材料的力学性能通常都低于由单向预浸料制成的层压板的力学性能。大多数其他类型的编织材料在单个编织层中其纤维取向也很有限,而 UD 预浸层压板可以采用任意的纤维取向。

研发 NCFs 的主要目的是获得具有最小卷曲量的编织材料,同时又具有高自由度的纤维取向。实际上,NCFs 是由若干不同取向的 UD 纤维层组成的编织材料,它们彼此堆叠在一起,并且用细纱线(通常是聚酯)针织在一起。

这样,一种结构完整的编织材料就制造出来了,并且其中的纤维尽可能地被平直拉紧(卷曲最小化)。在 Lomov (2011b)的文献中可以找到关于 NCFs 和 NCF 复合材料的详细内容,以供参考。这里只对一些关键要点进行简要概述。

NCFs 主要是利用 Liba®技术制造的:它通过将纤维束切割成所需的长度,并将它们按照正确的方向彼此相邻放置,从而形成多个纤维层。

纤维可以朝着多达七种不同的方向进行定向(0°,90°,$+\theta$,$-\theta$,位于 25°～65°的 θ)。同时在堆叠层的顶部和/或底部也可以添加纤维。一旦在彼此的顶部放置不同方向的纤维层,它们就会经过一排平行针,在那里它们会通过一个被称为经向编织的过程,将它们针织在一起。这一过程由针头穿透不同的纤维层,并形成连续的针织纱线循环,而纤维层的堆叠不断向前移动。根据所需的编织材料性能和纤维取向,可以开发几种不同的针织模式(渗透率、隔音材料等)。一些最常用的图案形式如图 12.2 所示,通常将它们称为经编针织、链式针织、经-链针织和钻石针织。有关 NCF 复合材料制造的更多信息可在文献(Kruse, Gries,2011) 和(Schnabel, Gries,2011)中找到。

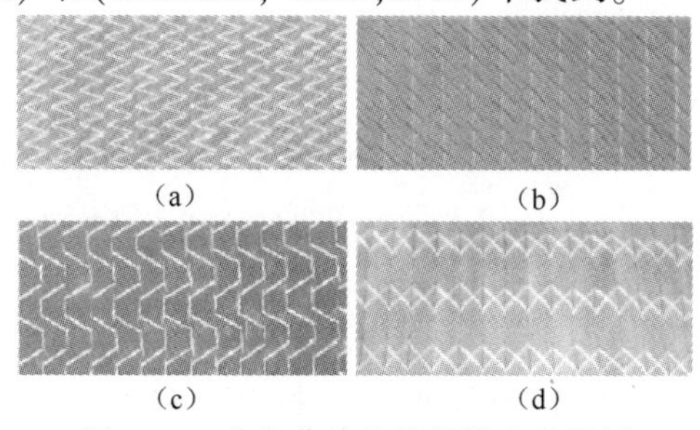

图 12.2　非卷曲编织针织模式的示例

(a) 经编针织;(b) 链式针织;(c) 经-链针织的碳纤维 NCF;(d)钻石针织的玻璃纤维 NCF

12.2.2 NCFs 的结构特性

NCF 在针织过程中有几个参数可能会影响所得编织材料的性能。图 12.3 以双轴±45°链式针织的 NCF 举例说明。参数 A 和 B 分别表示连续的针织行(标距)和针织线长度之间的间距。其他重要的影响参数可能是,如针织纱线的拉伸载荷和纱线的尺寸。

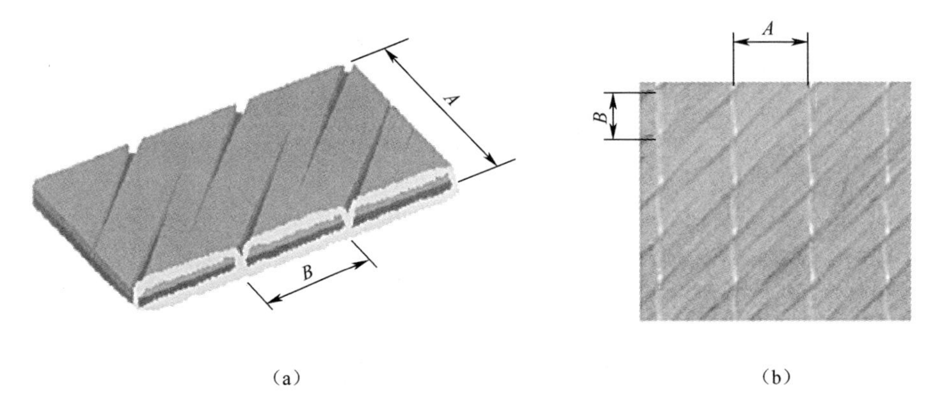

图 12.3　双轴±45°链式针织 NCF 的示意图和实物图片

A—针织标距;B—针织长度(Vallons, 2009)

对于 NCFs 来说,纤维在不同编织层上的取向是很重要的(设备操作方向)。这是因为当它穿透纤维层时,针织纱线会将纤维推到一边,并在每一层都会产生某些人为因素或局部缺陷,称之为开口和/或通道。这些开口和通道的尺寸在很大程度上会受编织材料的制造参数和所选针织形式的影响。Mattsson, Joffe 和 Varna (2007) 对此进行了详细研究。Loendersloot, Lomov, Akkerman 和 Verpoest (2006), Lomov (2011c), Lomov, Belov 等(2002), Lomov, Verpoest, Barburski 和 Laperre (2003), Lomov, Barburski 等(2005)以及 Mattsson 等(2007)对 NCF 预制件内部几何形状和特性进行了深入研究。

通过针织工艺制造的编织材料既有优点也有缺点。当针织纱线将纤维稍稍推到一边时,它们就会产生一点波纹,这就导致在材料中引发了少量的面内卷曲,从而影响复合材料的力学性能。针刺过程也可能会对纤维造成轻微地损伤。另外,在干燥编织材料上存在的这些开口,会导致复合材料中形成树脂富集区域。正如 Truong, Vettori, Lomovt 和 Verpoest (2005)所言,这些区域与复合材料加载过程中产生损伤的萌生和扩展有关。

尽管如此,我们仍然发现 NCF 中的通道和开口有利于它们在复合材料中的使用。已有研究结果表明,针织程度越高,则开口和/或通道也就越多,从而大幅提高编织材料的渗透性(Lundström, 2000; Nordlund, Lundström, 2005; Nordlund,

Lundstrom, Frishfelds, Jakovics, 2006)。此外,编织材料中开放空间的存在有利于纤维发生剪切变形,如开口和通道,从而造成编织材料出现更大的变形,这也就是为什么大多数 NCFs 具有优异悬垂性的原因(Kong, Mouritz, Paton, 2004)。例如,Loendersloot (2011)对 NCF 的渗透性进行了深入的研究,而在文献(Lomov,2011a)中,则主要关注 NCFs 的可变形性。

12.2.3 NCF 复合材料的力学性能

许多学者对 NCF 复合材料(NCFC)的基本静态特性进行了深入的研究,主要研究了该复合材料的针织过程及其参数对材料性能的影响规律,如强度、刚度和损伤萌生等。

一般来说,由 NCF 层构成的层压板似乎比相同编织体系制成的层压板具有更好的面内拉伸和压缩性能,但与 UD 预浸料层压板相比,还有不足(Bibo, Hogg, Kemp, 1997; Godbehere, Mills, Irving, 1994; Smith, 2000)。根据这些研究报告,表明其性能差异范围从非常小或不存在(Godbehere et al. , 1994)到高达35%(Bibo et al. , 1997; 图 12. 4)。应该指出的是,在后一项对比结果中所发现的性质差异有一部分是由于纤维体积分数的差异造成的。据报道,针织工艺中的人为因素在加载时的损伤发展过程中起到作用,曾多次发现损伤萌生部位与由针织产生的树脂富集区域有关(Mikhaluk, Truong, Borovkov, Lomov, Verpoest, 2008; Sandford et al. , 1998; Truong, 2005; Truong et al. , 2005)。与基于预浸料的层压板相比,可以认为 NCF 基层压板的层内波纹弯曲程度相对较高,这也可能就是导致这两类材料的压缩强度存在明显差异的原因,因为轻微弯曲的纤维比直纤维更容易发生弯曲(Pansart, Sinapius, Gabbert, 2009)。

NCF 复合材料的力学性能不仅与 UD 预浸复合材料和编织层叠复合材料的不同,而且还有研究结果表明,不同的针织参数也可能会导致其力学性能的差异。例如,Vallons, Adolphs, Lucas, Lomov 和 Verpoest (2014)等人对两种类型的准 UD 玻璃纤维 NCF 复合材料的力学行为进行了研究,结果表明它们仅在

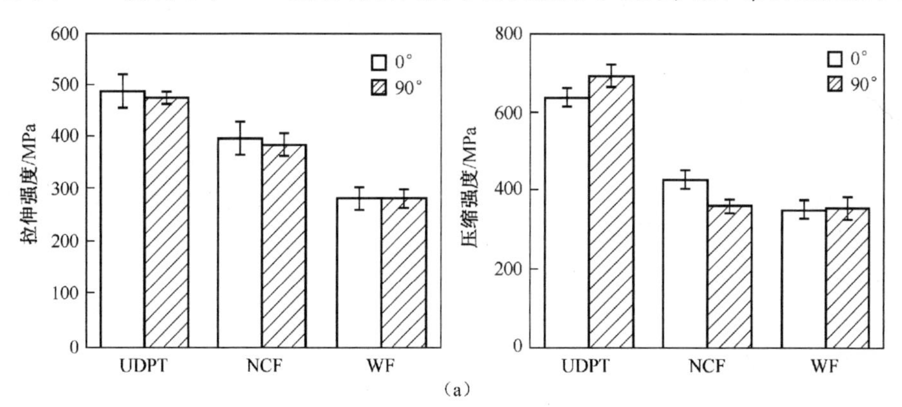

(a)

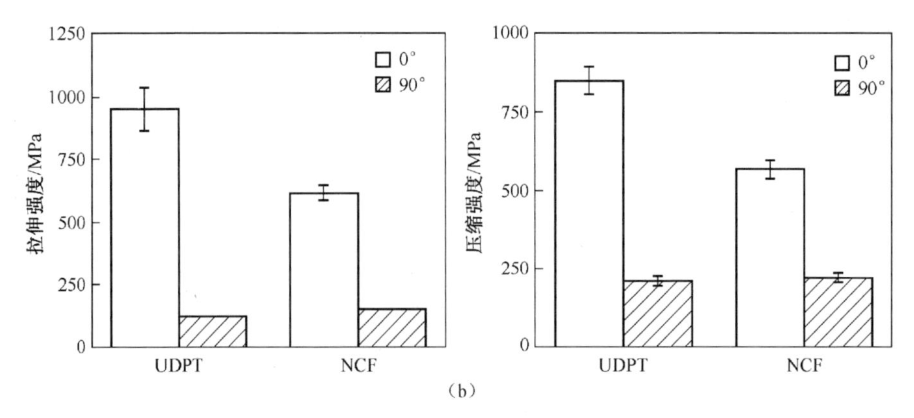

(b)

图 12.4 Bibo 等人(1997)对几种复合材料拉伸强度和压缩强度的比较结果

(a) UD 玻璃纤维聚氯乙烯预浸带层压板(UDPT, $V_f = 55\%$)、无卷曲层叠复合材料(NCF, $V_f = 50\%$)和准各向同性层叠编织复合材料(WF, $V_f = 45\%$);(b) UD 碳纤维预浸带层压板(UDPT, $V_f = 55\%$)、NCF 复合材料(NCF, $V_f = 50\%$)和三向(0,+45,-45)铺层的 NCF 复合材料。

(获得 Elsevier 许可后转载自 Bibo et al.,1997)

针织模式上存在差异。并发现其拉伸强度明显存在约 6% 的统计学差异。然而,根据 Asp, Edgren, 和 Sjögren (2004)对不同针织模式参数对 UD 碳纤维 NCFCs 力学性能影响的研究结果来看,他们发现编织类型对拉伸和压缩强度及刚度的影响很小,甚至没有。

12.3 NCF 复合材料的疲劳

在疲劳试验中,试样在最终失效之前可以承受的周期次数通常被称为"疲劳寿命"。不同应力/应变水平作用下的疲劳试验结果可以在一个图上给出,从而根据特定材料、材料属性和加载特性绘制出所谓的疲劳寿命曲线。在该曲线中,平均疲劳寿命与最大施加应力 σ_{max}(或应变 ε_{max})通常会以对数或对数刻度进行绘制。影响复合材料疲劳寿命的因素有许多。增强结构在这方面是一个非常重要的影响参数,当然树脂和纤维的类型也起着一定作用。本节将首先简要介绍复合材料层压板在疲劳载荷作用下的一般特性,然后对玻璃纤维和碳纤维 NCF 复合材料的疲劳行为,以及特定编织结构的固有特性进行深入探讨。在此,不但会对疲劳寿命开展讨论,而且还会对疲劳寿命期间损伤的发展和刚度的演化以及 NCF 参数的影响进行分析研究。Vallons (2011)也对 NCF 复合材料疲劳性能的研究进行了综述。

如在第 3 章所述,可将某种复合材料的总疲劳寿命曲线(第一个循环最大应变作为疲劳寿命的函数)大致分为三个阶段(Talreja, 1981, 2000)。在每个阶段中,疲劳失效都是由不同的损伤机制进行主导。并通过 UD 复合材料的示例来说明了这一点,如图 3.7 所示。对于其他类型的复合材料,也可以绘制类似的曲线,尽管由于编织结构的不同,疲劳中某一阶段的实际损伤发展和刚度演化可能并不完全相同。

由于损伤的累积,通常复合材料在疲劳载荷作用下的力学特征是它们的寿命期内强度和/或刚度的降低。这种损伤的发展不仅取决于其潜在的破坏机制,而且还取决于材料本身的结构特征。如前所述,增强类型是一个非常重要的影响因素,但是准确的叠层顺序也会对其发挥一定作用。

连续纤维增强复合材料在拉伸疲劳加载下的损伤发展通常被描述为三个阶段,这表明试样刚度在疲劳试验中发生的变化,如图 12.5 所示。并且在三个阶段中的每一个阶段都有不同的损伤机制来主导。

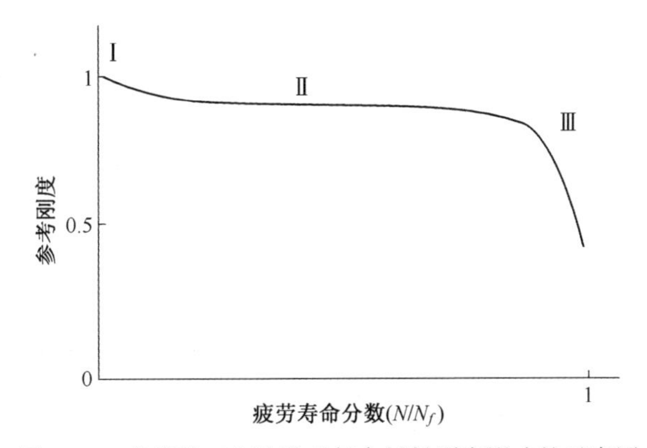

图 12.5 疲劳的三个阶段对复合材料刚度影响的示意图

对于 UD 纤维预浸的石墨-环氧树脂正交层压板来说,在沿其纤维方向加载时,其加载阶段如下:在第一阶段,形成横向裂纹,直至达到所谓的饱和状态(Jamison, Schulte, Reifsnider, Stinchcomb, 1984)。此时复合材料的刚度不但小,而且急剧下降。在第二阶段中,UD 预浸基正交层压板的特征表现为纵向铺层中轴向裂纹的萌生,并形成局部分层,这主要发生在纵向裂纹和横向裂纹的交点处。且该处的刚度进一步下降,但降低速率要慢得多。在最后的第三阶段,分层现象在不断增加,并迅速聚集,从而导致最终的失效,同时也伴随着刚度的急剧下降。

一般来说,编织复合材料的损伤行为与 UD 预浸层压板相似。编织层叠复合材料在拉伸-拉伸疲劳载荷作用下,当其加载方向与其中一个纤维方向平行时,基体裂纹会首先出现在垂直于加载方向的纤维束中。随着持续不断的加载循环,就会发现其中一部分裂纹会造成已经开裂的纤维束与相邻的纤维束之间发生脱黏。这个脱黏界面可以视作为局部分层(Talreja, 2000)。

如图 12.6 所示为正交铺层预浸层压板和编织层叠复合材料在疲劳加载作

用下刚度降低的对比图。当编织复合材料中的交织处发生局部分层的萌生、扩展,并最终造成整体分层时,这两条曲线的重合部分约占疲劳寿命的50%。与UD预浸的正交铺层复合材料相比,这会导致弹性模量降低得更快(Naik, 2003; Schulte, Reese, Chou, 1987; Talreja, 2000)。本书第三部分的其他章节详细讨论了编织复合材料的疲劳特性。

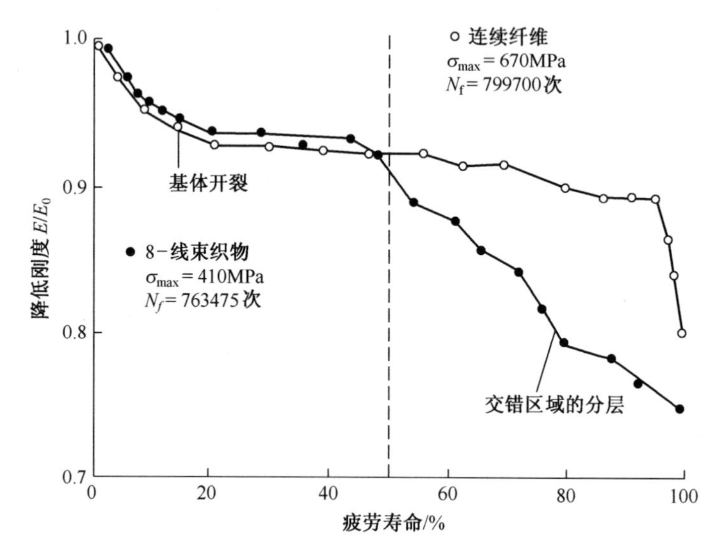

图 12.6 比较正交铺层预浸层压板和8-线束缎纹编织复合材料在疲劳加载作用下刚度的降低(Schulte et al., 1987)

12.3.1 疲劳寿命

近年来,人们对NCF复合材料的疲劳特性越来越重视,尽管现有其研究数据仍然十分有限。大多数已发表文献的结果都是基于玻璃纤维的NCF复合材料的研究。现有的试验数据表明,NCF复合材料的疲劳寿命与具有相似纤维取向的UD铺层层压板的疲劳寿命非常相似(Dyer, Isaac, 1998; Gagel, Lange, Schulte, 2006)。在第4章中更详细地讨论了包含复合材料疲劳数据的OPTIDAT和SNL/MSU/DOE数据库,在这些数据库中有大量关于NCF复合材料的疲劳数据。图12.7(a)给出了这些数据库中几种类型的UD NCF玻璃纤维复合材料的疲劳寿命数据。Vallons, Adolphs, Lucas, Lomov和Verpoest (2013)使用这些数据分析了纤维体积分数对疲劳寿命的影响。分析结果表明,分析表明,对于NCF复合材料来说,Dharan (1975)对UD预浸带复合材料的趋势得到证实:纤维体积分数越高,则疲劳寿命在一定的标准载荷水平下就越短。如图4.2所示。上述数据库还包含了一个有趣的疲劳试验结果:对两种类型的准UD-NCF复合材料以及由这些NCFs制造出来的等效复合材料进行了疲劳试验,但在浸渍之前,所有的缝合纱线都已从其中移除。结果如图 12.7(b)所示,表明针织纱线的去除似乎导致了疲劳寿命的显著提高。

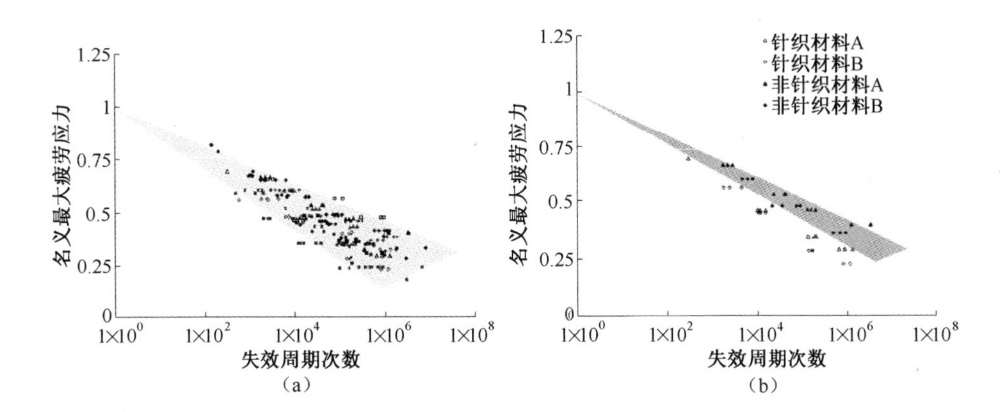

(a) (b)

图 12.7 (a)从 OPTIDAT 和 SNL/DOE/MSU 数据库收集来的各种类型的准 UD(NCF)复合材料的疲劳寿命数据。不同的符号表示不同类型的复合材料。(b)在浸渍前去除和没有去除针织纱线的两种类型的 NCF 复合材料的疲劳寿命曲线,数据来自同一数据库(已经获得 EDP 科学的许可,转载自 Vallons et al. ,2013)

Vallons, Duque, Lomov 和 Verpoest (2011)对双轴碳/环氧树脂 NCF 层压板在各种角度下的轴向和离轴加载疲劳特性进行了研究,并给出其疲劳寿命曲线,如图 12.8 所示。该项研究得出的结论与 Kawai 和 Honda (2008)关于正交

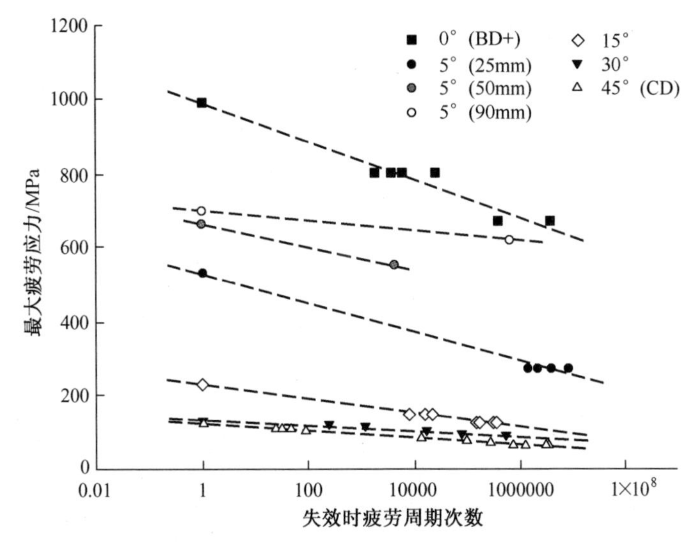

图 12.8 双轴 NCF 复合材料(碳纤维-环氧树脂)的疲劳寿命曲线,对不同试样方向进行试验,范围从 0°(纤维方向)到 45°(偏置方向)。5°离轴试样采用了几个试样宽度进行试验(已经获得 Elsevier 的许可,转载自 Vallons et al. ,2011)

UD 预浸层压板的研究结果非常相似,即如果疲劳结果与静态强度有关,那么所有取向的疲劳数据点都将落在一个狭窄的散射带内,形成一个“主曲线”。

图 12.9 给出了 Vallons (2009) 所研究的两种碳纤维环氧树脂复合材料的疲劳寿命数据,分别用双轴链式针织 NCF 和斜纹编织进行增强。如图 12.9 所示,这两种材料的数据之间没有太大区别。然而,需要注意的是,由于使用了高度分散的碳纤维束进行铺层,所以用于该项研究的斜纹编织层特别平坦(即低压)。Vallons, Behaeghe, Lomov 和 Verpoest (2010) 研究了这两种复合材料的冲击性能以及分层损伤的存在对疲劳寿命的影响。在承受较低能量的冲击之后(3.5J),大部分的疲劳寿命数据点都位于未受冲击影响的材料的散射带内。然而,在 7J 这一较高的冲击能量下,很明显这两种层压板的疲劳寿命都发生了显著下降,但 NCF 复合材料的疲劳寿命(约两个数量级)比编织复合材料的疲劳寿命(约一个数量级)下降更加显著。

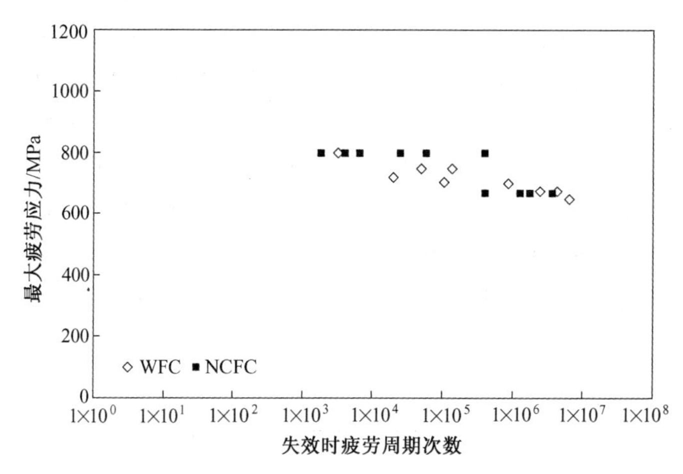

图 12.9　双轴碳纤维环氧-NCF 复合材料的疲劳寿命数据与等效(相同纤维体积分数和基体)的斜纹编织碳纤维-环氧树脂复合材料的疲劳寿命数据的比较
数据来源于(Vallons,2009)

12.3.2　刚度降低

Dyer 和 Isaac (1998) 分析了 0°/90°、±45°和准各向同性玻璃纤维 NCF 复合材料在疲劳加载至极限拉伸强度的 60%期间刚度的降低,并发现这与图 12.5 的行为相类似。根据 Philippidis 和 Vassilopoulos (2000) 对 UD 预浸复合材料的研究结果,0°/90°层压板的总刚度降低得非常小(最终断裂时约 20%)。准各向同性层压板在发生失效时其初始刚度损失了大约一半,而对于±45°层压板来说,其试样刚度有 60%~70%的降低。

Ruggles-Wrenn, Corum 和 Battiste (2003) 研究了交叉层叠和各向同性层叠

的针编碳脲-聚氨酯复合材料在0°和45°方向上的循环拉伸力学性能。他们发现沿45°方向进行循环加载时,其疲劳性能降低得最大,而在沿0°纤维方向循环加载时降低得最小。准各向同性叠层复合材料的结果位于二者之间。

在图12.10中,对两种类型的碳纤维-环氧树脂复合材料在拉伸疲劳循环加载下刚度的降低进行了比较,其疲劳寿命曲线如图12.9所示(Vallons,2009):双轴0°/90° NCF复合材料和等效(相同的树脂,相同的纤维体积分数)的斜纹复合材料。这两种材料的疲劳载荷达到最大应力为700MPa,两种材料的平均疲劳寿命约为500000次循环。在如图12.6中,对UD预浸层压板和编织层叠层压板进行了比较,从图中可以发现,编织层叠复合材料的刚度在疲劳加载过程中比NCF复合材料的刚度下降更为明显。在经过25000次循环加载后,NCF复合材料的刚度降低率为8%,而编织层叠复合材料的刚度降低率为12%。需要说明的是,在图12.10的情况下,将试样从疲劳试验机中取出,并对其进行静态试验以确定其弹性模量,而在250000次循环之后,不再进行刚度测量。因此,对于这两类复合材料来说,在试样发生最终失效时的循环次数预计约为500000次,且没有其刚度降低的数据。还应该注意到,本研究中采用的平纹编织是一种特殊的低卷曲类型。可以想象,如果使用普通的编织材料,那么刚度的变化差异将会变得更加明显。

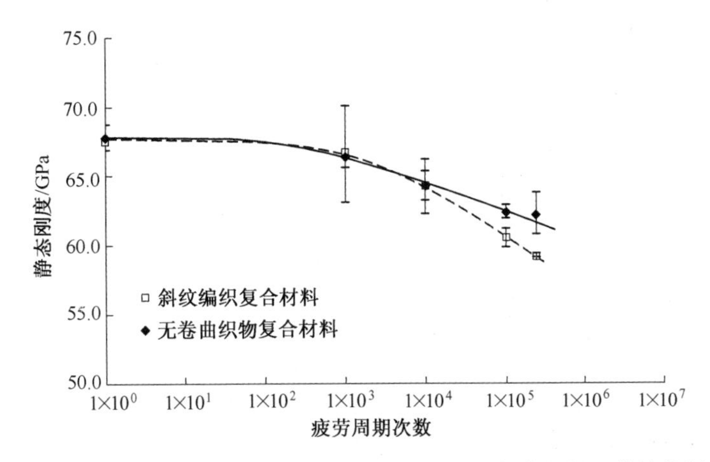

图12.10 双轴(0°/90°)碳纤维-环氧树脂非卷曲编织复合材料和等效的斜纹编织碳纤维-环氧树脂复合材料拉伸疲劳应力高达700MPa时刚度降低的对比(数据来源于Vallons,2009)

在另一项关于双轴碳纤维-环氧树脂NCF复合材料(Vallons, Zong, Lomov, Verpoest, 2007)的研究中,研究了该材料在低载荷水平下沿纤维方向和偏压方向(BD)进行疲劳加载时的刚度变化情况。在纤维方向上,第一次疲劳循环时的最大应变为0.3%,而在BD中为2%。结果如图12.11所示。在纤维方向上(MD 和 CD),发现初始刚度有约 5%的损失,之后直至试验结束前,刚度都保持相对恒定(对于这些低负载水平,没有观察到疲劳失效)。然而,在 BD 中试验时发现,试样刚开始时的刚度在第一个 50000 次循环中下降约 20%,并且之后稳步下降,在约 300000 次循环(此类试样的平均疲劳寿命)后,仅达到其初始值的 70%~75%。当对双轴碳纤维-环氧树脂 NCF 循环加载至静态拉伸试验中首次出现损伤的载荷水平时,相似的研究结果(Vallons, Lomov, Verpoest, 2009)并没有表现出测量刚度的降低。

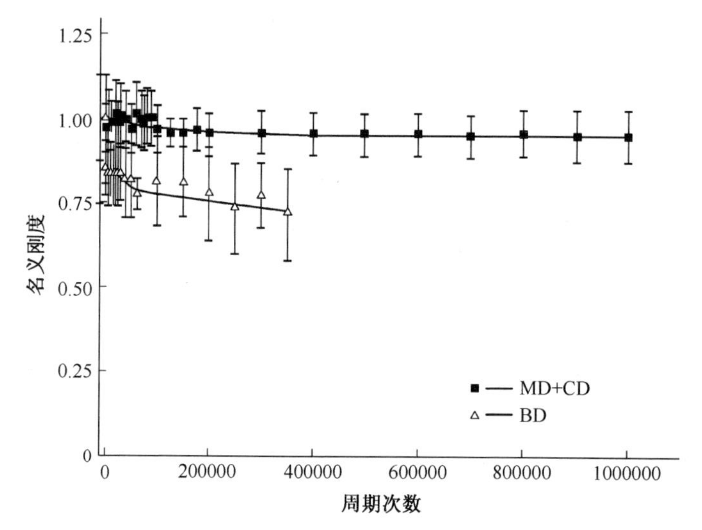

图 12.11　在双轴碳纤维-环氧树脂 NCF 复合材料在纤维方向和偏置方向上的低载荷水平疲劳加载过程中,标准刚度降低。沿纤维方向上的最大应变在第一次循环时为 0.3%,而在偏置方向上为 2%(经 Elsevier 许可,根据 Vallons et al. ,2007 再版)

12.3.3　损伤发展

有关 NCF 复合材料疲劳损伤发展的详细数据非常少,但一些已公开发表的结果可供参考。一般来说,其疲劳损伤发展与 UD 预浸层压板上观察到的损伤非常相似。然而,正如在静态载荷作用下损伤发展的情况一样,我们发现,在疲劳加载过程中,最容易发生疲劳的损伤部位与由 NCF 针织产生的树脂-富集区域有关。

在之前提到的 Vallons 等人(2007)对双轴碳纤维 NCF 复合材料在低载荷作用下的疲劳特性的研究中,还分析它在这些低载荷作用下沿纤维方向的损伤发展情况,并且通过疲劳后拉伸试验,评估了损伤对残余静态拉伸性能的影响。在该复合材料发生疲劳的过程中,唯一观察到的损伤模式是它在 90°-取向的纤维层中发生了广泛的基体开裂。当对不同疲劳循环次数下沿纤维方向的疲劳后刚度和强度值进行比较时,与原复合材料相比,没有出现明显的下降。其失效应变值也没有变化,并且与疲劳加载前的值相当。

同时,还研究了 NCF 复合材料在疲劳加载过程中的损伤发展以及这种损伤对残余材料性能的影响,和斜纹编织复合材料的疲劳寿命曲线和在疲劳加载过程中的刚度演变,如图 12.9 和图 12.10 所示(Vallons, 2009)。使用渗透增强放射照相图像和超声 C 扫描来确定试样内的损伤类型和损伤程度。通过比较,发现了 NCF 和编织层压板之间损伤发展的明显差异(图 12.12)。在第一阶段,这两种类型的复合材料都表现出横向基体开裂特征。在经过约 10000 次循环后,在 NCF 复合材料中可以看到非常短的纵向裂纹的萌生,这显然遵循了一种规则的对角线模式,这最有可能与该材料中的针织部位相重合。此时,在编织复合

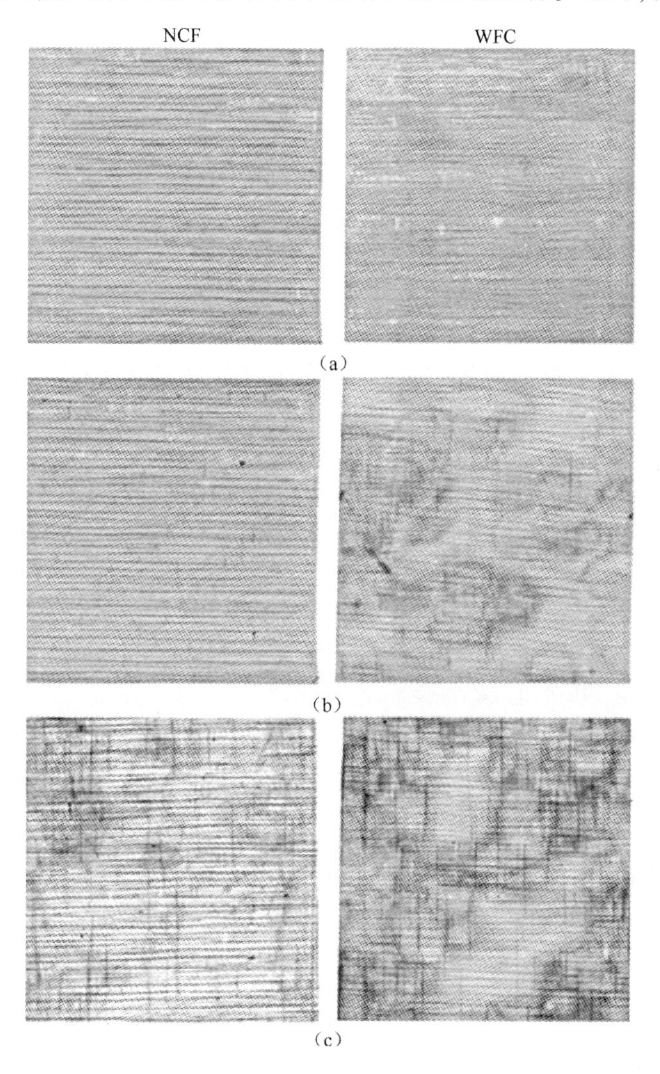

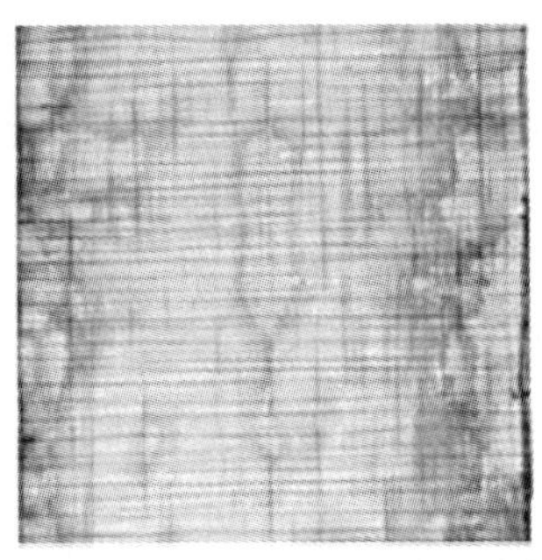
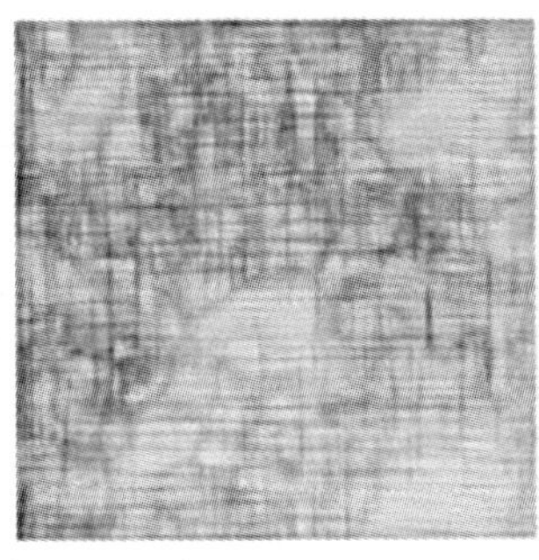

(d)

图 12.12 NCF(左侧)和编织层叠(WFC,右侧)复合材料试样在 700MPa 的疲劳加载作用下经过(a)1000,(b)10000,(c)100000,(d)250000 次循环后的 X 射线图。灰色边缘的斑块表示存在分层(Vallons, 2009)

材料中,也观察到纵向裂纹,并且已经开始出现局部分层现象。而 NCF 试样在 100000 次循环之后,才能看到分层。

事实证明,编织复合材料中的分层现象一直比 NCF 复合材料中的更为严重。所观察到的两种材料的损伤差异在残余压缩强度方面有着显著差异(疲劳后):对于 NCF 复合材料而言,疲劳后压缩强度降低了 31%,而编织层叠层压板的疲劳后压缩强度降低了 64%,这一差异主要是由于后者中出现的大量的分层现象而导致的。

对于四轴玻璃纤维环氧树脂基的 NCF 复合材料,Gagel 等人发现,与传统的预浸复合材料相比,在 NCF 复合材料中平行于纤维的基体裂纹对引发材料发生失效的作用可能不那么重要。由于这些层内裂纹尖端处的应力集中作用,基体开裂可能会导致相邻层中的纤维发生断裂,从而引发最终的失效。因此,作者认为对于 NCF 复合材料来说,当其纤维束被针织纱线轻微压实,并被更具韧性的基体材料所包围时,在裂纹尖端处的应力集中可能会被释放。

12.3.4 NCF 的影响参数

以上讨论的 NCF 复合材料的试验数据表明,NCF 复合材料的疲劳性能在大多数情况下都与 UD 预浸层压板的性能非常接近。然而,由于 NCF 层压板的特殊结构和人为因素的存在,确实会造成与“理想”UD 预浸层压板疲劳特性之间的一些偏差。由于 NCF 中的这些人为因素是由针织过程引起的,因此可能会由于改变编织制造参数而导致产生一些变化(如针织模式、针织长度、纱线拉力等)。尽管只有少数学者对此进行了研究,但下面仍然对其进行简要概述。

Asp, Edgren 和 Sjögren (2004)研究了针织参数对几种准 UD 碳纤维-环氧树脂 NCF 复合材料在拉伸加载作用下疲劳寿命的可能影响，并将研究结果与 UD 预浸层压板的性能进行了比较。采用四种不同类型的 NCF 来制造复合材料，针织模式、针织长度和针织标距也不相同。获得的疲劳寿命数据如图 12.13 所示。Asp 等人认为小针织长度与小针织标距的组合好像会对疲劳寿命造成一些小的负面影响，即针织密度越高，则疲劳寿命越短。

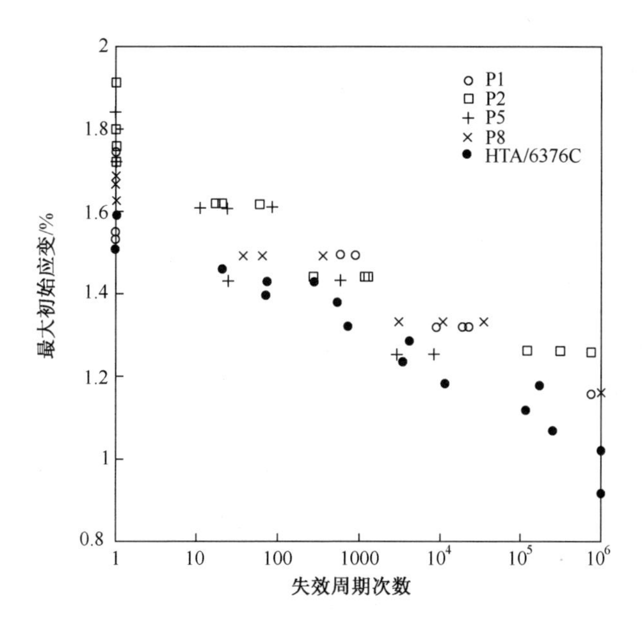

图 12.13　具有不同 NCF 参数（针织模式、标距和长度）的四种准 UD 碳纤维-环氧树脂 NCF 复合材料与 UD 层压板（HTA/6376C）疲劳寿命的比较（Asp et al.，2004）

在风力叶片复合材料数据库的 SNL/MSU/DOE 疲劳框架下，记录了风力工业中所使用的各种 NCF 复合材料的疲劳试验结果（见第 6 章），Samborsky，Mandell 和 Miller（2012）对四种多向玻璃纤维 NCF 复合材料的疲劳性能进行了比较研究。研究发现复合材料仅在针织类型方面有所不同。Samborsky 等人没有说明不同材料之间的疲劳寿命是否存在显著变化。

然而，最近关于 NCF 参数对复合材料最终力学行为影响的研究，明确揭示了针织参数对其造成的一些影响（Vallons et al.，2014）。在这项研究中，对两种准 UD 玻璃纤维环氧树脂 NCF 复合材料的疲劳寿命进行了比较。在制造这两种类型的 NCF 和复合材料时要时刻注意，以确保所有的参数保持不变，除了它们的针织模式略有不同之外。研究结果如图 12.14 所示。疲劳数据的统计结果分析表明，疲劳寿命非常小，但仍然存在明显差异。针织部位最少的材料（NEW）的疲劳寿命似乎略高。这与上述 Asp 等人（2004）关于碳纤维 NCF 复合材料的研究结果非常吻合。

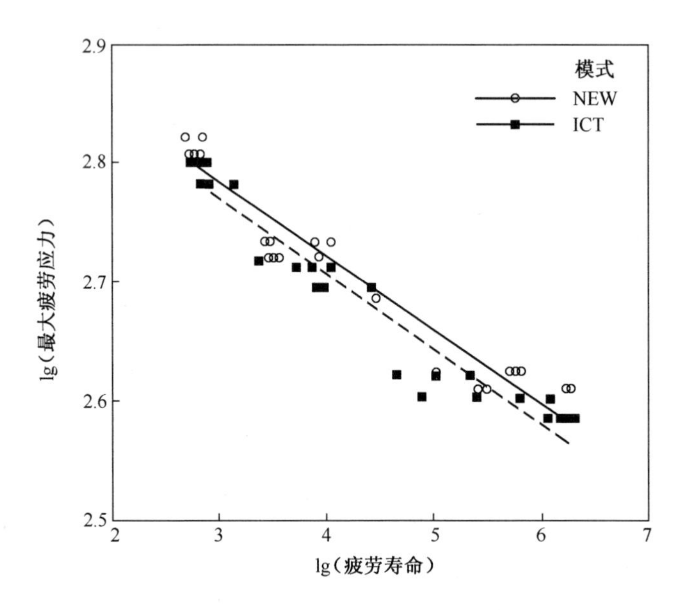

图 12.14　两种准 UD 玻璃纤维-环氧树脂 NCF 复合材料的疲劳寿命曲线,仅在用于 NCF(NEW 与 ICT)的针织模式上有所不同

(经 Elsevier 许可,转载于 Vallons et al. ,2014)

12.4　总　　结

本章概述了 NCF 复合材料的典型疲劳特性。在简要介绍了 UD 预浸层压板和编织层叠复合材料常见的情况后,对 NCF 复合材料的疲劳寿命、刚度变化和损伤发展进行了分析。试验数据表明,NCF 复合材料和 UD 预浸复合材料在疲劳寿命和刚度演化方面几乎不存在差异。在疲劳损伤发展过程中,NCF 编织材料中的针织部位似乎是作为损伤的起始位置,正如在静态载荷作用下观察到的损伤萌生一样。NCF 参数对复合材料疲劳特性的影响仍然有些不清楚,因为在一些研究中没有注意到由于针织参数的变化而引起的显著差异,而其他一些研究人员确实发现了这种影响。

需要对此问题进行更多的专门研究,以阐明 NCF 类型对 NCF 复合材料行为的影响。

随着 NCF 复合材料在各种类型的疲劳敏感结构中越来越广泛地应用,对此类复合材料的损伤发展和一般疲劳性能的相对认知匮乏,有些令人惊讶。影响它们疲劳特性的某些因素和损伤机制仍然不清楚,而且较为复杂,例如,努力建立的 NCF 复合材料性能模型。即使是 NCF 复合材料的疲劳行为与其他类型复合材料的疲劳行为之间存在差异,也只是偶尔进行一些研究,因此非常欢迎各位学者对这一领域进行更加深入地研究。下一步的研究可能主要集中在针织引起的损伤的萌生和扩展,以及针织及其参数的影响方面。

参考文献

Asp, L. E., Edgren, F., & Sjögren, A. (2004). Effects of stitch pattern on the mechanical properties of non-crimp fabric composites. Rhodos: ECCM, 11.

Bibo, G. A., Hogg, P. J., & Kemp, M. (1997). Mechanical characterisation of glass- and carbonfibre-reinforced composites made with non-crimp fabrics. Composites Science and Technology, 57, 1221-1241. http://dx.doi.org/10.1016/S0266-3538(97)00053-5.

Dharan, C. K. H. (1975). Fatigue failure in graphitefiber and glass fiber-polymer composites. Journal of Materials Science, 10, 1665-1670. http://dx.doi.org/10.1007/Bf00554927.

Dyer, K. P., & Isaac, D. H. (1998). Fatigue behaviour of continuous glassfibre reinforced composites. Composites Part B-Engineering, 29, 725-733. http://dx.doi.org/10.1016/S1359-8368(98)00032-8.

Gagel, A., Lange, D., & Schulte, K. (2006). On the relation between crack densities, stiffness degradation, and surface temperature distribution of tensile fatigue loaded glass-fibre non-crimp-fabric reinforced epoxy. Composites Part A - Applied Science and Manufacturing, 37, 222-228. http://dx.doi.org/10.1016/j.compositesa.2005.03.028.

Godbehere, A. P., Mills, A. R., & Irving, P. (1994). Non-crimp fabrics versus prepreg CFRP composites e a comparison of mechanical performance (Newcastle). In Sixth international conference on fibre reinforced composites - FRC'94.

Jamison, R. D., Schulte, K., Reifsnider, K. L., & Stinchcomb, W. W. (1984). Effects of defects in composite materials. ASTM STP 836. Philadelphia: American Society for Testing and Materials.

Kawai, M., & Honda, N. (2008). Off-axis fatigue behavior of a carbon/epoxy cross-ply laminate and predictions considering inelasticity and in situ strength of embedded plies. International Journal of Fatigue, 30, 1743-1755. http://dx.doi.org/10.1016/j.ijfatigue.2008.02.009.

Kong, H., Mouritz, A. P., & Paton, R. (2004). Tensile extension properties and deformation mechanisms of multiaxial non-crimp fabrics. Composite Structures, 66, 249-259. http://dx.doi.org/10.1016/j.compstruct.2004.04.046.

Kruse, F., & Gries, T. (2011). Standardisation of production technologies for non-crimp fabric composites. In S. V. Lomov (Ed.), Non-crimp fabric composites: Manufacturing, properties and applications (pp. 42-65). Cambridge: Woodhead Publishing.

Loendersloot, R. (2011). Permeability of non-crimp fabric preforms. In S. V. Lomov (Ed.), Noncrimp fabric composites: Manufacturing, properties and applications (pp. 166-214). Cambridge: Woodhead Publishing.

Loendersloot, R., Lomov, S. V., Akkerman, R., & Verpoest, I. (2006). Carbon composites based on multiaxial multiply stitched preforms. Part V: Geometry of sheared biaxial fabrics. Composites Part A, 37, 103-113.

Lomov, S. V. (2011a). Deformability of textile preforms in the manufacture of non-crimp fabric composites. In S. V. Lomov (Ed.), Non-crimp fabric composites: Manufacturing, properties and applications (pp. 115-143). Woodhead Publishing Ltd.

Lomov, S. V. (Ed.). (2011b). Non-crimp fabric composites: Manufacturing, properties and applications.

Cambridge: Woodhead Publishing.

Lomov, S. V. (2011c). Understanding and modelling the effect of stitching on the geometry of non-crimp fabrics. In S. V. Lomov (Ed.), Non-crimp fabric composites: Manufacturing, properties and applications (pp. 84-102). Woodhead Publishing Ltd.

Lomov, S. V., Barburski, M., Stoilova, T., Verpoest, I., Akkerman, R., Loendersloot, R., et al. (2005). Carbon composites based on multiaxial multiply stitched preforms. Part 3: biaxial tension, picture frame and compression tests of the preforms. Composites Part A-Applied Science and Manufacturing, 36, 1188-1206. http://dx.doi.org/10.1016/j.compositesa.2005.01.015.

Lomov, S. V., Belov, E. B., Bischoff, T., Ghosh, S. B., Chi, T. T., & Verpoest, I. (2002). Carbon composites based on multiaxial multiply stitched preforms. Part 1. Geometry of the preform. Composites Part A-Applied Science and Manufacturing, 33, 1171-1183. http://dx.doi.org/10.1016/S1359-835x(02)00090-8.

Lomov, S. V., Verpoest, I., Barburski, M., & Laperre, J. (2003). Carbon composites based on multiaxial multiply stitched preforms. Part 2. KES-F characterisation of the deformability of the preforms at low loads. Composites Part A-Applied Science and Manufacturing, 34, 359-370. http://dx.doi.org/10.1016/S1359-835x(03)00025-3.

Lundstrom, T. S. (2000). The permeability of non-crimp stitched fabrics. Composites Part A, 31, 1345-1353. http://dx.doi.org/10.1016/S1359-835X(00)00037-3.

Mattsson, D., Joffe, R., & Varna, J. (2007). Methodology for characterization of internal structure parameters governing performance in NCF composites. Composites Part B-Engineering, 38, 44-57. http://dx.doi.org/10.1016/j.compositesb.2006.04.004.

Mikhaluk, D. S., Truong, T. C., Borovkov, A. I., Lomov, S. V., & Verpoest, I. (2008). Experimental observations and finite element modelling of damage initiation and evolution in carbon/epoxy non-crimp fabric composites. Engineering Fracture Mechanics, 75, 2751-2766. http://dx.doi.org/10.1016/j.engfracmech.2007.03.010.

Naik, N. K. (2003). Woven-fibre thermoset composites. In B. Harris (Ed.), Fatigue in composites (pp. 295-313). Woodhead Publishing Limited.

Nordlund, M., & Lundström, T. S. (2005). Numerical study of the local permeability of noncrimp fabrics. Journal of Composite Materials, 39, 929-947.

Nordlund, M., Lundstrom, T. S., Frishfelds, V., & Jakovics, A. (2006). Permeability network model for non-crimp fabrics. In Composites Part A: Applied Science and manufacturing, selected contributions from the seventh international conference on flow processes in composite materials held at University of Delaware, USA (Vol. 37, pp. 826-835). http://dx.doi.org/10.1016/j.compositesa.2005.02.009.

Pansart, S., Sinapius, M., & Gabbert, U. (2009). A comprehensive explanation of compression strength differences between various CFRP materials: micro-meso model, predictions, parameter studies. Composites Part A-Applied Science and Manufacturing, 40, 376-387. http://dx.doi.org/10.1016/j.compositesa.2009.01.004.

Philippidis, T. P., & Vassilopoulos, A. P. (2000). Fatigue design allowables for GRP laminates based on stiffness degradation measurements. Composites Science and Technology, 60, 2819-2828. http://dx.doi.org/10.1016/S0266-3538(00)00150-0.

Ruggles-Wrenn, M. B., Corum, J. M., & Battiste, R. L. (2003). Short-term static and cyclic behavior of two automotive carbon-fiber composites. Composites Part A, 34, 731-741. http://dx.doi.org/10.1016/

S1359-835x(03)00137-4.

Samborsky, D. D., Mandell, J. F., & Miller, D. (2012). The SNL/MSU/DOE fatigue of composite materials database: recent trends. In 53rd AIAA/ASME/ASCE/AHS/ASC structures, structural dynamics, and materials conference, 23-26 April 2012. Honolulu, Hawaii.

Sandford, S., Boniface, L., Ogin, S. L., Anand, S., Bray, D., & Messenger, C. R. (3e6 June 1998). Damage accumulation in non-crimp fabric based composites under tensile loading. In I. Crivelli-Visconti (Ed.), Proceedings of the eighth European conference on composite materials, ECCM-8 (pp. 595-602). Naples, Italy: Woodhead Publishing. Cambridge, UK.

Schnabel, A., & Gries, T. (2011). Production of non-crimp fabrics for composites. In S. V. Lomov (Ed.), Non-crimp fabric composites: Manufacturing, properties and applications (pp. 3-37). Cambridge: Woodhead Publishing.

Schulte, K., Reese, E., & Chou, T.-W. (1987). Fatigue behaviour and damage development in woven fabric and hybrid fabric composites. In Proceedings of sixth international conference on composite materials and second European conference on composite materials (pp. 489-499). London, UK.

Smith, P. A. (2000). Carbonfiber reinforced plasticseproperties (2.04). Comprehensive Composite Materials. Elsevier Sciences Ltd., pp. 107-150.

Talreja, R. (1981). Fatigue of composite materials: damage mechanisms and fatigue-life diagrams. Proceedings of the Royal Society of London, 461-475.

Talreja, R. (2000). Fatigue of polymer matrix composites. Comprehensive Composite Materials. Elsevier Science Ltd., pp. 529-552.

Truong, T. C. (2005). The mechanical performance and damage of multiaxial multi-ply carbon fabric reinforced composites (Doctoral dissertation). Department of Metallurgy and Applied Materials Science, Faculty of Engineering Sciences, Katholieke Universiteit Leuven.

Truong, T. C., Vettori, M., Lomov, S., & Verpoest, I. (2005). Carbon composites based on multi-axial multi-ply stitched preforms. Part 4. Mechanical properties of composites and damage observation. Composites Part A, 36, 1207-1221. http://dx.doi.org/10.1016/j.compositesa.2005.02.004.

Vallons, K. (2009). The behaviour of carbon fibre e Epoxy NCF composites under various mechanical loading conditions (Doctoral dissertation). Department of Metallurgy and Materials Engineering, Katholieke Universiteit Leuven.

Vallons, K. (2011). Fatigue in non-crimp fabric composites. In S. V. Lomov (Ed.), Non-crimp fabric composites: Manufacturing, properties and applications (pp. 310-334). Woodhead Publishing Ltd.

Vallons, K., Adolphs, G., Lucas, P., Lomov, S. V., & Verpoest, I. (2013). Quasi-UD glassfibre NCF composites for wind energy applications: a review of requirements and existing fatigue data for blade materials. Mechanics and Industry, 14, 175-189. http://dx.doi.org/10.1051/meca/2013045.

Vallons, K., Adolphs, G., Lucas, P., Lomov, S. V., & Verpoest, I. (2014). The influence of the stitching pattern on the internal geometry, quasi-static and fatigue mechanical properties of glass fibre non-crimp fabric composites. Composites Part A-Applied Science and Manufacturing, 56, 272-279. http://dx.doi.org/10.1016/j.compositesa.2013.10.015.

Vallons, K., Behaeghe, A., Lomov, S. V., & Verpoest, I. (2010). Impact and post-impact properties of a carbon fibre non-crimp fabric and a twill weave composite. Composites Part A-Applied Science and Manufacturing, 41, 1019-1026. http://dx.doi.org/10.1016/j.compositesa.2010.04.008.

Vallons, K., Duque, I., Lomov, S. V., & Verpoest, I. (2011). Loading direction dependence of the tensile stiffness, strength and fatigue life of biaxial carbon/epoxy NCF composites. Composites Part A - Applied Science and Manufacturing, 42, 16-21. http://dx.doi.org/10.1016/j.compositesa.2010.09.009.

Vallons, K., Lomov, S. V., & Verpoest, I. (2009). Fatigue and post-fatigue behaviour of carbon/ epoxy non-crimp fabric composites. Composites Part A-Applied Science and Manufacturing, 40, 251-259. http://dx.doi.org/10.1016/j.compositesa.2008.12.001.

Vallons, K., Zong, M., Lomov, V., & Verpoest, I. (2007). Carbon composites based on multiaxial multi-ply stitched preforms e Part 6. Fatigue behaviour at low loads: stiffness degradation and damage development. Composites Part A-Applied Science and Manufacturing, 38, 1633-1645. http://dx.doi.org/10.1016/j.compositesa.2007.03.003.

第 13 章

编织复合材料层压板的疲劳模型

W. Van Paepegem
比利时,根特,根特大学

13.1 引　　言

大量研究表明,复合材料的疲劳特性不但与金属材料的疲劳有关,而且还需要其广泛的理论体系进行指导。当然这并非不合理,因为金属疲劳数据的既定积累和分析方法为材料疲劳现象的描述和抗疲劳设计提供了可靠的支撑工具。但不足之处在于,金属材料和复合材料都假设导致材料力学性能应力/寿命($\sigma \lg N_f$)曲线的基本破坏机制是相同的。事实上,对复合材料疲劳性能的研究是比较困难的,因为我们目前所熟知的绝大多数都是关于金属材料的疲劳特征,因此并不能简单地将其应用到复合材料的疲劳研究上。

(1) 与金属材料的各向同性特性相反,大多数纤维增强复合材料都是强正交各向异性或横向各向同性的。

(2) 材料的失效机制不是由单一裂纹来决定的,而是各种损伤机制相互作用的共同结果,编织复合材料尤其如此,包括纬纱裂纹、层间分层和局部高应变梯度。

(3) 用编织结构增强的多层复合材料或复合材料的有限元建模并不容易。计算正确的应力状态通常需要更好的有限元分析。

(4) 与金属材料相反,纤维增强复合材料在疲劳寿命期间表现出典型的刚度和强度的降低。

在发展断裂力学以及将金属疲劳应用到裂纹扩展问题之前,有关疲劳行为唯一可用的理论就是应力/寿命,或 $S-N$ 曲线。该曲线直接反映了根据试验结果所观察到的疲劳性能,但它并没有阐明疲劳损伤的机制、裂纹的萌生或行为或由于疲劳加载过程导致材料特性发生的变化。

另一种描述材料特性的方法是使用恒定寿命图,其中,其预测寿命是根据应力 $\sigma_{alt}=\frac{\sigma_{\max}-\sigma_{\min}}{2}$ 和平均应力 $\sigma_m=\frac{\sigma_{\max}+\sigma_{\min}}{2}$ 的交变分量计算得到的。这里引入了应力比 $R(R=\frac{\sigma_{\min}}{\sigma_{\max}})$ 的概念以及压缩应力分量这一相对来说比较重要的问题。在金属材料疲劳中,通常认为,压应力没有任何意义,因为它们仅在疲劳裂纹闭合时起作用,而不像拉应力那样。这种主图通过各种形式来阐释材料的特性,它们或多或少都有相同之处,但通常大家最熟知的还是 Goodman 图。该图的横坐标表示名义平均应力 m,而纵坐标表示名义交变应力 a。

Fong (1982)认为建立疲劳损伤模型之所以如此难且费用昂贵,一般来说,主要是由于两个技术方面的原因。第一个原因是存在几个尺度下的损伤机制:从微观尺度(纤维和基体),到介观尺度(具有编织纤维结构的单层材料),再到部件和结构的宏观尺度。第二个原因是不可能制造出具有相同微观结构特征的试样。

同时,Fong 还提出需要注意疲劳损伤模型中存在的一些缺陷:

(1) 尺度缺陷:不同尺度水平下的综合试验有可能会导致产生错误的结果。

(2) 假设泛化:如刚度降低通常可以分为三个阶段(急剧下降、缓慢下降和最终失效(Daniel,Charewicz, 1986; Schulte et al. , 1985)),但相关模型在三个阶段中并不总是有效的。

(3) 过度简化:通过使用过于简单的表达式来对试验数据进行曲线拟合。Barnard, Butler 和 Curtis (1985)的研究证实了这一点。根据他们的研究结果,从他们的试验数据中得到的 S-N 曲线的大部分散射都是由于失效模式的改变引起的,从而造成 S-N 曲线的不连续性。而事实上,一个学生采用 t 分布方法进行了验证,结果表明他的试验数据在统计学上表现出两种截然不同的趋势。剩余的散射是静态强度变化的结果。

下面,针对具有特定堆叠顺序和边界条件的复合材料层压板,建立其在特定频率下的恒幅单轴循环加载模型。这些模型在实际结构中应用时是比较复杂的,会出现从点到点堆叠顺序的变化以及更复杂的载荷变化。事实上,预测复合材料在循环加载条件下的疲劳寿命时,需要首先解决以下几个问题:

(1) 在所有应力水平下损伤机制都不完全相同(Daniel,Charewicz, 1986; Barnard et al. , 1985)。失效模式随循环应力水平或者循环次数的变化而变化。

(2) 载荷历程曲线很重要。当加载顺序按照从低到高或者从高到低的顺序进行时,造成的损伤扩展可能会有较大差异(Hwang,Han, 1986)。

(3) 尽管在实际结构中确实存在更复杂的应力状态,但大多数试验都是在单轴应力条件下进行的(如单轴拉伸/压缩)。

(4) 复合材料层压板的剩余强度和疲劳寿命在加载顺序多次改变后,会随着加载次数的不断变化而减小,且降低速率会越来越快(Farrow, 1989)。Farrow (1989)详细描述了这种所谓的循环混合效应,即在几个加载周期后,当(块)加载顺序在从高到低和从低到高的应力水平之间频繁改变时,复合材料层压板的剩余强度和疲劳寿命会发生显著降低。

(5) 频率可能会对疲劳寿命产生重要影响。Ellyin 和 Kujawski (1992)研究了加载频率对玻璃纤维增强$[\pm 45°]_{5S}$层压板拉伸疲劳性能的影响,结果表明试验加载频率有显著影响。特别是对以基体为主的层压板和加载条件来说,频率变得更加重要,因为基体对加载速率非常敏感,它会导致内部产生热量,并出现温升现象。

显然,在这个领域还有很多研究工作要做。已有一些研究开始尝试将单轴恒定振幅加载的模型应用于普通加载条件下,例如载荷和频谱加载,并考虑了循环频率和多轴载荷的影响。

13.2　疲劳模型的分类

对纤维增强聚合物基复合材料在疲劳试验中最重要的疲劳模型和寿命预测方法进行严格的分类是比较困难的,但是目前可行的分类方法可以参考 Sendeckyj (1990)对疲劳标准的分类。Sendeckyj 认为可将疲劳标准分为四大类:宏观强度疲劳标准、基于剩余强度的标准、基于剩余刚度的标准,以及基于实际损伤机制的标准。

Degrieck 和 Van Paepegem (2001)也采用了类似的分类方法,对复合材料层压板现有的大量疲劳模型进行了分类,主要分为三类:①疲劳寿命模型,它没有考虑实际的损伤机制,而是使用 $S-N$ 曲线或 Goodman 图,并引入了疲劳破坏准则;②剩余刚度/强度的唯象模型;③使用具有一个或多个损伤变量的渐进损伤模型(横向基体裂纹,分层尺寸)。下一段简要说明了分类的合理性。

尽管纤维增强复合材料的疲劳行为与金属材料所表现出的疲劳行为有着根本的不同,但众所周知,许多模型都是基于 $S-N$ 曲线而建立的。这些模型就是第一类所谓的“疲劳寿命模型”。这种方法需要对每一种材料、铺层和加载条件进行大量的试验(Schaff,Davidson, 1997),并且它没有考虑实际的损伤机制,如基体裂纹和纤维断裂。

第二类包括残余刚度和强度的唯象模型。这种模型提出了一种损伤演化规律(逐渐),来描述复合材料试样在宏观特性上刚度或强度的损伤。而与其不同的是第三类渐进损伤模型,它是将损伤演化规律与具体损伤直接相关联。残余刚度模型解释了在疲劳加载过程中材料弹性性能下降的原因。在疲劳试验中可以间断地,或者甚至是连续地测量其刚度,并且不会对材料刚度造成进一步恶化(Highsmith,Reifsnider, 1982)。剩余刚度模型可以是确定性的数学模型,该模型可预测单值刚度特性,或者是预测刚度的统计分布。另一种方法是基于复合材料的强度。在复合材料的许多应用中,最重要的是需要知道复合材料结构的剩余强度,并以此为依据,从而掌握结构能够承受外部载荷的剩余寿命。因此,建立了这些所谓的剩余强度模型,用来描述疲劳寿命期间初始静强度的损失。从早期的应用来看,基于强度的模型通常是根据统计学分布而建立的。最常用的是采用双参数韦布尔分布函数,用于描述一组层压板在经历任意次数的循环加载之后的残余强度和失效概率。

纤维增强复合材料疲劳性能的损伤机理在过去几十年中得到了深入的研究,目前已建立了一种描述复合材料与特定损伤之间直接相关的模型(如横向基体开裂、分层尺寸)。该模型适当选取一个或多个损伤变量,并将其与某种损伤程度的度量值关联起来,定量说明实际损伤机制的进展。这些模型通常称为“力学”模型。

总而言之,疲劳模型通常可以分为三类:①疲劳寿命模型;②残余刚度/强度的唯象模型;③渐进损伤模型。

所有已建立的疲劳模型的重要作用之一是进行寿命预测。这三个类别中的每一种都采用其自身标准来确定最终的失效状态,并作为复合材料构件的疲劳寿命结果。

疲劳寿命模型利用 $S-N$ 曲线或 Goodman 图中包含的数据信息,并引入一个疲劳失效准则来确定复合试样的疲劳寿命。为了表征复合材料的 $S-N$ 曲线疲劳行为,Sendeckyj (1981)给出了以下三个假设:

(1) $S-N$ 曲线疲劳行为可以通过确定性方程来描述。

(2) 静态强度与疲劳寿命和剩余强度有关(终止循环加载试验)。以经常使用的“强度-寿命等效假设”为例来说,它认为对于给定的试样,其静态强度水平等于其疲劳寿命水平(Hahn, Kim, 1975; Chou, Croman, 1978)。

(3) 静态强度数据可以用双参数韦布尔分布来描述。

实际上,残余强度模型是一种固有的“自然失效准则”:当施加的应力等于残余强度时材料就会发生失效(Harris, 1985; Schaff, Davidson, 1997)。残余刚度模型具有不同的失效定义,并且早在 20 世纪 70 年代初期,Salkind (1972)就提出绘制一系列的 $S-N$ 曲线,该曲线能确定一定比例的刚度损失,来表示疲劳数据。在另一种方法中,假设当模量降低到许多研究人员定义的临界水平时,材料会发生疲劳失效。Hahn 和 Kim (1976) 和 O' Brien 和 Reifsnider (1981)指出，当疲劳切线模量降低至静态试验失效时的切线模量时，材料就会发生疲劳失效。根据 Hwang 和 Han（1986）的研究结果，当疲劳应变达到静态极限应变时，同样也会发生疲劳失效。

渐进损伤模型和寿命预测方法通常是内在相关的，因为疲劳寿命可以通过已经建立的渐进损伤模型的疲劳失效准来进行预测。针对具体损伤类型，可通过试验来确定损伤变量的失效值。

在复合材料层压板的损伤过程中，定量描述损伤发展的力学或渐进损伤模型可为其提供长期支撑，它可以用最少量的试验得到适用于各种材料、铺层和载荷的输入。然而，目前，大多数模型仅适用于简单的疲劳载荷或非常特殊的材料（Schaff，Davidson，1997）。而且，这些模型中的绝大多数都是在理论上发展起来的，但到目前为止它们在实际应用中的使用和验证都还非常有限。尽管如此，疲劳损伤模型应该建立在对实际微观尺度损伤机制的扎实理论知识和声音模型的基础上，但它却导致了唯象残余刚度模型中的介观尺度模型以宏观可见的形式表征复合材料的疲劳行为。

此外，在数值软件的应用中，还可以将损伤与宏观刚度特性退化相关联的疲劳损伤模型用于实际结构中。当全尺寸结构部件承受疲劳载荷作用时，刚度是一个非常合适的参数，因为它可以进行非破坏性的测量，并且剩余刚度的统计散射比残余强度的要小得多（Hashin，1985；Highsmith，Reifsnider，1982；Kedward，Beaumont，1992；Whitworth，2000；Yang，Jones，Yang，Meskini，1990；Yang，Lee，Sheu 1992）。

13.3　疲劳模型和寿命预测方法的综述

虽然本综述并不能详尽无遗的将过去十年中提出的所有最重要的模型都包含在内，但是凡是涉及编织复合材料的模型都已囊括。对于一般复合材料疲劳模型的回顾，读者可参考 Degrieck 和 Van Paepegem（2001，或者是最近 Wicaksono 和 Chai（2013）的相关文献。

13.3.1　疲劳寿命模型

多年来，Kawai 及其同事在这个领域做了大量研究工作。Kawait 和 Taniguchi（2006）研究了平纹编织碳纤维/环氧树脂层压板在室温和 100℃ 下的离轴疲劳特性。并基于非量纲有效应力的定义（基于 Tsai-Hill 静态失效准则），推导出了轴向和离轴疲劳载荷作用下的两种主 S-N 曲线。另外还讨论了试验加载频率的影响。所有试验均在应力比 $R=0.1$ 下完成。Kawai，Matsudat 和 Yoshimura（2012）研究了平均应力的影响，并将其与温度相关的疲劳特性相结合。根据众所周知的 Goodman 和 Gerber 图,获得了恒定疲劳寿命,建立了平纹编织碳纤维复合材料的所谓的各向异性恒定疲劳寿命图。在每一个温度下,参考的 $S-N$ 曲线都决定了在特定温度下最关键的应力比。这一临界应力比取决于在拉伸和压缩载荷作用下静态强度的温度相关性。

Vania 和 Carvelli (2010)提出了一种修正的 sigmoidal-like 函数,用于拟合非卷曲三维正交编织和平纹编织玻璃纤维/环氧树脂复合材料的 $S-N$ 曲线。并对这两种类型的试样进行了 $R=0.1$ 的拉伸-拉伸疲劳试验。修正后的 sigmoidal-like 拟合函数似乎减少了预测完整疲劳寿命曲线所需的试验数据。

Seyhan (2011)研究了双向编织 E-型玻璃纤维/聚酯复合材料的拉伸-拉伸疲劳特性,并基于双参数韦布尔分布方法对疲劳寿命的分布概率进行了建模。疲劳试验在一个铺层和三个应力水平($R=0.1$)下进行。基于数学统计模型,预测了不同应力水平下的失效概率。

Naderi 和 Khonsari (2012a, 2012b, 2013)发表了三篇关于基于热力学方法的疲劳破坏准则的论文。试验中的材料采用不对称的平纹编织玻璃纤维/环氧树脂复合材料。拉伸-拉伸疲劳加载试验在 10Hz 的频率和恒幅与变幅载荷下进行。采用高分辨率红外热像仪记录温度变化。疲劳失效判据是基于所谓的疲劳断裂熵而建立的(FEE)。然而,为了确定该 FEE 值,需要将试验循环滞后能量数据和试样在发生失效时的表面温度作为输入参数。根据试验测量可知,试样表面的温升在整个寿命期间都非常高,从几十摄氏度到近 100℃(Naderi, Khonsari, 2012a)。

13.3.2 预测剩余刚度/强度的唯象模型

在过去的十年中,几乎所有的唯象模型都是基于剩余刚度,而不是剩余强度建立的。

Khan, Al-Sulaiman, Farooqi 和 Younas (2001)发表了一篇关于预浸平纹编织碳纤维/聚酯复合材料的疲劳论文。论文主要研究了三种不同叠层的复合材料在应力比 $R=0.1$ 和试验频率为 20Hz 的疲劳性能。研究结果表明,刚度降低现象主要发生在层间(不在单层层面),且损伤状态变量 D 与刚度降低有关。损伤扩展速率 dD/dN 与应力幅值范围相关。

Van Paepegem 和 Degrieck (2002a, 2002b, 2002c)提出了平纹编织玻璃纤维/环氧树脂层压板的剩余刚度模型。损伤状态变量用于沿经向和纬向以及剪切方向的损伤。其损伤演化规律 dD/dN 取决于施加的应力幅值和损伤本身。为验证应力再分布和应力比效应,通过单面和完全反向弯曲试验进行验证。

Tate 和 Kelkar (2008)提出了双轴编织碳纤维/环氧树脂复合材料的刚度损伤模型。在应力比为 0.1 和频率为 10Hz 的疲劳加载作用下,针对不同的应力比和不同的编织角开展拉伸-拉伸疲劳试验。它们在对试验数据进行处理时使用了 Whitworth (1998)建立的刚度损伤模型。

Wen 和 Yazdani (2008)通过引入一种标量累积疲劳损伤参数,发现其损伤演化取决于应力张量的第二个不变量。为此,通过频谱将应力张量分解成正负两部分。该预测模型适用于 Hansen 对编织玻璃纤维/环氧树脂复合材料的研究工作(Hanssen, 1997, 1999)。

Tamuzs, Dzelzitis 和 Reifsnider (2008)专注于玻璃纤维/乙烯基酯层压板在不同取向角度下的拉伸-压缩($R=-1$)疲劳性能的研究。绘制了损伤累积速率(定义为刚度的变化率)与不同加载角度下的应力水平关系图,并由此得到了不同试验加载角度下的主 $S-N$ 曲线。

Mivehchi 和 Varvani-Farahani (2010)对文献中的不同试验数据都采用了疲劳累积损伤模型进行预测。其 D-N 方程是一个闭合方程,主要取决于应力比、纤维/基体界面强度参数以及与温度相关的刚度和极限抗拉强度。该模型应用于层压板材料。

Hochard 和 Thollon (2010)提出了一种用于编织层压板的非线性累积损伤模型。编织层由对应于经纱和纬纱方向的两个堆叠 UD 层代替。横向基体损伤和剪切破坏存在两个损伤状态变量,并考虑永久剪切应变。该模型在第一次层内宏观裂纹出现之前有效(第一层失效模型),并对不同铺层和不同应力比($R=0.1,0.5$)下的拉伸-拉伸疲劳试验进行了验证。

Movaghghar 和 Lvov (2012a, 2012b, 2012c)提出了一个基于弹性能和应力比相关函数的标量损伤变量 D 的损伤演化规律。该模型已经通过平纹编织玻璃纤维/环氧树脂复合材料在完全反向弯曲试验加载下的验证。Movaghghar 和 Lvov (2012b)已经将该疲劳损伤模型应用于 7.5 m 风机叶片。

Yao, Rong, Shan 和 Qiu (2012)对非常厚(15mm)的含有不饱和聚酯树脂的 3D E-型玻璃纤维/芳纶复合材料进行了三点弯曲疲劳试验。他们采用了 Yang 等人(1990)建立的残余刚度模型。

13.3.3　力学渐进损伤模型

力学渐进损伤模型是基于主导疲劳损伤的有效损伤机制而建立的。

2001 年,Naik, Patelt 和 Case (2001)及 Naik (2001)以该模型模拟了 5 线束编织石墨纤维/环氧树脂复合材料的疲劳特性。采用简单的力学模型对横向纱线断裂、纱线间脱黏和分层的主要损伤机制进行了模拟。并对原始试样和老化试样(调节湿-热)进行了应力比为 $R=0.1$ 的拉伸-拉伸疲劳加载试验。5 线束编织的单元格被认为是理想的[0/90]层压板,通过在 5 线束编织模型的重复模式中采用"等效"脱黏区域来模拟纱线间的脱黏失效,并假设在编织复合材料所有层间界面的边缘分层都会均匀地萌生和扩展。

Gagel, Fiedler 和 Schulte (2006a, 2006b)研究了非卷曲玻璃纤维/环氧树脂复合材料的拉伸-压缩疲劳性能,并对±45°和±90°裂纹密度的刚度损伤和演变进行了监测。结果表明,裂纹密度的大小取决于所施加的应力水平和部分寿命。之后,通过利用具有规则排列基体裂纹的三维(3D)有限元模型,对裂纹密度与损伤刚度的关系进行了校准。

在此,还需提一下最近对该类模型有贡献的两项值得关注的研究工作。

Gude, Hufenbach 和 Koch (2010)研究了 3D 编织增强复合材料在多轴疲劳加载下的性能。该材料是一种在环氧树脂中增加玻璃纤维的多层编织物,并且采用标准管状试样进行拉伸/压缩-扭转试验。在疲劳加载过程中对材料的刚度损伤、基体开裂和增白进行了研究。采用 Cuntze 对 UD 层压板的断裂模式概念对不同失效模式进行分类,并将不同失效模式下的损伤增长速率方程与耦合向量相乘,以计及损伤模式的相互作用。

Montesano, Fawaz, Behdinan 和 Poon (2013)研究了高温下三轴编织碳纤维复合材料的疲劳特性。在疲劳载荷和刚度损伤的情况下,测量了编织纱线裂纹和界面裂纹的裂纹密度。提出了一种基于两种裂纹密度的残余刚度的累积损伤公式。

13.4 现有疲劳模型的工业应用挑战

在过去的几十年里,对纤维增强复合材料的疲劳建模进行了广泛的研究。目前已经提出了很多模型来预测在疲劳加载条件下具有各种堆叠顺序、纤维和基体类型的编织复合材料的损伤累积和疲劳寿命。尽管如此,在这个领域的研究应该受到进一步的关注,以便应对在加载条件和所用材料方面具有更广泛适用性的新模型的挑战。

在本节中,我们将特别讨论四项挑战:

(1) 纵向刚度以外的弹性性能的降低:几乎所有工业应用(从航空到汽车,再到风能)中固有的多轴加载状态不仅仅会导致纵向刚度的损伤,而且泊松比、剪切模量和横向刚度也会受到影响。

(2) 可变振幅加载:这里再次强调,等幅疲劳加载是典型的实验室加载条件,但在实际应用中,必须考虑可变振幅加载。

(3) 模型参数的复杂识别:无论在复合材料的疲劳建模中使用哪种策略($S-N$ 曲线、残余强度/刚度、渐进损伤),都需要相当大的试验投入。这些试验通常耗时且昂贵,并且是工业应用中建立适当疲劳设计方法的一大障碍。因此,在许多实际应用中,需要快速识别模型参数。

(4) 环境条件的影响:复合材料在不同环境条件下疲劳性能的学术研究非常有限,部分原因是由于试验测试的复杂性。另一方面,许多工业应用需要了解在大温度范围内(如汽车工业)或与恶劣环境条件(紫外线、应力腐蚀、辐射、潮湿等)相结合的疲劳行为。

13.4.1　纵向刚度以外弹性性能的降低

如前所述,在建模过程中,不仅要考虑到复合材料在疲劳载荷作用下的弹性性能,还应考虑纵向刚度。到目前为止,大多数模型还没有考虑到其他面内性能的降低,如泊松比、剪切模量和横向刚度。

另外,建立这种扩展模型需要更多的试验测量数据来输入。长期以来,复合材料的疲劳试验主要集中在提供单轴拉伸-拉伸疲劳加载作用下的 S-N 疲劳寿命数据。没有通过使用更先进的仪器仪表检测方法来从相同的试验中收集更多的数据。诸如数字图像相关(DIC)(应变映射)和光纤传感等技术的发展,使得有更好的仪器可以使用,并与传统的设备相结合,如引伸计、热电偶和电阻测量。

通过有限元模拟来验证试验装置中的实际边界条件和加载条件时,必须将从单一(多轴)疲劳试验中所产生的数据最大化。

本节讨论了泊松比的降低、平面剪切模量和双轴疲劳加载下弹性性能的降低问题。因此,应加大力度,将这些弹性性能的降低纳入到更广义的剩余刚度模型方法中。

13.4.1.1　泊松比的降低

泊松比有点像丑小鸭。对这种弹性性能疲劳损伤的影响很小。尽管如此,Bandoh, Matsumura, Zako, Shiino 和 Kurashiki (2001)认为,在静态拉伸载荷作用下,碳纤维/环氧树脂 UD 层压板的泊松比可下降 50%,而 Pidaparti 和 Vogt (2002)则证明了泊松比是一个非常敏感的参数,它可以用于监测人体骨骼的疲劳损伤。

Van Paepegem, De Baere, Lamkanfi 和 Degrieck (2007, 2010)证明了泊松比可以作为纤维增强复合材料在静态、循环和疲劳载荷作用下损伤的敏感参数指标。就像刚度一样,它可以准确无损地进行测量。此外,它还可以给出多向复合材料层压板中离轴层的损伤状态。

第一步,对$[0°/90°]_{2S}$玻璃纤维/环氧树脂层压板进行准静态循环加载-卸载试验。图 13.1 给出了泊松比 υ_{xy} 与纵向应变 ε_{xx} 的变化关系,以及连同该材料在静态拉伸试验 IF4 和 IF6 中的变化图。从图中可以清楚地看到,在 ε_{xx} 的范围[0; 0.015]内,循环 υ_{xy} 曲线的最大值与静态曲线吻合较好。随着泊松比在卸载过程中发生剧烈变化，其值必须取决于应力，因为在卸载过程中不会发生进一步的损伤。

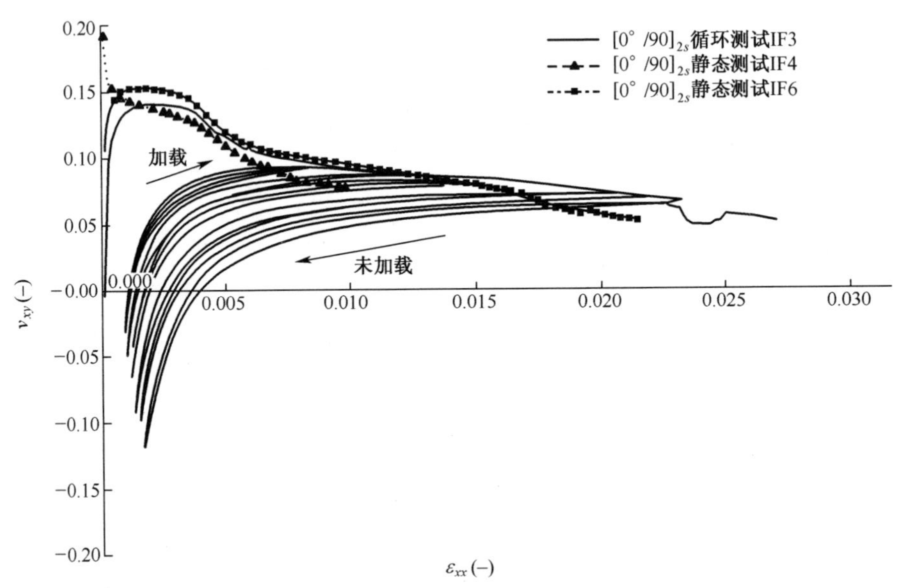

图 13.1　泊松比 v_{xy} 的变化取决于[0°/90°]$_{2S}$试样 IF3 在准静态循环试验中纵向应变 ε_{xx}

图 13.2 给出了泊松比 v_{xy} 对应的时间历程曲线。在低应力阶段(因而应变 ε_{xx} 较低)，泊松比 v_{xy} 为负值，这是由于在低载荷加载下横向应变 ε_{yy} 略微为正值。

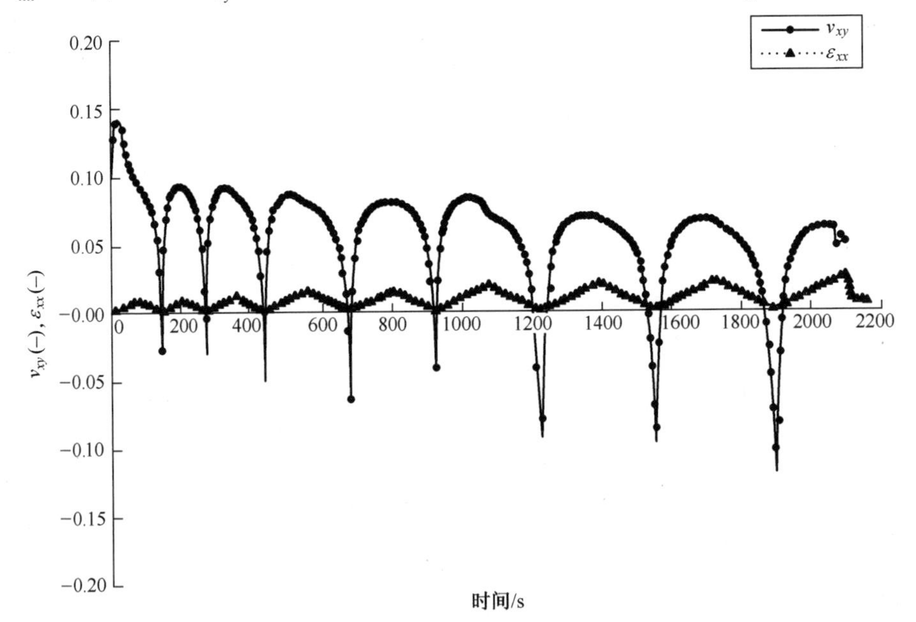

图 13.2　(a-d)对于[0°/90°]$_{2S}$试样 IF3 在准静态循环试验中泊松比 v_{xy} 的时间历程曲线

虽然在其他试样上也观察到了泊松比的这种特殊的行为，但是我们会产生疑问，它到底是一种固有的材料特性，还是人为测量方法的误差，例如，由于 90°方向上存在的多个横向裂纹会对横向应变片的粘接质量的产生影响。

因此，采用三种测量方法进行了比较：①横向应变片；②横向引伸计；③横向安装的外部光纤传感器。所有的测量方法都采用应变测量（Van Paepegem et al.，2007，2010）。

接下来，对另一个 W_090_8 试样进行了更多循环次数的疲劳加载试验。在图 13.3 中，将泊松比 v_{xy} 的变化与纵向应变 ε_{xx} 按照三组五个试验周期作图。

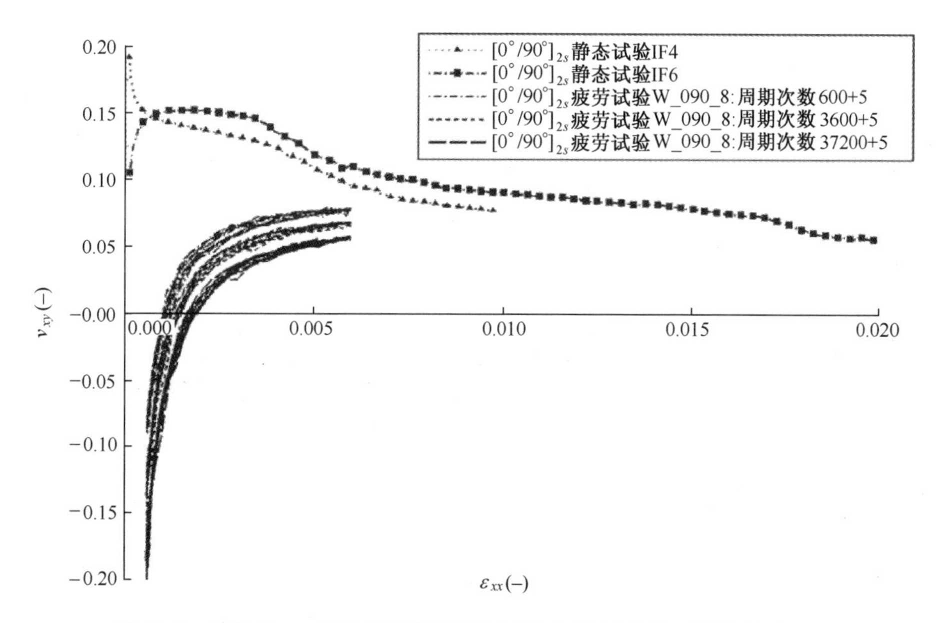

图 13.3　泊松比 v_{xy} 的变化取决于疲劳试验中[0°/90°]$_{2S}$ 试样 W_090_8 在三个阶段的纵向应变 ε_{xx}

图 13.4 给出了 $v_{xy}-\varepsilon_{xx}$ 曲线的放大图。图 13.4 中发现泊松比的最大值和最小值似乎都会受到疲劳损伤的影响，并且可能是一个可用的损伤变量。

最后，需要说明的是所观察到的疲劳行为并不一定要限定于[0°/90°]$_{2S}$ 玻璃纤维/环氧树脂层压板。图 13.5 给出了疲劳试验加载期间[0°/90°]$_{2S}$ 碳纤维/聚亚苯基硫化物试样的泊松比 v_{xy} 随纵向应变 ε_{xx} 的变化情况。在疲劳加载期间，载荷控制的疲劳周期幅度在预设的时间内逐渐增大。在第一次加载周期中，可以发现泊松比的值正在逐渐变化，从约 0.05 的稳定值开始慢慢变为负值。

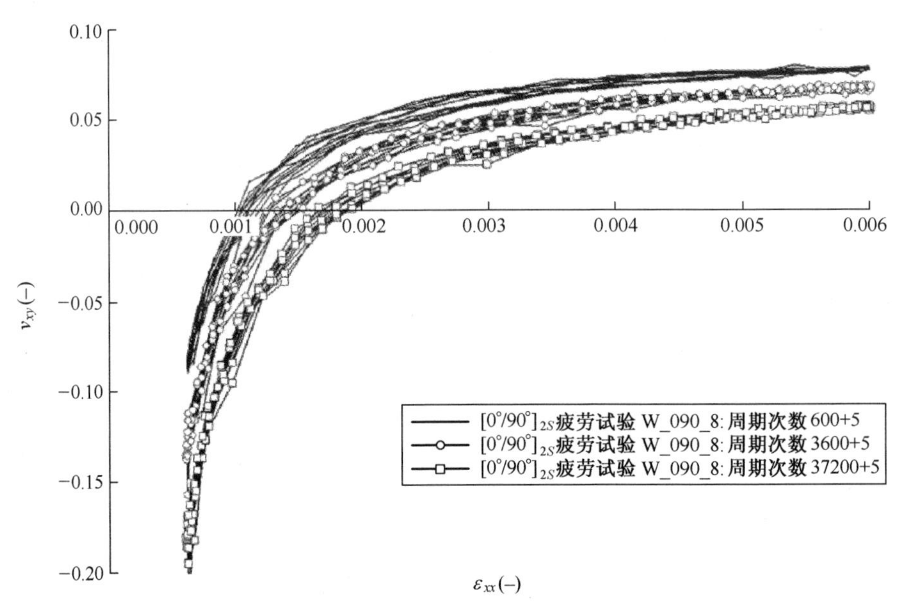

图 13.4　泊松比 v_{xy} 的变化取决于疲劳试验中[0°/90°]$_{2S}$试样 W_090_8 在三个阶段的纵向应变 ε_{xx}(放大视图)

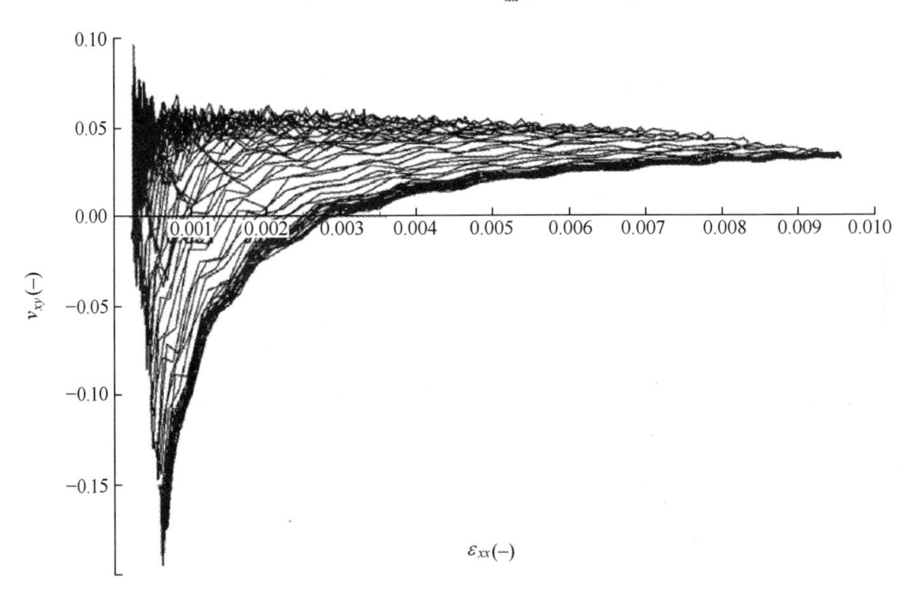

图 13.5　泊松比 v_{xy} 的变化取决于[0°/90°]$_{4S}$碳纤维/PPS 试样 K6 在疲劳加载期间的纵向应变 ε_{xx}

13.4.1.2　面内剪切模量的降低

当剪切分量在疲劳载荷作用下较大时,其面内剪切模量的降低可能与剪切应变的永久积累非常相关。虽然后者不是弹性性能，但测量这种应变是非常重要的，因为剪切应力仅由(总)剪切应变的弹性部分决定。

例如，图 13.6 给出了 UD 编织的[+45°/−45°]$_{2S}$玻璃纤维/环氧树脂层压板上在循环加载−卸载拉伸试验下的剪切应力−应变曲线。位移速度是 2mm/min。从图 13.6 中可以清楚地看出，在连续的循环加载过程中产生了相当大的永久剪切应变。

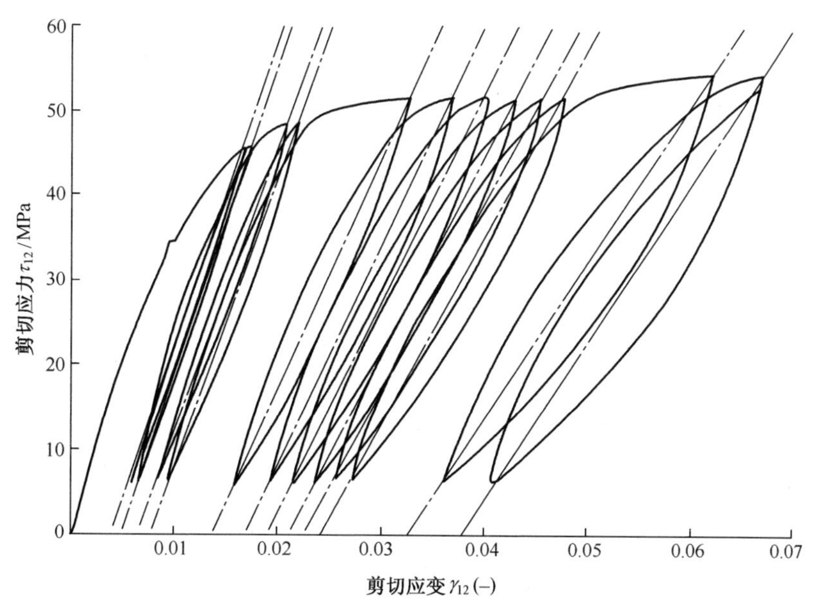

图 13.6 [+45°/−45°]$_{2S}$循环拉伸试验 IH6 的剪切应力−应变曲线

为了表征剪切模量的降低，引入了两个变量：

剪切损伤 D_{12} 和永久剪切应变 γ_{12}^{p}。它们根据以下本构方程定义：

$$\tau_{12} = G_{12}^{0} \cdot (1 - D_{12}) \cdot (\gamma_{12} - \gamma_{12}^{p})$$

$$D_{12} = 1 - \frac{G_{12}^{*}}{G_{12}^{0}} \tag{13.1}$$

式中：G_{12}^{0}为初始材料的剪切模量；G_{12}^{*}为受损材料的剪切模量。剪切模量 G_{12}^{*}表示一个加载−卸载循环的切线剪切模量。该定义与 Lafarie−Frenot 和 Touchard (1994)在长碳纤维复合材料面内剪切特性的研究中使用的定义是一致的。

根据剪切损伤 D_{12} 和永久剪切应变 γ_{12}^{p}的定义，这些变量在总剪切应变 γ_{12} 函数中的变化如图 13.7 和图 13.8 所示，分别为三种[+45°/−45°]$_{2S}$循环拉伸试验 IH6、IG4 和 IH2。

Van Paepegem, De Baere 和 Degrieck (2006a, 2006b)描述了准静态加载−卸载试验的唯象模型，并预测了面内剪切模量的降低和永久剪切应变的累积。

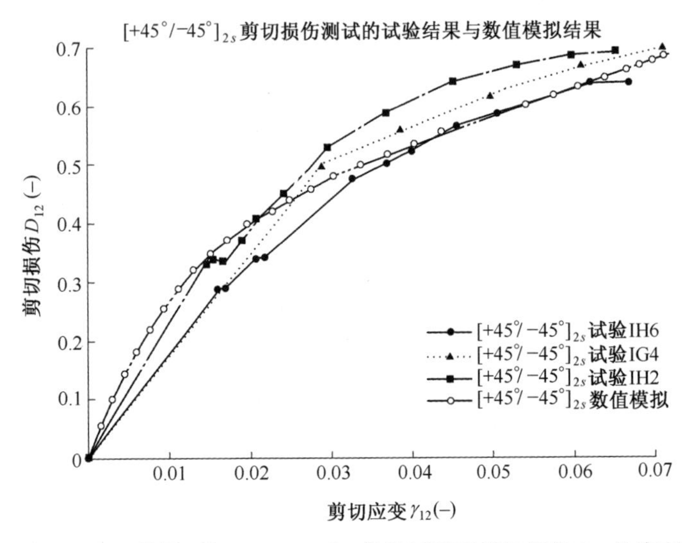

图 13.7 三种循环[+45°/−45°]$_{2S}$拉伸试验下剪切损伤D_{12}的演变

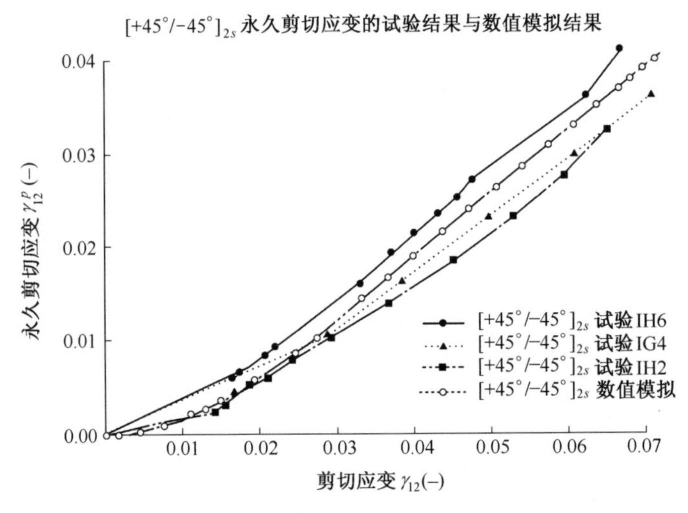

图 13.8 三种循环拉伸试验下永久剪切应变γ_{12}^{p}的演变

Payan 和 Hochard (2002)还对 UD[+45°/−45°]$_{3S}$碳纤维/环氧树脂复合材料进行了拉伸疲劳试验。永久剪应变的演化规律取决于剪切损伤,屈服函数是有效应力的函数。由于有效应力在整个寿命期间都随着寿命的增加而增加,因此塑性应变也随之发生变化。

13.4.1.3 双轴/多轴疲劳载荷作用下面内弹性性能的降低

在双轴或多轴疲劳载荷作用下,应力和应变场通常是不均匀的,并随时间变化。因此,弹性性能的降低会随着时间的变化而变化,而且随着时间的推移,它们的变化规律也会有所不同。

通过对随时间变化的表面应变场进行精确测量,应该可以通过使用混合试验数值方法和反演方法来确定局部弹性性能的降低。Lecompte 等人已经发现,通过采用 DIC 和反演方法相结合的方法(Lecompte, Smits, Sol, Vantomme, & Van Hemelrijck, 2007),可以确定十字形试样在双轴加载下的面内弹性性能。这篇论文中没有考虑到弹性性能的降低。

另外,Ramault, Makris, Van Hemelrijck, Lamkanfi 和 Van Paepegem (2011) 已经证明了 DIC 和电子散斑干涉法(ESPI)是十字形试样在双轴疲劳试验中对全场应变成像的重要参考方法。

除了上面提到的 Gude 等人(2010)所做的工作之外,编织复合材料在多轴疲劳领域的研究工作也非常有限。在这种情况下,藤井裕久及其同事(Amijima, Fujii, 1987; Lin et al. , 1991; Fujii, Amijima, Lin, Sagami, 1992; Fujii, Lin, 1995; Inoue, Fujii, Kawakami, 2000)在早期对平纹玻璃编织管状试样在双向拉伸-扭转载荷作用下的研究工作仍然非常有意义,但他们并没有对所观察到的刚度降低进行有效地模拟尝试。

13.4.2 变幅加载

在研究纤维增强复合材料的疲劳性能时,最好尽可能地模拟服役时的疲劳载荷条件。在实际工程所用部件的载荷-时间历程中,载荷幅值几乎总是在变化的,很少有恒定振幅的载荷。尽管如此,疲劳试验仍然是在恒幅载荷作用下进行的,这种选择很大程度上是由于变幅试验的代价昂贵、费时,并且标准疲劳试验设备的局限性以及服役载荷谱的不确定性(Schutz, 1981)。此外,大多数服役载荷谱本质上都是随机的载荷谱(如风力载荷谱),而且并非所有载荷谱都可以在实验室条件下进行模拟。

在变幅加载中,最复杂的因素之一是试验观察到的"加载序列效应":复合材料部件在低-高和高-低加载顺序下具有不同的疲劳寿命。

块加载试验是最常用的研究加载序列效应的试验。对试样施加具有恒幅载荷水平的循环块,研究加载顺序对复合材料部件疲劳寿命的影响。

在研究有关这个问题的文献时,只能得出一个普遍意义的结论:所有的加载序列对疲劳寿命的影响都是不一致的。例如,Bartley-Cho 等人在 1998 年写道:"对于复合材料来说,这些试验揭示了一个加载序列效应,在这些效应中,低—高加载序列会比高—低加载序列导致更短的疲劳寿命"。2000 年,Gamstedt 和 Sjogren 声称:"在一项试验研究中,这些机制的相互作用解释了为什么在高—低振幅加载序列下会导致寿命短于低—高序列加载下的寿命"。从

Van Paepegem 和 Degrieck (2002b)关于加载顺序效应研究的文献综述中可以得出这一结论:加载顺序效应的观点存在很大的分歧。此外,对这些试验结果进行评估也是非常困难的,因为在每个试验计划中都采用了不同的材料、铺层和块加载条件。

此外,还存在频繁从低平均应力转变为高平均应力的破坏性影响。Farrow (1989)对这种“循环混合效应”进行了详细描述,这意味着在加载顺序重复变化仅仅几次之后,复合材料层压板的残余强度和疲劳寿命就会降低得更快。

通常使用剩余寿命理论或剩余强度理论来评估后续的块加载作用下的损伤累积(Hashin, 1985)。Hashin (1985)已经表明,剩余寿命和剩余强度累积损伤理论是完全等同的,因为假设的剩余强度曲线的函数形式决定了损伤函数,从而确定剩余寿命。之后,采用这种损伤累积理论来评估块加载和频谱加载作用下的疲劳寿命。

对于编织复合材料来说,在变幅加载方面所做的研究非常有限。Found 和 Quaresimin (2003)发现,在准各向同性编织碳纤维/环氧树脂复合材料中存在两级疲劳载荷。他们研究了块加载顺序的明确影响以及线性 Miner 理论在块加载下预测疲劳寿命的缺点。

Reis、Ferreira、Costa 和 Richardson (2009)研究了在不同应力比 R 从-1.0 到 0.4 的范围内对称编织碳纤维/环氧树脂复合材料在块加载作用下的疲劳试验结果。并且通过使用线性 Miner 理论来预测疲劳寿命。它们得到的结论是:在这种情况下 Miner 理论与试验结果吻合良好。

13.4.3 模型参数的复杂识别

虽然大多数疲劳寿命模型使用简单,并且不需要详细的实际损伤机制信息,但是其主要缺点是它们需要对每一种材料、铺层和加载条件都进行大量的试验(Schaff, Davidson, 1997)。而且,这些模型很难扩展应用到施加多轴应力加载条件的情况。

虽然剩余强度是衡量疲劳损伤的一种方法,但它不允许进行无损评估。很明显,在不破坏试件的情况下是不可能确定剩余强度的,这就使得很难对结构的当前损坏状态进行评估。当然,残余强度可以与可测量的损伤表现相关联,但是残余强度的演变与损伤表现之间必须建立新的关系。

而且,疲劳寿命模型和剩余强度模型都不能够模拟在疲劳寿命期间的应力再分布,而这种现象在实际疲劳应用中经常出现。

其他建模方法是:①定量描述实际损伤机制的渐进损伤模型;②以宏观可见特性表示损伤增长速率的唯象残余刚度模型。选择第一种还是另一种方法主要取决于一个基本问题,即所选的损伤变量是否可以代表实际的疲劳损伤模式,或者它们是否应该被作为唯象状态变量,以更全面地描述其损伤模式。在文献回顾之后,可以区分两类渐进损伤模型:①通过合适的疲劳失效准则确定疲劳失效模式,并根据预测的疲劳失效模式对弹性性能进行修正;②损伤变量表示实际的疲劳损伤模式,其损伤扩展速率方程是基于热力学原理推导得出的。

2000 年 6 月,在第二届复合材料疲劳国际会议上(威廉斯堡,美国),Talreja (2000)这样表示:一种可靠的、具有低成本效益的复合材料结构疲劳寿命预测方法,需要一种基于物理的疲劳损伤演化模型。经验方法是一种不可取的方法选择。建立复合材料力学模型的一个主要障碍就是疲劳损伤机理的复杂性,包括它们的几何结构和演化过程中的细节。克服这一障碍需要有深刻的见解,才能对模型进行简化,以便在不影响疲劳过程中基本物理特性的情况下使用已完善的力学模型工具。他的陈述非常重要,因为它表明这些力学模型可以很好地符合所有热力学定律,但是由于它们的结构非常复杂,并且引入了许多不易识别的材料常数,所以它们还没有广泛用于在疲劳加载下全尺寸复合材料结构的模拟。

此外,当使用编织增强技术时,不难想象所有疲劳损伤机制的识别将会变得越来越复杂。Klaus Drechsler 于 2000 年在第五届编织复合材料国际会议上指出了这一点(Drechsler, 2000)。现在更加先进的编织增强技术在汽车行业获得成功,这一点变得更加真实(图 13.9)。

二维和三维结构是通过编织工艺制造的,如编织机器中的交织、缠结和环形的连续纤维(图 13.10)。

图 13.9 先进的复合材料增强技术(Drechlser,2000)

图 13.10　复合材料编织机(Herakovich,1998)

13.4.4　环境条件和预损伤的影响

在具有重要承载能力的主要复合材料结构的疲劳设计中,不仅需要在室温和原始材料中了解疲劳特性的知识,而且在更恶劣的环境条件下,或者在预损伤的情况下(切口,预先存在的撞击损伤),也必须要了解其疲劳特性。

关于编织复合材料这一主题的现有文献主要是试验研究,很少有人尝试建模研究。

Biner 和 Yuhas (1989)早期对玻璃纤维增强环氧树脂复合材料在钝化缺口处引发的疲劳裂纹进行了研究。在 $R=0.1$ 的拉伸-拉伸疲劳加载下对销钉装载的单边缺口试样进行试验。结果表明,尽管散射很大,但是基于有效应力强度因子范围的 Paris-Erdogan 裂纹演化规律适用于长裂纹的数据。

Bizeul, Bouvet, Barrau 和 Cuenca (2010, 2011a, 2011b)也对由 8 线束编织玻璃纤维/环氧树脂复合材料制成的单边缺口试样进行了试验,并采用应变控制疲劳。在缺口的另一侧,应用 UD 碳条来模拟航空结构中复合材料蒙皮的加载条件。利用 Paris 理论的应变能量释放率。在(Bizeul et al. ,2011a)中假设了三个叠加序列的编织模式。在(Bizeul et al. ,2011b)中编织层的有限元模型是在两个经向和纬向重叠网格的基础上建立的,并通过弹性元件与刚度可调的元件相互连接而成。在疲劳损伤模型中,弹簧的刚度降低。

Hansen (1997)研究了冲击后平纹玻璃纤维/环氧树脂复合材料的疲劳特性。并使用热成像仪和光学检查来监测试样受影响区域中的损伤扩展。采用残余刚度方法来预测刚度降低的第一和第二阶段中的损伤扩展。

后来,Kang 和 Kim (2004)研究了含有冲击损伤的预平纹玻璃纤维/环氧树脂复合材料在恒幅和变幅载荷作用下的疲劳特性。基于冲击损伤复合材料的静态剩余强度和未受冲击的复合材料的疲劳性能,采用剩余强度模型进行疲劳寿命的预测。

Toubal、Karama 和 Lorrain (2006)对含中心孔的碳纤维/环氧树脂复合材料进行了 $R=0.1$ 的拉伸-拉伸疲劳加载试验,并给出了其疲劳数据在试验过程中,测量了刚度降低幅度,并用红外热成像仪监测了试样的表面温度。结果表明刚度损伤符合部分寿命,刚度降低与部分寿命一致,并且对于每个施加的应力水平使用不同的材料常数。

最后, Kawai、Yagihashi、Hoshi 和 Iwahori (2013) 进一步发展了他们在13.3.1节中讨论过的模型,并在模型中引入了温度和湿度的综合作用。对于准各向同性碳纤维/环氧树脂复合材料,在干燥和潮湿条件下得到其恒定的疲劳寿命图。将湿条件定义为浸入71℃的热水中直至达到饱和。在不同的应力比和温度水平下对干燥和潮湿试样进行了试验,并对水分和温度共同作用下的疲劳寿命进行了预测。

13.5 疲劳损伤多尺度模型的可行性

鉴于编织复合材料复杂的纤维结构,故而采用多层模型来预测其疲劳性能是一种很不错的方法,该方法允许在宏观尺度下描述细观尺度下材料的行为特征,而不需要首先假设一个宏观本构关系(Carvelli, Poggi, 2001; Edgren, Mattsson, Asp, Varna, 2004; Tang, Whitcomb, 2003; Zako, Uetsuji, Kurashiki, 2003)。宏观本构关系(层压板材料特性)是通过在较低尺度上(细观和微观)扩展材料模型(详细的材料结构及具体的材料特性)而得到的。多尺度方法将纯微观或细观力学方法与纯宏观模型的优点结合起来。复杂的材料力学行为可以通过在较低尺度上的建模来获得,而宏观大尺度上的数值分析依然可行。

13.5.1 编织复合材料的介观尺度建模

编织复合材料的介观尺度模型已经较为成熟,可用于预测均匀弹性材料的力学性能。这些数值计算通常分为六个步骤(图13.11):

(1) 首先,根据编织结构、层析成像测量或微观切片的数据来测量编织复合材料中代表体积单元的几何形状。然后用CAD软件或者用特定的几何预处理器重建编织复合材料的几何图形(WiseTex, TexGen, etc.)。

(2) 将该几何单元进行有限元网格划分。

(3) 给聚合物基体和浸渍纱线设置材料属性。

通常认为纱线是横向各向同性的,因此可认为是 UD 层压板的分段部分。

(4) 对网格施加周期边界条件,以表示 RVE 的重复特征。

(5) 在 RVE 中应用六个单元的加载情况。可以计算网格中每个元素的应变和应力。

(6) 采用介观-宏观均匀化方法对等效均匀编织复合材料的各向同性弹性性能进行计算。

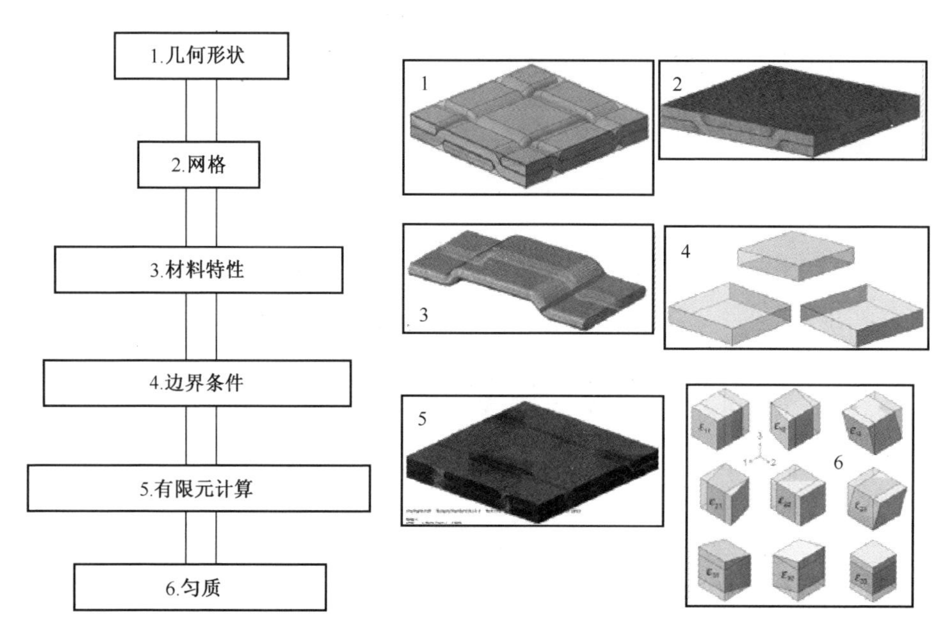

图 13.11 典型编织复合材料弹性性能细观-宏观均匀化方法的具体步骤

最近,研究人员将更先进的基体和纱线本构模型应用到 RVE 模型中,以模拟其非线性行为特性,并预测其(静态)强度。

例如,Zhou、Lut 和 Yang (2013)采用二步多尺度方法对二维平纹编织E-型玻璃纤维/环氧树脂复合材料进行了渐进损伤分析和静态强度预测。首先通过 RVE 数值模拟了长玻璃纤维在环氧树脂基体中的六角形增强单元结构,预测了编织材料中各浸渍纱线的弹性和强度特性。在之后的一步中,构建平纹编织玻璃纤维/环氧树脂复合材料的 RVE 模型,并基于 3D Hashin 准则进行渐进损伤分析,预测了双轴加载作用下的失效形式。

在文献 Lu, Zhou Yang 和 Liu (2013)中,他们将其建模方法应用于 2.5D 编织 S-型玻璃纤维/环氧树脂复合材料的研究中。

最后一步是使用这些 RVE 模型来预测编织复合材料的疲劳性能。在这种情况下,应该为单个的基体和浸渍纱线制定疲劳标准。

13.5.2 微观力学疲劳失效准则的定义

在第一步中,可以认为浸渍纱线的疲劳性能应该与 UD 层压板的疲劳性能相当,因为浸渍纱线可以近似看作是 UD 层压板的分段部分。

早在 2002 年,Huang 就利用该假设,建立了一个平纹编织玻璃纤维/聚酯纤维的 RVE 混合模型。根据纤维长丝和环氧树脂基体的 $S-N$ 曲线,并结合适当体积分数的混合方法来预测纱线 UD 段的疲劳性能。这些 $S-N$ 曲线是根据疲劳试验反向计算/校准得到的。

从 Shokrieh 和 Lessard 的研究工作中可以得到关于浸渍纱线的微观力学疲劳失效标准的灵感。他们建立了一种所谓的单向增强层压板的广义残余材料性能退化模型(Shokrieh, 1996; Shokrieh,Lessard, 1997a, 1997b, 1998, 2000a, 2000b, 2003)。在这个模型中,将三种方法结合起来:①确定每种损伤模式的多项式疲劳破坏准则;②建立残余强度/刚度的主曲线;③通过使用由 Harris 等人建立的标准恒定寿命图来研究任意应力比的影响(Adam, Gathercole, Reiter, Harris, 1994; Gathercole, Reiter, Adam, Harris, 1994; Harris, 1985)。

该模型的核心思想是用 Hashin 型疲劳失效准则来区分单向纤维增强层压板中的 7 种损伤模式:纤维拉伸、纤维压缩、纤维-基体剪切、基体拉伸、基体压缩、法向拉伸和法向压缩。对于所有损坏模式,一旦发生失效,相应的材料属性就会设置为零。这就是“材料特性快速损伤准则”。

Shokrieh 和 Lessard (2000a, 2000b)模型中的剩余疲劳强度和刚度是循环次数、外加应力幅值和应力比的确定函数。这意味着仍然需要进行大量的疲劳试验,以确定各种应力幅值和应力比下的刚度和强度疲劳损伤主曲线。

最近,Sun、Liu 和 Gu (2012)受三点弯曲疲劳的影响,采用了一种多尺度单元格方法来预测三维编织碳纤维/环氧树脂复合材料的疲劳损伤(应力比 $R=0.1$)。采用均质层建立三点弯曲试验的有限元(FEM)模型。在每一个积分点上,对用户子程序进行了调用,该子程序是基于子单元组合和混合的等应力/等应变方法来计算编织复合材料的晶胞刚度损伤。

在第 18 章中,将介绍一种介观-宏观尺度的疲劳建模方法,该方法将编织复合材料中单元网格的加载与 UD 层压板的 $S-N$ 数据相结合,以模拟编织层压板的渐进损伤。

13.5.3 元分层和层间分层

在前面的解释中,假设交叉纱线和基体材料之间仍然是完美的结合。但是,从图 13.12 中可以看出,在纬纱和经纱之间的交叉点处可能会形成分层(Pandita, Huysmans, Wevers, Verpoest, 2001)。这是一种不会发生在单向纤维增强层压板上的典型疲劳损伤机制。

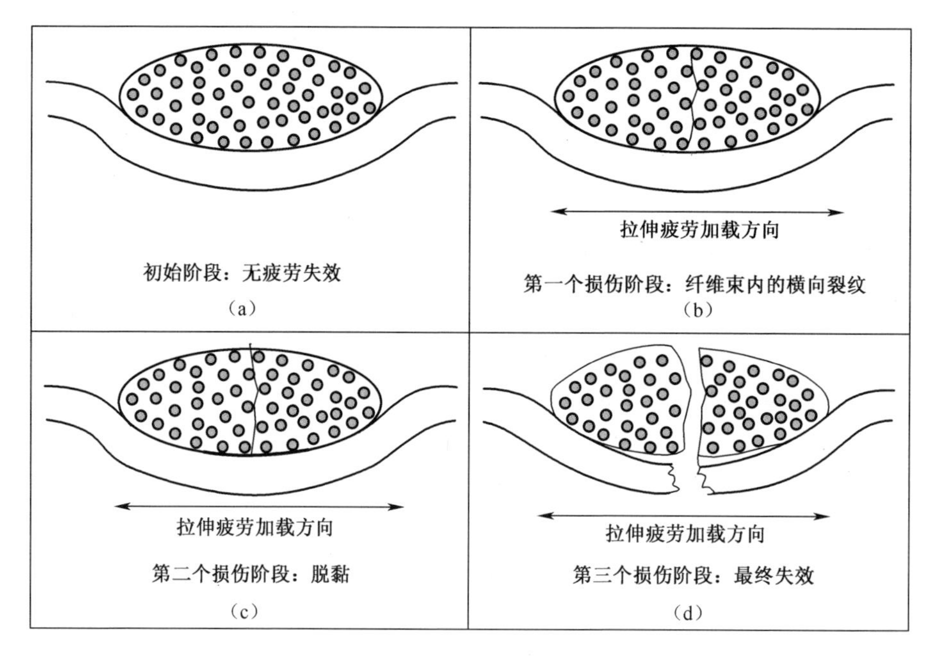

图 13.12 (a)~(d)编织复合材料拉伸疲劳损伤扩展示意图(Pandita et al. ,2001)

13.6 结　　论

力学或渐进损伤模型可以较好地定量描述复合材料层压板的损伤扩展过程,该模型可以适用于各种材料、铺层和载荷条件下,并通过进行最少的试验获得参数输入。然而,目前这些模型只适用于简单的疲劳载荷或非常特殊的材料类别。而且,绝大多数的模型都是在理论上建立起来的,但到目前为止,它们在实际应用中的使用和验证仍非常有限。尽管作者强烈认为疲劳损伤模型应该建立在对实际损伤机制的牢固知识和合理模型的基础上,但短期内最有发展前景的方法是用宏观可见特性来表征复合材料疲劳行为的唯象残余刚度模型。

此外,在数值软件的实现中,将损伤与宏观刚度特性退化相结合的疲劳损伤模型可以用于真实结构。当全尺寸结构部件受到疲劳载荷时,刚度是一个更合适的参数,因为它可以非破坏性地进行测量,并且残余刚度表现出比残余强度少得多的统计散射。

此外,在数值软件的实现中,疲劳损伤模型将损伤与宏观刚度的退化相关联,并可用于实际结构中。当全尺寸结构部件在服役时受到疲劳载荷作用时,刚度是一个更合适的参数,因为它可以进行无损测量,剩余刚度的统计散射比

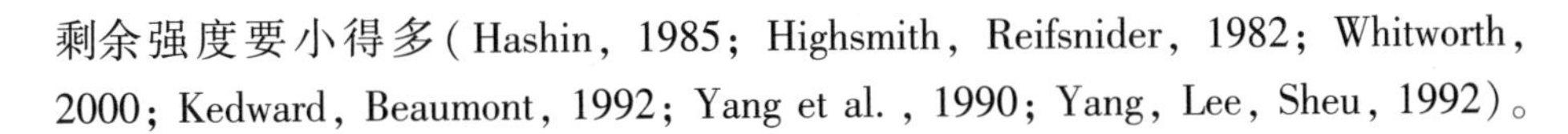

剩余强度要小得多(Hashin, 1985; Highsmith, Reifsnider, 1982; Whitworth, 2000; Kedward, Beaumont, 1992; Yang et al., 1990; Yang, Lee, Sheu, 1992)。

13.7 未来的趋势和挑战

如前所述,编织复合材料疲劳损伤的多尺度建模是未来的主要趋势之一。编织复合材料静态弹性性能的介观尺度均质化已成为近几年一种最先进的技术,静态强度的介观尺度建模是一个非常活跃的研究领域。因此,考虑到实际的纤维结构,编织复合材料在介观尺度水平的疲劳损伤建模似乎是合乎逻辑的下一步工作。

然而,之前所述的在较低尺度上的建模(不同弹性特性的降低,多轴变幅加载,材料参数的复杂识别等)也将成为一种挑战。

13.8 未来发展趋势和建议的来源

复合材料疲劳教科书:由 Bryan Harris (2003)编写的 *Fatigue in composites: Science and tedviology of the fatigue response of fibre-reinforced plastics* 以及 Vasilopoulos (2010)最近出版的一本书,是关于复合材料疲劳未来发展趋势方面的参考书。

从更广泛的范围来看,每两年一次的欧洲和国际复合材料会议(分别是 ECCM 和 ICCM)对未来发展趋势很感兴趣。

参考文献

Adam, T., Gathercole, N., Reiter, H., & Harris, B. (1994). Life prediction for fatigue of T800/5245 carbon-fibre composites: II. Variable-amplitude loading. International Journal of Fatigue, 16(8), 533-547.

Amijima, S., & Fujii, T. (1987). Static and fatigue tests on a plain woven glass cloth F. R. P. under biaxial tension-torsion loading. In J. Herriot (Ed.), Composites evaluation. Proceedings of the second international conference on testing, evaluation and quality control of composites (TEQC87), September 22-24, 1987 (pp. 51-58). Guildford, UK: Butterworth Scientific Ltd.

Bandoh, S., Matsumura, K., Zako, M., Shiino, T., & Kurashiki, T. (2001). On the detection of fatigue damage in CFRP by measuring Poisson's ratio. In D. Hui (Ed.), Eighth international conference on composites engineering (ICCE/8), proceedings, Tenerife, Spain, August 5-11, 2001 (pp. 55-56).

Barnard, P. M., Butler, R. J., & Curtis, P. T. (1985). Fatigue scatter of UD glass epoxy, a fact or fiction. In I. H. Marshall (Ed.), Composite structures 3. Proceedings of the third international conference on composite structures (ICCS-3), September 9-11, 1985 (pp. 69-82). Scotland: Elsevier.

Bartley-Cho, J., Lim, S. G., Hahn, H. T., & Shyprykevich, P. (1998). Damage accumulation in quasi-isotropic graphite/epoxy laminates under constant-amplitude fatigue and block loading. Composites Science and Technology, 58, 1535-1547.

Biner, S. B., & Yuhas, V. C. (1989). Growth of short fatigue cracks at notches in wovenfiber glass reinforced polymeric composites. Journal of Engineering Materials and Technology, 111, 363-367.

Bizeul, M., Bouvet, C., Barrau, J. J., & Cuenca, R. (2010). Influence of woven ply degradation on fatigue crack growth in thin notched composites under tensile loading. International Journal of Fatigue, 32, 60-65.

Bizeul, M., Bouvet, C., Barrau, J. J., & Cuenca, R. (2011b). Fatigue crack growth in thin notched woven glass composites under tensile loading. Part I: Experimental. Composites Science and Technology, 71, 289-296.

Bizeul, M., Bouvet, C., Barrau, J. J., & Cuenca, R. (2011a). Fatigue crack growth in thin notched woven glass composites under tensile loading. Part II: Modelling. Composites Science and Technology, 71, 297-305.

Carvelli, V., & Poggi, C. (2001). A homogenization procedure for the numerical analysis of woven fabric composites. Composites Part A, 32(10), 1425-1432.

Chou, P. C., & Croman, R. (1978). Residual strength in fatigue based on the strength-life equal rank assumption. Journal of Composite Materials, 12, 177-194.

Daniel, I. M., & Charewicz, A. (1986). Fatigue damage mechanisms and residual properties of graphite/epoxy laminates. Engineering Fracture Mechanics, 25(5/6), 793-808.

Degrieck, J., & Van Paepegem, W. (2001). Fatigue damage modelling offibre-reinforced composite materials: review. Applied Mechanics Reviews, 54(4), 279-300.

Drechsler, K. (2000). Advanced textile structural composites - needs and current developments. In Proceedings of the fifth international conference on textile composites, Leuven, Belgium, September 18-20, 2000.

Edgren, F., Mattsson, D., Asp, L. E., & Varna, J. (2004). Formation of damage and its effects on non-crimp fabric reinforced composites loaded in tension. Composites Science and Technology, 64, 675-692.

Ellyin, F., & Kujawski, D. (1992). Fatigue testing and life prediction of fibreglass-reinforced composites. In K. W. Neale, & P. Labossiere (Eds.), First international conference on advanced composite materials in bridges and structures (ACMBS-I), 1992 (pp. 111-118). Sherbrooke, Québec, Canada: Canadian Society for Civil Engineering.

Farrow, I. R. (1989). Damage accumulation and degradation of composite laminates under aircraft service loading: Assessment and prediction. Vols I and II. (Ph. D. thesis). Cranfield Institute of Technology.

Fong, J. T. (1982). What is fatigue damage? . In K. L. Reifsnider (Ed.), Damage in composite materials. ASTM STP 775 (pp. 243-266). American Society for Testing and Materials.

Found, M. S., & Quaresimin, M. (2003). Two-stage fatigue loading of woven carbonfibre reinforced laminates. Fatigue and Fracture of Engineering Materials and Structures, 26(1), 17-26.

Fujii, T., Amijima, S., Lin, F., & Sagami, T. (1992). Study on strength and nonlinear stress-strain response of plain woven glass fiber laminates under biaxial loading. Journal of Composite Materials, 26(17), 2493-2510.

Fujii, T., & Lin, F. (1995). Fatigue behavior of a plain-woven glass fabric laminate under tension/torsion biaxial loading. Journal of Composite Materials, 29(5), 573-590.

Gagel, A., Fiedler, B., & Schulte, K. (2006a). On modelling the mechanical degradation of fatigue loaded glass-fibre non-crimp fabric reinforced epoxy laminates. Composites Science and Technology, 66(5), 657-664.

Gagel, A., Lange, D., & Schulte, K. (2006b). On the relation between crack densities, stiffness degradation, and surface temperature distribution of tensile fatigue loaded glassfibre non-crimp-fabric reinforced epoxy. Composites Part A - Applied Science and Manufacturing, 37(2), 222-228.

Gamstedt, E. K., & Sjogren, B. A. (2000). On the sequence effect in block amplitude loading of cross-ply composite laminates. In Proceedings of the second international conference on fatigue of composites. June 4-7, 2000, Williamsburg (p. 9.3).

Gathercole, N., Reiter, H., Adam, T., & Harris, B. (1994). Life prediction for fatigue of T800/ 5245 carbon-fibre composites: I. Constant-amplitude loading. International Journal of Fatigue, 16(8), 523-532.

Gude, M., Hufenbach, W., & Koch, I. (2010). Damage evolution of novel 3D textile-reinforced composites under fatigue loading conditions. Composites Science and Technology, 70, 186-192.

Hahn, H. T., & Kim, R. Y. (1975). Proof testing of composite materials. Journal of Composite Materials, 9, 297-311.

Hahn, H. T., & Kim, R. Y. (1976). Fatigue behaviour of composite laminates. Journal of Composite Materials, 10, 156-180.

Hansen, U. (1997). Damage development in woven fabric composites during tension-tension fatigue. In S. I. Andersen, P. Brøndsted, H. Lilholt, Aa Lystrup, J. T. Rheinländer, B. F. Sørensen, et al. (Eds.), Polymeric composites - expanding the limits. Proceedings of the 18th Risø international symposium on materials science, September 1e5, 1997 (pp. 345 - 351). Roskilde, Denmark: Risø International Laboratory.

Hansen, U. (1999). Damage development in woven fabric composites during tension-tension fatigue. Journal of Composite Materials, 33(7), 614-639.

Harris, B. (1985). Fatigue behaviour of polymer-based composites and life prediction methods. In Aib-vinçotte Leerstoel, 2 maart 1995 (p. 28). Belgium: Nationaal Fonds voor Wetenschappelijk Onderzoek.

Harris, B. (Ed.). (2003). Fatigue in composites. Science and technology of the fatigue response of fibre-reinforced plastics (p. 742). Cambridge: Woodhead Publishing Ltd.

Hashin, Z. (1985). Cumulative damage theory for composite materials: residual life and residual strength methods. Composites Science and Technology, 23, 1-19.

Herakovich, C. T. (1998). Mechanics of fibrous composites. New York: John Wiley & Sons, Inc. Highsmith, A. L., & Reifsnider, K. L. (1982). Stiffness-reduction mechanisms in composite laminates. In K. L. Reifsnider (Ed.), Damage in composite materials. ASTM STP 775 (pp. 103-117). American Society for Testing and Materials.

Hochard, C., & Thollon, Y. (2010). A generalized damage model for woven ply laminates under static and fatigue loading conditions. International Journal of Fatigue, 32, 158-165.

Huang, Z.-M. (2002). Fatigue life prediction of a woven fabric composite subjected to biaxial cyclic loads. Composites Part A, 33, 253-266.

Hwang, W., & Han, K. S. (1986). Cumulative damage models and multi-stress fatigue life prediction. Journal of Composite Materials, 20, 125-153.

Inoue, A., Fujii, T., & Kawakami, H. (2000). Effect of loading path on mechanical response of a glass fabric composite at low cyclic fatigue under tension/torsion biaxial loading. Journal of Reinforced Plastics and Composites, 19(2), 111-123.

Jacques, S., De Baere, I., & Van Paepegem, W. (2014). Application of periodic boundary conditions on multiple part finite element meshes for the meso-scale homogenization of textile fabric composites. Composites Science and Technology, 92, 41-54.

Kang, K. W., & Kim, J. K. (2004). Fatigue life prediction of impacted glass/epoxy composites under variable amplitude loading. Key Engineering Materials, 261-263, 1079-1084.

Kawai, M., Matsuda, Y., & Yoshimura, R. (2012). A general method for predicting temperaturedependent anisomorphic constant fatigue life diagram for a woven fabric carbon/epoxy laminate. Composites Part A, 43, 915-925.

Kawai, M., & Taniguchi, T. (2006). Off-axis fatigue behaviour of plain weave carbon/epoxy fabric laminates at room and high temperatures and its mechanical loading. Composites Part A, 37, 243-256.

Kawai, M., Yagihashi, Y., Hoshi, H., & Iwahori, Y. (2013). Anisomorphic constant fatigue life diagrams for quasi-isotropic woven fabric carbon/epoxy laminates under different hygrothermal environments. Advanced Composite Materials, 22(2), 79-98.

Kedward, K. T., & Beaumont, P. W. R. (1992). The treatment of fatigue and damage accumulation in composite design. International Journal of Fatigue, 14(5), 283-294.

Khan, Z., Al-Sulaiman, F. A., Farooqi, J. K., & Younas, M. (2001). Fatigue life predictions in woven carbon fabric/polyester composites based on modulus degradation. Journal of Reinforced Plastics and Composites, 20(5), 377-398.

Lafarie-Frenot, M. C., & Touchard, F. (1994). Comparative in-plane shear behaviour of longcarbon-fibre composites with thermoset or thermoplastic matrix. Composites Science and Technology, 52, 417-425.

Lecompte, D., Smits, A., Sol, H., Vantomme, J., & Van Hemelrijck, D. (2007). Mixed numerical-experimental technique for orthotropic parameter identification using blaxial tensile tests on cruciform specimens. International Journal of Solids and Structures, 44(5), 1643-1656.

Lin, F., Fujii, T., & Amijima, S. (1991). Fatigue behavior of plain woven glassfiber laminates under biaxial loading. In S. -W. Tsai, & G. S. Springer (Eds.), Composites: design, manufacture and application. Section 30-39. Proceedings of the Eight International Conference on Composite Materials (ICCM/8), July 15e19 1991, Honolulu, Society for the Advancement of Material and Process Engineering (SAMPE). p. 37. D. 1-37. D. 10.

Lu, Z., Zhou, Y., Yang, Z., & Liu, Q. (2013). Multi-scalefinite element analysis of 2. 5D woven fabric composites under on-axis and off-axis tension. Computational Materials Science, 79, 485-494.

Mivehchi, H., & Varvani-Farahani, A. (2010). The effect of temperature on fatigue strength and cumulative fatigue damage of FRP composites. In Tenth international fatigue conference, Prague, Czech Republic, June 6-11, 2010. Procedia Engineering (Vol. 2(1), pp. 2011-2020).

Montesano, J., Fawaz, Z., Behdinan, K., & Poon, C. (2013). Fatigue damage characterization and modelling of a triaxially braided polymer matrix composite at elevated temperatures.

Movaghghar, A., & Lvov, G. I. (2012a). A method for estimating wind turbine blade fatigue life and damage using continuum damage mechanics. International Journal of Damage Mechanics, 21, 810-821.

Movaghghar, A., & Lvov, G. I. (2012b). An energy model for fatigue life prediction of composite materials using continuum damage mechanics. Applied Mechanics and Materials, 110-116, 1353-1360.

Movaghghar, A., & Lvov, G. I. (2012c). Theoretical and experimental study of fatigue strength of plain woven glass/epoxy composite. Journal of Mechanical Engineering, 58(3), 175-182.

Naderi, M., & Khonsari, M. M. (2012a). A comprehensive fatigue failure criterion based on thermodynamic approach. Journal of Composite Materials, 46(4), 437-447.

Naderi, M., & Khonsari, M. M. (2012b). Thermodynamic analysis of fatigue failure in a composite laminate. Mechanics of Materials, 46, 113-122.

Naderi, M., & Khonsari, M. M. (2013). On the role of damage energy in the fatigue degradation characterization of a composite laminate. Composites Part B, 45, 528-537.

Naik, R. A. (2001). Tension fatigue analysis of woven composite laminates. InProceedings of the 10th international conference on fracture. Honolulu, Hawaii, December 2-6, 2001. Elsevier Science.

Naik, R. A., Patel, S. R., & Case, S. W. (2001). Fatigue damage mechanism characterization and modeling of a woven graphite/epoxy composite. Journal of Composite Materials, 14, 404-420.

O'Brien, T. K., & Reifsnider, K. L. (1981). Fatigue damage evaluation through stiffness measurements in boron-epoxy laminates. Journal of Composite Materials, 15, 55-70.

Pandita, S. D., Huysmans, G., Wevers, M., & Verpoest, I. (2001). Tensile fatigue behaviour of glass-plain weave fabric composites in the on and off-axis directions. Composites Part A: Applied Science and Manufacturing, 32(10), 1533-1539. Sp. Iss. SI.

Payan, J., & Hochard, C. (2002). Damage modelling of laminated carbon/epoxy composites under static and fatigue loadings. International Journal of Fatigue, 24, 299-306.

Pidaparti, R. M., & Vogt, A. (2002). Experimental investigation of Poisson's ratio as a damage parameter for bone fatigue. Journal of Biomedical Materials Research Part A, 59(2), 282-287.

Ramault, C., Makris, A., Van Hemelrijck, D., Lamkanfi, E., & Van Paepegem, W. (2011). Comparison of different techniques for strain monitoring of a biaxially loaded cruciform specimen. Strain, 47(2), 210-217.

Reis, P. N. B., Ferreira, J. A. M., Costa, J. D. M., & Richardson, M. O. W. (2009). Fatigue life evaluation for carbon/epoxy laminate composites under constant and variable block loading. Composites Science and Technology, 69, 154-160.

Salkind, M. J. (1972). Fatigue of composites. In H. T. Corten (Ed.), Composite materials testing and design (second conference). ASTM STP 497 (pp. 143-169). Baltimore: American Society for Testing and Materials.

Schaff, J. R., & Davidson, B. D. (1997). Life prediction methodology for composite structures. Part I - constant amplitude and two-stress level fatigue. Journal of Composite Materials, 31(2), 128-157.

Schulte, K., Baron, Ch, Neubert, H., Bader, M. G., Boniface, L., Wevers, M., et al. (1985). Damage development in carbon fibre epoxy laminates: cyclic loading. In Proceedings of the MRS - symposium "Advanced materials for transport", November 1985, Strassbourg (p. 8).

Schutz, D. (1981). Variable amplitude fatigue testing. In: AGARD lecture series no. 118. In Fatigue Test Methodology (pp. 4.1-4.31).

Sendeckyj, G. P. (1981). Fitting models to composite materials fatigue data. In C. C. Chamis (Ed.), Test methods and design allowables for fibrous composites. ASTM STP 734 (pp. 245-260). American Society for Testing and Materials.

Sendeckyj, G. P. (1990). Life prediction for resin-matrix composite materials. In K. L. Reifsnider (Ed.), Composite material: Series 4. Fatigue of composite materials (pp. 431-483). Elsevier.

Seyhan, A. T. (2011). A statistical study of fatigue life prediction offibre reinforced polymer composites. Polymers and Polymer Composites, 19(9), 717-723.

Shokrieh, M. M. (1996). Progressive fatigue damage modelling of composite materials (Ph. D. thesis).

Montréal, Canada: McGill University.

Shokrieh, M. M., & Lessard, L. B. (1997a). Multiaxial fatigue behaviour of unidirectional plies based on uniaxial fatigue experiments - I. Modelling. International Journal of Fatigue, 19(3), 201-207.

Shokrieh, M. M., & Lessard, L. B. (1997b). Multiaxial fatigue behaviour of unidirectional plies based on uniaxial fatigue experiments - II. Experimental evaluation. International Journal of Fatigue, 19(3), 209-217.

Shokrieh, M. M., & Lessard, L. B. (1998). Residual fatigue life simulation of laminated composites. In Y. Gowayed, & F. Abd El Hady (Eds.), Proceedings of the international conference on advanced composites (ICAC 98), December 15e18, 1998, Hurghada, Egypt (pp. 79-86).

Shokrieh, M. M., & Lessard, L. B. (2000a). Progressive fatigue damage modeling of composite materials, Part I: modeling. Journal of Composite Materials, 34(13), 1056-1080.

Shokrieh, M. M., & Lessard, L. B. (2000b). Progressive fatigue damage modeling of composite materials, Part II: material characterization and model verification. Journal of Composite Materials, 34(13), 1081-1116.

Shokrieh, M. M., & Lessard, L. B. (2003). Fatigue under multiaxial stress systems. In B. Harris (Ed.), Fatigue in composites (pp. 63-113). Cambridge:Woodhead Publishing andCRCPress.

Sun, B., Liu, R., & Gu, B. (2012). Numerical simulation of three-point bending fatigue of four-step 3-D braided rectangular composite under different stress levels from unit-cell approach. Compuational Materials Science, 65, 239-246.

Talreja, R. (2000). Fatigue damage evolution in composites - a new way forward in modeling. In Proceedings of the second international conference on fatigue of composites. June 4-7, 2000, Williamsburg (p. 9.1).

Tamuzs, V., Dzelzitis, K., & Reifsnider, K. (2008). Prediction of the cyclic durability of woven composite laminates. Composites Science and Technology, 68, 2717-2721.

Tang, X., & Whitcomb, J. D. (2003). Progressive failure behaviour of 2D woven composites. Journal of Composite Materials, 37(14), 1239-1259.

Tate, J. S., & Kelkar, A. D. (2008). Stiffness degradation model for biaxial braided composites under fatigue loading. Composites Part B, 39, 548-555.

Toubal, L., Karama, M., & Lorrain, B. (2006). Damage evolution and infrared thermography in woven composite laminates under fatigue loading. International Journal of Fatigue, 28(12), 1867-1872.

Van Paepegem, W., De Baere, I., & Degrieck, J. (2006a). Modelling the nonlinear shear stress-strain response of glass fibre-reinforced composites. Part I: experimental results. Composites Science and Technology, 66(10), 1455-1464.

Van Paepegem, W., De Baere, I., & Degrieck, J. (2006b). Modelling the nonlinear shear stressstrain response of glass fibre-reinforced composites. Part II: model development and finite element simulations. Composites Science and Technology, 66(10), 1465-1478.

Van Paepegem, W., De Baere, I., Lamkanfi, E., & Degrieck, J. (2007). Poisson's ratio as a sensitive indicator of (fatigue) damage in fibre-reinforced plastics. Fatigue and Fracture of Engineering Materials and Structures, 30, 269-276.

Van Paepegem, W., De Baere, I., Lamkanfi, E., & Degrieck, J. (2010). Monitoring quasi-static and cyclic fatigue damage in fibre-reinforced plastics by Poisson's ratio evolution. Special issue of International Journal of Fatigue, 32(1), 184-196.

Van Paepegem, W., & Degrieck, J. (2002a). A new coupled approach of residual stiffness and strength for fatigue of fibre-reinforced composites. International Journal of Fatigue, 24(7), 747-762.

Van Paepegem, W., & Degrieck, J. (2002b). Effects of load sequence and block loading on the fatigue response of fibre-reinforced composites. Mechanics of Advanced Materials and Structures, 9(1), 19-35.

Van Paepegem, W., & Degrieck, J. (2002c). Modelling damage and permanent strain infibrereinforced composites under in-plane fatigue loading. Composites Science and Technology, 63(5), 677-694.

Vania, A., & Carvelli, V. (2010). Fitting approach of the fatigue tensile response of textile composite laminates. In Proceedings of the 10th international conference on textile composites (TEXCOMP10), Lille, France, October 26-28, 2010 (pp. 213-220).

Vasilopoulos, A. P. (Ed.). (July 2010). Fatigue life prediction of composites and composite structures. United Kingdom: Woodhead Publishing, ISBN 978-1-84569-525-5.

Wen, C., & Yazdani, S. (2008). Anisotropic damage model for woven fabric composites during tension-tension fatigue. Composite Structures, 82, 127-131.

Whitworth, H. A. (1998). A stiffness degradation model for composite laminates under fatigue loading. Composite Structures, 40(2), 95-101.

Whitworth, H. A. (2000). Evaluation of the residual strength degradation in composite laminates under fatigue loading. Composite Structures, 48(4), 261-264.

Wicaksono, S., & Chai, G. B. (2013). A review of advances in fatigue and life prediction of fiber-reinforced composites. Proceedings of the Institution of Mechanical Engineers, Part L: Journal of Materials Design and Applications, 227(3), 179-195.

Yang, J. N., Jones, D. L., Yang, S. H., & Meskini, A. (1990). A stiffness degradation model for graphite/epoxy laminates. Journal of Composite Materials, 24, 753-769.

Yang, J. N., Lee, L. J., & Sheu, D. Y. (1992). Modulus reduction and fatigue damage of matrix dominated composite laminates. Composite Structures, 21, 91-100.

Yao, L., Rong, Q., Shan, Z., & Qiu, Y. (2012). Static and bending fatigue properties of ultrathick 3D orthogonal woven composites. Journal of Composite Materials, 47(5), 569-577.

Zako, M., Uetsuji, Y., & Kurashiki, T. (2003). Finite element analysis of damaged woven fabric composite materials. Composites Science and Technology, 63, 507-516.

Zhou, Y., Lu, Z., & Yang, Z. (2013). Progressive damage analysis and strength prediction of 2D plain weave composites. Composites Part B, 47, 220-229.

第14章

编织复合材料单胞模型的高周疲劳性能

S. V. Lomov, J. Xu
比利时,鲁汶,鲁汶大学

14.1 简介:编织复合材料单胞模型高周疲劳的一般方法

编织复合材料是一种纤维状的、结构化的分层材料。这三个形容词一方面给编织复合材料提供了一个明确的微观力学建模的方法;另一方面必须要考虑到材料的结构层次:

宏观(M):用材料在不同疲劳加载情况(环境)下的 $S-N$ 和刚度损伤曲线来表示其匀质化特性,这是一种用材料本构模型对复合材料进行结构分析的方法。在试验研究方面,这不同于试样测试。特征尺度为1~10cm,由纤维增强材料的几个单胞或单元体组成。

介观(m):其疲劳特性视为增强纤维(编织)结构和编织物结构单胞尺度的函数(1~10mm)。通过详细描述均质单胞模型内应力-应变场的演化,从而对损伤进行识别。将损伤划分为不同的损伤模式(纤维断裂、浸渍纱线或纤维层内或其边界上的基体裂纹、基体内部裂纹等),并用连续损伤变量与损伤模式相关联,或者直接引入模型中的不连续性进行描述。在试验研究方面,这相当于使用无损在线监测或破坏后试样的观察来进行应变场的记录和试验的损伤检测。

微观(μ):浸渍纱线、纤维层或基体本身的局部疲劳特性。前者可视为局部的单向复合材料,其在多轴疲劳载荷作用下的疲劳性能可以用与UD层压板中相同铺层的性能来表示(参见本书的第二部分)。

介观尺度下的疲劳建模问题可以被看作是,通过计算复合材料增强单元体中平衡应力-应变状态和描述复合材料承载能力的损伤相关变化,将微观尺度下疲劳特性的试验数据转化为宏观尺度下匀质化疲劳性能的问题。介观尺度下的疲劳模型由以下内容组成：

(1) 编织复合材料单胞有限元(FE)模型。

(2) UD 复合材料的损伤萌生准则和由 UD 复合材料的损伤引起的刚度损伤模型;该模型允许单胞模型在一个或者半个疲劳加载周期内开展计算,更新损伤分布,并在局部应力状态下应用疲劳损伤模型(准静态载荷分析)。

(3) UD 复合材料的疲劳行为描述:不同加载方式下的 $S-N$ 曲线(沿纤维方向、横向拉伸/压缩、剪切)和多轴加载下疲劳强度的计算准则(微观疲劳分析)。

(4)疲劳跳跃算法(见第 4 章)。

当以上这些条件可用时,介观尺度下的疲劳模型如图 14.1 所示:

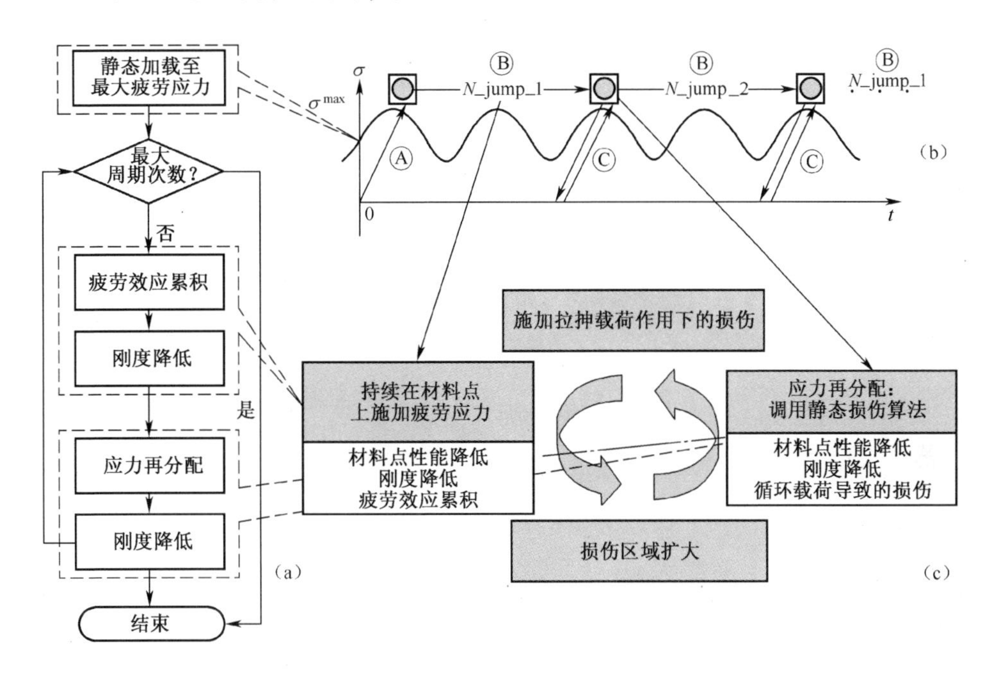

图 14.1　编织复合材料的疲劳分析

(a) 计算流程图; (b) 疲劳周期跳跃的阶段 A,B,C; (c) 疲劳损伤后的应力再分配。

① 准静态载荷作为第一个半周期作用于完整的单胞模型。单胞上的载荷值为最大疲劳应力 σ_{max}。由于载荷的作用,一些材料点根据损伤准则被确认为发生了失效,并且其刚度在建立损伤模型后开始降低。一旦通过损伤准则被确认为发生了失败,并且刚度也出现了降低,那么这种刚度降低的特性就会表现在后面的模型之中。

② 材料点由于疲劳而出现“磨损”。N 跳的概念 (见第 4 章)有助于计算数

百万次的疲劳周期。在预定数量的载荷循环中,即所谓的载荷循环跳跃,材料点会不断地发生疲劳弱化。受输入的 *S-N* 曲线的约束影响,这种弱化是由循环次数的增加和局部应力状态造成的。根据 Palmgren-Miner 理论,当一些材料点被认为发生了损伤,并且导致其刚度降低。则其余的材料点的刚度将会保持不变,同时疲劳弱化效应根据 PalmgreneMiner 累积理论计算。

③ 再次使用静态模量(A)来模拟载荷循环跳转后的一个加载循环。卸载单胞上的载荷,然后将其重新加载到模拟一个循环时的最大疲劳应力。卸荷-加载的后果可能会导致损伤区周围的材料点进一步发生恶化:应力重新分布和破坏区的扩大。

概述中介绍的方法适用于交叉铺层 UD 层压板(Lian, Yao, 2010; Shokrieh, Lessard, 2000)和编织复合材料(Hanaki, Lomov, Verpoest, Zako, Uchida, 2007; Kari, Crookston, Jones, Warrior, Long, 2008)。本章介绍了 Xu (2011)对该方法的应用情况(另见 Xu et al., 2009)。

14.2 编织复合材料的疲劳模型

表 14.1 总结了上文所述通用方法的执行情况,及所用模型的组成。

表 14.1 疲劳模型的组成

模型	子模型	描述
编织单胞的介观-有限元模型	单胞几何尺寸	WiseTex 软件(Lomov et al., in pess; Verpoest & Lomov, 2005)
	划分有限元网格	MeshTex 软件(Lomov et al., 2007)
	有限元条件	Abaqus 软件
准静态载荷分析仪	损伤萌生	Tsai-Wu 准则(Tsai, 1992)
	损伤扩展	刚度损伤算法(Zako, Uetsuji, & Kurashiki, 2003)
微观疲劳分析仪	纤维疲劳	Palgrem-Miner 损伤累积理论
	多轴疲劳	Liu 模型
	UD 复合材料的 *S-N* 曲线	碳纤维/环氧树脂复合材料的 Shockrey 数据(Shokrieh & Lessard, 2000; Shokrieh & Lessard, 1997)
疲劳跳跃		Van Paepegem 方法(Van Paepegem & Degrieck, 2001)

14.2.1　介观有限元模型和准静态载荷分析

编织复合材料的介观(单胞)建模是一个较为成熟的领域,已发表了大量的出版文献,并且有众多的内部的、商业的以及开源软件工具以供使用,例如 WiseTex (Lomov et al., 2014; Verpoest, Lomov, 2005)和 TexGen (Sherburn)。介观尺度水平的编织物分析可被视为一种数值工具,它具有以下作用:

(1) 确定编织材料参数(如编织结构、纱线间距、纱线尺寸等)、复合材料参数(总纤维体积分数、层厚度、层的嵌套等)以及增强材料的局部变形(复合材料部分的比例有关)和整体变形(剪切,压缩)等。

(2) 在给定的编织复合材料中创建增强材料的几何模型。

将几何模型进一步转化为单胞在介观水平下通用的有限元模型,并允许进一步深入模拟复合材料/增强材料的属性和行为。读者可以参考文献(Lomov et al., 2007),了解目前疲劳模型用于这种转换的算法;最近在文献(Daggumati et al., 2010, 2011)中发现了相同算法的应用实例。疲劳建模本身并不依赖于创建介观有限元模型的方法,该模型可以使用纱线体积渗透校正和网格划分方法,如特殊的网格预处理(Hivet, Boisse, 2005)、叠加网格等(Iarve, Mollenhauer, Zhou, Breitzman, Whitney, 2009; Tabatabaei, Lomov, Verpoest, 2013)。

图 14.2 给出了编织复合材料的介观有限元模型,在本章中作为疲劳建模的案例进行研究。

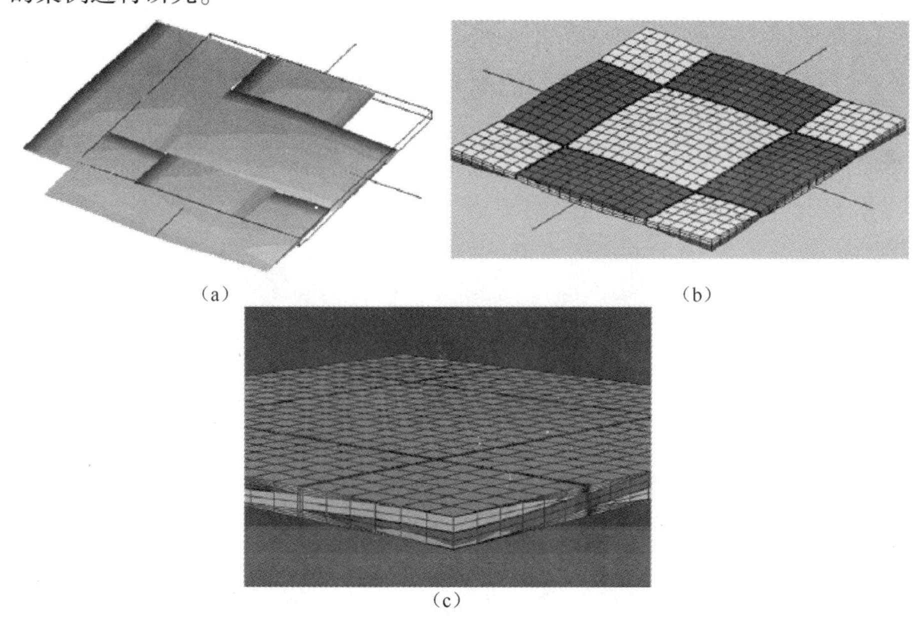

图 14.2　编织复合材料的介观有限元模型

(a) WiseTex 几何生成的平纹编织材料;(b) MeshTex 网格生成的网格;(c) ABAQUS 中基体材料的有限元模型。

浸渍纱线可视为 UD 复合材料。浸渍纱线的刚度参数可以通过 Chamis 方程(Chamis, 1989)进行计算:

$$E_{11} = V_F E_{11}^{fib} + (1 - V_F) E_m \tag{14.1}$$

$$E_{22} = E_{33} = \frac{E_m}{1 - \sqrt{V_F}\left(1 - \frac{E_m}{E_{22}^{fib}}\right)}$$

$$G_{12} = G_{13} = \frac{G_m}{1 - \sqrt{V_F}\left(1 - \frac{G_m}{G_{12}^{fib}}\right)} \tag{14.2}$$

$$G_{23} = \frac{G_m}{1 - \sqrt{V_F}\left(1 - \frac{G_m}{G_{23}^{fib}}\right)} \tag{14.3}$$

$$\mu_{12} = \mu_{13} = V_F \mu_{12}^{fib} + (1 - V_F) \mu_m \tag{14.4}$$

$$\mu_{23} = \frac{E_{22}}{2G_{23}} - 1$$

式中:E 为杨氏模量;G 为剪切模量;υ 为泊松系数; 子标或上标“f”表示纤维,“y”表示纱线,“m”表示基体。Cartesian 坐标系 123 中的轴 1 与纤维方向一致。

浸渍纱线的强度参数使用 Rosen 公式进行估算(Rosen, 1964):

$$F_L^{(t)} = F_f \cdot V_f + (1 - V_f) \cdot F_m^{(t)} \cdot \frac{E_m}{E_{fL}}\ ;\ F_L^{(c)} = \frac{1}{1 - V_f \cdot \left(1 - \frac{G_m}{G_{fL}}\right)}$$

$$F_T^{(t)} = F_m^{(t)} \frac{E_T}{E_m} \cdot (1 - V_f)\ ;\ F_T^{(c)} = F_m^{(c)} \frac{E_T}{E_m} \cdot (1 - V_f)$$

$$F_{LT} = F_{TZ} = F_{ZL} = \frac{1}{2} F_T^{(c)}$$

式中:上标(t)和(c)表示拉伸和压缩;F 为强度值。

纱线的损伤根据 Tsai-Wu 准则得到(Tsai, 1992)。采用各向异性损伤模式来描述材料点的损伤后特性(刚度降低),如表 14.2 所列。模式 L 代表纤维断裂,而另一些是纤维间裂纹。损伤模式由应力-强度比的最大值确定。基体被认为是具有一种损伤模式的各向同性材料。基体材料的损伤由最大正应力准则给出。

表 14.2 准静态损伤模型(Zako et al. , 2003)

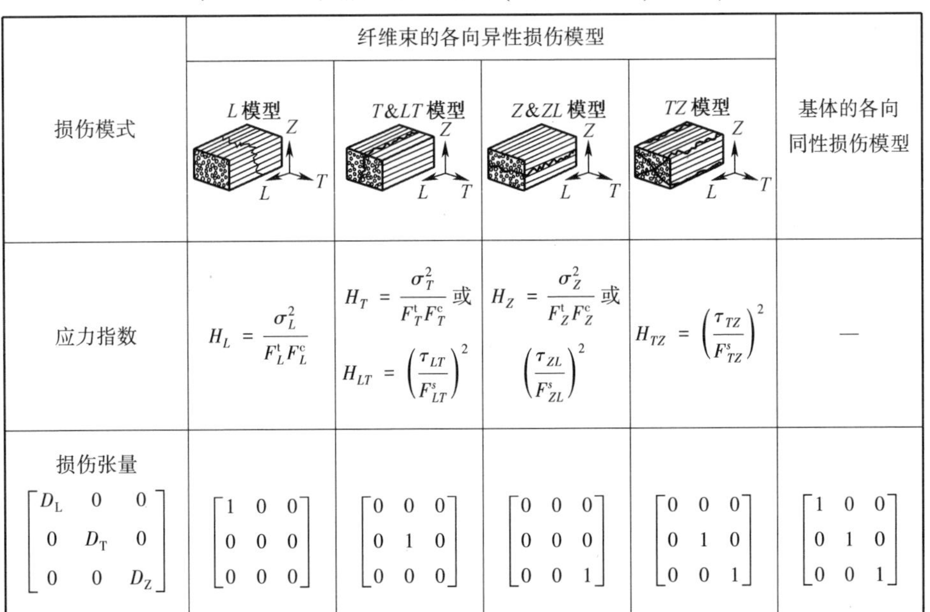

损伤模式	纤维束的各向异性损伤模型				基体的各向同性损伤模型
	L 模型	T< 模型	Z&ZL 模型	TZ 模型	
应力指数	$H_L = \dfrac{\sigma_L^2}{F_L^t F_L^c}$	$H_T = \dfrac{\sigma_T^2}{F_T^t F_T^c}$ 或 $H_{LT} = \left(\dfrac{\tau_{LT}}{F_{LT}^s}\right)^2$	$H_Z = \dfrac{\sigma_Z^2}{F_Z^t F_Z^c}$ 或 $\left(\dfrac{\tau_{ZL}}{F_{ZL}^s}\right)^2$	$H_{TZ} = \left(\dfrac{\tau_{TZ}}{F_{TZ}^s}\right)^2$	—
损伤张量 $\begin{bmatrix} D_L & 0 & 0 \\ 0 & D_T & 0 \\ 0 & 0 & D_Z \end{bmatrix}$	$\begin{bmatrix} 1 & 0 & 0 \\ 0 & 0 & 0 \\ 0 & 0 & 0 \end{bmatrix}$	$\begin{bmatrix} 0 & 0 & 0 \\ 0 & 1 & 0 \\ 0 & 0 & 0 \end{bmatrix}$	$\begin{bmatrix} 0 & 0 & 0 \\ 0 & 0 & 0 \\ 0 & 0 & 1 \end{bmatrix}$	$\begin{bmatrix} 0 & 0 & 0 \\ 0 & 1 & 0 \\ 0 & 0 & 1 \end{bmatrix}$	$\begin{bmatrix} 1 & 0 & 0 \\ 0 & 1 & 0 \\ 0 & 0 & 1 \end{bmatrix}$

刚度退化计算如下：

$$\begin{Bmatrix} \sigma_L \\ \sigma_T \\ \sigma_Z \\ \tau_{TZ} \\ \tau_{ZL} \\ \tau_{LT} \end{Bmatrix} = \begin{bmatrix} d_L^2 Q_{11} & d_L d_T Q_{12} & d_Z d_T Q_{13} & 0 & 0 & 0 \\ & d_T^2 Q_{22} & d_T d_Z Q_{33} & 0 & 0 & 0 \\ & & d_Z^2 Q_{33} & 0 & 0 & 0 \\ & & & d_{TZ} Q_{44} & 0 & 0 \\ & \text{sym.} & & & d_{ZL} Q_{55} & 0 \\ & & & & & d_L T Q_{66} \end{bmatrix} \begin{Bmatrix} \varepsilon_L \\ \varepsilon_T \\ \varepsilon_Z \\ \gamma_{TZ} \\ \gamma_{ZL} \\ \gamma_{LT} \end{Bmatrix}$$

式中：参数 Q_{ij} 为初始状态的应力-应变矩阵的分量，参数 d_i 定义如下：

$$\left.\begin{aligned} & d_L = 1 - D_L, d_T = 1 - D_T, d_Z = 1 - D_Z, \\ & \mathrm{d}TZ = \left(\frac{2d_T d_Z}{d_T + d_Z}\right)^2, \mathrm{d}ZL = \left(\frac{2d_Z d_L}{d_Z + d_L}\right)^2, \mathrm{d}LT = \left(\frac{2d_L d_T}{d_L + d_T}\right)^2 \end{aligned}\right\}$$

再次强调，损伤模型是疲劳算法中的一个“插件”，它可以被另一种更先进的方法所取代。

14.2.2 微观疲劳分析

14.2.2.1 UD 复合材料在纤维方向上的疲劳：Palmgren-Miner 理论

UD 复合材料在纤维方向上的疲劳破坏行为与横向载荷作用下的疲劳破坏

行为不同；对于多向层压板，除了在0°层以外，几乎不会发生纤维断裂。使用Palmgren-Miner线性损伤理论评估沿纤维方向的疲劳损伤，该理论预测了在σ_1^k应力水平下经过一系列块加载阶段之后，材料点的疲劳强度部分。

根据Palmgren-Miner理论，材料点疲劳强度的保留部分由值R_{S1}表示（下标1表示纤维方向）。R_S范围在0~1之间，1表示完整无损的材料点，0表示纤维破裂。第j次（jth）疲劳载荷循环跳转后未发生损伤的部分计算如下：

$$R_{sj} = 1 - \sum_{k=1}^{j} \frac{N_{\text{jump}}^k}{N_1^k(\sigma_1^k)}$$

式中：$N_1^k(\sigma_1^k)$为在应力水平σ_1^k下发生失效时的最大疲劳周期次数。

当$R_{S1}<0$时，材料点被认为会发生灾难性的疲劳失效，并且Q_{11}刚度分量减小到非常小的值。

14.2.2.2 横向纤维方向疲劳：多轴疲劳

在纤维间裂纹出现之前（与纤维平行），可以将UD复合材料作为横向各向同性材料进行处理，为此提出了众多的多轴疲劳模型（Quaresimin，Carraro，2013；Vassilopoulos，Keller，2011）。在下文中，将会系统地阐述Liu的理论（Liu，Mahadevan，2007），它广泛适用于各种材料，并能预测出裂纹的方向。

给定UD复合材料，材料坐标系“1-2-3”的定义如下：轴1对应于纤维方向，轴2和轴3在垂直于纤维的平面内任意定向（图14.3）。在材料坐标系中，必须根据Liu的多轴疲劳失效准则来解释裂纹面和临界面（Liu，Mahadevan，2007）。裂纹面是平行于纤维的微观断裂平面，其取向由材料坐标系轴3的角度定义，并将裂纹面作为承受最大名义应力的平面。在下面的讨论中给出了临

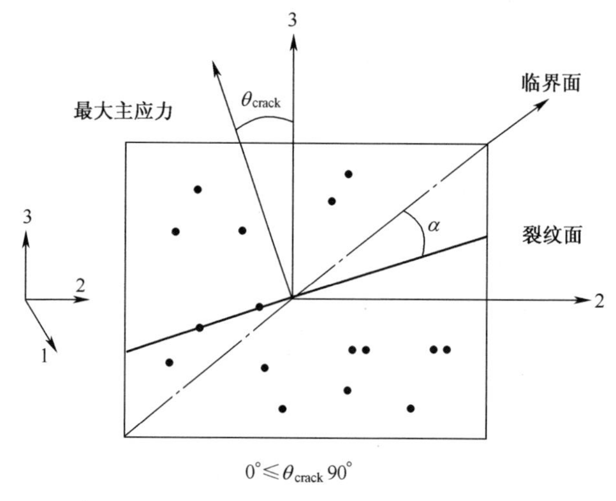

图14.3 材料坐标系中的临界平面和裂纹平面

界平面中应力分量的应力值(最大主应力)。裂纹面与临界面之间的角度为 α,可以为零(在临界面与裂纹面重合时)。

基于裂纹面和临界面的概念,Liu 提出了一个平面应力状态的判据(Liu & Mahadevan,2005,2007):

$$\sqrt{\left(\frac{\sigma_c}{f(N)}\right)^2+\left(\frac{\tau_c}{t(N)}\right)^2+k\left(\frac{\sigma_c^H}{f(N)}\right)^2}=\beta \tag{14.5}$$

该模型是在临界面上的循环名义应力 σ_c、剪切应力 τ_c 和静压应力 σ_c^H(表示正应力)的最大模量的二阶组合(下标 c 是指临界平面)。在加载周期 N 下的拉伸-拉伸和剪切疲劳强度分别为 $f(N)$ 和 $t(N)$,它们由 UD 复合材料的输入 S-N 曲线表示。材料参数为 k 和 β 可以通过单轴和扭转疲劳试验确定,如下段所述。

(1) 临界平面与裂纹平面重合,$\alpha=0$。

对于单轴疲劳情况($\sigma=f(N)$;$\tau=0$),由于疲劳载荷垂直于裂纹面和临界面,临界面上的应力大小如下:

$$\begin{cases}\sigma_c=f(N)\\ \tau_c=0\\ \sigma_c^H=f(N)/3\end{cases}$$

施加的最大单轴疲劳载荷与循环次数 N 时的材料疲劳强度 $f(N)$ 相等。这种疲劳载荷导致产生一个垂直于加载方向的裂纹,且发生在循环次数为 N 时。

对于纯扭转疲劳情况($\sigma=0$;$\tau=t(N)$),裂纹面和临界面在轴 3 上的夹角为 45°。因此,临界平面应力的大小如下:

$$\begin{cases}\sigma_c=t(N)\\ \tau_c=0\\ \sigma_c^H=0\end{cases}$$

在式(14.5)中代入这两个方程,得到参数 k 和 β:

$$\begin{cases}\sqrt{1+\dfrac{k}{9}}=\beta\\ \dfrac{t(N)}{f(N)}=\beta\end{cases}$$

$t(N)/f(N)$ 可以大于或小于 1;如果 $t(N)/f(N)<1$,则假定 $k=0$。

(2) 临界面与裂纹面具有不确定的角度 α,$k=0$。

式(14.5)如下:

$$\sqrt{\left(\frac{\sigma_c}{f(N)}\right)^2+\left(\frac{\tau_c}{t(N)}\right)^2}=\beta \tag{14.6}$$

对于单轴疲劳情况($\sigma=f(N);\tau=0$),裂纹面必须垂直于加载方向,且临界平面有一个角度$\alpha+\theta_{crack}=\alpha$,临界面上的应力幅值如下:

$$\begin{cases}\sigma_c=\dfrac{f(N)}{2}\pm\dfrac{f(N)}{2}\cos(2\alpha)\\ \tau_c=\pm\dfrac{f(N)}{2}\sin(2\alpha)\end{cases}$$

对于纯扭转疲劳情况($\sigma=0;\tau=t(N)$),裂纹面偏离正应力平面45°,临界面有一个角度$\alpha+\theta_{crack}=\alpha+45°$。因此,转换到临界面上的应力如下:

$$\begin{cases}\sigma_c=\pm\dfrac{t(N)}{2}\sin(2\cdot(\alpha+45°))=\pm\dfrac{t(N)}{2}\cos(2\alpha)\\ \tau_c=\pm\dfrac{t(N)}{2}\cos(2\cdot(\alpha+45°))=\pm\dfrac{t(N)}{2}\sin(2\alpha)\end{cases}$$

在式(14.6)中代入这些方程,得到了参数k和β的下列表达式:

$$\begin{cases}\cos(2\alpha)=\left(-2+\sqrt{4-4(1/s^2-3)(5-1/s^2-4s^2)}\right)/(2(5-1/s^2-4s^2))\\ \beta=[\cos^2(2\alpha)s^2+\sin^2(2\alpha)]^{0.5}\\ s=t(N)/f(N)\end{cases}$$

表14.3总结了根据Liu的多轴模型参数定义的所有公式。例如,将模型应用于UD碳纤维(AS4/3501-6)增强环氧树脂复合材料的疲劳数据集(Sgokrieh, Lessard,1997,2000)。图14.4(a)给出了根据横向纤维拉伸-拉伸试验和横向纤维剪切试验得到的两个试验数据集和线性拟合$S-N$曲线。图14.4(b)给出了$N=10$和$N=1\times10^5$时的两个断裂曲线,Liu的准则在表14.3中给出。在断裂曲线上,有标记的四个点(a)、(b)、(c)和(d),它们分别表示纯扭转疲劳((a)和(c))或纯拉伸疲劳((b)和(d)),并且在表14.4中分别列出了它们相应的参数。

综上所述,评估多轴疲劳损伤的数值模拟步骤如下:

(1) 利用算法搜索垂直于最大主应力的平面,即裂纹面。

(2) 根据当前的循环次数N,可得比值$s=t(N)/f(N)$,该算法从表14.3中选取一个变量来计算角度α与参数k和β。

表14.3 Liu的多轴疲劳模型参数(Liu and Mahadevan,2007)

材料参数	$s=t(N)/f(N)\leq1$	$s=t(N)/f(N)>1$
α	$\cos(2\alpha)=(-2+\sqrt{4-4(1/s^2-3)(5-1/s^2-4s^2)})/(2(5-1/s^2-4s^2))$	$\alpha=0$
k	$k=0$	$k=9(s^2-1)$
β	$\beta=[\cos^2(2\alpha)s^2+\sin^2(2\alpha)]^{0.5}$	$\beta=s$

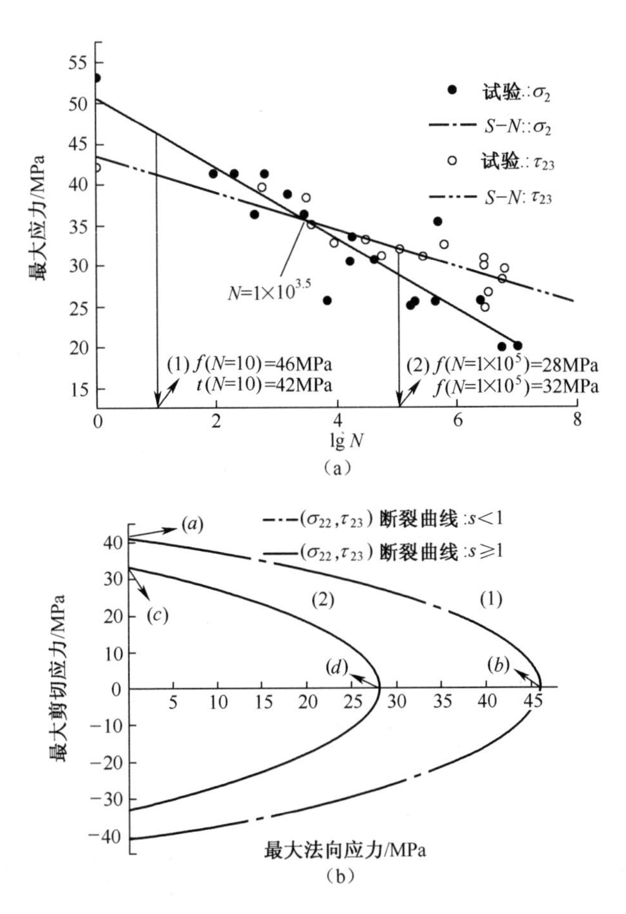

图 14.4 UD 复合材料(Shokrieh & Lessard, 2000)在横向拉伸-拉伸疲劳和横向剪切疲劳作用下的试验数据和拟合 S-N 曲线(a)和(b),根据 Liu 的理论计算得到的疲劳强度包线与(a)中的加载循环 1 和 2 相对应

表 14.4 图 14.4 中标记的 Liu 特征点理论参数

位置	θ_{crack}	α	k	β
(a) $t(N)/f(N)<1$	45°	20°	0	0.95
(b) $t(N)/f(N)<1$	0°			
(c) $t(N)/f(N)\geqslant 1$	45°	0°	2.75	1.14
(d) $t(N)/f(N)\geqslant 1$	0°			

(3) 如果在由角度 $\alpha+\theta_{crack}$ 定义的裂纹面上满足判据式(14.5),则记为疲劳损伤。

以式(14.5)为代表的模型仅限于平面应力状态,并且仅适用于弹性阶段(在出现第一个裂纹之前)。裂纹出现后,由于材料的持续恶化,局部应力状态不断变化,浸渍纱线逐渐失去横向各向同性(作为 UD)。因此,在损伤后的计算中,在每一个数值步骤的开始时,应重新评估裂纹面的方向(由于不同的应力状态)。而式(14.5)中使用的疲劳强度应该是根据潜在裂纹面上发生的变形而转化的。此外,对于三维应力状态(正交于图 14.3 中的平面 2-3),应考虑到沿纤维方向的剪应力效应。因此,3D 情况下的失效判据式(14.5)如下:

$$\left[\frac{\sigma_c}{f(N,\theta_{\text{crack}})}\left(1+\eta_N\frac{\sigma_{m,c}}{f(N,\theta_{\text{crack}})}\right)\right]^2+\left(\frac{\tau_c(I)}{t_{(I)}(N,\theta_{\text{crack}})}\right)^2+\left(\frac{\tau_c(O)}{t_{(O)}(N,\theta_{\text{crack}})}\right)^2+k\left(\frac{\sigma_c^{H}}{f(N,\theta_{\text{crack}})}\right)^2=\beta^2 \tag{14.7}$$

式中:σ_c,$\tau_{c(I)}$ 和 $\tau_{c(O)}$ 分别为临界面上的最大正应力、最大面内剪应力和面外剪应力;下标(I)和(O)表示面内和面外,并且该平面是垂直于图 14.6 中矢量 $\boldsymbol{r}$ 的平面,描述平均正应力影响的修正因子 η_N,其值设为 1(Liu & Mahadevan, 2007)。

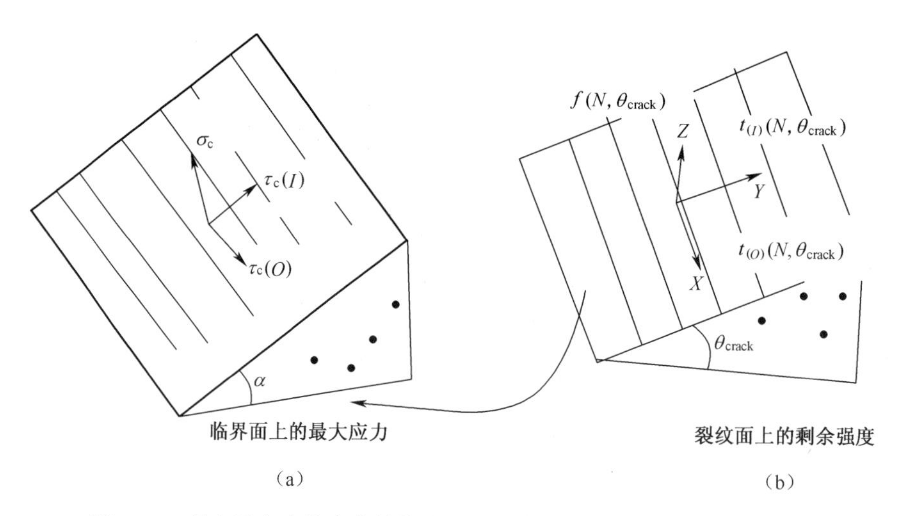

图 14.5 具有最大疲劳应力的临界面和裂纹面以及相应的疲劳强度示意图

$f(N;\theta_{\text{crack}}$, $t_{(I)}(N;\theta_{\text{crack}})$ 和 $t_{(O)}(N;\theta_{\text{crack}})$ 分别是在潜在裂纹面(x-y-z 坐标系)上的名义疲劳强度、横向纤维剪切疲劳强度和沿纤维方向的剪切疲劳强度,它们都是载荷循环次数 N 和角度 θ_{crack} 裂纹的函数(图 14.6)。在每次疲劳载荷循环跳跃后,利用 Tsai-Wu 强度理论重新计算这些强度(Tsai, 1992)。

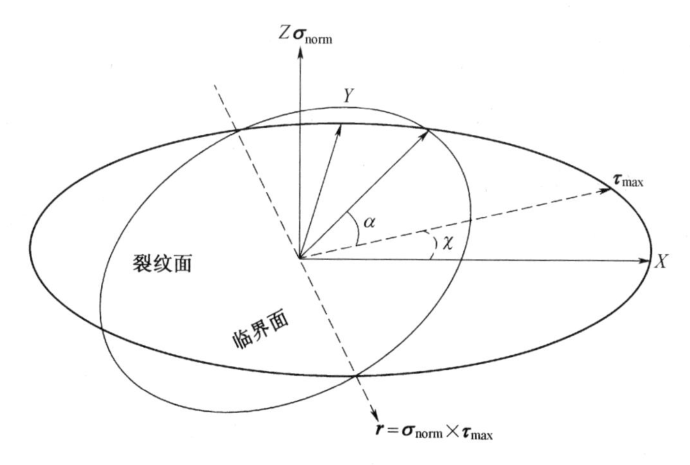

图 14.6　三维应力状态下的临界面

总而言之,利用判据式(14.7)评估在疲劳周期 N 时某个材料点发生疲劳损伤的流程如下:

(1) 通过 Palmgren-Miner 理论重新定义材料坐标系中的疲劳强度函数。

(2) 确定角度为 θ_{crack} 的潜在裂纹面。裂纹面与纤维束平行,且垂直于最大名义应力。

(3) 使用 Tsai-Wu 强度理论来改变裂纹面上的疲劳强度(Tsai, 1992)。

(4) 根据上述步骤找到临界面。

(5) 在临界面上转换应力张量。

(6) 评估公式(14.7)。

14.2.3　实施

微观疲劳分析流程示意图如图 14.7 和图 14.8 所示,这两个图结合准静态损伤模型、微观疲劳分析和疲劳跳跃,给出了疲劳模型的一般流程图。静态算法有双重功能。在数值静态拉伸试验中,采用该算法将单胞加载到给定的最大载荷水平,通过该算法记录均化材料特性和应变/应力值,用于试验验证。在虚拟疲劳试验中,静态算法不断被调用,它具有双重作用:在第一个循环中将单胞拉伸至高-低加载峰值,并模拟循环跳跃后的最后一个载荷循环。将 UD 复合材料的 $S-N$ 曲线应用于纱线体积内的每一个材料点,并将其作为 UD 复合材料的一小部分。在这一微观尺度下,应力状态由有限元系统不断进行更新,用于评估疲劳损伤和性能降低,这将会反映到整个有限元系统中。

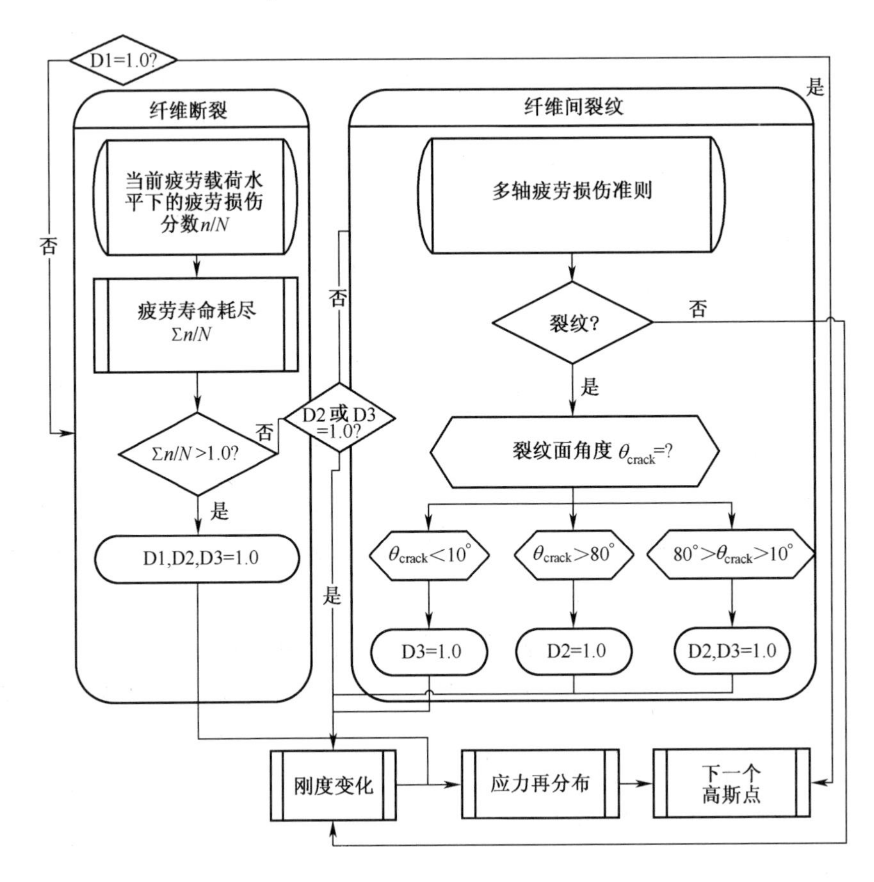

图 14.7　微观疲劳分析流程图

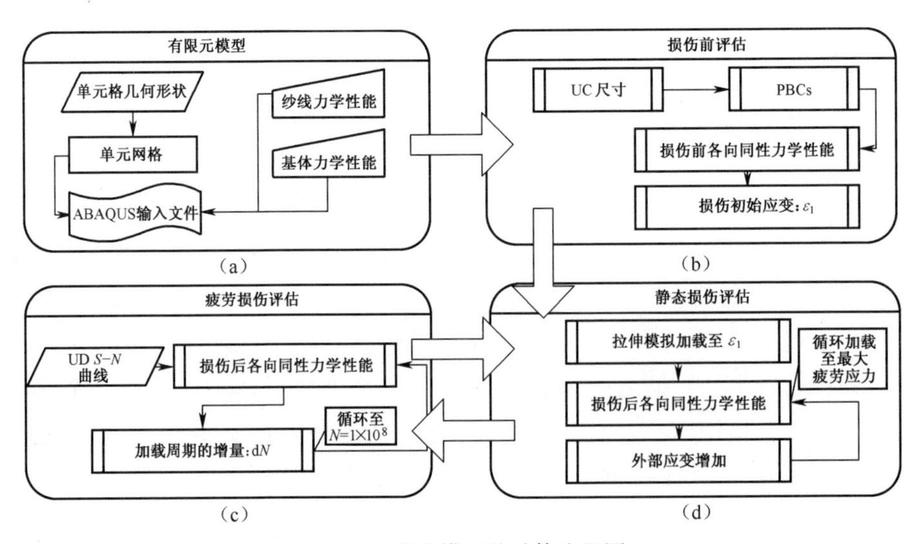

图 14.8　疲劳模型的总体流程图

14.3　编织复合材料的疲劳建模实例

14.3.1　材料和输入数据

本书介绍了 Nishikawa, Okubo, Fujii 和 Kawabe (2006)研究的两种编织增强的碳纤维环氧树脂编织复合材料的疲劳模型。两种平纹编织复合材料具有相同的纤维/树脂体系,但使用两种类型的碳纤维束制造:3K 和 12K。12K 纤维束的宽度为 4mm。这两种材料标记为 PW3K 和 PW12K,其参数见表 14.5,有限元模型如图 14.9 所示。

表 14.5　平纹编织复合材料的参数

	PW3K	PW12K
总纤维体积分数	50.4	
纱线宽度	2	4
纱线厚度/ mm	0.075	0.150
卷曲/%	0.90	0.92
纱线中纤维体积分数/%	74.5	74.5

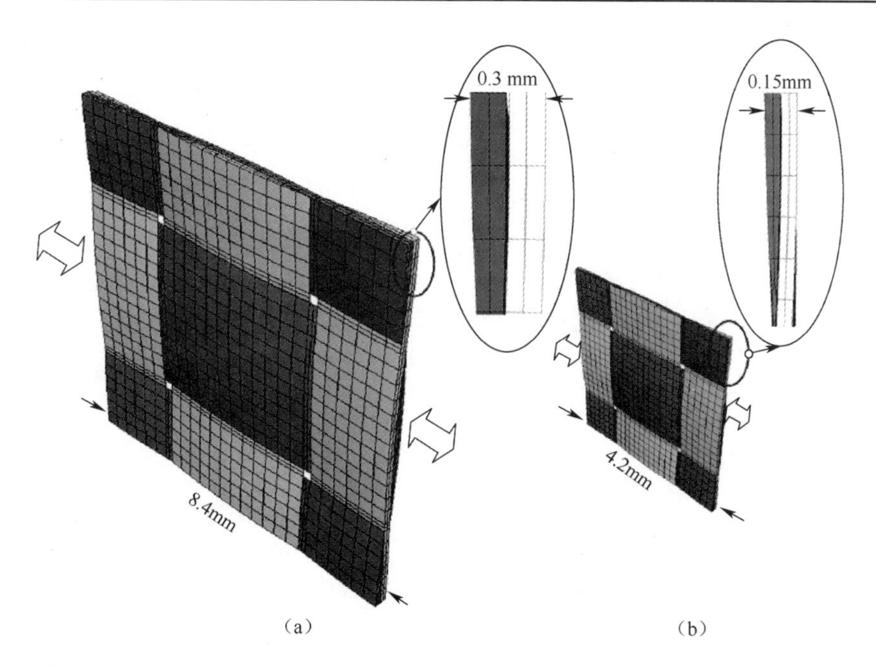

图 14.9　(a),(b) 平纹编织复合材料的有限元模型
(a)平纹编织 12K 10000 个单元格;(b)平纹编织 3K 10000 个单元格。

表 14.6 列出了浸渍纱线的力学性能,根据 Nishikawa 等人 (2006)给出的 Chamis 公式以及碳纤维和基体的参数进行估算。这些基本性能可以帮助我们准确预测这两类材料的准静态刚度和强度(表 14.7),同时,也可以将它们用于疲劳建模。有关准静态建模的具体细节,请读者致函 Xu 等人(2014)。

本文依据 Shokrieh 和 Lessard (1997, 2000)的研究,提取了 UD 复合材料的四组疲劳数据,并分别对沿纤维方向、横向面内剪切和面外剪切方向的载荷进行了描述。除了纤维方向上的数据散射之外,将线性最小二乘法应用于数据曲线进行拟合,为此,采用半对数双线性模型对 $S-N$ 数据进行回归。得到的 $S-N$ 曲线与图 14.10 中 Shokrieh 和 Lessard (1997, 2000)的数据一起给出。根据纱线内纤维体积分数与 Shokrieh 和 Lessard (1997, 2000)中所研究材料的纤维体积分数的比值,对沿纤维方向上疲劳载荷作用下的 $S-N$ 曲线进行缩放。

表 14.6 浸渍纱线的力学性能

E_{11}	E_{22}	G_{12}	G_{23}	S_1^t	S_1^c	S_2^t	S_2^c	S_{12}
GPa				MPa				
118	10.7	5.4	5.6	2604	3336	76	118	59

表 14.7 平纹编织碳纤维/环氧树脂复合材料在准静态拉伸载荷作用下的刚度和强度(Nishikawa et al., 2006)

		总体积分数/%	杨氏模量/GPa	拉伸强度/MPa	极限应变/%
PW12K	Exp.	50.4	61	807	1.30
	FEM		64	858	1.24
PW3K	Exp.		71	820	1.20
	FEM		66	853	1.22

14.3.2 结果

图 14.11 给出了在不同疲劳载荷水平下 (标准化)疲劳寿命期间两种复合材料的计算模量损伤。这种灾难性的疲劳失效可以通过模量损失来表征。模量损失值也是计算最终疲劳失效的决定性值,对于不同类型的复合材料来说,它是任意选择的一个值。材料的最终失效是根据纵向模量的 20% 损失来确定的。

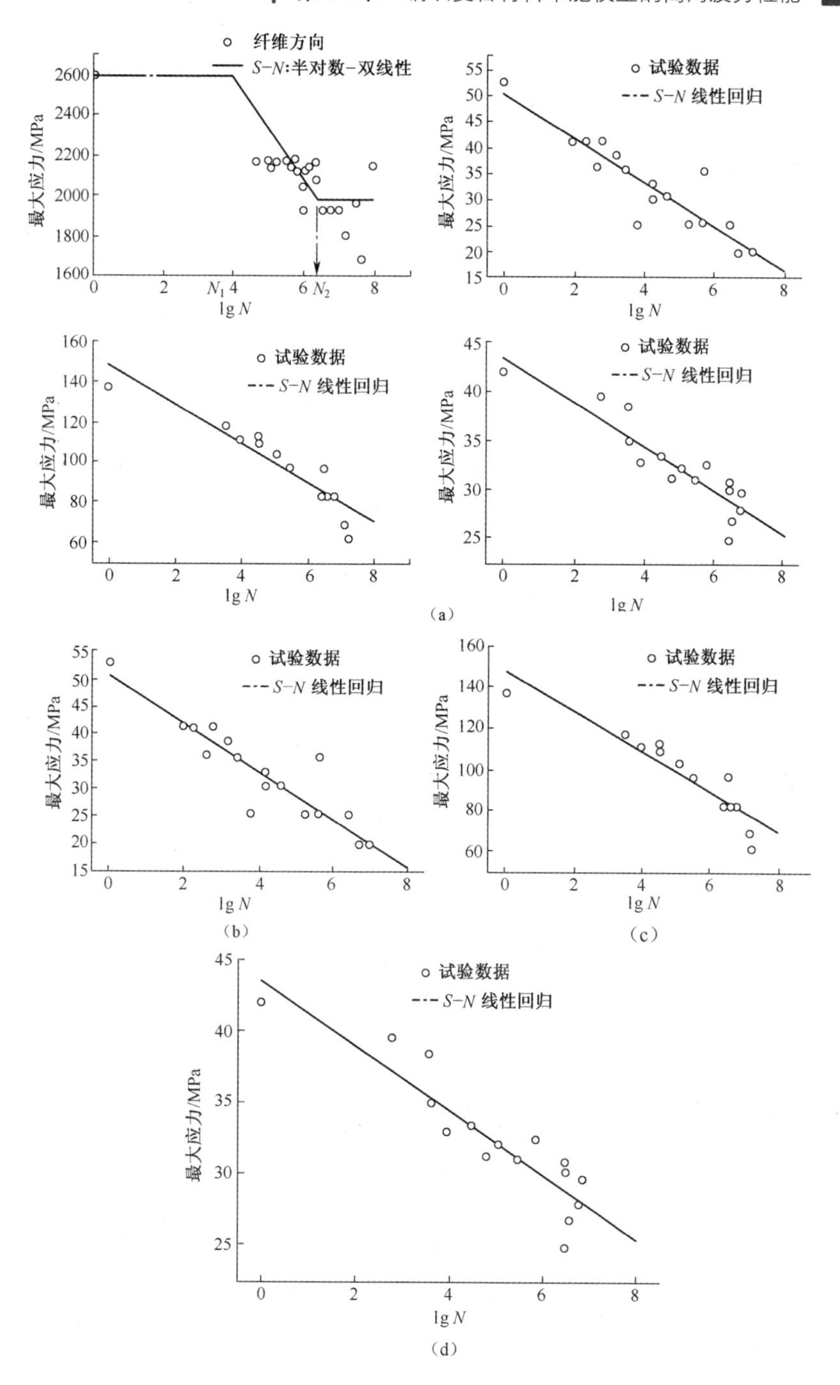

图 14.10 UD 复合材料(Shokrieh & Lessard, 2000, 1997)的 S-N 曲线

(a)纤维拉伸-拉伸,按纤维体积分数的比值 74%/ 62% = 1:19 的尺度进行缩放;
(b)横向纤维拉伸-拉伸; (c)面内剪切; (d)面外剪切。

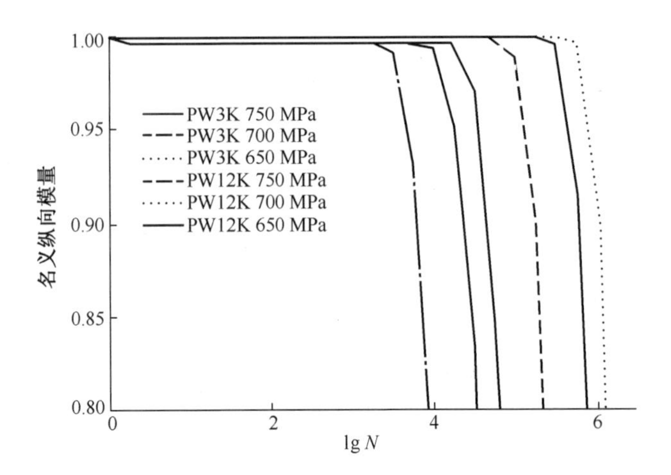

图 14.11　在不同水平的疲劳载荷作用下标准纵向模量的损伤(见彩图)

在确定材料最终失效的基础上,两种平纹编织复合材料的预测疲劳强度如图 14.12 所示。在中应力水平 700MPa 和 650MPa 作用下的一致性相当好。在较高的疲劳应力作用下,对于 PW12K 来说,该模型估计的疲劳寿命约为 10000 次,这是 30000 次循环试验的 1/3。然而,与高应力水平作用下的试验散点图相比,这种偏差可以接受。在 600MPa 的应力水平作用下,带箭头的实际强度被绘制为“跳动”(超过 100 万),但是计算的强度是根据精确的周期次数绘制得到的。

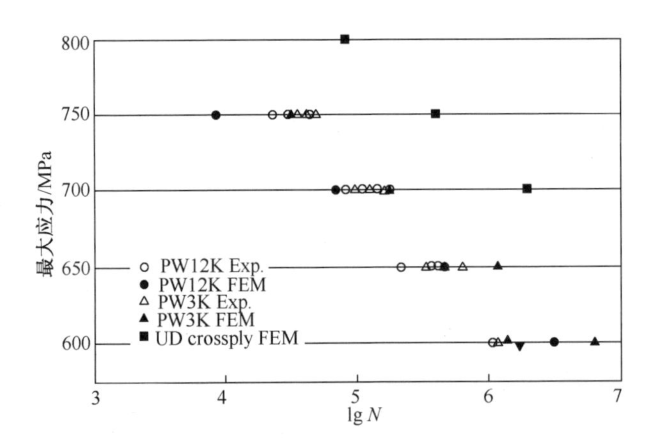

图 14.12　用于平纹编织复合材料的试验(Nishikawa et al., 2006)和计算 $S-N$ 曲线,以及用于无卷曲的正交 UD 材料的 $S-N$ 曲线。→表示“结束”测试

该模型准确预测了两种平纹编织复合材料疲劳行为的变化:12K 延伸纤维束发生低卷曲,3K 正常纤维束发生高卷曲。为了便于比较,我们模拟了一个完

全无卷曲的 UD 交叉$(0;90)_s$层压板。纤维体积分数与两种平纹编织复合材料相同。图 14.12 给出了 UD 交叉编织复合材料的预测疲劳强度,它们是具有相同树脂体系和相同纤维体积分数的编织复合材料层压板的上限。

14.4 结　　论

编织复合材料在介观尺度下的疲劳模型是基于以下基本组成部分而建立起来的:

(1) 编织复合单元的有限元模型。

(2) UD 复合材料在多轴准静态载荷作用下的局部损伤萌生模型。

(3) UD 复合材料在多轴疲劳载荷作用下的局部失效模型。

(4) 刚度降低的损伤模型 (由准静态载荷或疲劳载荷引起)。

(5) 疲劳跳跃原则。

本章证明了该方法的可行性。所述方法中两个重要的缺点是 UD 复合材料输入详细数据的必要性和疲劳多轴度模型,该模型充满了任意的假设和公式。解决这些问题最有效的方法就是纤维增强复合材料疲劳的微观模型,这也是近几年来努力建立起来的。(参见本书第二部分)

需要注意的是,疲劳模型的基本组成部分是“插件式”的,本章所使用的可被看作是范例,可以用更精确的或者更通用的模型来代替。整体算法方案将保持不变。

致　　谢

本章所介绍的工作主要是在 S. V. Lomov 和 I. Verpoest 指导下基于 Jian Xu 博士 (Xu, 2011) 的研究,Xu 博士的研究受 FWO G. 0233. 06 项目的资助,该项目为鲁汶大学冶金与材料工程系和根特大学材料科学与工程系的合作项目。与 J. Degrieck 和 W. Van Paepegem (根特大学), M. Zako (大阪大学) 以及 S. Hanaki (Hiogo 大学) 的交流讨论也对本章工作有很大的影响。

参 考 文 献

C hamis, C. C. (1989). Mechanics of composite materials: past, present and future. Journal of Composites Technology and Research, 11(1), 3-14.

Daggumati, S., Van Paepegem, W., Degrieck, J., Xu, J., Lomov, S. V., & Verpoest, I. (2010). Local damage in a 5-harness satin weave composite under static tension: Part IIemeso-FE modelling. Composites Science and Technology, 70(13), 1934-1941.

Daggumati, S., Voet, E., Van Paepegem, W., Degrieck, J., Xu, J., Lomov, S. V., et al. (2011). Local strain in a 5-harness satin weave composite under static tension: Part IIemeso-FE analysis. Composites

Science and Technology, 71(8), 1217-1224.

Hanaki, S., Lomov, S. V., Verpoest, I., Zako, M., & Uchida, T. (2007). Estimation of fatigue life for textile composites based on fatigue test for unidirectional materials. In Proceedings of symposium Finite element modelling of textiles and textile composites. St.-Petersburg. p. CD edition.

Hivet, G., & Boisse, P. (2005). Consistent 3D geometrical model of fabric elementary cell. Application to a meshing preprocessor for 3D finite element analysis. Finite Elements in Analysis and Design, 42, 25-49.

Iarve, E. V., Mollenhauer, D. H., Zhou, E. G., Breitzman, T., & Whitney, T. J. (2009). Independent mesh method-based prediction of local and volume average fields in textile composites. Composites Part A-Applied Science and Manufacturing, 40(12), 1880-1890.

Kari, S., Crookston, J. J., Jones, I. A., Warrior, N. A., & Long, A. (2008). Micro and meso scale modelling of mechanical behaviour of 3d woven composites. In Proceedings of SEICO 08 SAMPE Europe International Conference. Paris. p. CD edition.

Lian, W., & Yao, W. (2010). Fatigue life prediction of composite laminates by FEA simulation method. International Journal of Fatigue, 32, 123-133.

Liu, Y. M., & Mahadevan, S. (2005). Multiaxial high-cycle fatigue criterion and life prediction for metals. International Journal of Fatigue, 27(7), 790-800.

Liu, Y. M., & Mahadevan, S. (2007). A unified multiaxial fatigue damage model for isotropic and anisotropic materials. International Journal of Fatigue, 29(2), 347-359.

Lomov, S. V., Ivanov, D. S., Verpoest, I., Zako, M., Kurashiki, T., Nakai, H., et al. (2007). Meso-FE modelling of textile composites: road map, data flow and algorithms. Composites Science and Technology, 67, 1870-1891.

Lomov, S. V., Verpoest, I., Cichosz, J., Hahn, C., Ivanov, D. S., & Verleye, B. (2014). Meso-level textile composites simulations: open data exchange and scripting. Journal of Composite Materials, 48, 621-637.

Nishikawa, N., Okubo, K., Fujii, T., & Kawabe, K. (2006). Fatigue crack constraint in plain-woven CFRP using newly-developed spread tows. International Journal of Fatigue, 28, 1248-1253.

Quaresimin, M., & Carraro, P. A. (2013). On the investigation of the biaxial fatigue behaviour of unidirectional composites. Composites Part B-Engineering, 54, 200-208.

Rosen, B. W. (1964). Mechanics of composite strengthening. InFiber composite materials (p. 75). Metals Park, OH: ACM. Sherburn, M. TexGen open source project. http://texgen. sourceforge. net/.

Shokrieh, M. M., & Lessard, L. B. (1997). Multiaxial fatigue behaviour of uni-directional plies based on uniaxial fatigue experiments II. Experimental evaluation. International Journal of Fatigue, 19, 209-217.

Shokrieh, M. M., & Lessard, L. B. (2000). Progressive fatigue damage modeling of composite materials, part II: material characterization and model verication. Journal of Composite Materials, 34, 1081-1116.

Tabatabaei, S. A., Lomov, S. V., & Verpoest, I. (2013). Investigation of the contact algorithm as a solution for interpenetration problem in meso-fem of textile composites. In Proceedings of the 11th international conference on textile composites (TexComp-11). Leuven. p. electronic edition, s. p.

Tsai, S. W. (1992). Theory of composites design. Dayton: Think Composites.

Van Paepegem, W., & Degrieck, J. (2001). Fatigue degradation modelling of plain woven glass/ epoxy composites. Composites Part A, 32(10), 1433-1441.

Vassilopoulos, A. P., & Keller, T. (2011). Fatigue of fiber-reinforced composites. Springer. Verpoest, I., & Lomov, S. V. (2005). Virtual textile composites software Wisetex: integration with micro-mechanical, permeability and structural analysis. Composites Science and Technology, 65(15-16), 2563-2574.

Xu, J. (2011). Meso-scale finite element fatigue modelling of textile composite materials (Ph. D. thesis): Department MTM, KU Leuven.

Xu, J., Lomov, S. V., Verpoest, I., Daggumati, S., Van Paepegem, W., & Degriek, J. (2009). Meso-scale modeling of static and fatigue damage in woven composite materials with finite element method. In 17th international conference on composite materials (ICCM-17). Edinburgh: IOM Communications Ltd.

Xu, J., Lomov, S. V., Verpoest, I., Daggumati, S., Van Paepegem, W., Degriek, J., et al. (2014). A progressive damage model of textile composites on meso-scale using finite element method: static damage analysis. Journal of Composite Materials, 48, 3091-3109.

Zako, M., Uetsuji, Y., & Kurashiki, T. (2003). Finite element analysis of damaged woven fabric composite materials. Composites Science and Technology, 63, 507-516.

第四部分

应　　用

第 15 章

航空应用中碳纤维编织复合材料的疲劳试验和在线检测

W. Van Paepegem
比利时,根特,根特大学

15.1 引　　言

本章介绍了一种将试验测试技术和有限元模型相结合的方法,并利用该方法对航空工业中使用的 5 线束编织碳纤维/聚苯硫醚(PPS)热塑性复合材料的静态和疲劳性能进行了试验/数值模拟研究。

这种碳纤维/PPS 热塑性复合材料可用于各种飞机部件(图 15.1)。下面列举几个示例:

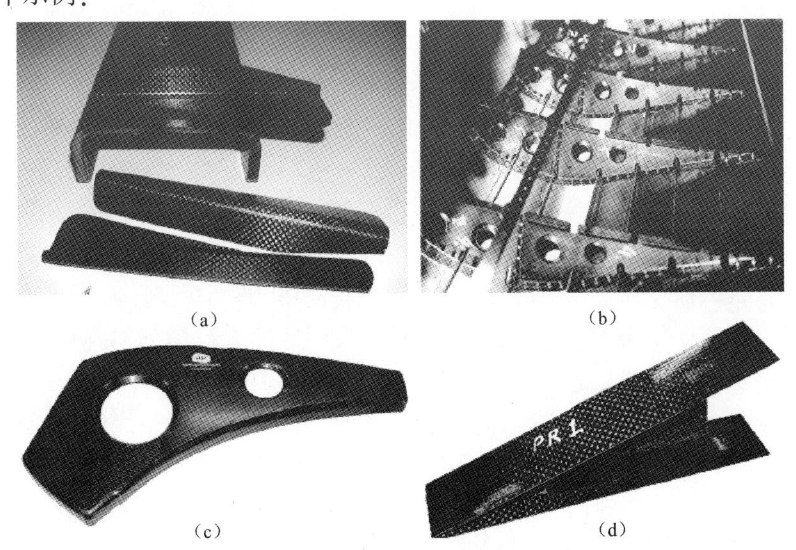

(a)　(b)　(c)　(d)

图 15.1　由碳纤维/PPS 热塑性复合材料制成的飞机部件实物图
TenCate 先进复合材料(荷兰)

（1）机身夹，空客 A350XWB：A350XWB 机身的机身外壳面板，框架和纵梁由数千个碳纤维/ PPS 夹子连接起来，这些夹子是由扁平增强热塑性层压板压缩模制而成。由于飞机的空载重量、燃料和有效载荷，每一架飞机在飞行中由于客舱增压而发生弯曲时，这些夹子都会承受载荷的作用。

（2）挂架面板，空中客车 A320 系列，A380：飞机机翼和发动机之间就是采用所谓的挂架进行连接的。在 A320 飞机上，挂架外侧覆盖着由碳纤维/PPS 复合材料制成的承重面板。在面板的表面上铺设有雷击防护网。该挂架的结构载荷是在起飞和降落时的加速、减速以及偏航和俯仰机动造成的。

（3）方向舵和升降舵，湾流 G650。湾流 G650 商用飞机的控制面是感应焊接碳纤维/ PPS 结构。在高压灭菌器中固接蒙皮和翼骨；肋条由碳纤维/ PPS 增强的热塑性层压板压缩成型。这些部件的载荷谱由典型的机动载荷决定。

（4）水平仪，阿古斯塔-韦斯特兰公司（Agusta Westland）的 AW 169 直升机。AW169 直升机的水平尾翼由碳纤维/ PPS 复合材料制成，由中央共同承重的横梁组成，并安装了气动前缘和后缘。水平仪安装在直升机尾部以下，由于机翼上固有的气流变化，因此使其处于疲劳加载状态。为了尽量减小气动弹性颤振效应和相关的疲劳问题，将水平仪设计成一种刚性结构。

本章将讨论以下内容：

在静态拉伸载荷作用下，采用嵌入式光纤传感器和数字图像相关技术（DIC）对局部应变（编织材料的单胞）进行了试验研究。通过观察 DIC 图像来检测损伤的发生。较好地分析了编织材料的单胞有限元模型，并将纬纱裂纹作为第一种损伤形式进行预测。同时，还模拟了单元格的堆叠，以研究其层间约束效应。

在疲劳研究时，第一个要解决的问题是不希望在试样的突耳区域附近出现失效。极低的泊松比（0.05）和 PPS 的化学惰性（导致突耳的连接较为薄弱）会造成几乎所有试样都在突耳处发生过早地失效。突耳的三维（3D）有限元模拟也详细地证明了这一点。为此，提出了两种改进方法：①研制了一种熔合焊接的焊接装置，该装置可将突耳焊接到试样上；②基于有限元优化方法，将试样制作成狗骨状试样。通过这些改进，失效基本发生在试样中间部位。

对于疲劳损伤来说，在层压板中可以观察到纬纱裂纹和分层脱黏这两者耦合的损伤现象。在线视频显微镜和扫描电镜也证实了这种不同的疲劳损伤现象。在拉伸-拉伸疲劳加载中，未发现刚度的降低。相反，由于经纱与加载方向相一致，使得纬纱逐渐变薄，层压板出现硬化现象。

这是通过波纹纱线的有限元模拟得到证实的，该纱线在聚合物基体中用胶黏剂“包裹”。胶黏剂（=分层后）的失效表明，纱线确实可以伸直，这也解释了所观察到的层压板的硬化现象。

之后,比较了碳纤维/PPS 复合材料的剪切主导疲劳试验和偏压剪切试验。结果表明,这两个试验结果都非常相似。超声波扫描可以很清楚地监控试样的疲劳损伤。

最后,对相同材料的弯曲疲劳试验进行了探索。

15.2　材料和方法

5 线束平纹编织碳纤维/ PPS 复合材料(Cetex,TenCate)是一种压缩成型的热塑性复合材料,被广泛应用于航空航天领域。

纤维类型是碳纤维 T300J 3K。编织形式是五面体缎纹编织,单位面积质量为 286g/m^2。五面体缎纹编织是一种双向强度高、弯曲性能优异的编织形式。

将纤维嵌入到 PPS 中。PPS 是一种具有半结晶结构、较高耐化学性和良好可焊性的热塑性聚合物基体。这种聚合物有多种商业用途,但对 CETEX 来说,使用的是线性变体。它的长链结构分支有限,与强支化聚合物相比,其黏度更低,结晶速度更快。

PPS 是一种半结晶热塑性聚合物,这意味着无定形相和结晶相共存。两相之间的比例由前面的温度周期决定。通常,冷却速率越高,结构变得越无定形。无定形 PPS 在 90℃ 的温度下开始软化。这种稍微改变黏度的状态会一直持续,直到 120℃ 时材料才会开始结晶。这种结晶物质不会软化,结构稳定,只能通过熔化来打破。在 280℃ 的温度下开始熔化,在 300℃ 时材料完全是液体状态。此时材料结构非常混乱无序,分子具有高的流动性。由于分子力非常低,所以熔化的材料的黏度非常低。熔体的冷却将会导致第二次结晶。形成晶体的数量取决于冷却速率。结晶需要时间,冷却速率越低,晶体的百分比就越高。如果材料非常快地冷却下来,那么无序结构被“冷冻”起来,并且所得到的材料是无定形的。

由于 PPS 在高温下会变弱,所以热压工艺是最佳的选择。这是一种快速且灵活的方法,它能以更快的速度将半预浸料制成复合材料板。为了制造 CETEX®碳纤维/ PPS 层压板(TenCate 先进复合材料),

8 层碳纤维/PPS 半预浸料按照$[(0°,90°)]_{4S}$铺层顺序以中间层对称方式进行铺叠排列。此外,应该注意到(0°,90°)单层的编织结构,其中 0°代表经线方向,90°代表纬线方向。半预浸料由两层组成:①一层编织材料,如缎纹编织碳纤维;②热塑性薄膜,如 PPS 薄膜。只需通过加热这两层即可彼此黏合,以便热塑性聚合物熔化并黏合到编织材料上。半预浸料与其他我们所熟知的预浸料不同,因为前者的两层仍然可以进行区分,而对于后者,其编织材料完全浸渍在了热塑性聚合物基体中。

采用热压成型技术和适当的温度-压力循环,来制造复合材料板。该复合材料板的厚度为 2.5mm。

图 15.2 给出了 8 叠层的$[(0°,90°)]_{4S}$层压板抛光横截面示意图。

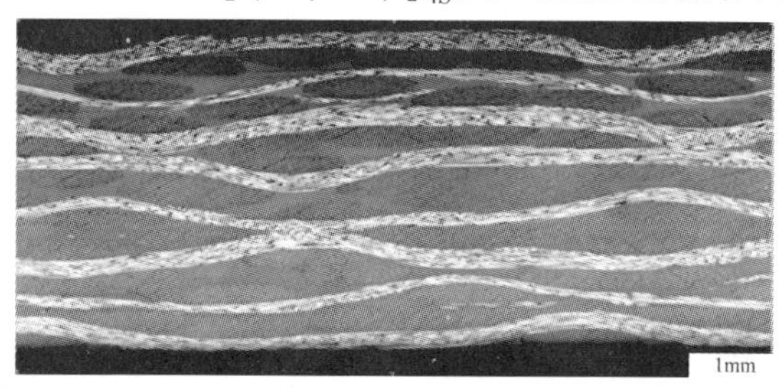

图 15.2 碳纤维/PPS 层压板的抛光$[(0°,90°)]_{4S}$横截面

15.3 静态特性

对静态特性的讨论研究可以帮助我们更好地理解后期疲劳特征的观察,并对揭示出这种编织复合材料中存在不同损伤机制有很重要的作用。

碳纤维/PPS 层压板的静态表征主要集中在静态拉伸载荷下的损伤演化,以及采用典型单胞的介观尺度进行有限元模拟验证(RUC)。

使用夹式引伸计来测量试样的轴向应变,采用 DIC 来测量层压板表面上的局部应变场,并在表面安装嵌入式光纤传感器来测量局部应变。

在这项研究中,采用高强度涂层光纤布拉格光栅(FBGs),即 DTG®(拉丝光栅)。它们可以承受高应变水平,并且已经发现适合在热塑性复合材料中嵌入(De Baere et al.,2007;De Baere,Luyckx,Voet,Van Paepegem,& Degrieck,2009)。嵌入式光纤传感器的长度为 8mm(涵盖一个单胞的完整长度,即 7.4mm)。所有传感器都从带有去极化光源的 FOS&S (FBG-SCAN 608)连接到商用 Bragg 读数器。

图 15.3 给出了在碳纤维/PPS 层压板不同层之间的嵌入式光纤传感器。

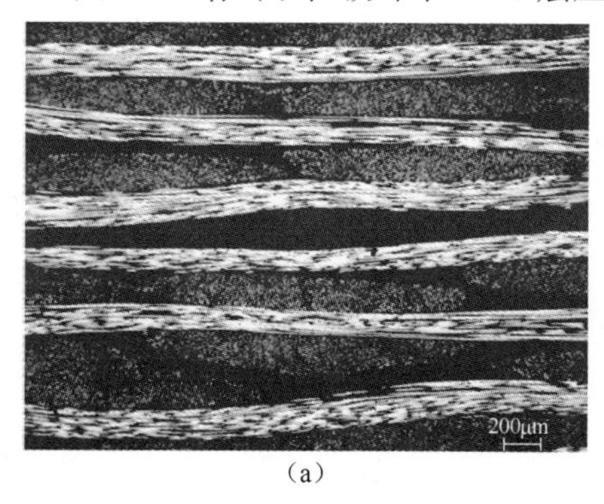

(a)

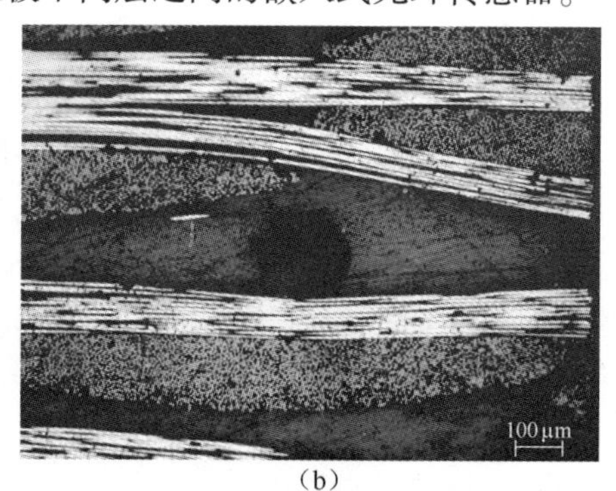

(b)

图 15.3 嵌入复合材料内层中光纤的横截面示意图

在线视频显微镜被用来监测连续发生损伤萌生的时间和位置。

15.3.1　试验结果

通过对碳纤维/PPS层压物在拉伸载荷作用下进行广泛微观分析可知，缎纹编织复合材料在不同层中发生的损伤萌生取决于层压板中的铺层位置。最早的损伤事件发生在内层，随后是表面纬纱的横向开裂。该行为与相邻层对本层造成的约束有关。而且，初始的横向裂纹往往倾向于在纬纱横截面的边缘附近产生，而不是在中心产生(Daggumati et al.,2010a;Daggumati,Voet,et al.,2011)，如图15.4所示。

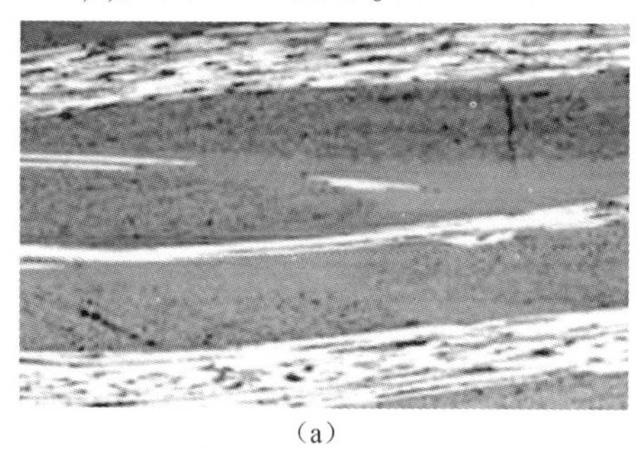
(a)

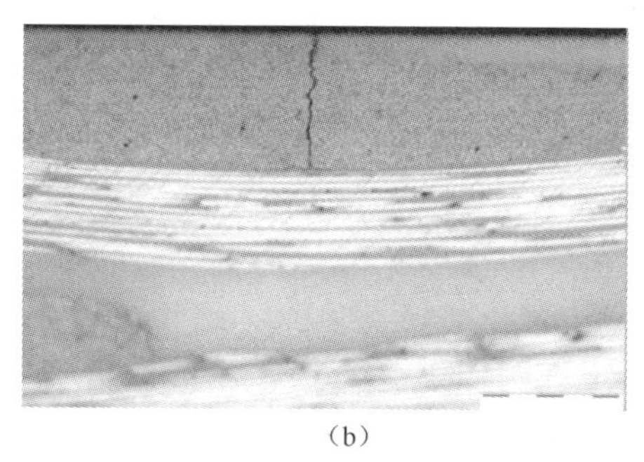
(b)

图15.4　在中间平面的约束层(a)和表面层(b)中纬纱裂纹的显微照片

虽然纬纱在拉伸载荷作用下具有许多微观尺度的损伤位置，但是它们对复合材料整体刚度的影响可以忽略不计。

图15.5给出了静态拉伸载荷作用下的应力-应变曲线。该曲线从总体上

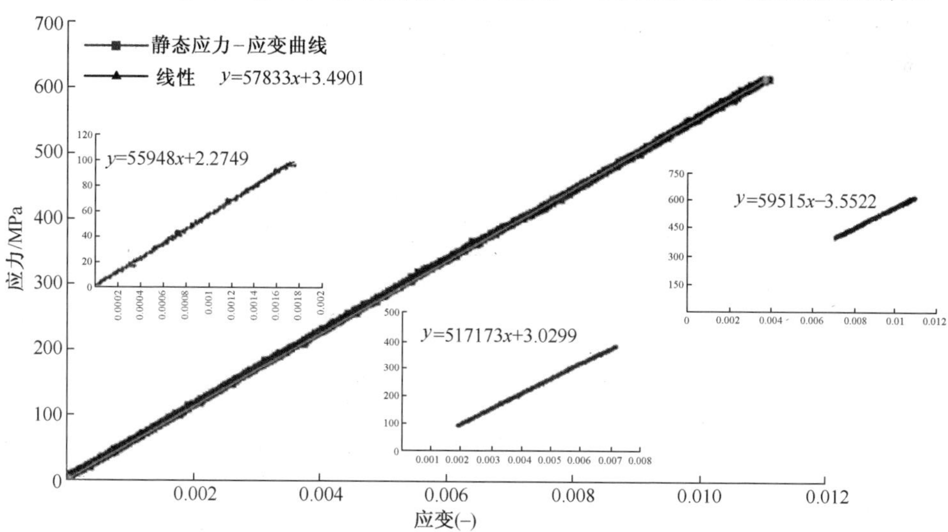

图15.5　在拉伸载荷作用下的静态应力-应变曲线：对三个应变范围内的刚度进行最佳线性拟合(见彩图)

看呈现线性特征,但在三种不同应变范围内的最优线性拟合表明,刚度随着施加的应变而略微增加。这种硬化效应可以归结为内部碳纤维的增强。

DIC 结果可以很好地与表面层中的纬纱裂纹相关联。图 15.6 给出了当拉伸载荷接近失效载荷时的轴向应变场 ε_{xx}(根据 DIC 计算所得)。应变集中的对角线模式与表面纬纱裂纹的对角线模式有关。当然,由于 DIC 不能处理间断位移,所以得到的应变场较为平滑(Daggumati et al.,2010a;Daggumati,Voet,et al.,2011)。

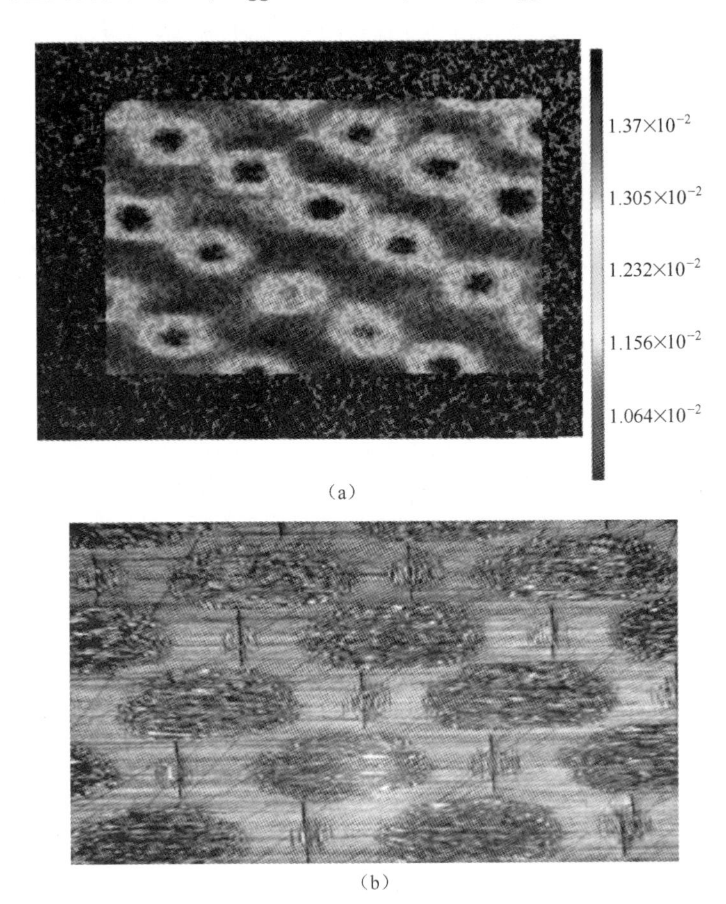

图 15.6 根据 DIC 得到的纵向应变场(顶部);纬纱在层压板的上表面开裂(底部)

当 DIC 应变沿着一个单元格进行绘制(图 15.7)时,可以清楚地看到,最大局部应变出现在基体空隙中的纬纱中心,而最小局部应变就紧挨在它的附近。经纱直线部分的应变与纵向平均应变大致相同(Daggumati et al.,2010a;Daggumati,Voet,et al.,2011)。

DIC 的测量结果与光纤传感器的局部应变测量结果非常一致(表 15.1)。纬纱位置处的最大应变和基体空隙中的最小应变几乎全部相同。

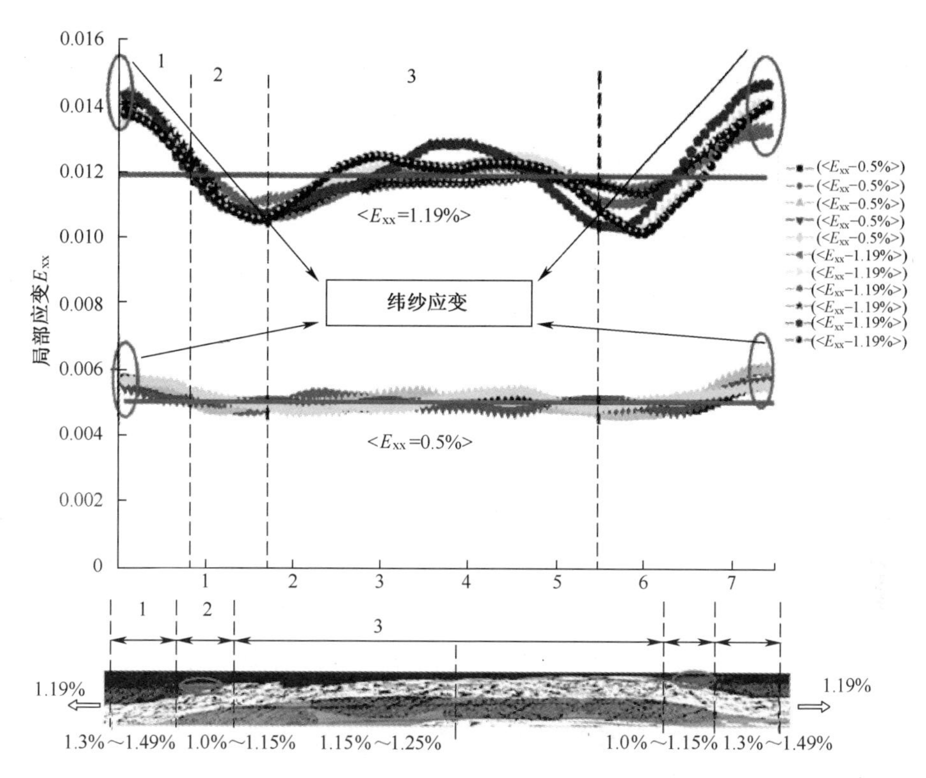

图 15.7 单元格局部纵向应变的变化(见彩图)

表 15.1 根据 DIC 与 FBG 得到的局部应变值的比较

	平均应变	纱线卷曲局部应变(纬纱)/%	扁纱(经纱)局部应变/%	基体中的局部应变/%
FBGs-内部	(0.2±0.01)%	0.25	-NA-	0.16
FBGs-内部	(0.5±0.01)%	0.55~0.57	-NA-	0.43~0.45
FBGs-表面	(0.5±0.01)%	0.56~0.57	-NA-	0.42~0.45
DIC	(0.5±0.01)%	0.58~0.62	0.48~0.52	0.43~0.46

层压板表面和内部的应变测量表明,内部纱线移动(嵌套)对复合材料局部纵向应变行为的的影响可以忽略不计。

15.3.2 介观尺度建模

为了计算复合材料单胞模型的编织参数,使用 Octopus 软件(http://www.xraylab.com)对所得到的计算机微观断层扫描拍照数据(micro-CT)进行重构。根据重构的图像,在沿经纱和纬纱方向上的 20 个不同位置测量了 RUC

几何结构所需的编织信息,如间距(两根经纱或纬纱线之间的距离),纱线的宽度和厚度。对于上述测量结果,在 Octopus 软件中使用 0.01mm 的像素尺寸。利用“WiseTex”软件构建了所需的单胞几何模型,该模型是基于缎纹编织复合材料中测量得到的微观-CT 数据而建立的(Lomov et al.,2014;Verpoest & Lomov,2005)。在几何建模软件“WiseTex”中,缎纹编织复合材料的纱线呈现为 1.32mm 的大直径和 0.156mm 的小直径的椭圆形状。之后,使用“MeshTex”软件将生成的“WiseTex”单胞几何模型划分成有限元网格。

图 15.8 给出了当拉伸载荷等于初始损伤开始时的应力时,在施加 3D 周期边界条件下(PBC)(Daggumati et al.,2010b;Daggumati,Van Paepegem,et al.,2011),单元格内的局部轴向应变场 ε_{xx}。

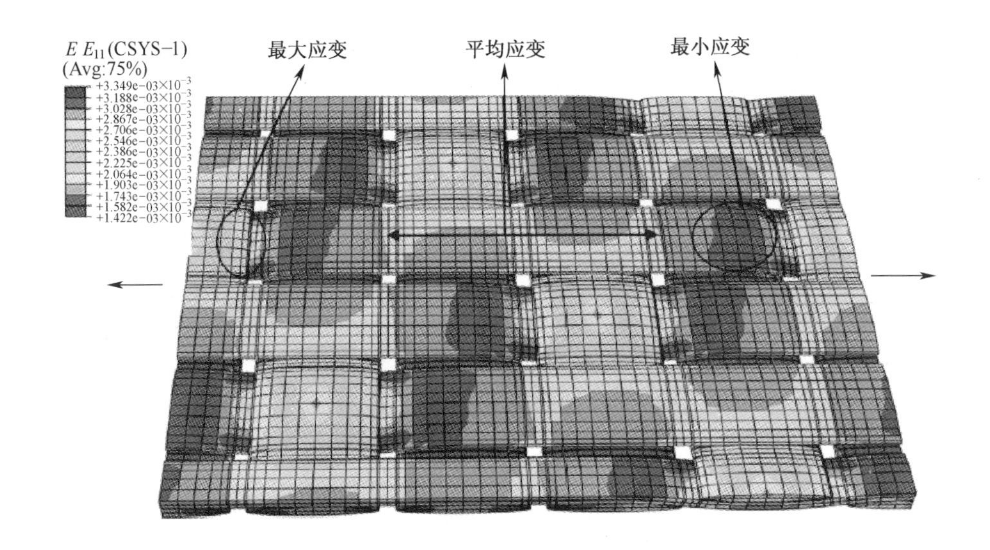

图 15.8 具有三维周期边界条件的单元格局部应变场

应变集中出现在纬纱的边缘处,这与层压板中间平面观察到的纬纱裂纹位置相一致。

然而,为了模拟表面层中单元格的局部应变分布,3D PBC 是无效的。(与中间平面层相同,表面层不受 Z 方向的约束)

已经建立了几个介观尺度模型(图 15.9)(Daggumati et al.,2010b;Daggumati,Van Paepegem,et al.,2011),从仅具有平面 2D PBC 的模型到具有不同堆叠顺序的单元格“堆叠”的模型(同相堆叠、异相堆叠、分步堆叠)。所有这些模型均表明,当 3D PBC 松弛时,应变集中从纬纱的边缘处转移到纬纱的中心位置。这一点与试验观察结果相一致。

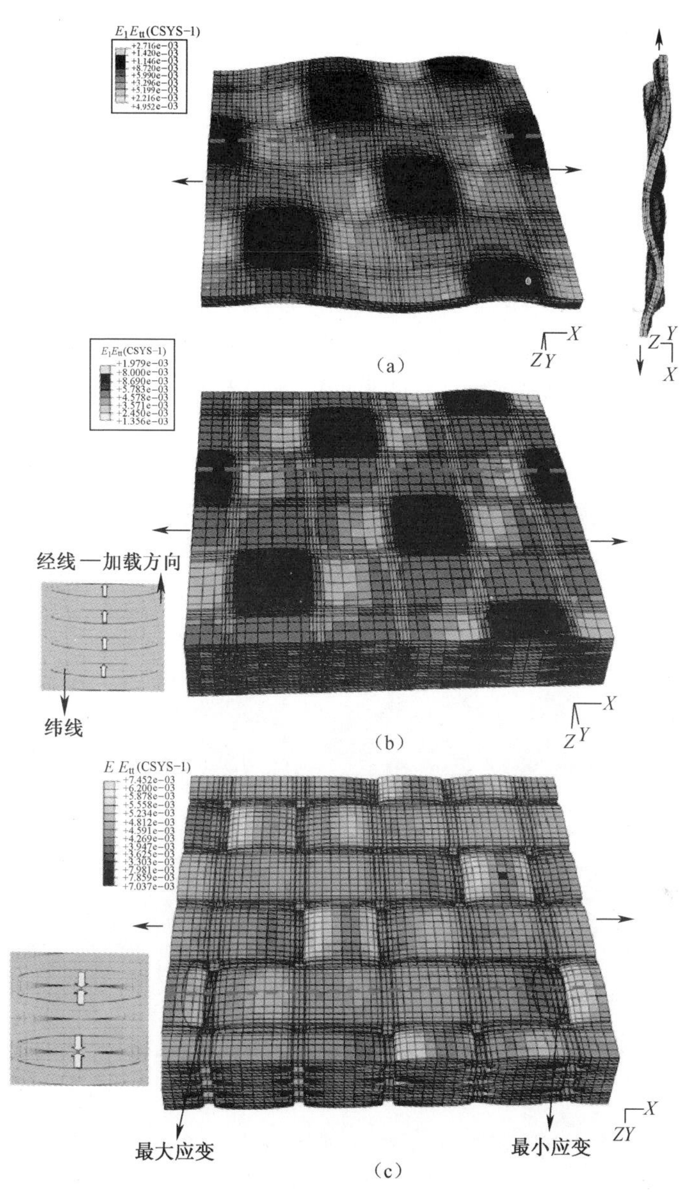

图15.9　具有不同贯穿厚度约束的单胞模型

(a)2D PBC;(b)同相叠加;(c)相位叠加。

15.4　疲劳特征

在本节中,讨论了三种加载方式下的疲劳特征:

(1) 拉伸-拉伸疲劳。

(2) 剪切为主的疲劳。

(3) 弯曲疲劳。

结果表明,这些不同的载荷状态都有其自身的试验困难,并且需要对得到的疲劳结果进行非常详细的解释。

15.4.1 拉伸-拉伸疲劳

15.4.1.1 试样形状

根据 ASTM D3479 的规定,拉伸-拉伸疲劳试验最初是采用矩形试样进行的。但是,所有的试样都在突耳处发生破坏(图 15.10)。

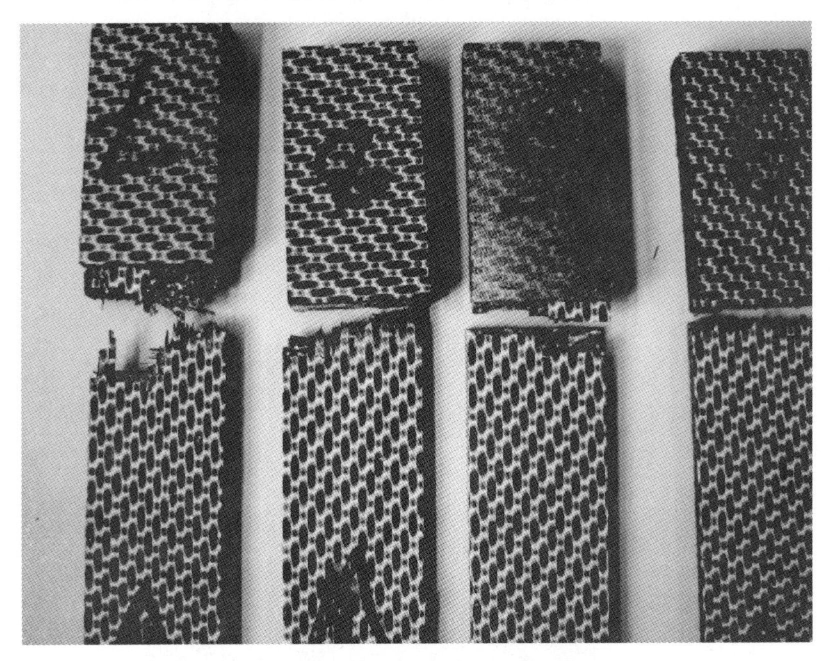

图 15.10 拉伸-拉伸疲劳加载中典型的失效模式

因此,为了模拟夹具附近的应力集中情况,建立了详细的有限元模型(图 15.11)(De Baere, Van Paepegem, Degrieck, 2009a)。对夹具的不同几何形状(直、斜)、不同材料和夹持位置都进行了数值模拟。

从这些模拟结果中,可以得出结论:具有$[(45°,-45°)]_{ns}$堆叠序列的玻璃环氧树脂或碳/PPS 具有最低的应力集中系数。然而,由于 PPS 基体的化学惰性,导致突耳和试样之间的黏合性不好,问题仍未得到解决。

下一步,在内部建立了一个红外焊接装置,用于将突耳熔接到试样上(De Baere, Allaer, Jacques, Van Paepegem, Degrieck, 2012; De Baere, Van Paepegem, Degrieck, 2012)。图 15.12 给出了测试设备和红外焊接区域的特写。

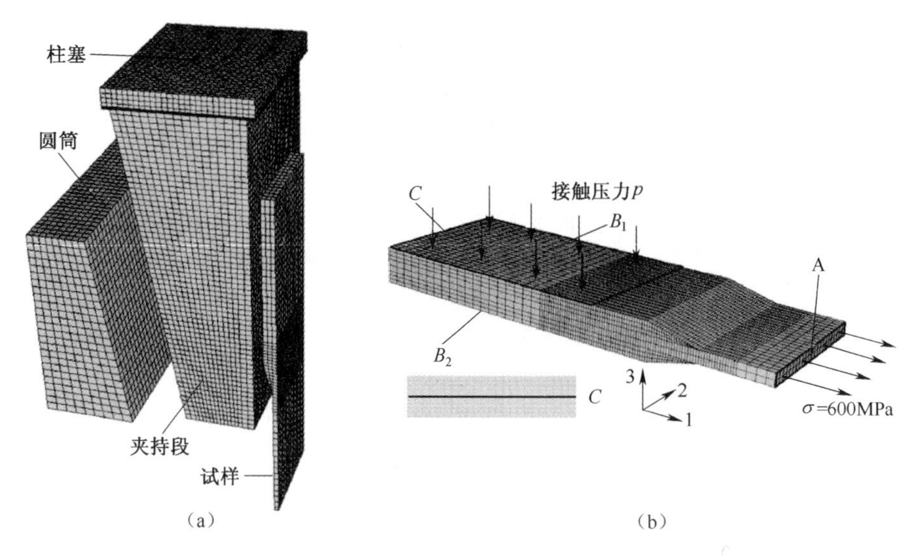

（a）　　　　（b）

图 15.11　研究夹紧区域应力集中的详细有限元模型

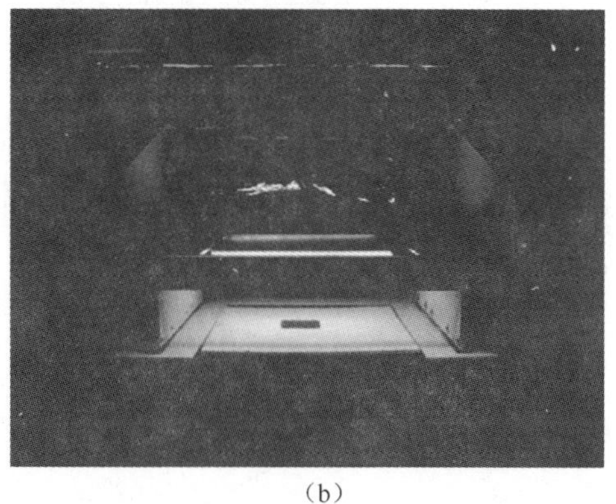

（a）　　　　（b）

图 15.12　用于热塑性复合材料熔接的红外焊接装置

开展单搭接剪切疲劳试验(图 15.13),用来测试熔接接头的疲劳性能。试验结果也令人非常满意。

尽管有了这些改进,但突耳失效仍然不时发生,最后的改进是改变了不同试样的形状,即哑铃型或狗骨形状的试样(De Baere,Van Paepegem,Hochard,Degrieck,2011;De Baere,Van Paepegem,Quaresimin,Degrieck,2011)。

进行了有限元模拟,以确定最佳减薄半径(图 15.14)和最小的中心长度,其应变可以被看作是均匀的(对引伸计的测量很重要)。

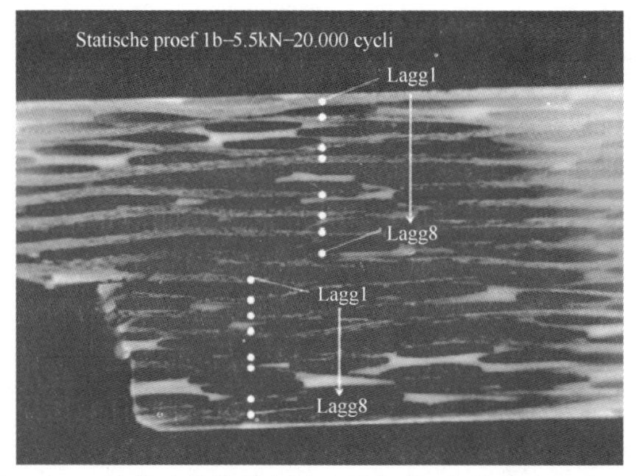

图 15.13　熔接式搭接剪切接头的拉伸-拉伸疲劳加载试验

将所有这些改进结合起来，就可以得到令人满意的试验结果，并且失效也发生在试样的中段——这一有效区域。

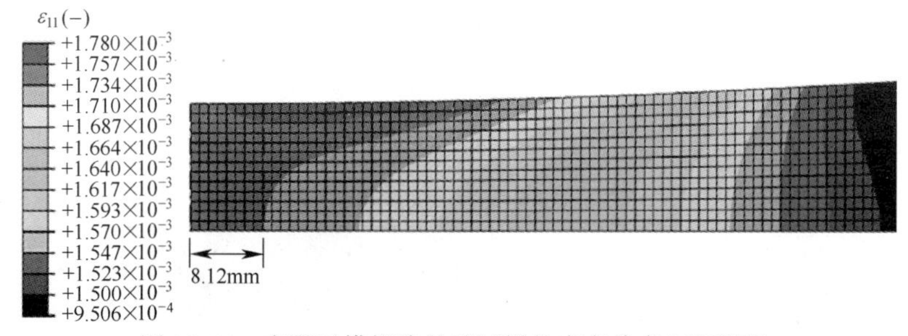

图 15.14　有限元模拟狗骨型试样的应变分布(见彩图)

两种试样形状的初步疲劳试验表明，狗骨形状的 $S-N$ 曲线比矩形形状的 $S-N$曲线要高得多(图 15.15)。

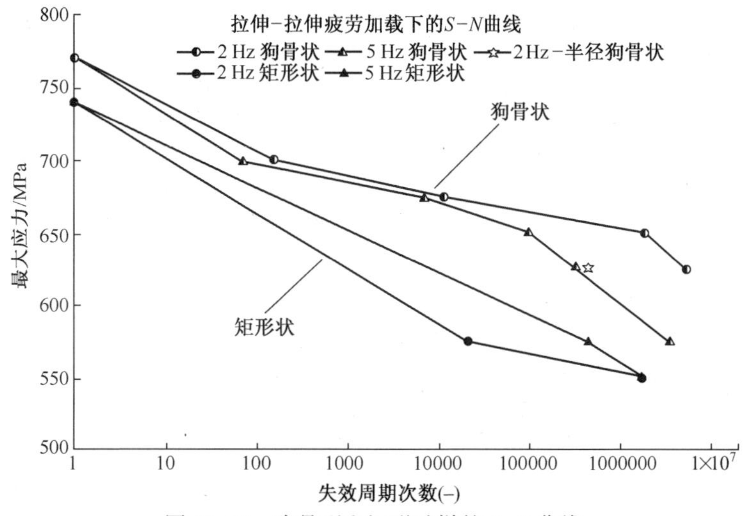

图 15.15　狗骨型和矩形试样的 $S-N$ 曲线

15.4.1.2　试验结果

在拉伸-拉伸疲劳过程中的应变测量结果显示,在应力控制疲劳试验加载时最小应变、平均应变和最大应变都略有增加(应力比 $R=0.01$),如图 15.16 所示。另外,在疲劳载荷作用下出现了一个小的永久应变。在 600MPa 和 700MPa 下的疲劳试验分别对应于静态强度的 75%和 90%。

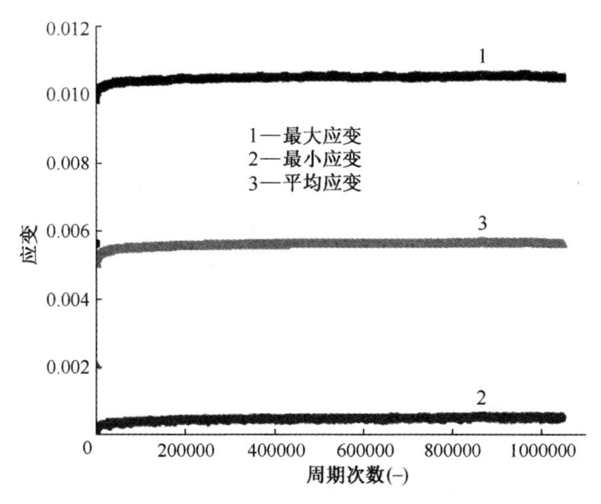

图 15.16　拉伸-拉伸疲劳加载下的应变演化

根据在线视频显微镜的观察发现,不仅存在纬纱裂纹(就像在静态试验中一样),而且还存在分层脱黏(Daggumati et al. ,2012)。

尽管在材料中观察到大量的裂纹和分层脱黏现象,但疲劳加载至 10^6 个循环次数后的残余强度试验没有表现出强度值的任何降低(图 15.17)(Daggumati et al. ,2012)。

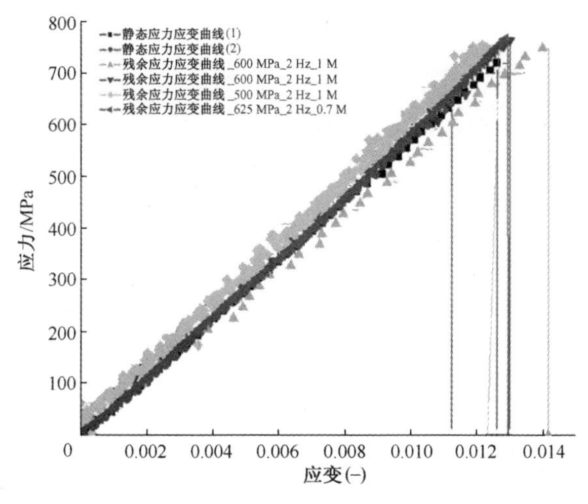

图 15.17　拉伸-拉伸疲劳加载后的残余强度试验(见彩图)

正相反,在较高载荷作用下的刚度要高于低载荷作用下的刚度,这表明在拉伸载荷下层压板的刚度变得更大。

表 15.2 总结了所观察到的数据。

表 15.2 静态和疲劳剩余强度、应变以及刚度的比较

	强度/MPa	失效应变/%	刚度/GPa	硬度
静态拉伸试验	754±10	1.1±0.1	57±1	6%~8%
疲劳后力学性能				
在 65%的静态强度:5Hz 106 次循环周次	755	1.24	57.5	11%~19%
在 80%的静态强度:2Hz 106 循环周次	769±10	1.4±0.1	56.5±1	

这种硬化现象是一种几何非线性效应,它是由于纬纱分层而造成经纱的位移增加所引起的。

为了定性模拟这种行为,我们对其进行重新建模,新模型中的单胞模型与静态模拟中的单胞模型完全相同,但是在网格中的每一根经纱和纬纱都缠绕着粘接单元(图 15.18)。

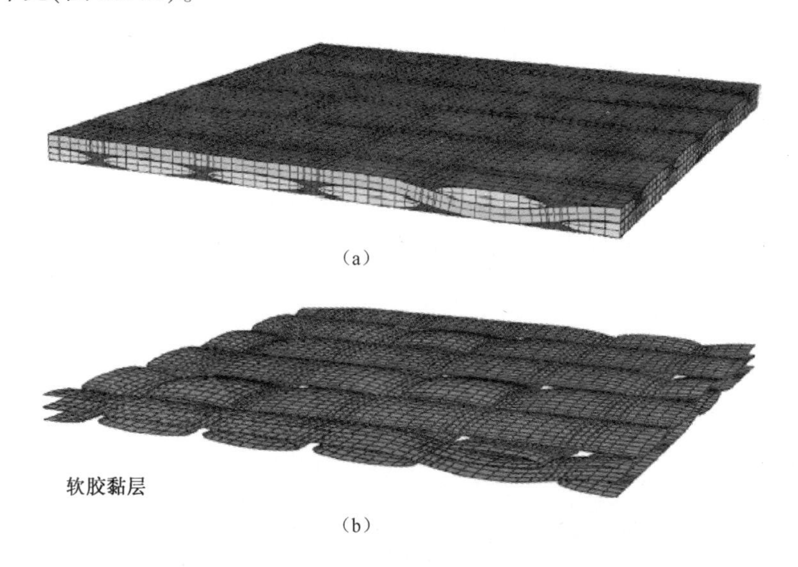

图 15.18 所有纱线都包裹着胶黏单元的单胞有限元模型

粘接单元的刚度非常低,可以模拟纬纱和经纱之间的相对位移(分层)。

将均匀轴向刚度作为施加轴向应变的函数,确实证明了层压板随着应变的增大而变硬(图 15.19)。然而,由于没有考虑纤维和基体中确切的疲劳损伤机制,因此该结论只能是定性的。

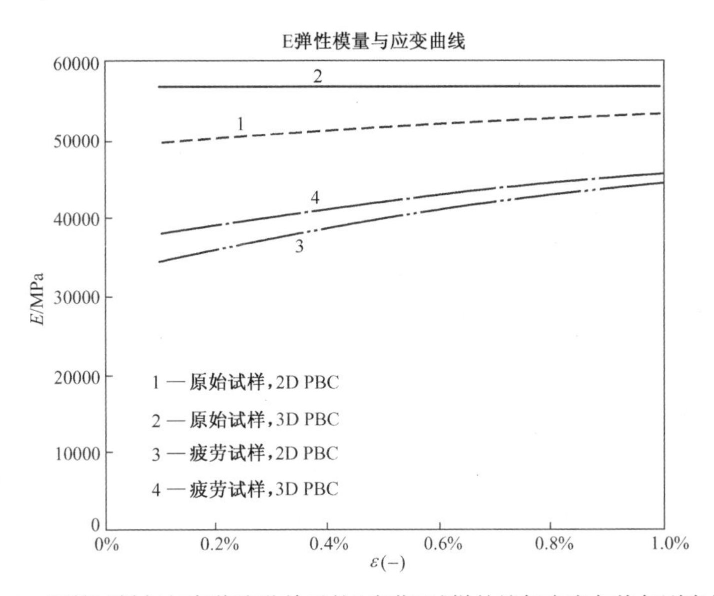

图 15.19　原始试样与包裹着胶黏单元的“疲劳”试样的施加应变与均匀刚度的关系

15.4.2　剪切为主的疲劳

在这一段中，讨论了剪切主导的疲劳。使用了两种不同的试验装置(图 15.20)：①[(0°,90°)]$_{4S}$层压板的剪切试验；②[(+45°,−45°)]$_{4S}$层压板的偏心拉伸试验。

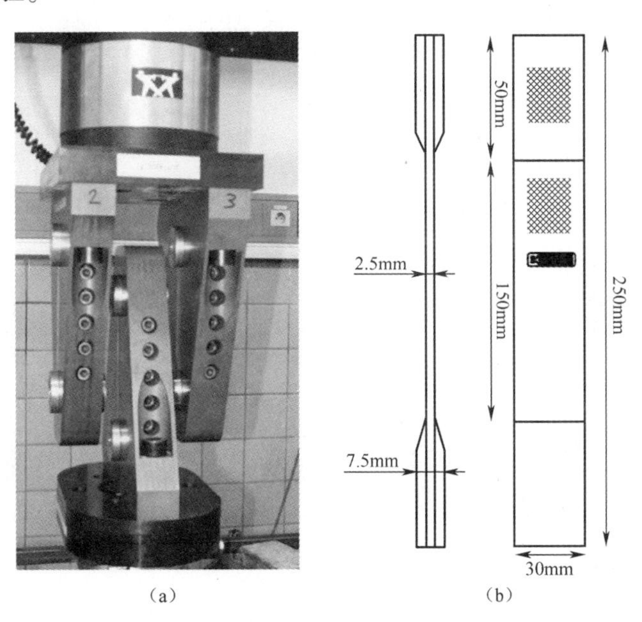

图 15.20　(a)剪切试验；(b)拉伸试验中试样的几何尺寸

这两种试验的结果都是层压板在剪切为主的疲劳加载下得到的(De Baere, Van Paepegem, & Degrieck, 2008a, 2008b)。

尽管[(45°,-45°)]$_{4S}$试样在拉伸试验中的寿命始终更高,但两个试验结果都表现了出较好的一致性。材料行为本身可以分为三个阶段来描述:①疲劳试验加载阶段,在没有温升的情况下,会出现一定数量的永久性变形;②稳态阶段,在没有温升的情况下,永久形变逐渐增加;③寿命结束阶段,温度突然升高,甚至高于基体的软化温度,永久变形也突然增加(De Baere et al., 2008b, 2009b)。

应该提出两点意见。首先,对于三轨剪切测试,寿命终期阶段以试样发生失效结束(图 15.21)。而对于[(45°,-45°)]$_{4S}$试样的试验,则形成了"狗骨"形状,并且纤维沿加载方向重新排列(图 15.22)。其次,开展蠕变试验,以验证"稳态"阶段永久变形的持续增长是否是由疲劳损伤引起的。可以得出这样的结论:材料确实发生了蠕变,但是主要的损伤是由疲劳载荷作用引起的。

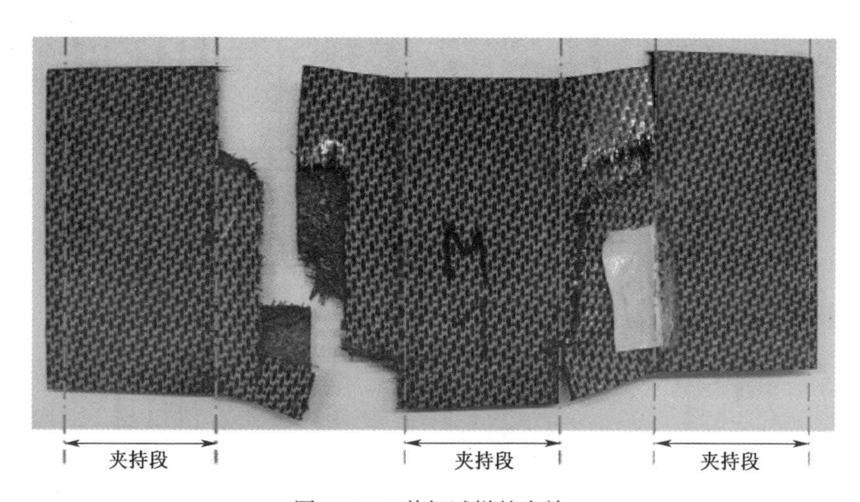

图 15.21 剪切试样的失效

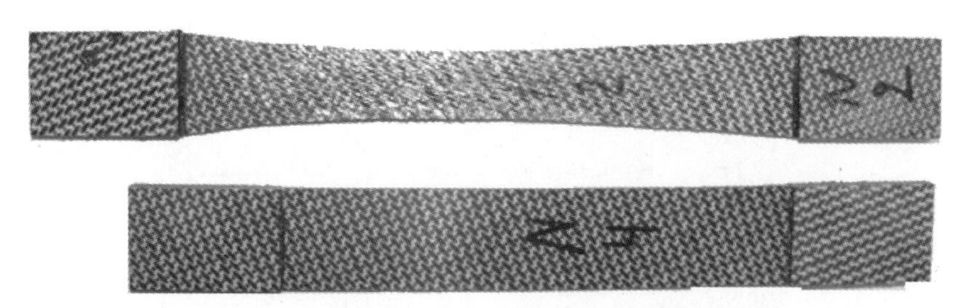

图 15.22 偏心拉伸试验中"狗骨状"试样的变形

在最后一步中,沿试样长度方向的不同位置进行超声波极性扫描,用于[(45°,-45°)]$_{4S}$层压板的偏压试验。极性扫描是通过简单地收集发射出去(或者,如果有必要,反射波)的超声波脉冲,并绘制所有入射角度的最大振幅。通常可以观察到与在超声脉冲情况下产生的临界折射(准-)波基本相同的环形轮廓。从物理学的角度来看,这些波的冲击作用以及在极性扫描中出现的轮廓线直接与目标点处试样材料的力学特性相关。

下面的图 15.23 给出了沿试样长度方向进行超声波极性扫描的不同点:点Ⅰ、点Ⅱ、点Ⅲ和点Ⅳ。

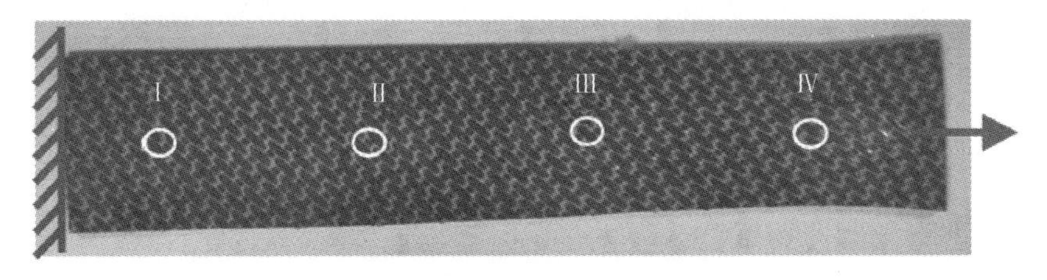

图 15.23　超声波极性扫描位置的指示

图 15.24 给出了极性扫描的结果。图 15.24(a)显示的是疲劳破坏前的参考极性扫描。图 15.24(b)~(e)分明对应于点Ⅰ、点Ⅱ、点Ⅲ和点Ⅳ的测量值,图 15.24(f)表明,即使是纤维重新定向,也可以计算出点Ⅲ的测量值。

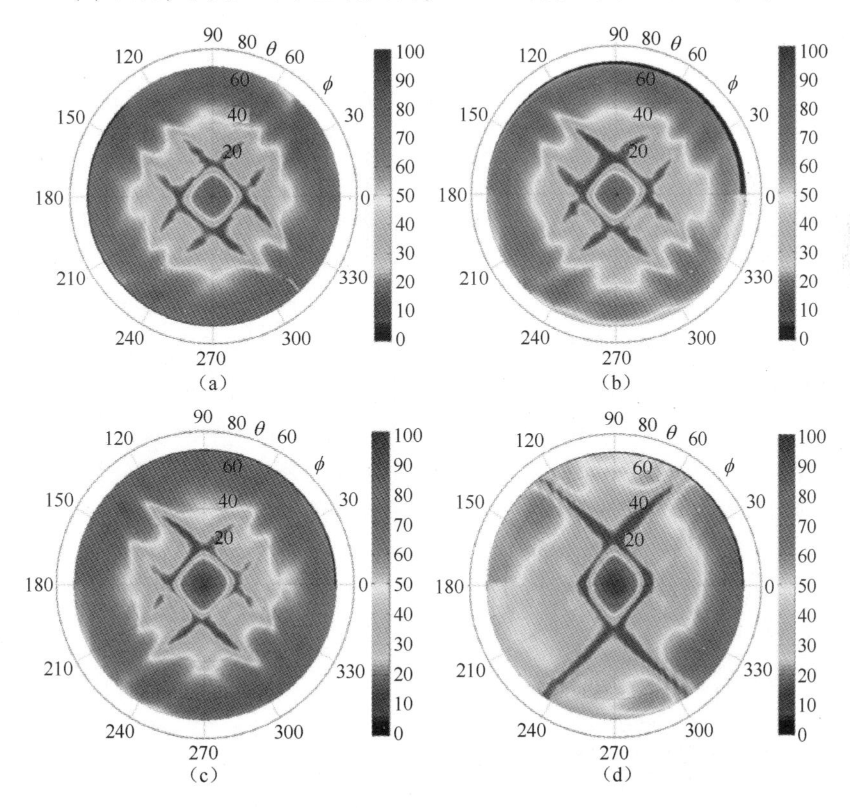

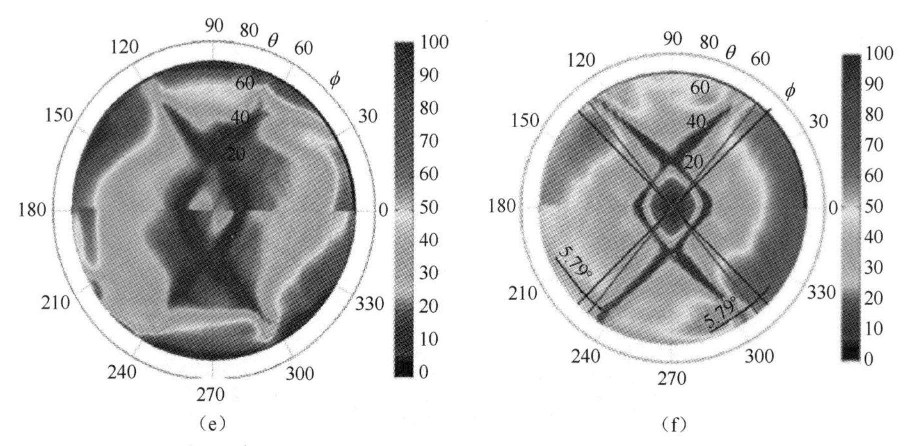

图 15.24 在图 15.22 的对应位置进行超声波极性扫描(见彩图)

(a)参考位置 1;(b)位置Ⅰ;(c)位置Ⅱ;(d)位置Ⅲ;(e)位置Ⅳ;(f)纤维重新取向。

15.4.3 弯曲疲劳

绝大多数纤维增强复合材料的疲劳试验是在单轴拉伸/拉伸或拉伸/压缩疲劳加载下进行的。这些试验被国际标准所接受(ASTM D3479),并提供试验材料的 S-N 数据。

尽管弯曲疲劳试验并不被广泛接受为标准,但它们在研究中被大量使用,并且确实具有一些重要的优点:①弯曲载荷经常发生在使用中的载荷条件下;②与拉伸/压缩疲劳相比,不存在屈曲问题;③所需的载荷要小得多。为了评估纤维增强层压板的刚度退化和损伤扩展,可以测量一个加载周期的滞后回线。在三点弯曲疲劳载荷作用下,记录了弯曲载荷与位移的历程曲线。

在 Van Paepegem、De Geyter、Vanhooymissen 和 Degrieck(2006)的研究中,作者采用标准三点弯曲试验装置对这种碳纤维/PPS 编织复合材料进行了疲劳加载试验。结果表明,这种装置并不合适,原因如下:①由于试件的弯曲刚度较低(厚度仅为 2.5mm),使得试件的跨中位移非常大,限制了疲劳试验的试验频率;②在载荷-位移曲线中出现的明显的滞后现象完全是由于试样与外滚筒支架之间较大的相对滑动产生的摩擦造成的;③有限元仿真计算的需求非常大,因为必须考虑几何非线性和支承摩擦的建模。

本节讨论了一个夹紧的三点弯曲试验装置,旨在减少中跨挠度和消除滚子支承的相对滑动位移。

使用的装置如图 15.25(a)所示,图 15.25(b)给出了用于这些弯曲试验的试样尺寸。所有尺寸均以 mm 为单位。

几个准静态试验的结果如图 15.26 所示;相应的位移速度是 2mm/min。可以看出,结果的一致性非常好;结果的差异非常有限。此外,还实现了低位移和

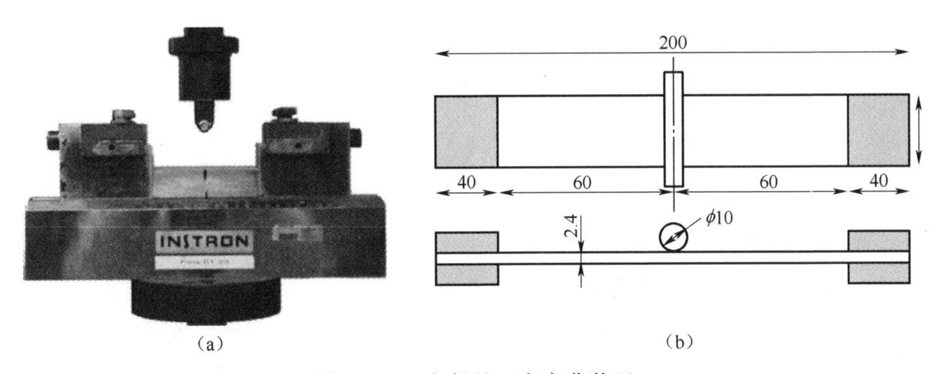

图 15.25　夹紧的三点弯曲装置

(a)带有防滑块的夹紧三点弯曲装置;(b)弯曲试件的尺寸(单位为 mm)。

高强度;与标准的三点弯曲装置相比,发生失效时的载荷要高出 4 倍,位移不足一半(De Baere,Van Paepegem,Degrieck,2008c)。

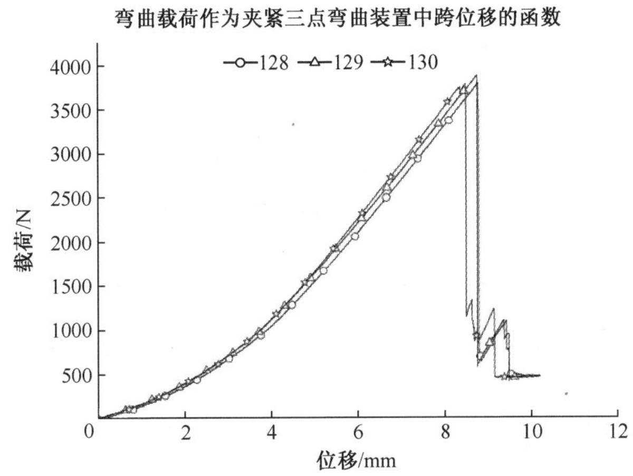

图 15.26　用夹紧的三点弯曲试验装置进行准静态试验所得到的载荷-位移曲线

夹紧试样端部的两个夹具安装在带有 T 形套筒连接的钢制支承夹具上。初步试验表明,即使在支承夹具的螺栓上施加最大扭矩,两个夹具也可以在试验过程中相互滑动。因此,在两个夹具之间放置了一块大块铝,其宽度要求精确,以防止它们向内滑动,如图 15.25(a)所示。然而,这一测试结果表明,由于几何非线性引起的膜应力必须非常大。

为了研究膜应力和弯曲应力对相应的弯曲载荷的影响,使用 ABAQUS®标准软件进行有限元模拟。此外,该装置采用了 3D 连续单元和一维(1D)梁单元的模型,以确定更快的 1D 模型能否准确描述试样的应力状态。两种模型如图 15.27所示。图 15.27(a)给出了 3D 模型。根据试验装置的对称性,只模拟了 3D 模型单元结构的 1/4,以减少积分计算,C3D20R;网格划分密集,其单元尺寸是 1mm。在第一次模拟中,试样的夹持部分不能向内移动(3D 夹紧)。在第二次模拟中,夹持部分可以自由滑动(3D 滑动)。表 15.3 中给出了这些模拟的边界条件;由于使用了 3D 单元,所以没有旋转自由度。在弯曲荷载作用下,在压痕(R_P)的参考点上强制施加位移 $U_2=10$mm。

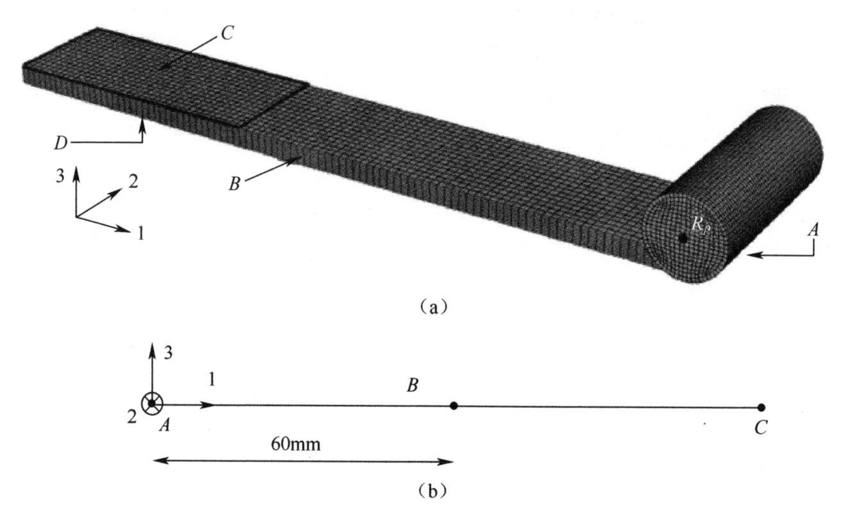

图 15.27 (a)夹紧的三点弯曲试验装置的三维有限元模型(具有对称性);(b)夹紧装置的一维有限元模型(无对称性)

表 15.3 用于三维模拟的边界条件

模拟	*A* 面	*B* 面	*C* 面	*D* 面
3D 夹紧	$U_1=0$	$U_2=0$	$U_1=U_2=0$	$U_1=U_2=U_3=0$
3D 滑动	$U_1=0$	$U_2=0$	$U_2=0$	$U_2=U_3=0$

图 15.27(b)给出了一维有限元模型。对于这个模拟计算,没有使用对称性,所以整个试样采用三节点方形梁单元(B32)来建模,尺寸为 2mm。对于点 *A* 和点 *C*,所有移动都受到限制,这表明 $U_1=U_2=U_3=0$;$\alpha_1=\alpha_2=\alpha_3=0$;在 *B* 施加垂直位移 $U_2=10$mm,对于 3D 情况,进行了 1D 夹紧和 1D 滑动模拟。这些模拟仅考虑正交各向异性材料的纵向刚度。

当然,对于 3D 和 1D 模拟,都要进行几何非线性分析。

从 1D 模型中,我们可以很容易地计算出夹紧和滑动情况下的弯曲力矩以及纵向和横向荷载的值,而对于 3D 模拟,需要根据应力分布手动将这些值计算出来。图 15.28 简要给出了夹紧装置(图 15.28(a))和滑动装置(图 15.28(b))的弯曲力矩、横向载荷和纵向载荷,位移为 9mm,与静态试验中的最终断裂相对应。这些载荷已经重新调整,以形成清晰的图形;这两个图的比例因子都不相同。

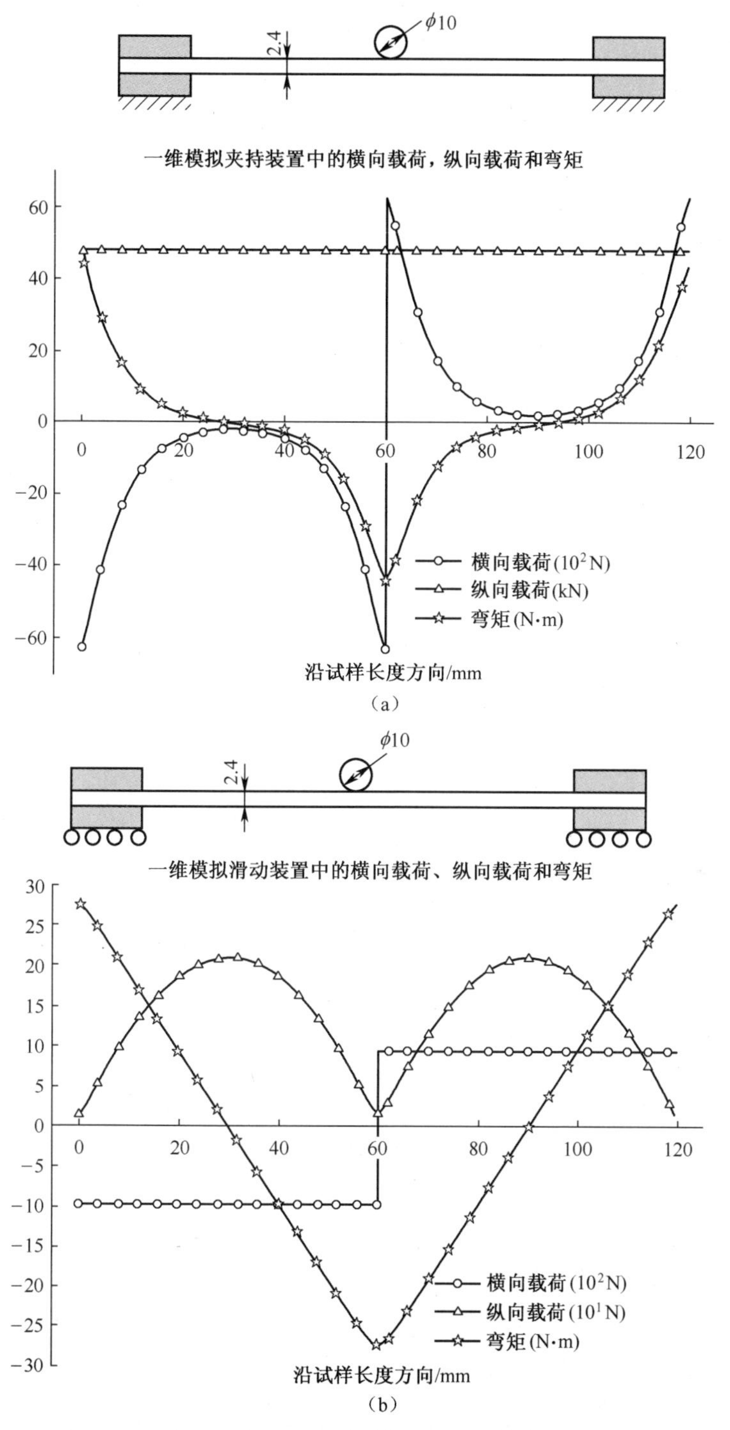

图 15.28　沿试样的纵向载荷、横向载荷和弯曲力矩的变化

(a)夹紧装置;(b)滑动装置。

由于夹紧装置的作用,在其上施加了非常高的纵向载荷。对于滑动装置来说,其纵向载荷仅为200N,而对于夹紧装置上的试样,其载荷几乎高达47800N,几乎高出250倍。对于滑动装置来说,其弯矩和横向载荷的变化与标准的三点弯曲装置大致相同。通过防止试样的端部向内滑动,最大弯曲力矩几乎增大了1倍,而试样中心的横向载荷从962N增加到6280N。在图15.29中,在相同的对应中跨位移下,对试样中心处的1D和3D模拟分析中沿试件高度的纵向应力的变化进行了比较。必须指出的是,除了在靠近试样顶部时,3D分析与1D分析的模拟结果有较好的一致性以外,在其余地方,3D分析预测的压缩应力比1D分析预测的都要高。这可能是由于在3D分析建模的载荷敲击边缘的局部缩进造成的。这再次证明,一维模拟对于疲劳损伤模型的验证非常有用,因为纵向应力的偏差非常有限。

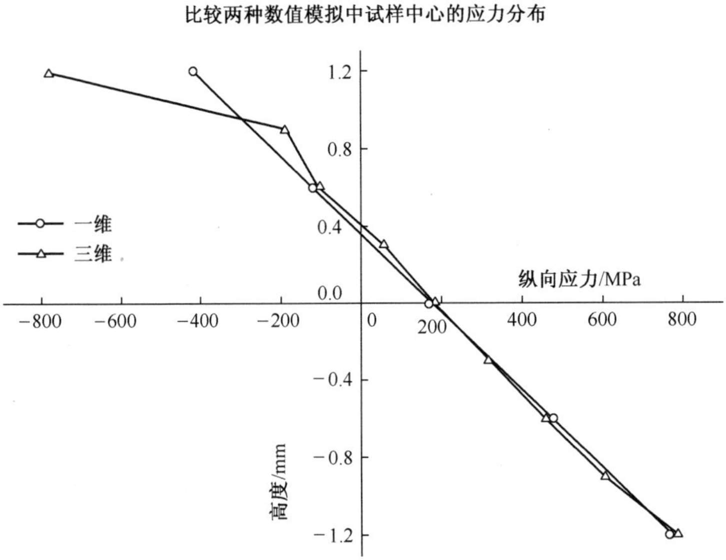

比较两种数值模拟中试样中心的应力分布

图15.29 试样中心纵向应力的高度分布

最后,将由3D和1D分析计算出来的载荷-位移曲线与静态试验的试验结果进行比较(图15.26)。结果如图15.30(a)所示。首先,必须注意的是,如果允许在夹具中滑动,那么在给定位移的情况下,载荷就会显著减小。同时还可以看出,简单弹性波理论的预测与3D分析非常吻合。这对于使用损伤模型的疲劳模拟非常有趣,因为一维的模拟计算在几秒钟内就可以完成,而三维分析需要几小时才能完成,因为精确结果必须要有密集的网格。

然而,不幸的是,根据静态试验Ⅰ28得到的试验曲线位于两个极值之间(夹紧和滑动),所以这表明试验中必须存在小的滑动。尽管如此,由于准静态试验的结果非常不错,一些疲劳试验已经完成。在这些试验中,人们注意到在经

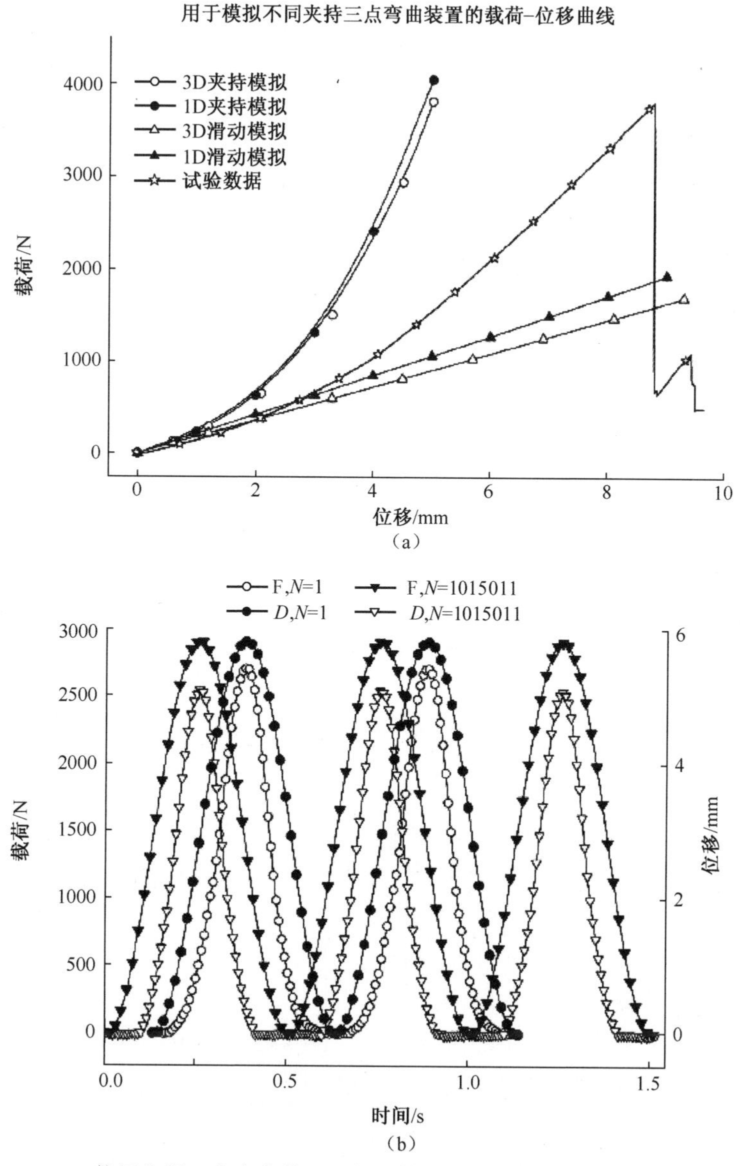

图 15.30 (a)使用夹紧三点弯曲装置进行准静态试验的载荷-位移曲线;(b)载荷和位移作为时间的函数,用于第一次和最后一次的测量

过几百次循环后,压头在每个加载周期中都会在一段时间内失去接触。图 15.30(b)说明了这一点,该图显示了从振幅为 6mm 和频率为 2Hz 的位移控制试验开始的几个循环中,弯曲载荷和位移随时间的变化情况。

对于最后描述的循环 ($N=1015011$ 次循环),尽管位移 D 发生了变化,但是载荷 F 在一段时间内保持为零。这意味着压头在加载时没有发生接触。后者可能是由于手柄内部永久变形或滑动造成的。因此,可以在夹具旁边的试样上做个小标记,以验证试样是否滑出夹具。值得注意的是,由于膜应力非常高,试样确实出现了滑动,但距离非常有限,约为0.5mm。这可以解释图15.30(b)中发生接触损失的原因,尽管永久变形可能不会被忽略。因此,必须采取额外的预防措施来避免这种滑动情况的发生。其中一种方法是使用额外的夹具来完善抓取或使用螺栓穿过试样,以确保这不会导致预先失效。

目前正在采取进一步的努力来优化这种夹紧的三点弯曲试验装置,以用于具有低弯曲刚度的薄复合材料层压板的疲劳试验。

15.5 结　论

针对具有$[(0°,90°)]_{4S}$堆叠顺序的5线束缎纹编织碳纤维/PPS复合材料进行了静态和疲劳试验。

试验测量与介观尺度模型相关,并且在静态加载和疲劳加载中应用了大量仪器。

此外,还进行了剪切为主的疲劳试验和弯曲疲劳试验。

15.6 未来的趋势和挑战

对于静态拉伸试验,可以在试验测试与介观尺度的数值模拟之间发现很好的相关性。在拉伸-拉伸疲劳加载中,介观尺度模拟的复杂性增加了很多。大量的基体裂纹和分层的存在使得与介观尺度模拟的比较非常具有挑战性。

目前,已经开发出了新的网格划分工具,可以完全控制基体和纱线中的网格尺寸和网格质量。CAD几何体由Catia或SolidWorks制成,然后应用面向对象的网格划分。而且,可以在任何地方插入粘接单元,并且可以将扩展的有限元方法域分配给每个材料阶段。这是在单元格内部进行更复杂的疲劳损伤建模的关键步骤。同一单元格的网格有限元模型如图15.31所示。

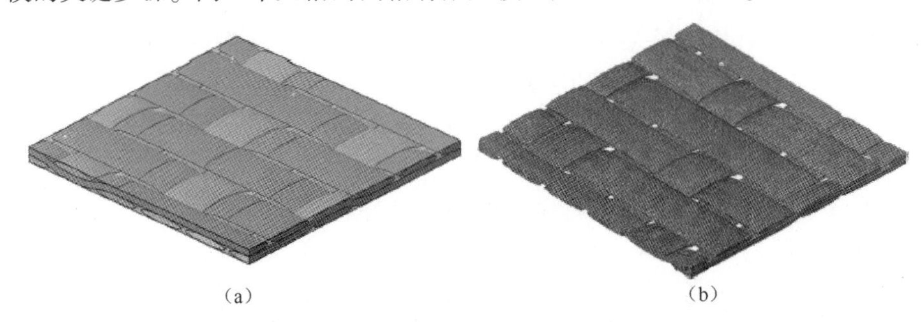

(a)　　(b)

图15.31　Catia中的CAD几何体和Abaqus 6.12-1中的网格单元

参 考 文 献

Daggumati,S. ,De Baere,I. ,Van Paepegem,W. ,Degrieck,J. ,Xu,J. ,Lomov,S. V. ,et al. (2012). Fatigue and post-fatigue stress-strain analysis of a 5-harness satin weave carbon fibrereinforced composite. Accepted for Composites Science and Technology,74,20-27.

Daggumati,S. ,Van Paepegem,W. ,Degrieck,J. ,Praet,T. ,Verhegghe,B. ,Xu,J. ,et al. (2011). Local strain in 5-harness satin weave composite under static tension: Part II e meso-FE analysis. Composites Science and Technology,71(9),1217-1224.

Daggumati,S. ,Van Paepegem,W. ,Degrieck,J. ,Xu,J. ,Lomov,S. V. ,& Verpoest,I. (2010a). Local damage in 5-harness satin weave composite under static tension: Part I e experimental analysis. Composites Science and Technology,70(13),1926-1933.

Daggumati,S. ,Van Paepegem,W. ,Degrieck,J. ,Xu,J. ,Lomov,S. V. ,& Verpoest,I. (2010b). Local damage in 5-harness satin weave composite under static tension: Part II e meso-FE modelling. Composites Science and Technology,70(13),1934-1941.

Daggumati,S. ,Voet,E. ,Van Paepegem,W. ,Degrieck,J. ,Xu,J. ,Lomov,S. V. ,et al. (2011). Local strain in 5-harness satin weave composite under static tension: Part I e experimental analysis. Composites Science and Technology,71(8),1171-1179.

De Baere,I. ,Allaer,K. ,Jacques,S. ,Van Paepegem,W. ,& Degrieck,J. (2012). Interlaminar behaviour of infrared welded joints of carbon fabric reinforced polyphenylene sulphide. Polymer Composites,33(7),1105-1113.

De Baere,I. ,Luyckx,G. ,Voet,E. ,Van Paepegem,W. ,& Degrieck,J. (2009). On the feasibility of optical fibre sensors for strain monitoring in thermoplastic composites under fatigue loading conditions. Special Issue of Optics and Lasers in Engineering,47(3-4),403-411.

De Baere,I. ,Van Paepegem,W. ,& Degrieck,J. (2008a). Comparison of the modified three-rail shear test and the [(+45°,-45°)]ns tensile test for pure shear fatigue loading of carbon fabric thermoplastics. Fatigue and Fracture of Engineering Materials & Structures,31(6),414-427.

De Baere,I. ,Van Paepegem,W. ,& Degrieck,J. (2008b). Design of a modified three-rail shear test for shear fatigue of composites. Polymer Testing,27(3),346-359.

De Baere,I. ,Van Paepegem,W. ,& Degrieck,J. (2008c). On the feasibility of a three-point bending setup for the validation of (fatigue) damage models for thin composite laminates. Polymer Composites,29(10),1067-1076.

De Baere,I. ,Van Paepegem,W. ,& Degrieck,J. (2009a). On the design of end tabs for quasistatic and fatigue testing of fibre-reinforced composites. Polymer Composites,30(4),381-390.

De Baere,I. ,Van Paepegem,W. ,& Degrieck,J. (2009b). Modelling the nonlinear shear stress-strain behaviour of a carbon fabric reinforced polyphenylene sulphide from rail shear and [(+45°,-45°)]4*s* tensile test. Polymer Composites,30(7),1016-1026.

De Baere,I. ,Van Paepegem,W. ,& Degrieck,J. (2012). Feasibility study of fusion bonding for carbon fabric reinforced polyphenylene sulphide by hot-tool welding. Journal of Thermoplastic Composite Materials,25(2),135-151.

De Baere,I. ,Van Paepegem,W. ,Hochard,C. ,& Degrieck,J. (2011). On the tensionetension fatigue behaviour of a carbon reinforced thermoplastic part II: evaluation of a dumbbellshaped specimen. Polymer

Testing,30(6),663-672.

De Baere, I., Van Paepegem, W., Quaresimin, M., & Degrieck, J. (2011). On the tension-tension fatigue behaviour of a carbon reinforced thermoplastic part I: limitations of the ASTM D3039/D3479 standard. Polymer Testing,30(6),625-632.

De Baere, I., Voet, E., Van Paepegem, W., Vlekken, J., Cnudde, V., Masschaele, B., et al. (2007). Strain monitoring in thermoplastic composites with optical fiber sensors: embedding process, visualization with micro-tomography and fatigue results. Journal of Thermoplastic Composite Materials,20(5),453-472.

Lomov, S. V., Verpoest, I., Cichosz, J., Hahn, C., Ivanov, D. S., & Verleye, B. (2014). Meso-level textile composites simulations: open data exchange and scripting. Journal of Composite Materials,48,621-637.

Van Paepegem, W., De Geyter, K., Vanhooymissen, P., & Degrieck, J. (2006). Effect of friction on the hysteresis loops from three-point bending fatigue tests of fibre-reinforced composites. Composite Structures,72(2),212-217.

Verpoest, I., & Lomov, S. V. (2005). Virtual textile composites software Wisetex: integration with micro-mechanical, permeability and structural analysis. Composites Science and Technology, 65 (15e16), 2563-2574.

第 16 章

汽车行业中使用的编织复合材料

P. Abel,T. Gries
德国,亚琛,亚琛工业大学,纺织工学院(ITA)
C. Lauter,T. Troester
德国,帕德博恩,帕德博恩大学,汽车轻量化设计(LiA)

16.1 引　　言

目前,在汽车工业中使用编织增强复合材料的主要驱动力是轻量化设计。重量较轻的车身能够减少对能源的消耗——无论是传统燃料还是电动车——并且能提高车辆的动力。图 16.1 给出了车辆质量、行驶阻力、燃料消耗和二氧化碳排放之间的基本关系。

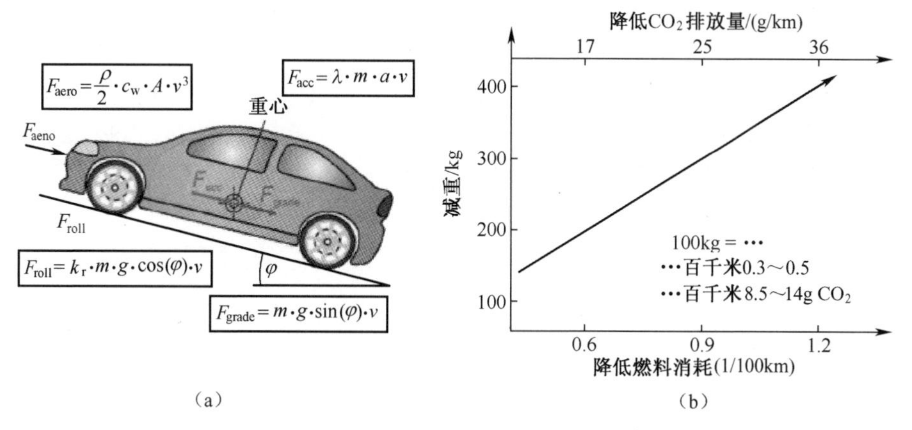

图 16.1　质量对行驶阻力的影响(a),以及车辆重量、燃料消耗和二氧化碳排放量之间的关系(b)

在 2003 年和 2004 年,Helms 和 Lambrecht (2004)针对不同类型的车辆,希

望通过轻量化的研究来找出潜在的节能能源(减少二氧化碳排放)。根据他们的研究,结果发现个人乘用车、公共汽车或火车每千克减重的节能寿命是飞机的100倍。因此,减轻道路车辆的重量这一目标并不只是因为成本。新轻质材料在汽车上的应用以及生产装配的成本压力是巨大的。因此,,本章所涉及的一个重要课题就是,在满足高质量材料疲劳性能的要求下,如何制造出一系列经济高效的编织复合材料。在他们的进一步研究中(Helms & Lambrecht, 2004),还根据不同运输部门的轻量化设计,计算了全球二氧化碳年排放量减少的能力。计算结果表明,全球每年可为乘用车节省高达9500万吨的二氧化碳排放量,所有客车、卡车和轻型车辆的节约量则大致相同。总的来说,通过在道路交通运输中保持一致的轻量化设计,每年可实现1.9亿吨的二氧化碳减排量,而相比之下,航空领域中2500万吨的二氧化碳减排量却显得要低很多。这一结果表明,虽然个别道路车辆的轻量化设计承担不起高额投资,但仍然需要采取强有力的措施,特别在汽车领域,来应对当今全球节能方面的挑战。

复合材料通常都具有良好的抗疲劳载荷作用的能力。一个众所周知的复合材料部件例子是由玻璃纤维增强聚合物复合材料(GFRP)制成的叶片弹簧。这种编织复合材料制成的片簧现在广泛用于轻型运输车辆。例如,Kumar 和 Vijayarangan (2007)在他们的试验研究中就表明,它们承受循环载荷作用的能力要优于普通钢制弹簧。

Corum,Battiste 和 Ruggles(1998)发现,影响汽车复合材料疲劳强度的主要因素之一是它们可能经常接触到一些液体,如发动机润滑油、冷却剂和其他与汽车有关的液体。当与这些液体接触时,会导致复合材料的性能由于基体反应而出现显著下降,这就不是其编织结构所能决定的。因此,它们适用于非增强的聚合物以及编织复合材料(环氧树脂基)。这一现象已得到了 Jethwa 和 Kinloch(1997)的证实,他们在16.5节中提到了与上述液体接触时胶黏剂聚合物的疲劳性能,而这种情况,就涉及复杂材料和混合设计的疲劳特性方面的研究。表16.1给出了给定复合材料与汽车不同液体直接接触100小时后,再在相应流体的拉伸疲劳测试中进行试验,得到的疲劳应力降低因子。

表16.1 各种汽车流体环境下的疲劳应力降低因子

流体	循环次数			
	10^2	10^4	10^6	10^8
空气	1.00	1.00	1.00	1.00
制动液	1.00	1.00	0.99	0.94
机油	1.00	0.98	0.91	0.84
发动机冷却液	1.00	1.00	0.87	0.71
盐水	1.00	0.95	0.86	0.78

（续）

流体	循环次数			
	10^2	10^4	10^6	10^8
蒸馏水	0.95	0.90	0.85	0.81
挡风玻璃清洗液体	1.00	0.97	0.84	0.73
水(在 180°F 下 1080h) ($1°F=\frac{5}{9}K$)	0.64	0.69	0.74	0.80
电池酸	1.00	0.73	0.50	0.34

影响复合材料部件在其使用寿命期间承受疲劳载荷能力的第二个主要因素是材料中存在的小缺陷。由于纤维取向不定、增强编织体上的波纹或褶皱不均匀(间隙),造成复合材料部件的应力分布不均匀,从而削弱了编织复合材料的力学性能。

16.2　车用复合材料轻量化设计

轻量化设计是一种整体方法,可以尽量减轻结构的重量,同时保持其整体性能不变,甚至是得到改善。采用这种结构设计原则,能够使整体技术系统以最少的能源消耗、最少的排放和最优化的材料使用来运行。就汽车应用而言,轻量化设计可以细分为许多不同的方面:材料、设计和功能。对结构应用而言,基于轻质材料的结构是最重要的一种方法。这意味着需要改善材料的性能,用更合适的材料代替当前材料,或者将不同的材料结合在一起,以达到最佳效果(Klein,2007)。

16.2.1　方法和挑战

基于目前的这些方法,在汽车结构中应用的轻型结构表现出三大趋势特征。例如,使用抗拉强度高达约 1600MPa 的高强度和超高强度金属合金材料来改善材料性能(Kolleck,Veit,2011;So,Fabmann et al.,2012;Zhang et al.,2006)。通过使用高强度金属合金材料,可以减小结构的壁厚(Asnafi et al.,2000)。但是,一旦达到临界最小厚度,就会出现稳定性问题。因此,高强度金属在轻型结构上的应用发展受到限制(Lauter et al.,2011)。在该领域中另外的一种方法是拼焊板坯(Shi,Zhu,Shen,Lin,2007)。尽管如此,汽车原始设备制造商由于其自身具有的优势特性,仍然主要使用钢材用于车身设计(Mayyas et al.,2013)。

第二种方法是用纤维增强树脂基复合材料(FRP)代替传统的建筑材料,这样可以节省大约 50%的重量(Adam,1997;Jcob,2010)。诸如碳纤维增强树脂基复合材料(CFRP)或GFRP之类的材料具有优异的力学性能,并且允许开展创新性的解决方案,如功能集成(Abrate,2011;Luo,Green,Morrison,1999;Sultan et al.,2011)。这些参数对于汽车、航空航天和能源领域的承载结构或能量吸收结构是必需的。在这些和其他应用中,FRP被广泛用于提高优质产品的部件性能(Adam,1997;Iqbal et al.,2009;Phonthammachai et al.,2011;Vssilopoulos,Keller,2011)。研究表明,FRP的使用会带来显著的功能和经济效益。这些优势包括提高强度和耐久性特性,减少重量和降低燃料消耗。例如,对特定汽车结构中的FRP进行研究,结果发现它可以明显提高车辆结构的耐撞性,该汽车结构甚至可作为可折叠碰撞吸能器(Mamalis et al.,2004)。但是由于复杂的制造过程、高成本的材料以及其他一些问题,这些结构仅限于在高价汽车中使用(Yanagimoto Ikeuchi,2012;Zhang et al.,2012)。因此,这些结构是否具有很强的竞争力,主要取决于能否通过优化技术来降低成本,以实现更方便快捷和可靠的制造工艺,或者是缩短制造周期和交付时间(Fink et al.,2010)。

第三种方法是不同材料的组合(Kopp et al.,2012)。利用该方法使用材料时,可以使用材料自身特定的优点,而避开其缺点。在这种情况下,可以区分两种方法:多维材料和混合设计。

对于汽车应用而言,不仅要考虑力学性能,特别是对于大批量的生产来说,还必须对其他方面进行评估,如融入现有工艺、生产公差、质量和成本等。产量越高,成本越重要。建筑的总成本可以看作是材料、制造工艺和研发成本的函数。该曲线的最小值即表明实现了最佳的轻型结构。目前的传统钣金结构位于该曲线的右侧。重量较大,总成本往往是最小的。FRP结构的特点是重量较轻,但总成本增加。最后但并非最不重要的是,混合结构可在两种方法中进行选择。如果希望它们比传统结构的重量更轻,那么总成本将会略有增加。综上所述,量身定制的混合结构不仅在轻量化设计方面具有巨大的潜力,而且还可以优化使用昂贵的FRP材料,从而最终使用成本优化的轻型结构。

16.2.2 要求

汽车必须满足不同领域的各种需求,如客户需求(如舒适性或驾驶表现)、法定条款(如关于环境保护)和安全方面或制造过程本身的要求(Weber,2009)。而诸如驾驶性能或安全方面等总体结构的要求,尤其是对汽车的结构或部件有具体的需求——由其力学性能确定,以确保结构的高刚性、耐碰撞性、耐老化性和耐腐蚀性,以确保车辆具有较长的使用寿命(Zhang et al.,2006)。在许多情况下,是力学特性决定了部件的具体设计,如耐撞性。

给定材料的关键力学性能包括杨氏模量、屈服强度、拉伸强度以及断裂伸长率。为了确保高耐撞性和最轻的重量,材料的强度应尽可能高。这是因为低屈服强度和高材料厚度,或者高屈服强度和低材料厚度都具有相同的变形载荷。限制因素可能是断裂伸长率(或更好的成形极限),它通常随着强度的增加而下降,从而导致部件发生潜在失效。

另外,制造复杂的部件结构,需要具有较高的成形性。这种结构通常需要确保最大刚度以及可充分利用的设计空间。然而,其成形能力通常随着材料强度的提高而降低。因此,根据部件的复杂程度,实际强度水平实际上是有限制的。限制所使用材料强度的另一个重要原因是对最佳耐碰撞性的需求。例如,允许有效控制车辆结构的变形行为和乘客的最大加速度的强度是不同的。因此,只有在有足够空间进行变形的区域,才有可能吸收能量。

基于这些考虑,汽车车身结构的部件可以根据其机械强度进行分类。例如,在需要实现复杂几何形状的情况下,可用软材料作为其外部部件。在碰撞期间用于吸收能量的区域可以使用更高强度的材料。最后,对客舱内部结构完整性要求最高的部件可使用超高强度材料。

根据不同的设计强度水平,在车辆内使用各种不同的钢种、铝合金和 FRP。使用钢材时,其抗拉强度介于 300MPa (深冲品质)—1600MPa(硬钢)的范围。目前,正在研制拉伸强度为 1900MPa 左右的钢种。铝合金的范围约为 200MPa(6000 系列)到 700MPa(7000 系列),最后,FRP 则约为 80MPa(板成型复合材料)到约 2000MPa(单向 CFRP)的强度。

汽车结构部件的典型特征在于,在不同载荷作用下部件内会产生特殊的应力状态。在大多数情况下,整个结构中所产生的应力分布并不是恒定的。一方面是高应力区域(如撞车期间的撞击区域),而另一方面是,如由于制造产生的低应力区域 。可以说,载荷适应性设计对于这些结构部件都是有利的,因为可以对几何形状、材料和材料利用率进行有效地调整,以适应载荷的变化。最适合的材料一定能够发挥出其特有的优点。例如,在高载荷区域中插入一个昂贵但具有成本效益的 CFRP 加强件(图 16.2)。由于载荷适应的设计原则具有良好的材料利用率,因此对整体结构的轻量化设计非常有利。

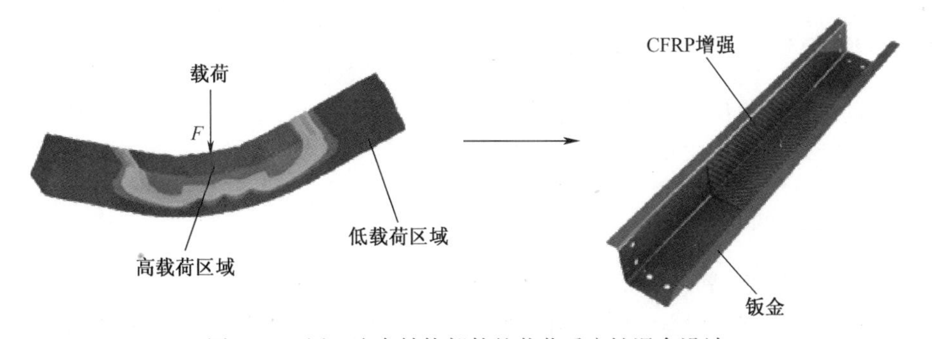

图 16.2　用于汽车结构部件的载荷适应性混合设计

目前,实现载荷适应结构有四个主要趋势。首先,我们已经做了许多努力来开发不同类型的定制钣金产品,包括定制焊接坯料、定制带材、补材和定制管材。在这里,通常采用焊接方法将不同类型的金属板材组合在单个半成品中(Kleiner,Chatti,Klaus,2006)。另一个可能是控制回火过程。在成形操作之前,用于加压硬化的钢材仅被局部加热。之后,它们在模具中形成并淬火。这就导致不同的区域温度,其力学性能也不相同。作为第三种选择,必须提到局部硬化过程。例如,在该过程中,金属板材结构的力学性能受感应加热和淬火的影响(Thomas,Block,Troster,2011)。

第四,可以制造壁厚较低的钣金结构,然后用 FRP 结构进行加固。这种组合可使汽车结构部件的重量显著下降,并且与纯 FRP 解决方案相比,具有多种优点(Lauter,et al.,2012;Maciej,2011)。混合结构可以作为未来汽车轻量化设计概念的一种可行性选择。在汽车结构的发展过程中,至少要经过三个基本步骤:设计和建模阶段;制造过程阶段和结构的测试阶段。

在产品方面,承载和几何形状或产品设计是重点。例如,本书中所介绍的加载水平和加载位置、规格等特性。几何形状和产品设计对仿真、设计和施工以及载荷情况和部件性能都有影响。在单一组件(混合组件)中不同材料的组合将会导致设计和建模更加复杂:例如,材料必须相互适应,并且制造过程也必须进行微调,或者为材料特性和建模找到新的概念。轻质混合结构可以为新产品的开发提供支持。

混合结构可以通过几种不同的技术来制造。尤其是 FRP 结构的制造工艺更是一个重要的问题,因为制造过程对部件的性能有重要影响。例如,在汽车制造领域,可用性、灵活性、循环时间、质量、过程稳定性或再现性和回收利用等方面是有意义的,而这些性能只能通过高水平的自动化过程来实现(Feldmann,Müller,Haselmann,1999)。这些因素再一次受到工艺参数、几何形状和材料特性的影响。经过高压灭菌处理的 CFRP 部件具有最佳的力学性能,但循环时间和成本都不适用于系列汽车的生产。因此,需要开发和研究制造这些部件的新方法。

16.2.3 多维材料和混合设计

前面已经指出,部件和组件的载荷通常不是均匀分布的。这种情况可以通过载荷适应性设计来实现,如可以通过复合材料结构来实现。

16.2.3.1 多维材料设计

首先,多维材料体系是指不同材料组件的组合(Cui,Wang,Hu,2008)。

对于在多维材料设计中实现的组件来说,第一步通常使用均质材料来制造结构,例如钢、铝或 FRP。在下一步中,单个部件通过一个合适的粘合工艺结合到多维材料结构中。其中的一个例子是将金属板材与 FRP 采用结构胶黏剂进行组合,如所谓的 Erlanger 梁(在这种结构中,薄壁铝结构用纤维增强树脂基复合材料部件进行增强)和圆形 CFRP 肋结构(Kopp et al. ,2012)。在这个剖面结构中,一个薄壁金属板与形状相配的聚合物材料结合在一起。汽车钢架的重量可减少 40%,而不会损失结构的强度或刚度(Ehrenstein,2007;Henning,Moeller,2011;Ickert et al. ,2012)。聚合物和 FRP 的组合可以进一步降低组件的重量(Geiger,Singer,2006)。

16.2.3.2 混合设计

其次,混合结构是通过将至少两种不同的材料(如金属板和 CFRP)固定连接起来而形成的,从而实现不同类别材料之间的转换。混合材料的特征在于通过两类材料的组合,最终形成单一结构材料。通常采用广泛的胶接来实现材料之间的连接。混合材料由一层板状金属层、局部使用的纤维增强树脂基复合材料增强层和可选的金属板覆盖层组成。先进的混合结构具有分级产品设计的特点。在这里,金属板基层仅在高载荷区域用 CFRP 补片进行增强(Grasser,2009;Lauter et al. ,2011;Moller et al. ,2010)。这种分层结构可以使组件满足预期的载荷条件。压淬硬钢可以用作板材,也可以用作其他材料。FRP 加强件可以减少钢制部件的壁厚。混合组件可以很容易地集成到现有车辆生产过程中,因为它们的金属表面允许使用传统的连接技术,如点焊或铆接。在基本金属结构的基础上,也可以将其融入到现有的车身结构中(Lauter,Frantz,Troster,2011)。CFRP 和金属材料的相应组合越来越多地应用于汽车和航空航天工业以及一般机械工程中(Moller et al. ,2010)。

可以在文献中找到的应用于汽车领域的材料组合有:基于钢材或铝材与 GFRP,或 CFRP 的组合。与传统结构相比,使用混合设计可以减轻重量约 35%(Broughton,Beevers,Hutchinson,1997;Maciej,2011)。但是,纯 CFRP 结构可以使重量减轻 50%(Lauter et al. ,2010;Zhang et al. ,2012)。不幸的是,相关成本也将会大幅提高(Homberg,Dau,Damerow,2011)。

因此,在结构部件中使用多维材料或混合设计是很有吸引力的一项选择(Homberg,Dau,Damerow,2011)。如前所述,这种结构技术能够利用不同材料的优点。例如,FRP 可以达到目前所有汽车建筑材料的最高抗拉强度,而金属基材料的延伸率要远远高于合金。在这种情况下,制造商可以采用由高强度钢和局部 CFRP 加强件组合而成的混合结构来制造与安全相关的汽车零部件,且这些混合结构部件比纯 CFRP 制成的部件成本更低,如 B 柱(Homberg et al. ,2011)。通过采用这种结构技术,用胶接 CFRP 加强的铝型材比直接的铝材优化结构轻了 33%(Broughton,Beevers,Hutchinson,1997)。

16.3 车用编织复合材料部件的生产

16.3.1 预成型编织体

编织复合材料的生产链从纤维和原材料的生产开始,经过多个编织和非编织生产环节,到达最终的固化部分。在这个生产链条中,“预成型”一词是指复合材料部件在生产过程中即将成型(复杂的)的纤维预成型件,其几何形状、局部的和全部纤维取向以及纤维含量(无重量)都将会决定复合材料部件最终的纤维含量。预成型工艺可以从无头的多丝纱线开始,也可以从编织半成品,如机织织物、NCF 或编织物开始。单步预成型与多步预成型不同,它是在单步生产过程中,由纱线制造预成型件或子预成型件。在多步预成型中,采用多个不同的生产步骤将半成品或子预成型件加工成更大的或者更复杂的预成型件。多步预成型的典型生产步骤是切割、处理、成型(悬垂)和连接操作。

图 16.3 展示了一种典型的用于中、大型汽车复合材料零部件的生产工艺流程。

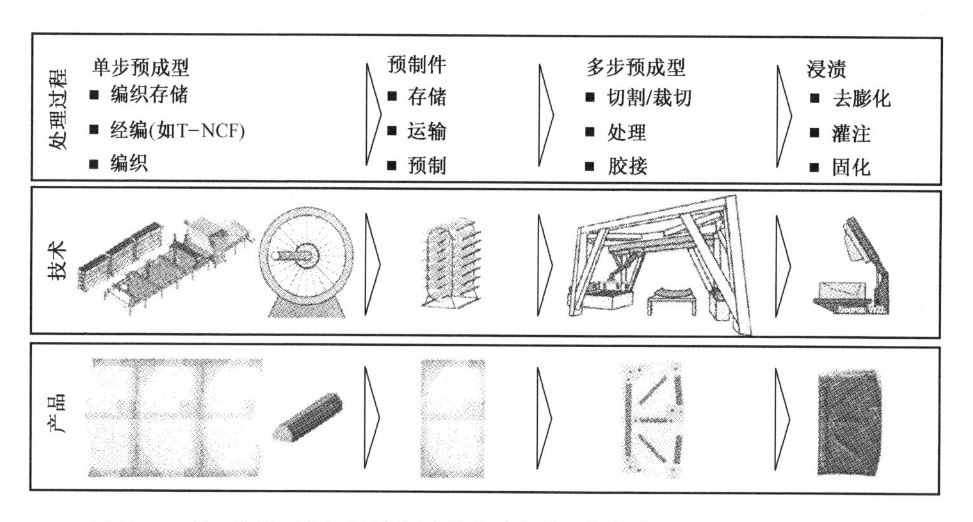

图 16.3 车用编织复合材料的先进预成型典型工艺流程(Schnabel et al. ,2012)

图 16.3 给出了跑车车顶部件(宝马 M3)的预成型件的典型预成型流程图。预制件本身如图 16.4 所示。它被选为 2005—2007 年公共资助项目“汽车预制件”的展示对象,目前仍用于改进预成型过程,以实现更高的自动化程度。它除了由平板和管状单步子预制件(NCF 和编织型材)组合在一起之外,还包括用于承载的金属插件和用于固定组件的元件。因此,它也是多维材料设计的一个范例。

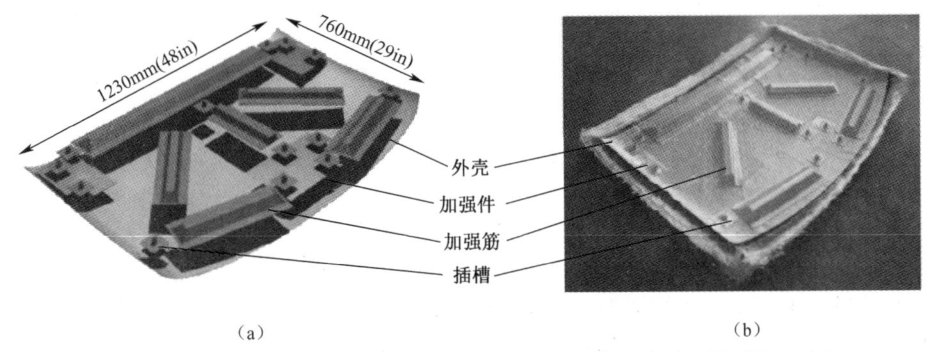

图 16.4 通过一个复杂的汽车预制件制造技术生产汽车车顶部件的示例，该技术结合了单步预成型和多步预成型技术(Schnabel et al. ,2012)

多步预成型技术的典型工艺流程如图 16.5 所示。除了已经提到的切割、处理、成型和连接工艺(缝合的关节或胶黏剂)步骤之外，该图还包括了本章后面将要讨论的质量控制步骤。

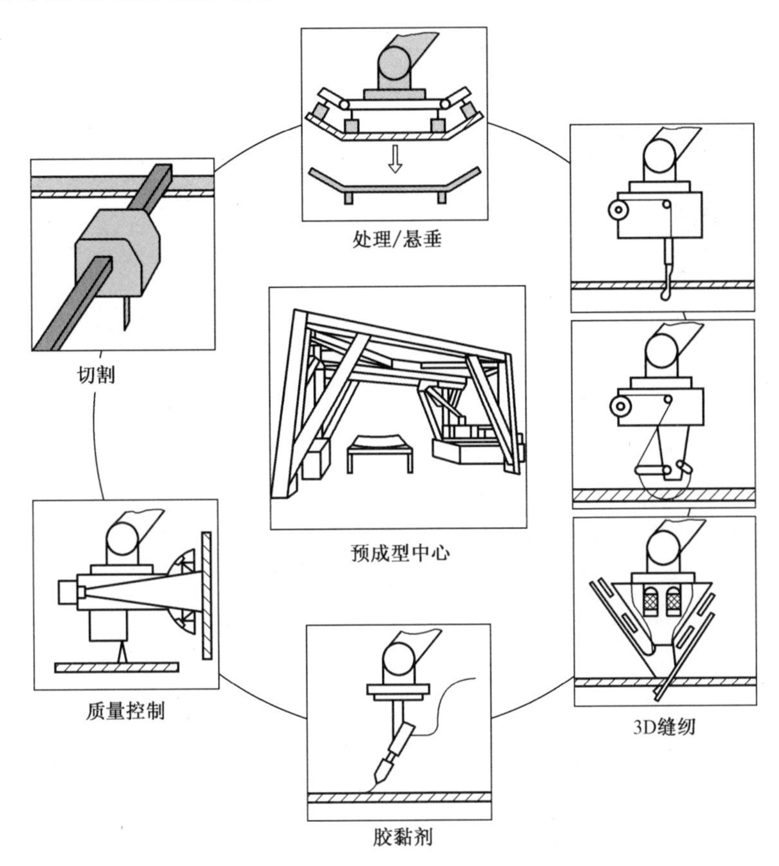

图 16.5 典型的多步预成型工艺流程(Skock-Hartmann & Gries,2011)

介观尺度上的纱线结构是在预成型过程中确定的。波纹、纤维不定向和其他缺陷,如间隙,对复合材料抗疲劳载荷的能力影响很大,但其力学性能不会损失。

16.3.2 混合结构的制造

在 FRP 领域,有许多不同的生产技术可供选择,每种技术都有各自的优缺点。所采用的制造技术对 FRP 部件的特性具有决定性的影响(Adam,1997)。在所有的过程中,只有完整的过程控制才能制造出质量好的、受汽车行业欢迎的 FRP 部件(Brouwer,van Herpt,& Labordus,2003)。

在汽车结构的批量生产中,目前使用的是几种不同的树脂传递模塑工艺(RTM)(Simacek,Advani,Iobst,2008)。根据结构的尺寸的不同,该制造技术可以实现约 8~15min 的循环周期。对于 RTM 工艺,采用干编织半成品,并将其都放在加热的模具中。下一步,将基体树脂注入,并在封闭的模具中进行固化(Maciej,2011;Simacek et al.,2008)。该过程如图 16.6 所示。

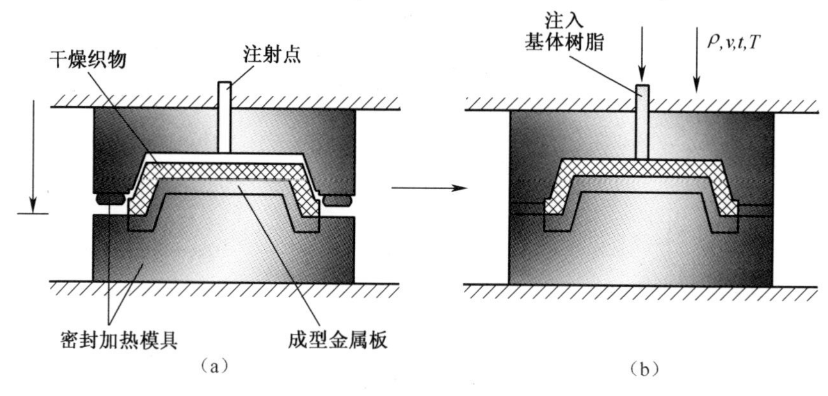

图 16.6 采用 RTM 工艺进行混合部件的制造

另一种技术是热压法,目前主要用于 FRP 结构的制造。将干燥的半成品编织体插入加热模具后,机器将在编织体的顶部涂抹基体树脂。接下来的压力操作会导致树脂的黏度降低。在压力的作用下,树脂被在封闭的模具中进行配制,并浸渍增强编织体。经过规定的循环时间之后,将固化好的 FRP 结构从模具中取出。图 16.7 所示为混合组件在热压工艺下的制造。

RTM 以及热压法均可用于制造车用金属板-FRP 混合结构。当使用间接工艺流程时,固化的 FRP 组分被黏合在成型的金属板结构上。直接工艺流程的特点是放弃了额外的粘合过程。在基体树脂(环氧树脂)的固化过程中,利用基体树脂、胶黏剂或结构胶黏剂,将成型的板材和 FRP 直接结合在一起。

另一种即将到来的制造技术是预浸料模压成型技术(Asnafi et al.,2000)。通过这一工艺,可以制造出纯 FRP 部件和钢——FRP 混合部件。预浸料模压成

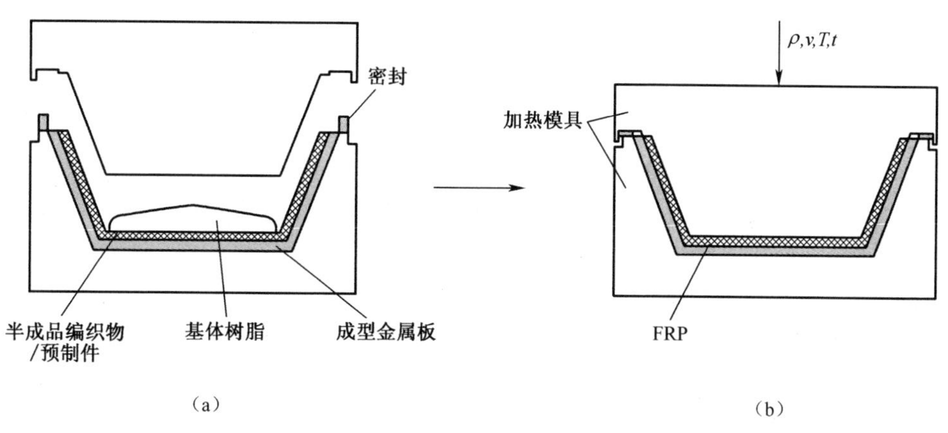

图 16.7　采用热压工艺进行金属-复合材料混合部件的制造

型技术是大批量生产汽车结构件的一种方法(Reuter et al. ,2012)。其制造过程可以分为几个部分。首先,预浸料(预浸渍、半成品纤维制品)在特殊机器上连续生产,并通过线圈运输(Dau et al. ,2011)。由于环氧树脂是在这种情况下使用,因此必须考虑相关的特殊储存要求,如冷却。与热固性树脂的情况相反,热塑性基体材料在这方面具有优势(Kanellopoulos et al. ,1989)。层结构可作为组件中预期载荷的函数。切割层压板,以匹配后续的几何结构。之后,由机器来处理预浸料。在直接工艺流程中,将预成型钢结构放置在加热钢模具中之后,自动化处理操作会将预浸料插入到钢结构中。然后将定制的预浸料坯通过加热冲头压到金属板上。由于环氧树脂起到胶黏剂的作用,所以在这第三步中,金属板和 CFRP 也连接在了一起。根据预浸料的厚度,90～120s 的预固化阶段后,混合部件被机器移走并堆叠起来。组件的后固化是在下游阶段的电泳涂漆过程中进行的(Dau et al. ,2011)。间接工艺流程包含固化 FRP 结构和成型金属板的附加粘接工艺。所描述的制造流程如图 16.8 所示。

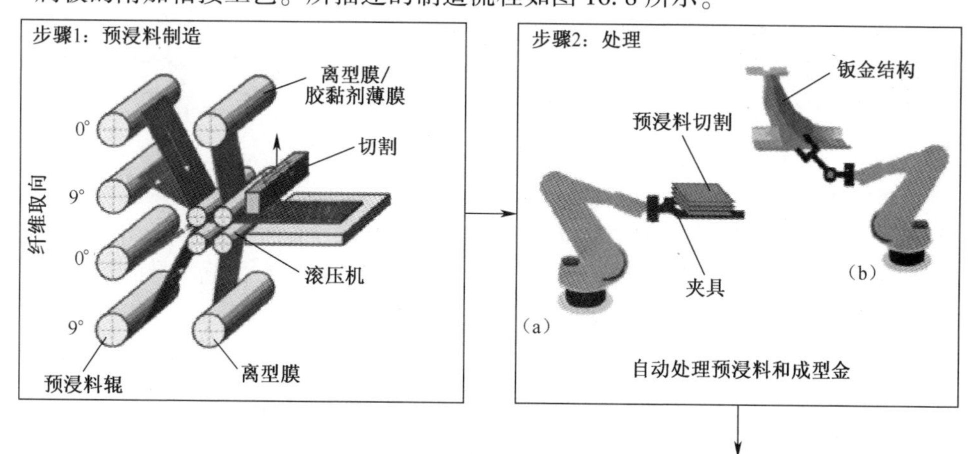

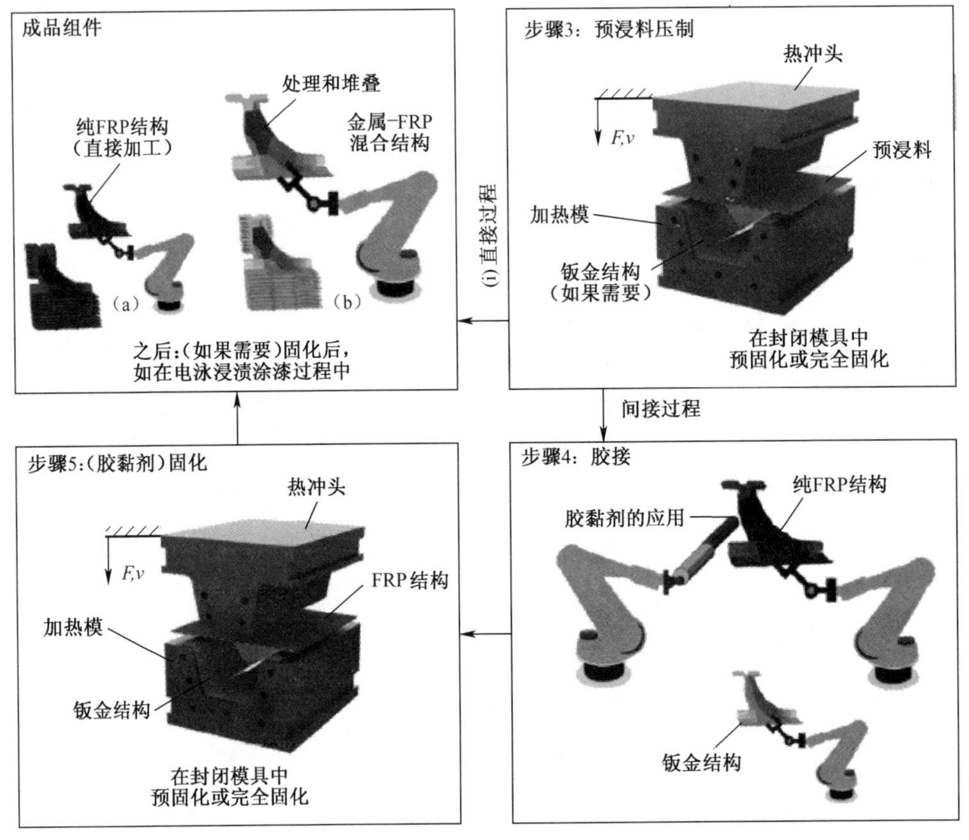

图 16.8 车用 FRP 或混合结构件在预浸料模压成型工艺中的大批量生产

16.4 汽车系列产品的疲劳问题

在文献(Skock-Hartmann, Gries, 2011)中,给出了非卷曲编织复合材料(NCF)在汽车应用中的示例。今天,NCF(特别是那些由涂有碳纤维的重型丝束生产的NCF)在汽车车身所用的所有编织增强结构中所占份额最大。这一趋势主要得益于2013年由宝马投入生产的i-Models i3和i8(Bayerische Motorenwerke AG,慕尼黑,德国)。在此之前,车身中FRP量高的汽车主要是小型系列超级跑车,它采用碳纤维预制件成型工艺制造;宝马i3车型采用干式纤维预成型技术生产。在大批量RTM工艺流程中,先将NCF预成型件与编织结构相结合,然后用环氧树脂浸渍。尽管车身不会受到高循环载荷的作用,但也要考虑材料的抗疲劳性能,因为即使在超过10年的长使用寿命之后,其碰撞性能也会对乘客的安全有至关重要的影响。

汽车车身复合材料的制造问题主要是复合材料的自动化生产问题。疲劳性能,特别是疲劳后的力学性能与介观尺度下增强纤维的实际几何结构关系密切。纤维的几何结构是根据所选增强纤维来决定的,但也会存在小的局部缺陷,如间隙和纤维的错位(如处理或悬垂操作引起的波动)。图 16.9 给出了预成型过程中编织增强复合材料在(自动)传递和悬挂过程中可能出现的一些局部典型缺陷。

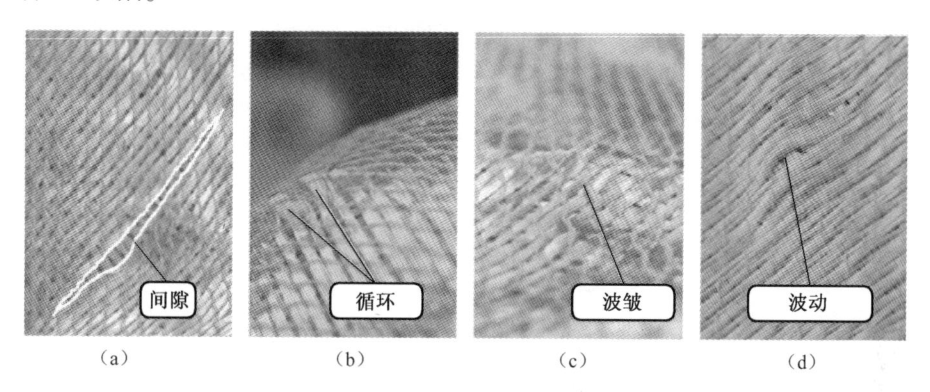

图 16.9 玻璃纤维 NCF 编织预制件中的不同缺陷(© Helga Krieger,2014.)

以合理的成本处理这些决定部件疲劳能力的质量问题,是当今编织复合材料大批量生产中至关重要的问题之一。因此,最近的研究项目将重点关注单步预成型技术以及多步预成型过程的质量管理。

今天,在编织物生产和预成型过程中,有各种传感器技术可用于缺陷检测。在预成型过程中,首批检测纤维不定向缺陷的原型系统之一是从 2006—2008 年在"FALCON"项目中开发的安装有监控头的机器。该系统通过光学传感器拍摄的图像来计算纤维角度。目前,几个具有相似功能的系统在市场上是可以买到的,其中一些用于编织品在生产过程中的在线测量。所有用于质量控制系统都有一个共同点——那就是它们是单一系统,通常与生产过程本身没有关联。它们通常不会自动校正所检测到的误差,也不会自动调整机器的参数。Mersmann (2012)在他的博士论文中详细介绍了编织品在预成型过程中的质量控制系统,以及在该领域实现更高自动化的新方法。亚琛工业大学纺织工程学院(ITA)正在建立第一个基于 NCF 疲劳相关缺陷测量的 NCF 机器生产参数的闭环质量控制系统。

16.5 多维材料的疲劳问题

多维材料和混合设计的疲劳问题在汽车领域中被广泛关注。事实上,当今汽车设计中的大多数复合材料部件都需要以某种方式与汽车底盘的金属部件连接在一起。要想实现这种混合连接有两种可行的方法:一种是采用螺栓连接;另一方面是采用铆接接头。复合材料螺栓接头是目前商用飞机复合材料结构制造中广泛应用的一种连接形式,主要原因是它们相对容易的视觉检查。铆接接头的力学性能几乎不会受制造环境条件的影响。然而,对于螺栓连接而言,典型的点状载荷传递会导致连接区域的应力分布不均匀。由于应力分布不均匀,这表明只能使用部分的材料强度,这就使得螺栓连接在轻质设计方面不如粘接接头。应力集中也会导致接头承受动态载荷的能力下降,从而导致疲劳性能下降。Sun,Stephens 和 Herling (2004)在关于重型汽车底盘螺栓连接部件的静态和疲劳强度的研究中,对螺栓接头、金属和 FRP 接头以及混合接头进行了更详细的讨论。Camanho 和 Tong (2011)非常完整地概述了复合材料螺栓接头和粘结接头的性能。

Jethwa 和 Kinloch (1997)确定了汽车胶黏剂的疲劳行为(尽管对编织复合材料和金属之间的混合接头没有明确的规定)。根据他们的试验,结果表明,对于环氧树脂基胶黏剂,存在一个的阈值,在低于该阈值时不会观察到疲劳裂纹的扩展。这表明经过设计的粘结式混合接头也可以达到优良的疲劳性能。然而,Jethwa 和 Kinloch (1997)同样也观察到,当接头暴露在湿度较高或恶劣的环境条件下时,其疲劳性能急剧下降。这些现象在汽车应用中广泛存在,其中复合材料和胶黏剂与水、盐、制动液、油等液体都会存在接触。

提高混合接头(静态)力学性能的一种方法是将粘接接头与附加形状的匹配元件结合起来。与复合材料编织结构相连接的小金属销附着在金属表面上。由亚琛工业大学 RWTH 资助的“智能多维材料联合项目”将对这些特殊的混合接头进行研究。在新研制的焊接工艺中,将金属剪切接头连接到金属接合器中。针的几何形状可以是圆柱形、球形或锋利的尖角。图 16.10 给出了带有附加金属剪切接头的混合粘接接头。

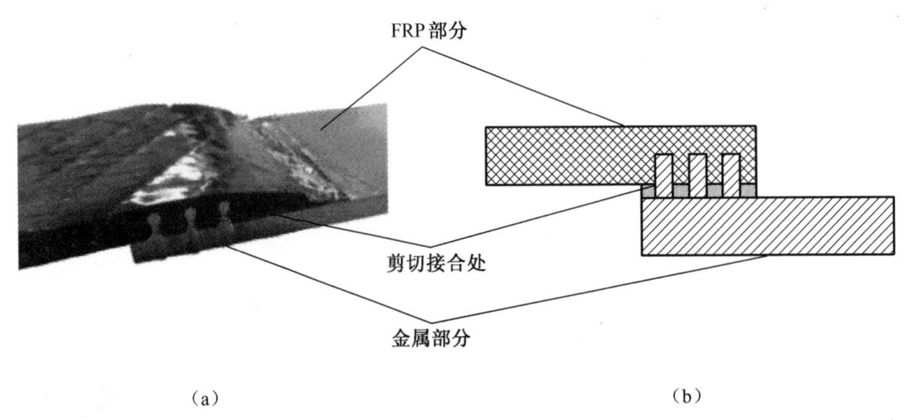

图 16.10 带剪切接头的 FRP-金属粘接混合接头(Quadflieg et al,2012)

尚未对带有附加剪切接头的粘结混合接头的疲劳性能进行详细研究。通过这种装置吸收的碰撞能量比单独粘接的接头要高出500%。碰撞能量被转换成金属剪切接头的变形。当接头发生粘接失效时,剪切接头仍能提供一定的承载能力。在这个破裂阶段,当胶黏剂已经失效,但两种材料仍然通过金属销连接时,在两种材料之间会出现宏观裂纹。这就提供了一种通过结构健康监测方法,来检测接头在其完全拆卸之前失效的可能性。

16.6 结　　论

编织增强复合材料具有很高的抗疲劳载荷能力。在汽车应用中,玻璃纤维增强弹簧叶是最常见的例子之一,其疲劳性能甚至优于金属材料。此外,编织复合材料还具有减轻重量的发展潜力,特别是在公路运输中的应用,可以应对全球节能和减少二氧化碳排放的挑战。然而,单个公路车辆每千克减重的寿命节能潜力,比商用飞机低100倍。因此,编织复合材料等轻质材料的使用承受着巨大的经济压力。这就要求在编织物半成品的生产和多步预成型过程中实现自动化质量控制,因为增强编织物的纱线结构中的任何缺陷都会危及部件的寿命和力学性能。在汽车应用中,疲劳也必须被视作碰撞后的疲劳性能,因为这可能对乘客的安全至关重要。因此,需要综合考虑复合材料部件的质量控制、成本效益和疲劳性能。

参考文献

Abrate,S. (Ed.). (2011). Impact engineering of composite structures. Wien: Springer.

Adam,H. (1997). Carbon fibre in automotive applications. Materials and Design,18,349-355.

Asnafi,N. ,Langstedt, G. , Andersson, C. H. , € Ostergren, N. , & Hakansson, T. (2000). A new lightweight metal-composite-metal panel for applications in the automotive and other industries. Thin-Walled Structures, 36,289-310.

Broughton, J. G. , Beevers, A. , & Hutchinson, A. R. (1997). Carbon - fibre - reinforced plastic (CFRP) strengthening of aluminium extrusions. International Journal of Adhesion and Adhesives,17,269-278.

Brouwer,W. D. , van Herpt, E. C. , & Labordus, M. (2003). Vacuum injection moulding for large structural applications. Composites: Part A,34,551-558.

Camanho,P. , & Tong, L. (2011). Composite joints and connections. Oxford, Cambridge, Philadelphia, New Delhi: Woodhead Publishing.

Corum,J. M. ,Battiste,R. L. ,& Ruggles,M. B. (1998). Fatigue behavior and recommended design rules for an automotive composite. Oak Ridge,Tennessee: Oak Ridge National Laboratory.

Cui,X. ,Wang,S. ,& Hu,S. J. (2008). A method for optimal design of automotive body assembly using multi-material construction. Materials and Design,29,381-387.

Dau,J. ,Lauter, C. , Damerow, U. , Homberg, W. , & Troster, T. (2011). Multi - material systems for tailored automotive structural components. In 18th international conference on composite materials. Jeju Island, South Korea.

Ehrenstein, G. W. (2007). Mit Kunststoffen konstruieren. München: Hanser: Verlag.

Feldmann, K., Müller, B., & Haselmann, T. (1999). Automated assembly of lightweight automotive components. Annals of the CIRP, 48, 9-12.

Fink, A., Camanho, P. P., Andrés, J. M., Pfeiffer, E., & Obst, A. (2010). Hybrid CFRP/titanium bolted joints: performance assessment and application to a spacecraft payload adaptor. Composites Science and Technology, 70, 305-317.

Geiger, M., & Singer, R. F. (Hrsg.). (2006). Robuste, verkurzte Prozessketten fur flachige Leichtbauteile. Bamberg: Tagungsband zum Industriekolloquium des SFB 396 in Erlangen. Meisenbach Verlag.

Grasser, S. (2009). Composite - Metall - Hybridstrukturen unter Berucksichtigung groserientauglicher Fertigungsprozesse. In Symposium material innovativ. Ansbach, Germany.

Helms, H., & Lambrecht, U. (2004). Energy savings by light-weighting II. Heidelberg: Institut fur Energie und Umweltforschung Heidelberg GmbH.

Henning, F., & Moeller, E. (2011). Handbuch Leichtbau. Methoden, Werkstoffe, Fertigung. Munchen: Hanser Verlag.

Homberg, W., Dau, J., & Damerow, U. (2011). Combined forming of steel blanks with local CFRP reinforcement. In 10th international conference on technology of plasticity. Aachen, Germany.

Ickert, L., Thomas, D., Eckstein, L., & Troster, T. (2012). In Forschungsvereinigung Automobiltechnik e. V. (FAT) (Ed.), Beitrag zum Fortschritt im Automobilleichtbau durch belastungsgerechte Gestaltung und innovative L€osungen fur lokale Verstarkungen von Fahrzeugstrukturen in Mischbauweise. FAT Schriftenreihe Nr. 244. Berlin: Forschungsvereinigung Automobiltechnik e. V. (FAT).

Iqbal, K., Khan, S. U., Munir, A., & Kim, J. K. (2009). Impact damage resistance of CFRP with nanoclay-filled epoxy matrix. Composites Science and Technology, 69, 1949-1957.

Jacob, A. (2010). BMW counts on carbonfibre for its Megacity Vehicle. Reinforced Plastics, September/October, 38-41.

Jethwa, J. K., & Kinloch, A. J. (1997). The fatigue and durability behaviour of automotive adhesives. Part 1: fracture mechanics tests. The Journal of Adhesion, 61, 71-95. ISSN: 0021-8464.

Kanellopoulos, V. N., Yates, B., Wostenholm, G. H., Darby, M. I., Eastham, J., & Rostron, D. (1989). Fabrication characteristics of a carbon fibre - reinforced thermoplastic resin. Journal of Materials Science Letters, 24, 4000-4003.

Klein, B. (2007). Leichtbau-Konstruktion. Berechnungsgrundlagen und Gestaltung. Wiesbaden: Vieweg.

Kleiner, M., Chatti, S., & Klaus, A. (2006). Metal forming techniques for lightweight construction. Journal of Materials Processing Technology, 177, 2-7.

Kolleck, R., & Veit, R. (2011). Current and future trends in thefield of hot stamping of car body parts. In 3rd international conference on steels in cars and trucks. Salzburg, Austria.

Kopp, G., Beeh, E., Sch€oll, R., Kobilke, A., Straßburger, P., & Kriescher, M. (2012). New lightweight structures for advanced automotive vehicles e safe and modular. Procedia e Social and Behavioral Sciences, 48, 350-362.

Kumar, M. S., & Vijayarangan, S. (February 2007). Analytical and experimental studies on fatigue life prediction of steel and composite multi-leaf spring for light passenger vehicles. Materials Science. ISSN: 1392-1320, 13.

Lauter, C., Dau, J., Troster, T., & Homberg, W. (2011). Manufacturing processes for automotive structures in multi-material design consisting of sheet metal and CFRP prepregs. In 16th international conference on composite structures. Porto, Portugal.

Lauter, C., Frantz, M., & Troster, T. (2011). Großserientaugliche Herstellung von Hybridwerkstoffen durch Prepregpressen. Lightweight Design, 4, 48-54.

Lauter, C., Niewel, J., Siewers, B., Zanft, B., & Troster, T. (2012). Crash worthiness of hybrid pillar structures consisting of sheet metal and local CFRP reinforcements. In 15th international conference on experimental mechanics. Porto, Portugal.

Lauter, C., Troster, T., Skock - Hartmann, B., Gries, T., & Linke, M. (2010). H € ochstfeste Multimaterialsysteme aus Stahl und Faserverbundkunststoffen. Konstruktion: Zeitschrift fur Produktentwicklung und Ingenieur-Werkstoffe, 11/12, IW8-IW9.

Lauter, C., Troster, T., & Reuter, C. (2013). Hybrid structures consisting of sheet metal andfibre reinforced plastics for structural automotive applications. In A. Elmarakbi (Ed.), Advanced composite materials for automotive applications. Structural integrity and crashworthiness. Chichester: Wiley.

Luo, R. K., Green, E. R., & Morrison, C. J. (1999). Impact damage analysis of composite plates. International Journal of Impact Engineering, 22, 435-447.

Maciej, M. (2011). Faserverbundkunststoffe: Von der Kleinserienfertigung von Sichtbauteilen zur Groserienproduktion von Strukturteilen. In InnoMateria e Interdisziplinare Kongressmesse fur innovative Werkstoffe. Cologne, Germany.

Mamalis, A. G., Manolakos, D. E., Ioannidis, M. B., & Papapostolou, D. P. (2004). Crashworthy characteristics of axially statically compressed thin - walled square CFRP composite tubes: experimental. Composite Structures, 63, 347-360.

Mayyas, A. T., Qattawi, A., Mayyas, A. R., & Omar, M. (2013). Quantifiable measures of sustainability: a case study of materials selection for eco-lightweight auto-bodies. Journal of Cleaner Production, 40, 177-189.

Mersmann, C. (2012). Industrialisierende Machine-Vision-Integration im Faserverbundleichtbau (Dissertation at RWTH Aachen University). Aachen: Apprimus.

Moller, F., Thomy, C., Vollertsen, F., Schiebel, P., Hoffmeister, C., & Herrmann, A. S. (2010). Novel method for joining CFRP to aluminum. Physics Procedia, 5, 37-45.

Phonthammachai, N., Li, X., Wong, S., Chia, H., Tiju, W. W., & He, C. (2011). Fabrication of CFRP from high performance clay/epox nanocomposite: preparation conditions, thermalmechanical properties and interlaminar fracture characteristics. Composites: Part A, 42, 881-887.

Quadflieg, T., Schoene, J., Schleser, M., Jockenh € ovel, S., Reisgen, U., & Gries, T. (2012). Shear connectors for hybrid joints of metal and FRP. In Diversity in composites 2012 conference, 15-16 March, 2012. Leura, New South Wales. Hawthorn: Composites Australia.

Reuter, C., Frantz, M., Lauter, C., Block, H., & Troster, T. (2012). Simulation and testing of hybrid structures consisting of press-hardened steel and CFRP. In First international conference on mechanics of nano, micro and macro composite structures.

Schnabel, A., Greb, C., Michaelis, D., Haring, J., & Gries, T. (2012). FEIPLAR composites & FEIPUR 2012: International exhibition and congress on composites, polyurethane and engineering plastics. Sao Paolo, Brazil, 6-8 November, 2012 (used in the presentation).

Shi, Y., Zhu, P., Shen, L., & Lin, Z. (2007). Lightweight design of automotive front side rails with TWB concept. Thin-Walled Structures, 45, 8-14.

Simacek, P., Advani, S. G., & Iobst, S. A. (2008). Modelingflow in compression resin transfer molding for manufacturing of complex lightweight high-performance automotive parts. Journal of Composite Materials, 42 (23).

Skock-Hartmann, B., & Gries, T. (2011). Automotive applications of non-crimp fabric composites. In S. V. Lomov (Ed.), Non-crimp fabric composites e Manufacturing, properties and applications (pp. 461-480). Oxford, Cambridge, Philadelphia, New Delhi: Woodhead Publishing Limited.

So, H., Faßmann, D., Hoffmann, H., Golle, R., & Schaper, M. (2012). An investigation of the blanking process of the quenchable boron alloyed steel 22MnB5 before and after hot stamping process. Journal of Materials Processing Technology, 212, 437-449.

Sultan, M. T., Worden, K., Pierce, S. G., Hickey, D., Staszewski, W. J., Dulieu-Barton, J. M., et al. (2011). On impact damage detection and quantification for CFRP laminates using structural response data only. Mechanical Systems and Signal Processing, 25, 3135-3152.

Sun, X., Stephens, E. V., & Herling, D. R. (2004). Static and Fatigue Strength Evaluations for Bolted Composite/Steel Joints for Heavy Vehicle Chassis Components. In 4th Annual SPE Automotive Composites Conference, Commercial Transport Session, Paper No. 3, (pp. 1 - 14). Society of Plastics Engineers, Brookfield, CT, USA.

Thomas, D., Block, H., & Troster, T. (2011). Production of load-adapted lightweight designs by partial hardening. In Third international conference on steels in cars and trucks. Salzburg, Austria.

Vassilopoulos, A. P., & Keller, T. (2011). Fatigue of fiber-reinforced composites. London: Springer.

Weber, J. (2009). Automotive development processes. Processes for successful customer oriented vehicle development. Berlin: Springer.

Yanagimoto, J., & Ikeuchi, K. (2012). Sheet forming process of carbonfiber reinforced plastics for lightweight parts. CIRP Annals e Manufacturing Technology, 61, 247-250.

Zhang, J., Chaisombat, K., He, S., & Wang, C. H. (2012). Hybrid composite laminates reinforced with glass/carbon woven fabrics for lightweight load bearing structures. Materials and Design, 36, 75-80.

Zhang, Y., Lai, X., Zhu, P., & Wang, W. (2006). Lightweight design of automobile component using high strength steel based on dent resistance. Materials and Design, 27, 64-68.

第 17 章

用于风能工程的编织复合材料的疲劳寿命

J. Zangenberg
丹麦,科灵,艾尔姆风能叶片制品公司
P. Brondsted
丹麦,罗斯基勒,丹麦技术大学罗斯校区

17.1 引　　言

越来越多的重载轻质结构采用长连续纤维增强的聚合基复合材料进行制造。与其他常规结构材料相比,复合材料具有优异的性能,并且可根据某一特定应用的需求而进行设计。这些不同种类的轻型结构在寿命期内经常会遭受循环载荷的影响,而这种循环载荷的作用会使结构材料的性能降低。因此,材料在循环作用下性能退化的现象称为疲劳,疲劳会对结构的完整性产生严重的影响,例如,循环裂纹的扩展就有可能导致结构失效。材料的疲劳是一个众所周知的工程问题,历来都被认为是导致金属结构出现性能退化的机制。因此,对复合材料疲劳的基本认识也是建立在对具有均质和各向同性微观结构的金属材料试验观察的基础上。对于非均质和各向异性的材料,如复合材料,特别是机织编织材料,其力学性能与材料的编织方向有关,从而导致这种材料的特征描述更加复杂。就疲劳而言,这意味着损伤机制在不同的材料方向上相互耦合,而金属疲劳的简单理论是不足以解释这种损伤机制的。一个令人担忧的问题是,目前许多可用的疲劳模型都是基于金属疲劳理论及应用而建立的,将这些理论用于复合材料疲劳中所观察到的实际损伤模式中,似乎不太合适。编织复合材料的疲劳是复合材料疲劳总体框架中的一个约束区域,由于编织复合材料的广泛应用以及材料微观结构的复杂性,因此编织复合材料的疲劳问题日益受到重视。

先进编织复合材料的大型应用之一就是用于风力涡轮机转子叶片。转子和叶片的直径越做越大,最大的直径接近 170m,主要用于近海装置。叶片承受较大的随机载荷,这就需要它具有高刚度、高静态强度,特别是优异的抗疲劳性能。为了预测并设计能够承受这些条件的结构,必须对其力学性能进行优化,这一点可以通过选择高性能的纤维、较好的编织结构以及与纤维表面防护层(浆纱)相兼容的树脂体系来实现。考虑到结构性能只需要体现在应力传递部分和结构的方向上,必须优化材料结构,以避免材料的过度使用(减轻重量)和强度过高,因此,有必要描述并理解各个材料成分及其相互作用的基本性能和条件,以及纤维结构对力学性能和材料设计的影响。

本章介绍了用于风力涡轮机转子叶片的先进编织复合材料和基本材料,并着重介绍了这种特殊的复合材料体系,概述了疲劳寿命和损伤扩展。

17.1.1 基本材料

现代风力发电机叶片的主要设计驱动因素是疲劳性能(寿命)和刚度-重量比(静载荷、叶尖偏转和塔架间隙)。压缩强度和稳定性对于设计来讲非常重要,用来避免全部和局部的屈曲变形。关键材料性能基本上由纤维、树脂、界面尺寸性能及这些组合的方式来控制,即纤维结构与加工特性相结合。玻璃纤维仍然是可选的制造材料,因此将重点放在该材料上。玻璃纤维在过去几年中改善了其强度和刚度性能,从而可以采用这些高性能纤维制造出成本更低、重量更轻、长度更长的叶片。研发树脂主要是为了提高与纤维的一致性,即界面性能。同样,界面似乎是优异力学性能的关键环节,特别是在疲劳方面。对浆纱和树脂之间相互作用的深入研究有助于改善材料的疲劳性能。并且通过对纤维结构的深入研究,可以更好地理解疲劳破坏机理,从而使较高纤维含量的复合材料具有较好的疲劳性能。

17.1.2 疲劳损伤

用于风力涡轮转子叶片的玻璃纤维增强复合材料的疲劳损伤机理与材料结构和材料体系密切相关(Nijssen,Brøndsted,2011)。纤维增强复合材料的损伤扩展可以通过试验进行监控测量,并根据试验观察到的刚度退化进行量化(Brøndsted et al. ,1996)。研究表明,所研究材料的损伤机制与材料结构密切相关,并且验证了试验观察到的拉伸疲劳刚度损失与轴向承载纤维束中的纤维断裂有直接相关,该纤维束是由横向纤维束内的界面脱黏和开裂引发的。基于此提出了一种疲劳损伤机制,该机制认为由于纤维束的失效(横向开裂)而引起损伤萌生,从而导致轴向承载纤维的应力集中。这种应力集中作用会使得轴向纤维发生断裂及刚度损失,并导致最终的失效。使用显微镜观察层压板的损伤模式,并通过 X 射线断层扫描(计算机断层扫描(CT))验证了纤维观察结果,CT 观察结果也证实了之前提出的损伤机制。

17.2　基本材料

17.2.1　基本知识

图 17.1 所示为(玻璃)纤维增强复合材料力学性能的基本组成和特征。

其基本组成包括轴向承载纤维、上浆和基体,这在加工和基体固化阶段中通常称为树脂体系。纤维承受载荷的作用,并保证材料的刚度。纤维表面用一种称为施胶的化学涂层进行保护。上浆起到保护纤维的作用,使其具有可加工性和保护性,并确保纤维/基体界面处的纤维与基体之间具有很强的黏合力。界面黏结强度和韧性为复合材料的剪切强度、横向强度和疲劳强度提供了理论依据。基体在纤维之间传递载荷,所得到的复合材料的横向强度、刚度和韧性均由基体支配。基体还保护纤维免受机械磨损和环境侵入。这些复合材料的基本参数可为纤维结构的设计、纤维含量的调整以及纤维的编织能力等提供灵活性的设计。基础材料的选择对所制得复合材料的疲劳性能也有影响,如图 17.1 所示。

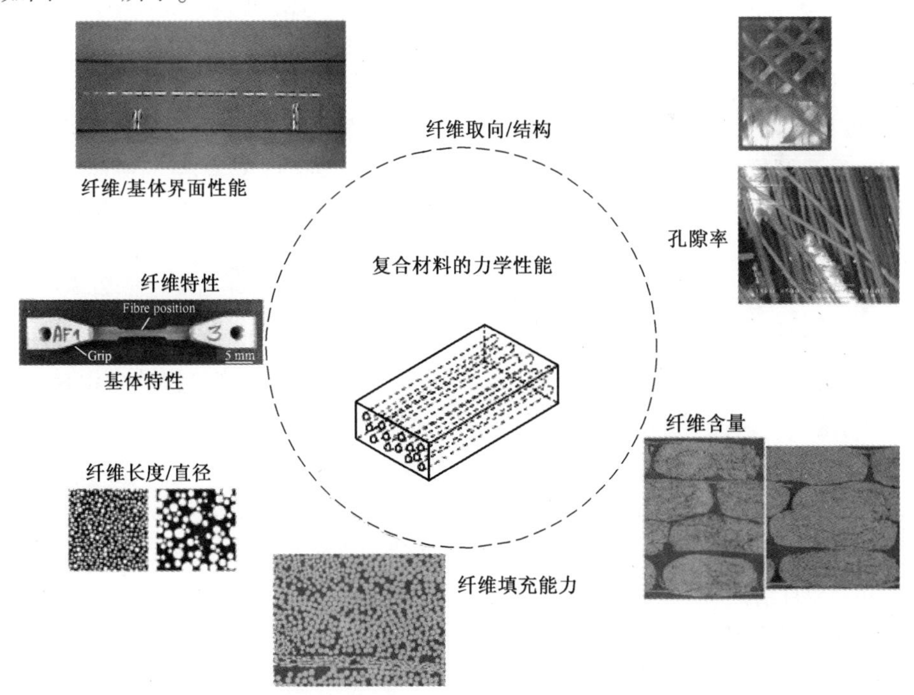

图 17.1　纤维增强复合材料的基本组成和控制特征。
致谢丹麦技术大学(DTU)风能系的 Bo Madsen

17.2.2 纤维

增强纤维不是天然纤维,就是或人造合成纤维(动物、矿物或纤维素纤维)。此处的重点为人造玻璃纤维(玻璃、碳和聚合物)。这种玻璃纤维主要用于大型低成本结构(如风力涡轮机转子叶片)的整体主导纤维。玻璃纤维的三种基本成分是二氧化硅(SiO_2)、氧化钙(CaO)和氧化铝(AL_2O_3)。将主要成分按照不同比例进行混合,并添加其他矿物质,如 MgO、B_2O_3、F 等,就会形成具有不同力学性能、化学性能和热性能等效果的玻璃,从而为不同的应用提供不同的玻璃材质。很显然,玻璃纤维可以具有不同性能、特征和成本。

在转子叶片的应用中要考虑的单纤维特性是密度、直径、刚度以及在一定程度下的强度。选择纤维的主要因素是刚度成本(GPa/€)。刚度为 72~74GPa 的 E-型(电子级)玻璃纤维由于成本低而在市场上占据了主导地位。但是,随着叶片市场的发展,对高刚度纤维的需求也在不断增加,大多数纤维制造商已经引入了极具成本竞争力的 H-型玻璃纤维,其刚度为 80~88GPa,比 E-型玻璃纤维的刚度高出 10%~20%。H-型玻璃纤维复合材料也表现出了优异的抗疲劳特性,这也是它被工业领域所青睐的原因。

玻璃纤维的特性通常由制造商给出,最终用户必须知道用于测量参数(尤其是刚度)的方法,方法不同则通常是无法用来进行比较的。纤维刚度可以通过测量声速、质量和刚度之间关系的声波模量来获取。与单向纤维、纤维束或单向缠绕层压板的反向计算相比,这通常会导致给出一个较高的刚度值。单纤维刚度可以作为静态拉伸试验来测量;然而,由于会受到纤维横截面不恒定的影响,导致纤维横截面面积测量不准确,经常会出现高达 2%~7%的波动。另一种方法是利用振动本征频率测试,其中给出的不确定性参数是预应力的控制和单根纤维的密度。在对纤维束和单向层压板或编织物的测量结果进行反向计算时,其不确定因素主要来自于对测试试样中纤维含量和纤维直度的估算。最基本的比较至少要确保纤维制造商和最终用户采用相同的测试方法。

纯玻璃纤维的极限强度和疲劳特性是通过单根纤维的测试或者从纤维束和单向层压板来测量的。这些测量结果与刚度测量结果一样不准确;然而,对于转子叶片的应用来说,玻璃纤维的特征强度远高于叶片设计中所允许的临界设计强度值。总之,在选择纤维方面,强度通常不是一个大问题,而刚度才是最主要的特征。根据层压板的轴向设计应变,Germanischer Lloyd (Germanischer Lloyd,2010)给出了以下应变极限:0.35%(拉伸)和-0.25%(压缩)。这些极限值与 E-型玻璃纤维在压缩和拉伸载荷作用下的失效应变相比,低了约 2%~3%的范围。这也表明在叶片设计中允许出现相对低的应变值。

玻璃纤维通过在熔炉中熔化玻璃进行加工,然后用大量的喷嘴将熔融的玻璃挤压到一个衬板上。喷嘴的数量决定了纤维束的数量，也称为粗纱、丝束或绞股线。

由于粗纱中玻璃纤维的直径可以有较大差异，所以粗纱的尺寸通常以 TEX 值来定义，即纤维的线性质量密度，单位为 g/1000m。典型的玻璃纤维粗纱 TEX 值范围为 100~9600。粗纱中的纤维数量被称为 K 值，根据玻璃纤维密度 ρ_f 和平均纤维直径 A_f 的 TEX 值，可知：

$$K = \text{TEX}/[\rho_f * A_f]$$

代入参数：玻璃密度 2.63g/cm^3，纤维直径 23μm→K 值近似等于 TEX。K 值和纤维直径对复合材料疲劳性能的影响仍有待确定。

17.2.3　浆纱

在纤维制造过程中，当热纤维从套管喷嘴挤出时，玻璃通过快速冷却或使用喷水淬火而固化。在热纤维从套管喷嘴挤出的纤维制造过程中，玻璃通过快速冷却或水喷雾淬火而固化。一旦纤维固化，此时温度约为 100℃，纤维表面就会被涂上浆纱。浆纱是一种具有复杂成分的水溶液混合物（图 17.2），其确切成分通常是纤维制造商保守的秘密。

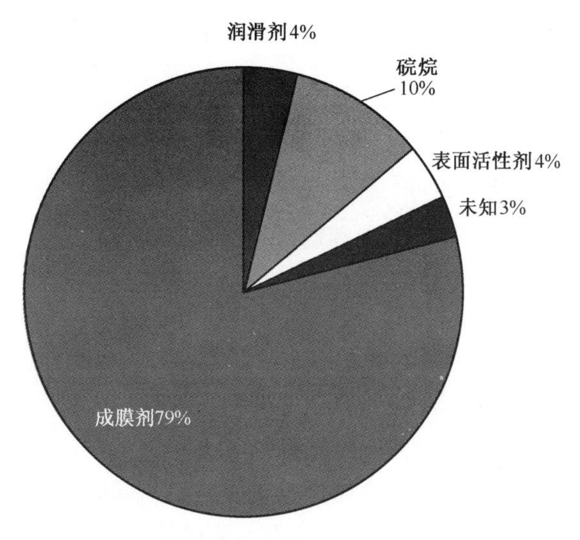

图 17.2　典型的玻璃纤维纱浆成分（Gorowara，Kosik，McKnight，2001）

浆纱的主要成分是成膜剂和硅烷偶联剂。浆纱的功能是多方面的。成膜剂可以保护纤维，并确保纤维的可加工性。硅烷偶联剂确保与树脂的黏合性，它也被认为是溶液中最重要的成分。上浆决定了纤维-基体的界面性能以及形成复合材料的力学性能。尽管界面很重要，但关于化学和结构的文献资料很少，因为砂浆是纤维制造商拥有的核心竞争力和中心所有权（Gorowara et al.，

2001;Thomason,2012)。化学上浆是改善复合材料疲劳性能的关键,这是由于上浆决定了界面的性能,从而决定了载荷转移的能力。根据“强”或“弱”界面的不同,疲劳损伤的扩展也是完全不同的(例如 Gamstedt,Talreja,1999)。

17.2.4 基体

基体的作用是将纤维黏合在一起,并在两者之间提供载荷转移。图 17.3 给出了复合材料 (纤维、基体和界面/浆纱) 中所有基本成分的原理和作用,改图也同时适用于静载荷和疲劳载荷的作用。如图 17.3(a)所示,在直纤维这样的理想状态下,轴向纤维承载大部分的载荷,界面的作用是十分有限的。然而,实际的纤维很少是理想中的直线,大多数是波浪状的,如图 17.3(b)所示,这就会在纤维和基体之间的界面处产生剪应力。界面(浆纱)必须足够强才可以传递剪切载荷,并且基体材料必须具有足够的韧性,才能够承受较大的剪切变形。

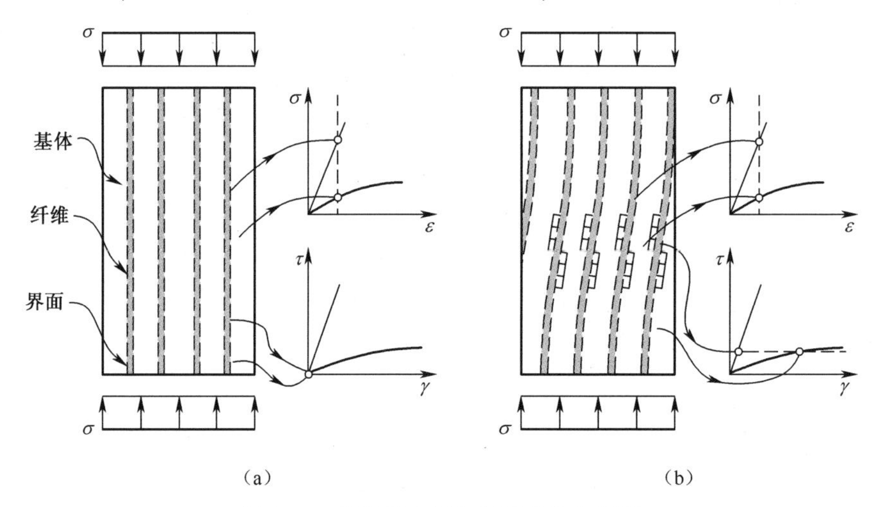

图 17.3 纤维增强复合材料的轴向载荷

(a)理想的直纤维,纤维和基体的轴向应变相容,无剪切应力发生传递;(b)波浪状纤维,纤维和基体中的轴向应变相容,界面处剪切应力相容。

在疲劳载荷作用下,由于波浪状纤维的循环拉伸或压缩作用,图 17.3 所描述的更为清晰,这可能导致循环界面分层。在界面分层的情况下,界面特性(由砂浆提供)必须具有足够的断裂韧性以防止出现裂纹扩展。从图 17.3 中可以看出,对基体的要求是大(剪切)变形能力和韧性,以及对纤维的适当附着(一致性)特性。已经证明聚合物基体树脂的力学性能和加工性能非常适用于转子叶片。该聚合物基体树脂可以是热固性的树脂,也可以是热塑性树脂。对于风力涡轮机转子叶片而言,由于低黏度的热固性树脂占有绝对优势,因此它允许在高加工速度和高浸渍率下使用,从而既降低了加工成本,又具有较高的性能。此外,热固性树脂在凝胶阶段不需要进行外部加热。它所使用的不同类型的热固性聚合物是聚乙烯、乙烯酯(VE)、环氧树脂(EP),以及一定浓度的聚氨酯(PUR)。聚合物链不可逆转的交叉结合将树脂固化形成一个非晶态聚合物的基体。该树脂的主要要求是具有高延展性、高韧性、低黏度(小于 500cP,1cP = 10^{-3}Pa·s)、优异的加工性能(凝胶时间远大于 20min)、低收缩率,以及与各种纤维、浆纱和胶黏剂的相容性。此外,还要求低吸湿性——并对所有成分以进行计数——低成本。所有热固性树脂都被归类为危险化学品,以避免与皮肤和眼睛接触。

聚酯树脂,或这更准确地说是不饱和聚酯树脂(UP)具有低黏度,并且在室温下固化时表现出优异的力学性能。其最大的缺点是体积收缩率较大(包括化学能和热能),会在固化的层压板中产生有害的残余应力,尤其会影响复合材料的疲劳性能(Zangenberg,2013)。另一个问题是使用苯乙烯,苯乙烯是聚乙烯的前体,在固化过程中可以增强交叉结合作用。它易于蒸发,并被怀疑具有潜在的毒性,可能会致癌。然而,在封闭工艺中进行处理,还是较为安全的,同时一些叶片制造商也将 UP 作为树脂来使用。在转子叶片制造的早期,UP 是树脂的首选。在价格方面方面,UP 是最具成本竞争力的树脂材料。聚酯复合材料在转子叶片典型树脂体系中表现出极低的抗疲劳性能。

VE 是基于 EP 树脂生产的。与聚酯相比,它的力学性能有所提高,并且在低黏度下表现出优异的性能。像聚酯纤维一样,它可以在更低的放热温度下进行固化。它能被溶解在活性溶剂中(过氧化氢),如苯乙烯,因此,它也具有与聚酯类似的缺陷。与 UP 系列复合材料相比,VE 复合材料的力学性能通常可以得到改善,但仍需对工艺参数进行严格控制,才能获得优异的性能。

EP 树脂是转子叶片使用的主要树脂。由于收缩率较低,可以保持较高的纤维含量,并且所有条件均相同,所以可以在不降低性能的情况下减轻叶片的重量。其缺点是材料成本高(每千克至少是 UP 的 2 倍),且在凝胶期间需要进行外部加热。环氧树脂被发现存在许多不同的变化,黏度更高,可用于手工、修复或用作胶水,以及低黏度的真空灌注工艺。与 UP 和 VE 体系相比,EP 在完全交联状态下具有优异的力学性能,并且收缩率小于 UP 和 VE。EP 的固化或固结是一种放热反应,所产生的热量可加速固化过程。但是,对于较厚的层压板来说,热量会造成热损伤,并降低复合材料的性能。就像同时使用的热固性树脂一样,EP 会引起严重的皮肤刺激,并可导致永久性过敏。关于转子叶片的设计目的,EP、S-N 曲线的斜率参数可以取 $m=10$,而对于聚酯,可取 $m=9$。这些还没有进一步验证(Germanischer Lloyd,2010)。这也说明了使用 EP 树脂体系的改善。

PUR 是一种具有优异力学性能的热固性树脂材料。它具有很强的活性,以及很强的黏结性,树脂可用于多种用途。用于真空灌注,由于对水分极度敏感,

PUR 材料黏度低,难于处理。由于凝胶时间短,导致其在风力涡轮机叶片中的应用受到限制,同时,也因为这种大型结构的水分含量难以控制,尤其是使用轻质木材作为核心材料时,更是增加了其应用的局限性。

17.3 编织物结构

17.3.1 编织物结构

从纤维的生产过程中,将连续纤维粗纱缠绕在筒管上用于进一步的编织物制造(图 17.4)。

图 17.4 玻璃纤维筒管(直接拉伸)

粗纱可以直接铺放在叶片模具中,但是这个过程需要进行自动化处理,否则人工是难于控制的。相反,粗纱在大多数情况下被缝合成所谓的非卷曲编织材料(NCF)或多轴经编材料(Lomov, 2011)。非编织 NCFs 的特征在于它们在不同层中的纤维是直的,这不同于粗纱编织/交织的编织材料,其面内会产生纤维波纹。编织材料的力学联锁作用可以使编织材料稳定。但与 NCFs 相比,这种材料具有较低的力学性能,特别是在压缩和疲劳载荷作用下。为了确保正确操作,使 NCF 具有一定的悬垂性,可将玻璃粗纱缝合/针织在一起,通常采用一层薄薄的衬垫来稳定,它可以是面纱、短切丝束(CSM),或是具有低 TEX 值的双轴或横向股线,并且纤维直径较小。因此,通过将多个单向层编织(针织)形成多向材料来制造编织物。NCFs 是多种材料、质量和体系结构的一种组合,是叶片制造中常用的一种方法。它们的主要纤维取向以及面积质量用 g/m^2 表示,范围从约 $200g/m^2$ 至 $1800g/m^2$ 以上。图 17.5 给出了典型 NCF 在叶片应用中的示例。Combi 1250 用于叶片的承载层压板,而 biax 450 则用于表面和夹层板。数字 1250 表示每单位面积预成型件中纤维的总质量(面积质量)。编织物由单向层($1150g/m^2$)、横向丝束($50g/m^2$)和 CSM($50g/m^2$)组成。使用纤维丝束(针织)将每层连接起来。

17.5 节中讨论了织物结构对拉伸疲劳性能的影响,上述内容对材料基础知识进行了简要普及。

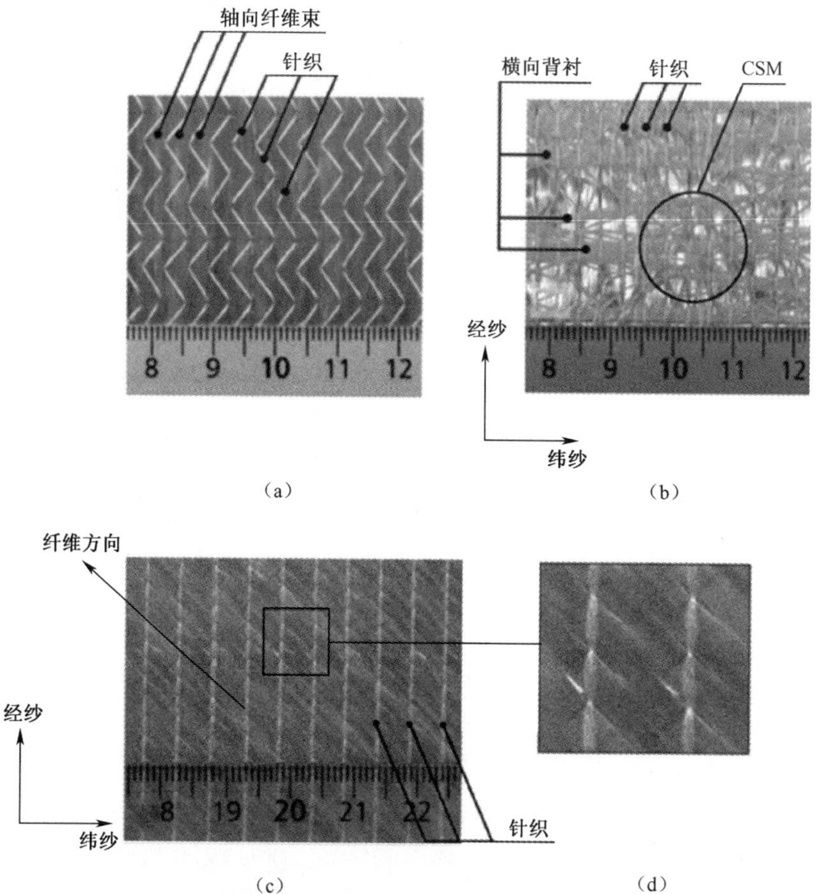

图 17.5　用于制造风力涡轮叶片的典型非卷曲编织物的示例
单位为 cm(Zangenberg,2013)
(a)轴面;(b)背面;(c)纤维结构;(d)放大倍数。

17.3.2　复合材料结构

由纤维增强复合材料制成的部件可以使用不同的材料、编织物和铺层以及加工工艺进行制造。影响设计及最终性能的主要参数是纤维体积分数,其定义为总纤维体积与复合材料体积之比,且该参数通常被作为复合材料质量的控制参数。纤维体积分数对复合材料特性的影响如图 17.6 所示。

如图 17.6 所示为纤维体积分数对疲劳性能的影响,较高的纤维体积会降低材料的疲劳强度。不幸的是,我们通常都会在叶片的典型纤维体积区域发现这种性能的降低。虽然付出了很多努力,但对于提高纤维含量的同时,其抗疲劳性能降低的原因还没有给出。

风力涡轮机叶片采用真空辅助树脂传递模塑成型工艺(VARTM)来制造多轴向经编织物的干纤维层压板(Brøndsted et al. ,2005)。将织物或层压板在模

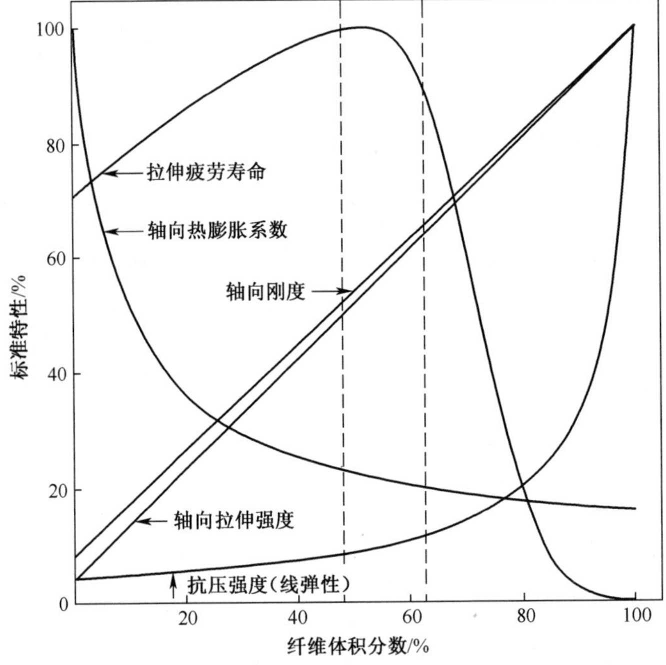

图 17.6　纤维体积分数对力学性能的影响。虚线表示在转子叶片中发现的典型纤维体积分数区域(Zangenberg,2013)

具中堆叠起来并定向,随后在真空环境下下注入液体树脂。为了优化强度并控制应力方向,需要对叶片承受的载荷和应力有深入的了解和专业知识。根据铺层方向,设计各个编织层的铺层顺序和方向,这也称为部件的材料结构。图 17.7给出了纤维增强复合材料一些常见的应用和相关的铺层。

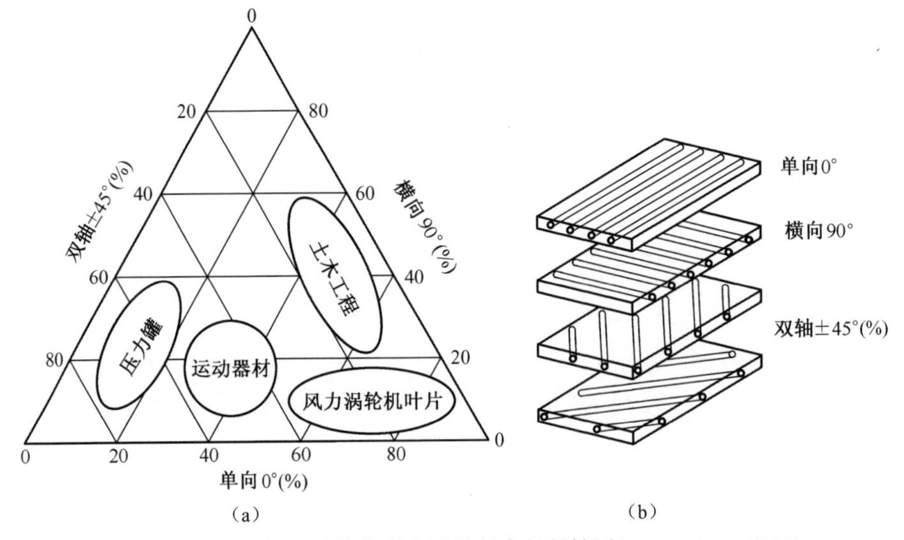

图 17.7　有针对性地比较各种应用的复合材料铺层(Zangenberg,2013)

17.4 疲劳方法

为了解决复合材料疲劳这一复杂问题,需要一个综合方法来观察、描述、理解、预测和避免疲劳损伤的演化。这绝非微不足道,因为复合材料疲劳受许多因素的影响。以下列出了在研究复合材料疲劳问题时必须注意的一些最具影响的因素:

载荷:大小、方向、顺序、加载时间、频率、发生、载荷组成。

外部结构条件:温度波动、湿度变化、辐射(紫外线)、环境侵入。

材料性能:纤维、基体、上浆、界面、时间相关性/黏弹性、加工条件、制造工艺。

材料微观结构:纤维与编织物结构、针织形式、纤维压实、纤维体积分数、典型测试体积。

将所有这些因素综合到一个统一的方法中是不可能的,因此通常会将这些不同因素分开考虑。本节将主要介绍与复合材料疲劳相关的因素和一般方法,以简化疲劳描述。以风力涡轮机转子叶片为例,图 17.8 给出了其抗疲劳设计的过程。

本节将主要介绍图 17.8 中所示的每个因素,以便为如何评估给定结构的循环载荷提供指导性意见。概述以涡轮叶片为重点。

17.4.1 结构上的疲劳载荷

旋转机械、船体上的波浪、涡轮叶片上吹来的风、飞机机翼上的气流以及在桥面上行驶的卡车都有一个共同点:作用在结构上的循环荷载。与静态载荷相比,循环或动态载荷具有随机性质。随着时间的变化,其平均值、振幅和持续时间有所不同。因此,很难用一个简单的统一表达式来描述加载过程,这是因为载荷是时间的一个复杂函数。图 17.8(b)中举例说明了一个作用在结构材料上的随机加载过程。然而,由于结构上的加载方向不同,材料受到的应力状态有可能是多轴的,这会导致应力空间的时间演变,并使问题进一步复杂化。由于随机载荷谱的方向、幅度、平均值、频率、强度和持续时间不同,因此难以对其进行定性量化。通常采用像雨流计数这样的数值算法(Matsuishi,Endo 1968)。Matsuishi 和 Endo 提出使用如图 17.8(b)所示的随机应力谱。这种随机应力谱可以转化为拉伸峰值和压缩谷值。将离散载荷谱按 90°顺时针方向旋转,让“雨流”能够确定具有不同平均值和振幅的不同载荷循环次数。图 17.9 给出了雨流计数法原理以及相应的材料应力-应变曲线。

在雨流计数过程中收集数据时,可以通过给定的持续时间、周期次数、特定

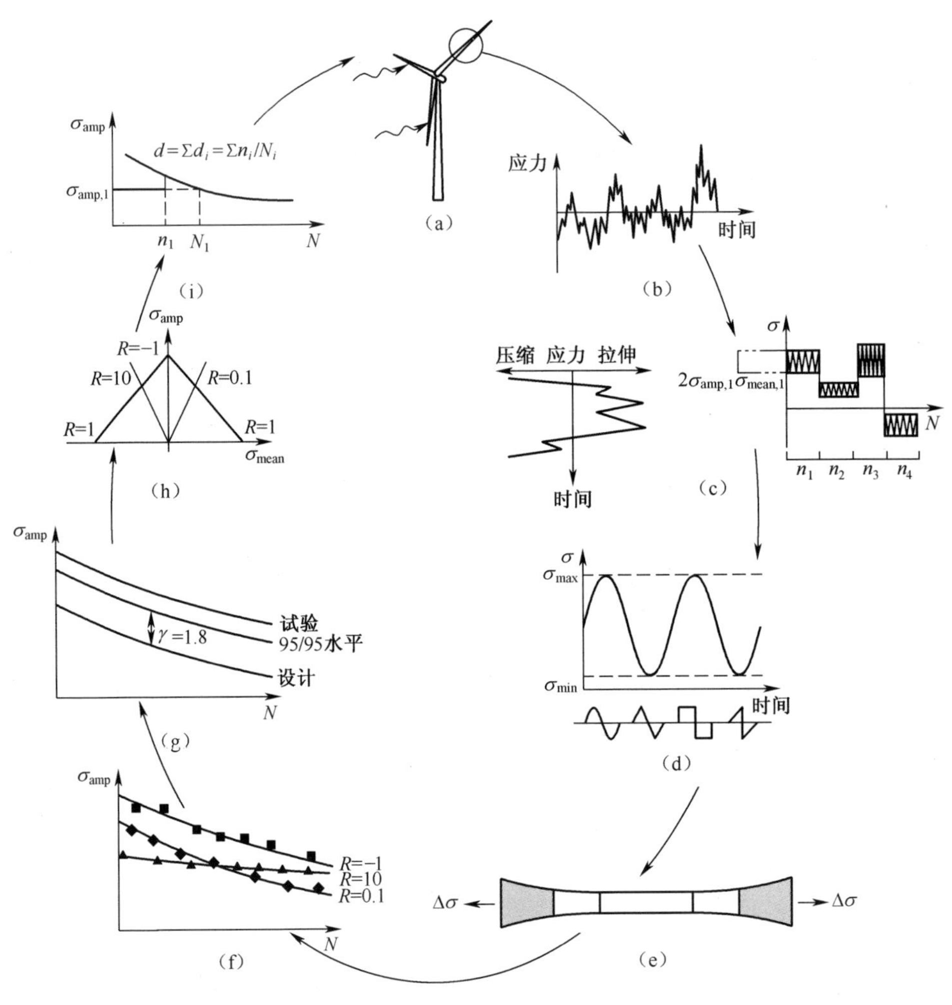

图 17.8 复合材料结构的疲劳设计过程

(a)以风力涡轮机叶片为例,来说明结构上承受的随机循环载荷;(b)材料的随机应力-时间谱;(c)雨流计数、均布加载;(d)恒幅-应力波形;(e)优化力学试验;(f)应力循环图,S-N 曲线;(g)S-N 曲线的设计依据;(h)恒定寿命图;(i)损伤累积。

的平均应力和振幅来简化复杂载荷谱的描述;如图 17.8(c)所示。

17.4.2 均布加载

将结构上承受的复杂随机疲劳载荷简化为均布载荷,每个均布载荷都具有不同的平均应力 σ_{mean}、应力幅值 σ_{amp} 和持续时间 n_i。由于平均应力和幅值在每个均布载荷内是恒定的,所以这种简化也称为恒幅加载。图 17.8(c)给出了一个均布加载顺序。测试材料的抗疲劳性能其中的一种方法是对整个结构复合材料施加均布载荷;然而,这种方法只能进行单个载荷的测试,且抗疲劳性并

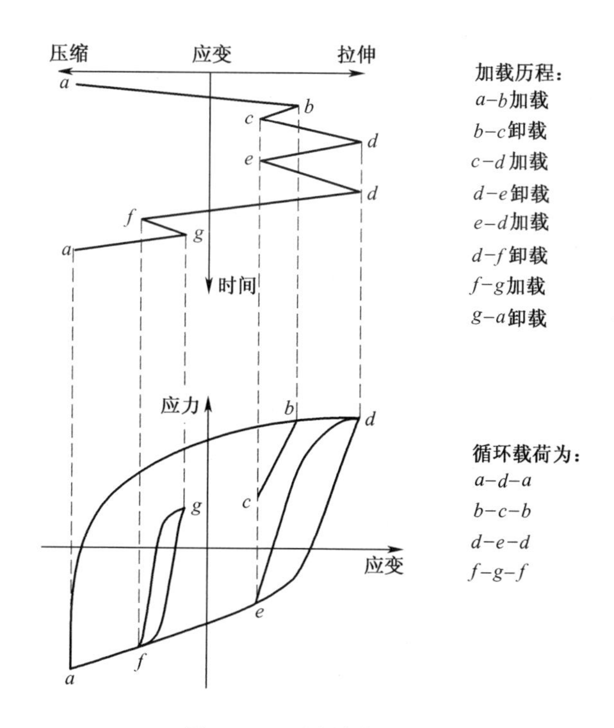

图 17.9　雨流计数原理图

(上图)载荷谱作为时间的函数;(下图)发现与载荷循环相关的材料应力-应变图。

不是通用的。另一个值得关注的问题是均布加载的顺序。例如,平均值较大的均布加载会比平均值较小的均布加载造成更大的损伤;因此,后来施加的均布载荷可能会由于先前施加的载荷作用而产生不同的初始损伤。这种“记忆”并不实用,因为它会使力学试验条件变得更为复杂。选择典型的均布载荷作为参考,而不是对整个载荷谱的加载顺序进行试验,并对整个寿命周期进行评估,从而构成了疲劳载荷谱的基础。

17.4.3　应力比和加载顺序

将图 17.8(c)的均布加载顺序整理成一个加载模式,其中每个区域的最小和最大应力之间的比值为常数 $R=\sigma_{\min}/\sigma_{\max}$。不同范围的 R 值对应不同的疲劳加载术语:$-\infty \leqslant R<0$ 表示拉伸-压缩加载,$0 \leqslant R<1$ 表示拉伸-拉伸加载,$1<R<\infty$ 表示压缩-压缩加载。在应力比的定义中,$R=1$ 时对应两个不同的试验(静态拉伸或压缩),分别具有不同的特征和失效模式。此外,应力比不能区分具有不同平均值的试验,这意味着采用单个 R 值来描述测试情况时,还需要取决于平均应力和应力幅值的组合。在频率恒定的拉伸应力状态下,$R=0.1$ 的情况如图 17.10 所示(如图 17.8(d)所示)。可以采用不同的应力波形,但最常用

的是正弦波。

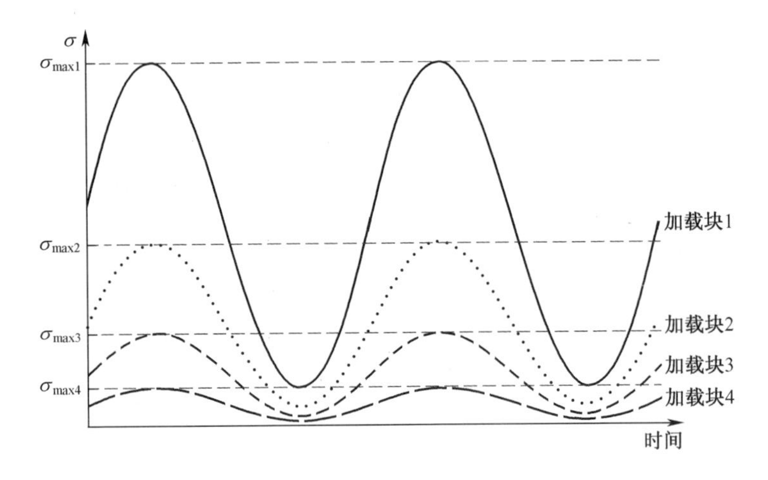

图 17.10 $R=0.1$ 时的恒定振幅加载随着平均应力和振幅的变化而变化

图 17.10 给出了固定 R 值的加载顺序,可以为不同的 R 值建立一个类似的加载顺序。通常,选定 R 值等于 0.1(拉伸-拉伸),1(压缩-拉伸)和 10(压缩-压缩)时进行试验测试,以确定复合材料的抗疲劳性能。

上面列出的原则是针对均匀应力状态且是单向加载的情况。但实际中结构可能承受的是多轴应力状态,这就使得试验流程和试验环境会变得复杂。多轴疲劳加载是一个高度关注的话题,本章不再讨论。更多信息可查看 Quaresimin, Susmel 和 Talreja (2010)的相关研究。

17.4.4 疲劳力学性能测试

复合材料的力学性能疲劳试验与所使用的增强材料和基体材料无关,它通常是在恒幅载荷谱作用下对这些典型的结构材料试样进行寿命评估,如图 17.8(e)所示。在选定的应力比(R 值)下,在施加不同的最大应力值下进行试验,以获得给定应力下的寿命。传统方法中通常采用载荷控制来开展力学性能试验,因为转子叶片也是应力控制而不是变形控制(考虑与恒幅载荷作用下的简单悬臂梁进行比较)。

ISO(国际标准化组织)或 ASTM(美国测试和材料学会)等标准化机构为测试试样的几何形状、加载频率、加载波形、应变取样、标签和夹具的选择制定了标准(EN ISO 527-4:1997,ASTM d3039-00)。然而,复合材料的使用寿命也受到了其中一部分因素的影响。例如,当温度接近玻璃化转变温度时,聚合物就会表现出温度敏感性。造成复合材料内部出现温升(减震)现象,从而导致试验频率降低。就减少测试时间而言,高频加载是有利的。但为了避免超过玻璃化转变温度,通常使用 5Hz 的疲劳测试频率。在疲劳测试期间监测试样的温度,以保证试样温度保持在玻璃化转变温度之下时,则可以使用可变频率代替固定频率进行加载。

ISO 标准规定了用于疲劳测试(单向拉伸)的标准平板试样的几何形状,但是这种试样类型的失效通常由附接的夹具引起的。为了适应这种失效模式,可以使用腰形蝴蝶试样,这会使得试验段发生失效。Zangenberg (2013)指出,试样内部的温升是玻璃纤维增强复合材料疲劳破坏的原因之一,并且证明了平板 ISO 几何形状的试样比腰形试样更容易出现温升。内部温升通常被称为材料阻尼,并且它是由于内部摩擦而引起的。对于循环加载,测量的阻尼可作为每个加载周期磁滞回线的面积。刚度退化也是疲劳损伤参数之一(Brøndsted et al.,2005;Talreja,1986),图 17.11 给出了在(拉伸)疲劳试验中观察到的刚度退化和阻尼原理。

在载荷控制拉伸-拉伸疲劳试验中,图 17.11 给出了刚度损失和阻尼增加的损伤演化示意图。在疲劳试验期间,也同时监测这些损伤变量,可以描述试样的损伤状态。根据图 17.10 所施加的每个载荷谱,可以对相关的刚度退化曲线进行评估。对于不同的加载情况,刚度退化对损伤的影响也不同,但对正态刚度退化的主曲线预测,虽然比较了不同的损伤模式(如 Talreja,1981),但也吸引了研究人员的关注。从复合材料的设计角度来看,损伤演化并不是主要的兴趣关注点。在给定载荷作用下的寿命周期是最为重要的。因此,人们习惯于研究应力与周期行为。

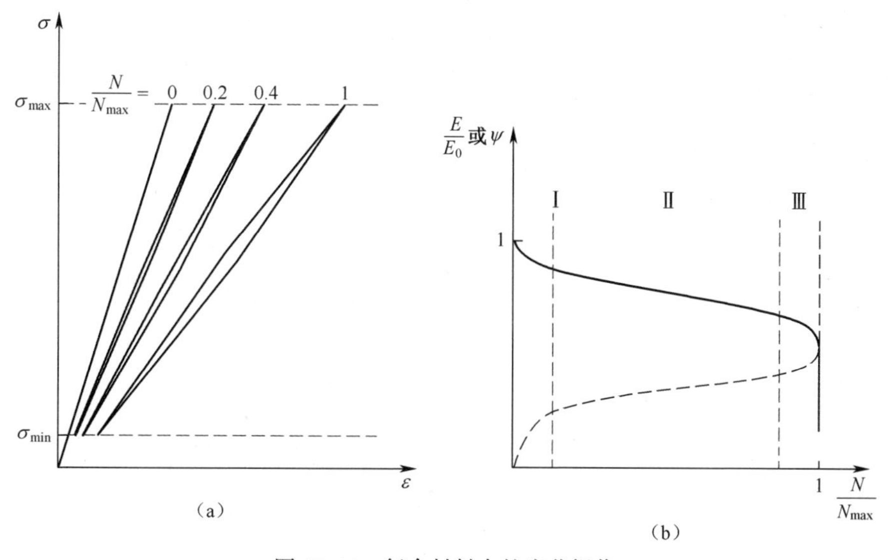

图 17.11　复合材料中的疲劳损伤

(a)应力-应变关系;(b)刚度退化和阻尼(Zangenberg,2013)。

17.4.5 应力循环曲线

应力循环(S-N)或 Woehler 曲线(图 17.8(f))代表了材料抵抗疲劳的能力(Brøndsted et al.,2005)。在这里,失效应力(或应变)是与失效周期次数相关的函数,并且曲线通常表示为幂律的形状(Basquin,1910)。典型的 S-N 曲线如图 17.12所示,图中给出了不同的平均应力和不同载荷比 R 的影响。

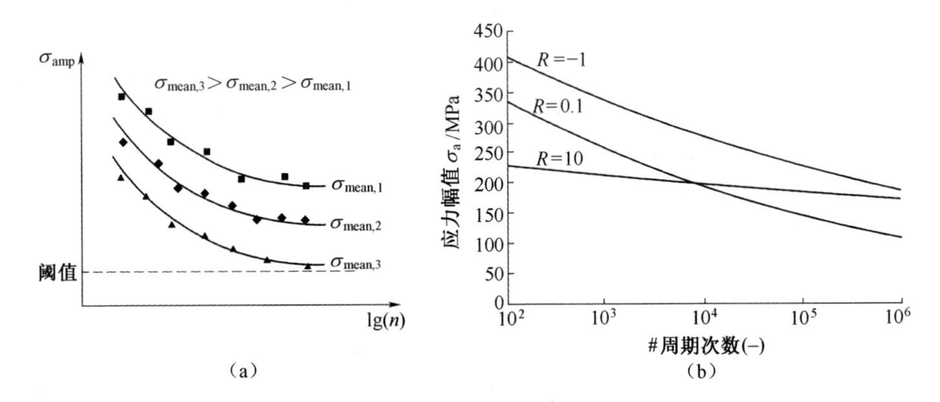

图 17.12 单向复合材料的应力循环曲线

(a)具有指导意义的相关平均应力和阈值;(b)应力比(R)对玻璃纤维增强复合材料的影响,试验数据。(Zangenberg,2013)

复合材料表现出对平均应力水平的依赖性,如图 17.10 和图 17.12(a)所示。平均应力越大,则抗疲劳能力以非线性降低,此外,如图 17.12(b)所示,无论是在拉伸-拉伸加载($R=0.1$),拉伸-压缩加载($R=1$)还是压缩-压缩加载($R=10$)下,复合材料都具有不同的抗疲劳性能,必须在结构设计阶段正确处理这种加载类型的依赖性。此外,抗疲劳性能还表现出了方向依赖性,这意味着材料在离轴或多轴加载条件下的抗疲劳特性与简单的单向加载情况具有不同的响应(Carraro,Quaresimin,2014;Quaresimin,Susmel,Talreja,2010)。图 17.12(a)中给出了疲劳阈值的概念(Talreja,1981),即材料处于对疲劳不敏感的载荷水平,这个概念是否适用于复合材料,依然是一个值得探讨的问题。疲劳阈值的确定需要在高周疲劳加载(低载荷)的情况下进行试验,由于试验时间较长,通常较为麻烦。另一个争议是是否在 S-N 曲线中包含最终的静态强度数据。有人认为应该包括静态数据(或静态数据的平均值),因为静态失效特性不同于外推的 S-N 曲线。另外,疲劳是与循环加载有关的损伤,而静态特性是不循环的。因为静态失效模式与疲劳失效模式有很大不同,因此它不能作为一种有效的比较。此外,如果将静态数据包含在内,那么在循环次数为多少时会出现失效? $N=1$ 代表一个完整的加载周期,而且这也并不是正确的选择。如果包括在内,$N=0.25$ 可能是一个更好的选择,因为它对应于第一个(正弦)加载周期的第一个峰值。然而,选择 $N=0.25$,而不是 $N=1$,则会使静态点移动近 10 年,这使得在进行 $S-N$ 曲线拟合时可以得到很大的权重(如果使用 Basquin 方程(Basquin,1910))。另外值得关注的是静态和疲劳加载下使用的各种应变率的差异,这些差异会造成不同的损伤模式和裂纹扩展。正确的选择是从 $S-N$ 曲线中移除静态数据,并且可以定义一个循环极限(静态失效除以给定的部分安全系数),当低于该循环极限时,则由伪静态失效特性占主导。图 17.13 给出了原理示意图。

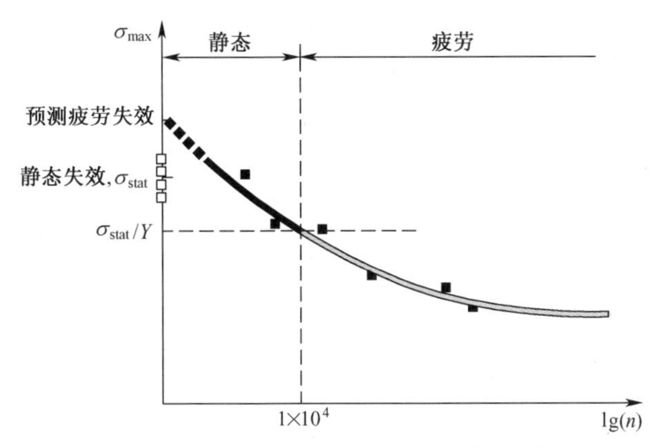

图 17.13 疲劳和静态损伤之间的循环极限

应该注意到,当比较不同刚度(或纤维体积分数)下不同复合材料体系的疲劳特性时,无论是基于应力还是应变作为因变量来考虑,都可以根据最佳性能得出不同的结论。而且这种差异是由刚度变化引起的,因此基于应变的 $S-N$ 曲线是最具有代表性的。

17.4.6 疲劳设计方面

一旦材料的抗疲劳载荷能力已经根据 $S-N$ 曲线得到了反映,材料模型就可以用来评估结构的安全性。但是,对于诸如风力涡轮机叶片等许多应用而言,它是必需的,或者至少是强烈推荐,以获得所用复合材料的认证(Det Norske Veritas,2010;Germanischer Lloyd,2010)。德国劳埃德船级社(Germanischer Lloyd,2010))为复合材料的静态和疲劳载荷的认证提供了一个框架。对于这两种加载,在设计阶段中使用的材料值都基于特征值 R。R 是描述分布的特征数(因此也称为特征值),并通过一定的失效概率和给定的置信水平进行评估。它可表示为

$$R=\mu_n-U_p\sigma_n-U_c\frac{\sigma_n}{\sqrt{n}} \tag{17.1}$$

式中:μ_n 为分布的平均值(如静态强度);σ_n 为分布的标准偏差(如静态强度);

$P(U_P)$为力学测试认证中的失效概率，取5%（或存活率95%）；U_c 力学测试认证中的确定性/置信水平或可能性，取95%的置信水平。

在力学测试认证中，使用了95/95等级，这表示95%的生存概率和95%的置信水平。因此，特征值可以理解为我们95%确信有95%的试样能够存活的价值。我们可以从单侧学生T-试验的 $n \to \infty$ 表中找到 U_p 和 U_c 的值，并且对于95/95水平来说，$U_p = U_c = 1.645$。因此，式（17.1）是公认的特征值的计算公式Germanischer Lloyd，2010）。对于大 n 而言，其特征值仅取决于失效概率和标准差。在力学测试中 $n \approx 10$，并且等式（17.1）是

$$R = \mu_n - U_p \sigma_n - U_c \frac{\sigma_n}{\sqrt{n}} = \mu_n - 1.645 \cdot \sigma_n \left[1 + \frac{1}{\sqrt{10}}\right] \approx \mu_n - 1.645 \cdot \sigma_n \left[1 + \frac{1}{3}\right]$$

由此可以看出，置信水平的权重小于失效概率。材料性能的设计值是通过给定的安全裕度降低特征值获得的。对于静态作用，部分安全系数在最常见的情况下是 $\gamma_{\text{static}} = 2.43$，疲劳是 $\gamma_{\text{fatigue}} = 1.80$（Germanischer Lloyd，2010）。在结构的安全计算中，材料的设计值必须低于给定的设计值。由于程序繁杂，上面针对疲劳情况只说明了静态情况，但一般都遵循相同的考虑因素进行（Germanischer Lloyd，2010）。图17.8（g）给出了95%疲劳水平的原理图。

17.4.7 恒定寿命图

为了建立一种简单实用的评估疲劳累积损伤的方法，将各种 R 比下的应力循环曲线转换成恒定的寿命图（如图17.8（h）所示，参见 Mandell，Samborsky，Agastra，Sears，Wilson，2010，Nijssen，2006）。在不同载荷作用的情况下（拉伸-拉伸、压缩-压缩、压缩-拉伸），恒定寿命图将具有相同预期寿命的点连接起来，作为平均应力和应力振幅的函数。原理示意图如17.14所示。

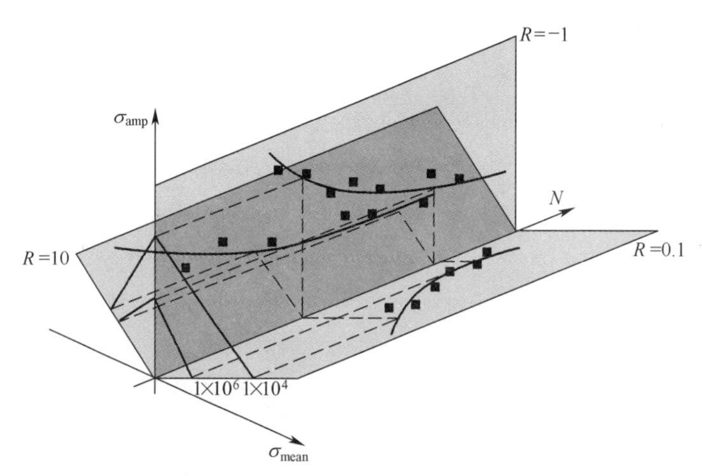

图17.14 基于 S-N 曲线公式的恒定寿命图原理转载自（Nijssen，2006）。

根据不同的失效周期次数,恒定寿命图给出了一系列平均应力曲线,以及振幅-应力(或应变)空间。为了简单起见,恒定寿命图经常采用分段线性插值法来得到一个近似值,该方法已被证明可以较好地预测复合材料的疲劳特性。分段恒定寿命图也称为古德曼图(Goodman 图)(Goodman,1899)。德国劳埃德船级社(Germanischer Lloyd 2010)等认证机构也采用分段线性描述,图 17.15 给出了一个固定周期次数的失效循环示意图。

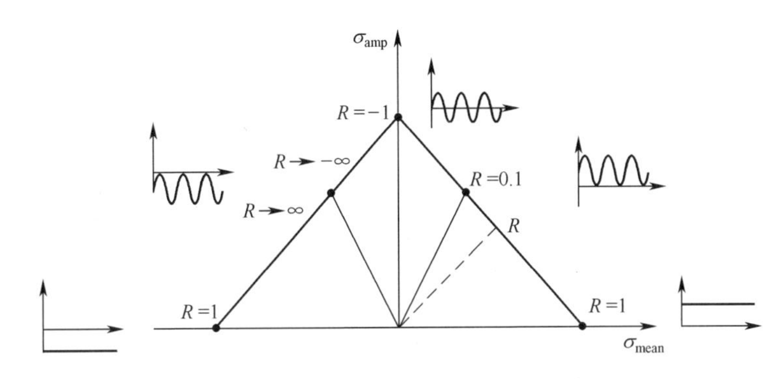

图 17.15　在选定的循环次数 N 下不同载荷谱的恒定寿命图

从图 17.15 还可以发现恒定寿命图的局限性,即 $R=1$ 会导致发生相同的载荷情况,并且在 $R=\pm\infty$ 时出现不连续性,这在实际中是不可能出现的。此外,恒定寿命图假定在不同载荷谱作用下观察到的耦合失效也同样存在问题。图 17.16给出了通过试验来确定玻璃纤维增强复合材料的恒定寿命图。详细内容请参见(Mandell et al. ,2010)。

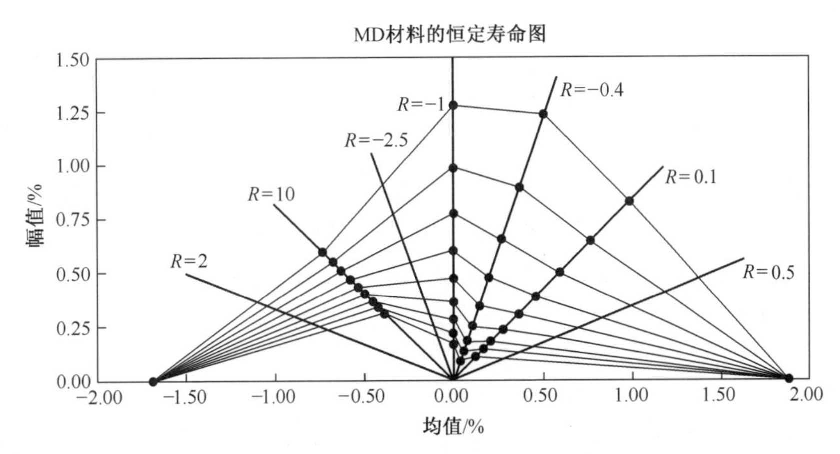

图 17.16　玻璃纤维增强复合材料的恒定寿命图
(来源于 Optidat 数据库)

17.4.8 损伤累积

根据恒定寿命图,可以评估与给定载荷谱相关的疲劳损伤,如图 17.8(i)所示。其基本原理是,每一个疲劳加载周期(或载荷谱)都会产生一定程度的材料损伤,其中局部损伤可以通过恒定寿命图进行评估。

图 17.17 举例说明了局部损伤的原理示意图。每个载荷谱都与一定的振幅比相关 (因此也是 R 比),可定义为

$$A = \frac{\sigma_{\mathrm{amp}}}{\sigma_{\mathrm{mean}}} = \frac{\sigma_{\max} - \sigma_{\min}}{\sigma_{\max} + \sigma_{\min}} = \frac{1 - R}{1 + R}$$

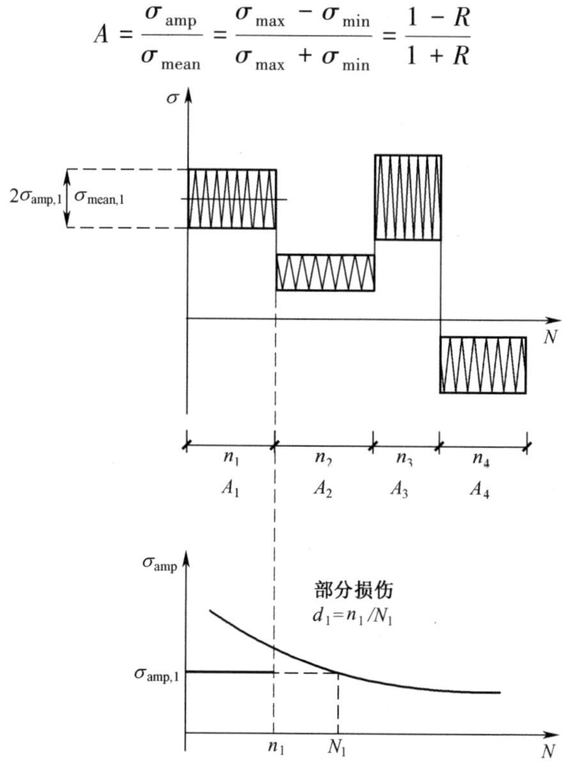

图 17.17 在不同振幅比下给定载荷谱的局部损伤示意图

从图 17.16 中可以发现,振幅比 A 对应于恒定寿命图中不同应力 R 比的实线。

通过对具有不同均值、振幅和持续时间的载荷谱 j 构成的整个加载历程的了解,可以根据 Miner 理论计算出总的疲劳损伤(参见 Brøndsted et al. ,2005;Nijssen,2006):

$$D = \sum_i d_i = \sum_i \frac{n_i}{N_i} < 1$$

假定当 $D=1$ 时,发生疲劳失效。尽管 Miner 的线性累积损伤理论已经证明不能满足实际损伤的需要(Brøndsted et al. ,2005),但这种方法仍然作为工业和认证机构选择使用的方法(Germanischer Lloyd,2010)。有关疲劳损伤理论更深

入的探讨,请参见 Fatemi 和 Yang (1998)的相关研究。

17.5　编织物的疲劳特性

下面来探讨用于风力涡轮机叶片材料的编织物在拉伸疲劳加载作用下的疲劳损伤特性。应该注意到在测试试样上发现了损伤,这表明在真实叶片设计中也可能会存在其他的失效模式。

17.5.1　总体趋势

图 17.18 给出了单根玻璃纤维细丝、一种纯 UD 玻璃纤维缠绕层压板、一种注入纤维的标准针织(UD)编织物以及纯树脂的典型拉伸-拉伸疲劳 $S-N$ 曲线。

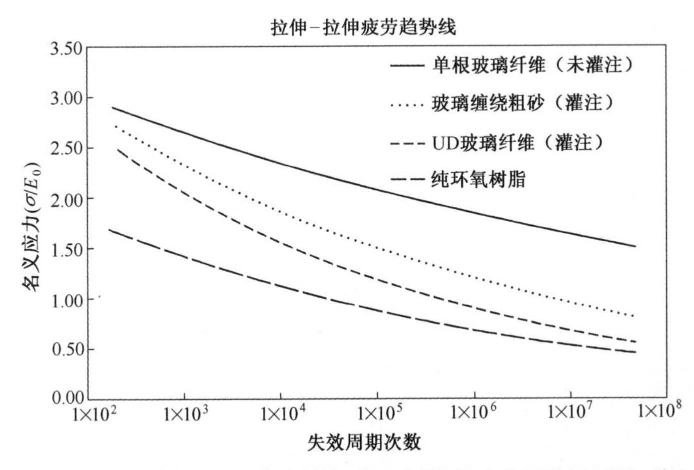

图 17.18　给出了单根 E-型玻璃纤维、注入树脂的玻璃纤维层压板、单向玻璃纤维编织物以及纯环氧树脂的疲劳特性的趋势线(幂律拟合)

值得关注的问题是:为什么当玻璃纤维嵌入树脂中,并成为 UD 复合材料的一部分时,其疲劳性能反而会变差? 这个问题其实就是解释为什么由织物制成的浸渍层压板比纯玻璃纤维更早发生失效。尽管做了很多努力,但目前还不能解释纯粗纱在单向纤维长丝层压板中的疲劳损伤机理。从理论上讲,其疲劳水平与纯玻璃纤维相同(也许更高)。然而,所得到 $S-N$ 曲线的水平偏低,这可能与测试方法有关。当进行纯 UD 层压板的测试(伤口或编织物)时,要避免从单向层压板的标距段到夹具,以及夹具的过渡区域发生损伤,这是很困难的。几乎所有的疲劳试验都是由于边缘破坏而引起失效的。完善测试设计是我们面临的一个巨大挑战,目前正在改进中。疲劳程度最低的是采用针织多轴经编织物制成的层压板,并且其疲劳损伤机制如下所示。

17.5.2 试验研究

在疲劳损伤的研究中,对具有不同背衬层结构并由 EP 和聚酯树脂制成的 UD 编织物进行了研究。例如参见图 17.5 所示,研究了一种典型的多轴向经编玻璃纤维材料;通过真空灌注四层叠层织物制造层压板(VARTM),并且将层压板切割成 Risø 优化的 W25 蝶形几何形状的试样(Zangenberg,2013)。采用伺服液压机开展拉伸-拉伸载荷作用下的疲劳试验($R=0.1$,$f=5\text{Hz}$,周围环境)。试验是在恒定载荷振幅下以正弦载荷变化进行的,并给出了初始应变的结果,即初始刚度的应力状态(E-模量 E_0)。在试验过程中,对载荷-应变滞后循环(通过循环数据计算的滞后回线面积)和载荷-位移滞后循环(十字头的完整行程或位移)的连续监测(数据采样)都受到影响。数据采样允许连续计算刚度(通过循环数据的线性拟合计算的斜率)和阻尼(通过循环数据计算出滞后回线的区域面积)。在使用这些数据计算了材料退化之后,对测试试样中的损伤进行了监测,并且最终测试可以在失效之前停止。通过比较基于引伸计和十字头测量数据的刚度退化过程,还可以检测出损伤萌生、扩展以及局部损伤是发生在测量部分,还是发生在夹具/夹持段。在疲劳试验过程中,还利用红外(IR)摄像机(美国菲力尔(FLIR)公司 X6540sc 型号的红外热像仪)对损伤扩展进行了监测,并且温度热点也表明在测试试样的试验段区域发生了损伤萌生和扩展。试验装置如图 17.19 所示,刚度退化图和红外摄像图示例如图 17.20 所示。

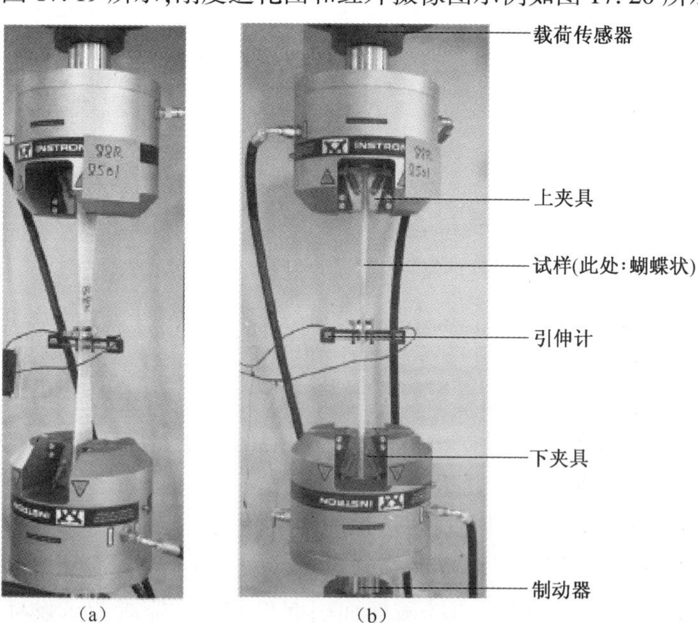

图 17.19 疲劳试验装置

(a)蝶形试样的正视图;(b)试样的侧视图。(Zangenberg,2013)

从图 17.20 中可以看出，在接近失效的测试部分产生了大量的热量，并对这种加热的原因进行了深入的研究。

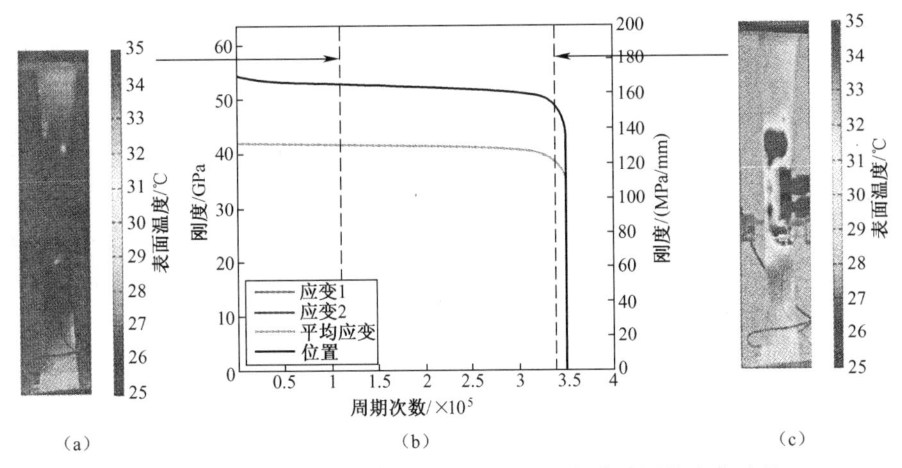

图 17.20　通过热成像图来表示刚度退化和损伤检测的疲劳过程

17.5.3　损伤研究

在失效之前达到给定的损伤水平后，停止疲劳试验，采用光学显微镜、扫描电镜以及 CT 扫描观察试样测试段断口的损伤形貌，如图 17.21 所示。对于所选的试样，树脂被烧掉，并对承载纤维的裂纹模式进行研究，以确定其损伤机理。

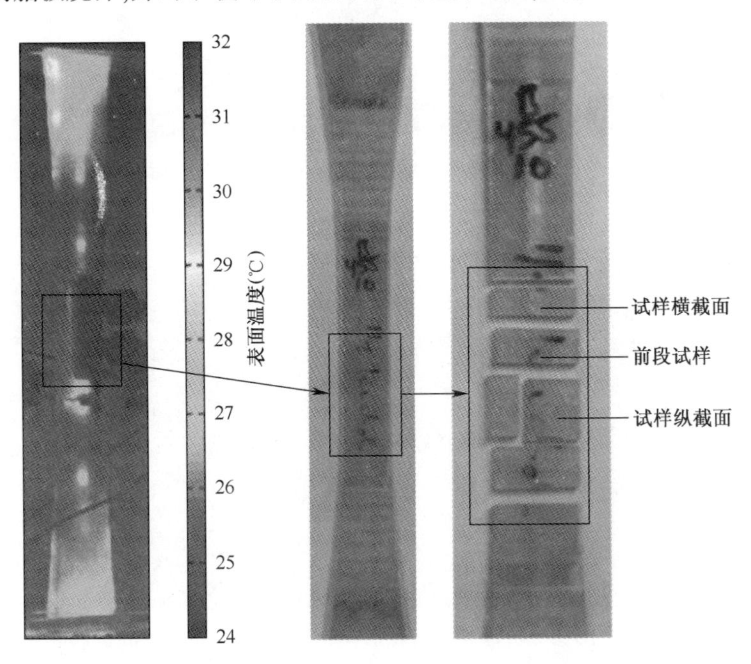

图 17.21　试样断面部位示例，用于显微镜和计算机断层扫描仪观

17.5.3.1 显微镜

利用光学显微镜和扫描电镜观察失效层压板的抛光部分。丹麦 Deltapix 公司的数字光学显微镜具有在平面和垂直焦距上拼接显微照片的能力,得到高质量的图像,并且偏振光可以检测在扫描电子显微镜上(SEM)看不到的基体裂纹和缺陷。使用日立(Hitachi)TM1000 型扫描电子显微镜可以看到高分辨率的图像,同时可以观察并绘制出纤维的脱黏及断裂图片。从受损伤的测试段切出一小部分,并在烤箱中烘烤去除树脂。之后得到的试样上可以清晰地发现 UD 纤维 (受损的承载纤维)的裂纹模式(图 17.22)。使用图像分析软件(Image Pro 和 MATLAB)对图像进行编辑处理,突出显示并评估其裂纹失效模式(图 17.23)。从这些图中可以清楚地看出裂纹扩展方向与纤维取向一致。图 17.24给出了在更大的尺度下 UD 纤维的断裂损伤。

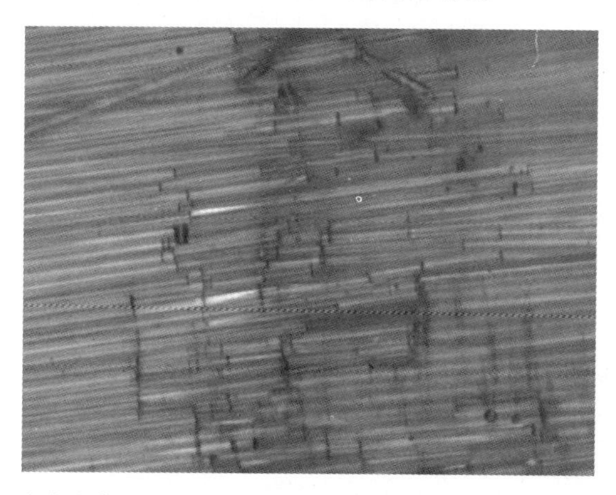

图 17.22 疲劳寿命达到 80%后,烘烤试样中的纤维裂纹。沿纤维方向加载

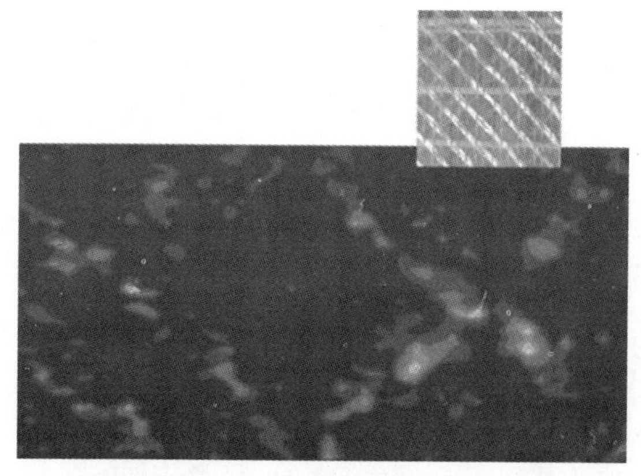

图 17.23 图像分析提高了裂纹形状和轮廓,这表明裂纹的扩展遵循编织物的结构。干燥的未浸透的编织物插图

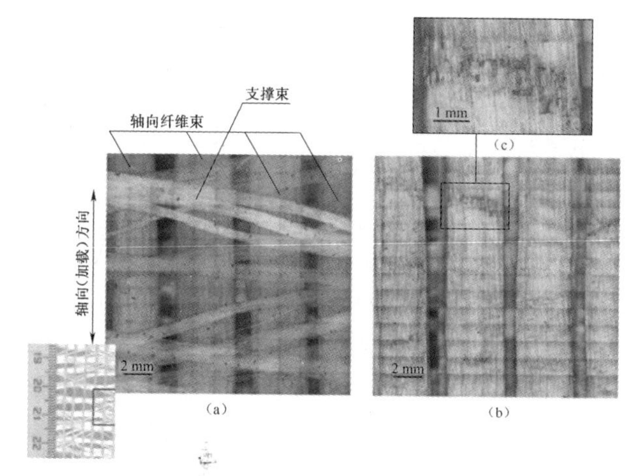

图 17.24 基于轴向纤维断裂的横向疲劳损伤(插入干编织物)。
图 17.22 中纤维断裂的放大图。
(a)横向纤维;(b)轴向承载纤维中的纤维断裂;(c)纤维断裂的放大图(Zangenberg,2013)。

经过抛光的 SEM 试样也发现了明显的裂纹萌生证据——裂纹从承载束向 UD 粗纱扩展,从而产生应力集中,并导致纵向载荷纤维的失效(图 17.25)。

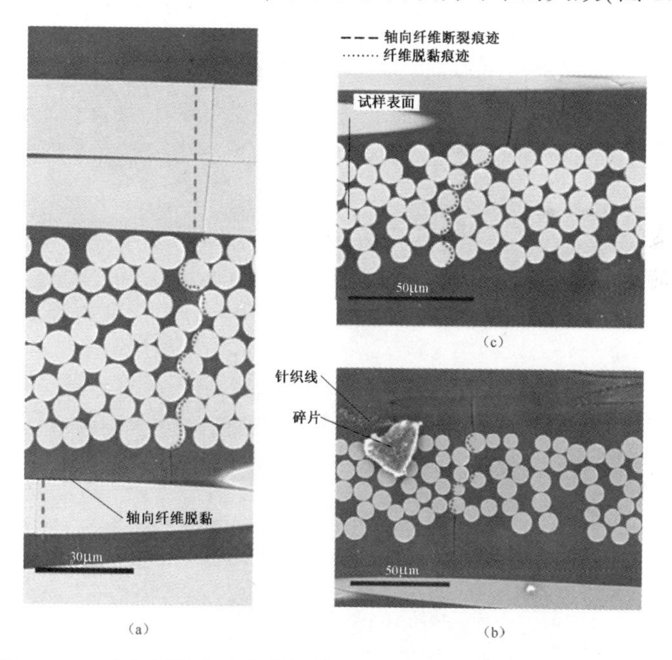

图 17.25 横向纤维出现疲劳损伤的 SEM 显微照片。图像中的水平方向与轴向纤维和加载方向一致
(a)承载束中的横向裂纹扩展到轴向纤维中;(b)承载束中的横向裂纹扩展到试样表面;(c)横向裂纹扩展至轴向纤维。对于(b)和(c),请注意轴向纤维附近的裂纹(Zangenberg,2013)。

17.5.3.2 计算机微观断层扫描

对疲劳损伤试样进行了 μCT(微观-CT)扫描和研究(均使用高强度的光束和实验室 X 射线断层扫描)。这些研究可以帮助我们更加详细地了解损伤机制,并为风力涡轮机叶片多轴经编材料的疲劳后损伤方案奠定基础。

在瑞士光源的 TOMCAT 光束线上开展高强度试验研究。试样尺寸为 3mm ×3mm × 20mm, 两次扫描体积均为 1.5mm × 1.5mm × 1.5mm。体素大小为 0.74mm(分辨率为 1mm),并且每次扫描的时间为 15min。由于成本和可用性,这是一次性扫描。然而,这种高分辨率的扫描可以提供有价值的信息,有助于帮助我们理解在拉伸疲劳损伤和裂纹萌生的初始阶段中的基本损伤机制。在承载层附近观察到单个的纤维裂纹(图 17.26)。据观察,这种承载层会对紧密

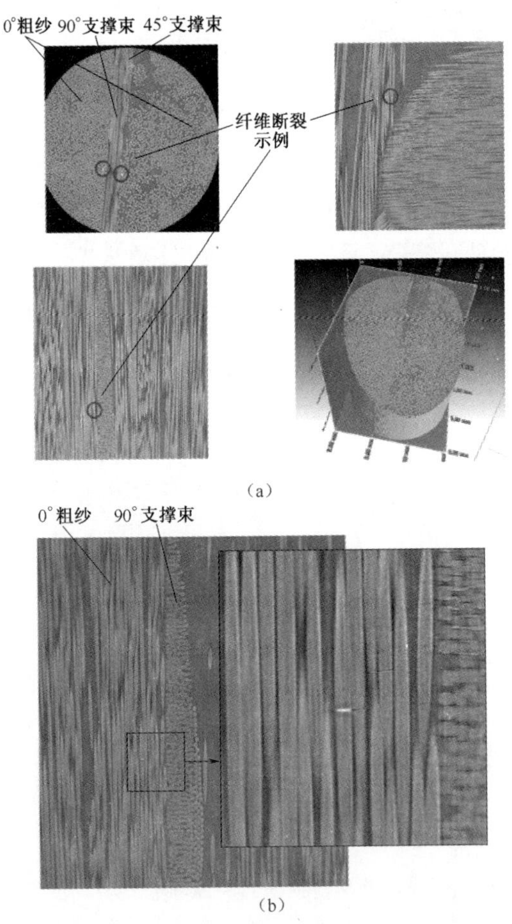

图 17.26 μCT 扫描拉伸疲劳试验的轴向载荷试样,结果表明在两次循环中断试验后出现单根纤维裂纹

(a)整体图;(b)横向纤维附近轴向纤维断裂的放大图。

接触的纤维造成破坏,并且局部低纤维填料可以防止裂纹的产生。另一个重要的观察结果是,没有基体裂纹的存在,这可能是由于基体裂纹不是初期的损伤来源。

利用实验室的扫描设备(Skyscan 1172 微观-CT 扫描仪,由丹麦技术学院提供)来获取更多关于裂纹和损伤扩展的信息。图 17.27 给出了一个七层堆叠层压板在 0°,45°方向的 X 截面图。图 17.27 和图 17.28 给出了在横向承载层中引发的裂纹萌生。随着横向裂纹的扩展,沿着 UD 纤维的面内和单根粗纱内部厚度方向开始产生裂纹损伤。损伤模式验证了之前的观察结果。

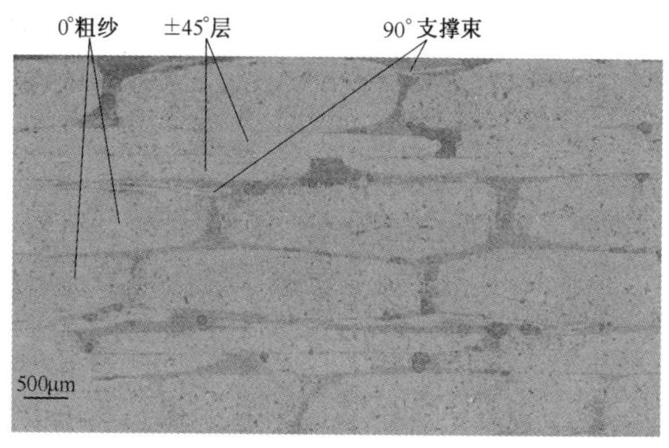

图 17.27　多轴经编层压板的叠层结构(纤维方向和加载方向都在面外,计算机断层扫描 2.6mm 分辨率)

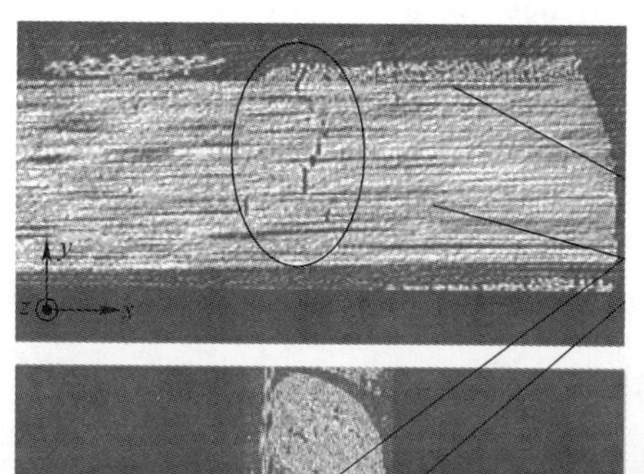

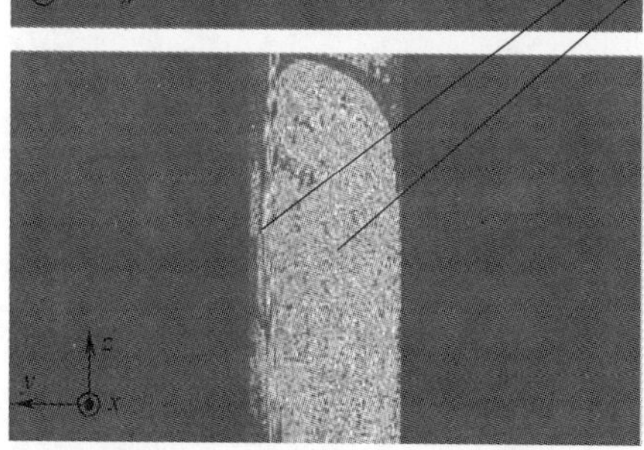

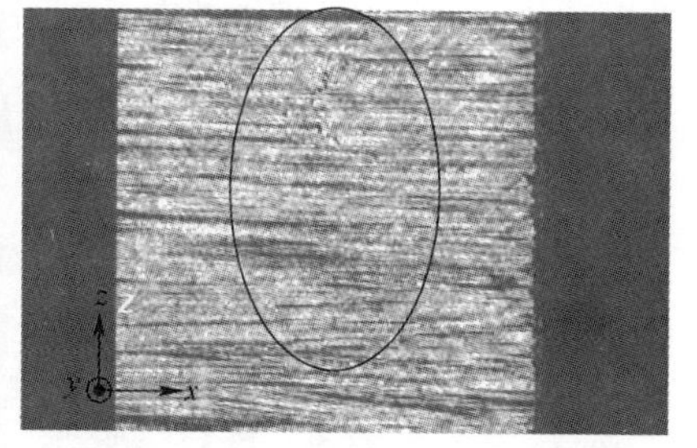

图 17.28　根据损伤模式来验证假设的损伤顺序(注意突出的裂纹和纤维断裂)

17.5.4　损伤顺序

图 17.29 和图 17.30 给出了假设的疲劳损伤机制。有文献表明,多轴经编

织物在拉伸疲劳加载下的刚度损失是由横向承载层的界面脱黏和开裂引起的，它会在几个周期内导致刚度快速降低。如图 17.29 和图 17.30(b)中阶段Ⅰ所示。由于横向裂纹尖端处的应力集中和微动疲劳，纤维在轴向载荷作用下发生纤维断裂，如图 17.29 和图 17.30(c)中的阶段Ⅱ。轴向纤维断裂有助于稳定状态下的刚度降低，直至发生最终失效，如图 17.29 和图 17.30(d)中的阶段Ⅲ。

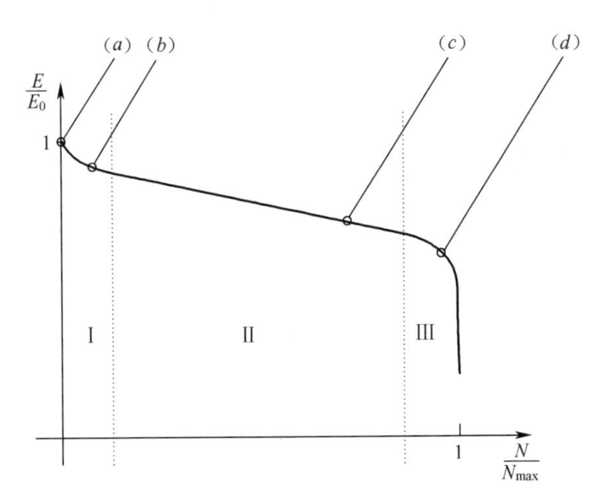

图 17.29 在拉伸疲劳期间的刚度退化。标签(a)~(d)表示

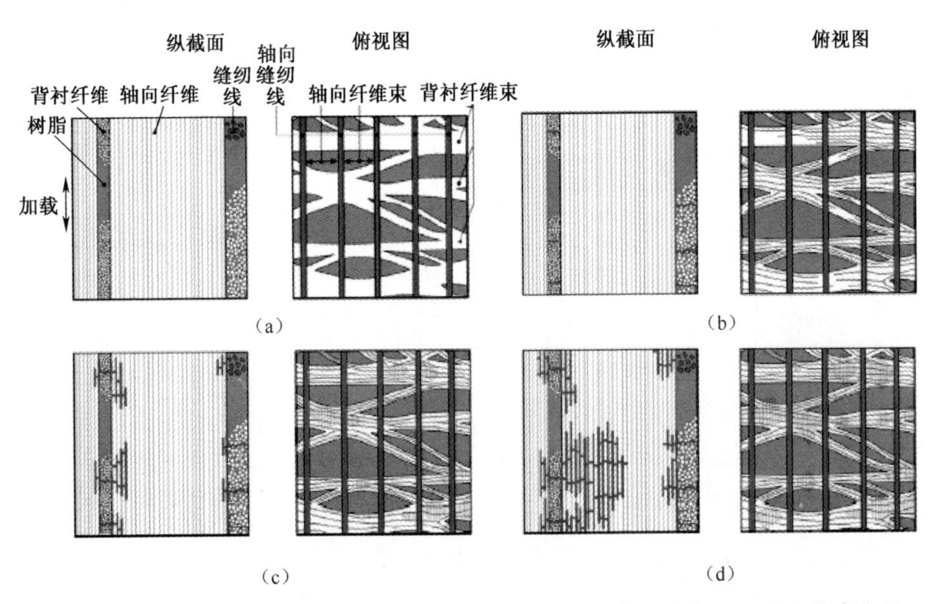

图 17.30 (a)~(c)假设的损伤顺序(经过试验观察和分析模型的验证)。蓝色轮廓表示造成刚度降低的损伤。图 17.29 所示为相关的刚度退化(Zangenberg,2013)(见彩图)。

17.6　叶片设计概念

风力涡轮机叶片上的主要载荷是风力和重力,其结果是导致叶片承受轴向和扭转载荷的共同作用。载荷谱很复杂,在叶片的不同截面上都产生了多轴应力场。在静态加载下会导致叶片发生永久弯曲变形,由于风速的变化,导致叶片在动态载荷作用下发生疲劳弯曲变形。重力载荷在旋转过程中会引起动态的边缘载荷,从而导致叶片材料产生疲劳应力。因此,要在空气流体动力学的基础上进行风力涡轮机叶片的设计,研究其结构稳定性和强度以及材料结构和性能。这是为了在叶片周围优化气流,从机翼上获取最优能量,获得最优的结构性能和气动弹性,将动态载荷作用与结构弹性和阻尼相结合,确保关键承载部件的材料强度和刚度。这些问题在其他各个章节也都有详细的介绍(Nijssen,Brøndsted,2011,2013)。

襟翼的纵向载荷由两根纵桁支撑,称为主板(梁),它由一个或多个承担剪切和边缘载荷作用的腹板分开。气动结构由外部较薄的三明治外壳构成,它由翼梁和前缘和后缘的纵向加强件支撑,从而在发生扭转、弯曲和抗屈曲的过程中稳定叶片。对于转子叶片来说,其 R 值通常这样定义:在襟翼加载时,其主翼上侧 $R=1/3$ (拉伸-拉伸),主翼下侧 $R=3$(压缩-压缩);在边缘加载时,后缘 $R=-1/2$(拉伸-压缩);前缘 $R=-2$(拉伸-压缩)。

一种基本的叶片结构概念是将上部和下部(艾尔姆风能叶片制品公司设计制造)的空气动力学壳体在腹板周围使用胶黏剂连接起来,或者利用西门子风力发电公司制造的整体叶片装配而成。该整体梁由多轴经编织物材料制成(图 17.31)。

例如,维斯塔斯风力系统和 SSP 技术使用了另一种结构设计概念。它是基于梁/腹板结构建立的,其上粘接有空气动力学壳体(图 17.32)。

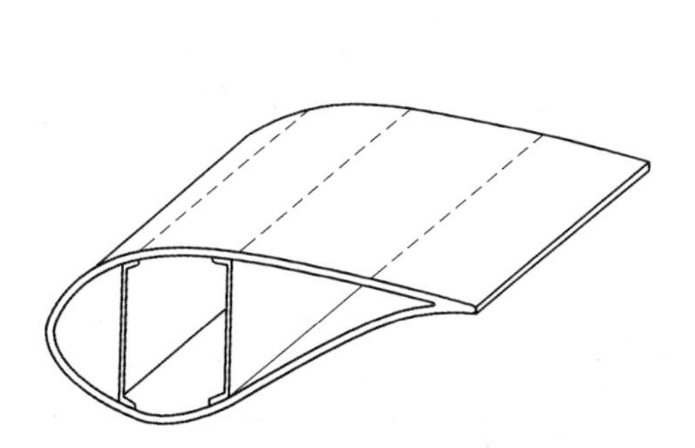

图 17.31　整体梁与双层腹板的叶片设计

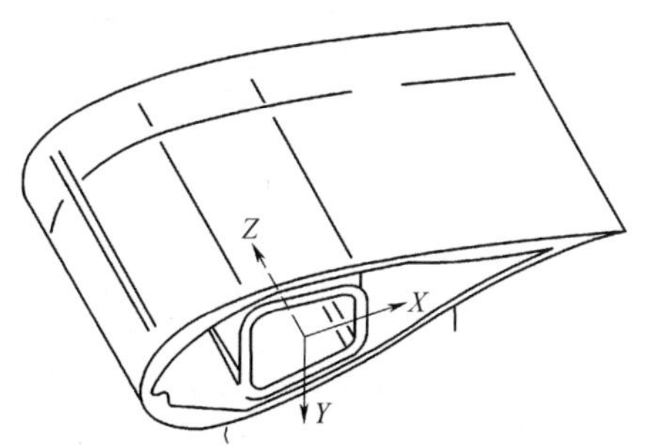

图 17.32　梁框设计

转子叶片的基本设计是翼型形状和材料的选择。叶片必须具有足够的刚度,而且通常是一个预弯曲形状,以避免受到塔架的干扰和碰撞,并且同时保持空气动力学设计轮廓的最佳气动弹性效应。它必须具有足够的强度来承受抗压屈曲和疲劳载荷的作用,而且为了减少重力和惯性力,它的重量必须很轻。壳体/翼梁/腹板的外部形状和厚度也通常设计为锥形,以确保材料承受相同的载荷,例如,设计允许的最大应变。叶片的最佳材料是长纤维增强树脂基复合材料。约60%的叶片增强材料是单向层压板材料(有或没有背衬的NCFs或直接粗纱),保证在纵向翼梁与前缘和后缘的刚度。该网状材料为夹层板,包括聚合物泡沫、巴尔杉木芯和交叉层压板(±45°双轴复合材料)。壳体是具有多向蒙皮层板的夹层板([0°,±45°]同轴层压板)。根部设计不属于本书的主要研究内容,叶片制造商使用螺纹胶接衬套,喇叭法兰、销孔连接、预应力T型螺栓((宜家(IKEA)类型)等进行连接,详细内容请参考(Brøndsted & Nijssen,2013)。

在风力涡轮机系统的寿命使用期间,风力涡轮机叶片的载荷循环次数预计超过1亿次循环;风机叶片的工程设计师必须特别注意所有材料长度尺度上的疲劳损伤。图17.33给出了现代风力发电机叶片设计中涉及的长度范围。

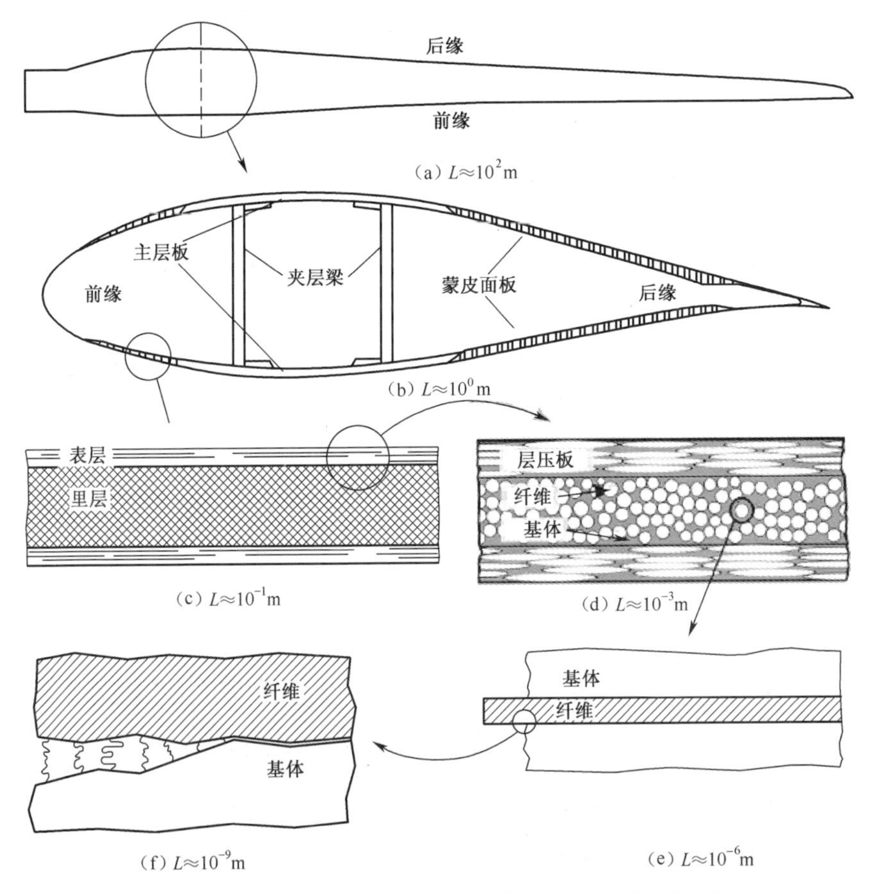

图17.33 (a)~(f)风力涡轮机叶片设计中的特征长度尺度。图中给出了大致的长度单位(m)(Zangenberg,2013)

疲劳损伤机理在不同的长度尺度上是不同的，主要取决于纤维和层压板结构、纤维、树脂以及纱浆的基本材料选择和相容性。在更大尺度层面上，纤维铺层和纤维结构在层压板的疲劳性能中也起着重要作用。静态和疲劳行为取决于编织物的许多结构参数，并且存在许多不同的体系结构；参见本章前面的相关讨论。

由于实际原因，对试验疲劳寿命验证的研究和行业标准通常被限制在组件和材料的 2～1000 万次循环范围内，而这仅仅是预计涡轮的实际疲劳循环次数的一小部分。可以利用复杂的数学模型和数值模型对风轮机叶片进行动态载荷作用下的模拟。这种数值模拟的结果可以将载荷按照应力或应变的时间顺序映射到叶片的任意一个位置，甚至是转子叶片的运行寿命的任何部分。根据输入的数据，可以生成一个疲劳模型，其中主要步骤是循环计数和循环类型的分类（随机分析、雨流计数）。这些巨大的挑战和设想需要我们研发新的工具，来对多轴应力和变形作用下复合材料的性能退化进行评估。此外，设计的材料必须能够承受这些应力和每种循环类型的循环次数，这需要通过 S-N 曲线图和恒定寿命图了解恒幅振动的疲劳特性。在了解了应力和材料抗疲劳性能之后，其任务是将损伤计算与损伤准则适当的结合起来。

17.7　风能工程中复合材料未来面临的挑战

风力涡轮机的设计和技术已经发展了几十年。风能的主要驱动因素是能源的成本较低，这也将作为更高效和更大的涡轮机发展的动力。空气动力学和气动弹性已经逐渐达到最高性能；然而，对于非常大的叶片来说，其结构稳定性要求必须在最佳气动弹性性能和结构设计之间找到折中。最大程度地提高风能的性能和可靠性，从而降低能源成本。这些都主要取决于材料性能和优化制造工艺。材料面临的挑战是需要使用高模量的纤维（玻璃、碳、玻璃/碳混合）。从可持续和环保的角度来看，使用木材、竹子、剑麻、可可、亚麻、大麻、黄麻、麦秆等生物材料和天然纤维替代人造纤维。用于复合材料基体的树脂也能够进一步得到改进。与此相关的研究重点是低成本的 EP、低收缩率、不含苯乙烯的聚酯和 VE，生物基热固性浸渍树脂和热塑性基体材料，所有这些都需要对制造工艺和固化动力学有更基本的了解。考虑到空心部件和能源以及噪声吸收材料（工程泡沫），夹层材料是一种具有分层结构的核心材料，其中需要重点关注减重和结构性能。在微观尺度上，通过对界面和界面的研究，将聚合物化学和材料力学的知识和研究相结合，可以获得更好的性能。与制造技术相关的纤维/基体界面中的化学、物理和力学能够对界面进行严密的控制，从而改进微观尺度上复合材料性能的设计。最后，环境方面也不可忽略。材料和制造加工应具备可持续性，必须认真考虑是否可回收。这些涉及寿命周期分析、废弃叶片和材料的再利用或重新使用。纤维、树脂以及部件在制造过程中应使用环保资源，并对其寿命周期有全面的预测。当前，产品的二氧化碳排放量是不容忽视的政治和法律问题。材料问题以及上述面临的挑战需要研究人员、纤维生产商、树脂生产商和叶片制造商之间的密切合作。只有这样，我们才能保证复合材料未来仍然能够得到长期的使用。

参 考 文 献

Basquin, O. H. (1910). The exponential law of endurance tests. Proceedings of ASTM, 10, 625-630.

Brøndsted, P., Andersen, S. I., & Lilholt, H. (1996). Fatigue performance of glass/polyester laminates and the monitoring of material degradation. Mechanics of Composite Materials, 32(1), 32-41.

Brøndsted, P., Lilholt, H., & Lystrup, A. (2005). Composite materials for wind power turbine blades. Annual Review of Materials Research, 35, 505.

Brøndsted, P., & Nijssen, R. P. L. (2013). Advances in wind turbine blade design and materials (1st ed.). Woodhead Publishing, ISBN 9780857094261.

Carraro, P. A., & Quaresimin, M. (2014). A damage based model for crack initiation in unidirectional composites under multiaxial cyclic loading. Composites Science and Technology, 99, 154-163.

Det Norske Veritas (DNV). (2010). Design of offshore wind turbine structures e Composite components-DVS-OS-C501.

Fatemi, A., & Yang, L. (1998). Cumulative fatigue damage and life prediction theories: a survey of the state of the arf for homogeneous materials. International Journal of Fatigue, 20(1).

Gamstedt, E. K., & Talreja, R. (1999). Fatigue damage mechanisms in unidirectional carbonfibre-reinforced plastic. Journal of Materials Science, 34, 2535-2546.

Germanischer Lloyd Industrial Services GmbH. (2010). Guideline for the certification of wind turbines. Hamburg: Germanischer Lloyd.

Goodman, J. (1899). Mechanics applied to engineering. London: Longman, Green & Company.

Gorowara, R. L., Kosik, W. E., & McKnight, S. H. (2001). Molecular characterization of glass fiber surface coatings for thermosetting polymer matrix/glass fiber composites. Composites Part A: Applied Science and Manufacturing, 32(3), 323-329.

Lomov, S. (2011). Non-crimp fabric composites-Manufacturing, properties and applications. Woodhead Publishing, ISBN 978-1-84569-762-4.

Mandell, J. F., Samborsky, D. D., Agastra, P., Sears, A. T., & Wilson, T. J. (2010). Analysis of SNL/MSU/DOE fatigue database trends for wind turbine blade materials. Contractor Report SAND2010-7052. Sandia National Laboratories.

Matsuishi, M., & Endo, T. (March 1968). Fatigue in metals subjected to varying stress. InPaper presented to Japan society of mechanical engineers, Fukuoka, Japan.

Nijssen, R. P. L. (2006). Fatigue life prediction and strength degradation of wind turbine rotor blade composites (Ph. D. thesis). Delft University of Technology.

Nijssen, R. P. L., & Brøndsted, P. (2011). Fatigue performance of composites used in wind turbine blades. In

Risoe international symposium on materials science proceedings (Vol. 32, pp. 127–141).

Nijssen, R. P. L., & Brøndsted, P. (2013). Fatigue as a design driver for composite wind turbine blades. Woodhead publishing series in energy: 47. Advances in wind turbine blade design and materials. Woodhead Publishing. Optidat database. http://www.wmc.eu/optimatblades_optidat.php.

Quaresimin, M., Susmel, L., & Talreja, R. (2010). Fatigue behaviour and life assessment of composite laminates under multiaxial loadings. International Journal of Fatigue, 32(1), 2–16.

Talreja, R. (1981). Fatigue of composite materials: damage mechanisms and fatigue-life diagrams. Proceedings of the Royal Society of London, A378, 461–475.

Talreja, R. (1986). Stiffness properties of composite laminates with matrix cracking and Interior delamination. Engineering Fracture Mechanics, 25(5/6), 751–762.

Thomason, J. L. (2012). Glass fibre sizings e A review of the literature. Scotland: University of Strathclyde, ISBN 978-0-9573814-0-7.

Zangenberg J. (2013). The effects offibre architecture on fatigue life-time of composite materials (Ph. D. thesis). Technical University of Denmark. DTU Wind Energy PhD-0018 (EN).

第18章

建筑工程:胶粘编织复合材料的疲劳寿命预测

A. P. Vassilopoulos
洛桑联邦理工学院(EPFL),洛桑,瑞士

18.1 引　　言

纤维增强树脂基(FRP)复合材料在建筑工程中应用了50多年,它既适用于新结构,也适用于加固现有结构。回首历史,本书首先回顾了几个由FRP复合材料制成的工程结构和结构部件的实例。自早期的FRP复合材料行业开始,结构工程师一直对新型混凝土结构构件的FRP增强材料感兴趣(Bank,2006)。从那时起,出现了大量的结构和结构部件,而今天,FRP编织复合材料在建筑行业被认为是非常先进的材料。

正如Moy(2013)所描述的那样,使用FRP复合材料的好处在于其强度高,能够定制其特性,并量身制造所需的材料,低密度,以及它们优异的长期抗耐久性性能。材料性能可以通过改变纤维的种类、数量和方向来满足结构的需要。FRP复合材料的密度大约是钢的4倍,使得FRP结构在运输和安装时不需要做太多的工作。编织结构的预制件也非常重视复合材料的轻质特性,因为这样可以很轻松地把它们运送到指定位置,详情可参见Keller、Rothe、de Castro和Osei-Antwi(2013)以及Vassilopoulos和Keller(2011)的实例。尤其在桥梁工程的实例中,非常赞赏通过场外预制来减少交通中断。

上面的讨论可以通过文献中丰富的论据来加以重视,它强调了使用FRP复合材料的灵活性,或者采用新颖的、非常规的方式来使用它们。然而,在建筑工程领域,复合材料最初用来代替传统的材料,如钢铁或混凝土(Vassilopoulos,Keller,2011),以实现结构的轻质化和易于装配的要求。图18.1所示的典型示例为瑞士巴塞尔瞩目者大楼(Eyecatcher大楼)。这座高15m的5层移动式轻

质建筑,是世界上最高的多层GFRP建筑。Eyecatcher大楼在一个建筑展览会上首次露面,然后在瑞士巴塞尔的另一个地方拆卸之后,重新组装。该建筑概念是基于单层承载的GFRP复合材料结构,并集结构、建筑物理和建筑功能三者为一体。三个玻璃纤维增强复合材料(GFRP)框架由胶粘编织增强复合材料(FRP)制成,并作为主要的承重结构,在GFRP框架之间安装半透明气凝胶填充GFRP夹心墙。

图18.1 位于瑞士巴塞尔的瞩目者(Eyecatcher)建筑

蓬特雷西纳大桥(Pontresina bridge)(图18.2)是一座临时的轻型人行天桥,

图18.2 位于瑞士的蓬特雷西纳大桥(Pontresina bridge)

每年在秋季安装,并在春季拆除。该桥使用了两个 2.50m 长的桁架梁跨度,其中一个跨度(完全承重)采用胶粘接头连接,另一个跨度采用螺栓连接,并且通过冗余桁架和连接结构来保证结构安全。

尽管在上述实例和许多其他应用中,FRP 复合材料取代传统材料已被证明是成功的,但这种做法使工程师无法利用复合材料最吸引人的特性。这些先进的材料使工程师能够采用不同的方法来设计问题,提出替代的设计概念,并重新设计结构(基于复合材料的自由成形特性和轻量化特性)。由于这种自由成形特性的概念和 FRP 复合材料所特有的优异的力学性能,风能行业在 20 世纪的最后 25 年发展迅速,并且仍在通过使用复合特制的材料来满足当今巨大的风力涡轮机转子叶片的需求,如图 18.3 所示。

图 18.3 A7.5 MWEnercon 公司的 E126 风力涡轮机。
轮毂高度为 135m,转子直径为 126m
照片由 jfz 拍摄,根据知识共享署名 3.0 获得许可。

多功能结构元件也可以使用复合材料进行制造。根据 Rawal(2003)的说法,多功能复合材料被定义为结构复合材料,其设计性能远远超过非结构设计的功能。其中一些子系统功能包括热处理、阻尼、发电并存储、遥感辐射屏蔽以及健康监测。

将太阳能电池应用于房屋顶部的复合材料夹层板中(Keller,Vassilopoulos,Manshadi,2010),以获得具有承载功能,且可以产生清洁能源的轻质结构部件(图 18.4),或者在复合材料房屋系统中使用聚氨酯泡沫,可以进行隔离噪声和隔热,夹层中的泡沫具有稳定作用(Keller,Haas,Vallee,2008)(图 18.5),这是多功能夹层结构的典型示例。

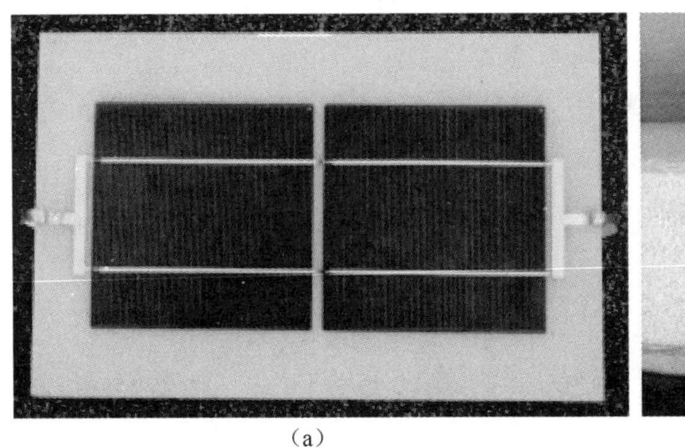

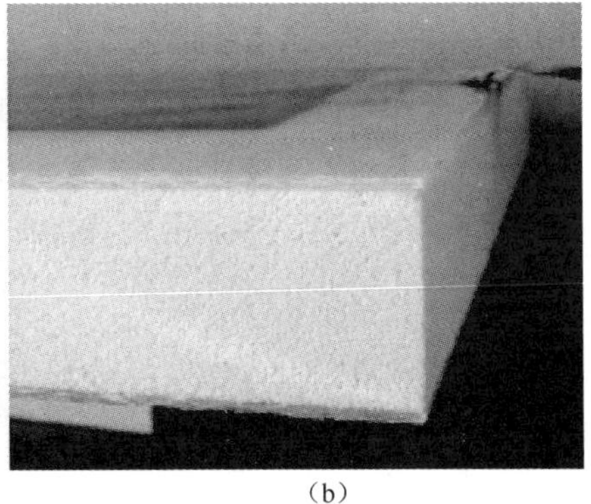

(a)　　　　(b)

图 18.4　带有封装光伏电池的结构夹心元件

(a)俯视图;(b)侧视图。

图 18.5　诺华校区的主大门建筑与 GFRP 夹层屋顶,从南面看

图 18.5 中的夹层屋顶结构集成了静态、建筑物理和建筑功能,允许仅用四个轻质部件来预制整个屋顶,这些部件很容易运输到现场并可以迅速安装,如图 18.6 所示。用计算机数控机床和胶黏剂对泡沫块进行切割,从而代替昂贵的模具,这一点无疑对建造复杂形状的屋顶是非常有利的。

图 18.6　在施工现场的屋顶组装

预制工艺水平能够保证制造出高质量的复合材料部件以及质量控制,因为它可以在良好的实验室条件下进行,并且与传统的建筑流程相比,它也缩短了施工时间。在特殊情况下,例如在桥梁结构的应用中,它具有很多优点,因为预制和快速安装也意味着减少了交通干扰。在这种情况下,复合材料的轻质特性可以减轻结构的承载重量,因此,可以扩宽桥梁(在相同的基础上),以容纳更多的车辆。

在瑞士贝克斯(Bex)的阿旺松河(Avançon)上,首次建了一个 GFRP——轻木夹层桥板,目前已经完成了第一段的安装,如图 18.7 所示(Keller et al.,2013)。这个 85m^2 的夹层桥板由三个相同尺寸的面板组成,这些板是通过真空灌注工艺制造的。这三个板之间的横向接缝与桥墩平行,因此,桥板为梯形形状。新的上部结构正在河边的工地上进行组装。首先,对镀锌钢梁和混凝土横梁进行了预制。然后,将三个桥板黏结在钢梁上,如图 18.7 所示。

图 18.7 阿旺松(Avançon)桥梁夹板的组装现场

在最后一个步骤中,在两个横向桥板接合处注入环氧树脂胶黏剂。在拆除旧桥和准备桥墩之后,新的上部结构用起重机放在旧石墙上,如图 18.8 所示。

图 18.8 半整体桥的安装(包括粘接在钢筋上的 GFRP 桥面、纵梁和横梁支撑)

这条路需要总共封闭 10 天。其中拆除旧桥需要 2 天时间,新桥则可以在 3h 内安装完毕,剩下的时间用来浇筑过渡板,并对桥两侧的道路进行改造和拓宽。与现浇混凝土桥相比,交通中断时间缩短了约 40 天。

此外,在 FRP 桥梁结构中还引入了几何约束,如倾斜角度为 65°,陡峭的纵向坡度为 8%,以及无伸缩接头(即,继续横跨桥台)的整体解决方案,以便于养护。最终桥梁总厚度为 285mm,重量为 160kg/m^2,仅相当于混凝土桥板的 1/4。

所有上述结构都是通过几个子部件的连接来完成的。这些子部件类似于工程结构的结构组件,并且通常使用不同类型的接头进行连接,而与接头类型无关;这些连接件是最关键的结构要素,因为它们往往成为结构的薄弱环节。虽然螺栓连接和胶黏连接都有其优点和缺点,但在土木工程结构中,永久连接更倾向于胶黏连接(Keller,2001)。

然而,在工程结构中,对不同载荷谱的加载模式下胶黏接头的力学行为进行建模并不是一件简单的事情。尽管为了提高设计可靠性,必须准确地对结构部件进行建模(Shahverdi,Vassilopoulos,Keller,2012b)。但当涉及到疲劳载荷时,这个任务就变得更具挑战性。尽管如此,今天人们普遍认为,疲劳是复合材料和结构最常见的失效机制之一,并且有充分的证据表明,大多数结构失效是由于疲劳或疲劳相关的现象所引起的(Vassilopoulos,2010)。

虽然复合材料被认为是疲劳不敏感的,特别是与金属材料相比时,它们也承受着疲劳载荷的作用。事实上,现在复合材料被用于许多工程结构中的关键结构部件。这种发展改变了人们对结构疲劳敏感性的一般看法。例如,混凝土道路桥通常是疲劳不敏感的,而疲劳则成为轻质复合材料桥梁的一个问题,与静载荷相比,疲劳寿命载荷更有意义。

在实际应用中,这些连接件和复合材料结构件在疲劳载荷作用下表现出可变振幅的复杂应力状态(Shahverdi, Vassilopoulos, Keller, 2013a; Sarfaraz, Vassilopoulos,Keller,2013b)。在工程材料和结构中,有许多方法来表征这些连接件的疲劳特性,并建立其模型,预测其疲劳寿命(寿命越短越精确)。一般来说,这些方法主要分为两种:基于材料/结构行为的唯象表征方法表现,主要由 S–N 曲线关系(例如, Philippidis, Vassilopoulos, 2004; Sarfaraz, Vassilopoulos, Keller,2013a,2013b;Zhang,Vassilopoulos,Keller,2010),以及基于断裂力学方法来表示,主要表现为疲劳裂纹扩展(FCG)曲线(例如,Martin,Murri,1990; Shahverdi et al. 2012b)。

本章旨在介绍在建筑工程中编织 FRP 复合材料之间不同类型的胶粘连接方式,以及在疲劳加载条件下对该类材料的工程结构行为进行建模/寿命预测的可用方法的描述。

18.2 FRP编织复合结构部件在土木工程中的应用

如18.1节所述,FRP复合材料在过去几十年里被广泛应用于建筑工程中。结构复合材料的使用范围也越来越广,既可以用于加固现有结构或新结构,也可以作为构建"全FRP结构"的主要材料。

在20世纪50年代兴起了一种低成本、高质量横截面的FRP型材制造方法(Bank,2006)。也被称为是拉挤成型技术,利用该技术制造的FRP复合材料可作为传统建筑物和桥梁中梁和柱的替代材料(Bank,2006)。从字面上看,任何截面形状都可以采用拉挤成型来制造(图18.9)。这个概念非常简单,因为单向纤维和编织FRP纤维层是用树脂浸渍,经过树脂的浸渍之后,在一个确定截面形状的模具中定形。在这个过程中,材料被加热以进行聚合。最后,这种连续层压工艺会按照之前的设计尺寸进行切割。原则上,除了超出制造尺寸之外,对拉挤成型的部件尺寸没有限制。除了制造商以外,唯一的限制因素就是材料厚度。树脂固化是一个放热的过程,如果厚度太大,释放的热量可能会产生问题,在极端情况下有可能会导致自燃。

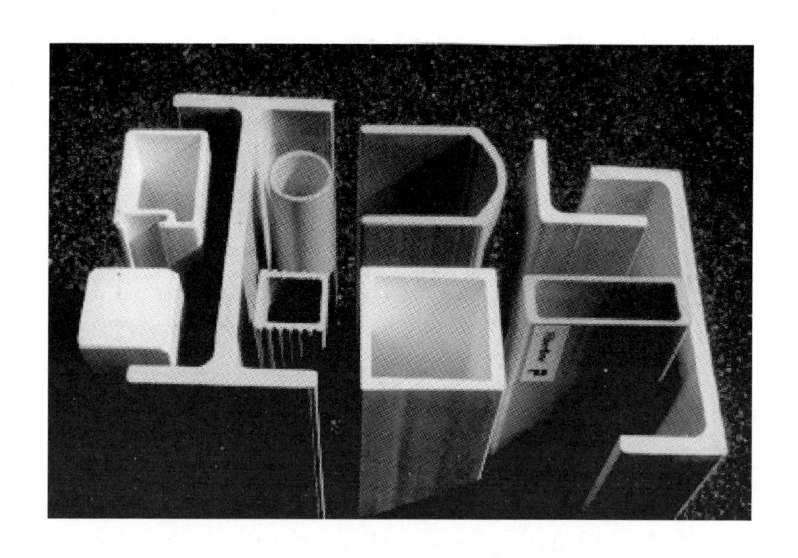

图18.9 拉挤成型的GFRP复合材料剖面

通常,采用单向纤维和编织材料制造拉挤结构部件(碎毡和编织粗纱),如图18.10和图18.11所示。面纱(一种非常薄的聚酯层压板,有时带有短玻璃纤维)主要用于表面的光滑处理。

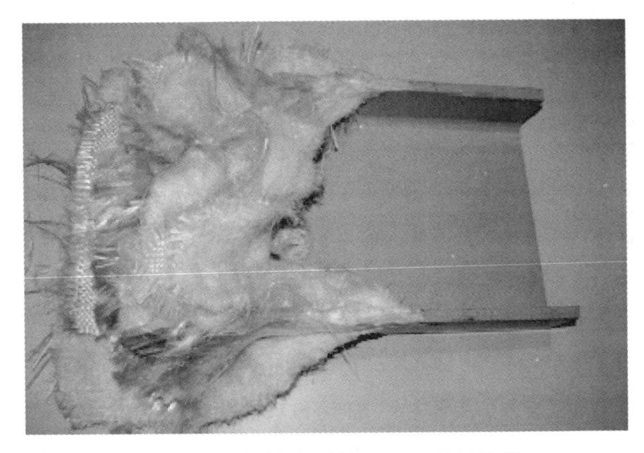

图 18.10　拉挤成型的 GFRP 型材结构

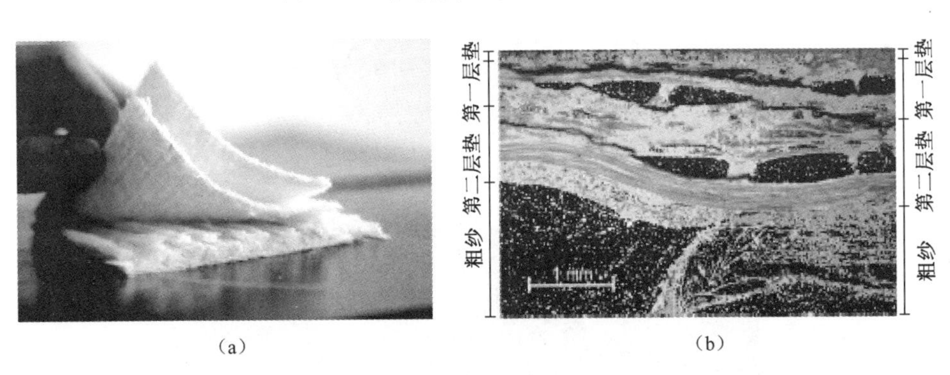

(a)　　　　　　　　　　　　(b)

图 18.11　(a) 拉挤型材的铺层;(b)层压板横截面上半部分的纤维结构横向于拉挤方向

拉挤成型材料已被广泛用于结构工程中,或者作为传统材料的替代材料,例如,钢(例如,分别如图 18.1 和图 18.2 所示的瞩目者大楼(Eyecatcher)和蓬特雷西纳行人天桥或者新设计的全 FRP 结构,如桥面板,如图 18.12~图 18.14 所示。原来板材形状是由英国曼塞尔工程塑料结构公司(Maunsell Structural Plastics)设计的,如图 18.12 所示。可以使用胶黏剂和连接件将这种矩形形状的结构部件以直线或直角连接在一起。现在,这些板材是由美国斯创威公司(Strongwell)制造的,也称为合成材料。

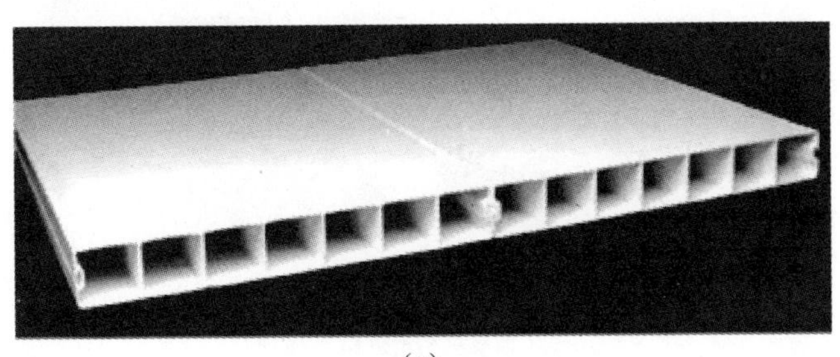

(a)

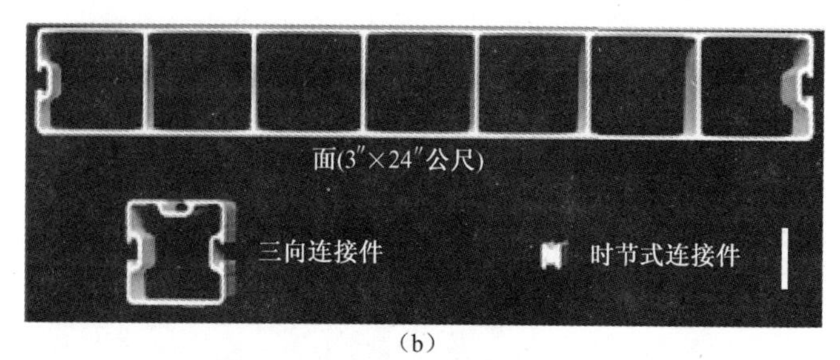

(b)

图 18.12 (a),(b)来自 Strongwell 公司制造的拉挤 GFRP 板材

尽管这些板材可以承受行人载重,但是它们的矩形形状在承受车辆载重方面存在缺陷(Moy,2013)。因此,后来设计了其他类型的拉挤型材,以改善其承载特性,如由 Martin Marietta 引进的 Fiberline 公司(图 18.13)的 Asset 桥板系统和 DuraSpan 桥板系统(图 18.14)。

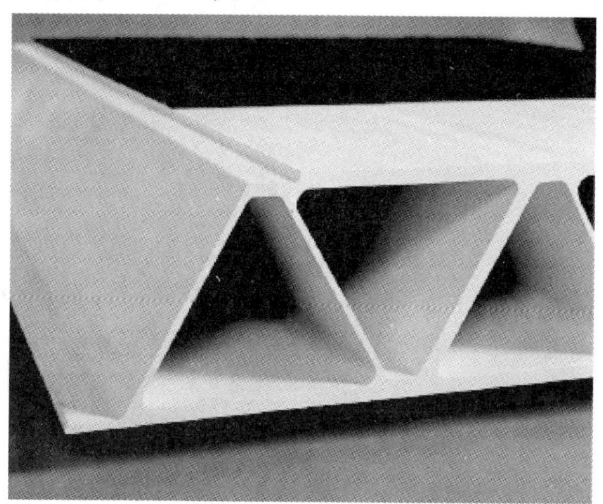

图 18.13 Asset 板材系统

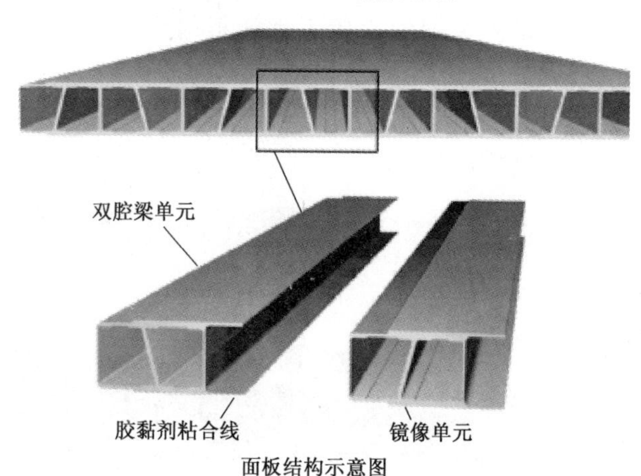

图 18.14 DuraSpan 板材系统

除了拉挤构件之外,在建筑工程应用中,还引入了大量手工铺层的 GFRP 复合材料。如图 18.15 所示的一个典型示例,它是由短玻璃纤维增强聚酯制成的半透明 GFRP 复合材料板。这是一个多功能结构部件,因为它包含了大量的结构和物理性能。该部件已被用作瞩目者大楼(Eyecatcher)的半透明结构外观部件。在波纹 GFRP 结构内加入一种绝缘材料,如气凝胶(图 18.16),可为结构件提供良好的防噪声和隔热性能。

图 18.15　半透明 GFRP 复合材料板

图 18.16　有气凝胶(左)和无气凝胶(右)的波纹 GFRP 复合材料板

必须将前面提到的结构组件连接起来,才能获得功能工程结构。胶接或黏结连接是 FRP 复合材料最常用的连接方法。胶接是材料黏合的一种过程,它是在被粘物表面之间涂满胶黏剂,使之固化,从而形成胶接。与传统的机械紧固件连接相比,胶接接头由于自身具有的优点(尽管也存在缺点),使得它在工程应用中越来越多地取代机械接头。根据实际情况的不同,可以使用几种不同的接头类型,如图 18.17 所示。

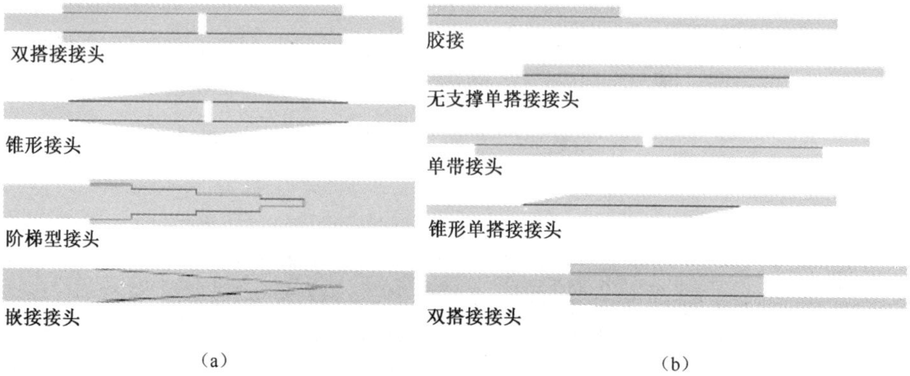

双搭接接头

锥形接头

阶梯型接头

嵌接接头

(a)

胶接

无支撑单搭接接头

单带接头

锥形单搭接接头

双搭接接头

(b)

图 18.17　典型的连接类型

如图 18.18 所示为用于瞩目者(Eyecatcher)大楼的拉挤型材之间采用胶粘连接的示例。框架通过使用环氧树脂进行连接,而不使用任何的螺栓连接。

图 18.18　用于瞩目者大楼(Eyecatcher)的拉挤型材之间的胶粘连接

Avancon 桥板的施工也采用了胶接连接的方式(图 18.7 和图 18.8)。为了设计并验证横向平板对平板胶接接头的影响,设计了两根全尺寸的梁,并承受疲劳载荷以及随后的准静态载荷作用。在两根梁中,采用环氧树脂胶接的 Z-型接头。在梁 B1 中,内部的胶黏剂粘接层倾斜角度为 70°,而在梁 B2 中,该层与平板层正交(图 18.19)。第一根梁的设计(B1)与最终的桥板设计有很大的不同。而第二根梁(B2)是基于 B1 的结果进行设计并改进的,与 Avancon 桥板的设计结果几乎相同(Keller et al. ,2013)。

技术机构已经发布了大量的设计指南、代码和规范,这为结构工程师在使用 FRP 材料进行设计时提供了广泛的指导。特别是对于 FRP 型材,有三种官方设计手册被称为代码或指南:

ASCE(1984),结构塑料设计手册,ASCE 手册和工程实践报告 63,美国土

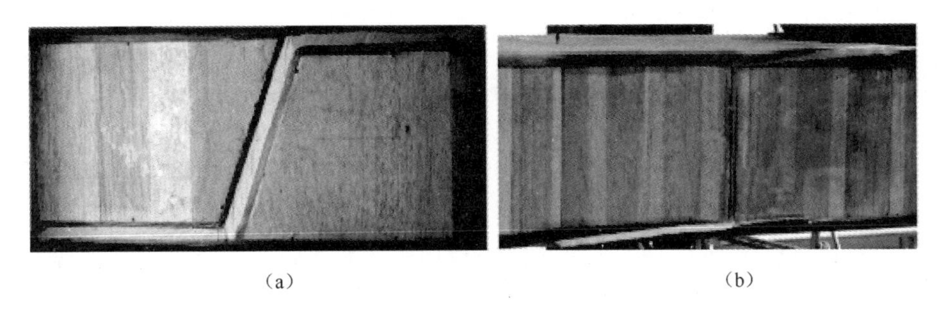

(a)　　　　(b)

图 18.19　胶接平板接头的设计步骤

(a)梁 B1(板厚 220mm);(b)梁 B2(板厚 285mm)。

木工程师学会,雷斯顿,弗吉尼亚州。

CEN(2002),增强树脂基复合材料:Pultruded 型材规范,第 1~3 部分,EN13,706,欧洲标准化委员会,布鲁塞尔,比利时。

欧共体(1996),聚合物复合材料的结构设计,Eurocomp 设计代码和手册,Clark,J. L. (编)E&FN Spon 出版社,伦敦。

除了上述文件以外,还有几家制造商也已经编写了内部设计手册,旨在与各自的型材产品一起使用(Bank,2006)。

18.3　胶接接头的试验研究和建模

对 FRP 编织复合材料接头的准静态和疲劳性能的研究,既可以采用标准试样进行试验研究,也可以开展其典型结构部件的全尺寸试验进行研究。试样或接头的试验结果允许通过使用分析表达式或有限元模拟来建模,以预测其结构力学行为。为了获得具有统计学意义的特征性能(5%分位数),通常采用小尺度试验来表征材料的详细特性

根据现有的试验数据和已有的模型,此过程可进行强度估计或寿命预测。在建筑工程中使用的编织 FRP 胶接复合材料接头已经开展了大量的相关试验研究(例如,Castro San Rom_an,2005;Shahverdi,Vassilopoulos,Keller,2011;Shahverdi et al. ,2012a,2012b,2013a,2013b;Sarfaraz et al. ,2011,2012,2013a,2013b,2013c;Vallee,2004)。

在过去的 10~15 年里,对复合材料层压板和编织 FRP 胶接接头在恒幅和变幅加载作用下的建模以及疲劳寿命的预测主要有两种方法。首先,主要是由于所需的数据比较简单,包括宏观的、经典的应力-寿命预测方法,这些方法的优点是仅根据有限的静态和恒定的振幅疲劳数据,就可以预测任何复合材料或结构的变幅疲劳寿命(Philippidis,Vassilopoulos,2004;Sarfaraz,Vassilopoulos,

Keller,2011;Vassilopoulos et al. ,2010c)。另外,它们也不能用于预测任何其他材料、结构部件或接头的疲劳寿命,因为它们不能提供任何有关基本材料和胶黏剂的几何形状或结构组成的信息(叠层的顺序或胶接接头的几何形状)。

最近,Sarfaraz 等人(2011)在一篇论文中描述了这种试验研究,文中研究了平均载荷对拉挤成型的胶接 GFRP 接头疲劳性能的影响。并对接头在轴向、拉伸、压缩以及反向疲劳载荷作用下的性能进行了比较。试样有两种不同的接头结构:一种总长度为 410mm,(图 18.20)仅用于拉伸载荷试验,另一种总长度减少为 350mm,用于施加压缩载荷试验时避免接头发生任何弯曲。

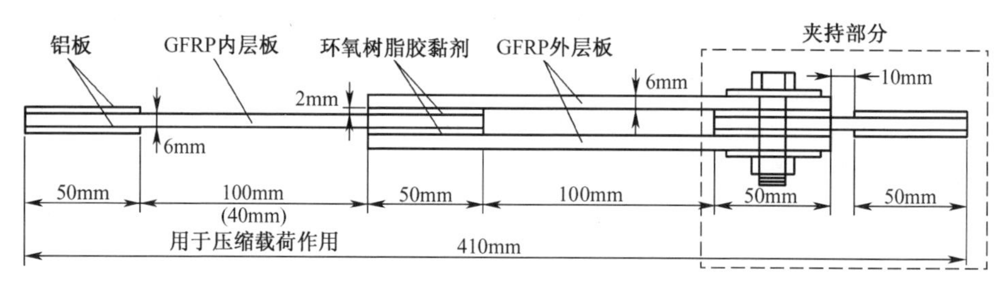

图 18.20　双搭接接头的几何尺寸

对三种载荷比下不同的失效模式进行了观察。在拉伸疲劳载荷作用下(T-T),即载荷比为 0.1 时,其失效模式与准静态拉伸破坏下的失效模式相似(图 18.21(a));在施加的所有载荷水平作用下,仅在一个接头的黏结线中出现了裂纹。同样,在压缩-压缩(C-C)疲劳加载下($R=10$ 时)的失效模式与准静态压缩破坏下的失效模式相似,裂纹发生在层压板中间的粗纱层内(图 18.21(b))。在拉伸-压缩疲劳载荷作用下(T-C)($R=-1$),观察到了不同的失效模式。在大多数试验中,其失效过程与拉伸-拉伸加载(T-T)下的失效模式相类似。其中一些破坏的试样中除了有一条沿着黏结线的主要裂纹之外,在其层压板中间还发现了一条类似于压缩-压缩(C-C)加载下大约 1mm 的较小裂纹。然

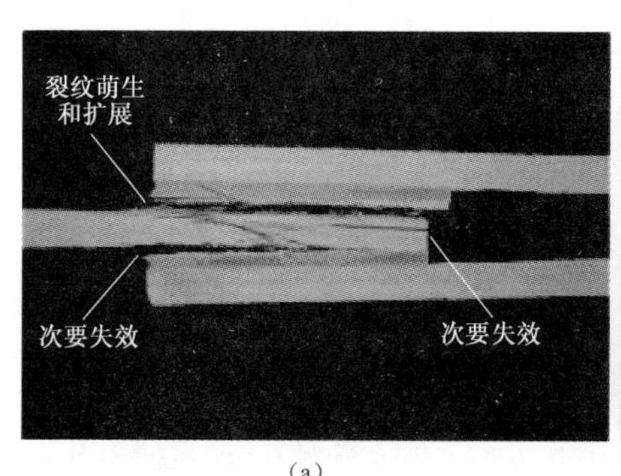

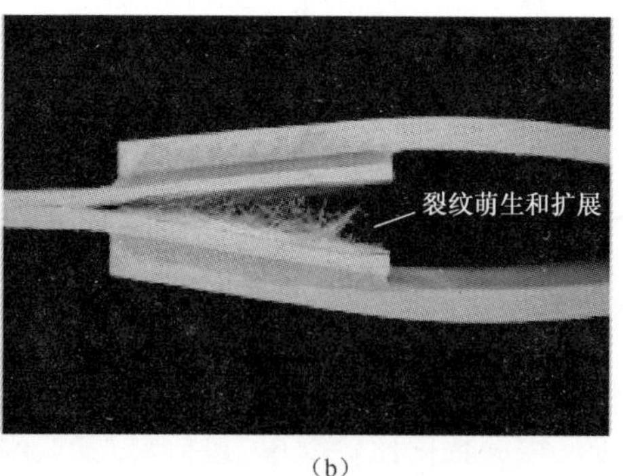

(a)　　(b)

图 18.21　(a),(b)在(a)拉伸和(b)压缩载荷作用下双搭接接头(DLJ)的失效模式

而，在疲劳寿命期间是由于主裂纹的扩展导致发生了失效，而与循环载荷的压缩分量所产生的裂纹无关，它在接头失效时仍然存在（Sarfaraz et al.，2011）。

可以通过 $S-N$ 曲线对所获得的材料疲劳行为进行建模，该曲线给出了在给定载荷水平作用下的失效周期次数（Sarfaraz et al.，2012b，2013a）。通常，用于初步设计的疲劳数据主要在 $10^3 \sim 10^7$ 的疲劳周期内。然而，高周或低周疲劳状态需要根据实际的应用情况而定。这时就需要补充额外的数据，以避免由于数据不足而导致模型错误的危险。虽然对于高周疲劳（HCF）来说，疲劳数据必须经过长期耗时的试验才能获得；而对于低周疲劳（LCF）来说，情况似乎更加容易，其静态强度数据显然可以与疲劳数据结合使用。

磨损模型（Sendeckyj，1981）将 FRP 层压板的常见 $S-N$ 疲劳行为描述为在高循环应力水平作用下变平的动能曲线。在 Salkind（1972）的另一项研究中，将 LCF 加载下的斜率变化归因于 FRP 复合材料在高应力水平作用下高应变范围的敏感性。通过与 Mandell（1990）对短纤维增强复合材料的研究进行比较，结果发现短切玻璃丝聚酯层压板的 $S-N$ 数据具有不同的趋势。该行为可以通过半对数坐标图中的线性曲线进行模拟；尽管在高周疲劳加载下，跳跃的存在会导致 $S-N$ 曲线斜率的下降。通过使用计算软件对疲劳数据进行详细分析，如遗传编程（如 Vassilopoulos，Georgopoulos，Keller，2008），表明多斜率曲线更适合典型复合材料层压板的疲劳行为。

通过对复合材料疲劳性能的研究文献进行综述，我们发现，疲劳失效机理会随着循环应力水平的变化而变化（Aymerich，Found，2000；Bakis，Simonds，Vick，Stinchcomb，1990；Mandell，McGarry，Huang，Li，1983；Miyano，Nakada，Muki，1997；Philippidis Vassilopoulos，2001），从而也就解释了 $S-N$ 曲线斜率变化的原因。对于短玻璃纤维和碳纤维增强的注塑成型聚砜基复合材料，在高应力水平和低应力水平作用下表现出不同的疲劳行为（Mandel et al.，1983）。试验结果表明，在 $10^3 \sim 10^5$ 次循环周期内 $S-N$ 曲线有明显变化。Aymerich 和 Found（2000）以及 Bakis 等人（1990）对碳纤维/PEEK 层压板在高应力和低应力水平下不同的疲劳特性进行了研究，结果发现在循环载荷水平降低时，主要的失效从纤维断裂变为基体损伤。玻璃纤维/聚酯基$[0/(\pm45)_2/0]_T$复合材料层压板（Philippidis，Vassilopoulos，2001）疲劳性能的研究表明，尽管在断裂面没有发现差异，但在发生失效时刚度退化存在着显著差异（发现在较低应力水平下刚度更高）；Miyano 等人（1997）研究了锥形 FRP 接头在低应力水平和高应力水平下的不同破坏模式，并通过观察在高应力水平作用下的断裂表面和低斜率的 $S-N$ 曲线来证明。

根据复合材料所表现出的不同疲劳特性，将数学方程拟合到由试验数据建立的疲劳模型上，这对于任何疲劳分析都是至关重要的。疲劳模型反映了理论方程中试验数据的行为,随后可以在设计计算中使用。在文献中有许多不同类型的疲劳模型(或 $S-N$ 曲线的类型),其中最著名的是经验指数(Lin-Log)和对数(Log-Log)关系。在此基础上,假定加载周期的对数与循环应力参数或其对数线性相关。以这种方式确定的疲劳模型不用考虑不同的应力比或频率,也就是说,不同的模型参数对应不同的加载条件。另外,他们没有考虑在发生失效过程中产生的任何失效机制。还有一些更复杂的疲劳公式,也考虑到了应力比和/或频率的影响(Adam, Fernando, Dickson, Reiter, Harris, 1989; Epaarachchi, Clausen, 2003)。Adam 等人(1989)提出了一种统一的疲劳函数,该函数允许在单个双参数疲劳曲线中,根据不同的加载条件(不同的 R 比)来表征疲劳数据。在 Epaarachchi 和 Clausen (2003)的另一项研究中,提出了一种考虑应力比和加载频率影响的经验模型,并对不同玻璃纤维增强复合材料的试验数据进行了验证。尽管这些模型看起来很不错,但它们最大的缺点就是建立在经验的基础上,因为它们的预测能力受到很多参数的强烈影响,这些参数有的是估算值,有的甚至在某些情况下是假设的值。

试验证据表明,常用的模型并不适合拟合从 LCF 到 HCF 范围内材料的疲劳特性行为(请参见,Harik, Klinger, & Bogetti, 2002; Sarkani, Michaelov, Kihl, & Beach, 1999)。Sarkani 等人(1999)研究了胶接的和螺栓连接的 FRP 接头的试验数据与 $S-N$ 曲线之间的偏差。Harik 等人(2002)对 GFRP 层压板开展了类似的试验。在这两项研究中都引入了对数(Sarkani et al. , 1999)和半对数坐标(Harik et al. ,2002)下的双线性模型,分别用来拟合不同加载条件下(LCF 和 HCF)材料的疲劳特性。这些方法的缺点是需要所有条件下的疲劳数据来拟合模型参数,因此,他们无法推断出任何结果,因为它们只是简单的拟合过程。此外,由于对 LCF 和 HCF 估计不同的模型参数,得到的 $S-N$ 曲线方程并不是连续的,并且必须基于使用者的经验来选择对应于每个组的数据子集;因此,它们不适合用于设计方法中。

还有一些其他可用的模型,如具有多斜率的 $S-N$ 曲线。然而,这需要所有寿命范围内更多的数据,因为它们只是通过调整许多拟合参数来模拟材料行为的拟合方程。Mu, Wan 和 Zhao (2011)提出了一个包含三个参数的多斜率模型,用于模拟复合材料的疲劳行为。然而,该模型纯粹是基于逻辑函数与试验数据的拟合而建立的,因此,其结果不能超出现有试验数据的范围。

另外还有一些是基于损伤力学的方法,因此具有物理背景。一个典型的示例是 Sendeckyj(1981)采用的磨损模型。这种磨损模型最初是由 Halpin, Jerina 和 Johnson (1973)根据金属裂纹的扩展概念而引入复合材料的。然而,由于不赞同该模型中复合材料的主裂纹假设,一些研究人员将残余强度作为损伤度量进行了评估和修正。Sendeckyj 所采用的磨损模型的形式是基于 Hahn 和 Kim

(1975)所提出的强度-寿命等秩假设或 SLERA,说明在静态强度概率分布中某一等级的样本在疲劳寿命分布中也具有相同的等级。换言之,只要在疲劳寿命期间,甚至在疲劳和静态载荷之间没有观察到竞争失效模式,就可以应用磨损模型。

最近基于常用的指数和 $S-N$ 疲劳模型,建立了一种新的 $S-N$ 公式以解决它们的不足,并适当地模拟了从 LCF 到 HCF 范围内几种复合材料和复合材料结构部件的疲劳寿命。

通过对编织 FRP 胶接接头已有疲劳数据的 $S-N$ 曲线与现有疲劳模型的所得曲线进行比较,可以评估引入公式的建模能力,例如参见图 18.22。Sarfaraz 等人(2012b,2013a)对编织 FRP 胶接接头可用的 $S-N$ 公式进行了比较研究。

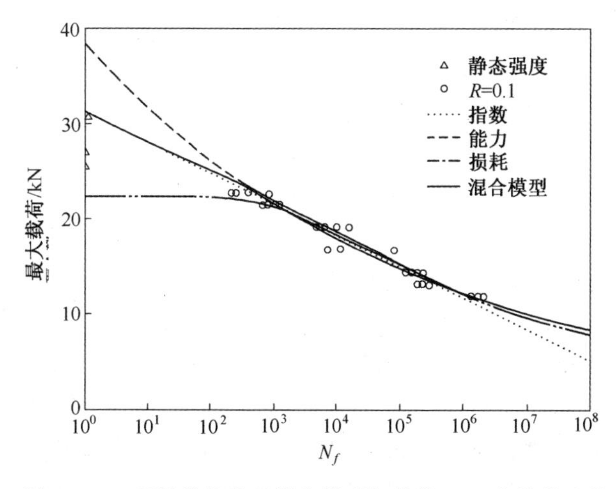

图 18.22　双搭接接头的混合模型与其他 $S-N$ 曲线的比较

试验研究结果表明,复合材料层压板(例如,Philippidis,Vassilopoulos,2002)和胶接接头(例如,Sarfaraz et al.,2011)的疲劳强度对平均载荷有很强的依赖性。这表明对该效应有必要进行适当建模,以避免大量的试验方案。这个主题将在下一节中分析。

第二,断裂力学理论要求更可靠的数据采集设备。这可以用于在指定的加载模式下对胶接接头的疲劳性能进行建模。通过对断裂力学理论的适当发展(量化混合断裂模型),并基于模式Ⅰ和模式Ⅱ下 FCG 曲线的测量,以及用有限元确定接头中损伤扩展所需的总能量($G_{total}=G_{Ⅰ}+G_{Ⅱ}$),或者其他可用的分析解决方案的基础上,该理论也可以用来预测新型接头类型的疲劳行为。该理论的缺点是没有考虑到不同的加载情况。尽管付出了相当大的努力(例如,Ashcroft,2004;Erpolat,Ashcroft,Crocombe,Abdel-Wahab,2004a,2004b;van Paepegem,Degrieck,2002;Shahverdi et al.,2012b),但目前还不知道如何基于准静态断裂力学和恒幅振动疲劳数据来获得恒幅或变幅载荷作用下接头的 FCG

曲线。

试验结果可以通过对接头断裂力学性能的研究获得,例如,为了反映材料在断裂模式Ⅰ、断裂模式Ⅱ或混合模式Ⅰ/Ⅱ下准静态或疲劳/断裂行为的断裂分量,对非结构接头进行适当的设计和制造(Shahverdi et al. ,2013a)。复合材料/接头在混合模式Ⅰ,模式Ⅱ以及混合模式Ⅰ/Ⅱ疲劳载荷作用下的疲劳/断裂表征是理解其在实际加载情况下的疲劳行为的重要步骤。因此,需要在实验室中开展标准化试验,并建立适当的失效标准,以模拟/预测接头(Mall, Johnson,1986)和复合材料的疲劳行为(如,Kenane, Azari, Benmedakhene, Benzeggagh,2011;Philippidis,Vassilopoulos,2004;Qian,Fatemi,1996;Vassilopoulos, Keller,2011)。

对 FRP 复合材料和接头断裂行为的建模,主要采用由 FCG 曲线表征的断裂力学方法(例如,Martin, Murri, 1990; Russell, Street, 1988; Shahverdi et al. , 2012a)。FCG 曲线通过提供关于在疲劳寿命期间的裂纹扩展或裂纹的损伤信息来表征疲劳行为(Shahverdi et al. ,2012a)。

FCG 曲线表示的是应变能释放率 G(Martin & Murri,1990;Russell & Street, 1988;Shahverdi et al. ,2012a)与裂纹扩展速率 da/dN 之间的关系,通常在对数轴上。每个 FCG 曲线都有一个 S 形形状,包含三个区域:亚临界区域、线性区域和不稳定区域。Paris 理论被广泛应用于复合材料和胶接结构接头(Mall Johnson,1986;Shahverdi et al. ,2012a,2012b;Zhang et al. ,2010)在纯模式Ⅰ Bathias,Laksimi,1985;Hojo,Ochiai,Gustafson,Tanaka,1994;Mall,Johnson,1986; Mall,Yun,Kochhar,1989;Shivakumar,Chen,Abali,Le,Davis,2006)、混合模式Ⅰ/Ⅱ(Asp, Sjogren, Greenhalgh, 2001; Gustafson Hojo, 1987; Kenane et al. , 2011; Mall,Johnson,1986;Mall et al. ,1989;Qian,Fatemi,1996;Zhang et al. ,2010)和纯模式Ⅱ下(Allegri,Jones,Wisnom,Hallett,2011;Asp et al. ,2001;Bathias,Laksimi, 1985;Gustafson,Hojo,1987;Kenane,Benmedakhene,Azari,2010;Mall et al. ,1989; O' Brien et al. ,1989)FCG 曲线的稳定区域对疲劳裂纹的扩展进行建模。Martin 和 Murri(1990)提出了一个唯象学方程,它能够模拟整个应用 G 的范围内(从第一个区域到第三个区域)FCG 的疲劳行为。所谓"总疲劳寿命模型"的推导模型是指,裂纹扩展速率是总最大循环应变能释放速率 G_{tot}、应变能释放速率阈值 $G_{tot,th}$ 以及临界应变能释放速率 $G_{tot,c}$ 的函数。该模型由 Martin 和 Murri 在 Shahverdi et al. (2012a)和 Shivakumar et al. (2006)研究中使用,用于描述胶接 GFRP 接头和编织粗纱玻璃纤维/乙烯基酯复合材料层压板在模式Ⅰ循环载荷作用下的裂纹扩展速率。此外,Shahverdi et al. (2012a)还将它进行了扩展应用,研究了 R 比对 FCG 曲线的影响。

Mall 和 Johnson (1986)对用 EC 3445 胶黏剂或用 FM 300 胶黏剂粘接的石

墨/环氧树脂被粘物(T300/5208)进行了混合模式加载下的研究,结果表明,裂纹扩展速率是 G_{I} 和 G_{II} 组合效应的函数。因此,认为总应变能释放率 G_{tot} 比 G_{I} 或者 G_{II} 更适合于推导 FCG 曲线。另外,G_{tot} 也比混合模式加载条件下的单个 G_{I} 和 G_{II} 更容易计算。文献中的试验结果表明,混合模式对不同试验材料或者接头的的 FCG 曲线有显著影响(如 Blanco,Gamstedt,Asp,Costa,2004;Fern_andez,De Moura,Da Silva,Marques,2013;Kenane,2009;Zhang,Peng,Zhao,Fei,2012)。然而,大多数已发表的试验数据都局限于 FCG 曲线的第二个区域,因为推导一个完整的 FCG 曲线非常耗时,这个曲线包含非常慢的裂纹扩展区域,接近疲劳阈值,并且难以监测到接近 $G_{tot,c}$ 的快速扩展区域。关于这个问题(例如,Fern_andez et al. ,2013;Gustafson Hojo,1987;Konig,Kruger,Kussmaul,von Alberti,Gadke,1997;Mall et al. ,1989;O ' Brien,1990;Ramkumar,Whitcomb,1985;Schon,2000)的大多数文献都表明,随着 G_{II}/G_{tot} 的增加,FCG 曲线的斜率在不断下降。也有其他的试验结果表明(例如,Kenane and Benzeggagh,1997;Kenane,2009;Kenane et al. ,2010,2011),随着 G_{II}/G_{tot} 的增加,FCG 曲线的斜率在不断下降。另一方面,在 Mall 等人(1989)对 T300/3100(石墨/双马来酰亚胺)脆性复合材料体系的研究中,发现随着 G_{II}/G_{tot} 的增加,FCG 曲线的斜率在开始阶段下降,但在接近纯模式Ⅱ的区域时再次上升。在 Zhang 等人(2012)对碳纤维/双马来酰亚胺复合材料层压板的研究中,发现随着 G_{II}/G_{tot} 的增加,斜率在初始时增加,最后减少。

尽管一些研究人员试图将它们与材料的特性联系起来,但仍然缺乏对上述不同疲劳行为的解释。例如,O´Brien(1990)认为任何混合模式下 FCG 曲线的斜率通常会随着基体韧性的增加而降低。然而,这种假设与 Mall 等人(1989)和 Zhang 等人(2012)提出的结果相矛盾,这些结果将 FCG 行为的变化归因于其他因素,如纤维桥接和多重裂纹。

每一种复合材料/接头都可以建立一个疲劳破坏准则来描述和预测其在任何混合模式下的疲劳行为。关于确定混合模式Ⅰ/Ⅱ下疲劳失效标准的研究文献很少(Fernandez et al. ,2013;Kenane et al. ,2011;Mall et al. ,1989),而且还没有对混合模式Ⅰ/Ⅱ加载条件下搭接接头的总疲劳寿命进行建模研究。由于缺乏胶接接头总疲劳寿命的疲劳断裂数据,导致这些数据库并不完整,从而影响了该方法的发展。

采用不同的试验装置对断裂模式Ⅰ、模式Ⅱ和混合模式Ⅰ/Ⅱ进行研究。混合模式弯曲夹具(图 18.23)是编织 FRP 胶接接头的混合模式断裂试验研究中最常用的试验装置之一。

与断裂模式的研究不同,疲劳断裂试验的目的是研究给定加载条件下接头的 FCG 曲线的推导。例如,Shahverdi 等人(2012b)通过对双悬臂梁拉挤 GFRP

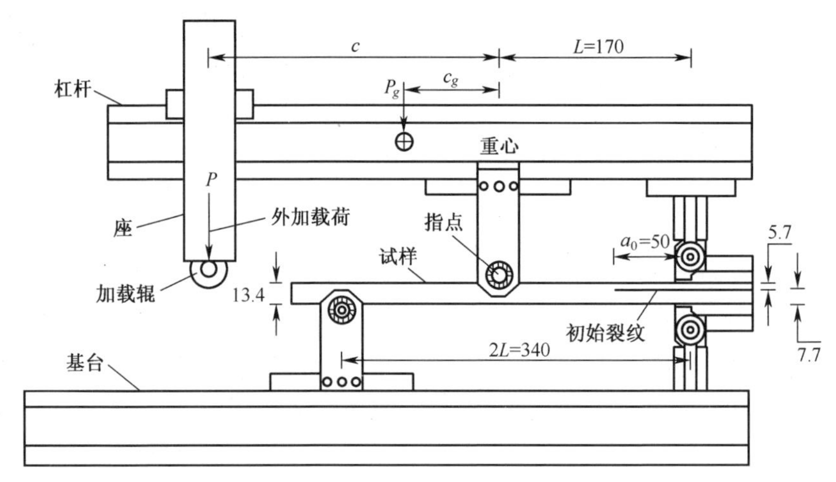

图 18.23 混合模式弯曲装置示意图

接头的研究,推导出在不同位移比下(R)FCG 曲线的综合数据库,并研究了加载参数对接头断裂行为的影响。

此外,还给出了用于模拟疲劳行为的相关模型(Martin, Murri, 1990; Shahverdi et al. ,2012a)。这些模型类似于唯象学方程,其参数通过拟合现有的试验数据进行适当调整。模拟结果如图 18.24 所示。

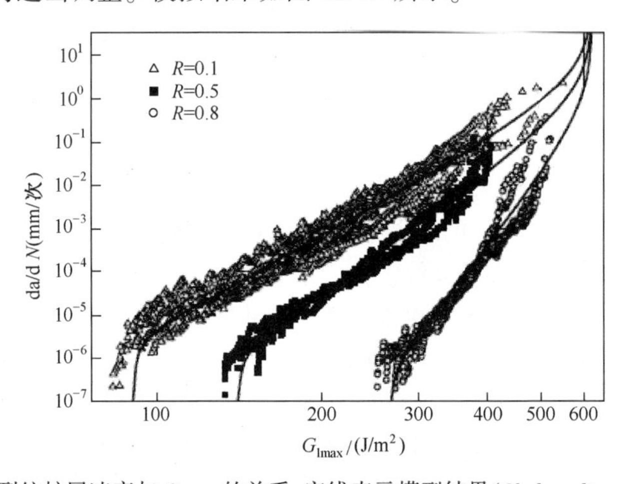

图 18.24 裂纹扩展速率与 $G_{I\,max}$ 的关系,实线表示模型结果(Shahverdi et al. ,2012b)

为了完善并验证几种结构部件的设计,详细阐述了全尺寸试验的结果(图 18.25),例如,Avançon 桥板中使用的横向板对板胶接接头。在这种情况下,制造了两根全尺寸的梁,并对其进行疲劳和准静态加载,直至发生失效(Keller et al. (2013))。该桥梁在疲劳载荷作用下的疲劳周期高达 500 万次,相当于其使用寿命为 100 年。为了开展准静态加载-卸载循环试验,并估计桥梁的刚度，中断疲劳载荷。正如 Keller 等人(2013)所说，在疲劳循环加载中，桥梁的刚度没有发生明显变化；比较第一次和最后一次载荷-偏转循环试验，没有发现任何明显的滞后、曲线偏移或斜率变化现象。在第二根梁的载荷-偏转循环试验中形成的非常轻微的滞后，是由于大量的横向纤维引起的黏弹性效应所致。但是，这种行为仍然是纯线弹性的，没有发现裂纹或者损伤。随后，在准静态载荷作用下，桥梁表现出线性特征，直至在 GFRP 层压板下部胶接接头中的纤维发生撕裂破坏，之后裂纹逐渐扩展到接头的其他部分，并最终导致桥梁发生失效(图 18.26)。根据与 20kN 正常使用载荷状态(SLS 载荷)的比较，相当于跨度/500 SLS 偏转极限，接头的安全系数高达 9.5(定义为最终/SLS 载荷)。

图 18.25　Avançon 桥梁项目：全尺寸试验装置(Keller et al.，2013)

图 18.26　Avançon 桥梁项目：胶接接头在 60kN 千斤顶作用下的最终失效

18.4 疲劳寿命的建模与预测

在建筑行业中使用的胶接编织复合材料的疲劳寿命可以通过唯象学的宏观理论或者通过断裂力学方法(假设疲劳/断裂失效标准可用)进行建模及最终预测,例如,就像18.3节中描述的那些基于试验得到的 $S-N$ 曲线一样。也可以采用基于实际损伤机制或特定损伤程度的测量等其他建模方法,如结构的残余强度或残余刚度。然而,这些方法大多用于复合材料层压板的分析(Eliopoulos, Philippidis,2011a,2011b),并没有扩展应用到胶接编织复合材料的预测。

18.4.1 经典的疲劳寿命预测

用于复合材料层压板和胶接编织复合材料疲劳寿命预测的经典寿命预测方法已经提出并得到了验证。本节介绍了两个典型示例,分别是 Philippidis 和 Vassilopoulos(2004)与 Vassilopoulos 等人(2010)对 GFRP 复合材料层压板疲劳寿命预测,以及 Sarfaraz, Vassilopoulos 和 Keller (2013c)对胶接拉挤成型 GFRP 接头的疲劳寿命预测。基于所谓的经典疲劳寿命预测方法对疲劳寿命进行估计包括以下内容。

(1) 循环计数,将可变振幅(VA)时间顺序转换成对应于恒定振幅和平均值的特定循环次数。

(2) 对疲劳数据进行解释,根据试验材料确定并应用适当的 $S-N$ 公式。

(3) 选择合适的公式,以便研究试验材料疲劳寿命的平均应力效应。

(4) 使用合适的疲劳失效准则计算循环计数后每个部分的允许循环次数。

(5) 根据循环计数法估算施加的每一个载荷谱所造成的损伤总和。

上述方法的流程图如图18.27所示。

Sarfaraz 等人(2013c)提出了一种改进的经典疲劳寿命预测方法,用于估算胶接拉挤接头的疲劳寿命,该方法考虑了载荷转换和载荷顺序对被测接头疲劳寿命的影响。在其他研究中发现(参见 Sarfaraz et al. ,2013b),这两个参数对接头的疲劳寿命有明显的影响,虽然在现有的经典寿命预测方法中没有明确考虑。

正如上述图18.27的流程图所示,经典寿命预测方法类似于一个连续的过程,将几个相互关联的步骤结合起来。可以采用 $S-N$ 曲线描述所研究的复合材料或胶接结构部件的疲劳行为,该 $S-N$ 曲线可以通过试验推导出选定的加载条件,即,选定的 R 比(最小和最大应力分量之间的比值)。然而,这些方法和工具允许在已知数据集之间进行内插或外推,以估计在其他加载条件下的材料行为是必要的。为此,在疲劳分析中使用所谓的恒定寿命图(CLD)来研究平均应力

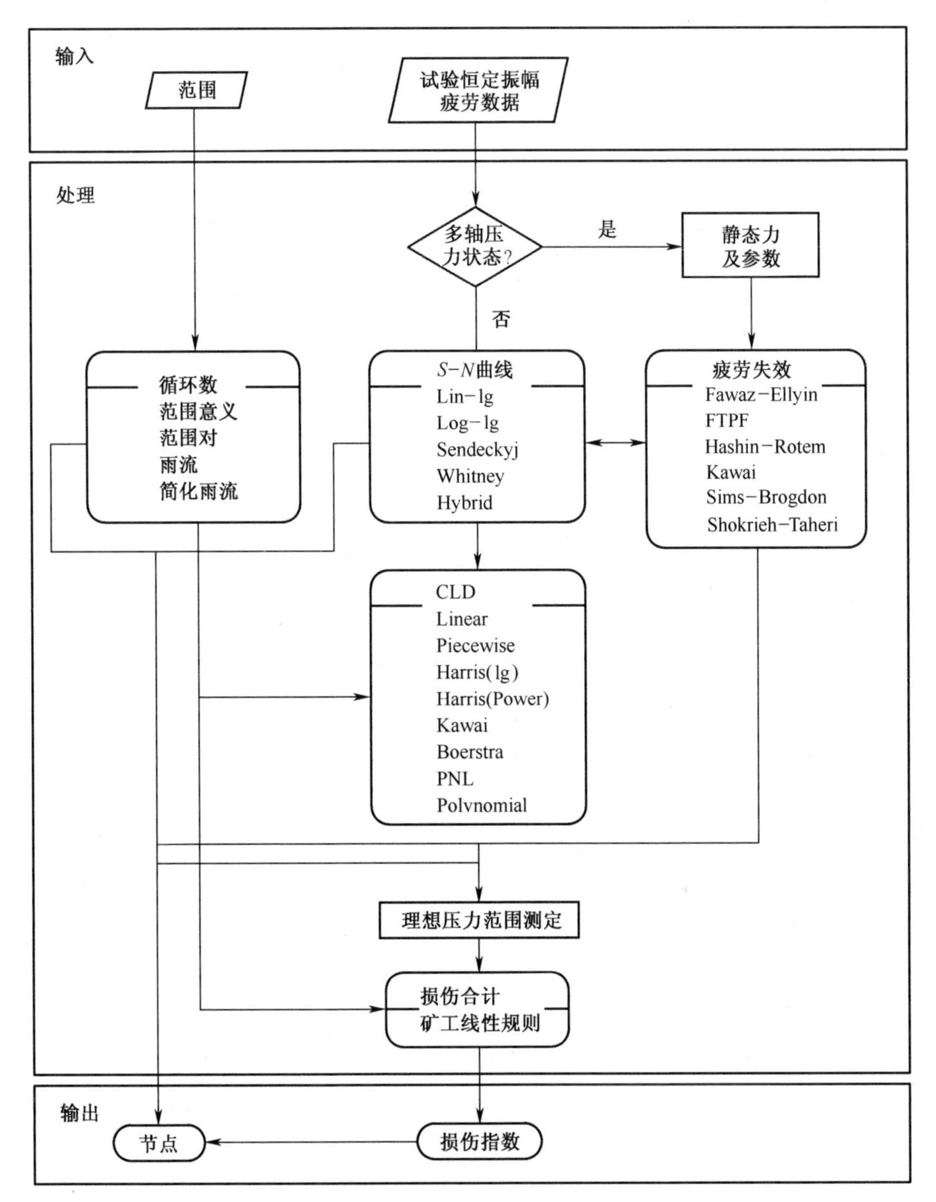

图 18.27 经典寿命预测方法流程图

对复合材料和胶接 FRP 接头疲劳性能的影响。他们提供了一种理论计算 $S-N$ 曲线的方法,实际上,它可以用于任何恒定的加载形式。在之前的工作中,已经介绍了几种类型的 CLD 公式。在 Sarfaraz, Vassilopoulos 和 Keller (2012a)以及 Vassilopoulos, Manshadi 和 Keller (2010a, 2010b)中可以找到对这些公式效率的评估。尽管关于复合材料层压板的 R 比对疲劳寿命的影响有大量的文献,但有关胶接结构接头的类似研究,尤其是与建筑业中使用的编织 FRP 材料有关的接头的相关文献少之又少。开展接头在拉伸载荷作用下的试验研究,主要是由于接头在失效时表现出内聚失效或粘接失效的特征。尽管如此,从几项研究中可以看出(例如,Renton and Vinson,1975;Quaresimin & Ricotta,2006),根据被粘材料和接头几何形状可以发现不同的破坏模式。正如 Sarfaraz 等人(2011)所言,胶接编织 FRP 接头在拉伸或者压缩载荷作用下表现出截然不同的失效模式,如图 18.21 所示。此外,特别强调拉挤成型 FRP 接头具有明显的 R 比效应(例如,Crocombe and Richardson,1999),其中被粘物上的裂纹导致发生了最终失效(Sarfaraz et al. ,2011)。

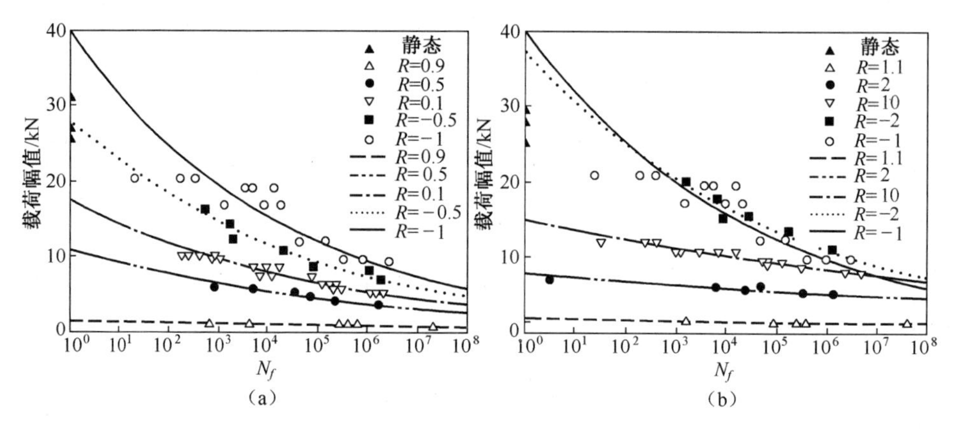

图 18.28 以拉伸–拉伸疲劳加载(a)和压缩–压缩疲劳加载(b)下的 S–N 数据

从图 18.28 中可以看出,在拉伸和压缩疲劳载荷作用下应力比(R)对胶接编织 FRP 接头疲劳寿命的影响(Sarfaraz et al. ,2011)。

可以通过使用 CLD 来揭示载荷比对被测接头疲劳寿命的影响。将疲劳数据绘制在“平均振幅”面上($\sigma_m - \sigma_a$)(尽管不一定,请参见 Vassilopoulos, Manshadi, Keller, 2010b),可以推导得到 CLD,如从坐标系原点发出的径向线。每条径向线表示给定应力比(R)下的单个 S–N 曲线,并且可以由下式可得

$$\sigma_a = \left(\frac{1 - R}{1 + R}\right)\sigma_m \tag{18.1}$$

随后,CLD 通过以线性或非线性方式将连续径向线上相同数量的循环点连接起来(创建等寿命曲线)。已知 S–N 曲线之间的线性插值(对应于图 18.28 中的数据)产生了如图 18.29 所示的 CLD。很明显,CLD 相对于零平均循环载荷轴是不对称的,并且在 $R=-2$ 的情况下,其对应于 S–N 曲线的顶点向着压缩主导的区域稍微偏移。如前所述,这种行为可归因于在拉伸和压缩载荷作用下的疲劳强度差异。观察等寿命曲线曲率的拐点。当加载条件从拉伸–拉伸载荷(T–T)或压缩–压缩(C–C)载荷转变为拉伸–压缩复合疲劳载荷时,等寿命曲线由凹变为凸。此外,从图 18.29 中可以发现,极限拉伸和压缩载荷值(UTL =

27.7±2.17kN 和 UTL=-27.7±1.92kN)不适用于描述在零载荷振幅作用下的疲劳行为,这是由于在 R 比接近于 1 时发生了疲劳-蠕变的相互作用,且该区域中循环载荷的特点表现为低振幅和高平均值。

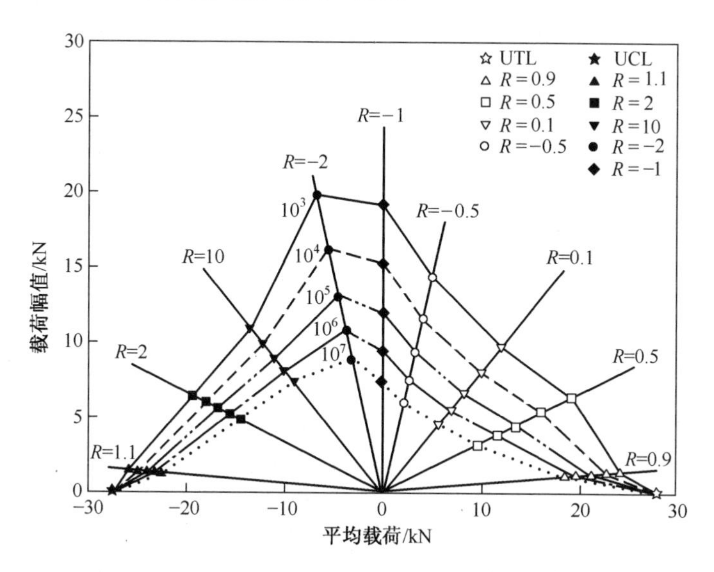

图 18.29　胶接编织 FRP 接头的分段线性恒定寿命图

其他 CLD 公式,例如所谓的多项式 CLD (Sarfaraz et al.,2012a),可用于在零载荷振幅作用下 R 比接近 1 时提高建模的精度。在该模型中,CLD 的两个边界由压缩和拉伸载荷作用下的蠕变破坏强度来定义,而不是最终的压缩和拉伸强度。图 18.30 所示的多项式恒定寿命图与试验数据的趋势较为一致。很明显,

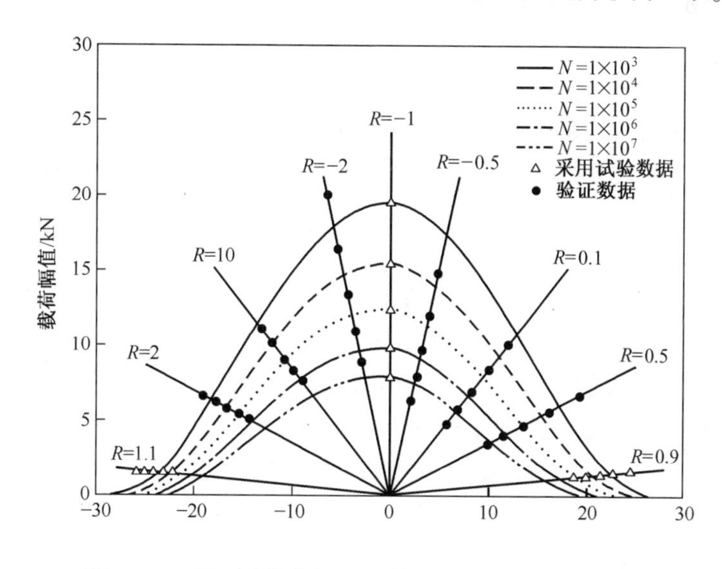

图 18.30　用于胶接编织 FRP 接头的多项式恒定寿命图

在公式中使用蠕变断裂强度数据(实际上在 $R=0.9$(T-T)和 $R=1.1$(C-C)下的疲劳数据)而不是使用静态强度值,可以提升高平均载荷区域模型预测的精度。

将材料表征模型应用到经典的寿命预测方法中,可以估算在给定变幅载荷谱作用下的疲劳寿命。所使用的 $S-N$ 曲线类型或选择 CLD 公式的理论模型将会影响最终的结果;然而,任何有关理论模型的选择都只能通过与现有可用试验数据的比较来确认。如图 18.31 所示,将所有结果与 WISPERX 载荷谱作用下相同接头的试验数据进行比较(Sarfaraz et al.,2013c)。结果发现应用不同 CLD 的寿命预测结果也显着不同。

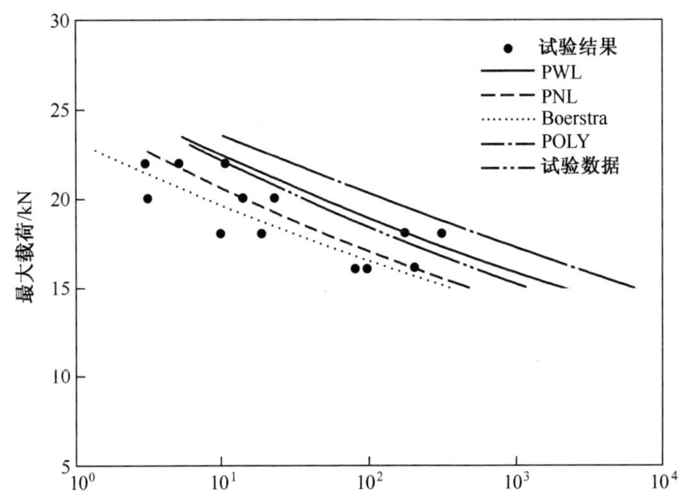

图 18.31　比较胶接编织 FRP 接头在 WISPERX 载荷谱作用下不同恒寿命图与试验结果的寿命预测(Sarfaraz et al.,2013c)。胶接拉挤 GFRP 接头的变幅疲劳加载。

这些曲线表示根据所有试验数据,即在 9 个 R 比下的试验数据,构建不同 CLD 所获得的预测结果。使用 CLD 预测的变幅疲劳寿命是保守的,或者说它不取决于相应区域中相应的 CLD 模型所呈现的保守程度。

18.4.2　基于断裂力学的疲劳寿命预测

另外,也可以对基于断裂力学的疲劳寿命进行建模和预测。如前所述,基于该技术的允许派生设计可以用于损伤容错设计方法的建立,因为它们不仅与被检材料或接头的最终失效有关,而且还与所造成的损伤有关。此外,还可以利用 FCG 曲线来推导被检试样的疲劳极限,以便在安全寿命设计方法中使用。例如,如图 18.24 所示的情况下总应变能释放率 G_{tot} 的疲劳阈值可定义为约 $40J/m^2$。根据这一点,任何低于这个极限值的载荷都不会造成可测量的扩展裂纹。

在寿命建模过程中也可以使用导出的 FCG 曲线。Martin 和 Murri(1990)首次引入了一个唯象学方程，该方程中将裂纹扩展速率作为最大循环应变能释放速率、应变能释放率阈值和静态断裂韧性的函数，该模型涵盖了所有三个 FCG 区域：疲劳阈值附近的亚临界区域、G 主导的区域以及接近 G_c 的临界区域。

该模型以每个 R 比下的试验 FCG 曲线为基础。每个 FCG 曲线又可以通过目测分为三个区域。在将式(18.2)拟合到中间区域后，可以通过线性回归分析估算参数 D 和 m：

$$\frac{\mathrm{d}a}{\mathrm{d}N} = D\,(G)^{m} \tag{18.2}$$

在亚临界区域，$\mathrm{d}a/\mathrm{d}N$ 在 0 和区域 2 的最低值之间变化。$\mathrm{d}a/\mathrm{d}N$ 方程可以写成

$$\frac{\mathrm{d}a}{\mathrm{d}N} = D\,(G)^{m}\left(1 - \left(\frac{G_{th}}{G}\right)^{Q_1}\right) \tag{18.3}$$

通过将方程拟合到区域 1 和 2 中的数据确定的 D 和 m 值，然后根据已经确定的 D 和 m 值确定指数 Q_1。在这种情况下，试错法的效果非常有效。

在不稳定区域，当 $G=G_c$ 时，$\mathrm{d}a/\mathrm{d}N$ 在无穷大与第 2 区域中的最大值对应的转换值之间变化。$\mathrm{d}a/\mathrm{d}N$ 等式可以写成

$$\frac{\mathrm{d}a}{\mathrm{d}N} = D\,(G)^{m}\,\frac{1}{1 - \left(\frac{G}{G_c}\right)^{Q_2}} \tag{18.4}$$

指数 Q_2 是根据式(18.4)拟合区域 2 和 3 中的试验数据确定的。最后，得到了包含所有三个区域的综合 $\mathrm{d}a/\mathrm{d}N$ 方程：

$$\frac{\mathrm{d}a}{\mathrm{d}N} = D\,(G)^{m}\,\frac{\left(1 - \left(\frac{G_{th}}{G}\right)^{Q_1}\right)}{\left(1 - \left(\frac{G}{G_c}\right)^{Q_2}\right)} \tag{18.5}$$

式中：m，Q_1 和 Q_2 为取决于材料和加载条件的经验模型参数。式(18.5)可以在极限 $G_{th} \leqslant G \leqslant G_c$ 范围内应用。因此，当 G 接近于 G_{th} 时，$\mathrm{d}a/\mathrm{d}N$ 趋于最小。另外，当 G 接近 G_c 时，$\mathrm{d}a/\mathrm{d}N$ 趋于无穷大。

裂纹扩展速率在两种不同裂纹长度之间的积分导致如下结果：

$$N - N_i = \int_{a_i}^{a}\left\{\left(\frac{\mathrm{d}a}{\mathrm{d}N} = D\,(G)^{m}\,\frac{\left(1 - \left(\frac{G_{th}}{G}\right)^{Q_1}\right)}{\left(1 - \left(\frac{G}{G_c}\right)^{Q_2}\right)}\right)^{-1}\right\}\mathrm{d}a \tag{18.6}$$

根据 G 的值和相应的积分极限，式(18.6)允许根据损伤容限设计原理计算保守或非保守的设计允许值(例如，在特定的施加载荷下估算达到特定裂纹长

度所需的周期次数）。

R 比率的影响也可以模拟（类似地，这发生在经典寿命预测方法中）。为此，最近引入了与式（18.5）相类似的模型（Shahverdi et al.，2012a），但参数 D、m 和 G_{th} 是 R 比的函数，而参数 Q_1 和 Q_2 在所有试验加载条件下保持恒定。引入的模型是纯粹的唯象学的，它是基于现有试验数据对 D、m 和 G_{th} 参数精确估计的基础上而建立的，因此没有物理意义。

用于预测胶接拉挤 GFRP 接头的 R 比对疲劳裂纹扩展影响的总疲劳寿命模型。

然而，只要基准疲劳数据存在，并且可以推导出模型参数与所用 R 比之间的关系，那么就可以推导出不同 R 比下的其他 FCG 曲线。

模型的验证如图 18.32 所示。将根据引入模型预测得到的 FCG 曲线与通过式（18.5）直接拟合到试验数据中推导得到的 FCG 曲线进行比较。

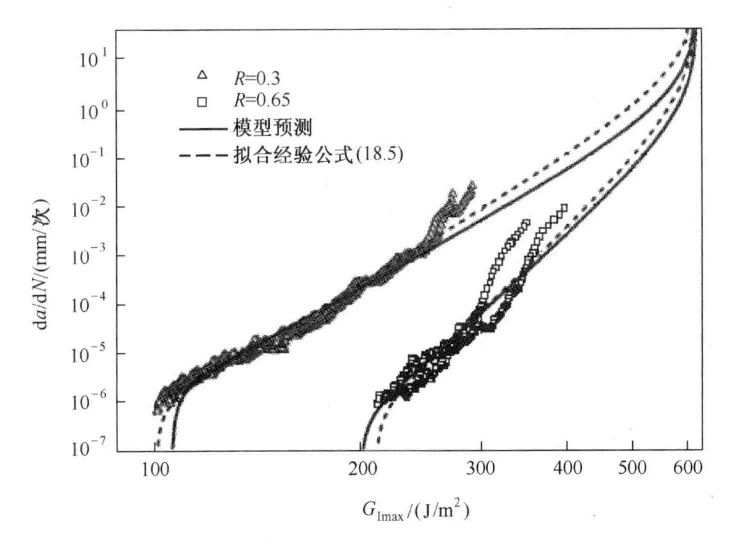

图 18.32　通过试验结果和模型预测的比较来进行模型验证

与 CLD 的概念类似，该模型可以作为 FCG 曲线在已知 R 比下进行插值的有效工具，以便在没有试验数据的情况下，也能在新 R 比下推导出理论 FCG 曲线。该过程可用于在工程结构中一般载荷谱和变幅载荷条件下的寿命估算。

目前已经尝试对胶接编织 FRP 接头在混合模式 Ⅰ/Ⅱ 加载条件下的总疲劳寿命进行建模（Shahverdi et al.，2013a），并在下文中作了简要描述。在该研究中，对断裂力学接头进行适当设计，以模拟其在恒定幅值疲劳载荷作用下模式Ⅰ（DCB 试样模型），模式Ⅱ（末端缺口分裂（ELS）试样模型）和混合模式 Ⅰ/Ⅱ（混合模式弯曲（MMB）试样模型）的试验研究。并连续记录载荷、开口位移和裂纹长度。因此，所有检测试样的 FCG 曲线都是通过试验得出的。

如图 18.33~图 18.37 所示,所有检测试样的 FCG 曲线清楚地表明了与 Paris 准则和阈值区域相对应的线性区域。在一些被检试样中,由于裂纹发生快速扩展时的上限值不是由试验确定的,因此,可认为它等于每个接头在发生裂纹扩展时所对应的准静态应变能释放率值。采用总疲劳寿命公式(式(18.5))来模拟 FCG 的行为。预测的模型参数值表明 D、m,$G_{\mathrm{tot},th}$ 和 $G_{\mathrm{tot},c}$ 对混合模式具有很强的依赖性。另外,正如之前的研究所证明的那样(Shivakumar et al.,2006;Shahverdi et al.,2012a),指数 Q_1 和 Q_2 对模型结果没有显着影响。且在所有试验加载条件下得到的 Q_1 和 Q_2 值均为 24.5~25.5 和 2.8~3.2,因此,为简单起见,可认为它是恒定的。

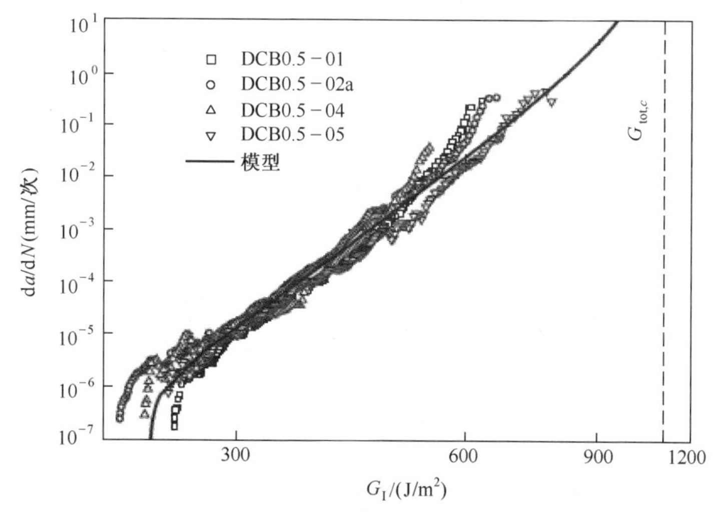

图 18.33　裂纹扩展速率与 G_{I} 的曲线,DCB。胶接拉挤 GFRP 接头的混合模式疲劳破坏准则

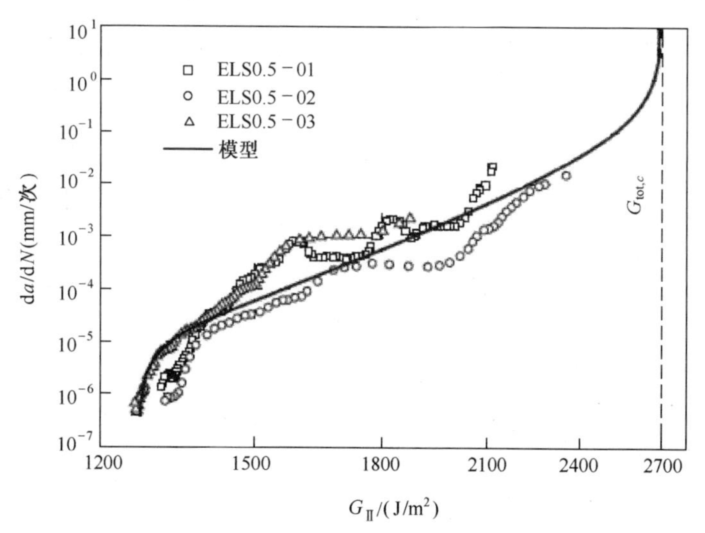

图 18.34　裂纹扩展速率与 G_{II},ELS

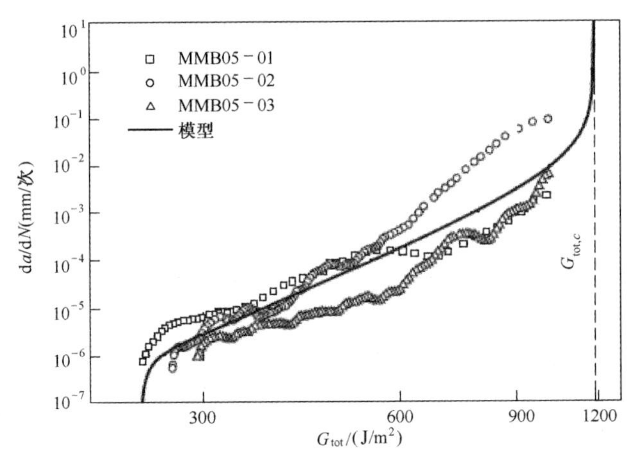

图 18.35　$G_{\mathrm{I}}/G_{\mathrm{II}}=3.70$ MMB 试样的裂纹扩展速率与 G_{tot} 曲线

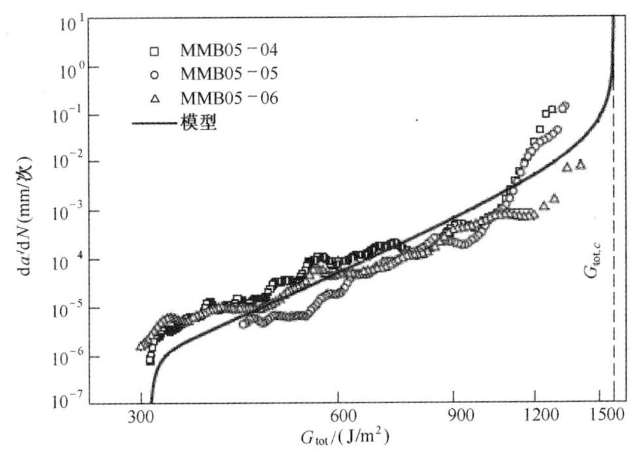

图 18.36　$G_{\mathrm{I}}/G_{\mathrm{II}}=2.20$MMB 试样的裂纹扩展速率与 G_{tot} 曲线

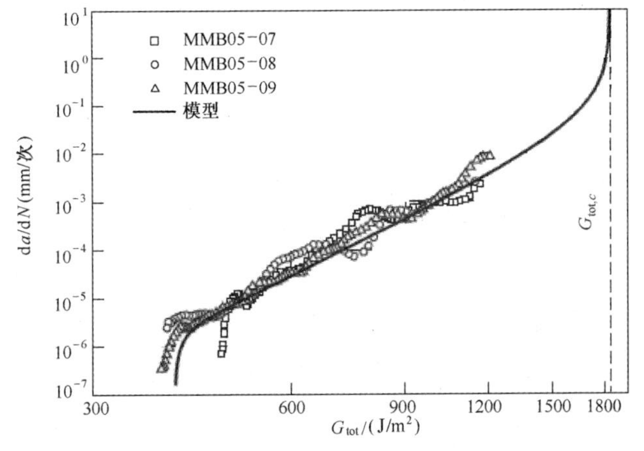

图 18.37　$G_{\mathrm{I}}/G_{\mathrm{II}}=1.08$ MMB 试样的裂纹扩展速率与 G_{tot} 曲线

图 18.38 中给出了基于不同模式混合比的试验结果推导出的 FCG 模型，图中实线表示混合模式对 FCG 曲线的影响。图 18.39～图 18.40 给出了总疲劳寿命模型参数（D，m，$G_{tot,th}$和 $G_{tot,c}$）随模式混合的变化示意图。总应变能释放速率阈值 $G_{tot,th}$以及相应的准静态值 $G_{tot,c}$随着模式Ⅱ的增加而增加。

平均模式Ⅱ的准静态总应变能释放速率 $G_{tot,c}$约为 2700J/m²（G_{II}/G_{tot} = 1.0），几乎是平均模式Ⅰ的 3 倍（约为 1000J/m²（G_{II}/G_{tot} = 1.0））。此外，模式Ⅱ的平均应变能释放率阈值约为 1250J/m²，几乎是模式Ⅰ（约为 250J/m²）的 5

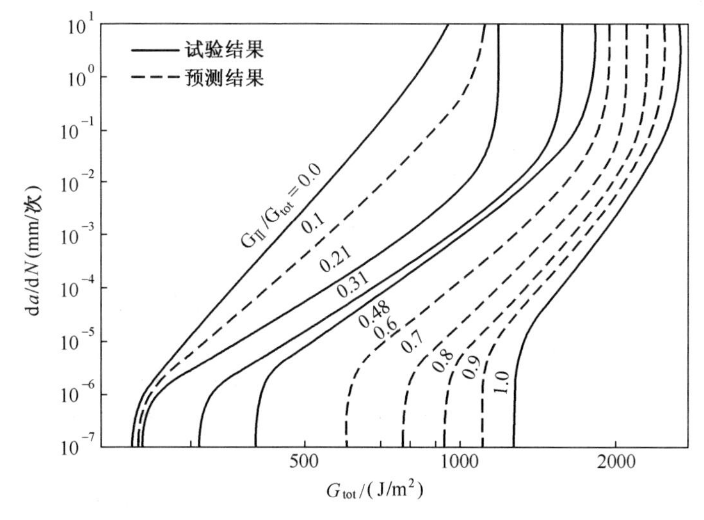

图 18.38　裂纹扩展速率与 G_{tot} 曲线

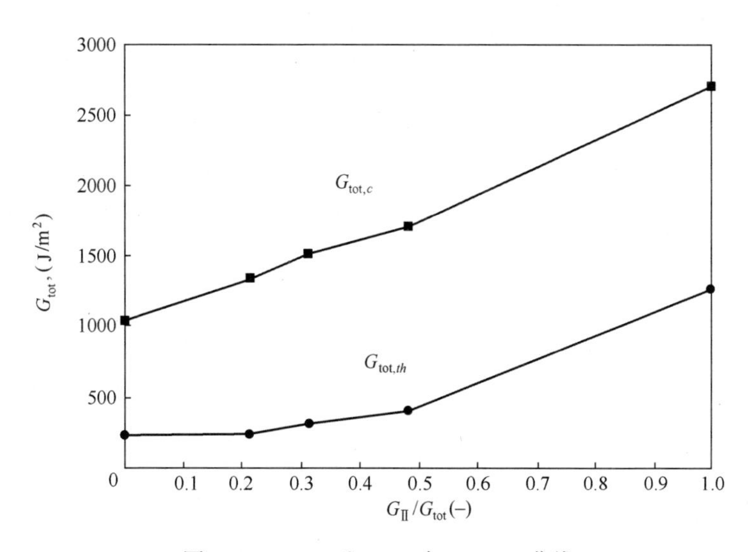

图 18.39　$G_{tot,c}$和 $G_{tot,th}$与 G_{II}/G_{tot}曲线

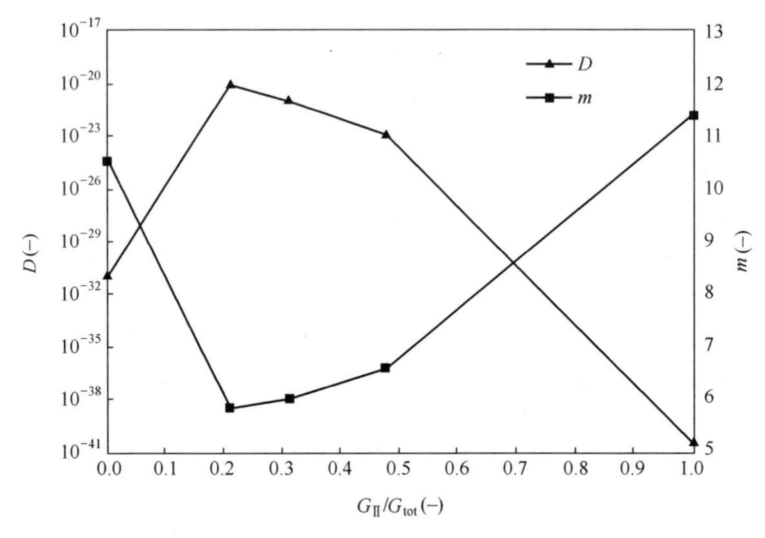

图 18.40 不同混合模式比的指数 m 和参数 D

倍。这些差异主要是由于裂纹扩展期间发生的纤维桥接所致,并会对 FCG 曲线造成影响。最初,纤维桥接仅为试样的断裂提供能量。对于 DCB 试样来说,其最大断裂能值约为 ELS 试样总断裂能的 60%,最小值约为 ELS 试样的 40%(Shahverdi et al.,2011)。随着试验的继续,裂纹闭合开始破坏纤维,并减少纤维桥接对总断裂能的贡献。这就导致纯模式Ⅰ和混合模式Ⅰ/Ⅱ的 $G_{tot,th}/G_{tot,c}$ 值比模式Ⅱ的值要低得多,因为在纯模式Ⅰ和混合模式Ⅰ/Ⅱ下该效应更为明显。

通过对阈值与准静态应变能释放率之间的比较表明,DCB 和 MMB 试样的阈值约为静态值的 20%,而在 ELS 试验中,它们约为静态值的 45%。Asp 等人(2001)对 $R=0.1$ 的碳纤维/环氧树脂层压板进行了研究,结果表明,模式Ⅱ的最低疲劳阈值约为准静态模式Ⅱ值的 10%左右,而 MMB 和 DCB 试样中该值分别约为 15%和 23%左右。如前所述,这些差异可能与不同材料的疲劳和断裂行为以及纤维桥接对总 FCG 曲线的影响有关。

如图 18.40 所示,参数 m 和 D 表现出对 G_{II}/G_{tot} 比值的非单调依赖性。纯模式Ⅰ和模式Ⅱ的 FCG 曲线比混合模式Ⅰ/Ⅱ的曲线要陡得多。这与 Zhang 等人(2012)提出的结果相一致,但与 Kenane 和 Benzeggagh(1997),Kenane 等人(2010,2011),Konig 等人(1997),O'Brien(1990),Schon(2000)以及 Ramkumar 和 Whitcomb(1985)的结果相矛盾,他们发现在混合模式下斜率表现出单调增加/减少。因此,可以得出这样的结论:对于拉挤 FRP 编织胶接接头来说,混合模式载荷条件对于疲劳载荷作用下的裂纹扩展速率是有利的,因为陡峭的 FCG 曲线与高 m 值有关,这也意味着当施加载荷发生小的变化时,将会导致裂纹扩展速率发生较大的变化。

根据式(18.5)得到的模型参数与混合模式之间的关系，可以预测新模式混合比下的 FCG 曲线。

这可以通过已知模型参数之间的插值来进行，例如，通过图 18.39 和图 18.40 所示的简单分段线性关系。图 18.38 中的虚线表示预测得到的不同 $G_{\mathrm{II}}/G_{\mathrm{tot}}$ 比的 FCG 曲线。这些曲线可用于结构连接处可变模式混合加载条件下的裂纹长度估算。

图 18.38 给出了大量由试验推导得到的不同模态混合的 FCG 曲线，据此可以建立混合模式的疲劳/断裂失效标准。混合模式断裂失效标准最常用的方法是采用 G_{I} 与 G_{II} 的曲线图，如图 18.41 所示。在该图中，径向线表示恒定混合模式，而周向线表示恒定的裂纹扩展速率。该图与基于循环平均应力、应力振幅和疲劳周期次数(Vassilopoulos et al.，2010a)而建立的 CLD 图相类似。

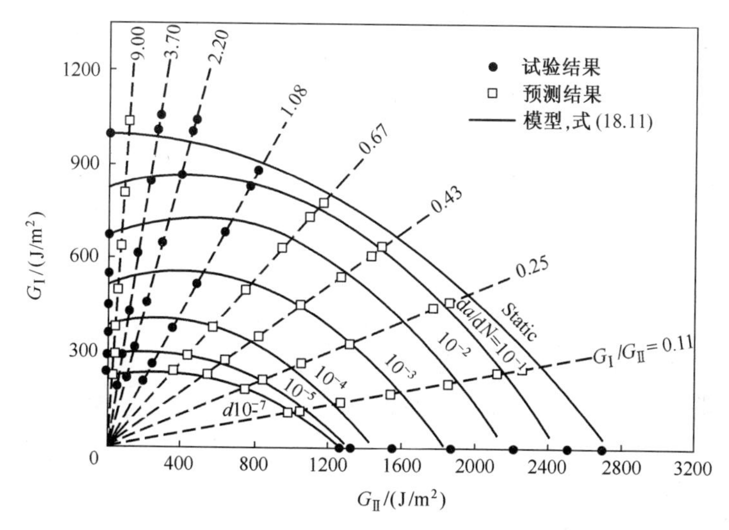

图 18.41 恒定裂纹扩展速率的混合模式失效准则，G_{I} 与 G_{II} 曲线

可以采用不同的公式来表征疲劳混合模式的断裂失效标准，例如，幂律和多项式公式，以及分段线性插值。幂律不能准确地模拟结果，因为失效曲线在接近纯 I 型疲劳区域时是偏斜的。而式(18.7)中所示的多项式公式可以更好地模拟结果，因此在本章中使用：

$$G_{\mathrm{I}} = aG_{\mathrm{II}}^2 + bG_{\mathrm{II}} + c \tag{18.7}$$

式中：参数 a，b 和 c 为拟合参数，它是通过对试验结果的最小二乘法拟合来确定的；如图 18.42 中的实体符号。由式(18.7)得到的模型在图 18.41 中用实线表示，并将它与图 18.38 中的的预测值进行比较；后者由开源符号来表示。从图中可以看出，模型结果和预测结果之间有较好的一致性。

由此得到的恒定裂纹扩展速率准则与 Shahverdi, Vassilopoulos 和 Keller (2014b)提出的准静态混合模式断裂失效准则相类似。然而,与准静态失效准则相比,疲劳准则在接近纯Ⅰ型疲劳的区域时会发生偏斜。这种差异可以通过Ⅰ型准静态加载中比Ⅰ型疲劳加载中高得多的纤维桥接来解释(Shahverdi, Vassilopoulos, Keller, 2014a)。

或者,恒定裂纹扩展速率的疲劳失效准则可以通过绘制每个笛卡儿坐标系中裂纹扩展速率的 G_{tot} 与 $G_{Ⅱ}/G_{tot}$ 比值的曲线来表示,如图 18.42 所示。在这个图中,da/dN 等于 10^{-7} ~ 10^{-1} 时的失效准则,以及相应的静态失效准则均由 Kenane 和 Benzeggagh(1997)所提出的实线来表示;简单的幂律可以准确地拟合试验结果。Benzeggagh-Kenane(B-K)失效准则中使用的公式为:

$$G_{tot} = G_{Ⅰ} + G_{Ⅱ} = G_{Ⅰ} + (G_{Ⅱ} - G_{Ⅰ})\left(\frac{G_{Ⅱ}}{G_{tot}}\right)^{r} \tag{18.8}$$

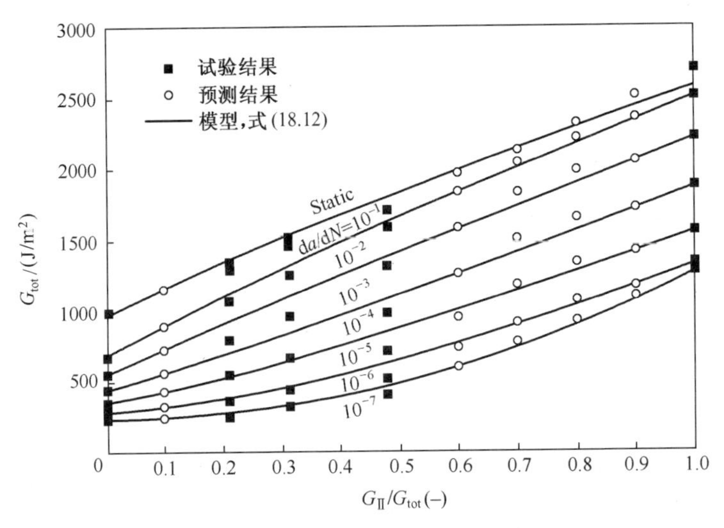

图 18.42 恒定裂纹扩展速率的混合模式失效准则,G_{tot} 与 $G_{Ⅱ}/G_{tot}$ 关系图

式中:r 为拟合参数,它由最小二乘法对试验结果进行拟合来确定;如图 18.42 中的实线符号。

根据式(18.8)得到的模型在图 18.42 中用实心符号表示。与图 18.41 类似,基于图 18.38 得到的预测值(用开源符号表示)与建模结果一致。

拟合参数 r 的估算值为 2.2~1.09,其在最大值 2.2 时对应于裂纹扩展速率为 10^{-7}mm/周,表明此时失效准则中的非线性程度最高,而在最小值 $r=1.09$ 时,裂纹扩展速率为 10^{-1}mm/周期。在 $r=1$ 时,失效准则是线性的。如前所述,通常,r 随着 da/dN 的减小而增加,因为在疲劳载荷作用下,Ⅰ型断裂阻力由于桥接裂纹面的纤维断裂而导致迅速下降。且Ⅰ型断裂阻力是准静态载荷作用下Ⅱ型断裂阻力的 1/3,而在裂纹扩展速率等于 10^{-7}mm/周期时,则其降低到Ⅱ型的 1/5。

该项研究所讨论的疲劳失效准则可以用来建立在渐变混合模式疲劳载荷作用下的渐进损伤模型,也可作为由相同被粘物和胶黏剂组成的结构接头发生类似的破坏模式时的疲劳失效判据。然而,本书提出的方法是基于材料试验数据的准确输入,从而应用于任何其他复合材料/接头的混合模式疲劳破坏准则。

18.5 结　　论

本章着重介绍复合材料在土木工程领域中的应用。从复合材料工业的发展来看,尽管完整的 FRP 结构仅在过去的十年中才得以提出,但纤维增强聚合物编织复合材料从早期开始便受到这个领域工程师的关注。使用 FRP 复合材料的优势有很多,尽管最重要的优点是它们的高强度、自定义特性和生产特制材料的能力、低密度以及优异的长期耐久性能。但通过改变所用纤维的类型、数量和方向,可以使材料的性能更好地适应结构的需要。FRP 复合材料的密度大约是钢材的 4 倍,使得 FRP 结构在运输和安装方面所需的工作量大大减少。例如,可以减少桥梁建设所需的时间,减少由于施工或维护造成的交通拥堵,或者降低由于交通中断而造成的二氧化碳排放量。目前已经有文献证明,与传统的混凝土和金属结构相比,FRP 复合材料可以有助于降低结构的生态足迹和二氧化碳排放量。通过减轻运输重量,从而实现更轻松、快速地装配以及降低维护成本,减少排放这一目标。

对工程结构中胶接接头的疲劳力学行为进行建模,尽管在其使用寿命期间并不是直接受到多种不同模式载荷谱的作用,但是仍然会有影响。因此为了提高设计可靠性,必须对结构组件的力学行为进行准确建模。当涉及疲劳载荷作用时,这项工作就变得更具挑战性。尽管如此,疲劳仍然是当今复合材料和结构最常见的失效机制之一,并且根据文献记载,大部分结构的失效都是由于发生了疲劳或与疲劳有关的现象。

了解复合材料和 FRP 结构的疲劳行为,对改进产品开发实践具有重要意义。迄今为止,一直遵循的产品开发都是基于迭代过程实现的,因为在这个过程中,原产品是根据真实的或实际的加载模式进行构建和测试的,其代价高昂且耗时。对材料、结构部件和/或结构的疲劳行为进行建模可以明显地降低成本,同时也可以扩大产品范围,且无需增加物理原型的数量。

本章提出了复合材料和复合材料部件的疲劳寿命建模/预测方法。描述了准确建模(已知值之间的插值——通常是通过试验得到的疲劳数据)和寿命预测(外推已知数据集或几何图形)的方法,并证明了在给定数据集上的应用。

该方法的主要目的是建立一种疲劳失效准则(基于断裂力学或文中所示的试验行为的唯象学建模),该准则可用于在类似条件下对相同或其他材料进行寿命预测。

尽管在这方面已经付出了很大的努力,但 FRP 复合材料结构的疲劳寿命预测方法仍有局限性,并受到与材料相关的参数和被检测结构部件几何特征的限制。该领域正在进行着重大的研究,并且有一些资源(书籍、科学期刊、国际科学会议等)可以用于指导新来者以及经验丰富的研究人员。

参考文献

Adam, T., Fernando, G., Dickson, R. F., Reiter, H., & Harris, B. (1989). Fatigue life prediction for hybrid composites. International Journal of Fatigue, 11(4), 233-237.

Allegri, G., Jones, M. I., Wisnom, M. R., & Hallett, S. R. (2011). A new semi-empirical model for stress ratio effect on mode II fatigue delamination growth. Compos Part A: Applied Science and Manufacturing, 42(7), 733-740.

Ashcroft, I. A. (2004). A simple model to predict crack growth in bonded joints and laminates under variable-amplitude fatigue. Journal of Strain Analysis, 39(6), 707-716.

Asp, L. E., Sj € ogren, A., & Greenhalgh, E. S. (2001). Delamination growth and thresholds in a carbon/epoxy composite under fatigue loading. Journal of Composites Technology and Research, 23(2), 55-68.

Aymerich, F., & Found, M. S. (2000). Response of notched carbon/peek and carbon/epoxy laminates subjected to tension fatigue loading. Fatigue and Fracture of Engineering Materials, 23(8), 675-683.

Bakis, C. E., Simonds, R. A., Vick, L. W., & Stinchcomb, W. W. (1990). Matrix toughness, long-term behavior, and damage tolerance of notched graphite fiber-reinforced composite materials. In S. P. Garbo (Ed.), ASTM STP 1059 Composite materials: Testing and design (pp. 349-370). American Society for Testing and Materials.

Bank, L. C. (2006). Composites for construction e Structural design with FRP materials. New Jersey, USA: John Wiley & Sons, Inc.

Bathias, C., & Laksimi, A. (1985). Delamination threshold and loading effect infiber glass epoxy composite. In W. S. Johnson (Ed.), ASTM STP 876 Delamination and debonding of materials (pp. 217-237). Philadelphia: American Society for Testing; and Materials.

Blanco, N., Gamstedt, E. K., Asp, L. E., & Costa, J. (2004). Mixed-mode delamination growth in carbon-fibre composite laminates under cyclic loading. International Journal of Solids and Structures, 41(15), 4219-4235.

Castro San Roman, J. d. (2005). System ductility and redundancy of FRP structures with ductile adhesively bonded joints (Ph. D. thesis) no 3214, Switzerland: EPFL.

Crocombe, A. D., & Richardson, G. (1999). Assessing stress and mean load effects on the fatigue response of adhesively bonded joints. International Journal of Adhesion and Adhesives, 19(1), 19-27.

Eliopoulos, E. N., & Philippidis, T. P. (2011a). A progressive damage simulation algorithm for GFRP composites under cyclic loading. Part I: material constitutive model. Composites Science and Technology, 71(5), 742-749.

Eliopoulos, E. N., & Philippidis, T. P. (2011b). A progressive damage simulation algorithm for GFRP composites under cyclic loading. Part II: FE implementation and model validation. Composites Science and Technology, 71 (5), 750-757.

Epaarachchi, J. A., & Clausen, P. D. (2003). An empirical model for fatigue behavior prediction of glass fibre-reinforced plastic composites for various stress ratios and test frequencies. Composites Part A: Applied Science and Manufacturing, 34(4), 313-326.

Erpolat, S., Ashcroft, I. A., Crocombe, A. D., & Abdel-Wahab, M. M. (2004a). A study of adhesively bonded joints subjected to constant and variable amplitude fatigue. International Journal of Fatigue, 26(11), 1189-1196.

Erpolat, S., Ashcroft, I. A., Crocombe, A. D., & Abdel-Wahab, M. M. (2004b). Fatigue crack growth acceleration due to intermittent overstressing in adhesively bonded CFRP joints. Composites Part A: Applied Science and Manufacturing, 35(10), 1175-1183.

Fernandez, M. V., De Moura, M. F. S. F., Da Silva, L. F. M., & Marques, A. T. (2013). Mixedmode I t II fatigue/fracture characterization of composite bonded joints using the singleleg bending test. Composites Part A: Applied Science and Manufacturing, 44(1), 63-69.

Gustafson, C. G., & Hojo, M. (1987). Delamination fatigue crack growth in unidirectional graphite/epoxy laminates. Journal of Reinforced Plastics and Composites, 6(1), 36-52.

Hahn, H. T., & Kim, R. Y. (1975). Proof testing of composite materials. Journal of Composite Materials, 9(3), 297-311.

Halpin, J. C., Jerina, K. L., & Johnson, T. A. (1973). Characterization of composites for the purpose of reliability evaluation. In J. M. Whitney (Ed.), Analysis of the test methods for high modulus fibers and composites (pp. 5-64). ASTM STP 521, American Society for Testing and Materials.

Harik, V. M., Klinger, J. R., & Bogetti, T. A. (2002). Low-cycle fatigue of unidirectional composites: bi-linear *S-N* curves. International Journal of Fatigue, 24(2e4), 455-462.

Hojo, M., Ochiai, S., Gustafson, C. G., &Tanaka, K. (1994). Effect of matrix resin on delamination fatigue crack growth in CFRP laminates. Engineering Fracture Mechanics, 49(1), 35-47.

Keller, T. (2001). Recent all FRP-composite and hybridfiber reinforced polymer bridges and buildings. Progress in Structural Engineering and Materials, 3(2), 132-140.

Keller, T., Haas, C., & Vallee, T. (2008). Structural concept, design and experimental verification of a GFRP sandwich roof structure. Journal of Composites for Construction, 12(4), 454-468.

Keller, T., Rothe, J., de Castro, J., & Osei-Antwi, M. (2013). GFRP-balsa Sandwich bridge deck: concept, design and experimental validation. Journal of Composites for Construction, 04013043. http://dx.doi.org/10.1061/(ASCE)CC.1943-5614.0000423.

Keller, T., Vassilopoulos, A. P., & Manshadi, B. D. (2010). Thermomechanical behavior of multifunctional GFRP sandwich structures with encapsulated photovoltaic cells. Journal of Composites and Construction, 14 (4), 470-478.

Kenane, M. (2009). Delamination growth in unidirectional glass/epoxy composite under static and fatigue loads. Physics Procedia, 2(3), 1195-1203.

Kenane, M., Azari, Z., Benmedakhene, S., & Benzeggagh, M. L. (2011). Experimental development of fatigue delamination threshold criterion. Composites Part B: Engineering, 42(3), 367-375.

Kenane, M., Benmedakhene, S., & Azari, Z. (2010). Fracture and fatigue study of unidirectional glass/epoxy laminate under different mode of loading. Fatigue and Fracture of Engineering Materials, 33(5), 284-293.

Kenane, M., & Benzeggagh, M. L. (1997). Mixed-mode delamination fracture toughness of unidirectional glass/

epoxy composites under fatigue loading. Composites Science and Technology, 57(5), 597–605.

Konig, M., Kruger, R., Kussmaul, K., von Alberti, M., & Gadke, M. (1997). Characterizing static and fatigue interlaminar fracture behavior of a first generation graphite/epoxy composite, 1242. ASTM Special Technical Publication STP 1242, 60–81.

Mall, S., & Johnson, W. S. (1986). Characterization of mode I and mixed-mode failure of adhesive bonds between composite adherends. In J. M. Whitney (Ed.), Composite materials: Testing and design (seventh conference), ASTM STP 893 (pp. 322–334). Philadelphia: American Society for Testing Materials.

Mall, S., Yun, K. T., & Kochhar, N. K. (1989). Characterization of matrix toughness effect on cyclic delamination growth in graphite fiber composites. In P. A. Lagace (Ed.), ASTM STP 1012: Second Vol. Composite materials: Fatigue and fracture (pp. 296–310). Philadelphia: American Society for Testing and Materials.

Mandell, J. F. (1990). Fatigue behavior of shortfiber composite materials. In K. L. Reifsnider (Ed.), Fatigue of composite materials. Amsterdam, The Netherlands: Elsevier.

Mandell, J. F., McGarry, F. J., Huang, D. D., & Li, C. G. (1983). Some effects of matrix and interface properties on the fatigue of short fiber-reinforced thermoplastics. Polymer Composites, 4(1), 32–39.

Martin, R. H., & Murri, G. B. (1990). Characterization of mode I and mode II delamination growth and thresholds in AS4/PEEK composites. In S. P. Garbo (Ed.), ASTM STP 1059 Composite materials: Testing and design (pp. 251–270). Philadelphia: American Society for Testing and Materials.

Miyano, Y., Nakada, M., & Muki, R. (1997). Prediction of fatigue life of a conical shaped joint system for reinforced plastics under arbitrary frequency, load ratio and temperature. Mechanics of Time-Dependent Materials, 1(2), 143–159.

Moy, S. (2013). Advancedfiber-reinforced polymer (FRP) composites for civil engineering applications. In N. Uddin (Ed.), Developments in fiber-reinforced polymer (FRP) composites for civil engineering. Oxford, UK: Woodhead Publishing Ltd.

Mu, P., Wan, X., & Zhao, M. (2011). A new $S-N$ curve model offiber reinforced plastic composite. Key Engineering Materials, 462–463, 484–488.

O'Brien, T. K. (1990). Towards a damage tolerance philosophy for composite materials and structures (Vol. 1059). ASTM Special Technical Publication (pp. 7–33).

O'Brien, T. K., Murri, G. B., & Salpekar, S. A. (1989). Interlaminar shear fracture toughness and fatigue thresholds for composite materials. In ASTM STP 1012: second vol. Composite materials: Fatigue and fracture (pp. 222–250).

Philippidis, T. P., & Vassilopoulos, A. P. (2001). Stiffness reduction of composite laminates under combined cyclic stresses. Advanced Composite Letters, 10(3), 113–124.

Philippidis, T. P., & Vassilopoulos, A. P. (2002). Complex stress state effect on fatigue life of GRP laminates. Part I, Experimental. International Journal of Fatigue, 24(8), 813–823.

Philippidis, T. P., & Vassilopoulos, A. P. (2004). Life prediction methodology for GFRP laminates under spectrum loading. Composites Part A: Applied Science and Manufacturing, 35(6), 657–666.

Qian, J., & Fatemi, A. (1996). Mixed mode fatigue crack growth: a literature survey. Engineering Fracture Mechanics, 55(6), 969–990.

Quaresimin, M., & Ricotta, M. (2006). Fatigue behaviour and damage evolution of single lap bonded joints in composite material. Composites Science and Technology, 66(2), 176–187.

Ramkumar, R. L., & Whitcomb, J. D. (1985). Characterization of mode I and mixed-mode delamination growth in T300/5208 graphite/epoxy. ASTM Special Technical Publication. pp. 315–335.

Rawal, S. P. (2003). Comprehensive composite materials, 6.06 e Multifunctional composite materials and structures. Elsevier. pp. 67–86.

Renton, W. J., & Vinson, J. R. (1975). Fatigue behavior of bonded joints in composite material structures. Journal of Aircraft, 12(5), 442–447.

Russell, J., & Street, K. N. (1988). A constantDG test for measuring Mode I interlaminar fatigue crack growth rates. In J. D. Whitcomb (Ed.), Composite materials testing and design (eight conference), ASTM STP 972 (pp. 259–277). Philadelphia: American Society for Testing and Materials.

Salkind, M. J. (1972). Fatigue of composites. In H. T. Corten (Ed.), ASTM STP 497 Composite Materials: Testing and design (second conference) (pp. 143–169). American Society for Testing and Materials.

Sarfaraz, R., Vassilopoulos, A. P., & Keller, T. (2011). Experimental investigation of the fatigue behavior of adhesively bonded pultruded GFRP joints under different load ratios. International Journal of Fatigue, 33(11), 1451–1460.

Sarfaraz, R., Vassilopoulos, A. P., & Keller, T. (2012a). Experimental investigation and modeling of mean load effect on fatigue behavior of adhesively bonded pultruded GFRP joints. International Journal of Fatigue, 44, 245–252.

Sarfaraz, R., Vassilopoulos, A. P., & Keller, T. (2012b). A hybrid $S-N$ formulation for fatigue life modeling of composite materials and structures. Composites A: Applied Science and Manufacturing, 43(2), 445–453.

Sarfaraz, R., Vassilopoulos, A. P., & Keller, T. (2013a). Modeling the constant amplitude fatigue behavior of adhesively bonded pultruded GFRP joints. Journal of Adhesion Science and Technology, 27(8), 855–878.

Sarfaraz, R., Vassilopoulos, A. P., & Keller, T. (2013b). Block loading fatigue of adhesively bonded pultruded GFRP joints. International Journal of Fatigue, 49, 40–49.

Sarfaraz, R., Vassilopoulos, A. P., & Keller, T. (2013c). Variable amplitude fatigue of adhesively bonded pultruded GFRP joints. International Journal of Fatigue, 55, 22–32.

Sarkani, S., Michaelov, G., Kihl, D. P., & Beach, J. E. (1999). Stochastic fatigue damage accumulation of FRP laminates and joints. Journal of Structural Engineering, 125(12), 1423–1431.

Schon, J. (2000). A model of fatigue delamination in composites. Composites Science and Technology, 60(4), 553–558.

Sendeckyj, G. P. (1981). Fitting models to composite materials fatigue data. In C. C. Chamis (Ed.), ASTM STP 734 Test methods and design allowables for fibrous composites (pp. 245–260). American Society for Testing and Materials.

Shahverdi, M., Vassilopoulos, A. P., & Keller, T. (2011). A phenomenological analysis of Mode I fracture of adhesively bonded pultruded GFRP joints. Engineering Fracture Mechanics, 78(10), 2161–2173.

Shahverdi, M., Vassilopoulos, A. P., & Keller, T. (2012a). A total fatigue life model for the prediction of the fatigue crack growth of adhesively bonded pultruded GFRP DCB joints under CA loading. Composites Part A: Applied Science and Manufacturing, 43(10), 1783–1790.

Shahverdi, M., Vassilopoulos, A. P., & Keller, T. (2012b). Experimental investigation of R-ratio effects on fatigue crack growth of adhesively bonded pultruded GFRP DCB joints under CA loading. Composites Part A: Applied Science and Manufacturing, 43(10), 1689–1697.

Shahverdi, M., Vassilopoulos, A. P., & Keller, T. (2013a). Mixed-mode fatigue failure criteria for adhesively bonded pultruded GFRP joints. Composites Part A: Applied Science and Manufacturing, 54, 46–55.

Shahverdi, M., Vassilopoulos, A. P., & Keller, T. (2013b). Modeling effects of asymmetry and fiber bridging on mode I fracture behavior of bonded pultruded composite joints. Engineering Fracture Mechanics, 99, 335–348.

Shahverdi, M., Vassilopoulos, A. P., & Keller, T. (2014a). Mixed-mode I/II fracture behavior of asymmetric adhesively bonded pultruded composite joints. Engineering Fracture Mechanics, 115, 43–59.

Shahverdi, M., Vassilopoulos, A. P., & Keller, T. (2014b). Mixed-mode quasi-static failure criteria for adhesively bonded pultruded GFRP joints. Composites Part A: Applied Science and Manufacturing, 59, 45–56.

Shivakumar, K., Chen, H., Abali, F., Le, D., & Davis, C. (2006). A total fatigue life model for mode I delaminated composite laminates. International Journal of Fatigue, 28(1), 33–42.

Vallee T. (2004). Adhesively bonded lap joints of pultruded GFRP shapes (Ph. D. thesis) no. 2964, Switzerland: EPFL.

van Paepegem, W., & Degrieck, J. (2002). Effects of load sequence and block loading on the fatigue response of fiber-reinforced composites. Mechanics of Advanced Materials and Structures, 9(1), 19–35.

Vassilopoulos, A. P. (2010). Introduction to the fatigue life prediction of composite materials and structures: past, present and future prospects. In A. P. Vassilopoulos (Ed.), Fatigue life prediction of composites and composite structures (pp. 1–44). Woodhead Publishing Limited.

Vassilopoulos, A. P., Georgopoulos, E. F., & Keller, T. (2008). Comparison of genetic programming with conventional methods for fatigue life modeling of FRP composite materials. International Journal of Fatigue, 30(9), 1634–1645.

Vassilopoulos, A. P., & Keller, T. (2011). Fatigue of fiberereinforced composites. Springer-Verlag London Limited.

Vassilopoulos, A. P., Manshadi, B. D., & Keller, T. (2010a). Influence of the constant life diagram formulation on the fatigue life prediction of composite materials. International Journal of Fatigue, 32(4), 659–669.

Vassilopoulos, A. P., Manshadi, B. D., & Keller, T. (2010b). Piecewise non-linear constant life diagram formulation for FRP composite materials. International Journal of Fatigue, 32(10), 1731–1738.

Vassilopoulos, A. P., Sarfaraz, R., Manshadi, B. D., & Keller, T. (2010c). A computational tool for the life prediction of GFRP laminates under irregular complex stress states: influence of the fatigue failure criterion. Computational Materials Science, 49(3), 483–491.

Zhang, J., Peng, L., Zhao, L., & Fei, B. (2012). Fatigue delamination growth rates and thresholds of composite laminates under mixed mode loading. International Journal of Fatigue, 40, 7–15.

Zhang, Y., Vassilopoulos, A. P., & Keller, T. (2010). Fracture of adhesively bonded pultruded GFRP joints under constant amplitude fatigue loading. International Journal of Fatigue, 32(7), 979–987.

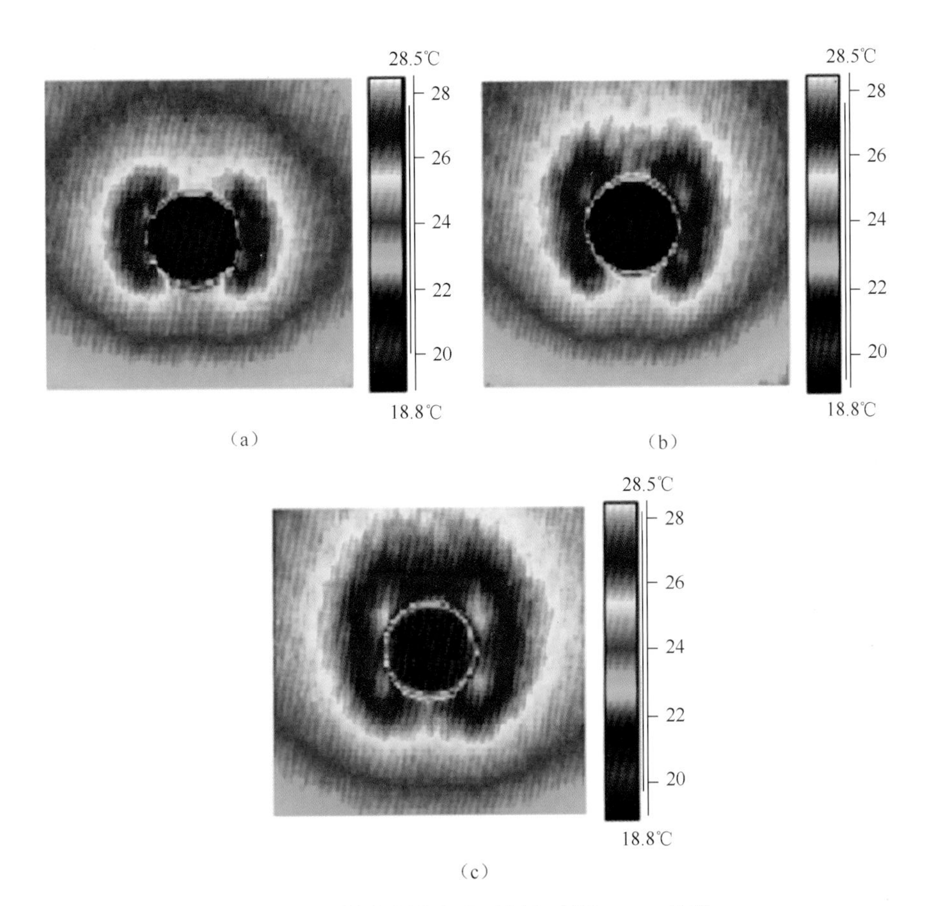

图 9.16 温度图示例：[0]$_{10}$铺层；直径 12mm 的孔；
$R = 0.05$；$\sigma_{max} = 92\%\sigma_{UTS}$；跳跃；$4\times10^6$个循环周期
(a)疲劳寿命的 5%；(b)疲劳寿命的 50%；(c)疲劳寿命的 100%。

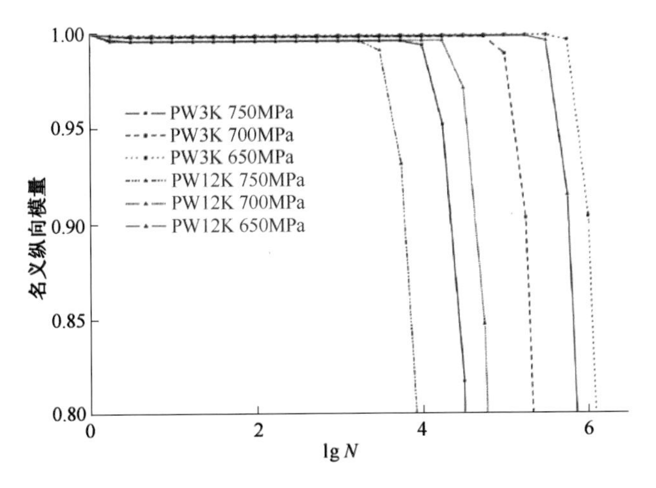

图 14.11 在不同水平的疲劳载荷作用下标准纵向模量的损伤

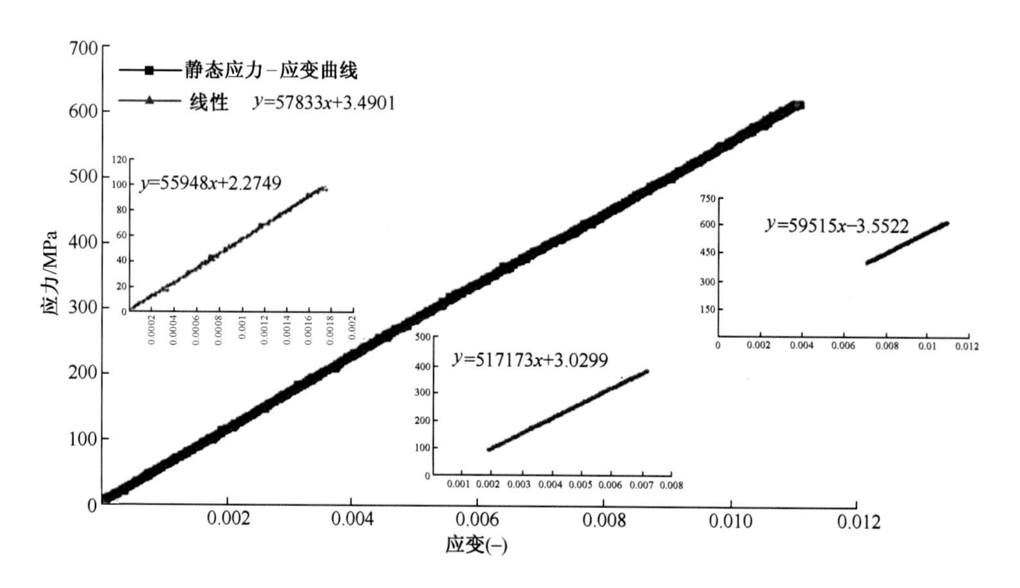

图 15.5　在拉伸载荷作用下的静态应力-应变曲线：对三个应变范围内的刚度进行最佳线性拟合

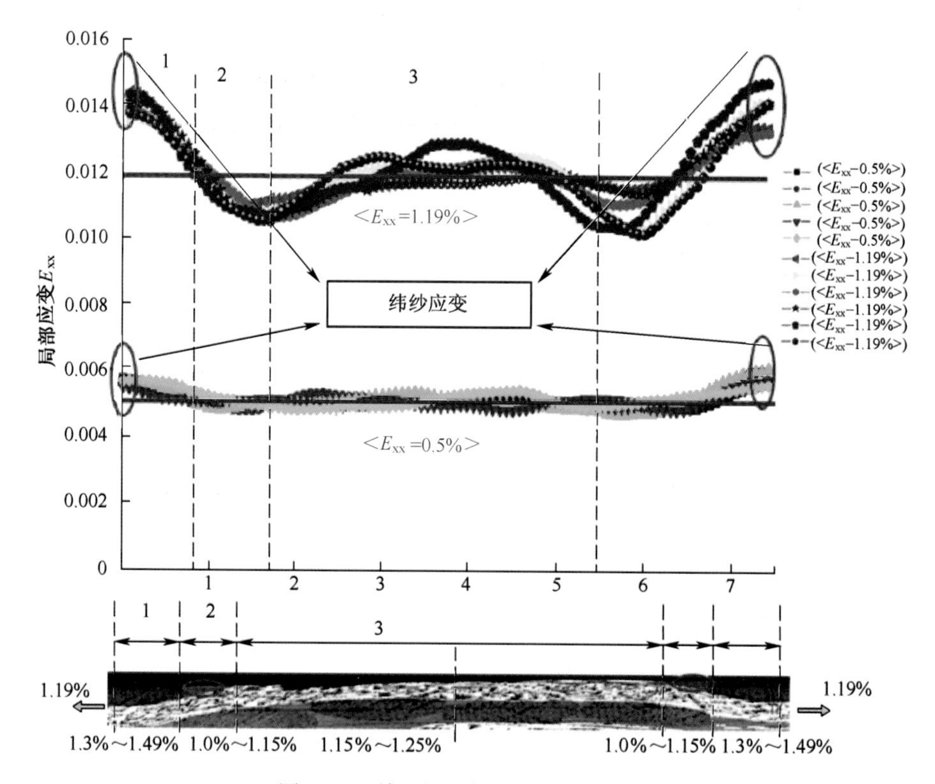

图 15.7　单元格局部纵向应变的变化